# 中国药用植物种质资源研究

种质

## 栽培药用植物种子图鉴

魏建和　秦新月　王婷婷　主编

北京科学技术出版社

图书在版编目（CIP）数据

中国药用植物种质资源研究. 栽培药用植物种子图鉴/
魏建和，秦新月，王婷婷主编. -- 北京：北京科学技术
出版社，2024.5
　　ISBN 978-7-5714-3984-2

　　Ⅰ. ①中… Ⅱ. ①魏… ②秦… ③王… Ⅲ. ①药用植
物 - 种质资源 - 中国 - 图集 Ⅳ. ①S567.024

　　中国国家版本馆 CIP 数据核字（2024）第 111584 号

责任编辑：李小丽　李兆弟　侍　伟
责任校对：贾　荣
责任印制：李　茗
出 版 人：曾庆宇
出版发行：北京科学技术出版社
社　　址：北京西直门南大街 16 号
邮政编码：100035
电　　话：0086-10-66135495（总编室）　0086-10-66113227（发行部）
网　　址：www. bkydw. cn
印　　刷：北京博海升彩色印刷有限公司
开　　本：889 mm × 1 194 mm　1/16
字　　数：423 千字
印　　张：42
版　　次：2024 年 5 月第 1 版
印　　次：2024 年 5 月第 1 次印刷
ISBN 978-7-5714-3984-2

定　　价：490.00 元

# 《中国药用植物种质资源研究》
# 编写委员会

**总指导**

肖培根

**总主编**

魏建和

**编　委**（按姓氏笔画排序）

| | | | | | | |
|---|---|---|---|---|---|---|
| 于　婧 | 于　晶 | 马云桐 | 马满驰 | 王　冰 | 王　艳 | 王　乾 |
| 王龙强 | 王苗苗 | 王玲玲 | 王秋玲 | 王宪昌 | 王艳芳 | 王继永 |
| 王惠珍 | 王婷婷 | 王新文 | 韦坤华 | 邓国兴 | 田　婷 | 由会玲 |
| 由金文 | 邝婷婷 | 毕红艳 | 朱　平 | 朱田田 | 朱吉彬 | 朱彦威 |
| 任子珏 | 任明波 | 刘洋洋 | 江维克 | 许　亮 | 孙　鹏 | 孙文松 |
| 苏宁宁 | 杜　弢 | 杜有新 | 李　标 | 李艾莲 | 李先恩 | 李国川 |
| 李明军 | 李学兰 | 李晓琳 | 李榕涛 | 杨　云 | 杨　光 | 杨　鑫 |
| 杨湘云 | 连天赐 | 连中学 | 肖培根 | 吴中秋 | 邱黛玉 | 何小勇 |
| 何国振 | 何明军 | 何新友 | 辛海量 | 沈春林 | 宋军娜 | 张　艺 |
| 张　昭 | 张　婕 | 张士拗 | 张久磊 | 张占江 | 张红瑞 | 张丽萍 |
| 张顺捷 | 张晓丽 | 张教洪 | 陈　垣 | 陈　彬 | 陈　敏 | 陈红刚 |
| 陈科力 | 陈菁瑛 | 陈彩霞 | 青　梅 | 林　亮 | 林榜成 | 金　钺 |
| 金江群 | 周　涛 | 郑开颜 | 郑玉光 | 郑希龙 | 单成钢 | 项世军 |
| 赵立子 | 赵国锋 | 赵喜亭 | 胡枭剑 | 柳福智 | 钟方颖 | 段立胜 |
| 侯方洁 | 秦民坚 | 秦新月 | 袁素梅 | 晋小军 | 顾雅坤 | 徐　雷 |
| 徐安顺 | 高志晖 | 郭凤霞 | 郭汉玖 | 郭晔红 | 郭盛磊 | 符　丽 |
| 隋　春 | 彭　成 | 蒋桂华 | 韩　旭 | 韩金龙 | 曾　琳 | 谢赛萍 |
| 靳怡静 | 蔺海明 | 裴　瑾 | 樊锐锋 | 魏建和 | 濮社班 | |

# 《中国药用植物种质资源研究·栽培药用植物种子图鉴》

# 编写委员会

## 主　编

魏建和　秦新月　王婷婷

## 副主编

金　钺　曾　琳　高志晖　王秋玲

## 编　委（按姓氏笔画排序）

王秋玲　王婷婷　任子珏　金　钺　钟方颖　高志晖
秦新月　曾　琳　魏建和

# 主编简介

魏建和，长聘教授，二级研究员，博士研究生导师，第十一届、十二届国家药典委员会委员，现任中国医学科学院药用植物研究所副所长兼海南分所所长。入选第一批国家"万人计划"科技创新领军人才、"新世纪百千万人才工程"国家级人选，带领"沉香等珍稀南药诱导形成机制及产业化技术创新团队"入选国家创新人才推进计划首批重点领域创新团队。获"有突出贡献中青年专家"、全国优秀科技工作者、海南省优秀人才团队负责人等荣誉称号。获国家科学技术进步奖二等奖2项，省部级特等奖、一等奖共4项。30余年致力于珍稀濒危药用植物资源保护、再生及优质药材生产关键技术突破和技术平台创建研究。发明了世界领先的沉香形成"通体结香技术"，创新性提出伤害诱导濒危药材形成理论和技术，并将之应用于降香、龙血竭等其他珍稀南药中，提出诱导型药用植物说；突破中药材杂种优势育种技术难题，选育出柴胡、桔梗、荆芥、人参、沉香等大宗药材优良新品种20余个；建成我国第一座低温低湿国家药用植物专业种质库和全球第一个采用超低温方式保存顽拗性药用植物种子的国家南药基因资源库，目前这两个库已成为全国规模最大、保存物种最多的药用植物种质专类库；领导建设国家药用植物园体系。技术负责新版中药材生产质量管理规范（GAP）的起草，极大推动了现阶段中药材规范化生产技术的落地。

秦新月，现就职于中国医学科学院药用植物研究所，主要从事药用植物种质（种子）资源分子鉴定研究，参与国家药用植物种质资源库建设工作。

王婷婷，现就职于中国医学科学院药用植物研究所，从事药用植物种质资源长期保藏、药用植物相关微生物菌种资源保藏研究。参与国家药用植物种质资源库建设和正常性种子的超低温保存工作。

# 《中国药用植物种质资源研究》

# 编辑委员会

# 前　言

　　药用植物是自然界的宝贵资源，利用其加工而成的中药材具有丰富的药用价值，为人类的健康做出了巨大贡献。随着医疗需求的不断增长和中医药事业的不断发展，人们对药用植物资源的需求也越来越大，很多野生药用植物资源已很难满足市场需求，因此，药用植物人工栽培应运而生。

　　人工栽培药用植物不仅可以满足市场对药用植物和中药材的需求，还可以保护野生药用植物资源，减少对自然环境的破坏。然而，由于目前中药材市场缺乏有效的监管，流通的栽培药材中常掺杂大量混伪品，造成药材质量参差不齐，存在用药安全隐患，也使中药产业发展受到相当大的制约。

　　药用植物种子是药用植物繁殖的重要器官，对保护和传承中草药文化、促进药用植物产业发展具有重要意义。人工引种栽培的基础是繁殖材料，即种子和种苗，而种子又是其中主要的繁殖材料。在浩瀚的植物界中，不同植物的种子有许多相似的形态，有时不易分辨，易混淆或弄错。如错种误用，轻则造成经济损失，重则危及病人生命，必须引起人们的高度重视。根据药用植物种子形态的差异来认识和鉴别药用植物，可有效地避免在药材流通领域和药用植物引种工作中的差错，从而提高用药质量，造福人类。

　　因此，我们编写了《栽培药用植物种子图鉴》。书中收录了 201 种正品基原植物的种子，这201 种植物中已经实现人工栽培的有 195 种、尚未大规模人工栽培的有 6 种。这 6 种尚未实现人工栽培的植物为：短葶山麦冬 *Liriope muscari* (Decne.) Baily、光果甘草 *Glycyrrhiza glabra* L.、胀果甘草 *Glycyrrhiza inflata* Batalin、坚龙胆 *Gentiana rigescens* Franch.、华中五味子 *Schisandra sphenanthera* Rehd. et Wils.、新疆紫草 *Arnebia euchroma* (Royle) Johnst.。此外，书中还收录了 106 种易混淆品（指加工而成的中药材与正品中药材相似的基原植物）的种子，例如柴胡 *Bupleurum chinense* DC. 的易混淆品大叶柴胡 *Bupleurum longiradiatum* Turcz. 的种子、甘草 *Glycyrrhiza uralensis* Fisch. 的易混淆品刺果甘草 *Glycyrrhiza pallidiflora* Maxim. 的种子等。展示易混淆品的种子，有利于种植者对购买的种子的真伪进行二次鉴别，降低买到易混淆品种子的概率，提高药材质量，减少用药安全隐患。

针对这 307 种药用植物的种子，本书精心收录了 2 000 余张彩色图片，图片分为群体图和不同角度放大后的个体图，展示了各种药用植物种子的外部形态特征，如大小、形状、颜色等，从而帮助读者更全面地了解和利用药用植物资源的种子。

希望本书能够成为广大药用植物种植者、研究者和爱好者的实用工具和参考资料，为推动药用植物栽培产业的健康发展和中医药文化的传承贡献力量。书中图片均为编者团队自行拍摄，拍摄实体来源于中国医学科学院药用植物研究所（北京）的国家药用植物种质资源库和中国医学科学院药用植物研究所海南分所的国家南药基因资源库，拍摄时种子为脱水干燥状态。对种子形态的文字描述以种子实体为准。因时间仓促，加上编者水平有限，本书内容难免存在错误和不当之处，敬请广大读者不吝指正。

编　者

2024 年 4 月

# 编写说明

～～～～

本书所收录的栽培药用植物主要选自于 2017 年 12 月 25 日原国家食品药品监督管理总局发布的《总局关于发布中药资源评估技术指导原则的通告（2017 年第 218 号）》中的《中药资源评估技术指导原则》所附 "种植中药材参考名录（植物类）"。《中药资源评估技术指导原则》明确指出了 "人工栽培" 标准为 "在生产上已实现大规模人工种植，栽培技术成熟或较成熟，人工种植药材已占市场主流"。经过形态学鉴定和分子鉴定后，我们选择了 195 种栽培药用植物纳入本书。由于某些植物以无性繁殖为主或种子珍稀且不耐损耗，本书并未收录，共计 41 种：北细辛 *Asarum heterotropoides* Fr. Schmidt var. *mandshuricum*（Maxim.）Kitag.、齿瓣石斛 *Dendrobium devonianum* Paxt.、赤芝 *Ganoderma lucidum*（Leyss. ex Fr.）Karst.、大头典竹 *Sinocalamus beecheyanus*（Munro）McClure var. *pubescens* P. F. Li、独角莲 *Typhonium giganteum* Engl.、番红花 *Crocus sativus* L.、佛手 *Citrus medica* L. var. *sarcodactylis* Swingle、茯苓 *Poria cocos*（Schw.）Wolf、广西莪术 *Curcuma kwangsiensis* S. G. Lee et C. F. Liang、海带 *Laminaria japonica* Aresch.、好望角芦荟 *Aloe ferox* Miller、青皮竹 *Bambusa textilis* Mc Clure、华思劳竹 *Schizostachyum chinense* Rendle、姜 *Zingiber officinale* Rosc.、姜黄 *Curcuma longa* L.、金钗石斛 *Dendrobium nobile* Lindl.、金钱松 *Pseudolarix amabilis*（Nelson）Rehd.、库拉索芦荟 *Aloe barbadensis* Miller、款冬 *Tussilago farfara* L.、毛菊苣 *Cichorium glandulosum* Boiss. et Huet、梅 *Prunus mume*（Sieb.）Sieb. et Zucc.、美洲凌霄 *Campsis radicans*（L.）Seem.、明党参 *Changium smyrnioides* Wolff、蓬莪术 *Curcuma phaeocaulis* Val.、平贝母 *Fritillaria ussuriensis* Maxim.、青秆竹 *Bambusa tuldoides* Munro、山柰 *Kaempferia galanga* L.、甜橙 *Citrus sinensis* Osbeck、铁皮石斛 *Dendrobium officinale* Kimura et Migo、土贝母 *Bolbostemma paniculatum*（Maxim.）Franquet、温郁金 *Curcuma wenyujin* Y. H. Chen et C. Ling、武当玉兰 *Magnolia sprengeri* Pamp.、续随子 *Euphorbia lathyris* L.、延胡索 *Corydalis yanhusuo* W. T. Wang、伊犁贝母 *Fritillaria pallidiflora* Schrenk、猪苓 *Polyporus umbellatus*（Pers.）Fries、鸢尾 *Iris tectorum* Maxim.、紫芝 *Ganoderma sinense* Zhao, Xu et Zhang、紫堇 *Corydalis edulis* Maxim.、大蒜 *Allium sativum* L.、艾纳香 *Blumea balsamifera*（L.）DC.。

# 一、 种子的定义

在植物学中，果实是指植物经过传粉、受精后形成的一种器官，例如毛茛 *Ranunculus japonicus* Thunb. 的瘦果、当归 *Angelica sinensis*（Oliv.）Diels 的双悬果、棕榈 *Trachycarpus fortunei*（Hook. f.）H. Wendl. 的核果。果实是植物生殖的产物，通常由果皮、果肉和种子组成，它的主要功能是保护种子，并在适当的时候帮助种子传播。不同植物的果实形态和结构各异。种子是植物通过有性生殖方式产生的，由胚珠发育而成，包含了胚芽、营养组织和种皮等结构，可以在适宜的条件下发芽并生长成新的植株。本书所述"种子"一词，泛指植物学上的果实与种子。

# 二、 种子的形态

## 1. 种子的形状

种子的形状描述由背面（正面）观形状和俯视面观形状结合得出，形容词主要为球形、卵形、棒形、肾形、四面体形、多面体形等，根据具体情况辅以其他词汇，例如倒卵形、类球形、宽肾形等。不同植物的种子形状各异，如麦冬 *Ophiopogon japonicus*（L. f.）Ker-Gawl.、白芥 *Sinapis alba* L. 的种子呈球形，合欢 *Albizia julibrissin* Durazz.、五味子 *Schisandra chinensis*（Turcz.）Baill. 的种子呈肾形。若种子扁平，除介绍种子背面（正面）观形状外，还介绍其厚度。背面（正面）观形状的形容词主要有圆形、方形、三角形、披针形等，还可根据具体情况加上其他修饰词，例如椭圆形、矩圆形、卵圆形等；厚度的描述词主要有略扁、较扁、扁平，对于种子厚度不一的情况，可直接在背面（正面）观形状的形容词前加上"扁"字，如扁椭圆形。

## 2. 种子的大小

种子的大小是指在摆放统一、测量方式相同的情况下测量的种子大小的数值。种子的大小以长度、宽度和厚度表示。各量度以最小值至最大值表示。对于不方便测量的种子，均以"约"描述大小。数值单位为毫米（mm）或厘米（cm），测量工具为坐标纸，最小精度 0.1 mm 或 0.1 cm，统一保留 1 位小数。药用植物种类较多，其种子个体之间差异较大，大的种子长可达几厘米，如无患子 *Sapindus mukorossi* Gaertn. 的种子；小的种子肉眼很难看清其形态，如兰科植物天麻 *Gastrodia elata* Bl.、白及 *Bletilla striata*（Thunb.）Reichb. f. 等的种子。因此，极端大或小的种子可以不进行测量。为方便鉴别，根据长度对种子进行简单分级，共分 4 级：长度≤1.0 mm，为超小种子；1.0 mm＜长度≤5.0 mm，为小种子；5.0 mm＜长度≤10.0 mm，为中型种子；长度＞10.0 mm，为大种子。

种子长度指种子背面（正面）观摆放时，种脐端至种子的相对端或着生种脐的腹面至种子相对面的轴长。

种子宽度指种子背面（正面）观摆放时，垂直于长度轴的种子最大直线距离。宽度一般小于长度。

种子厚度指种子垂直于长度和宽度的平面的最大直线距离。厚度小于宽度的情况称"扁"，也可根据具体情况加上程度修饰词，例如略扁（厚度大于宽度的1/2）、较扁（厚度小于宽度的1/2且大于宽度的1/4）、扁平（厚度小于宽度的1/4）。对于圆柱形、球形、纺锤形等宽度和厚度相近的种子，仅以直径统一进行描述。

### 3. 种子的颜色

描述种子的颜色，除了用黑色、灰色、褐色、红色、橙色、黄色、绿色、白色、棕色等主色外，还可根据色调不同加以组合，如红褐色、黑褐色、黄褐色、绿褐色等。

### 4. 种子的表面特征

种子的表面特征包括种子表面的纹理、毛状物、凸起物、附着物、沟、脊等。种子表面的毛状物、纹理按植物学种子的形态进行描述。

### 5. 种子的表面构造

种子的表面构造包括种脐、种脊、合点、种阜、种孔（发芽孔）等，本书主要从构造的位置、颜色、形状、凹凸情况、纹理等方面进行描述。

## 三、 种子的鉴别特征

植物种子的形态鉴别对种子的鉴定、清选分级以及种子的标准化有决定性作用。针对具有易混淆品的栽培植物，我们从种子的形状、大小、颜色、表面特征、表面构造5个方面进行比较。先利用大小分级对种子进行归类，进行初步快速鉴别，然后选择种子间最具差异的1～3个特征归入"鉴别特征"项中。

## 四、 种子的图片

拍摄种子图片时应选择典型的、中等大小的种子，除去杂质，保留附着物。种子的图片应保证表面的毛状物、凹穴、肋、沟、棱、脉、褶皱、网纹等清晰。群体图包括种子堆叠、平铺、整齐排列 3 种摆放方式的图片。个体图包括种子的背面（正面）、侧面、俯视面、腹面、仰视面 5 个角度的图片。

背面（正面）观：种脐朝下，把种子表面轮廓最大的一面朝上，即种子的背面（正面）朝上。种子按此种方式摆放时，朝上的面称为种子的背面（正面）。

侧面观：种脐朝下，种子的侧面朝上，即种子较窄的一面朝上。

俯视面观：由种子上方到下方正投影所看到的面。主要表现此端在种子上的位置、颜色、比例、形状、纹理及其他特征。

腹面观：种脐朝上。主要表现种脐在种子上的位置、颜色、比例、形状、纹理及其他特征。

仰视面观：由种子下方到上方正投影所看到的面。主要表现此端在种子上的位置、颜色、比例、形状、纹理及其他特征。

## 五、 每品种体例

本书以药用植物的中文名及拉丁学名为条目名，每一条目一般先概述药用植物的科名、生活型、药用部位以及对应药材名，再介绍种子形态、采集、鉴别特征。

（1）条目名。记述药用植物的中文名及拉丁学名。本书收录的栽培药用植物参考《中药资源评估技术指导原则》所附"种植中药材参考名录（植物类）"，主要为 195 种人工栽培的正品基原植物和 6 种未大规模人工栽培的正品基原植物（后者在条目名后注明"非人工栽培"），还包括 106 种易混淆品（指加工而成的中药材与正品中药材相似的基原植物）。植物拉丁学名以《中华人民共和国药典》（2020 年版）（以下简称《中国药典》）为准，未被《中国药典》收载的以《中国植物志》为准。

（2）概述。先介绍药用植物的科名、生活型，再介绍其药用部位及对应的药材名。药材名以《中国药典》为准，如果《中国药典》未收录该药用植物对应的药材名，则其药材名内容省略。

（3）种子形态。包括种子的形状、大小、颜色、表面特征、表面构造等方面内容。植物的繁殖材料若以果实的形式采集并保存，"种子形态"项则描述果实形态；若同时以种子和果实的形式采集并保存，则对二者皆进行描述，并在图注中标明二者。

（4）采集。注明种子的采集时间及方式。

（5）鉴别特征。先利用大小分级对种子进行归类，初步快速鉴别，从种子形状、颜色、表面特征、表面构造等方面介绍 1 ~ 3 个可用来快速鉴别种子的特征。

（6）混淆品。真伪混淆，是外观或部分功能相似，市场常见相混用的品种，包括常用种子、果实、根及根茎药材、花叶、全草及皮类药材的易混品。

# 目　录

（当多个药用植物作为同一药材的基原，或药用植物间存在药材混淆关系时，本书采用同一色块标出，其中易混淆品使用棕色字呈现）

## 百 合 科

# 大 戟 科

# 灯心草科

# 冬 青 科

# 杜 仲 科

# 凤仙花科

# 禾 本 科

# 黑三棱科

# 红豆杉科

# 胡 椒 科

# 胡 桃 科

# 葫 芦 科

# 兰 科

# 姜 科

# 目　录

（当多个药用植物作为同一药材的基原，或药用植物间存在药材混淆关系时，本书采用同一色块标出，其中易混淆品使用棕色字呈现）

## 百 合 科

# 柏 科

# 车 前 科

# 川续断科

# 唇 形 科

# 大 戟 科

# 灯心草科

# 冬 青 科

# 杜 仲 科

# 凤仙花科

# 禾 本 科

# 黑三棱科

# 红豆杉科

# 胡 椒 科

# 胡 桃 科

# 葫 芦 科

# 兰 科

# 姜 科

# 爵 床 科

# 苦 木 科

# 楝 科

# 蓼　科

# 列　当　科

# 龙　胆　科

# 萝　摩　科

# 毛茛科

# 木 兰 科

# 木 犀 科

# 漆 树 科

# 茜 草 科

# 蔷 薇 科

# 茄 科

# 忍 冬 科

# 瑞 香 科

# 三白草科

# 伞 形 科

# 桑　科

# 山茱萸科

# 十字花科

# 石竹科

# 五 加 科

# 苋 科

# 玄 参 科

# 旋 花 科

# 银 杏 科

# 罂 粟 科

# 鸢 尾 科

# 远 志 科

# 芸 香 科

# 泽 泻 科

# 樟　科

# 紫　草　科

# 紫　葳　科

# 棕　榈　科

# 百合科

| 百　合 | *Lilium brownii* F. E. Brown var. *viridulum* Baker |

百合科多年生草本。以干燥肉质鳞叶入药，药材名为百合。

**种子形态**　种子呈卵形或椭圆形，扁平，长 2.5 ~ 4.0 mm，宽 1.8 ~ 2.8 mm，厚约 0.4 mm。种皮红棕色或棕色，周边围以同色的膜质翅，翅宽 0.4 ~ 1.0 mm，约为种子宽的 1/3。

**采　　集**　花期 7 ~ 8 月，果期 8 ~ 10 月。当蒴果呈黄色时采摘果实，摊晾数日，待其开裂，取出种子，簸去瘪粒和小种子，置于阴凉处贮藏。

**鉴别特征**　种子小，翅窄，宽约为种子宽的 1/3。

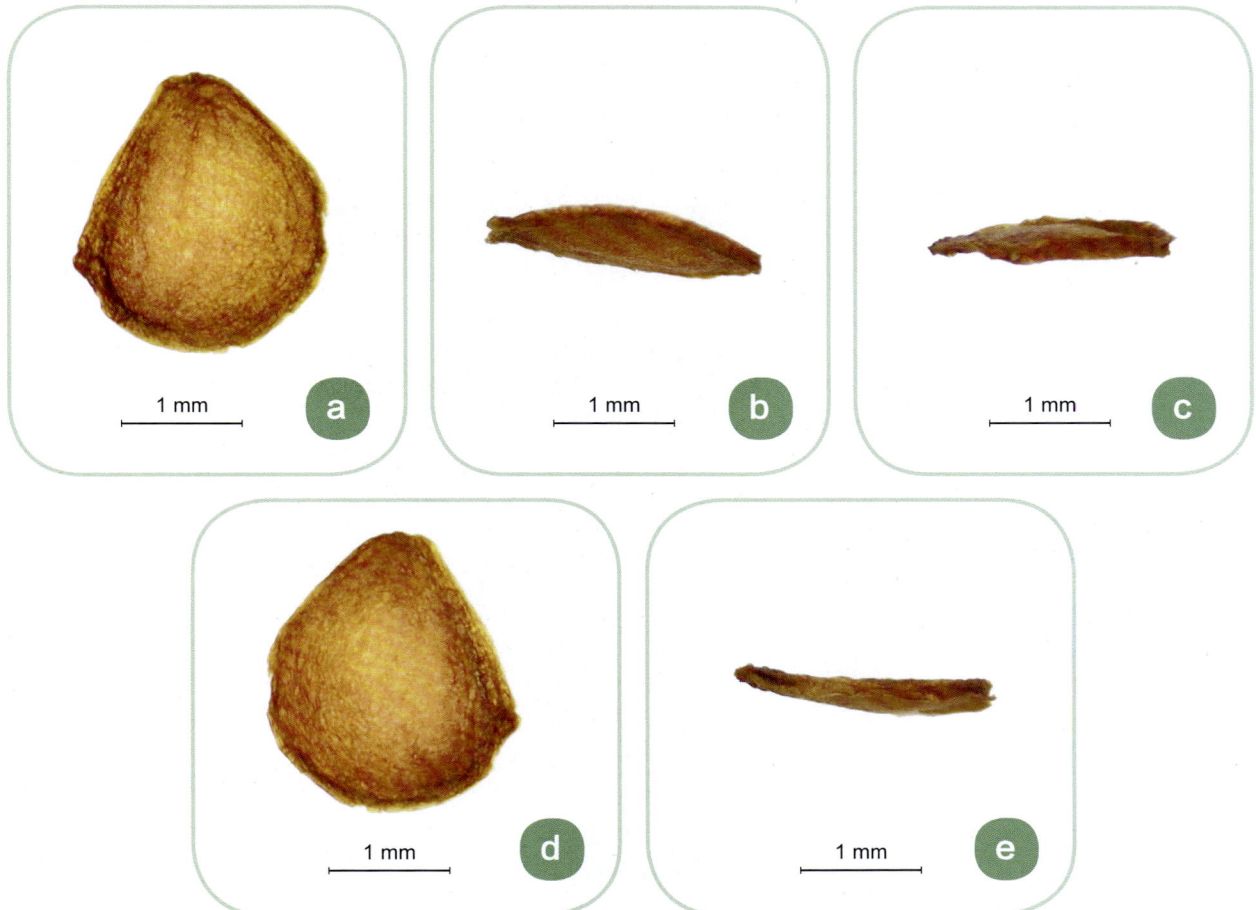

a　1 mm

b　1 mm

c　1 mm

d　1 mm

e　1 mm

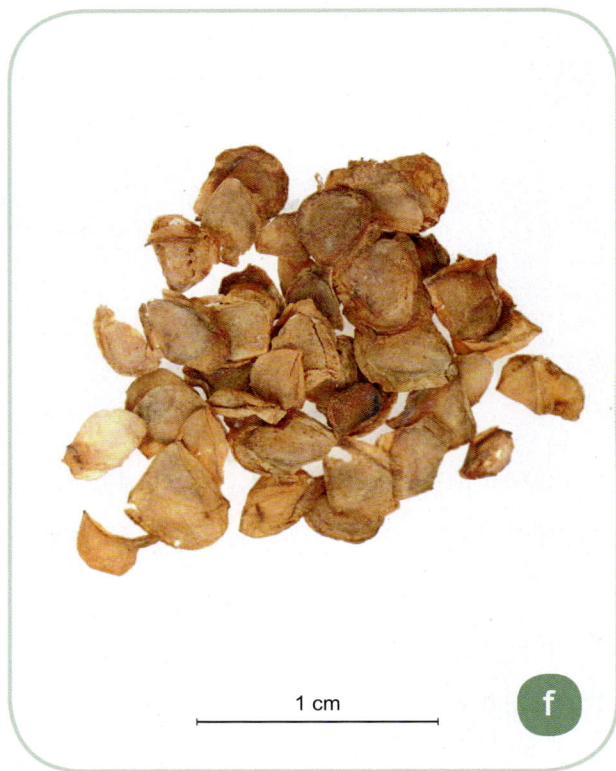

1 cm

f

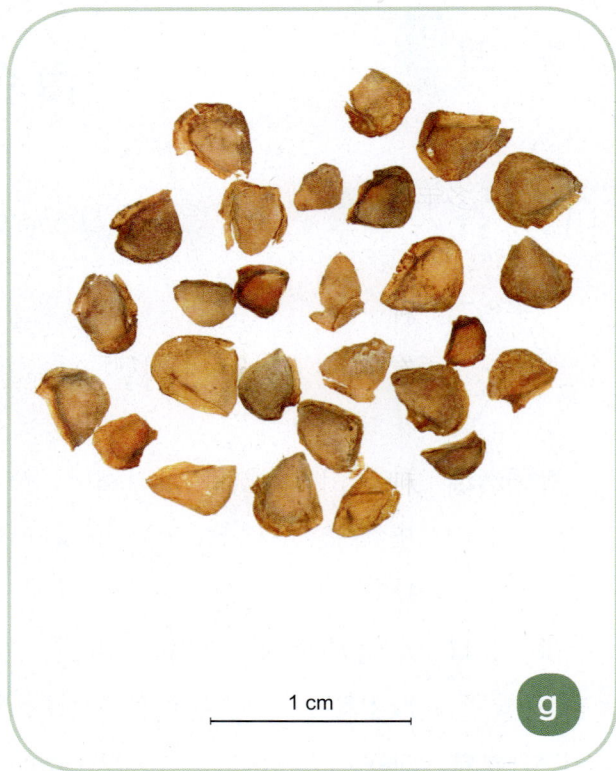

1 cm

g

1 cm

h

**百合种子性状**

a.背面；b.侧面；c.俯视面；d.腹面；e.仰视面；f.堆叠；g.平铺；h.整齐排列

# 卷 丹

*Lilium lancifolium* Thunb.

百合科多年生草本。以干燥肉质鳞叶入药，药材名为百合。

**种子形态** 种子呈长卵形，长 7.0 ~ 8.0 cm，直径 4.0 ~ 5.0 cm。表面黑褐色，粗糙起皱，外有薄壳包被，有裂口，薄壳边缘颜色较浅。

**采　　集** 花期 7 ~ 8 月，果期 9 ~ 10 月。花落以后，种子变黑且成熟时采收。

**鉴别特征** 种子中等大小，粗糙起皱，外有薄壳包被，无翅。

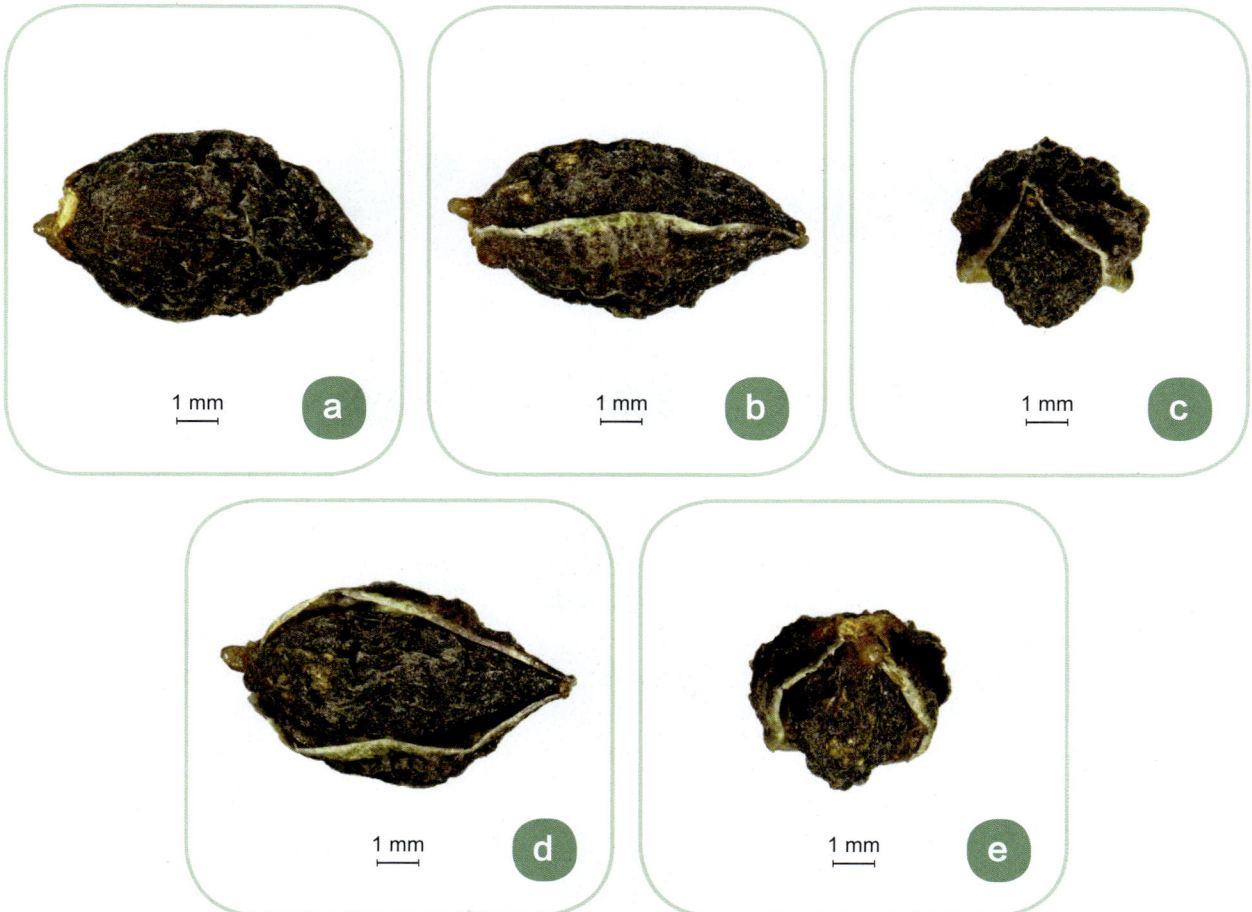

1 mm a

1 mm b

1 mm c

1 mm d

1 mm e

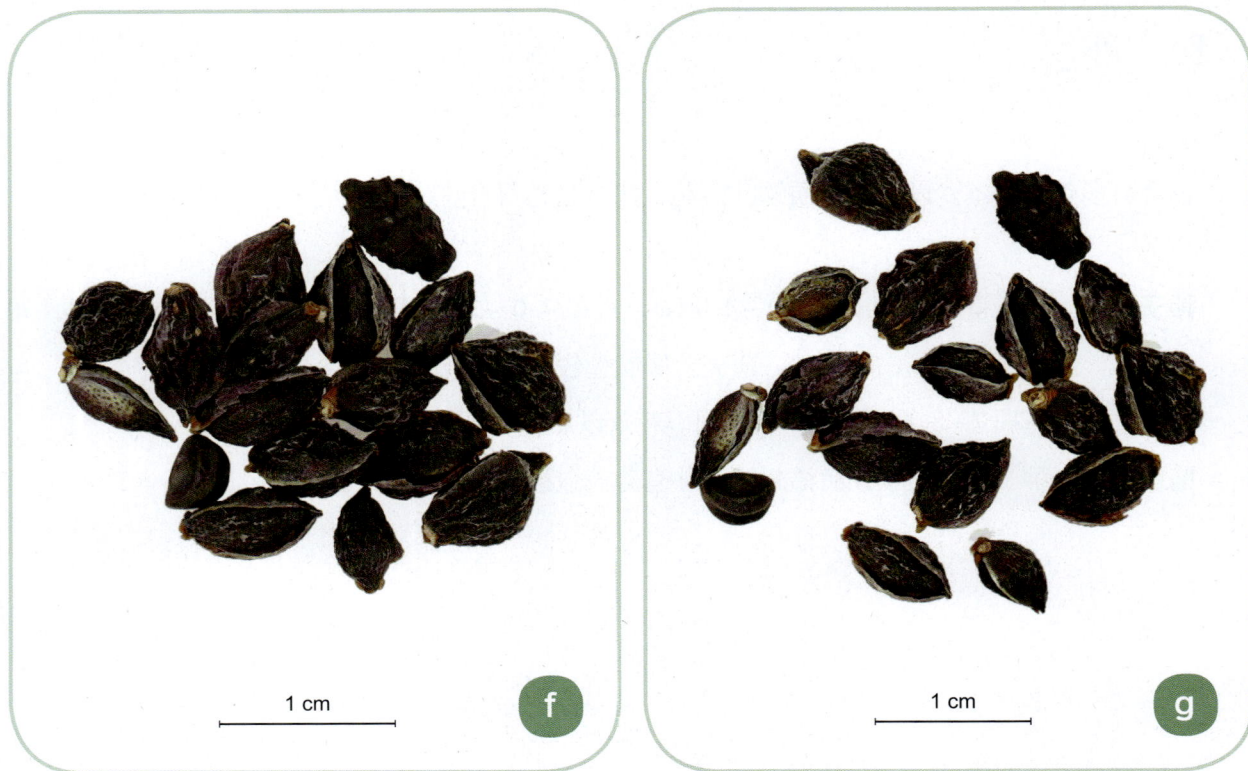

**卷丹种子性状**

a. 背面；b. 侧面；c. 俯视面；d. 腹面；e. 仰视面；f. 堆叠；g. 平铺；h. 整齐排列

# 大百合 　　　　　　　　　　　　　　*Cardiocrinum giganteum*（Wall.）Makino

百合科多年生草本。以鳞茎入药，**为百合药材的易混淆品。**

**种子形态**　种子呈肾形，扁平，长 5.0 ~ 7.0 mm，宽 3.2 ~ 4.0 mm，厚约 0.3 mm；种皮深棕色，周边围以浅棕色膜质翅，翅上密布细致纹理，半透明。带翅种子整体呈三角形，直径 1.2 ~ 1.4 cm，翅宽为种子宽的 1 ~ 2 倍。

**采　　集**　花期 6 ~ 7 月，果期 9 ~ 10 月。当蒴果呈黄色时采摘，摊晾数日，待其开裂，取出种子，簸去瘪粒和小种子，放于阴凉处贮藏。

**鉴别特征**　种子小，翅宽，宽为种子宽的 1 ~ 2 倍。

1 cm

f

1 cm

g

1 cm

h

**大百合种子性状**

a. 背面；b. 侧面；c. 俯视面；d. 腹面；e. 仰视面；f. 堆叠；g. 平铺；h. 整齐排列

## 湖北贝母 · *Fritillaria hupehensis* Hsiao et K. C. Hsia

百合科多年生草本。以干燥鳞茎入药，药材名为湖北贝母。

**种子形态** 种子呈不规则四边形，扁平，长 4.5~7.5 mm，宽 3.5~5.5 mm，厚约 1 mm。表面多为浅黄色，粗糙。种子一头略尖，另一头钝圆，侧面平直，有浅色加厚加粗的环边，中间凹陷。

**采　集** 花期 4 月，果期 5~6 月。当蒴果成熟时采摘，取出种子，放于阴凉处干燥。

**鉴别特征** 种子中等大小，扁平，呈不规则四边形，浅黄色，边缘色浅，无翅。

a　　b　　c　　d　　e

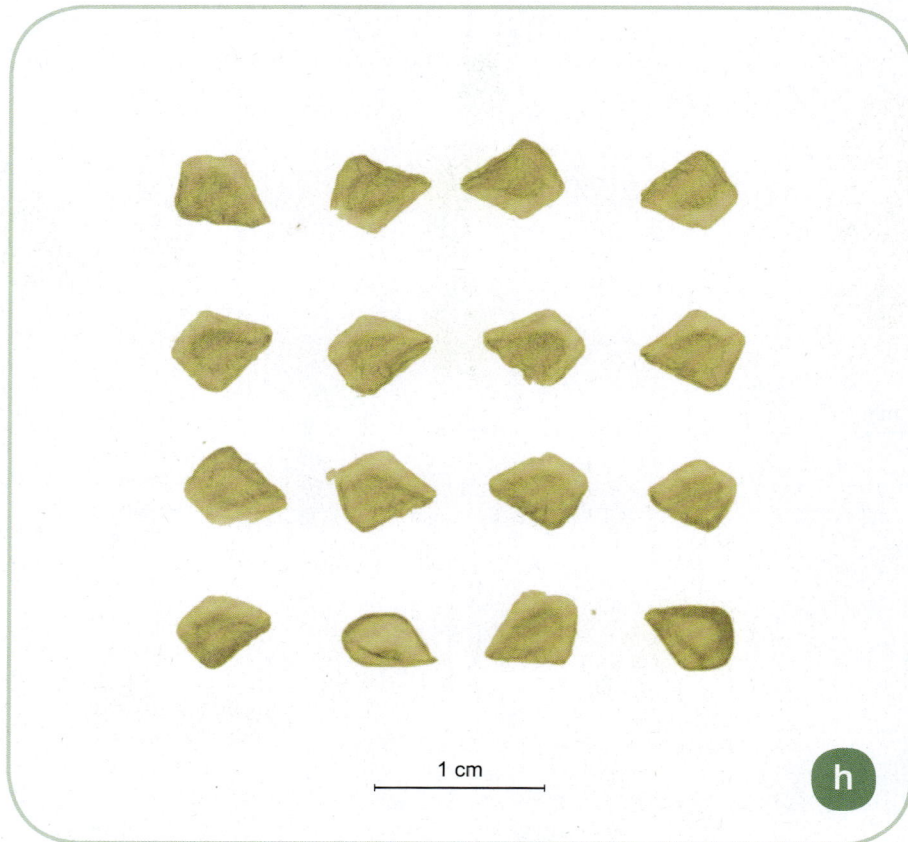

**湖北贝母种子性状**
a. 背面；b. 侧面；c. 俯视面；d. 腹面；e. 仰视面；f. 堆叠；g. 平铺；h. 整齐排列

## 瓦布贝母

*Fritillaria unibracteata* Hsiao et K. C. Hsia var. *wabuensis* (S. Y. Tang et S. C. Yue) Z. D. Liu, S. Wang et S. C. Chen

百合科多年生草本。以干燥鳞茎入药，药材名为川贝母。

**种子形态** 种子呈长卵形，扁平，长 4.5~5.0 mm，宽 3.0~3.3 mm，厚 0.3 mm。成熟时深褐色，具细网纹，边缘有膜质翅。先端钝，基部狭尖。

**采　　集** 花期 6~7 月，果期 8~9 月。当蒴果呈棕黄色时采摘，放于阴凉处摊晾后成熟，待蒴果开裂时取出种子，簸去瘪粒，充分干燥后贮藏于阴凉处。

**鉴别特征** 本种种子与其他贝母种子的区别为本种种子小，长卵形，先端钝，基部狭尖。

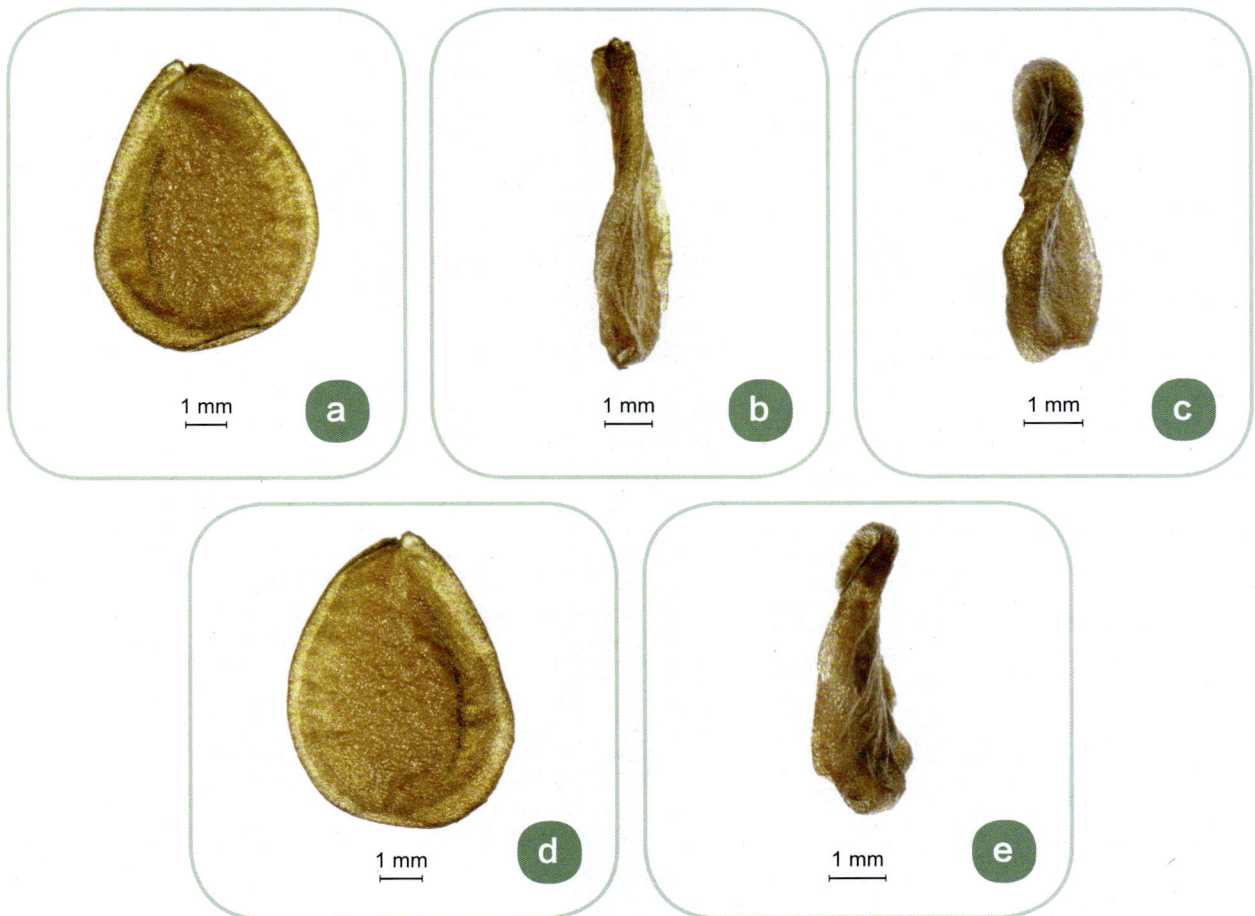

a　1 mm

b　1 mm

c　1 mm

d　1 mm

e　1 mm

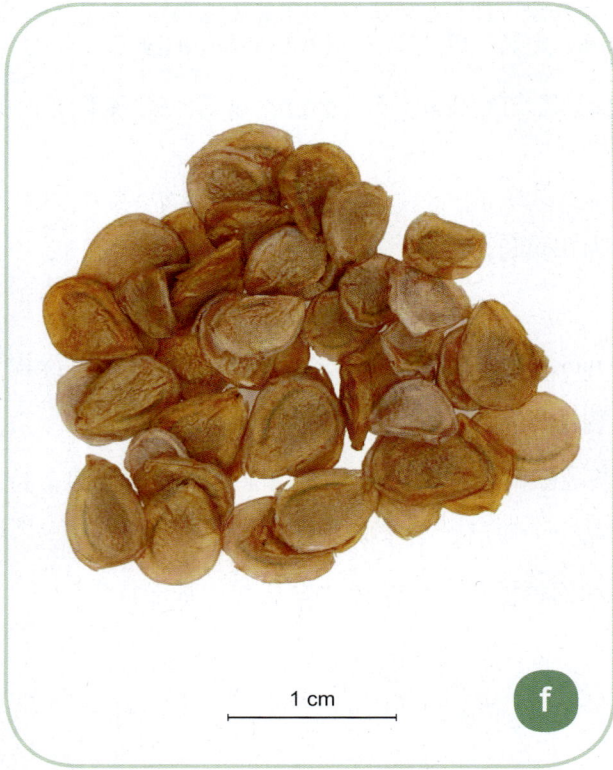

**瓦布贝母种子性状**

a. 背面；b. 侧面；c. 俯视面；d. 腹面；e. 仰视面；f. 堆叠；g. 平铺；h. 整齐排列

# 浙贝母

*Fritillaria thunbergii* Miq.

百合科多年生草本。以干燥鳞茎入药，药材名为浙贝母。

**种子形态**　种子呈不规则四边形，扁平，长5.8~6.2 mm，宽4.5~5.0 mm，厚0.5 mm，浅棕色；外种皮海绵质，边缘有宽约0.1 mm的膜质翅，颜色较深。先端尖，基部钝。

**采　集**　花期3~4月，果期4~5月。当植株茎叶枯黄、果实呈淡黄绿色或浅黄褐色时采收，将果实连同茎秆剪下，扎成小捆，挂在阴凉通风处后成熟，待果实呈深褐色且顶部开裂时，将种子剥出干藏。

**鉴别特征**　本种种子与湖北贝母的区别为本种种子中等大小，淡棕色，边缘色深。

1 mm　a

1 mm　b

1 mm　c

1 mm　d

1 mm　e

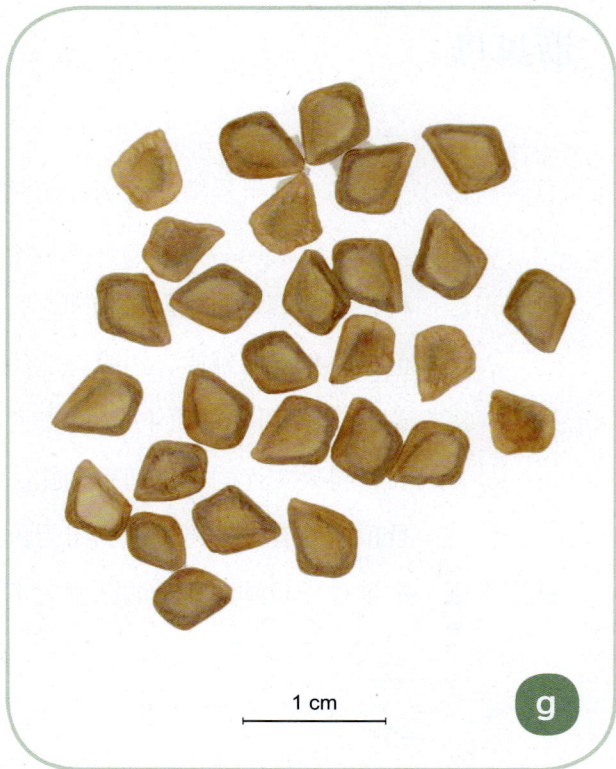

**浙贝母种子性状**

a. 背面；b. 侧面；c. 俯视面；d. 腹面；e. 仰视面；f. 堆叠；g. 平铺；h. 整齐排列

## 麦 冬　　　　　　　　　*Ophiopogon japonicus*（L. f.）Ker-Gawl.

百合科多年生草本。以干燥块根入药，药材名为麦冬。

**种子形态**　种子近球形，直径4.0~6.0 mm，表面黄褐色，带壳的呈黑色，粗糙，基部有略凸
　　　　　　起的深褐色圆盖状种阜，先端为1针尖状合点。

**采　　集**　花期7~8月，果期8~10月。当果实变软且呈蓝黑色时采收，泡在水中洗去果肉，
　　　　　　将种子阴干，贮藏。

**鉴别特征**　种子中等大小，呈不规整球形，表面粗糙，黄褐色或黑色。湖北麦冬种子表面光
　　　　　　滑，短葶山麦冬种子表面呈红褐色。

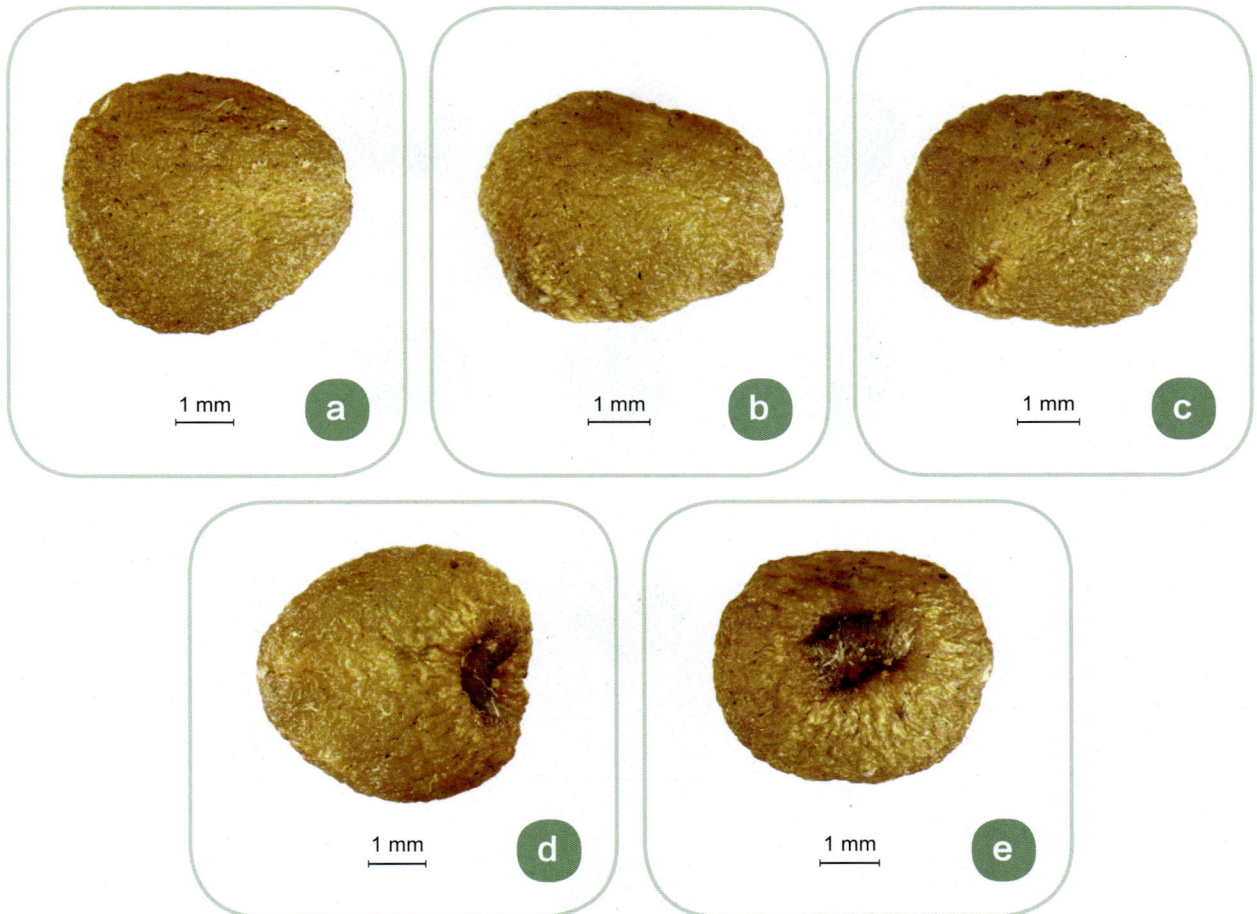

1 mm　a

1 mm　b

1 mm　c

1 mm　d

1 mm　e

1 cm

f

1 cm

g

1 cm

h

**麦冬种子性状**

a. 背面；b. 侧面；c. 俯视面；d. 腹面；e. 仰视面；f. 堆叠；g. 平铺；h. 整齐排列

# 石刁柏 *Asparagus officinalis* L.

百合科多年生草本。以嫩茎入药，**为麦冬药材的易混淆品。**

**种子形态**　种子呈球形或椭圆形，直径2.5～3.5 mm。成熟时呈红色，干燥后表面呈黑色，有细密纹理。侧面种脐略凹，呈浅棕色。

**采　　集**　花期5～6月，果期9～10月。当浆果变软且变为红色时采收，浸于水中淘洗，除去果肉，将种子冲洗干净，阴干，贮藏。

**鉴别特征**　种子小于麦冬种子，且无深褐色圆盖状种阜。

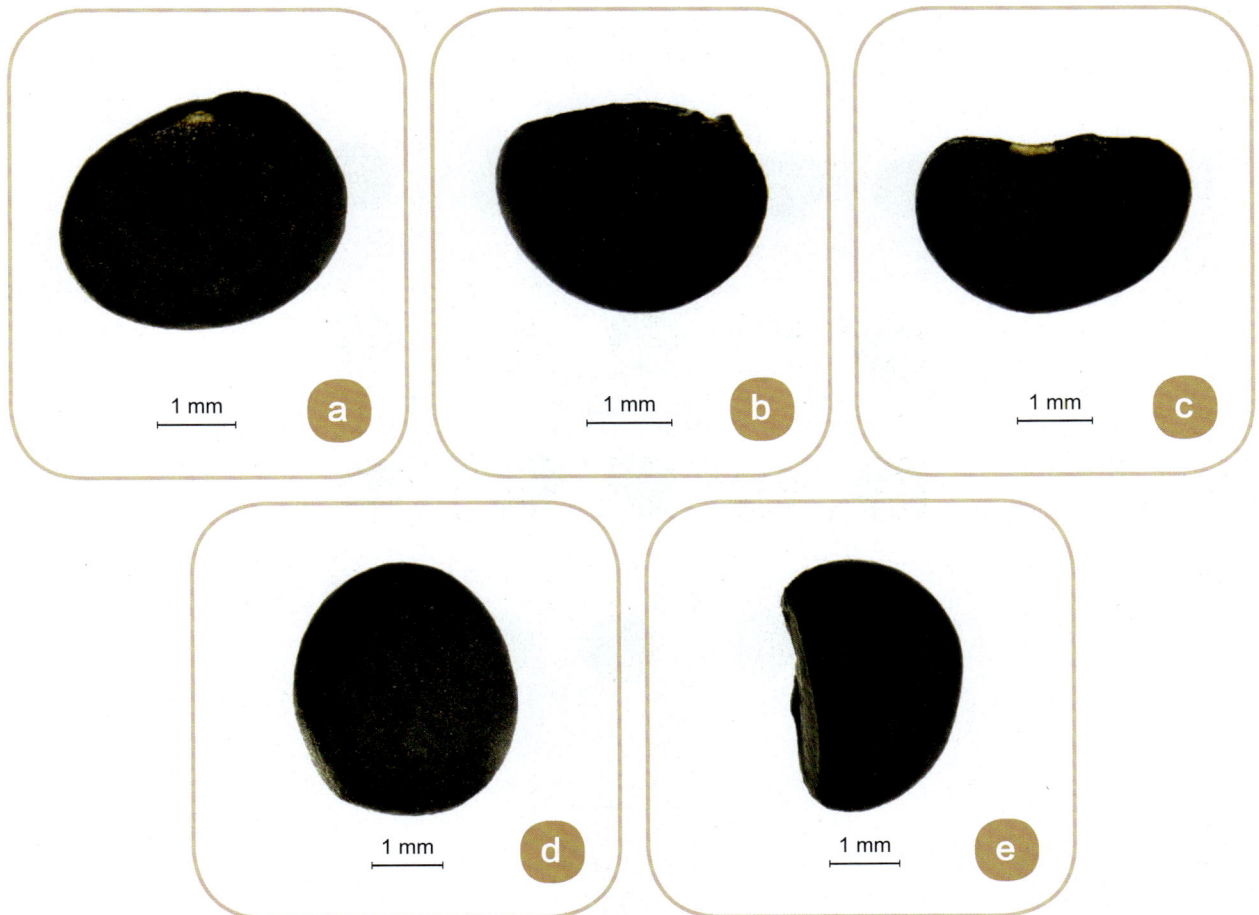

1 mm　a

1 mm　b

1 mm　c

1 mm　d

1 mm　e

1 cm f

1 cm g

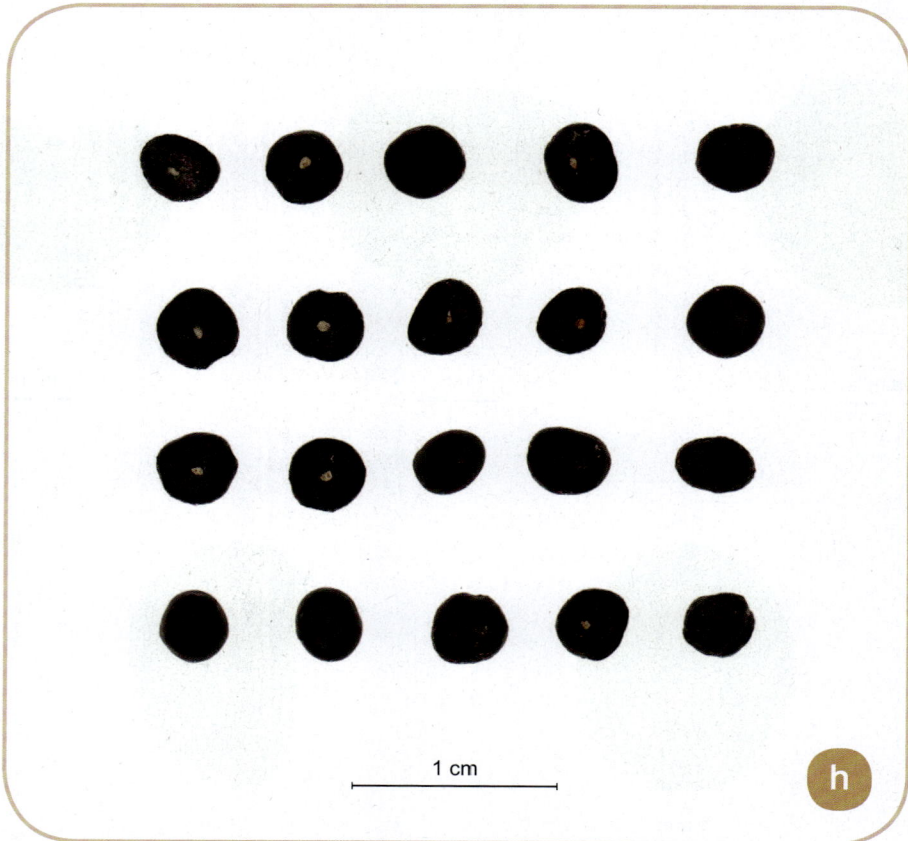

1 cm h

**石刁柏种子性状**

a.背面；b.侧面；c.俯视面；d.腹面；e.仰视面；f.堆叠；g.平铺；h.整齐排列

## 短葶山麦冬　　　　　　*Liriope muscari*（Decne.）Baily　（非人工栽培）

百合科多年生草本。以干燥块根入药，药材名为山麦冬。

**种子形态**　种子呈球形，直径 3.0~4.6 mm，种子表面有极细小的颗粒状突起，基部有一圆形的浅棕色凸起种脐，周围一圈呈黑色。

**采　集**　花期 7~8 月，果期 9~11 月。冬季栽种后，翌年 4 月即可采收。当浆果呈绿黑色且变软时采摘，浸泡揉搓，洗去果肉，将沉底种子洗净，贮藏。

**鉴别特征**　种子比湖北麦冬种子小，呈规则球形，有极细小的颗粒状突起。与麦冬的区别为本种种子表面红褐色。

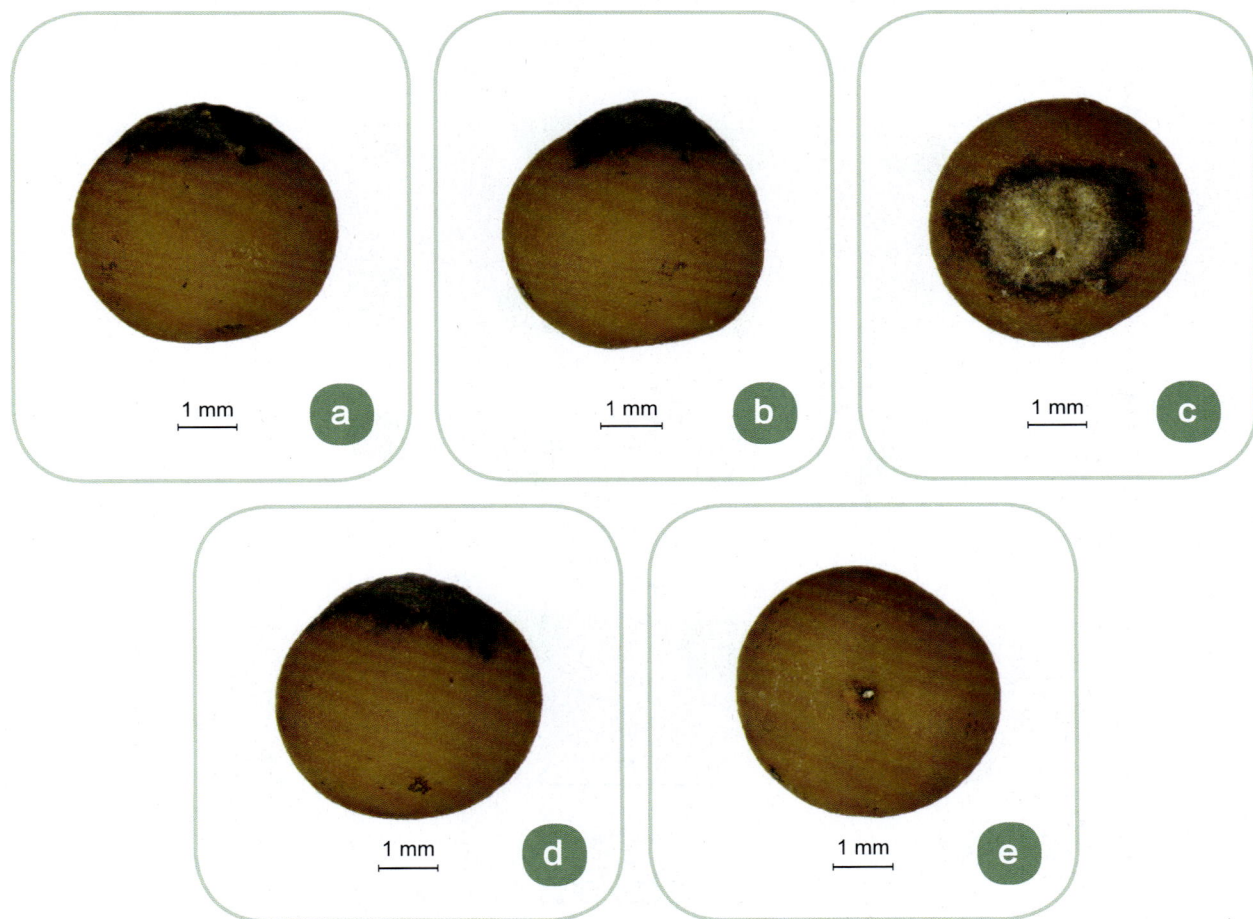

1 mm　a

1 mm　b

1 mm　c

1 mm　d

1 mm　e

f

1 cm

g

1 cm

h

1 cm

**短葶山麦冬种子性状**

a. 背面；b. 侧面；c. 俯视面；d. 腹面；e. 仰视面；f. 堆叠；g. 平铺；h. 整齐排列

## 湖北麦冬　　　*Liriope spicata* (Thunb.) Lour. var. *prolifera* Y. T. Ma

百合科多年生草本。以干燥块根入药，药材名为山麦冬。

**种子形态**　　种子呈椭圆形或近球形，直径 5.0～7.0 mm。表面黄褐色。一端有一小的圆形种脐，另一端有一略呈椭圆形的黑褐色斑点。

**采　　集**　　花期夏初，果期秋、冬季。当浆果变软时采收，浸于水中淘洗，除去果肉，将种子冲洗干净，阴干，贮藏。

**鉴别特征**　　种子中等大小，近球形，表面黄褐色，光滑。

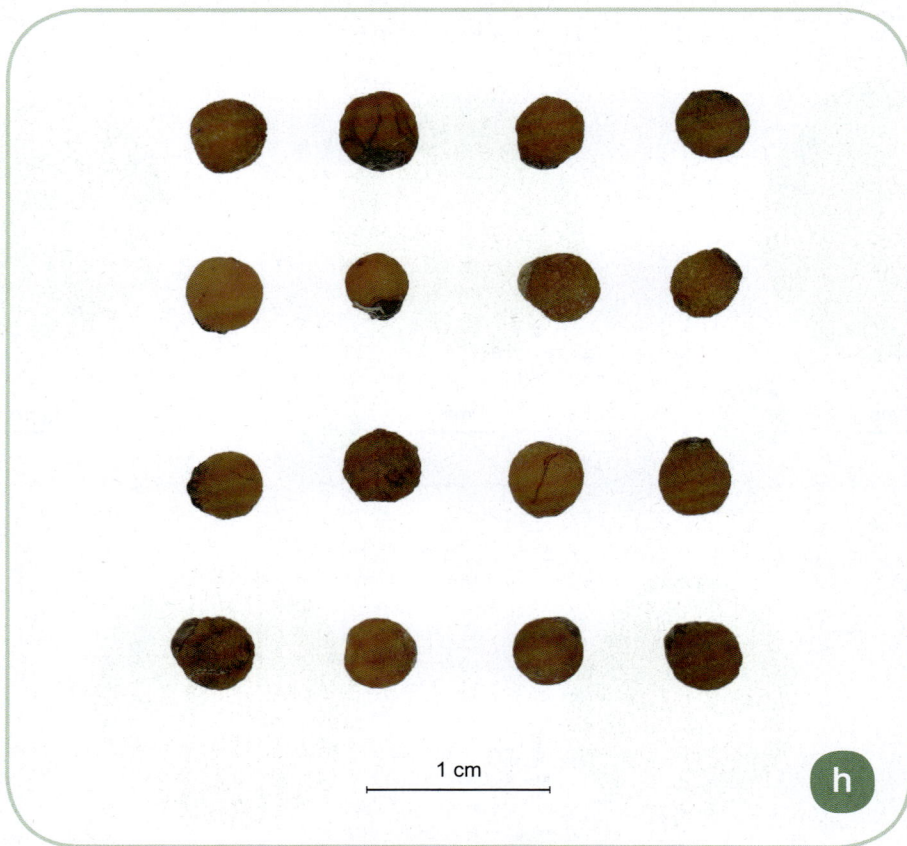

**湖北麦冬种子性状**

a. 背面；b. 侧面；c. 俯视面；d. 腹面；e. 仰视面；f. 堆叠；g. 平铺；h. 整齐排列

# 韭 菜

*Allium tuberosum* Rottl. ex Spreng.

百合科多年生草本。以干燥成熟种子入药，药材名为韭菜子。

**种子形态** 种子呈三角状半卵圆形，略扁，长 2.5 ~ 4.0 mm，宽 1.5 ~ 3.0 mm，厚 1.0 ~ 1.5 mm。表面黑色，一面凸起，粗糙，有皱纹，另一面微凹，皱纹不甚明显。先端钝，基部稍尖。

**采　　集** 花果期 7~9 月。秋季果实成熟时采收果序，晒干，搓出种子，除去杂质。

**鉴别特征** 种子小，呈三角状半卵圆形，边缘具锋利的棱线。

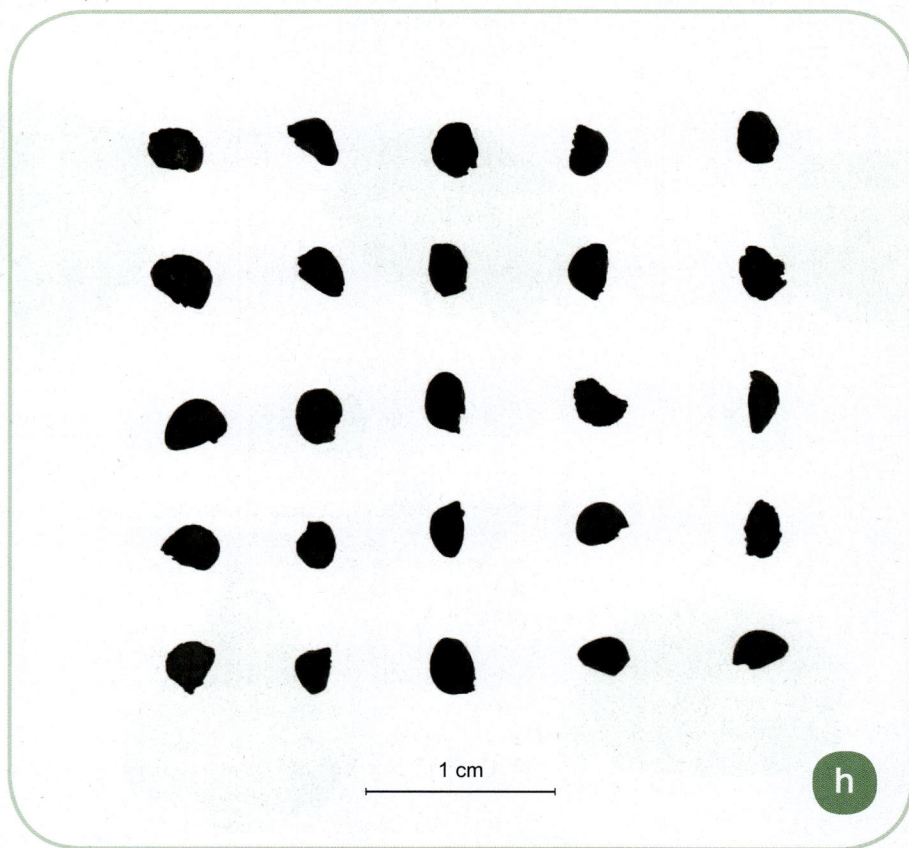

**韭菜种子性状**

a. 背面；b. 侧面；c. 俯视面；d. 腹面；e. 仰视面；f. 堆叠；g. 平铺；h. 整齐排列

# 葱

*Allium fistulosum* L.

百合科多年生草本。以鳞茎、须根和种子入药。以种子入药时，易与韭菜子混淆，**为韭菜子药材的易混淆品**。

**种子形态** 种子呈三角状卵形，较扁，长 3.0 ~ 4.0 mm，宽 2.0 ~ 3.0 mm，厚约 1 mm。表面黑色，一面凹，一面凸起，具 1 ~ 2 棱，有时具疏皱纹，基部有 2 明显突起。

**采 集** 花果期 4 ~ 7 月。夏末花朵凋谢后、种子成熟后采集，晒晒，贮藏。

**鉴别特征** 种子小，与韭菜种子的区别为本种种子基部有 2 明显的突起。

1 mm    a

1 mm    b

1 mm    c

1 mm    d

1 mm    e

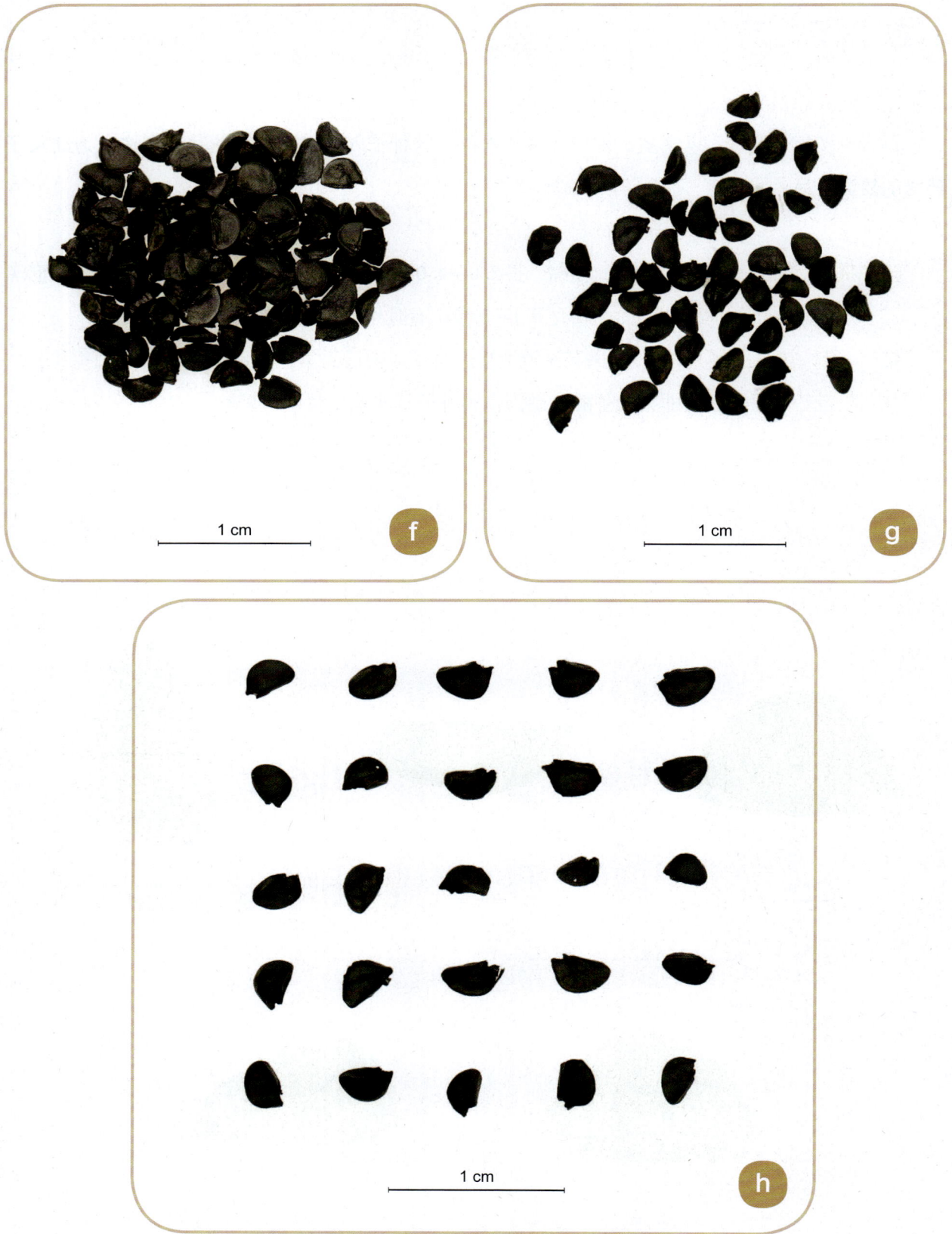

1 cm    f

1 cm    g

1 cm    h

**葱种子性状**

a. 背面；b. 侧面；c. 俯视面；d. 腹面；e. 仰视面；f. 堆叠；g. 平铺；h. 整齐排列

## 曼陀罗　　　　　　　　　　　　　　　　　　　　　*Daturas tramonium* L.

　　茄科多年生草本。以花、根、叶、果实、种子入药。以种子入药时，易与韭菜子混淆，**为韭菜子药材的易混淆品**。

**种子形态**　种子呈肾形，略扁，长 3.3～4.0 mm，宽 2.6～3.2 mm，厚 1.5～1.8 mm。表面黑色、灰黑色或棕色，具隆起的网状纹。背侧呈弓状隆起，腹侧的下方具 1 楔形种脐，中间有 1 裂口状种孔。

**采　　集**　花期 6～10 月，果熟期 8～10 月。蒴果上部开裂且种子变色时采收。

**鉴别特征**　种子小，呈肾形，具隆起的网状纹。与韭菜种子的区别在于本种子形状更圆润，缺少棱，颜色更浅。

a

1 mm

b

1 mm

c

1 mm

d

1 mm

e

1 mm

**曼陀罗种子性状**

a.背面；b.侧面；c.俯视面；d.腹面；e.仰视面；f.堆叠；g.平铺；h.整齐排列

# 天 冬　　　　　　　　　　*Asparagus cochinchinensis* (Lour.) Merr.

百合科多年生草本。以干燥块根入药，药材名为天冬。

**种子形态**　　种子呈球形，直径 4.1 ~ 4.5 mm，黑色。表面具网状皱纹。种脐略微凹陷，浅棕色。

**采　　集**　　花期 5 ~ 7 月，果熟期 8 ~ 10 月。果实由绿色变黄色时采收，采下果实，堆积发酵，稍腐烂后在水里搓去果肉，摊放于通风处晾干，贮藏。

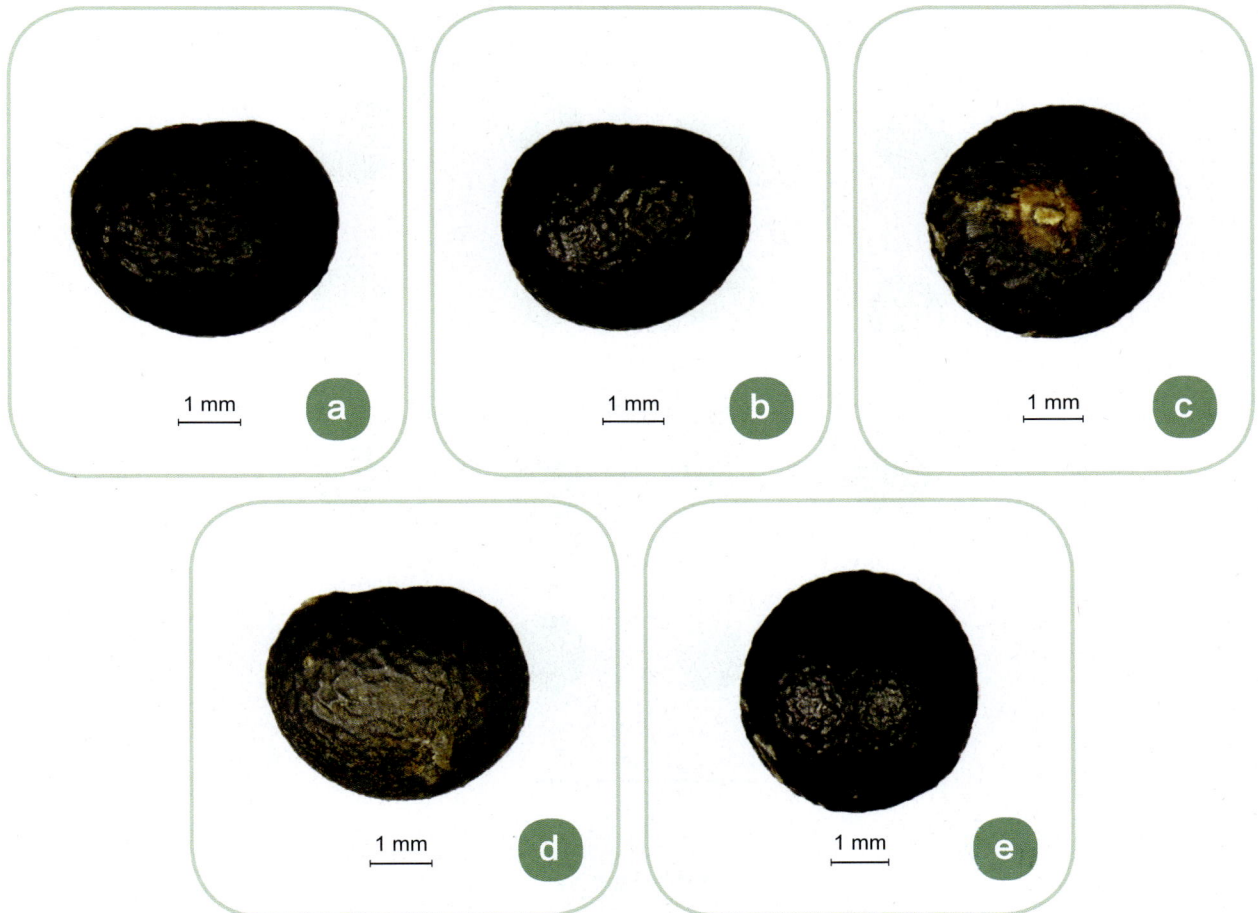

1 mm　　a

1 mm　　b

1 mm　　c

1 mm　　d

1 mm　　e

1 cm

f

1 cm

g

1 cm

h

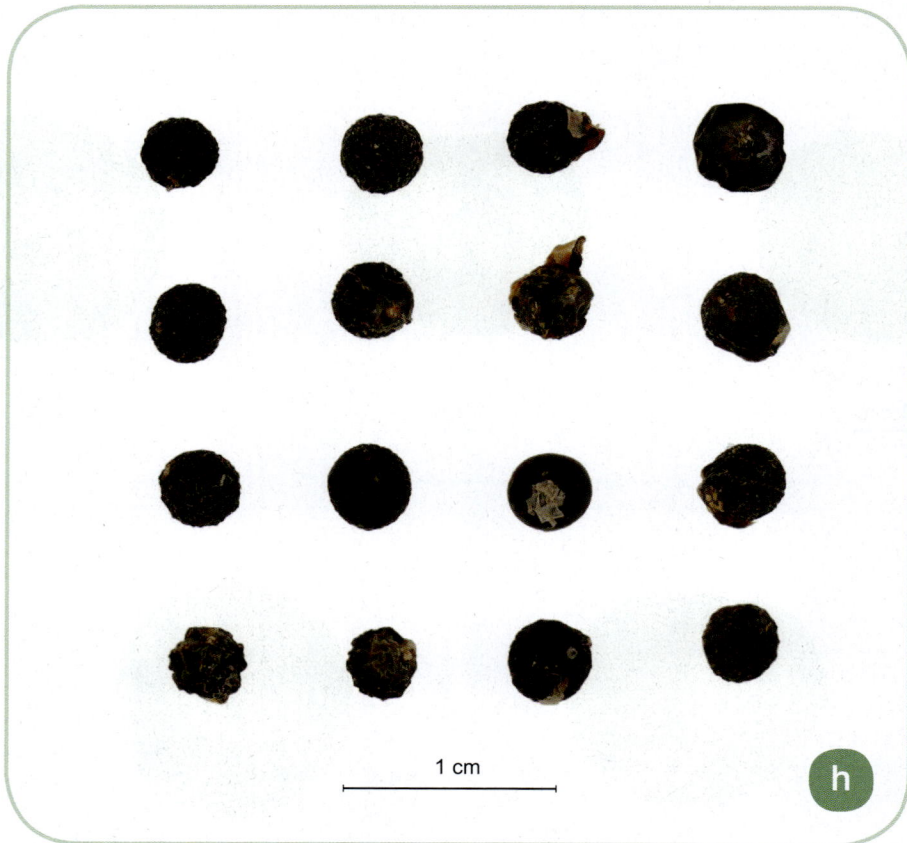

**天冬种子性状**

a. 背面；b. 侧面；c. 俯视面；d. 腹面；e. 仰视面；f. 堆叠；g. 平铺；h. 整齐排列

# 薤 白 *Allium macrostemon* Bge.

百合科多年生草本。以干燥鳞茎入药，药材名为薤白。

**种子形态**　种子呈三角状半卵圆形，较扁，长 2.0 ~ 2.5 mm，宽 1.0 ~ 1.5 mm，厚约 0.5 mm。表面黑色，一面凸起，另一面微凹，粗糙，有皱纹，具 2 棱。种脐位于先端，明显凸出，灰白色。

**采　　集**　花果期 5 ~ 7 月。夏末花朵凋谢、种子成熟后采集种子，晾晒，贮藏。

**鉴别特征**　种子小，具 2 棱，与韭菜种子的区别为本种种子更小，且种脐明显凸出。

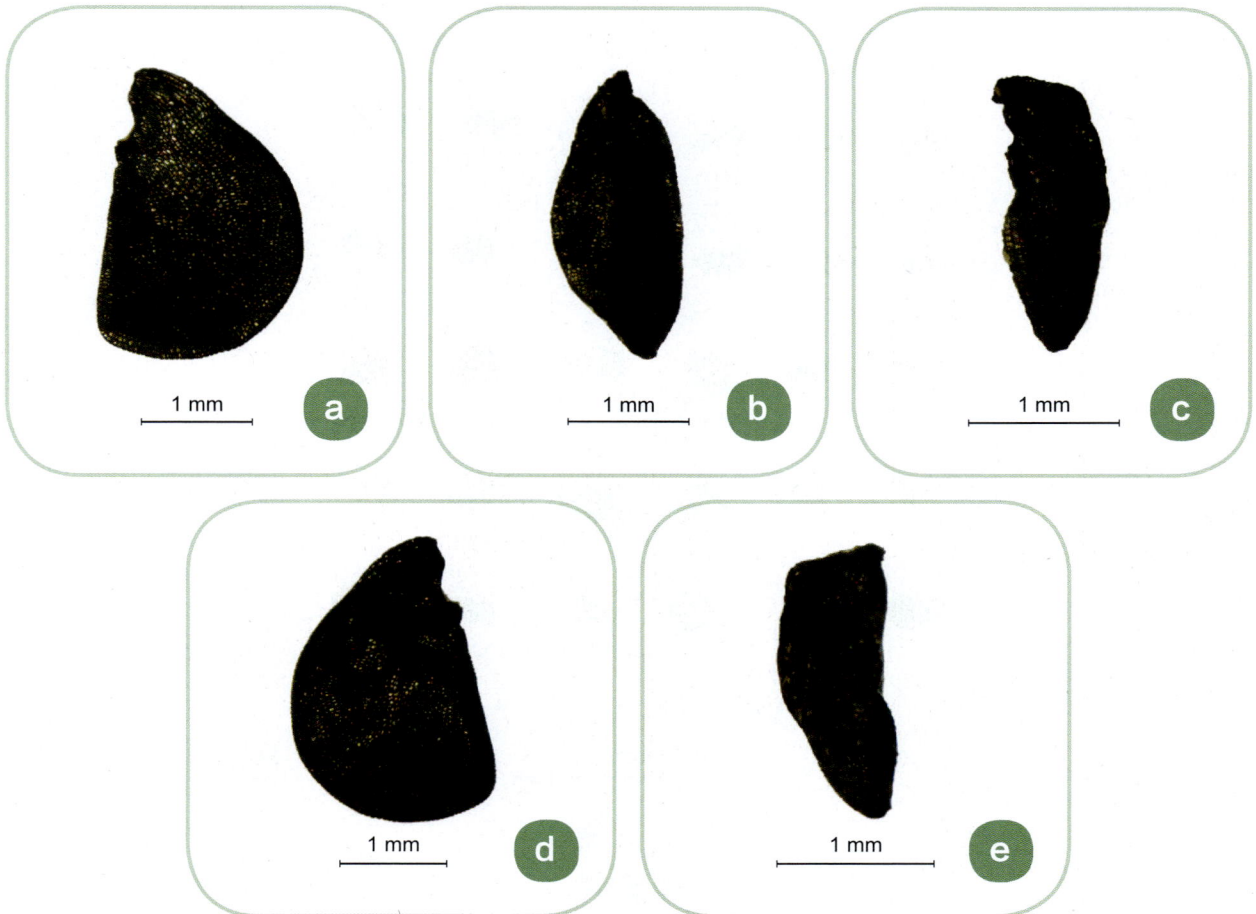

1 mm　a

1 mm　b

1 mm　c

1 mm　d

1 mm　e

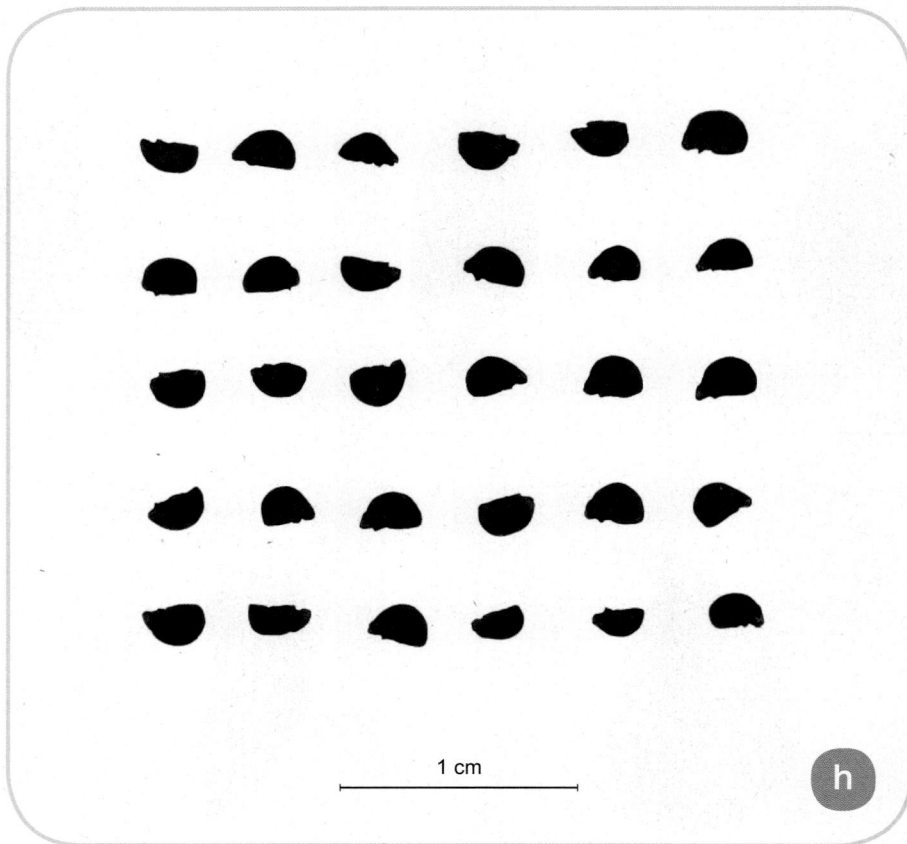

1 cm f

1 cm g

1 cm h

**菥种子性状**

a. 背面；b. 侧面；c. 俯视面；d. 腹面；e. 仰视面；f. 堆叠；g. 平铺；h. 整齐排列

## 绵枣儿　　　　　　　　　*Barnardia japonica* (Thunb.) Schult. & Schult. f.

百合科多年生草本。以全草或鳞茎入药，**为薤白药材的易混淆品。**

**种子形态**　种子呈长圆状窄倒卵圆形，长 4.0 ~ 5.0 mm，直径 1.4 ~ 1.8 mm。表面黑色，粗糙，有皱纹。

**采　　集**　花果期 7 ~ 11 月。7 ~ 8 月种子成熟后采集种子，贮藏。

**鉴别特征**　种子小，长圆状，与薤的种子形状不同。

1 cm

f

1 cm

g

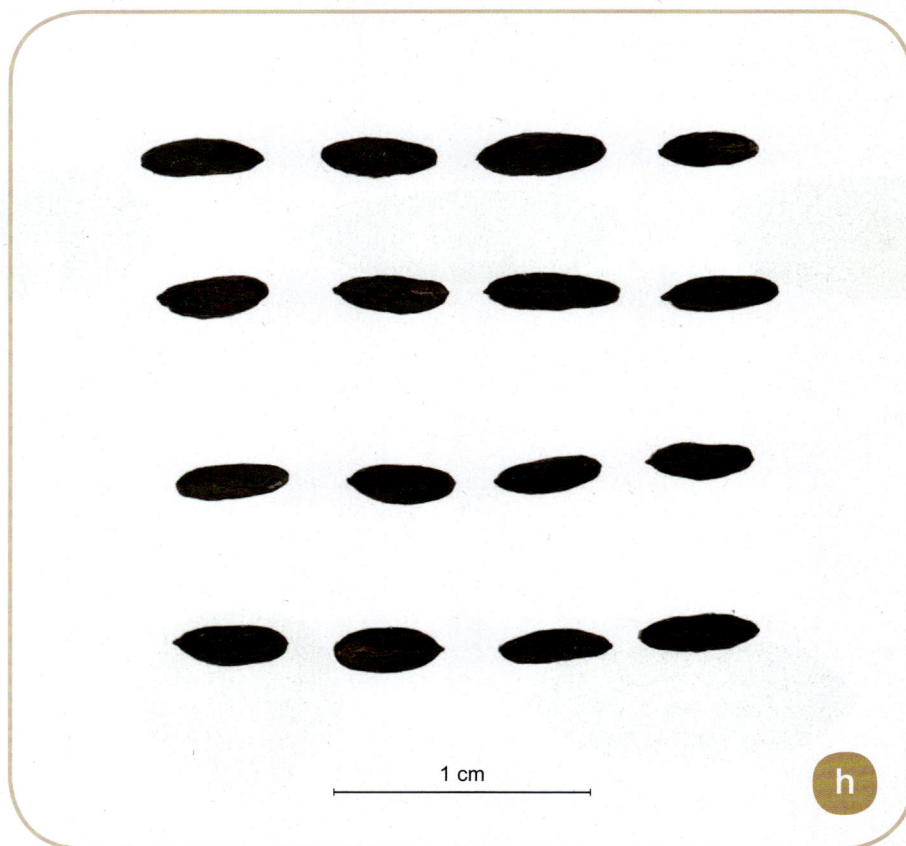

1 cm

h

**绵枣儿种子性状**

a. 背面；b. 侧面；c. 俯视面；d. 腹面；e. 仰视面；f. 堆叠；g. 平铺；h. 整齐排列

# 玉 竹

*Polygonatum odoratum*（Mill.）Druce

百合科多年生草本。以干燥根茎入药，药材名为玉竹。

**种子形态**　种子呈卵圆形或近矩圆形，直径3.4～4.5 mm，浅黄褐色，无光泽。先端具一深棕色的圆形种孔，不凹陷，基部具一大型椭圆形且略隆起的黄褐色种脐，周围一圈黑褐色。

**采　　集**　果熟期北方9～10月，南方7～8月。种子成熟且果皮呈紫黑色时采集，除去果肉，漂洗，取出沉底的种子，摊开，晾干，放于干燥阴凉处贮藏。

**鉴别特征**　种子小，近矩圆形，种孔不凹陷。

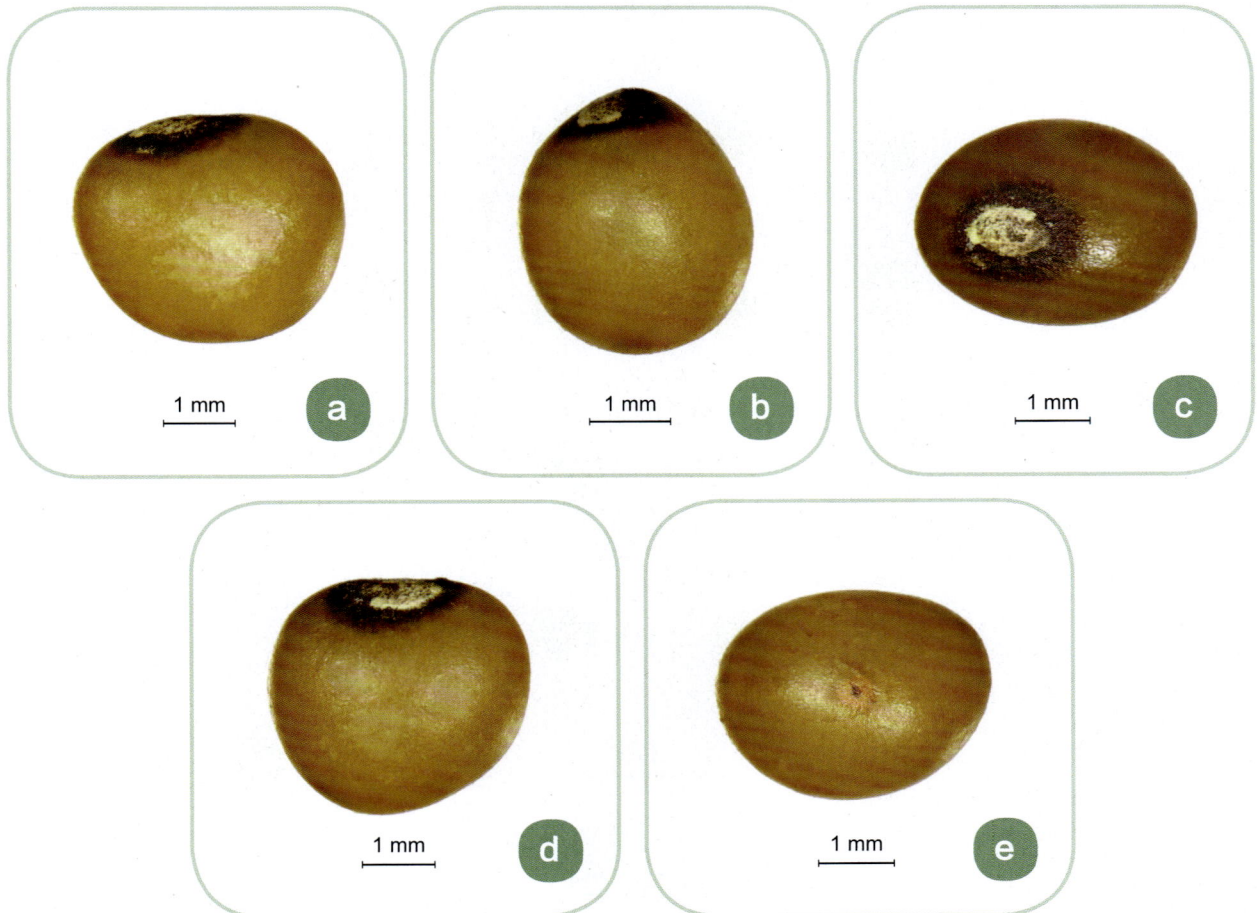

a　　1 mm

b　　1 mm

c　　1 mm

d　　1 mm

e　　1 mm

1 cm f

1 cm g

1 cm h

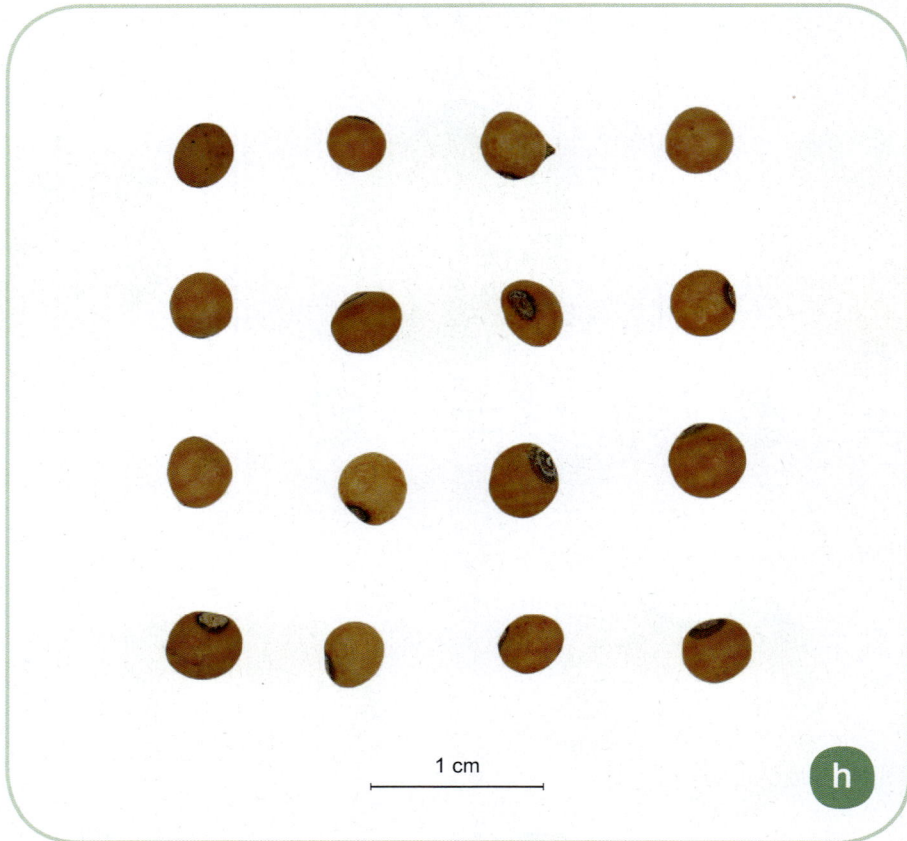

**玉竹种子性状**

a. 背面；b. 侧面；c. 俯视面；d. 腹面；e. 仰视面；f. 堆叠；g. 平铺；h. 整齐排列

# 黄 精

*Polygonatum sibiricum* Red.

百合科多年生草本。以干燥根茎入药，药材名为黄精，习称"鸡头黄精"，**为玉竹药材的易混淆品**。

**种子形态**　种子近球形，略扁，直径4.0~4.2 mm。表面浅黄褐色，无光泽。先端具一深棕色的圆形种孔，基部具一大型椭圆形且略隆起的黄褐色斑，为种脐所在。

**采　　集**　花期5~6月，果熟期9~10月。当果肉变软且果皮呈紫黑色或墨绿色时采收，成熟果实易落地，应随熟随采，将采下的果实浸泡于水中，搓去果肉，漂洗，取出沉底的种子，摊开，阴干，放于干燥阴凉处贮藏。

**鉴别特征**　种子小，近球形，种孔略微凹陷，比玉竹的种子扁。

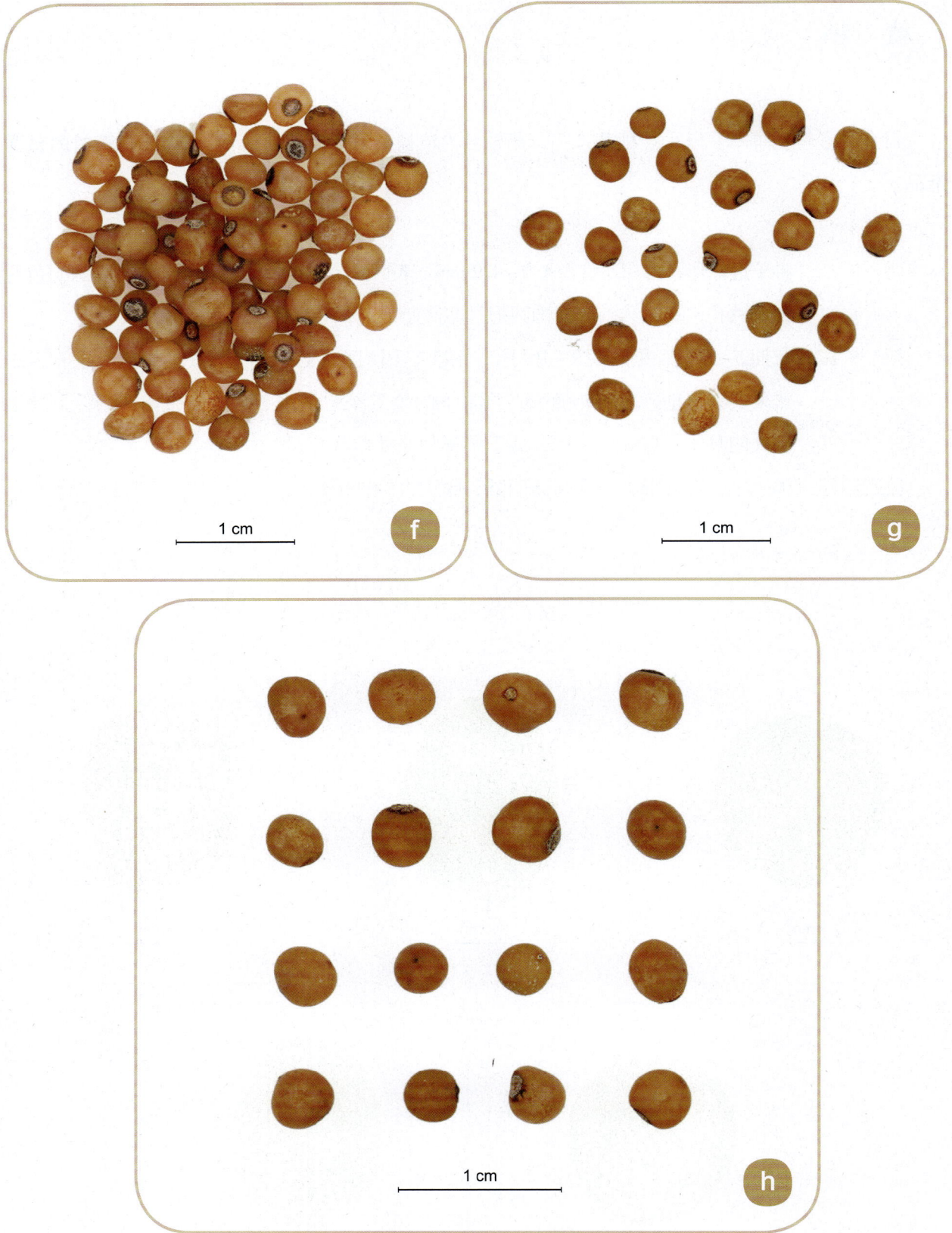

**黄精种子性状**

a. 背面；b. 侧面；c. 俯视面；d. 腹面；e. 仰视面；f. 堆叠；g. 平铺；h. 整齐排列

# 知　母

*Anemarrhena asphodeloides* Bge.

百合科多年生草本。以干燥根茎入药，药材名为知母。

**种子形态**　种子呈新月形或长椭圆形，较扁，长 7.5 ~ 12.0 mm，宽 1.8 ~ 4.2 mm，厚 1.7 ~ 1.9 mm。表面黑色，具 3 ~ 4 翅状棱，背部呈弓状隆起，腹棱平直，下端有一微凹的种脐。

**采　集**　花期 5 ~ 6 月，果熟期 9 ~ 10 月。蒴果呈黄绿色且将开裂时采收，晾干，除去杂质，贮藏。

1 mm　a

1 mm　b

1 mm　c

1 mm　d

1 mm　e

1 cm    f

1 cm    g

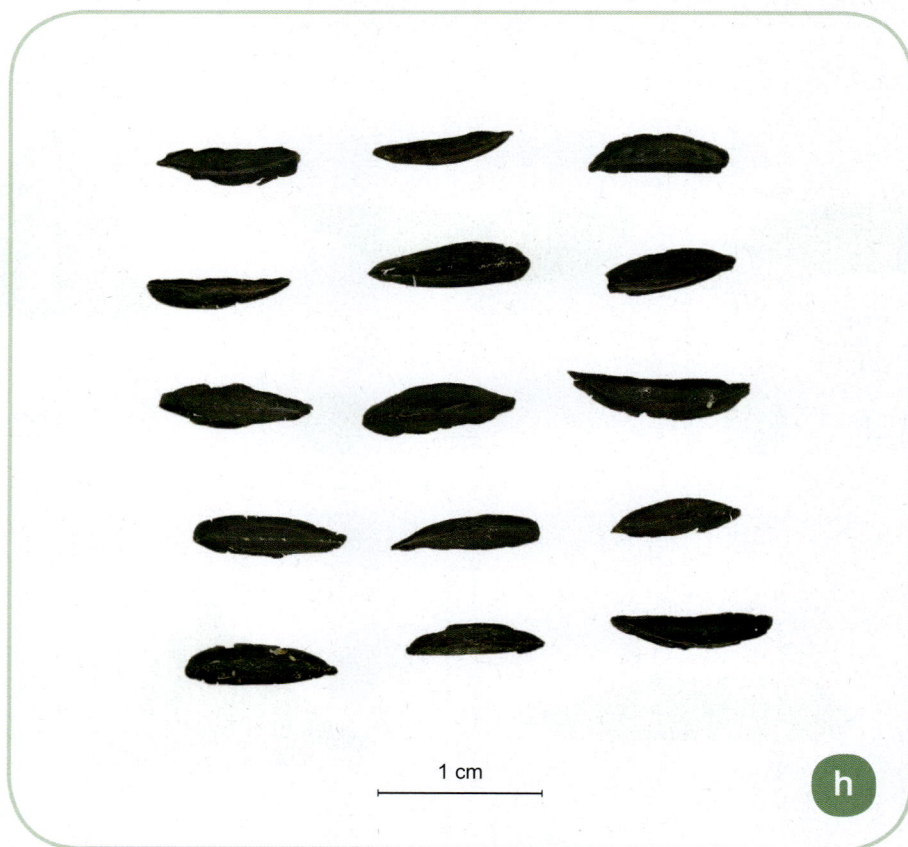

1 cm    h

**知母种子性状**

a. 背面；b. 侧面；c. 俯视面；d. 腹面；e. 仰视面；f. 堆叠；g. 平铺；h. 整齐排列

# 柏　科

## 侧　柏　　　　　　　　　　　*Platycladus orientalis*（L.）Franco

柏科木本。以干燥枝梢、叶入药，药材名为侧柏叶。以干燥成熟种仁入药，药材名为柏子仁。

**种子形态**　种子椭圆状卵形，略呈三棱状，长 5.5～6.5 mm，直径 2.8～3.2 mm。表面灰褐色，粗糙，无光泽。先端尖，基部钝圆，稍有棱脊，侧面具浅色种脐。

**采　　集**　花期 3～4 月，球果 10 月成熟。一般在球果未开裂时采收，把球果摊在席上晾晒 5～6 天，注意经常翻动，当鳞片张开时，用木棒轻轻敲打球果，种子即可脱出，然后进行清选。

a　1 mm

b　1 mm

c　1 mm

d　1 mm

e　1 mm

1 cm

f

1 cm

g

1 cm

h

**侧柏种子性状**

a. 背面；b. 侧面；c. 俯视面；d. 腹面；e. 仰视面；f. 堆叠；g. 平铺；h. 整齐排列

# 车前科

| 车　前 | *Plantago asiatica* L. |
|---|---|

车前科多年生草本。以干燥成熟种子入药，药材名为车前子。

**种子形态**　种子呈矩圆形，略扁，形状不太一致，较细小，长 1.7~2.7 mm，宽 1~1.2 mm，厚 0.7~0.9 mm，腹面通常较平坦。表面呈浅黄褐色或黑褐色，具许多皱纹状的小突起，无光泽。种脐位于侧面中部，呈椭圆形浅凹状，稍明显。

**采　　集**　花期 4~8 月，果期 6~9 月。果实成熟时割取果穗，晒干，搓出种子，簸除杂质，贮藏。

**鉴别特征**　种子小，形似西瓜种子，黑褐色。

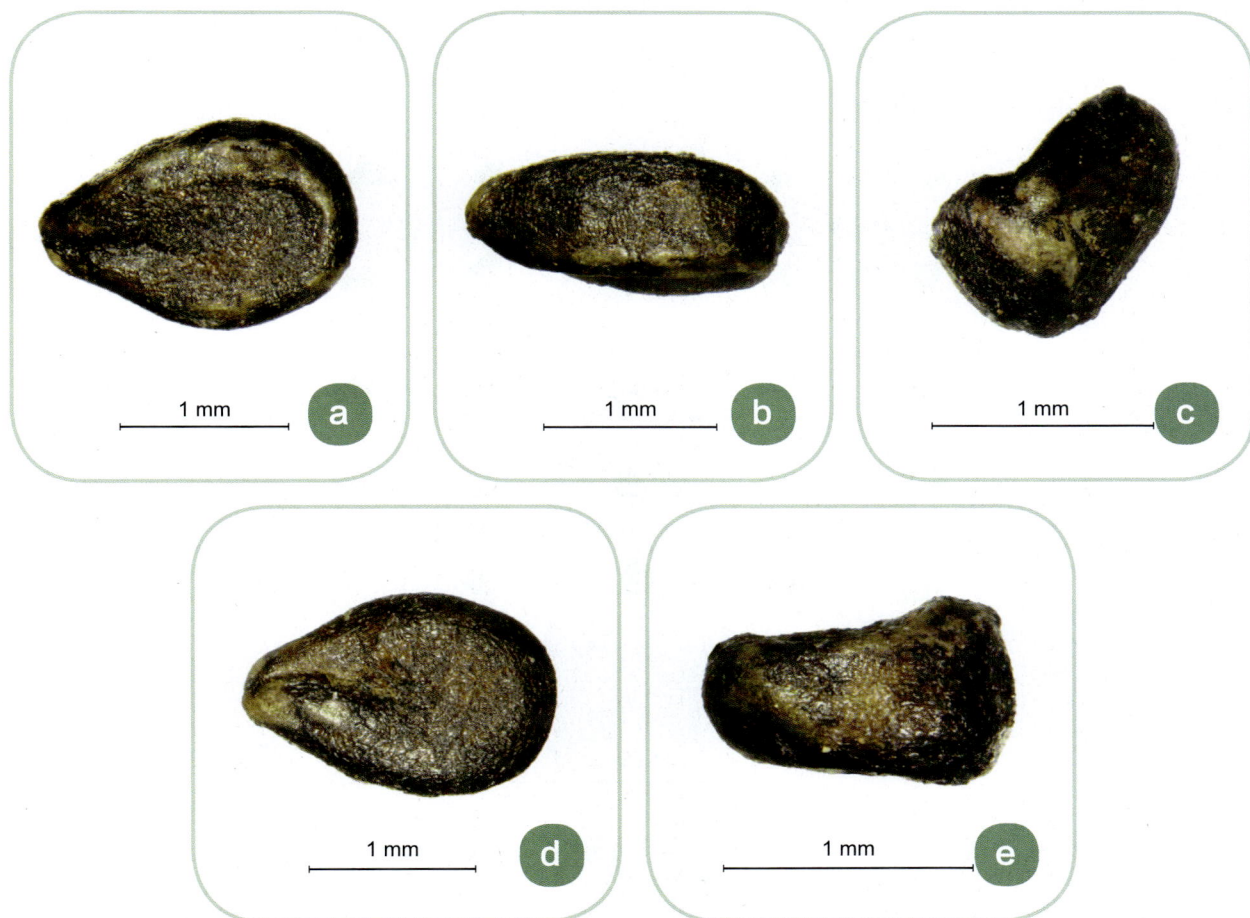

1 cm

f

1 cm

g

1 cm

h

**车前种子性状**

a. 背面；b. 侧面；c. 俯视面；d. 腹面；e. 仰视面；f. 堆叠；g. 平铺；h. 整齐排列

## 小车前

*Plantago minuta* Pall.

车前科一年生或多年生矮小草本。以种子入药，易与车前子混淆，**为车前子药材的易混淆品**。

**种子形态**　种子呈椭圆状卵圆形，长 1.0 ~ 1.2 mm，直径 0.9 ~ 1.1 mm。表面黑色，粗糙，无光泽，腹面内凹成船形，有一浅色的种脐。

**采　　集**　花期 6 ~ 8 月，果期 7 ~ 9 月。果实成熟时割取果穗，晒干，搓出种子，簸除杂质后贮藏。

**鉴别特征**　种子小，腹面内凹成船形，远小于车前种子。

a　1 mm

b　0.5 mm

c　0.5 mm

d　1 mm

e　0.5 mm

1 cm

**f**

1 cm

**g**

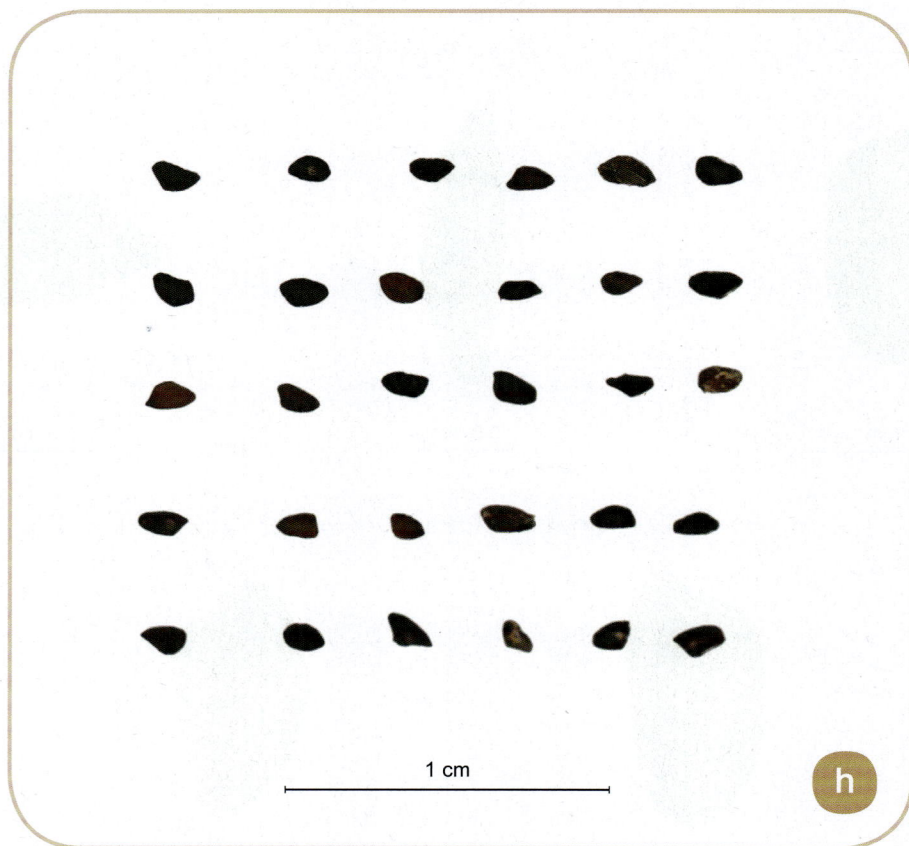

1 cm

**h**

**小车前种子性状**

a. 背面；b. 侧面；c. 俯视面；d. 腹面；e. 仰视面；f. 堆叠；g. 平铺；h. 整齐排列

# 青 葙

*Celosia argentea* L.

苋科一年生草本。以种子入药，**为车前子药材的易混淆品。**

**种子形态**　种子呈扁圆肾形，较扁，长、宽均 1.2～1.5 mm，厚 0.5～0.7 mm。表面黑色，平滑，有光泽。两侧凸起，腹侧微凹，内具一凸起的小种脐。

**采　　集**　花期 6～8 月，果熟期 8～9 月。当种子呈棕黑色时割取果穗，晒干，打下种子，除去杂质，放于干燥处贮藏。

**鉴别特征**　种子小，呈扁圆肾形，纯黑色，有光泽。车前种子呈矩圆形，具皱纹状小突起，无光泽。

a　0.5 mm

b　0.5 mm

c　0.5 mm

d　0.5 mm

e　0.5 mm

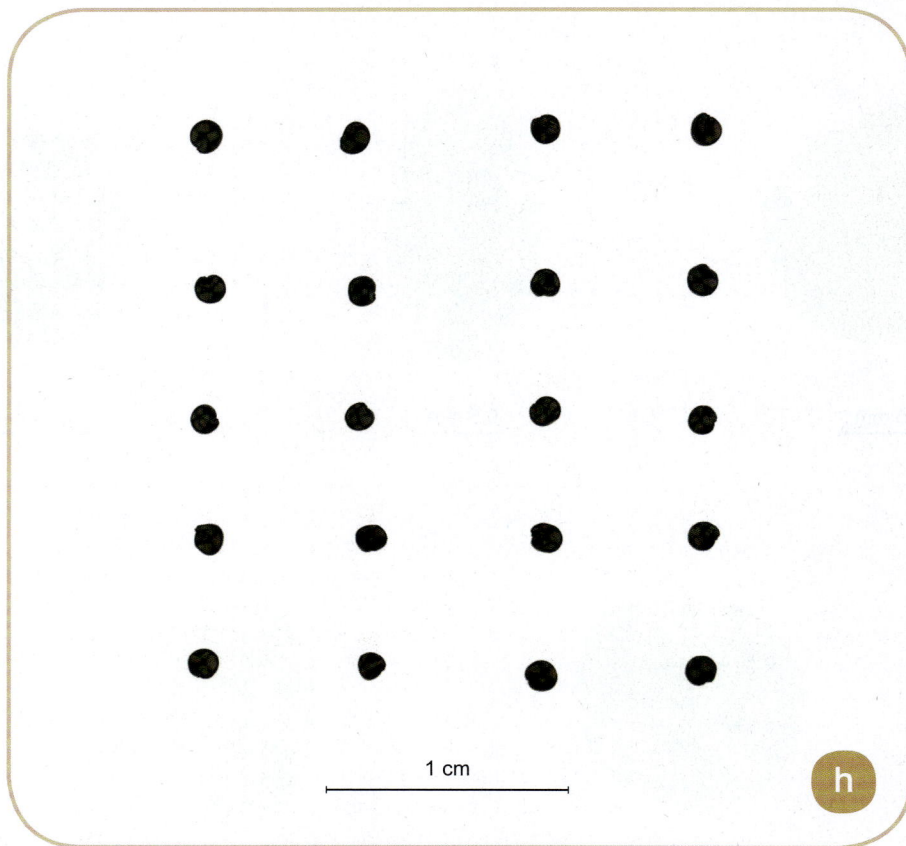

**青葙种子性状**

a.背面；b.侧面；c.俯视面；d.腹面；e.仰视面；f.堆叠；g.平铺；h.整齐排列

## 播娘蒿　　　　　　　　　　　　　*Descurainia sophia*（L.）Webb. ex Prantl.

十字花科一年生草本。以种子入药，药材名为葶苈子。习称"南葶苈子"，**为车前子药材的易混淆品。**

**种子形态**　种子呈长椭圆形，略扁，长0.9~1.1 mm，直径0.5~0.7 mm。表面红棕色，具细网状瘤点纹理，有2纵向浅沟。先端有一污白色的椭圆形种脐。

**采　　集**　花期5~6月，果期7~8月。花朵凋谢后、种子变干燥时采集。

**鉴别特征**　种子小，呈长椭圆形，远小于车前种子，且形状与车前种子不同。

1 cm

f

1 cm

g

1 cm

h

**葶苈种子性状**

a. 背面；b. 侧面；c. 俯视面；d. 腹面；e. 仰视面；f. 堆叠；g. 平铺；h. 整齐排列

# 川续断科

## 川续断                       *Dipsacus asper* Wall.

川续断科多年生草本。以干燥根入药，药材名为续断。

**种子形态**  瘦果呈三角状楔形，长 3.0~4.7 mm，直径 1.0~1.8 mm。表面淡褐色或下部呈黑褐色，被浅黄色的短柔毛，具 4 明显纵棱及不明显浅纵沟，内含 1 种子。种子浅黄褐色，长椭圆形。

**采　集**  花期 8~9 月，果期 9~10 月。当果实呈绿色且种子已经充实时，把整个果实摘下，晒干，抖出种子，簸去杂质，放于干燥阴凉处贮藏。

1 cm

f

1 cm

g

1 cm

h

**川续断果实性状**

a. 背面；b. 侧面；c. 俯视面；d. 腹面；e. 仰视面；f. 堆叠；g. 平铺；h. 整齐排列

# 唇形科

## 半枝莲        *Scutellaria barbata* D. Don

唇形科多年生草本。以干燥全草入药,药材名为半枝莲。

**种子形态**    小坚果绿褐色,近椭球形,直径0.8~1.2 mm。表面遍布小疣状突起,腹面近基部具1果脐。种子呈肾形,表面黄褐色,麸糠状,长约1.5 mm。

**采　　集**    花果期4~7月。当坚果干燥后剥取种子,贮藏。

**鉴别特征**    种子小,扁圆肾形。

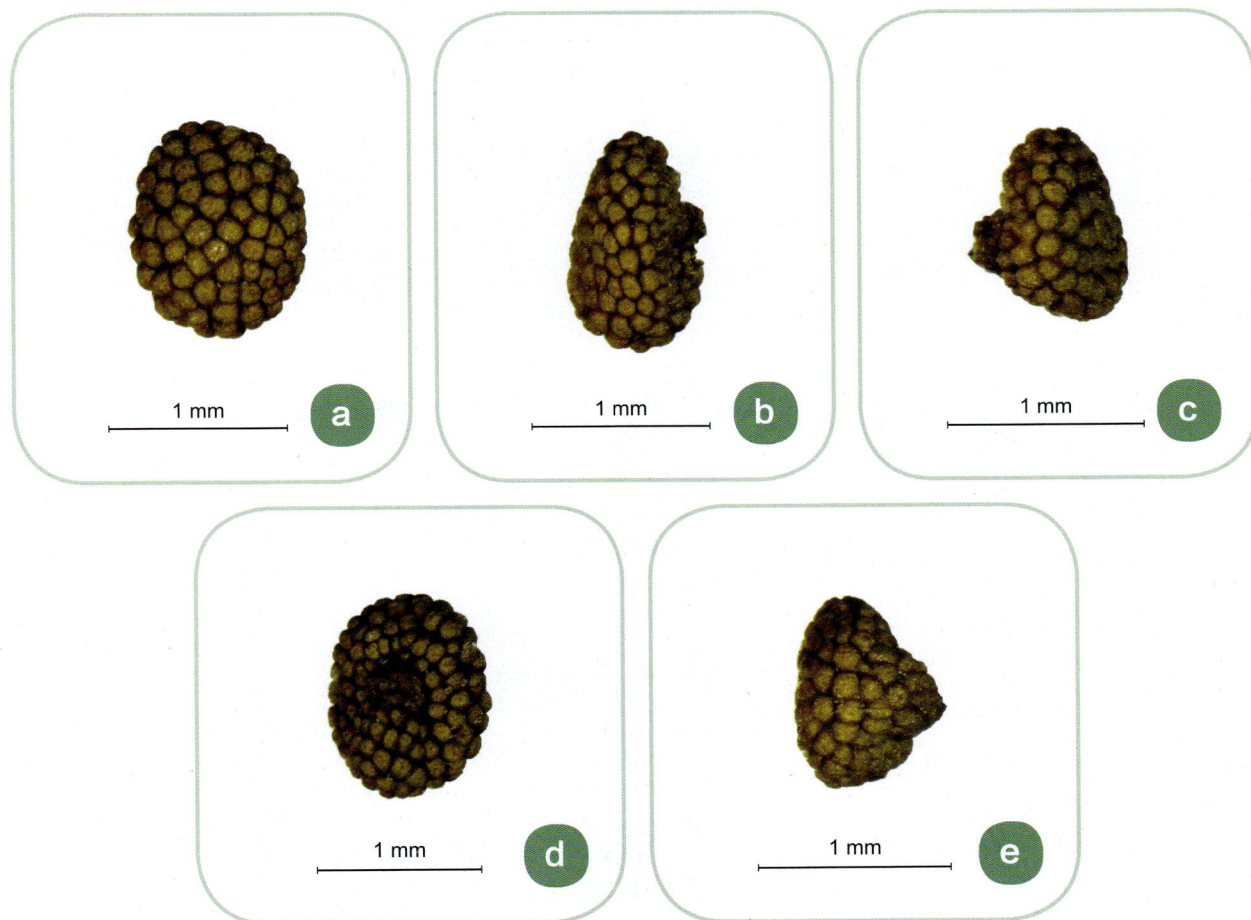

a    1 mm

b    1 mm

c    1 mm

d    1 mm

e    1 mm

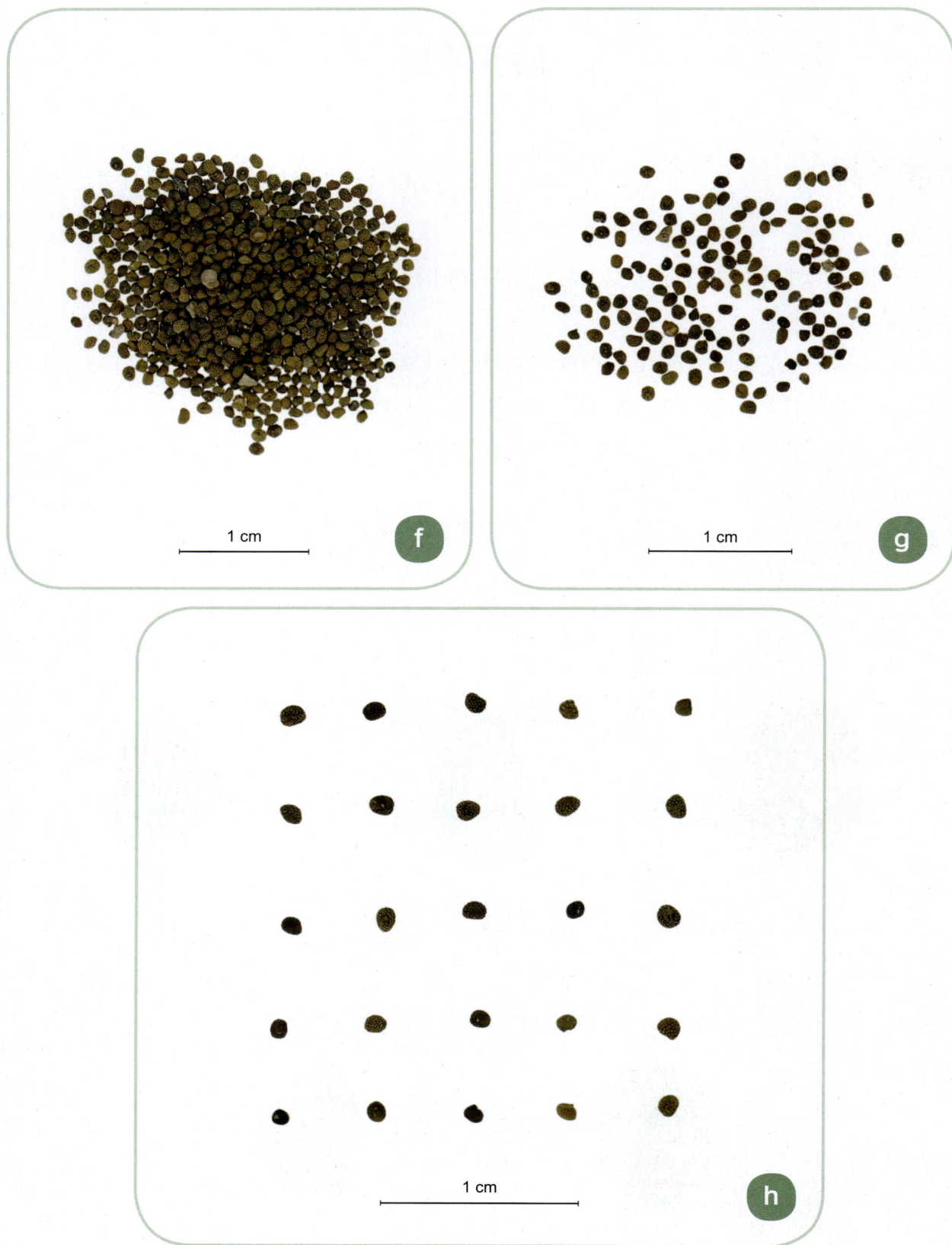

1 cm

f

1 cm

g

1 cm

h

**半枝莲种子性状**

a. 背面；b. 侧面；c. 俯视面；d. 腹面；e. 仰视面；f. 堆叠（果实）；g. 平铺（果实）；h. 整齐排列（果实）

## 荔枝草     *Salvia plebeia* R. Br.

唇形科二年生直立草本。以全草入药，**为半枝莲药材的易混淆品。**

**种子形态**　种子呈卵状，长 0.9～1.0 mm，直径 0.6～0.7 mm。表面棕褐色，遍布小点状突起。一端有一浅色的种脐。

**采　集**　花期 4～6 月，果期 5～7 月。当大部分小坚果呈褐色时剪下果序，晾干，揉搓，筛出果实，放于阴凉干燥处贮藏。

**鉴别特征**　本种种子与半枝莲的区别为本种种子小，卵形，表面具小点状突起。

1 cm    f

1 cm    g

1 cm    h

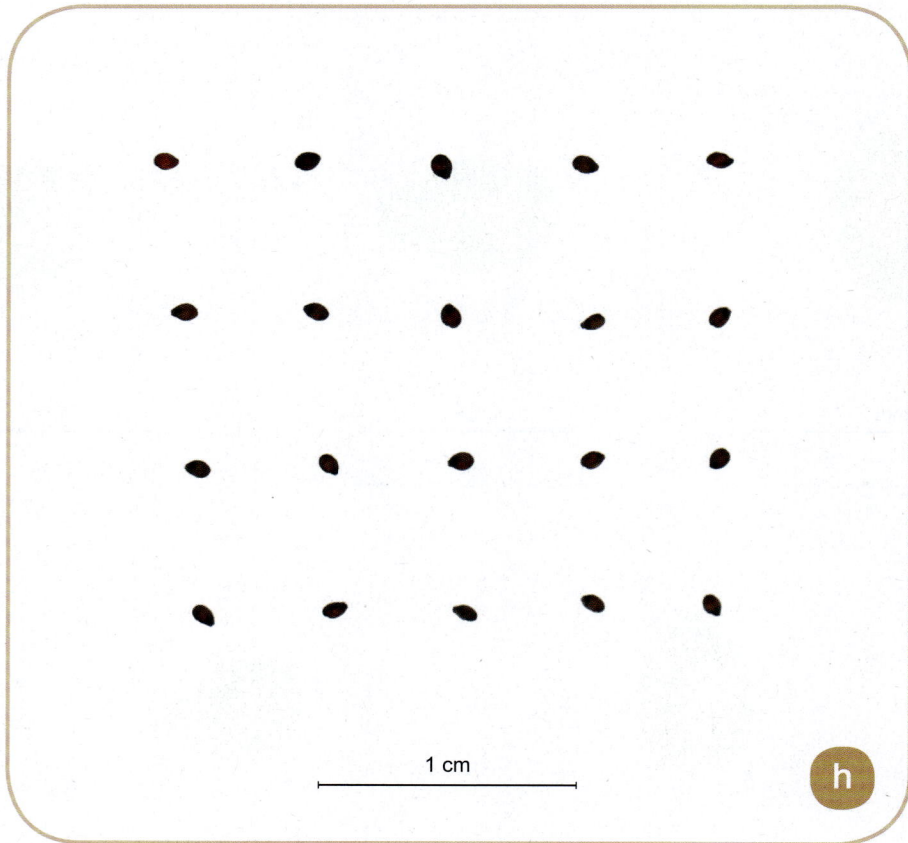

**荔枝草种子性状**

a. 背面；b. 侧面；c. 俯视面；d. 腹面；e. 仰视面；f. 堆叠；g. 平铺；h. 整齐排列

# 薄 荷                                         *Mentha haplocalyx* Briq.

唇形科多年生草本。以干燥地上部分入药，药材名为薄荷。

**种子形态** 小坚果呈三棱状长卵形，略扁，长 1.5～1.7 mm，宽 0.8～1.0 mm，厚约 0.8 mm，黄褐色，光滑，稍有光泽。种脐位于种子先端，周围具一大型的浅黄色色斑，背面中央有 1 线形脊。

**采　　集** 花期 7～9 月，果期 10 月。当种子呈褐色时剪下果序，晾干，揉搓，筛出果实，放于阴凉干燥处贮藏。

**鉴别特征** 果实小，呈长卵形三棱状，先端具一大型的椭圆形浅黄色色斑。

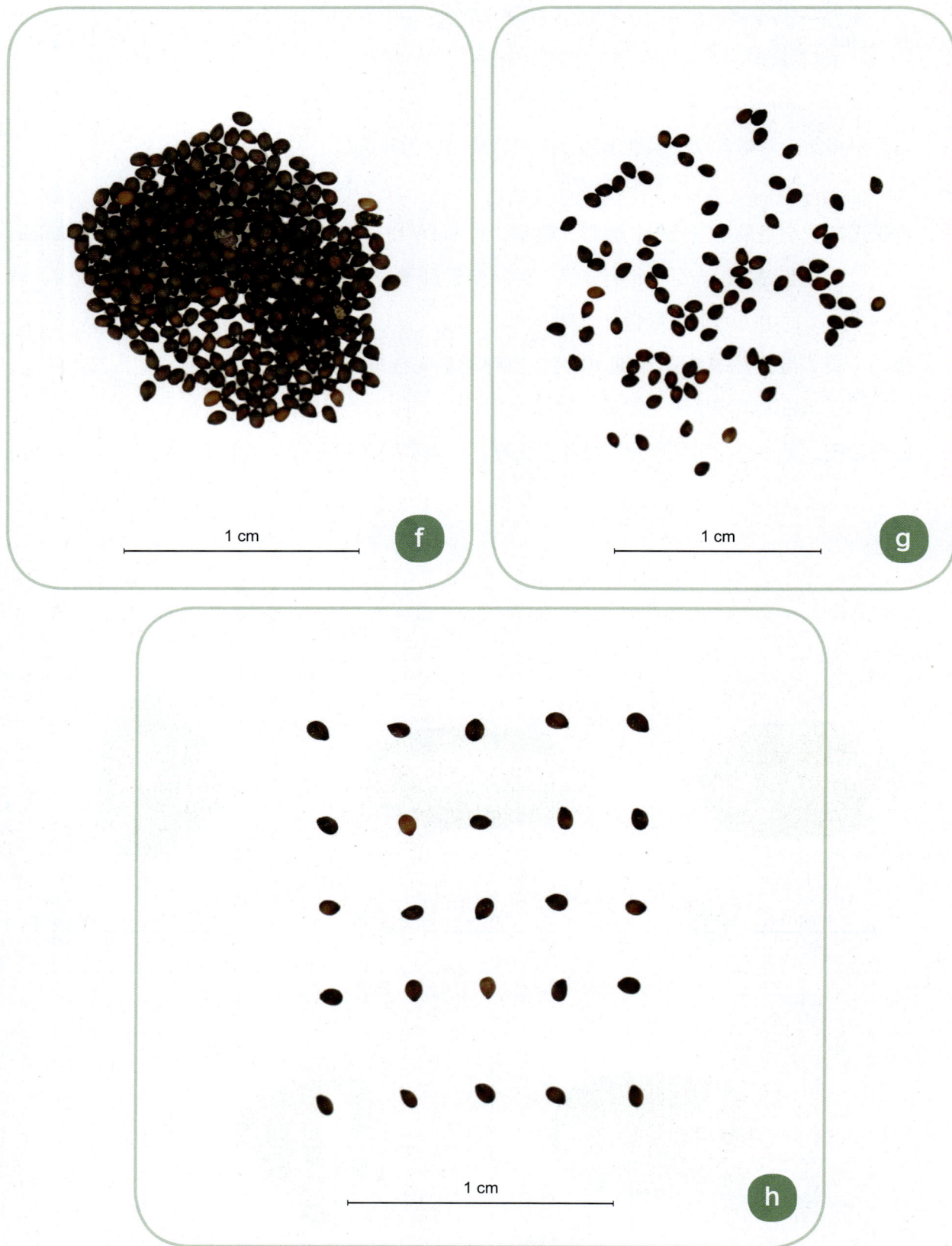

**薄荷种子性状**

a. 背面；b. 侧面；c. 俯视面；d. 腹面；e. 仰视面；f. 堆叠；g. 平铺；h. 整齐排列

## 留兰香                                              *Mentha spicata* L.

唇形科多年生草本。以全草入药，**为薄荷药材的易混淆品。**

**种子形态**　小坚果呈卵球形或椭圆形，略扁，长 1.7~1.9 mm，宽 1.0~1.3 mm，厚 0.8~0.9 mm。
表面黑色或灰黑色，粗糙，无光泽，基部有一长条弧状的白斑。果脐位于中央。

**采　　集**　花期 6~8 月，果期 9~10 月。当大部分果实成熟且呈黑色时割取果序，晾干，脱
粒，簸去杂质，放于干燥通风处贮藏。

**鉴别特征**　本种果实与薄荷种子的区别为本种果实小，无浅黄色斑，表面粗糙。

a　1 mm

b　1 mm

c　1 mm

d　1 mm

e　1 mm

1 cm

f

1 cm

g

1 cm

h

**留兰香种子性状**

a. 背面；b. 侧面；c. 俯视面；d. 腹面；e. 仰视面；f. 堆叠；g. 平铺；h. 整齐排列

# 丹 参

*Salvia miltiorrhiza* Bge.

唇形科多年生草本。以干燥根及根茎入药，药材名为丹参。

**种子形态** 小坚果呈三棱状长卵形，略扁，长 3.5 ~ 4.0 mm，宽 3.0 ~ 3.5 mm，厚约 1.7 mm，黄褐色或茶褐色。表面覆盖黄灰色糠秕状蜡质层，背面稍平，腹面隆起成脊，圆钝，近基部两侧收缩，稍凹陷。果脐着生于腹面纵脊下方，近圆形，边缘隆起，密布灰白色蜡质斑，中央有一"C"形的银白色细线。

**采　集** 花期从 6 月上旬开始，果熟期 7 月中旬至 9 月。成熟后坚果落地。

**鉴别特征** 果实小，表面覆盖黄灰色糠秕状蜡质层，果脐中央有一"C"形的银白色细线。

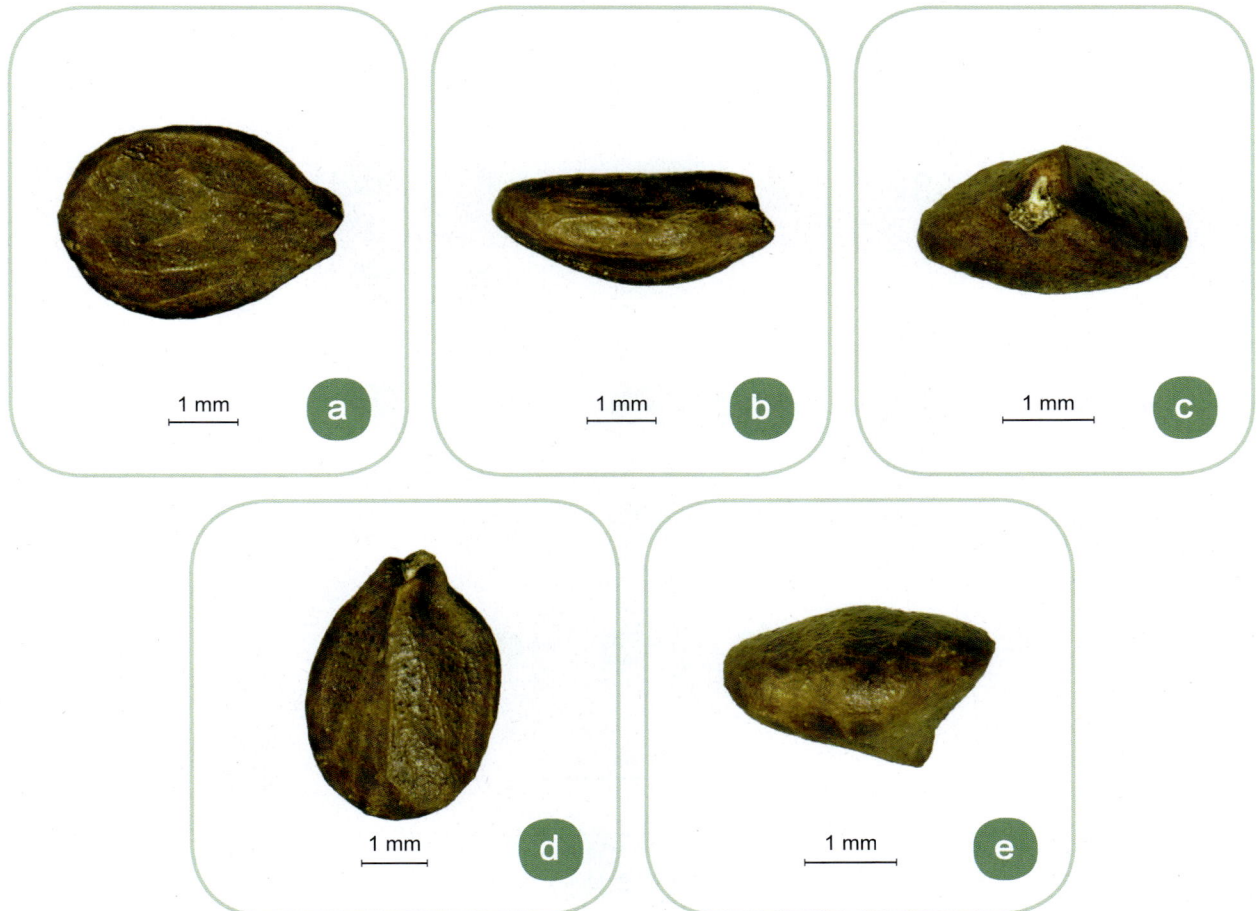

1 mm　a

1 mm　b

1 mm　c

1 mm　d

1 mm　e

**丹参果实性状**

a. 背面；b. 侧面；c. 俯视面；d. 腹面；e. 仰视面；f. 堆叠；g. 平铺；h. 整齐排列

# 云南鼠尾草

*Salvia yunnanensis* C. H. Wright

唇形科多年生草本。以根入药，**为丹参药材的易混淆品**。

**种子形态** 小坚果呈三棱状长卵形，略扁，长 3.0～3.2 mm，宽 1.4～1.8 mm，厚约 1 mm。表面黄褐色或茶褐色，干净，无杂色，背面稍平，腹面隆起成脊。果脐着生于腹面纵脊下方，椭圆形，边缘隆起，呈白色。

**采　　集** 花期 4～8 月。当大部分果实成熟且呈黑色时割取果序，晾干，脱粒，簸去杂质，放于干燥通风处贮藏。

**鉴别特征** 果实小于丹参种子，表面无蜡质层，果脐中央无"C"形银白色细线。

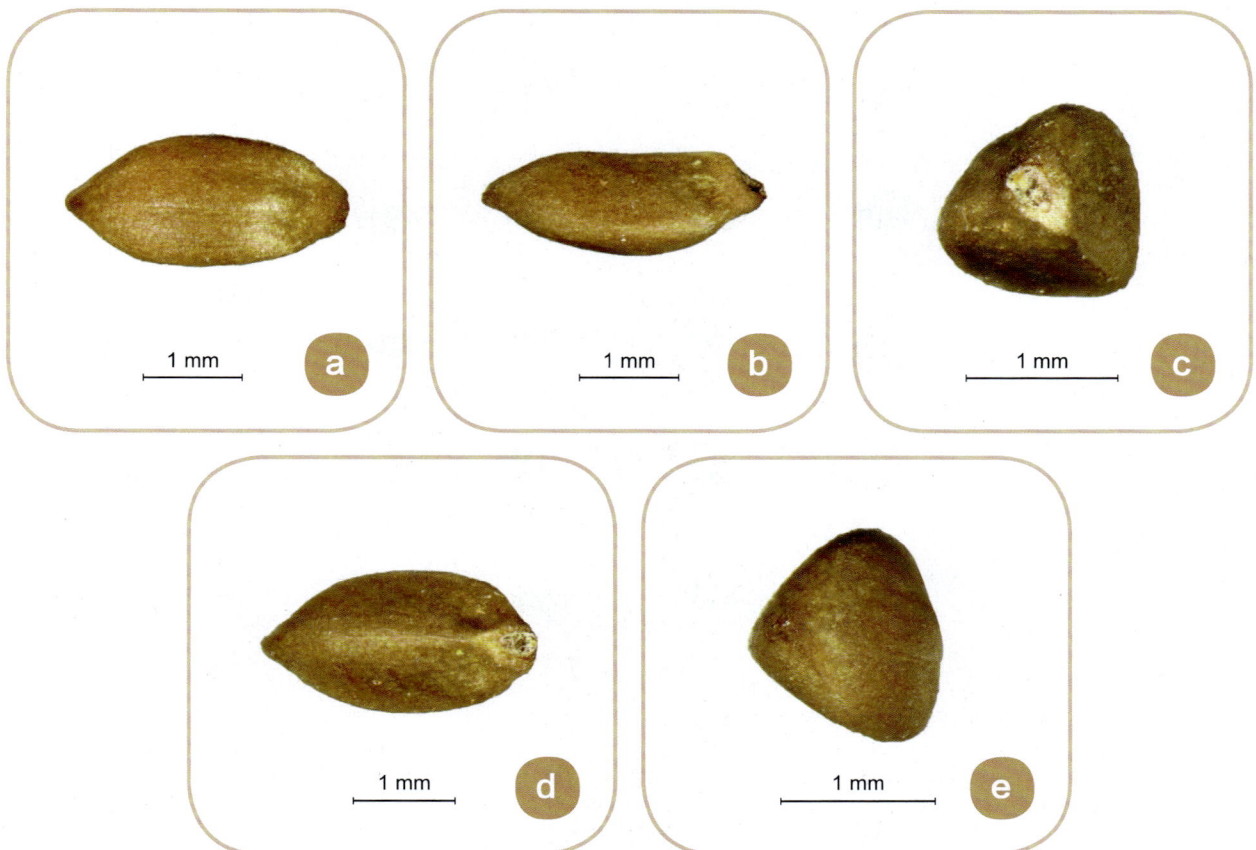

a　　　1 mm

b　　　1 mm

c　　　1 mm

d　　　1 mm

e　　　1 mm

**云南鼠尾草种子性状**

a. 背面；b. 侧面；c. 俯视面；d. 腹面；e. 仰视面；f. 堆叠；g. 平铺；h. 整齐排列

# 毛叶地瓜儿苗 *Lycopus lucidus* Turcz. var. *hirtus* Regel

唇形科多年生草本。以干燥地上部分入药，药材名为泽兰。

**种子形态** 小坚果呈倒卵圆状四边形，基部略狭，长 1.8 mm，宽 1.2 mm，厚 1 mm，褐色，边缘加厚，背面平，腹面具棱，有腺点。

**采　集** 花期 6~9 月，果期 8~11 月。果实成熟后采收，晒干，脱粒，除去杂质，置于通风、干燥、阴凉处贮藏。

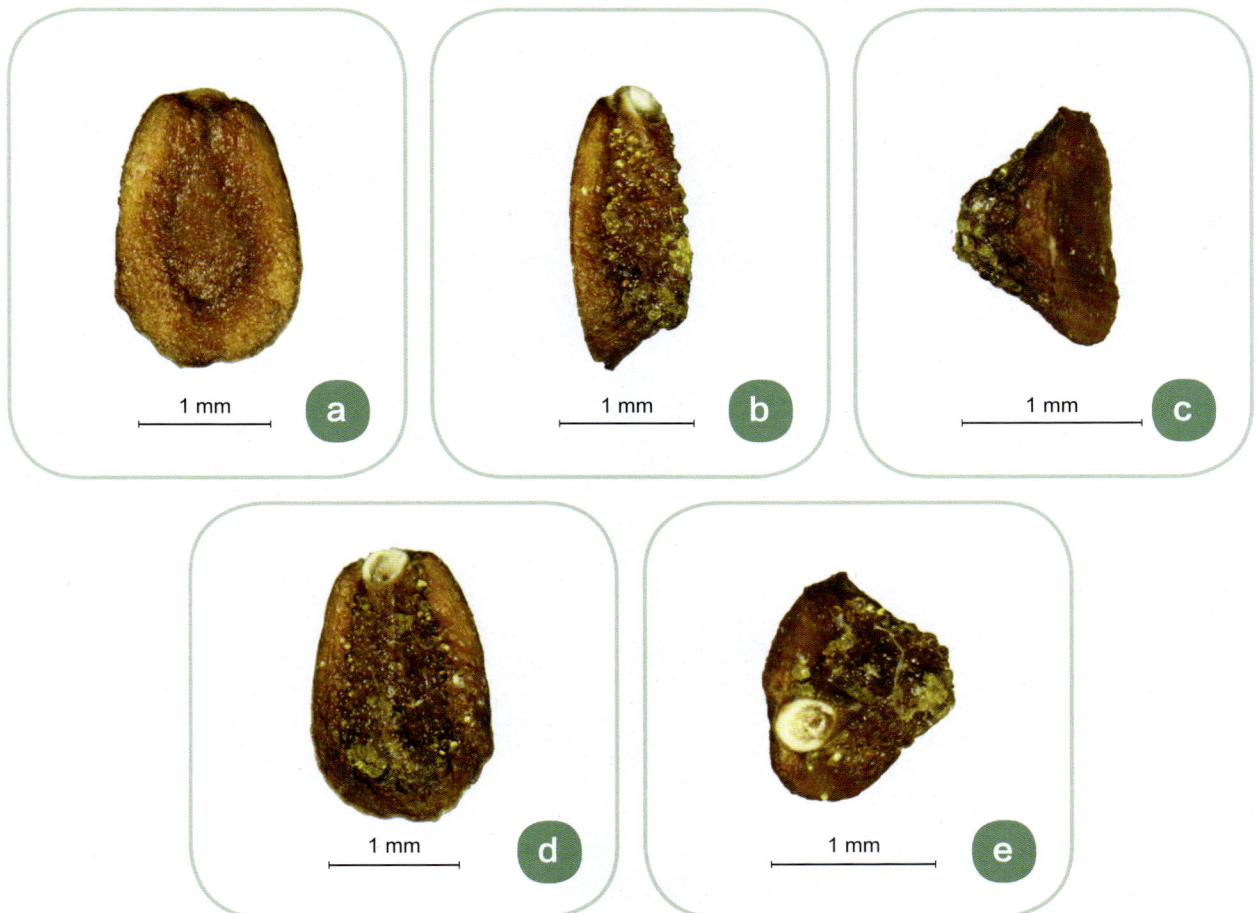

1 mm    a

1 mm    b

1 mm    c

1 mm    d

1 mm    e

**毛叶地瓜儿苗种子性状**

a. 背面；b. 侧面；c. 俯视面；d. 腹面；e. 仰视面；f. 堆叠；g. 平铺；h. 整齐排列

# 广藿香

*Pogostemon cablin* (Blanco) Benth.

唇形科多年生草本。以干燥地上部分入药，药材名为广藿香。

**种子形态** 小坚果呈三棱状矩圆形，略扁，长 3.0~3.5 mm，宽 1.2~1.7 mm，厚约 1.4 mm。表面暗褐色或棕褐色，先端钝圆，具黄白色短毛，基部平截，具一白色的圆突状小果脐，背面略呈弓形隆起，两侧面平，腹棱平直，含 1 种子。

**采　　集** 花期 4 月，果熟期 8~9 月。当种子呈暗褐色或棕褐色时采收，放于阴凉处数日，晒干，打落种子，去净杂质，贮藏。

**鉴别特征** 果实小，呈三棱状矩圆形，先端钝圆，具黄白色短毛。

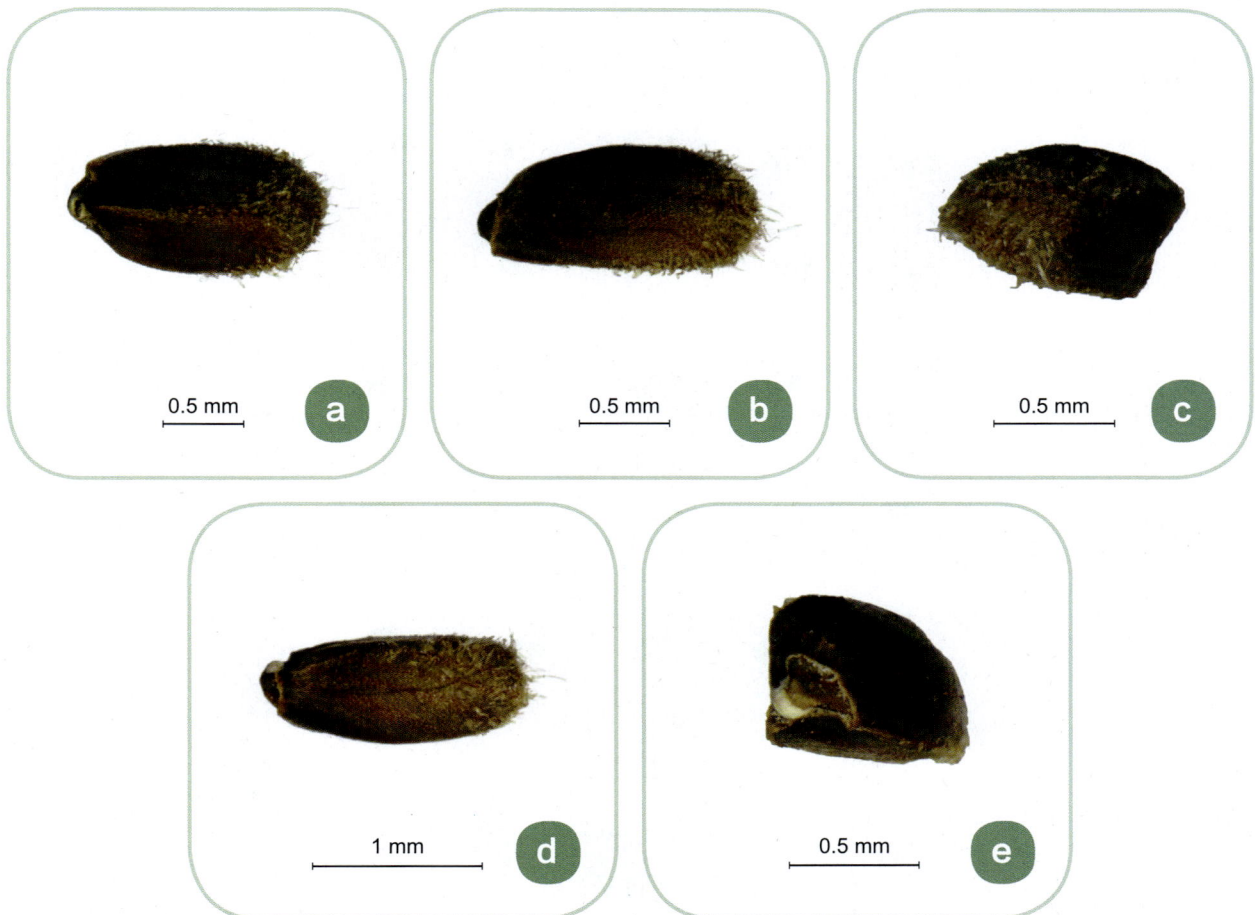

0.5 mm a

0.5 mm b

0.5 mm c

1 mm d

0.5 mm e

f

1 cm

g

1 cm

h

1 cm

**广藿香种子性状**

a.背面；b.侧面；c.俯视面；d.腹面；e.仰视面；f.堆叠；g.平铺；h.整齐排列

## 广防风　　　　　　　　　　　　　　*Anisomeles indica* (Linnaeus) Kuntze

唇形科一年生草本。以全草入药，**为广藿香药材的易混淆品。**

**种子形态**　小坚果近圆形或卵状椭圆形，略呈三棱形，稍扁，双面凸起，长 1.8~2.0 mm，宽 1.5~1.6 mm，厚 1.0~1.1 mm。表面黑色，有光泽，近革质。先端有圆形的白色果脐。

**采　　集**　花期 6~7 月，果期 9~10 月。当小坚果呈棕色时割下果序，晾干，脱粒，筛去杂质，放于干燥处贮藏。

**鉴别特征**　果实大于广藿香种子，且无短毛。

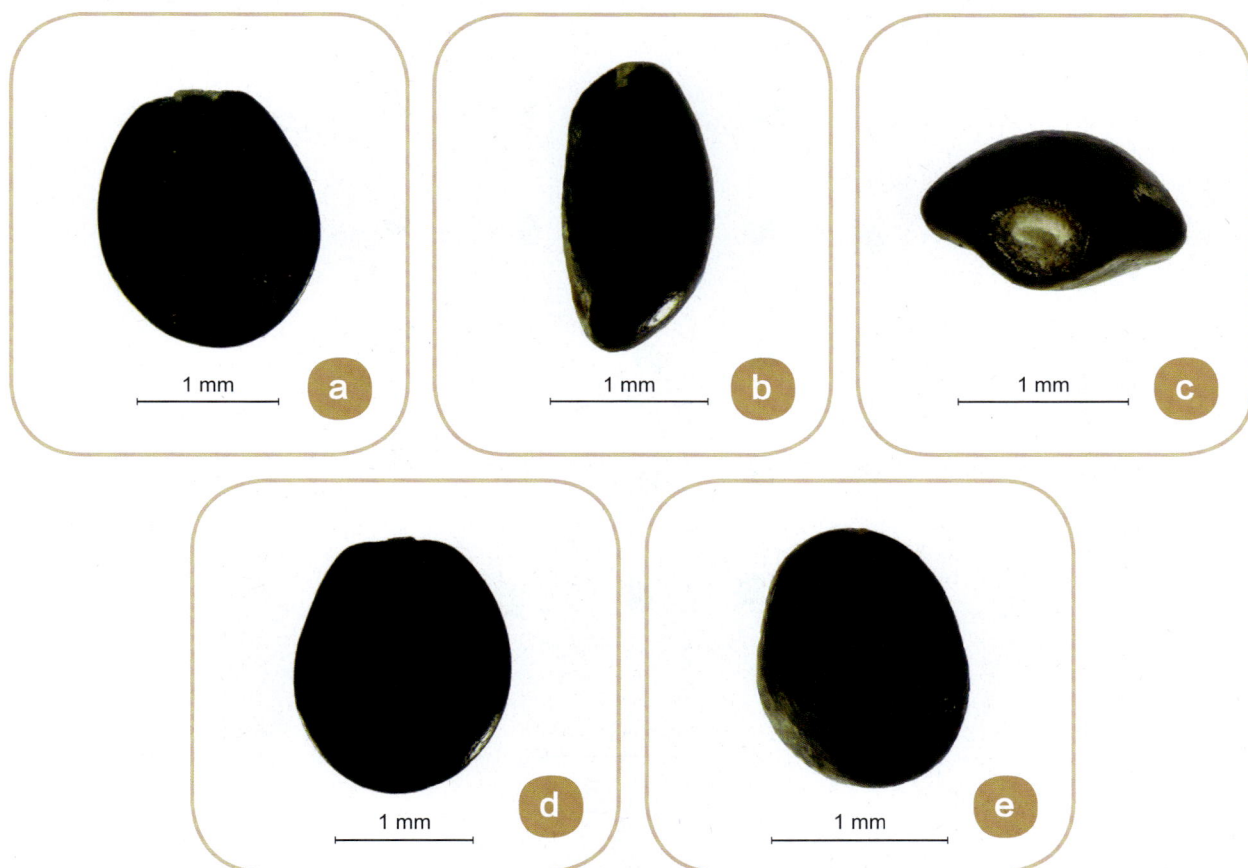

1 mm　a

1 mm　b

1 mm　c

1 mm　d

1 mm　e

1 cm  f

1 cm  g

1 cm  h

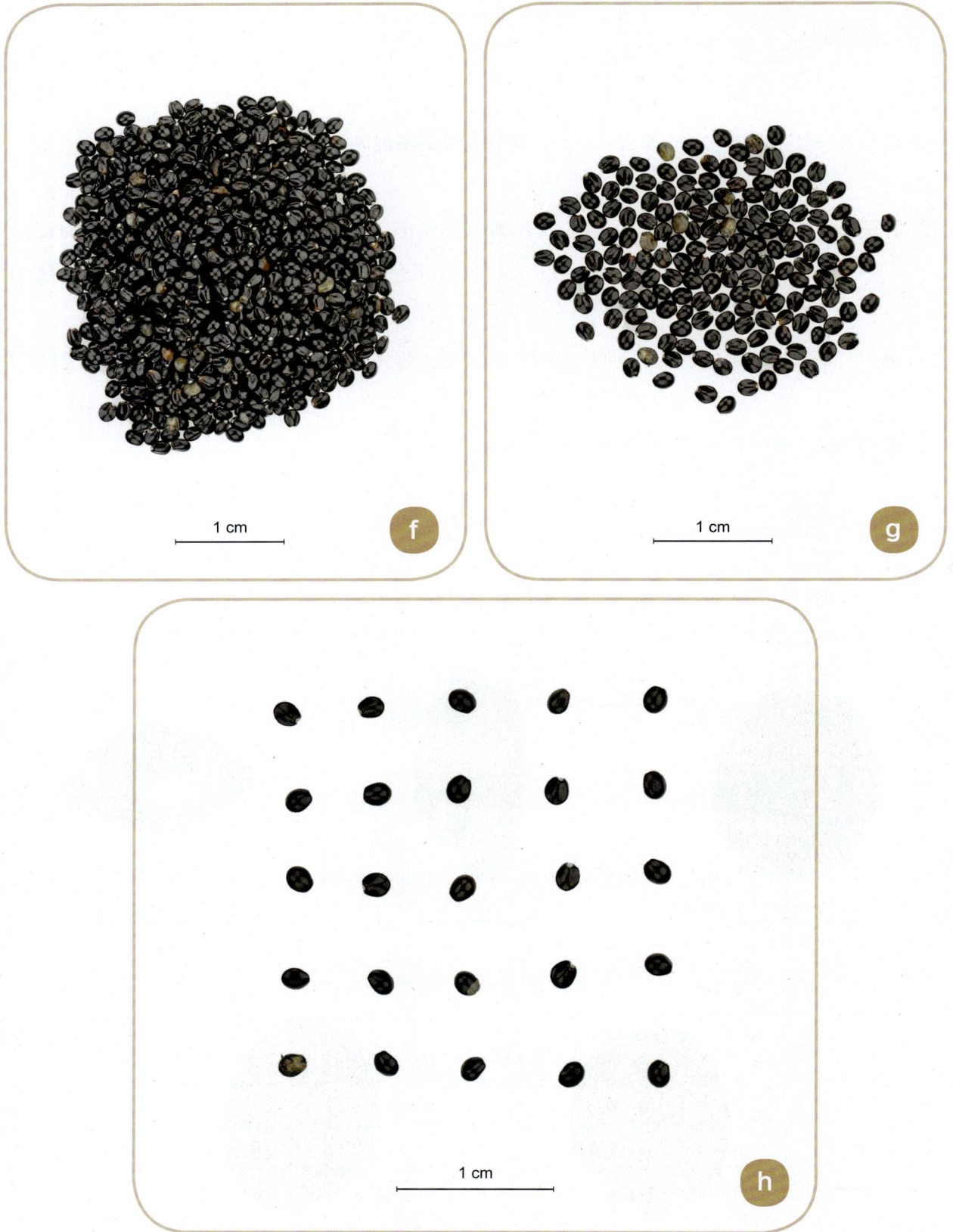

**广防风果实性状**

a.背面；b.侧面；c.俯视面；d.腹面；e.仰视面；f.堆叠；g.平铺；h.整齐排列

# 血见愁

*Teucrium viscidum* Bl.

唇形科多年生草本。以全草入药，**为广藿香药材的易混淆品**。

**种子形态**　小坚果呈扁球形，正面长、宽均 1.2～1.4 mm，厚约 0.7 mm。表面黄棕色，粗糙，无光泽。种脐略微凹陷。

**采　　集**　花期长江流域为 7～9 月，广东、云南南部为 6～11 月。当小坚果呈棕色时割下果序，晾干，脱粒，筛去杂质，放于干燥处贮藏。

**鉴别特征**　本种果实与广藿香种子的区别为本种果实小，无短毛，呈扁球形。

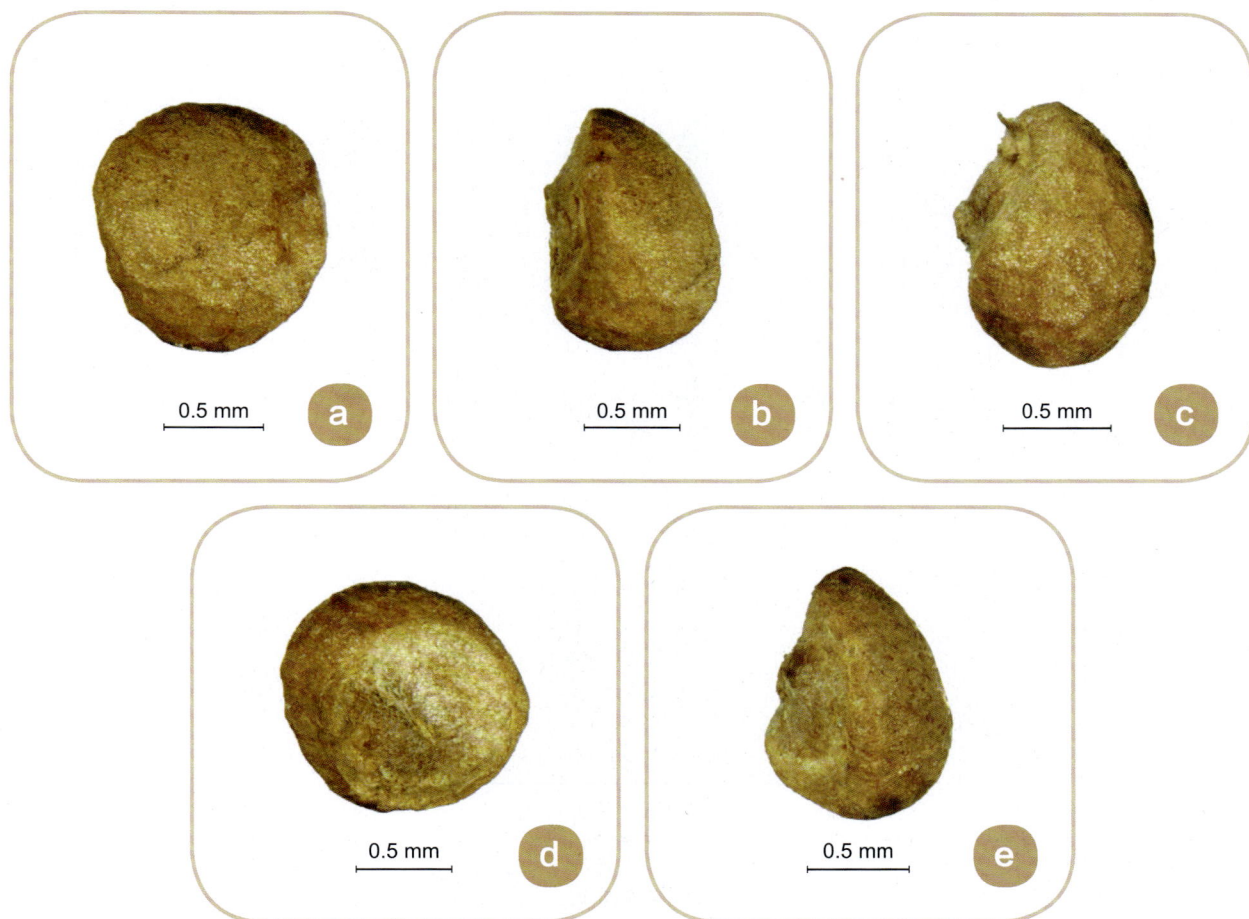

0.5 mm　a

0.5 mm　b

0.5 mm　c

0.5 mm　d

0.5 mm　e

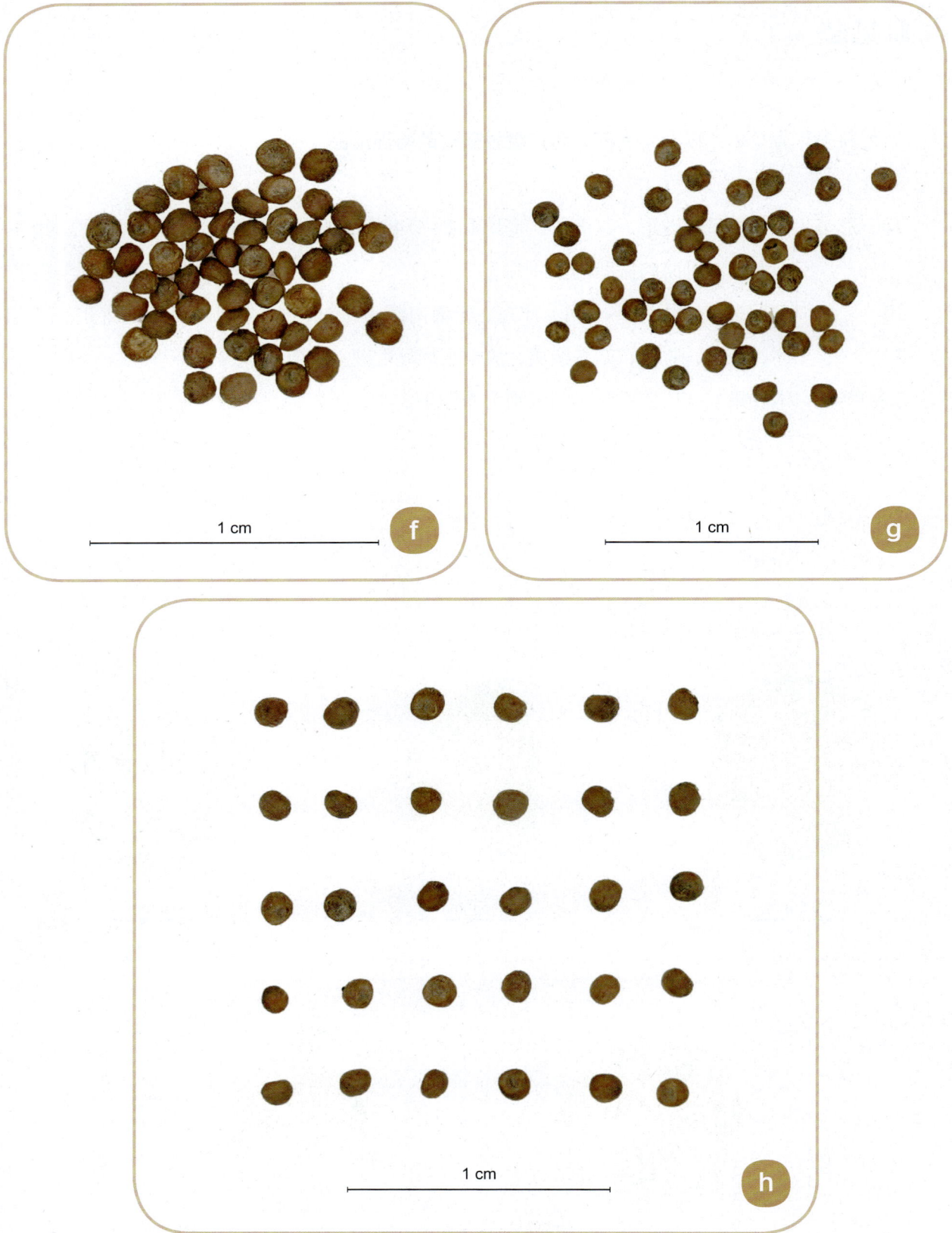

**血见愁果实性状**

a. 背面；b. 侧面；c. 俯视面；d. 腹面；e. 仰视面；f. 堆叠；g. 平铺；h. 整齐排列

# 黄 芩

*Scutellaria baicalensis* Georgi

唇形科多年生草本。以干燥根入药，药材名为黄芩。

**种子形态**　种子呈卵形，略扁，长 2.0～2.6 mm，宽 1.0～1.9 mm，厚约 1.5 mm。表面遍布刺状突起，棕黑色，腹面卧生一锥形的隆起，其上端具一浅棕色的点状种脐。

**采　集**　花期 7～9 月，果熟期 8～10 月。当果实呈淡棕色时采收，种子的成熟期不一致，且极易脱落，需随熟随收，最后可连果枝剪下，晒干，打下种子，去净杂质后贮藏。

1 mm　a

1 mm　b

1 mm　c

1 mm　d

1 mm　e

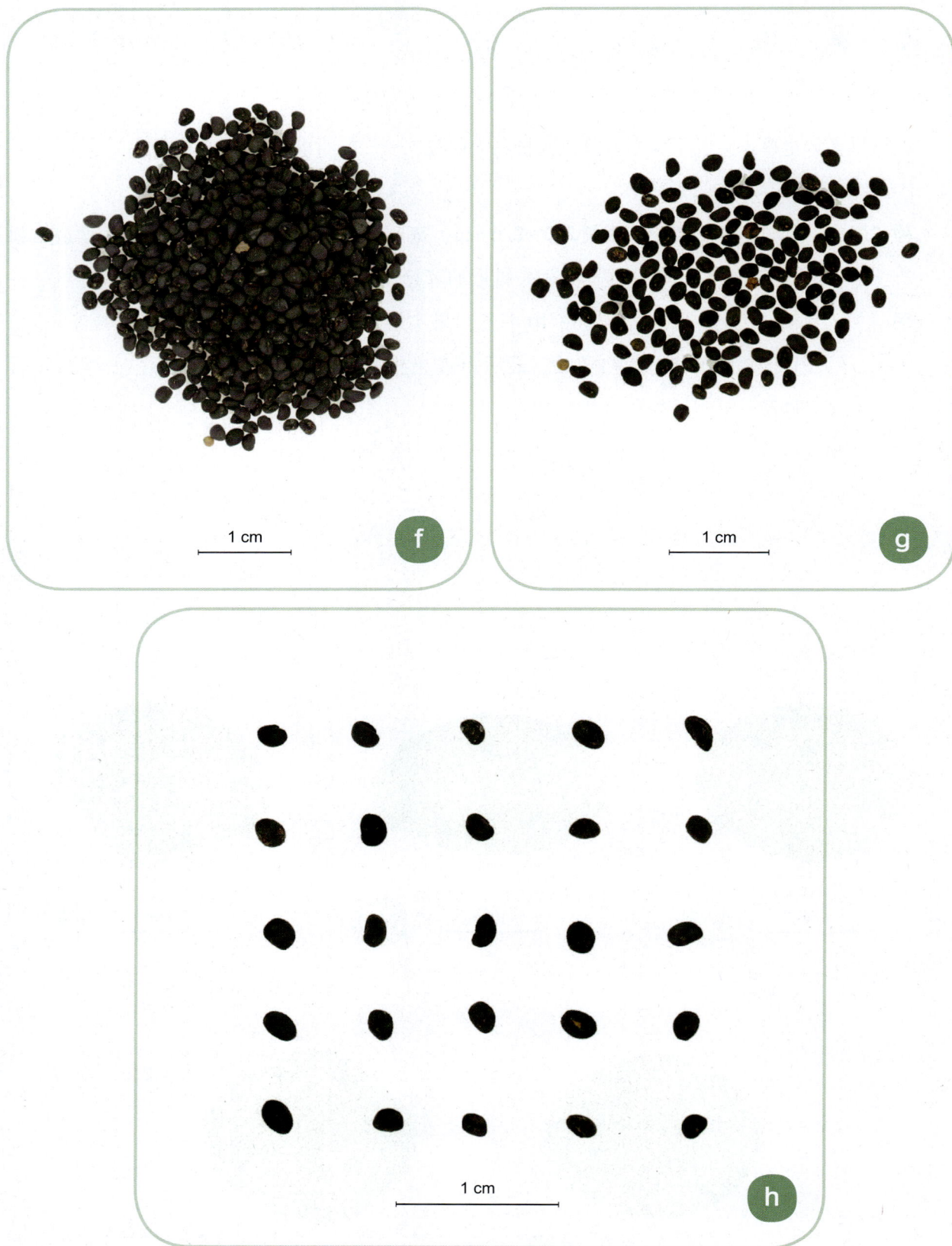

**黄芩种子性状**

a. 背面；b. 侧面；c. 俯视面；d. 腹面；e. 仰视面；f. 堆叠；g. 平铺；h. 整齐排列

# 江香薷        *Mosla chinensis* 'Jiangxiangru'

唇形科一年生草本。以干燥地上部分入药，药材名为香薷，习称"江香薷"。

**种子形态**    小坚果呈倒卵形或卵状长圆形，略扁，长 0.9 ~ 1.1 mm，宽 0.4 ~ 0.6 mm，厚 0.3 ~ 0.4 mm。表面淡栗色至棕色，粗糙。先端呈广圆形，基部稍呈楔形，具一尖突状的白色果脐。

**采　　集**    花期 7 ~ 9 月，果期 8 ~ 10 月。当小坚果呈棕色时割下果序，晒干，脱粒，簸去杂质，放于干燥阴凉处贮藏，防受潮、发霉、生虫。

**鉴别特征**    果实中等大小，卵状长圆形。

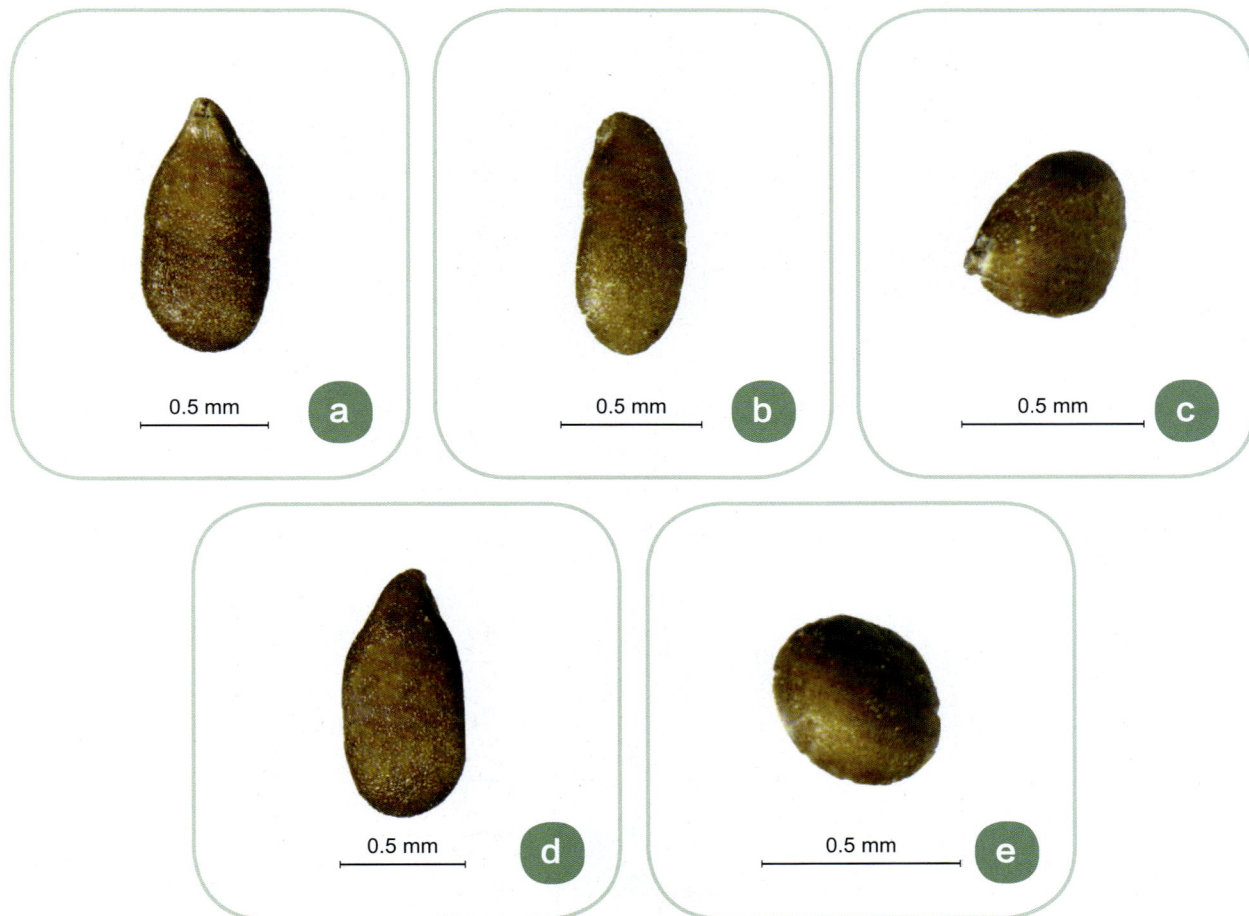

a    0.5 mm

b    0.5 mm

c    0.5 mm

d    0.5 mm

e    0.5 mm

1 cm    **f**

1 cm    **g**

1 cm    **h**

**江香薷果实性状**

a. 背面；b. 侧面；c. 俯视面；d. 腹面；e. 仰视面；f. 堆叠；g. 平铺；h. 整齐排列

# 石香薷 *Mosla chinensis* Maxim.

唇形科直立草本。以干燥地上部分入药，药材名为香薷，习称"青香薷"。

**种子形态** 小坚果近球形，直径 1.0 ~ 1.5 mm。表面灰褐色或棕绿色，粗糙，密布深雕纹和白色小凹点。先端具一灰白色的膜，基部具一尖突状的白色果脐。

**采　　集** 花期 6 ~ 9 月，果期 7 ~ 11 月。夏季当小坚果呈褐色时，选晴天采割，除去杂质，阴干。

**鉴别特征** 本种果实与江香薷果实的区别为本种果实大，呈近球形。

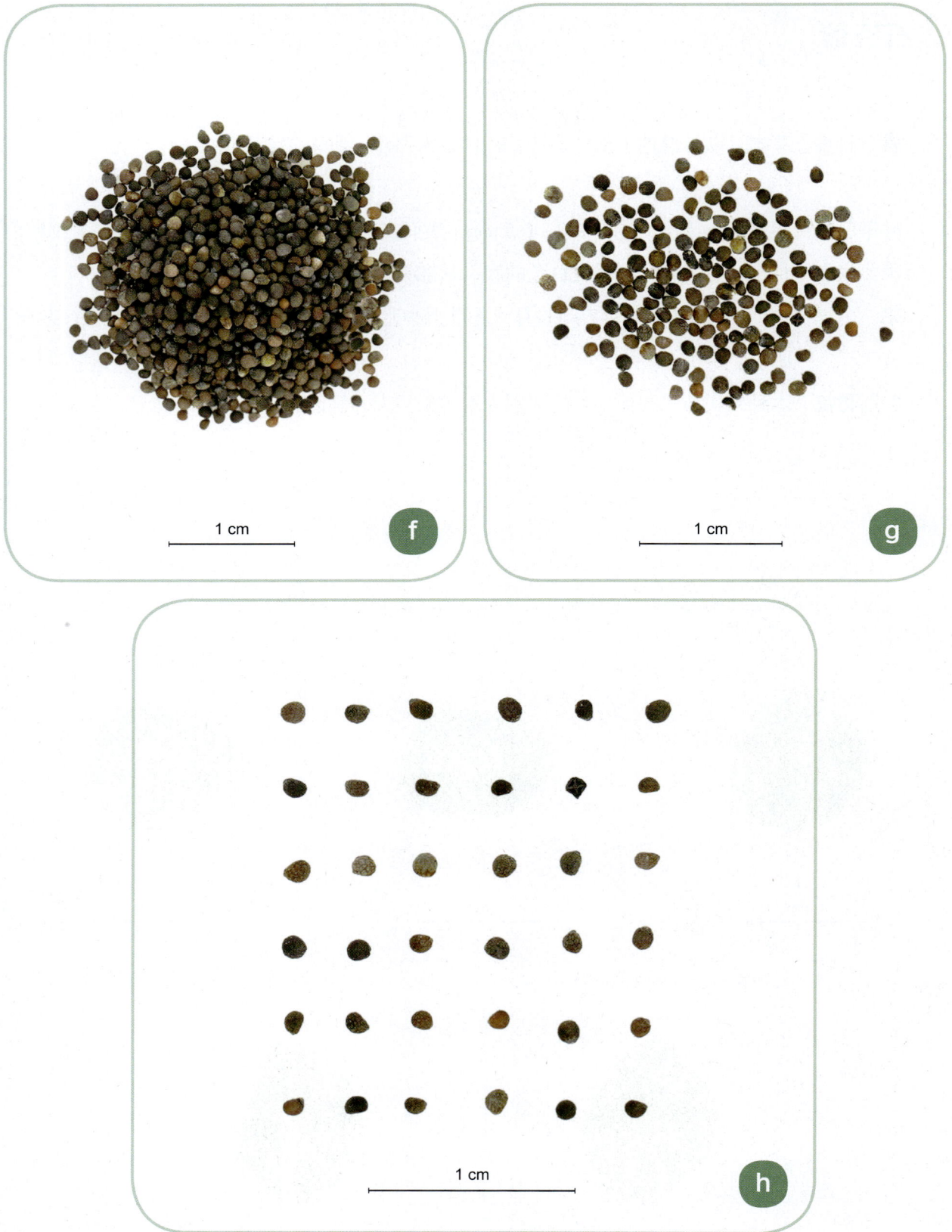

**石香薷果实性状**

a. 背面；b. 侧面；c. 俯视面；d. 腹面；e. 仰视面；f. 堆叠；g. 平铺；h. 整齐排列

# 荆 芥 　　　　　　　　　　　　　　　*Schizonepeta tenuifolia* Briq.

唇形科一年生草本。以干燥地上部分入药，药材名为荆芥。以干燥花穗入药，药材名为荆芥穗。

**种子形态**　种子呈椭圆形，略扁，长 0.8 ~ 1.9 mm，宽 0.4 ~ 1.0 mm，厚 0.6 ~ 0.7 mm。表面污白色或淡棕黄色，先端钝，腹面具一棕色的线形种脊，合点位于种子中部稍上方。种脐位于种子近下端，白色。

**采　　集**　花期 7 ~ 9 月，果期 8 ~ 10 月。当种子充分成熟、籽粒饱满、呈深褐色或棕褐色时割下果序，晾干，脱粒，簸去杂质，放于干燥阴凉处贮藏。

**鉴别特征**　种子小，卵形，具一白色的凸起种脐。

a　　1 mm

b　　1 mm

c　　1 mm

d　　1 mm

e　　1 mm

**荆芥种子性状**

a. 背面；b. 侧面；c. 俯视面；d. 腹面；e. 仰视面；f. 堆叠；g. 平铺；h. 整齐排列

# 土荆芥　　　*Dysphania ambrosioides* (L.) Mosyakin & Clemants

藜科一年生或多年生草本。以全草入药，**为荆芥药材的易混淆品。**

**种子形态**　胞果呈扁球形，长近 1 mm，表面棕绿色。种子呈扁球形或略呈肾形，略扁，长、宽均 0.5 ~ 0.9 mm，厚 0.4 ~ 0.5 mm。质坚硬，表面红棕色，光亮。种脐圆形，位于侧面。

**采　　集**　果熟期江浙一带 8 ~ 9 月，北京 10 月。当种子呈栗色且坚硬时采收，晒干，脱粒，筛去花被、残茎及泥土，放于干燥处贮藏。

**鉴别特征**　本种种子与荆芥种子的区别为本种种子小，呈扁球形或略呈肾形。

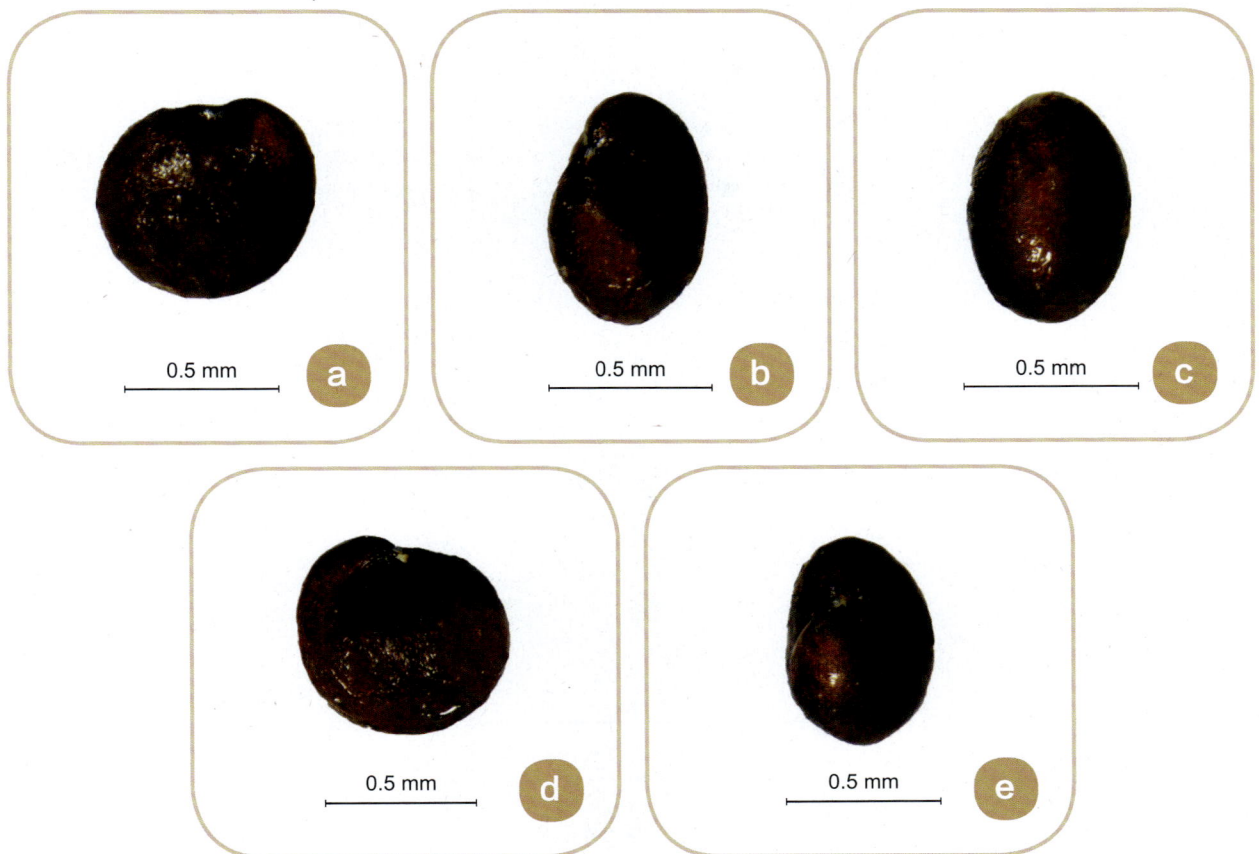

0.5 mm　a

0.5 mm　b

0.5 mm　c

0.5 mm　d

0.5 mm　e

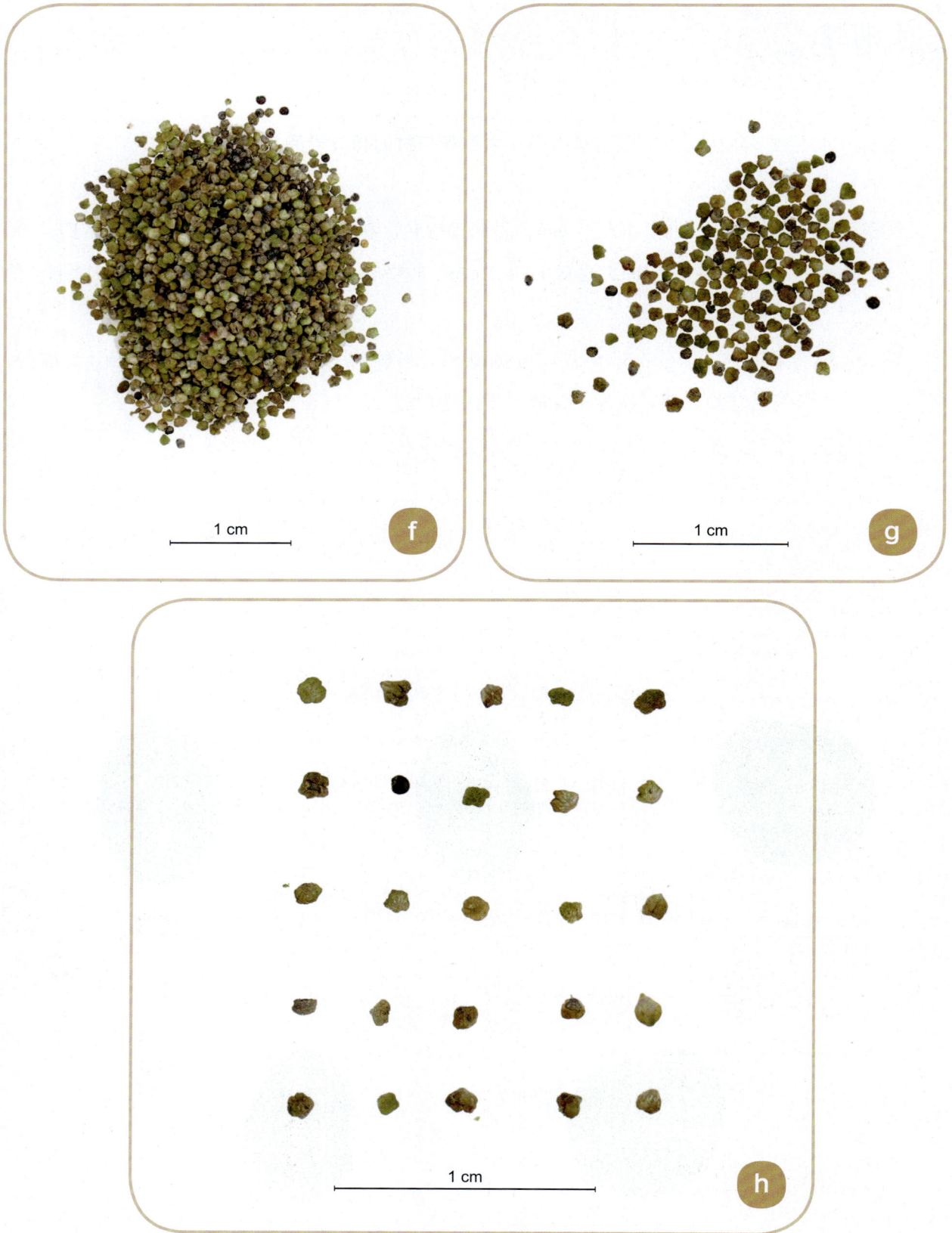

**土荆芥种子性状**

a. 背面；b. 侧面；c. 俯视面；d. 腹面；e. 仰视面；f. 堆叠（果实）；g. 平铺（果实）；h. 整齐排列（果实）

## 碎米桠                            *Rabdosia rubescens*（Hemsl.）H. Hara

唇形科多年生草本。以干燥地上部分入药，药材名为冬凌草。

**种子形态**    小坚果呈倒卵状三棱形，略扁，长 1.2～1.8 mm，宽 1.0～1.6 mm，厚 0.8～1.0 mm，淡褐色，无毛。表面有不规则花纹。种脐凸出，边缘白色，隆起，位于先端。

**采　集**    花期 7～10 月，果期 8～11 月，一般 8 月份开花，9 月中旬果实逐渐成熟，10 月中旬果实成熟后进入采种高峰期。采收后一般置于通风处晾干，避免阳光暴晒。种子干透后精选筛净，置于阴凉干燥处贮藏。

**鉴别特征**    果实小，呈倒卵状三棱形，无毛。

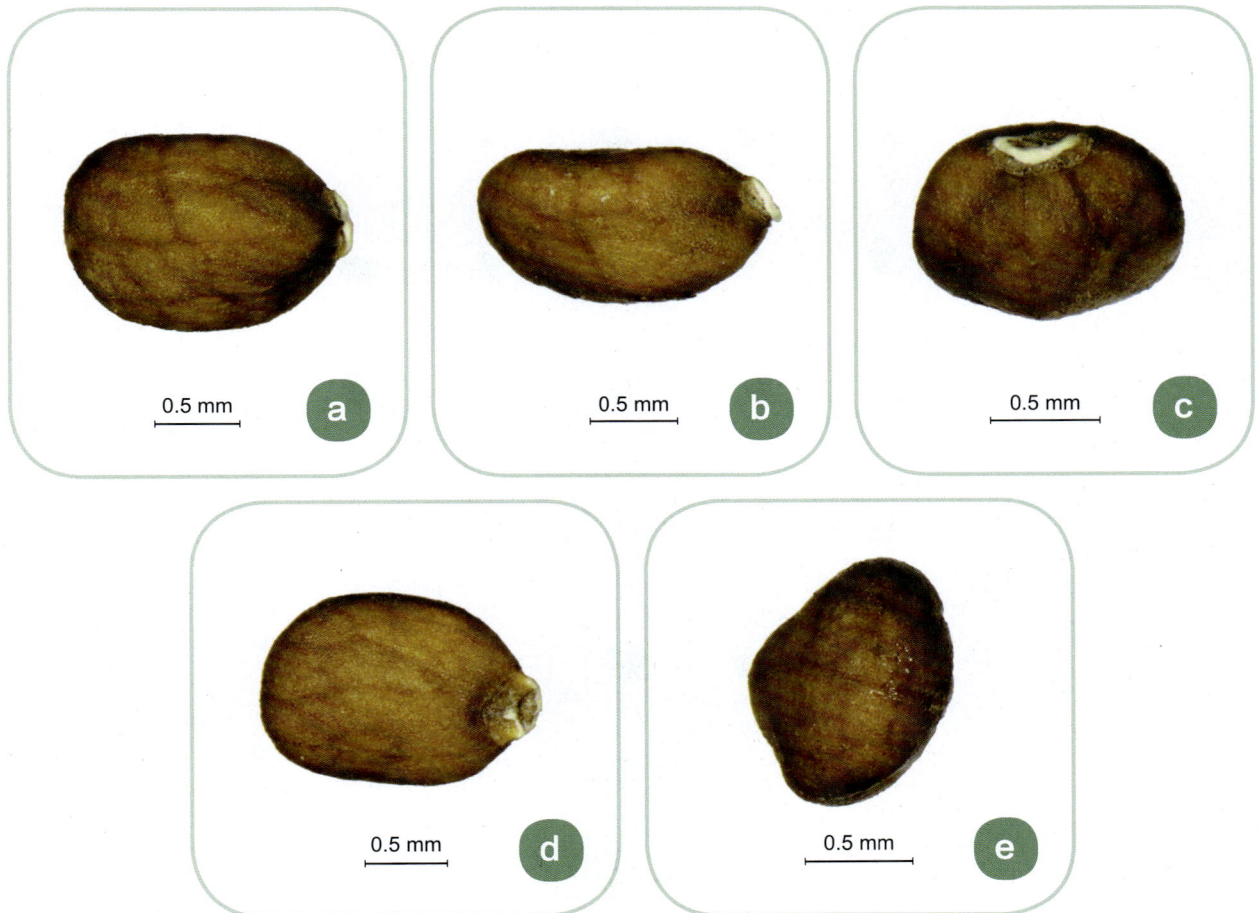

a    0.5 mm

b    0.5 mm

c    0.5 mm

d    0.5 mm

e    0.5 mm

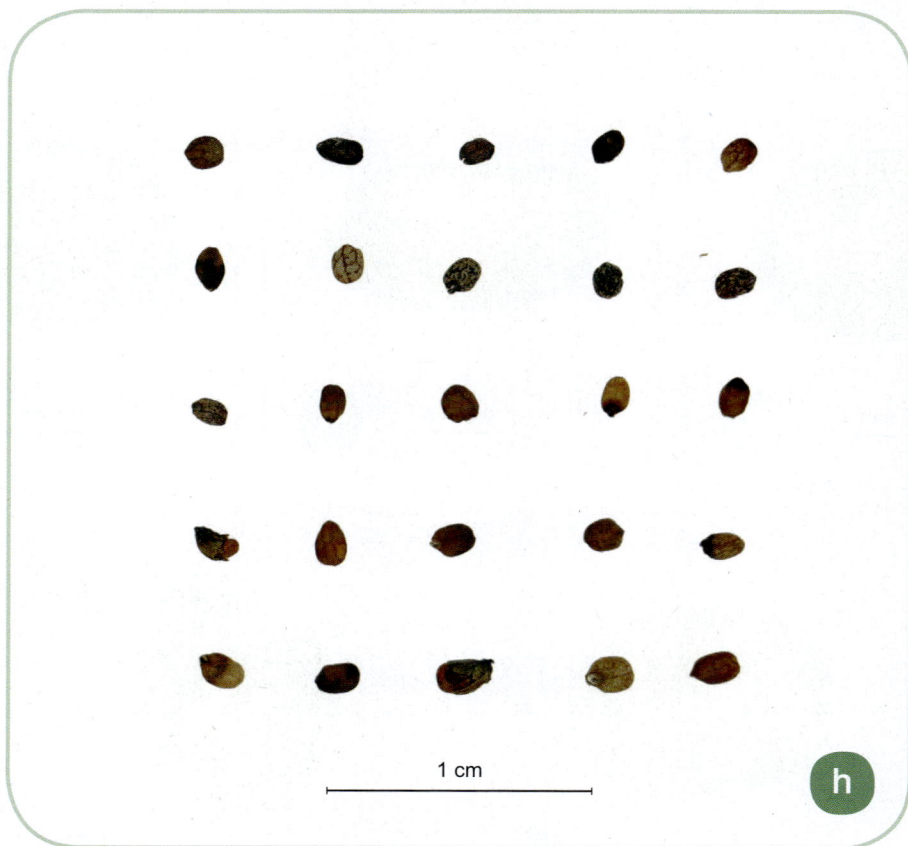

碎米桠果实性状

a. 背面；b. 侧面；c. 俯视面；d. 腹面；e. 仰视面；f. 堆叠；g. 平铺；h. 整齐排列

## 三花莸　　　　　　　　*Schnabelia terniflora* (Maxim.) P. D. Cantino

唇形科亚灌木。以全株入药，**为冬凌草药材的易混淆品。**

**种子形态**　蒴果形状独特，果瓣呈倒卵状舟形，无翅，略扁，长 2.0 ~ 2.5 mm，宽 1.0 ~ 1.5 mm，厚约 1.0 mm。表面栗色或灰绿色，明显凹凸成网纹状，密被糙毛。

**采　　集**　花果期 6 ~ 9 月。果实干燥且变硬后采收，置于通风处晾干，避免阳光暴晒。种子干透后精选筛净，置于阴凉干燥处贮藏。

**鉴别特征**　果瓣小，呈倒卵状舟形，密被糙毛。

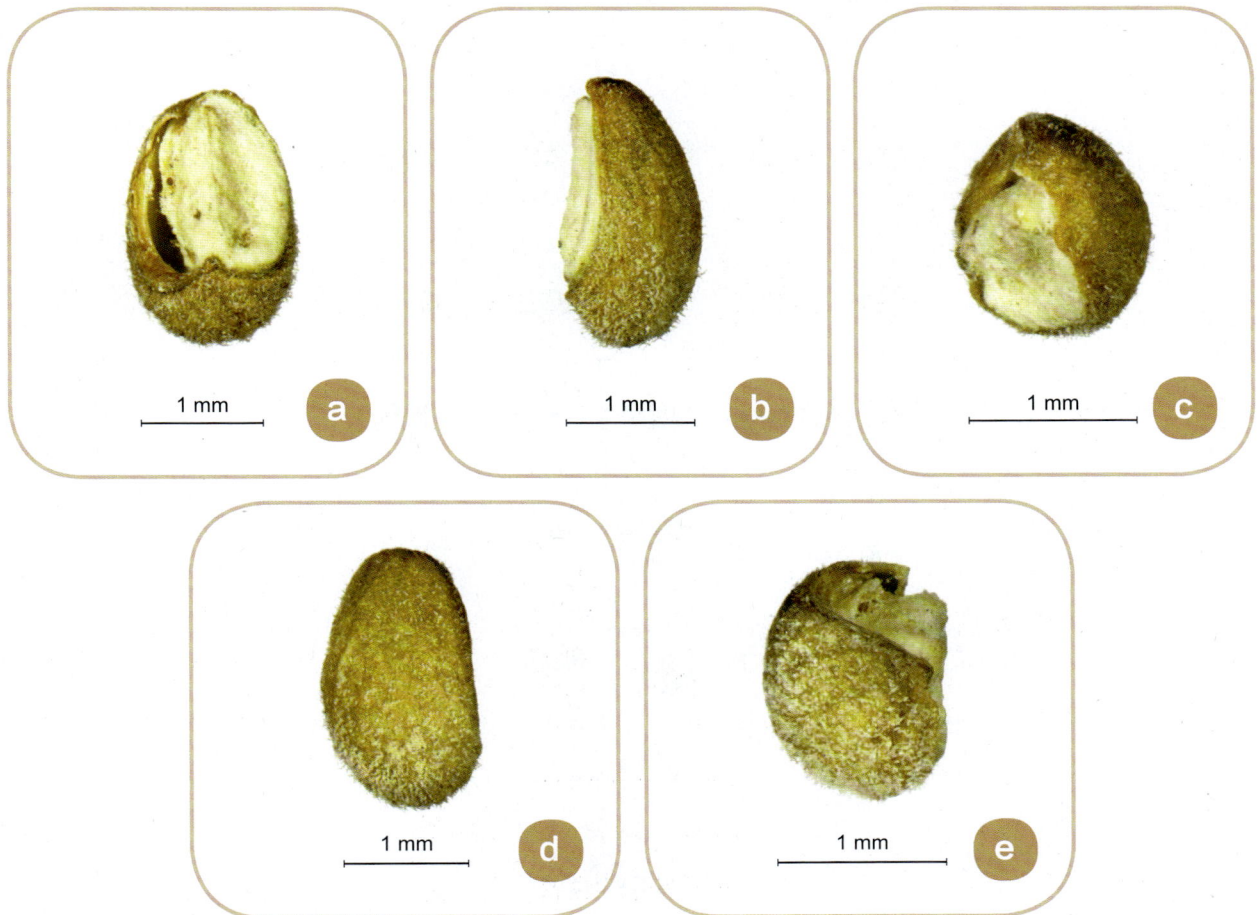

1 mm　ⓐ

1 mm　ⓑ

1 mm　ⓒ

1 mm　ⓓ

1 mm　ⓔ

**三花莸果瓣性状**

a. 背面；b. 侧面；c. 俯视面；d. 腹面；e. 仰视面；f. 堆叠；g. 平铺；h. 整齐排列

## 夏枯草 　　　　　　　　　　　　　　　　　　　　　*Prunella vulgaris* L.

唇形科多年生草本。以干燥果穗入药，药材名为夏枯草。

**种子形态**　种子呈倒卵形或椭圆形，略扁，长 1.5 ~ 1.9mm，宽 0.6 ~ 1.1mm，厚 0.6 ~ 0.9mm，淡棕黄色或棕色。腹面具一棕色或淡棕色的线形种脊，侧面围一圈隆起，种子两端与种脊呈 "T" 形交汇。种脐位于种子近下端，呈白色，凸起。

**采　　集**　花期4~6 月，果期5~7 月。当坚果呈黄棕色时剪取果序，晒干，抖下种子，除去杂质，放于干燥阴凉处贮藏。

1 cm f

1 cm g

1 cm h

**夏枯草种子性状**

a.背面；b.侧面；c.俯视面；d.腹面；e.仰视面；f.堆叠；g.平铺；h.整齐排列

# 益母草

*Leonurus japonicus* Houtt.

唇形科一年生或二年生草本。以新鲜或干燥地上部分入药，药材名为益母草。以干燥成熟果实入药，药材名为茺蔚子。

**种子形态**　小坚果呈长圆状三棱形，长 1.5 ~ 2.3 mm，直径 0.6 ~ 1.3 mm，黑褐色或灰棕色，表面具多数瘤状突起。先端平截而略宽大，截面三角形，黄色，基部楔形，有一中间凹陷的种脐。

**采　　集**　花盘平顶且果实干燥后采收。

**鉴别特征**　果实小，呈长圆状三棱形，先端平截或呈三角形。

1 cm f

1 cm g

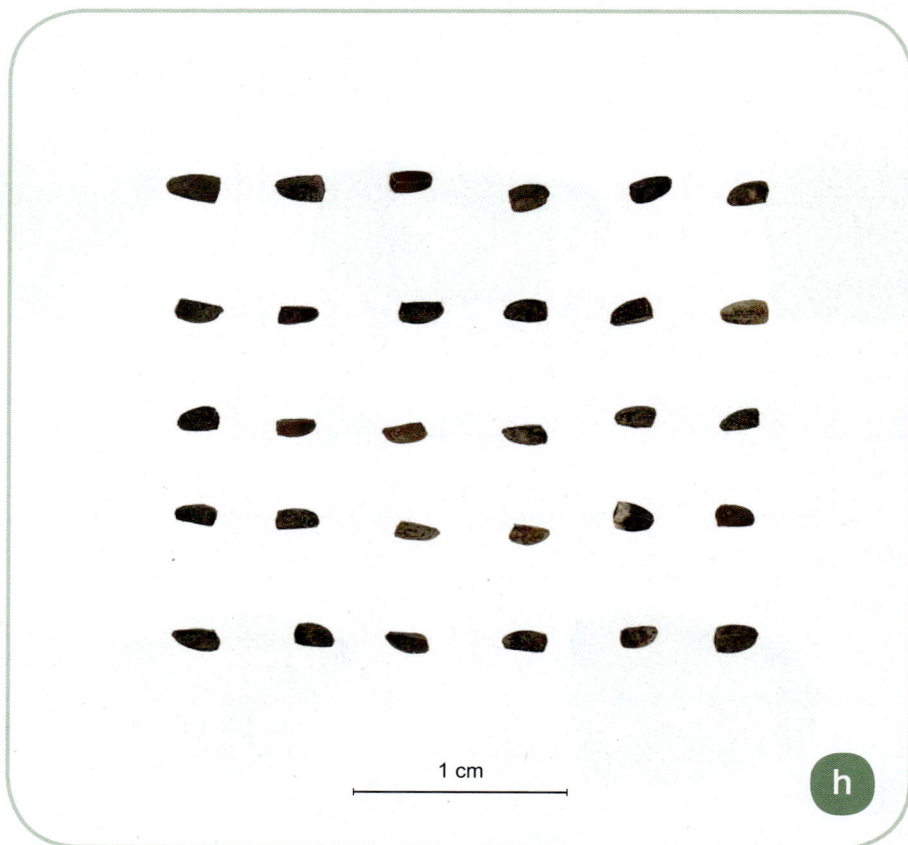

1 cm h

**益母草果实性状**

a. 背面；b. 侧面；c. 俯视面；d. 腹面；e. 仰视面；f. 堆叠；g. 平铺；h. 整齐排列

# 紫 苏 　　　　　　　　　　　　　　　*Perilla frutescens*（L.）Britt.

　　唇形科一年生草本。以干燥成熟果实入药，药材名为紫苏子。以干燥叶（带嫩枝）入药，药材名为紫苏叶。以干燥茎入药，药材名为紫苏梗。

**种子形态**　小坚果呈卵圆形或类球形，略三角状，稍扁，长 1.8～2.6 mm，宽 1.6～2.4 mm，厚 1.2～2.0 mm。表面棕灰色、黄棕色或暗褐色，有微隆起的暗紫色网纹，基部稍尖，有灰白色的点状果梗痕。

**采　　集**　花期6～7月，果期7～9月。选生长健壮、产量高、叶片两面均呈紫色的植株，待种子充分成熟至呈灰棕色时采收，脱粒，晒干，放于干燥阴凉处贮藏。

**鉴别特征**　果实小，呈三角状椭球形，有微隆起的暗紫色网纹。

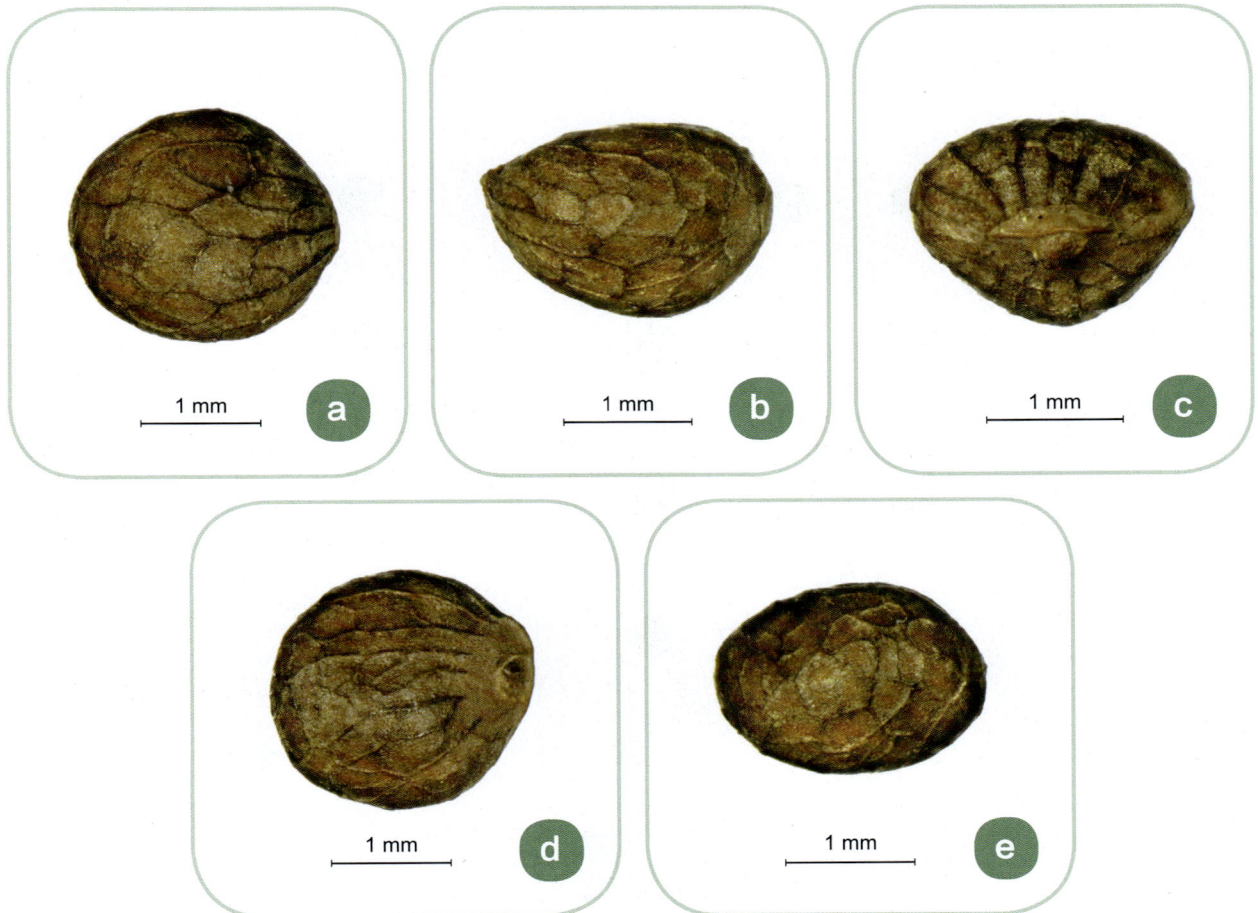

f

1 cm

g

1 cm

h

1 cm

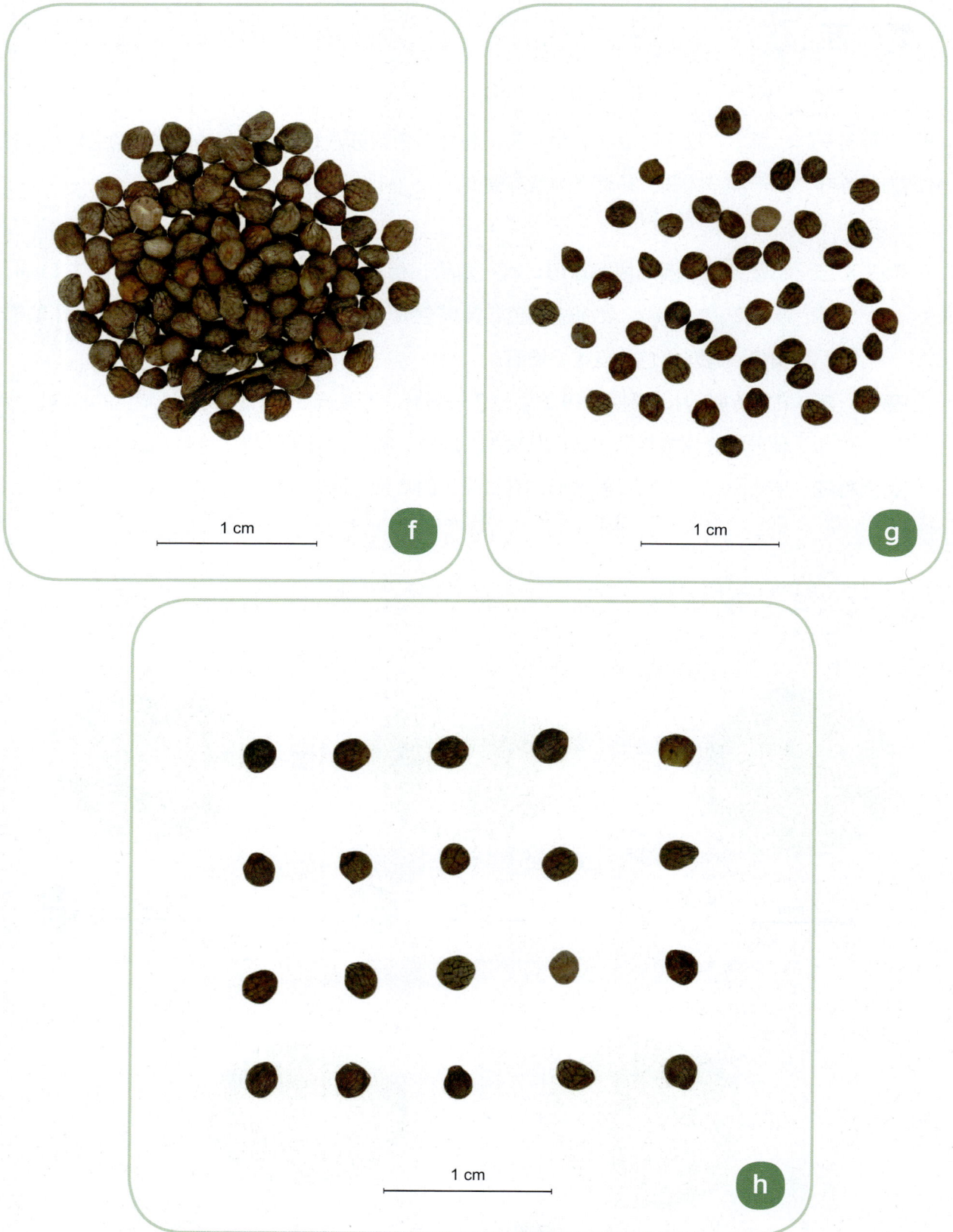

**紫苏果实性状**

a. 背面；b. 侧面；c. 俯视面；d. 腹面；e. 仰视面；f. 堆叠；g. 平铺；h. 整齐排列

　　本植物变异极大，我国古书上称叶全绿的为白苏，称叶两面紫色或面青背紫的为紫苏，但据学者的意见，二者同属一种植物，其变异不过因栽培而起。然而，白苏与紫苏药效不同，因而属于混伪品，**为紫苏子药材的易混淆品**。

**种子形态**　　小坚果呈卵圆形或圆球形，直径1.0~1.4 mm。野生者粒小，栽培者粒大。表面灰白色至暗棕色或黄棕色，有隆起的网状花纹，较尖的一端有果柄痕。果皮薄，质硬而脆，易压碎。

**采　　集**　　花期6~7月，果期7~9月。选生长健壮、产量高、叶片两面均呈绿色的植株，待种子充分成熟至呈灰棕色时采收，脱粒，晒干，放于干燥阴凉处贮藏。

**鉴别特征**　　果实比紫苏子大，呈灰白色，气味较淡薄。

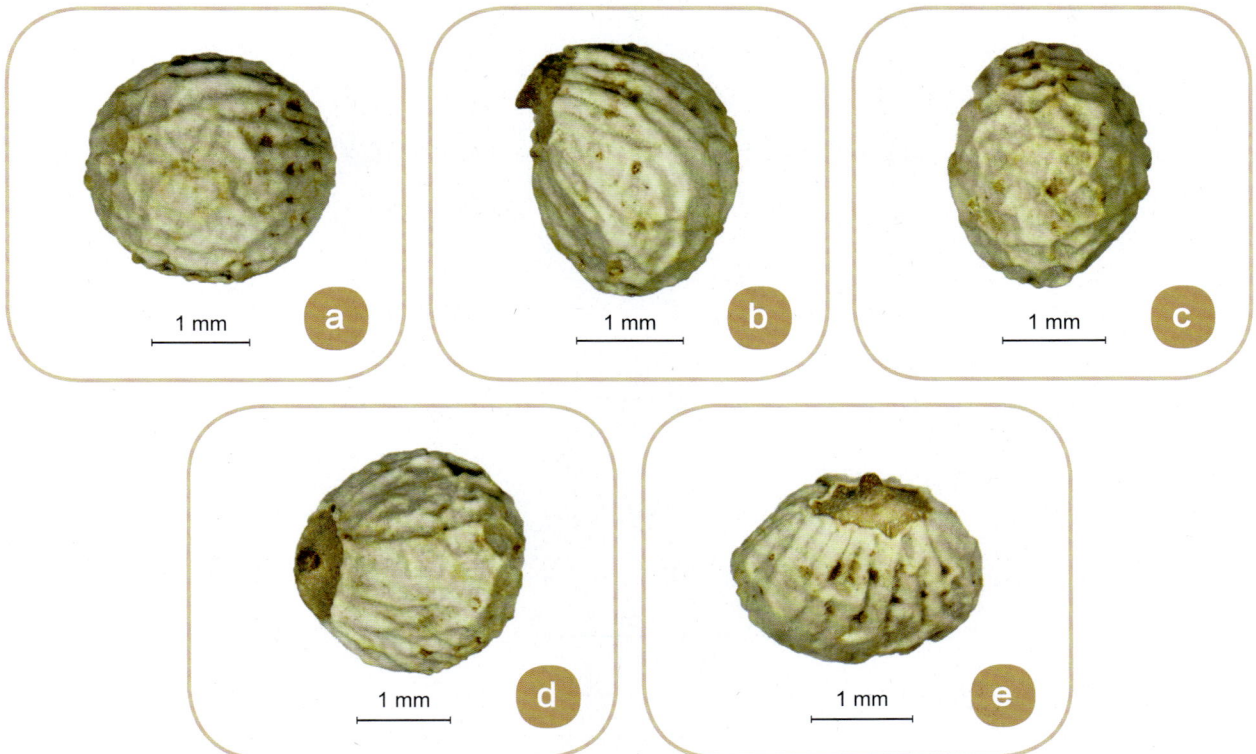

a　1 mm
b　1 mm
c　1 mm
d　1 mm
e　1 mm

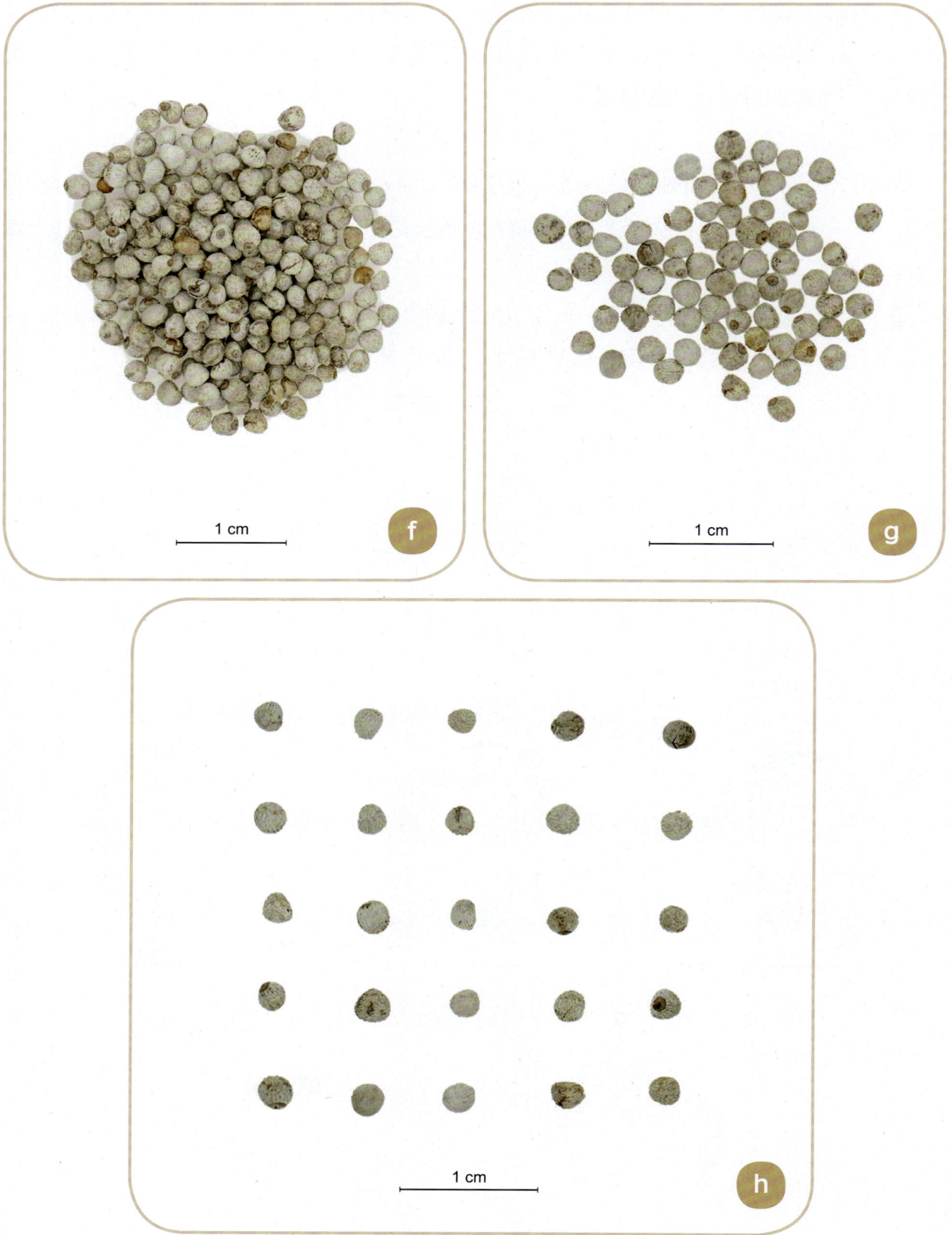

**白苏果实性状**

a. 背面；b. 侧面；c. 俯视面；d. 腹面；e. 仰视面；f. 堆叠；g. 平铺；h. 整齐排列

# 石荠苧        *Mosla scabra* (Thumb.) C. Y. Wu et H. W. Li

唇形科一年生草本。以全草入药，**为紫苏子药材的易混淆品**。

**种子形态**    小坚果呈椭球形，略扁，长 1.4 ~ 1.6 mm，直径 1.0 ~ 1.3 mm。表面黄褐色，具深褐色网纹和白色点状深雕纹。

**采 集**    花期5 ~ 11 月，果期9 ~ 11 月。当种子充分成熟且呈褐色时采收，脱粒，晒干，放于干燥阴凉处贮藏。

**鉴别特征**    果实小于紫苏果实，呈球形，具深褐色网纹和白色点状深雕纹。

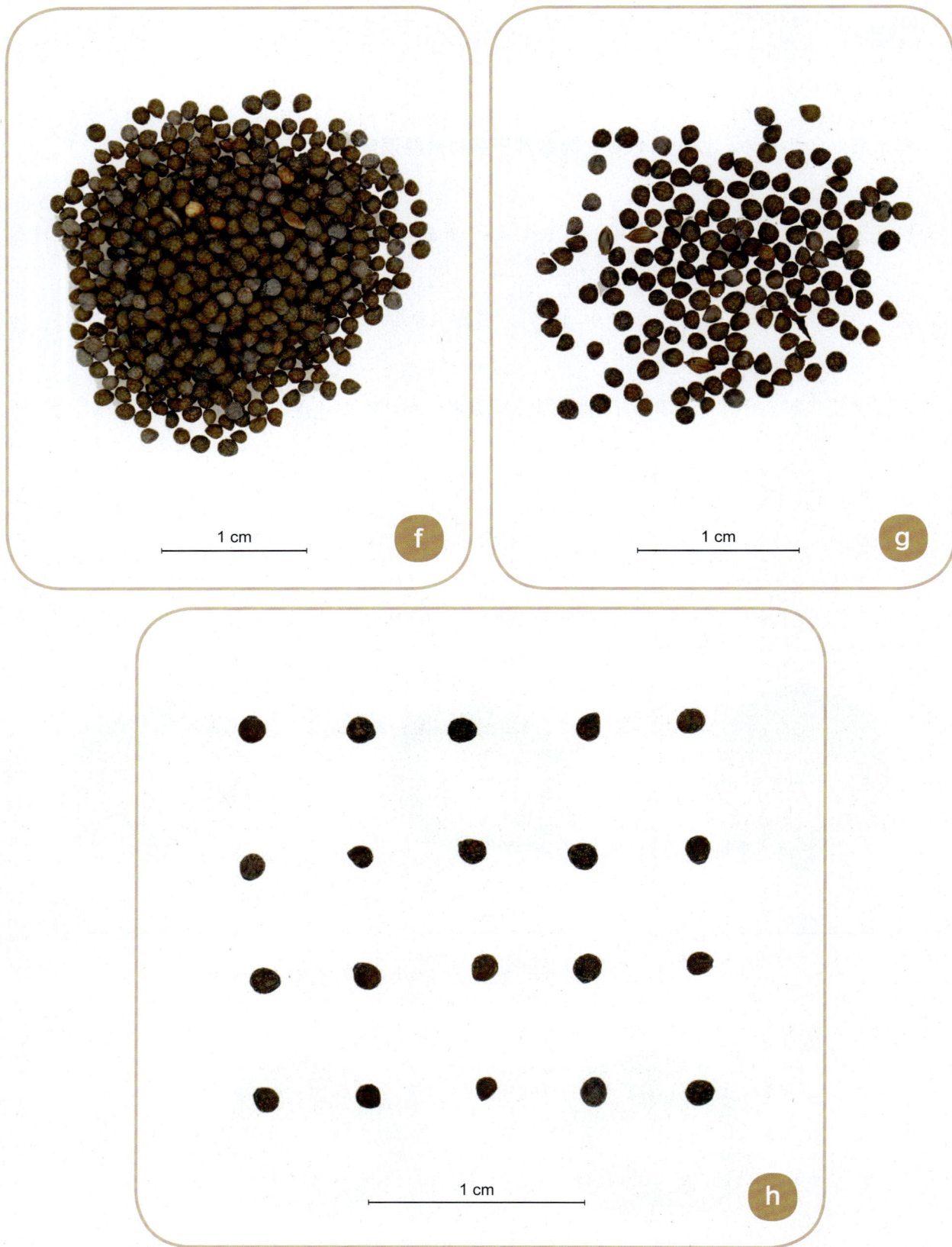

1 cm f

1 cm g

1 cm h

**石荠苧果实性状**

a. 背面；b. 侧面；c. 俯视面；d. 腹面；e. 仰视面；f. 堆叠；g. 平铺；h. 整齐排列

# 大戟科

| 巴　豆 | *Croton tiglium* L. |

大戟科常绿乔木。以干燥成熟果实入药，药材名为巴豆。

**种子形态**　种子呈椭圆形或长卵形，略扁，长 11.0 ~ 14.0 mm，宽 7.1 ~ 9.2 mm，厚 6.0 ~ 6.5 mm。表面棕色或灰棕色，平滑而稍有光泽。一端有小点状的种脐和种阜的疤痕，另一端有微凹的合点，合点与种阜间有种脊，为一隆起的纵棱线。背面偶有几条隆起的深色纵向纹理。

**采　　集**　花期 3 ~ 5 月，果熟期 6 ~ 7 月。用高枝剪采摘成熟的果实，除去果壳后贮藏。

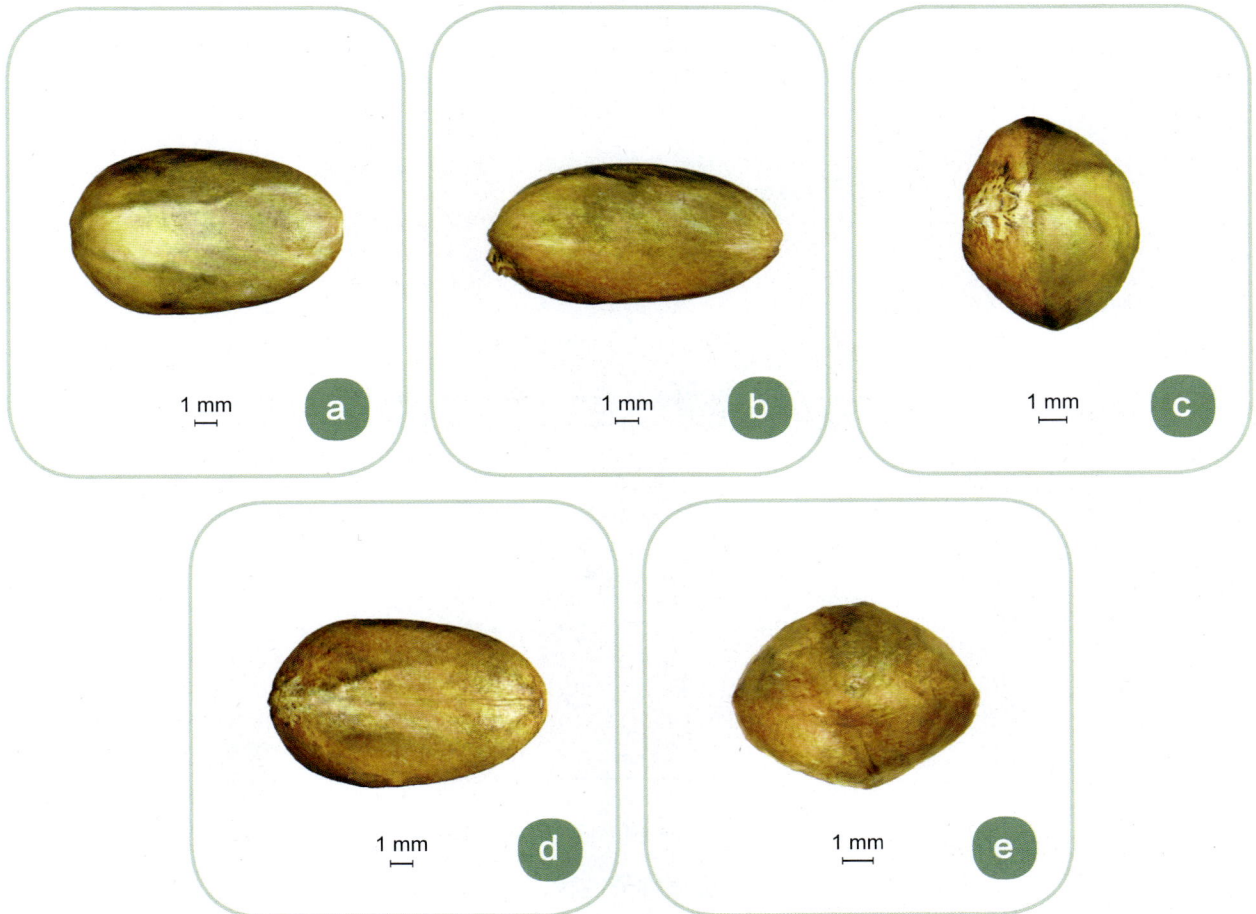

1 mm　　a

1 mm　　b

1 mm　　c

1 mm　　d

1 mm　　e

**巴豆种子性状**

a.背面；b.侧面；c.俯视面；d.腹面；e.仰视面；f.堆叠；g.平铺；h.整齐排列

# 蓖 麻 *Ricinus communis* L.

大戟科一年生粗壮草本或草质灌木。以种子、根及叶入药。以干燥成熟种子入药时，药材名为蓖麻子。

**种子形态**　种子呈椭圆形，略扁，长 1.0 ~ 1.2 cm，宽 0.6 ~ 0.8 cm，厚 4.1 ~ 4.2 mm。表面灰色或棕灰色，有光泽，具棕黑色或棕褐色斑纹及斑点。先端钝圆，下端具一白色的种阜，腹面可见一线形的种脊，种脐位于种阜上方，合点位于腹面近先端，呈小突起状。

**采　　集**　花期 6 ~ 8 月，果熟期 9 ~ 10 月。当蒴果干缩且未裂开时割下果穗，暴晒至开裂，打下种子，簸去外皮及杂质。

**鉴别特征**　种子大，呈扁椭圆形，具纵向的棕褐色斑纹和一白色的种阜，腹面可见一线形的种脊，合点凸起。

1 mm　a

1 mm　b

1 mm　c

1 mm　d

1 mm　e

1 cm

f

1 cm

g

1 cm

h

**蓖麻种子性状**

a. 背面；b. 侧面；c. 俯视面；d. 腹面；e. 仰视面；f. 堆叠；g. 平铺；h. 整齐排列

## 橡胶树　　　　　*Hevea brasiliensis* (Willd. ex A. Juss.) Müll. Arg.

大戟科大乔木。以叶、树皮、种子入药，**为蓖麻子药材的易混淆品。**

**种子形态**　种子呈矩圆形，略扁，长 2.0~2.5 cm，宽 2.0~2.3 cm。表面灰色或棕灰色，具棕黑色或棕褐色斑纹及斑点，有光泽。先端钝圆，呈椭圆状，淡灰褐色，有斑纹。

**采　　集**　花期5~6月。当蒴果干缩且未裂开时割下果穗，暴晒至开裂，打下种子，簸去外皮及杂质。

**鉴别特征**　种子大，呈矩圆形，具纵向的棕褐色斑纹。本种种子与蓖麻种子的区别为本种种子腹面无线形的种脊，合点不凸起，无白色种阜。

a　1 cm

b　1 cm

c　1 cm

d　1 cm

e　1 cm

1 cm

**f**

1 cm

**g**

1 cm

**h**

**橡胶树种子性状**

a. 背面；b. 侧面；c. 俯视面；d. 腹面；e. 仰视面；f. 堆叠；g. 平铺；h. 整齐排列

# 甘 遂

*Euphorbia kansui* T. N. Liou ex T. P. Wang

大戟科多年生草本。以干燥块根入药，药材名为甘遂。

**种子形态**　种子呈长球状，长 2.5~3.2 mm，直径 1.9~2.1 mm。表面灰褐色至浅褐色，有散在的褐色小花斑；腹面中央有一明显的纵沟。先端有盾状的土黄色种阜，无柄。

**采　　集**　花期5~6月，果熟期6~7月。当蒴果呈黄色时分批采收，过熟种子脱落，晾至蒴果开裂，簸去果皮及杂质，放于干燥阴凉处贮藏。

**鉴别特征**　种子小，呈长球状，腹面中央有一明显的纵沟，无毛。

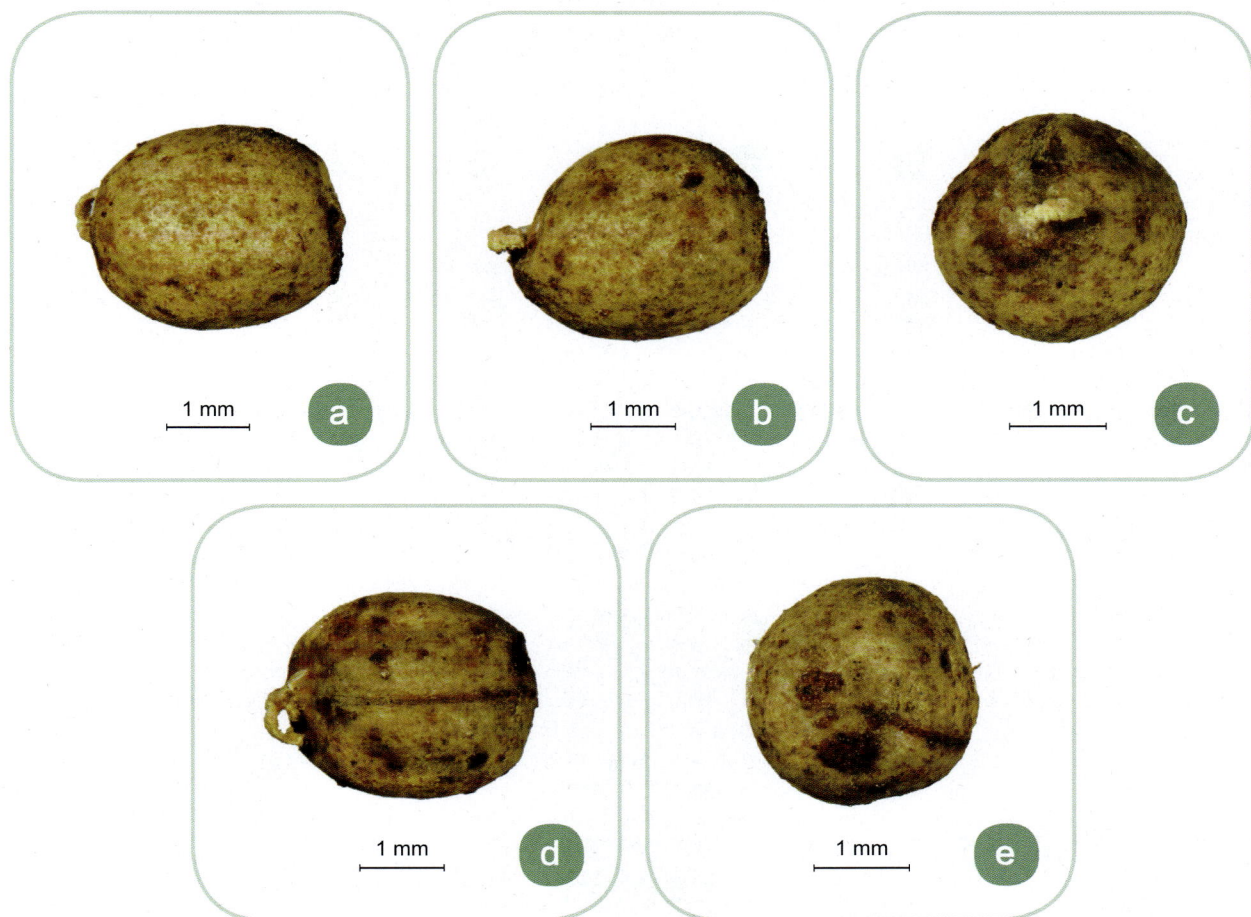

1 mm  a

1 mm  b

1 mm  c

1 mm  d

1 mm  e

1 cm

f

1 cm

g

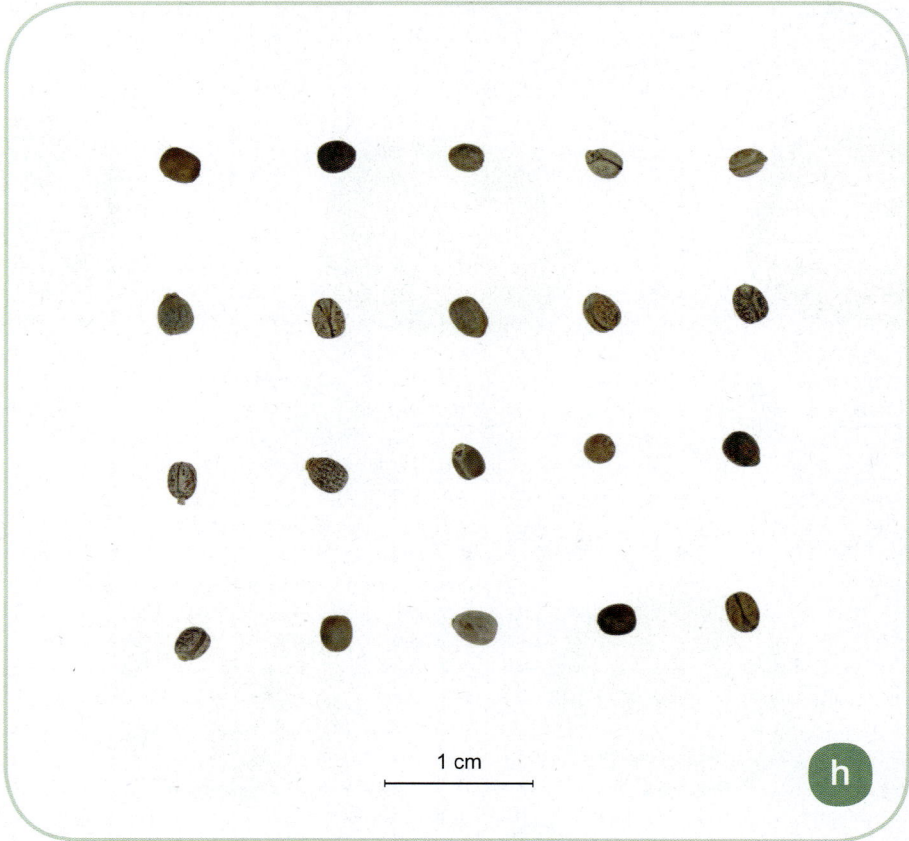

1 cm

h

**甘遂种子性状**

a.背面；b.侧面；c.俯视面；d.腹面；e.仰视面；f.堆叠；g.平铺；h.整齐排列

## 隔山消                                  *Cynanchum wilfordii* (Maxim.) Hemsl.

萝藦科多年生草质藤本。以地下块根入药，**为甘遂药材的易混淆品。**

**种子形态** 种子近长卵形，扁平，稍扭曲，长 5.5 ~ 6.5 mm，宽 2.5 ~ 3.0 mm，厚约 0.5 mm。表面褐色，被黄白色的绢质短密毛。种子围以 3 mm 左右的翅膜，腹面有一隆起的线形种脊。

**采　集** 花期 5 ~ 9 月，果期 7 ~ 10 月。当大部分种子充分成熟且表面呈褐色时采收，除净杂质，放于干燥阴凉处贮藏。

**鉴别特征** 本种种子与甘遂种子的区别为本种种子中等大小，扁平，长卵形，被黄白色的绢质短密毛，围以窄翅膜。

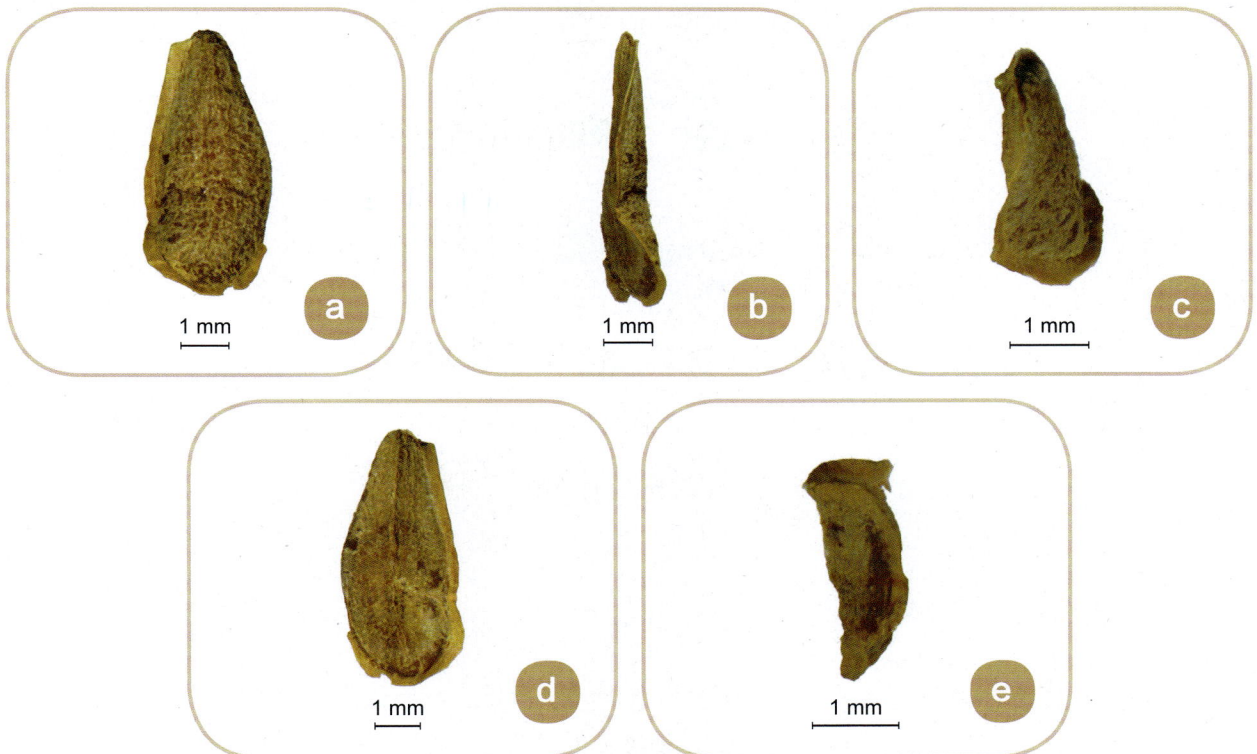

a    1 mm
b    1 mm
c    1 mm
d    1 mm
e    1 mm

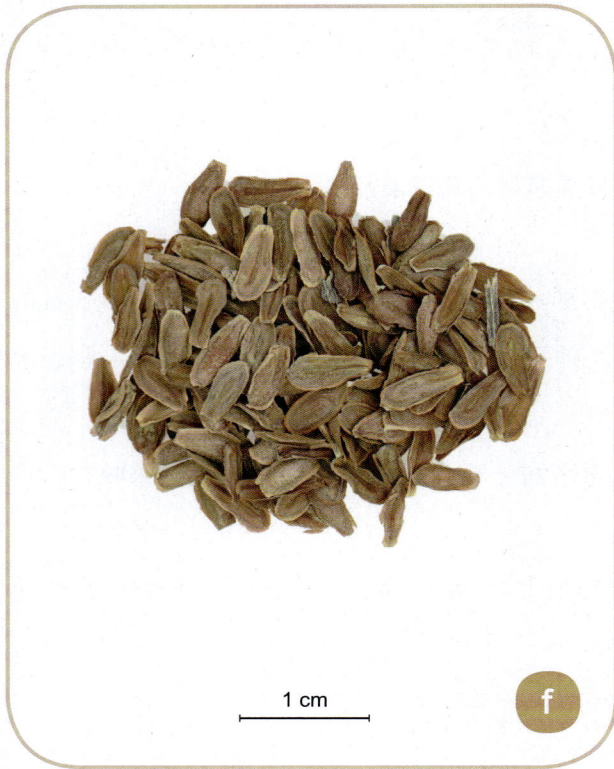

1 cm

f

1 cm

g

1 cm

h

**隔山消种子性状**

a. 背面；b. 侧面；c. 俯视面；d. 腹面；e. 仰视面；f. 堆叠；g. 平铺；h. 整齐排列

## 牛皮消　　　　　　　　　　　　　　　*Cynanchum auriculatum* Royle ex Wight

萝藦科蔓性半灌木。以地下块根入药，**为甘遂药材的易混淆品。**

**种子形态**　种子呈水滴形，扁平，稍扭曲，长 7.5 ~ 8.5 mm，宽 3.5 ~ 4.5 mm，厚约 0.6 mm。表面暗褐色，被黄白色的绢质短密毛。种子围以 7 mm 左右的翅膜，翅膜与种子边缘连接处颜色加深，末端翅膜呈锯齿状，先端平截，腹面有一从先端延伸出的深褐色水滴形斑。

**采　　集**　花期 6 ~ 9 月，果期 7 ~ 11 月。当大部分种子充分成熟且表面呈褐色时采收，除净杂质，放于干燥阴凉处贮藏。

**鉴别特征**　本种种子与甘遂种子的区别为本种种子中等大小，扁平，水滴形，被黄白色的绢质短密毛，末端翅膜呈锯齿状。

1 mm　a

1 mm　b

1 mm　c

1 mm　d

1 mm　e

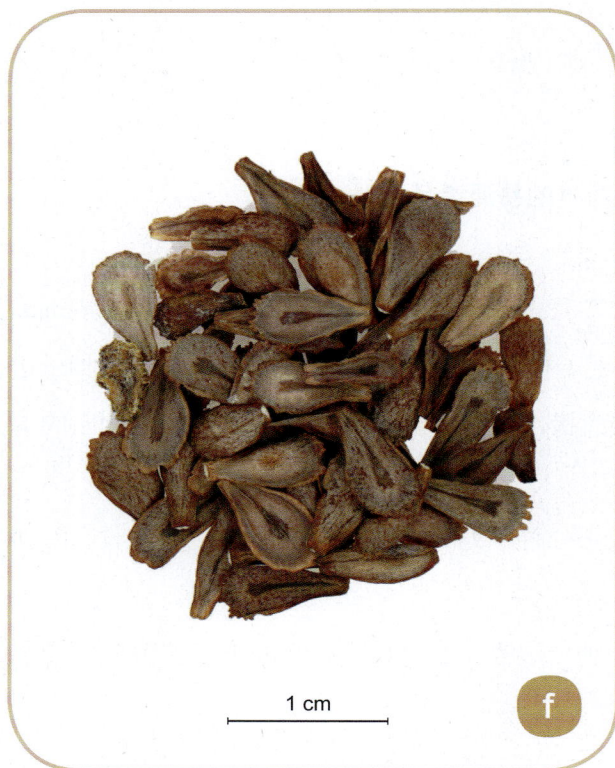

1 cm

f

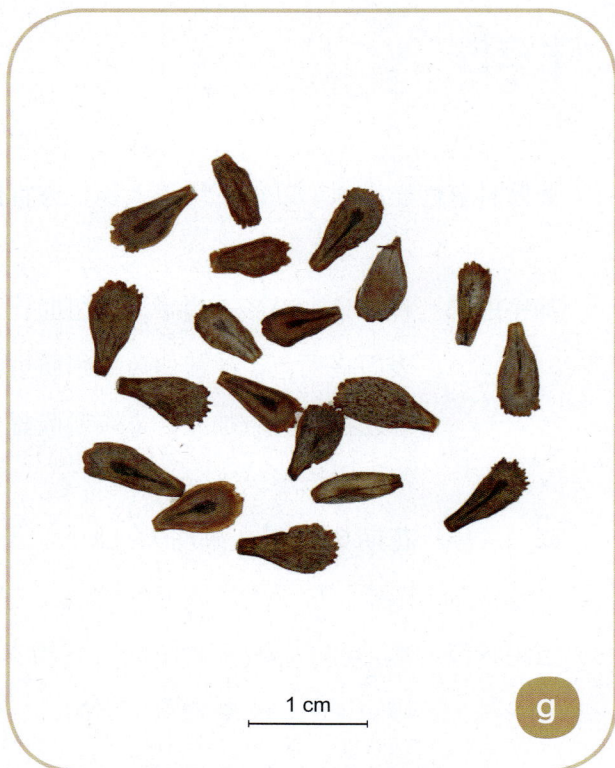

1 cm

g

1 cm

h

**牛皮消种子性状**

a. 背面；b. 侧面；c. 俯视面；d. 腹面；e. 仰视面；f. 堆叠；g. 平铺；h. 整齐排列

# 余甘子

*Phyllanthus emblica* L.

大戟科乔木。以果实、树根和叶入药。以干燥成熟果实入药时，药材名为余甘子。

**种子形态**　种子近三棱形，略扁，长 5.5~6.5 mm，宽 2.8~4.0 mm，厚 3.0~3.2 mm，棕色或深褐色，被细小的疣状突起。背面拱起，腹面有 3 棱，腹面中端有一浅棕色的种阜，其上为一白色的卵状披针形种脐，种脊浅沟状，至先端与一小突起状的合点相连。

**采　　集**　花期 4~6 月，果期 7~9 月。当大部分种子充分成熟且表面呈褐色时采收，除净杂质，放于干燥阴凉处贮藏。

**鉴别特征**　种子中等大小，呈三棱形，背面拱起。

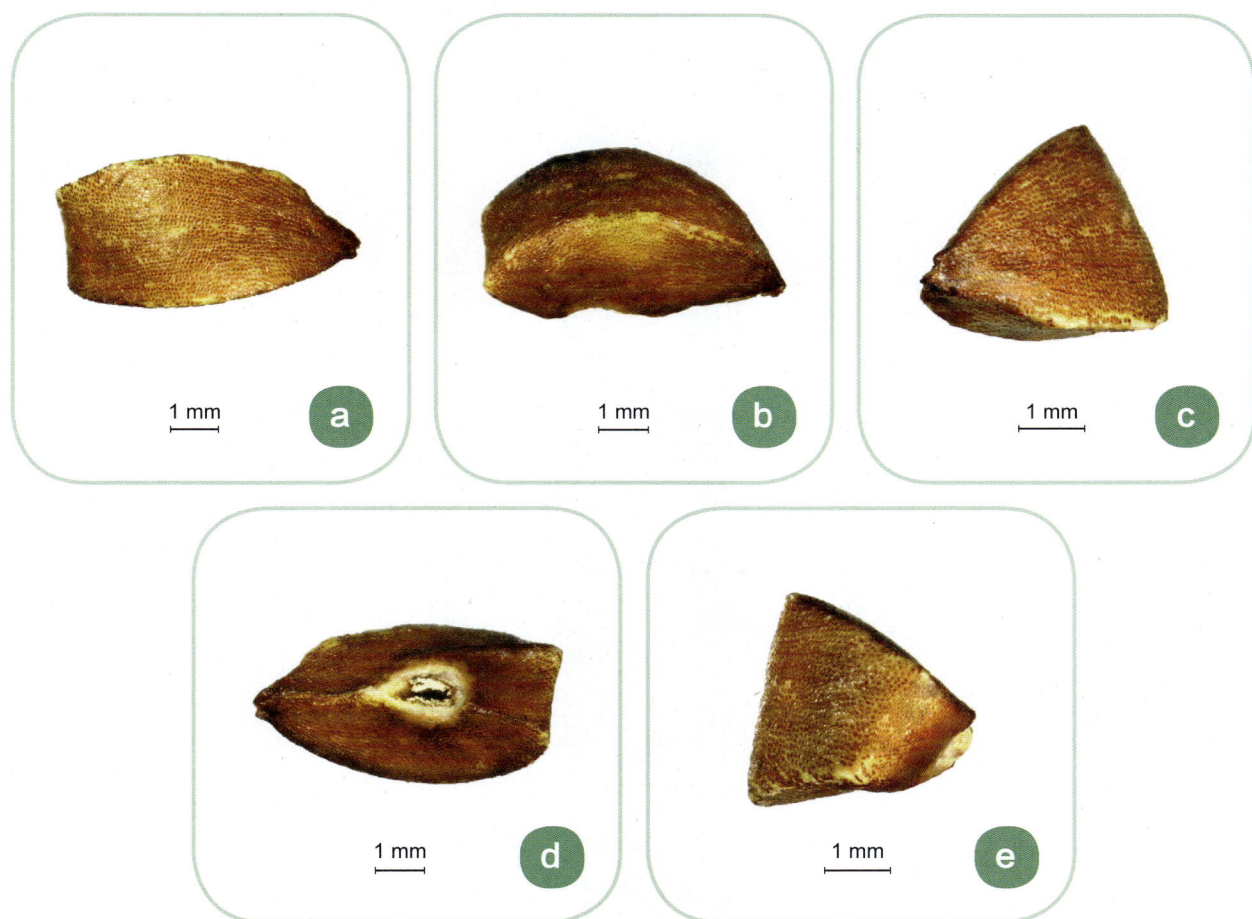

1 mm　ⓐ

1 mm　ⓑ

1 mm　ⓒ

1 mm　ⓓ

1 mm　ⓔ

1 cm f

1 cm g

1 cm h

**余甘子种子性状**

a. 背面；b. 侧面；c. 俯视面；d. 腹面；e. 仰视面；f. 堆叠；g. 平铺；h. 整齐排列

# 灯心草科

## 灯心草　　　　　　　　　　　　　　　　　　　　　*Juncus effusus* L.

灯心草科多年生草本。以干燥茎髓入药，药材名为灯心草。

**种子形态**　蒴果呈长圆形或卵形，有3棱，略扁，长1.5～2.4 mm，宽0.8～1.4 mm，厚约
1.0 mm。先端钝或微凹，黄褐色。末端有一浅色的凸起种阜。

**采　　集**　花期4～7月，果期6～9月。当大部分种子充分成熟且表面呈褐色时采收，除净杂
质，放于干燥阴凉处贮藏。

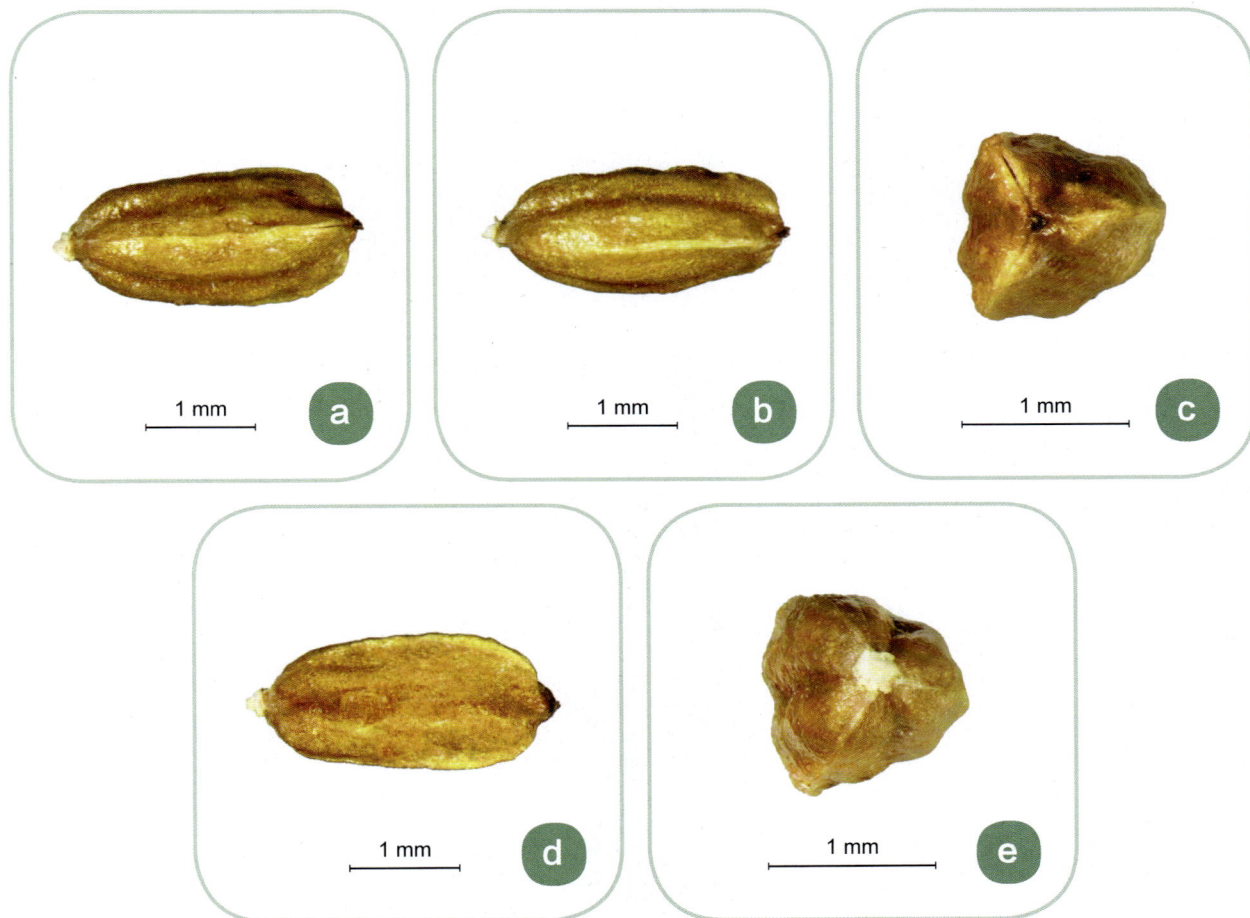

1 mm　　a

1 mm　　b

1 mm　　c

1 mm　　d

1 mm　　e

1 cm

f

1 cm

g

1 cm

h

**灯心草果实性状**

a. 背面；b. 侧面；c. 俯视面；d. 腹面；e. 仰视面；f. 堆叠；g. 平铺；h. 整齐排列

# 冬青科

冬　青 — *Ilex chinensis* Sims

冬青科常绿乔木。以树皮、叶、根及果实入药。以干燥叶入药时，药材名为四季青。

**种子形态**　种子呈卵形，长 6.5~8.5 mm，直径 4.0~5.0 mm，成熟时灰黑色。表面具不规则鳞片状网纹，底部有一浅色的种脐。

**采　　集**　花期 4~6 月，果期 7~12 月。冬天果实成熟时采摘，晒干。

**鉴别特征**　种子小，呈卵形，灰黑色，表面具不规则鳞片状网纹。

1 mm　a

1 mm　b

1 mm　c

1 mm　d

1 mm　e

1 cm

f

1 cm

g

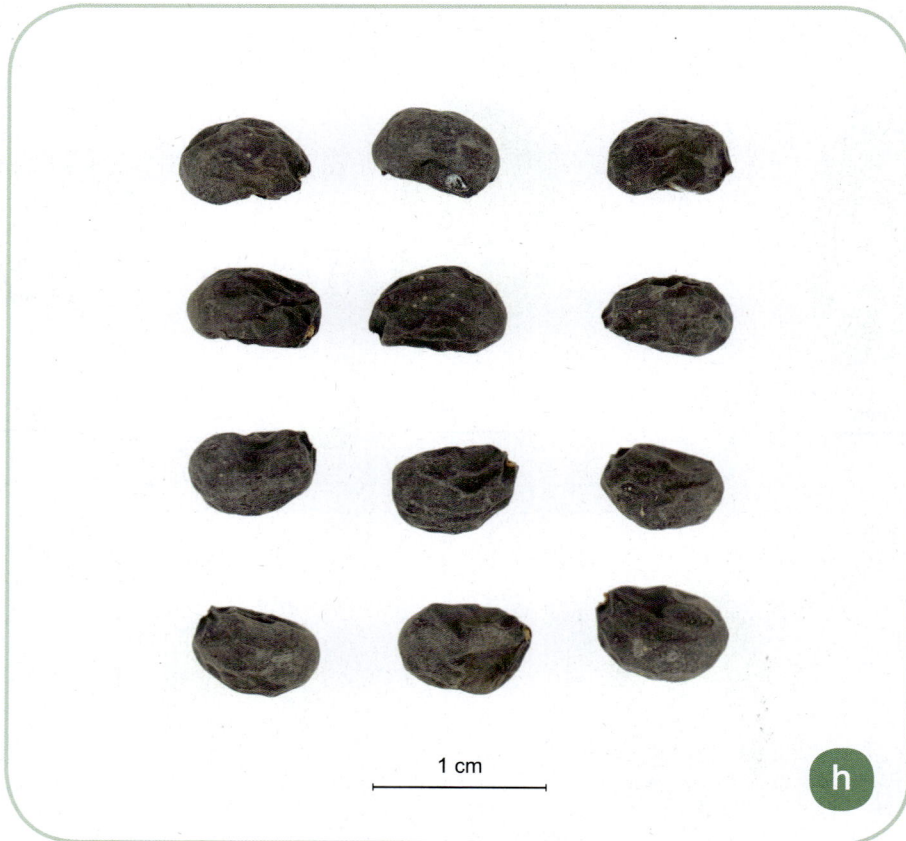

1 cm

h

**冬青种子性状**

a. 背面；b. 侧面；c. 俯视面；d. 腹面；e. 仰视面；f. 堆叠；g. 平铺；h. 整齐排列

# 枸 骨                                       *Ilex cornuta* Lindl. et Paxt.

冬青科常绿灌木或小乔木。以根、枝叶和果实入药。以叶入药时，药材名为枸骨叶，**为四季青药材的易混淆品。**

**种子形态**　果实的分核呈倒卵形或椭圆形，略扁，长 5.0 ~ 6.5 mm，背部宽 2.5 ~ 3.5 mm，厚约 2.5 mm。表面浅棕色，有时具深褐色斑，遍布皱纹和皱纹状纹孔，背部拱起，中央具 1 纵沟。

**采　　集**　花期 4 ~ 5 月，果期 10 ~ 12 月。冬天果实成熟时采摘，晒干。

**鉴别特征**　本种果实分核与冬青种子的区别为本种果实分核中等大小，浅棕色，遍布皱纹和皱纹状纹孔。

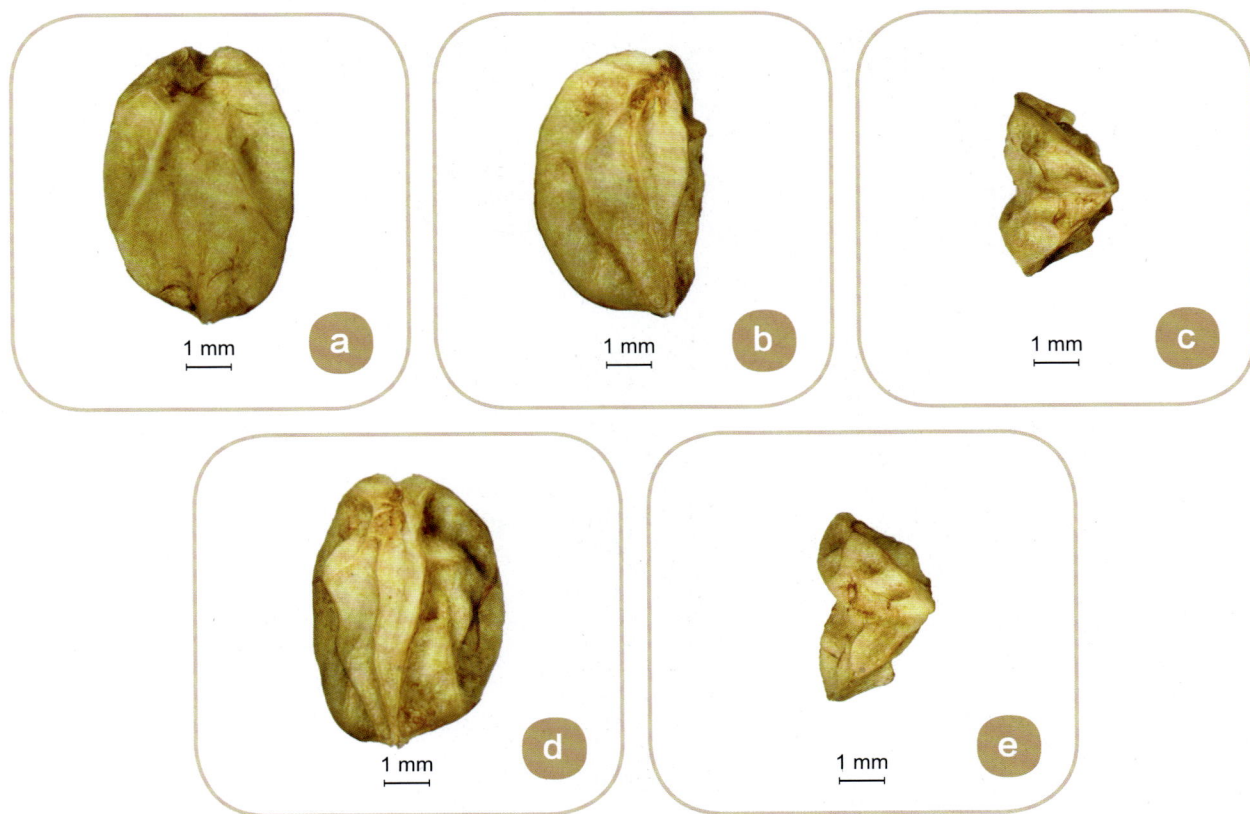

1 mm　　a

1 mm　　b

1 mm　　c

1 mm　　d

1 mm　　e

1 cm

f

1 cm

g

1 cm

h

**枸骨果实分核性状**

a. 背面；b. 侧面；c. 俯视面；d. 腹面；e. 仰视面；f. 堆叠；g. 平铺；h. 整齐排列

## 秤星树　　　　　*Ilex asprella* (Hook. et Arn.) Champ. ex Benth.

冬青科落叶灌木。以根、叶入药，**为四季青药材的易混淆品。**

**种子形态**　果实的分核呈倒卵状椭圆形，背面观长 0.9 ~ 1.1 cm，宽 2.0 ~ 2.3 mm，厚约
2.0 cm，灰褐色。背面具 3 纵棱及 2 沟，侧面近平滑，腹面龙骨状突起锋利。

**采　　集**　花期 3 月，果期 4 ~ 10 月。秋天果实成熟时采摘，晒干。

**鉴别特征**　本种果实分核与冬青种子的区别为本种果实分核中等大小，灰褐色，背面具 3 纵
棱及 2 沟。

1 cm  f

1 cm  g

1 cm  h

**秤星树果实分核性状**

a. 背面；b. 侧面；c. 俯视面；d. 腹面；e. 仰视面；f. 堆叠；g. 平铺；h. 整齐排列

## 铁冬青      *Ilex rotunda* Thunb.

冬青科常绿灌木或乔木。以树皮、根皮入药。以树皮入药时，药材名为救必应，**为四季青药材的易混淆品。**

**种子形态**    果实分核呈椭圆形，背面观长 2.6~3.1 mm，宽 1.5~1.9 mm，厚 1.0~1.4 mm，灰褐色。背面具 3 纵棱及 2 沟，稀具 2 棱及单沟，两侧面平滑。

**采    集**    花期 4 月，果期 8~12 月。冬天果实成熟时采摘，晒干。

**鉴别特征**    本种果实分核与冬青种子的区别为本种果实分核小，灰褐色，背面具 3 纵棱及 2 沟。

1 mm   a

1 mm   b

1 mm   c

1 mm   d

1 mm   e

1 cm

f

1 cm

g

1 cm

h

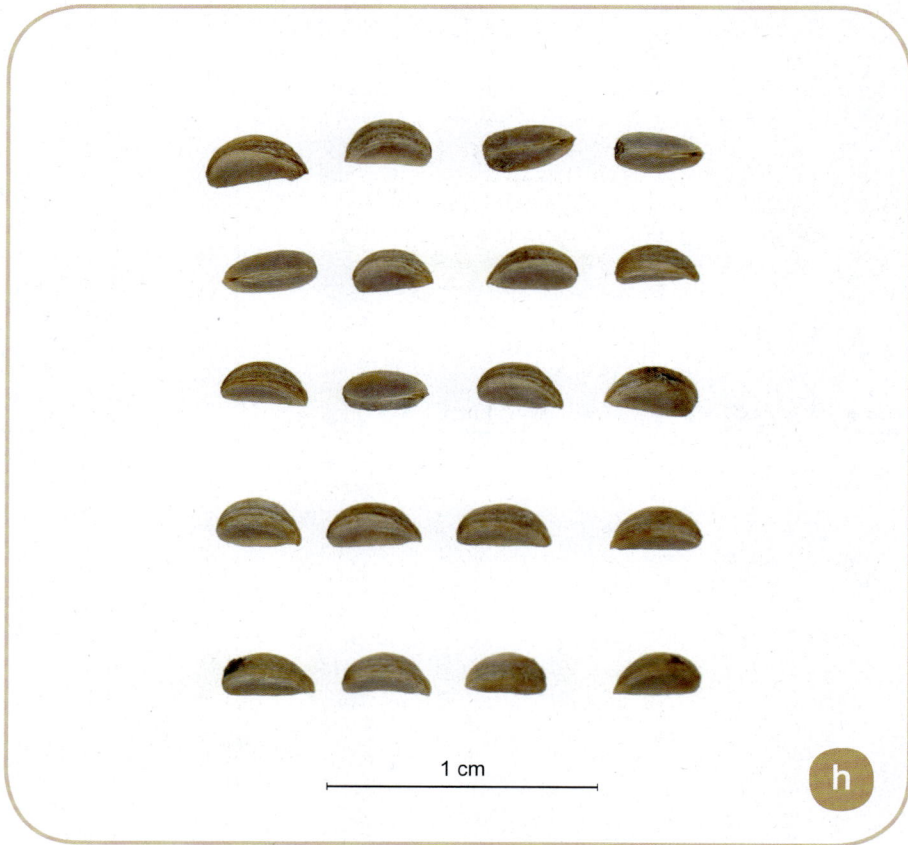

**铁冬青果实分核性状**

a.背面；b.侧面；c.俯视面；d.腹面；e.仰视面；f.堆叠；g.平铺；h.整齐排列

# 豆 科

**扁 豆**                                          *Dolichos lablab* L.

豆科多年生缠绕藤本。以开白花植株的干燥成熟种子入药，药材名为白扁豆。

**种子形态**　种子呈椭圆形或卵圆形，略扁，长 9.5～13.0 mm，宽 6.5～9.0 mm，厚 6.0～7.0 mm。表面淡黄白色或淡黄色，平滑或稍皱缩，略有光泽。腹侧由顶部至中下部具一白色的棱条状种阜，下连一黄白色至黑褐色的种孔，种阜另一端与一淡黄色至黑褐色的种脊相连。

**采　　集**　9～10 月果荚成熟时采摘，晒干，脱粒，再晒至全干；也可以保存果荚。

**鉴别特征**　种子大，表面浅黄白色，具一白色的棱条状种阜。

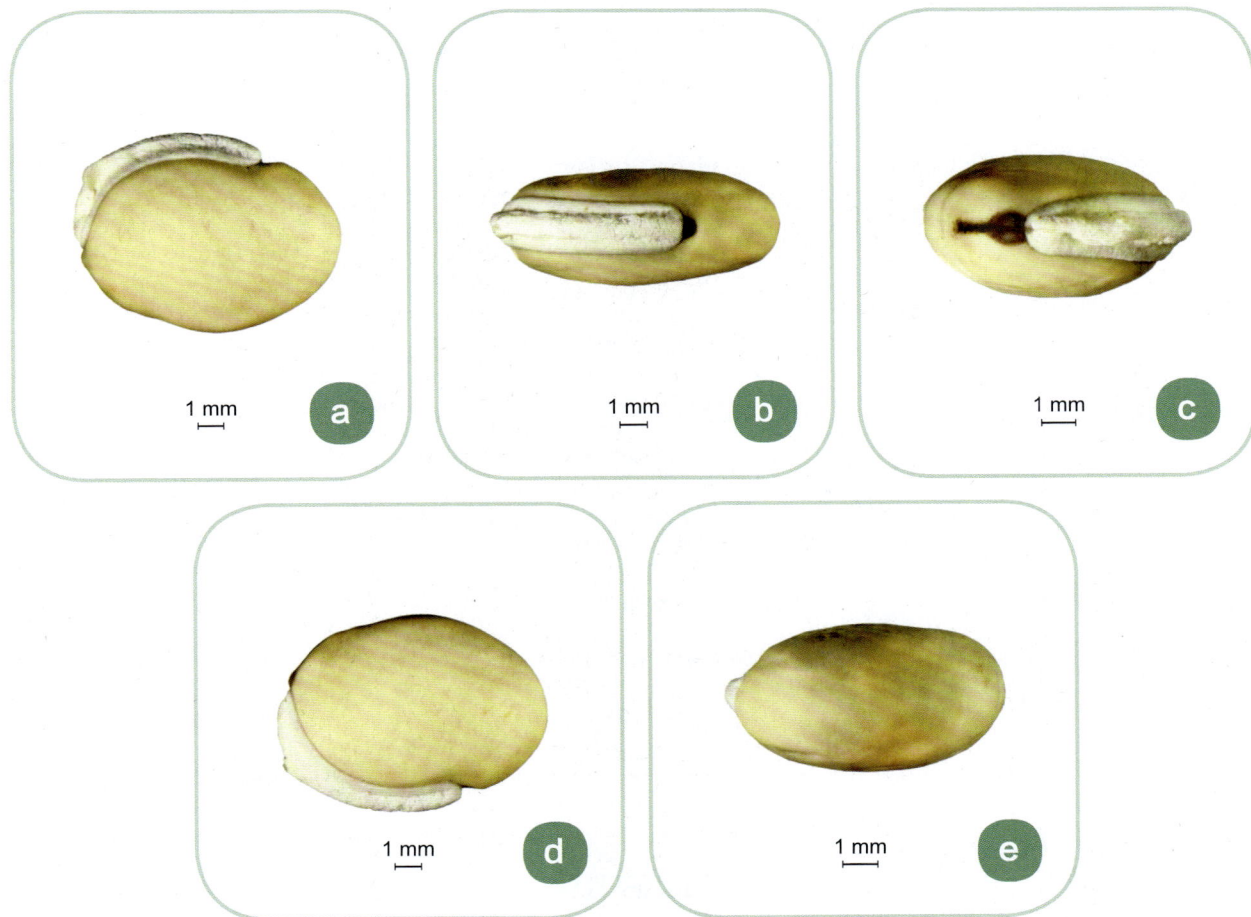

**扁豆种子性状**

a. 背面；b. 侧面；c. 俯视面；d. 腹面；e. 仰视面；f. 堆叠；g. 平铺；h. 整齐排列

## 金甲豆　　　　　　　　　　　　　　　　　　*Phaseolus lunatus* L.

豆科一年生或多年生缠绕草本。以种子入药，**为白扁豆药材的易混淆品**。

**种子形态**　种子呈椭圆形，略扁，长 6.0 ~ 7.0 mm，宽 4.0 ~ 4.5 mm，厚约 3.4 mm。表面黑
色，腹侧由顶部至中下部具一白色的棱条状种阜。

**采　　集**　花期春、夏季。果荚成熟时采摘，晒干，脱粒，再晒至全干；也可以保存果荚。

**鉴别特征**　本种种子与扁豆种子的区别为本种种子大，表面黑色。

2 mm　a

2 mm　b

2 mm　c

2 mm　d

2 mm　e

1 cm

f

1 cm

g

1 cm

h

**金甲豆种子性状**

a.背面；b.侧面；c.俯视面；d.腹面；e.仰视面；f.堆叠；g.平铺；h.整齐排列

# 扁茎黄芪 *Astragalus complanatus* R. Br.

豆科多年生草本。以干燥成熟种子入药，药材名为沙苑子。

**种子形态** 种子呈肾形，略扁，长2.0～2.5 mm，宽1.5～2.0 mm，厚约1.0 mm。表面褐色或棕褐色，光滑，具一浅灰色且凹陷的圆形种脐。

**采　　集** 花期8～9月，果熟期9～10月。当荚果外皮由绿色变黄褐色且尚未开裂时，在靠近地表3cm处割下，打下种子，晒干，脱粒，簸去杂质。

**鉴别特征** 种子小，呈扁圆肾形，深褐色，具一"V"形且凹陷的圆形种脐。

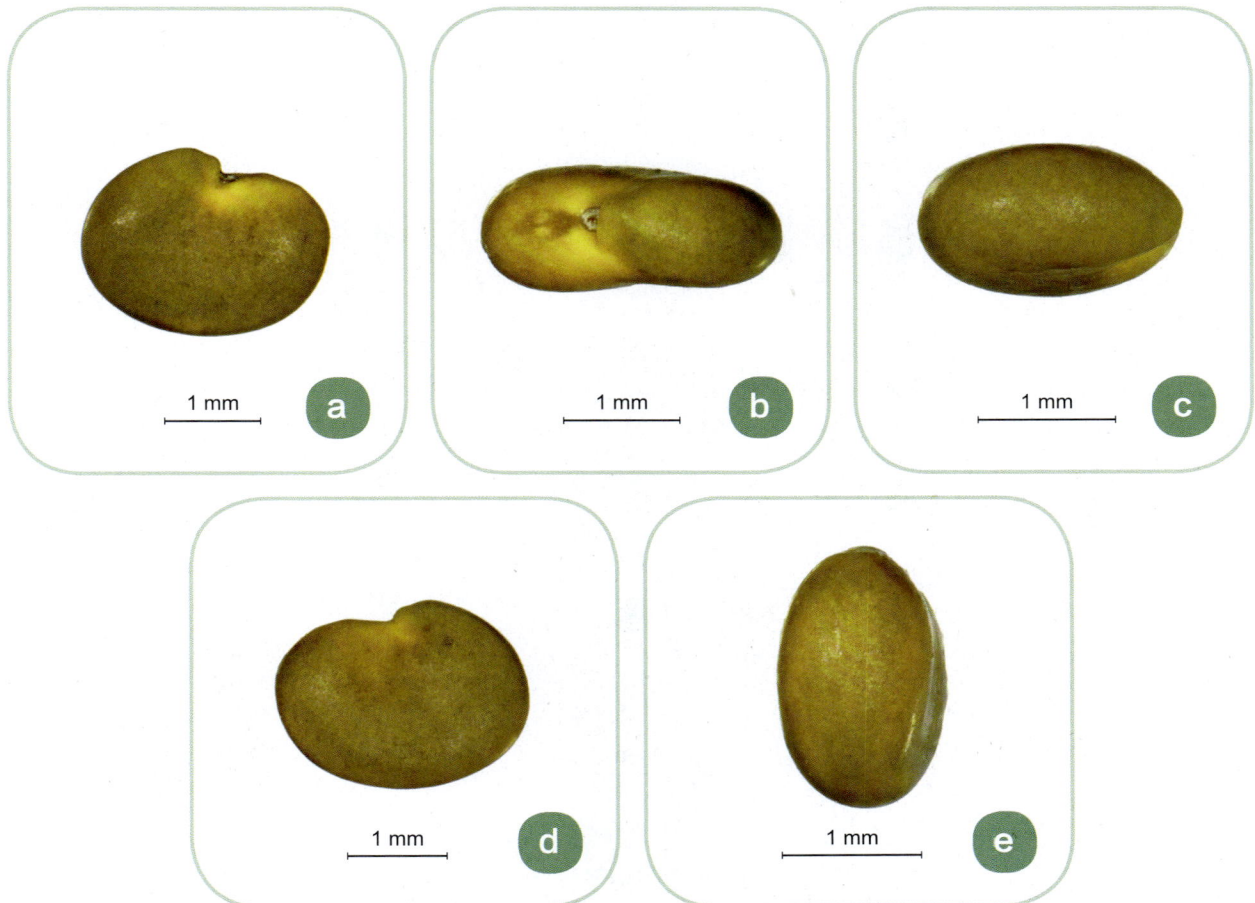

a　1 mm

b　1 mm

c　1 mm

d　1 mm

e　1 mm

**扁茎黄芪种子性状**

a. 背面；b. 侧面；c. 俯视面；d. 腹面；e. 仰视面；f. 堆叠；g. 平铺；h. 整齐排列

## 多序岩黄芪    *Hedysarum polybotrys* Hand.-Mazz.

豆科多年生草本。以干燥根入药，药材名为红芪。

**种子形态**　种子呈圆肾形，略扁，长 2.8~3.0 mm，宽 2.2~2.5 mm，厚约 1.2 mm。表面黄褐色，光滑，两面略凸，种脐位于腹侧凹入处。

**采　　集**　花期 7~8 月，果期 8~9 月。采收饱满种子，采收后及时清理，除去杂质，置于通风、干燥、阴暗、温度较低且相对恒定的地方贮藏。

**鉴别特征**　种子小，但比扁茎黄芪种子大且宽，表面偏红色。

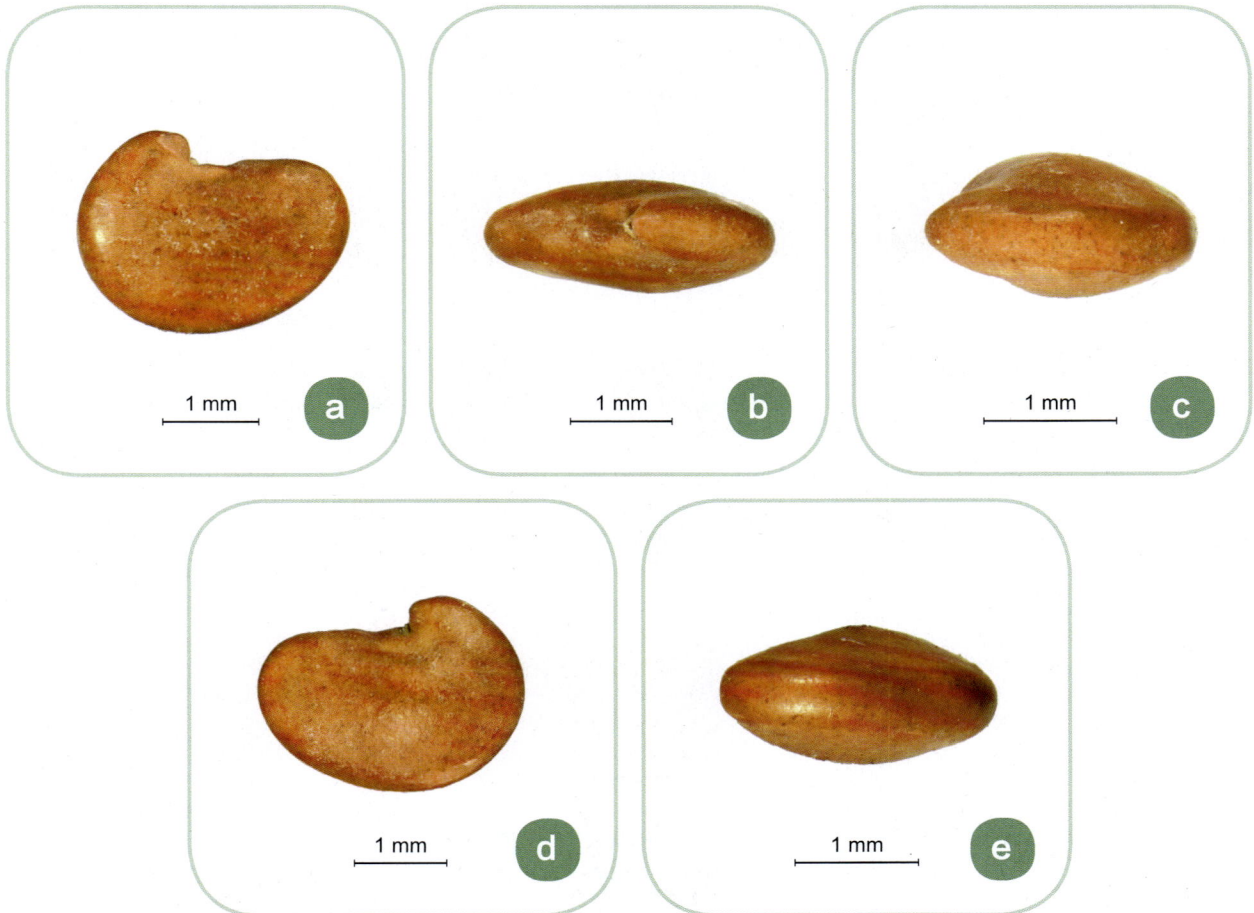

1 mm　a

1 mm　b

1 mm　c

1 mm　d

1 mm　e

**多序岩黄芪种子性状**

a. 背面；b. 侧面；c. 俯视面；d. 腹面；e. 仰视面；f. 堆叠；g. 平铺；h. 整齐排列

# 蒙古黄芪 *Astragalus membranaceus* (Fisch.) Bge. var. *mongholicus* (Bge.) Hsiao

豆科多年生草本。以干燥根入药,药材名为黄芪。

**种子形态** 种子呈宽卵状肾形,略扁,长 3.0~3.8 mm,宽 2.0~2.5 mm,厚 1.0~1.3 mm,棕绿色、红褐色或黑褐色,平滑,稍有光泽。两侧面微凹入,腹侧凹入处有种脐,为一中间缺口的小圆点。

**采　　集** 花期6~7月。果期8~9月。当果荚变白且种子呈褐色时采收,晒干,脱粒,除净杂质,放于干燥阴凉处贮藏。

**鉴别特征** 种子小,偏宽,是黄芪种子中最大的,表面偏黑色。

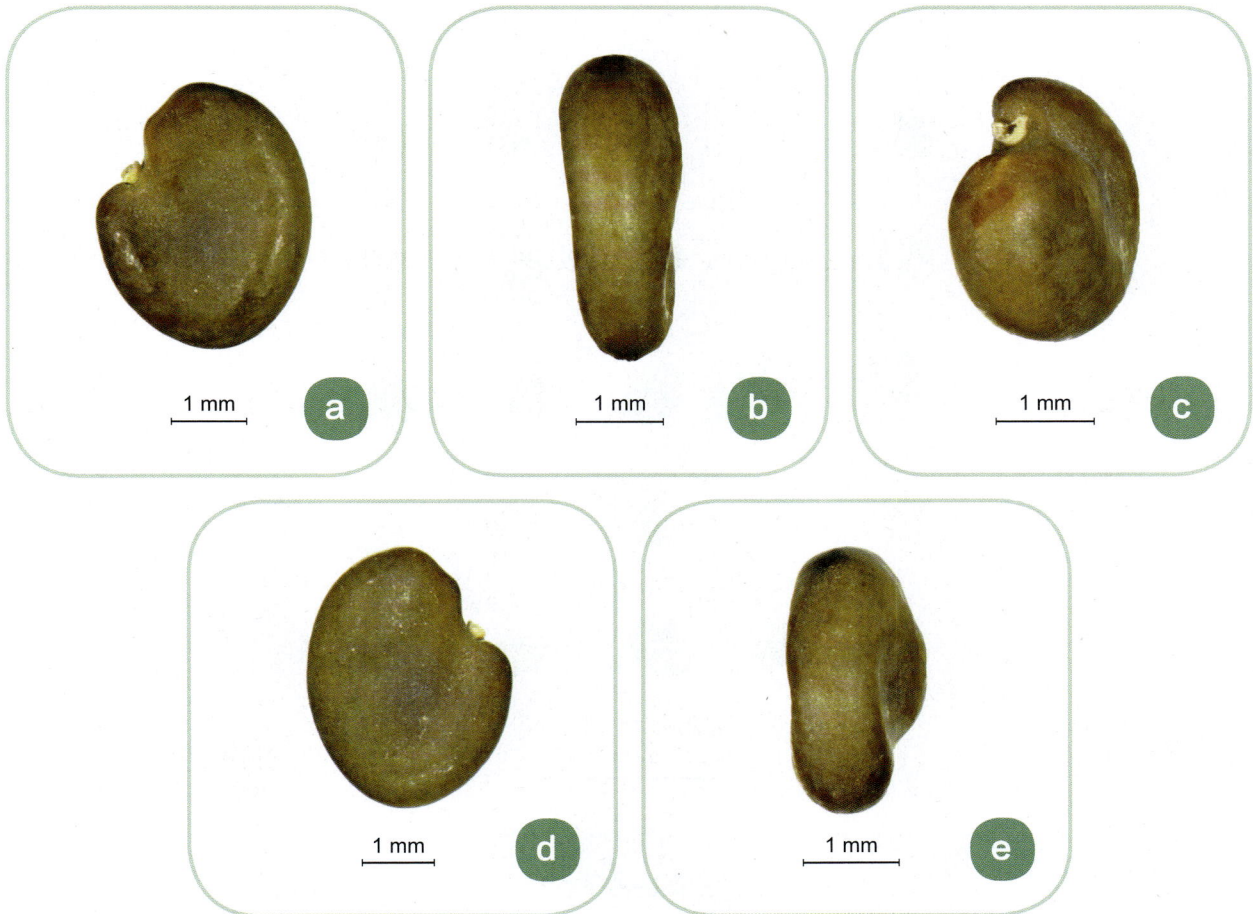

f

1 cm

g

1 cm

h

1 cm

**蒙古黄芪种子性状**
a.背面；b.侧面；c.俯视面；d.腹面；e.仰视面；f.堆叠；g.平铺；h.整齐排列

# 膜荚黄芪　　　　　　　　　*Astragalus membranaceus*（Fisch.）Bge.

豆科多年生草本。以干燥根入药，药材名为黄芪。

**种子形态**　种子呈宽卵状肾形，略扁，长 2.4～3.4 mm，宽 2.0～2.6 mm，厚 1.1～1.5 mm。
表面暗棕色或深褐色，具不规则的黑色斑纹，或表面呈黑褐色而无斑纹，平滑，
稍有光泽。两侧面常微凹入，腹侧肾形凹入处具一污白色且中间有裂口的小圆点，
即为种脐，种脊不明显。

**采　　集**　花期 5 月上旬，果期 6 月。当果荚变白且种子呈褐色时采收，晒干，脱粒，除净
杂质，放于干燥阴凉处贮藏。

**鉴别特征**　种子小，偏宽，比蒙古黄芪种子略小，表面偏褐色。

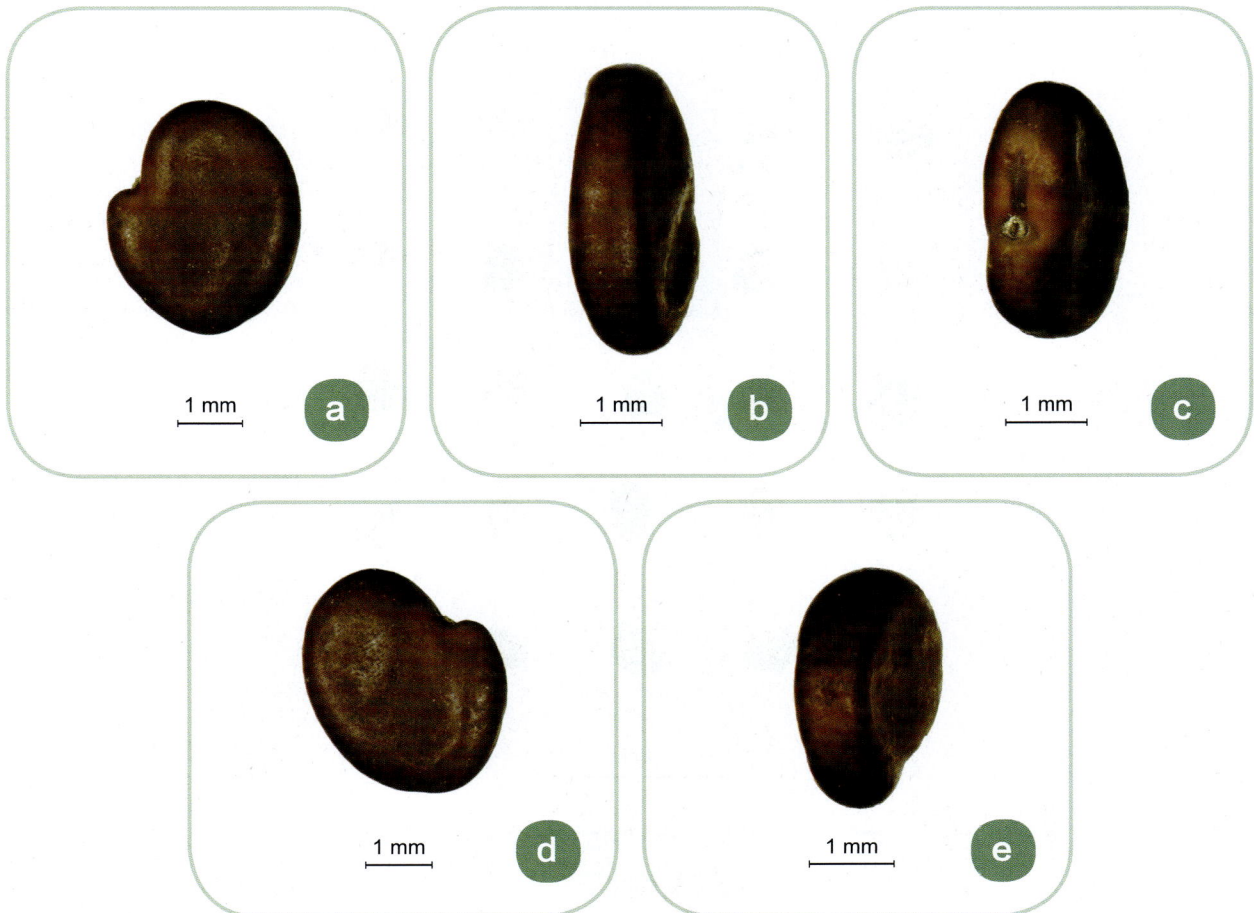

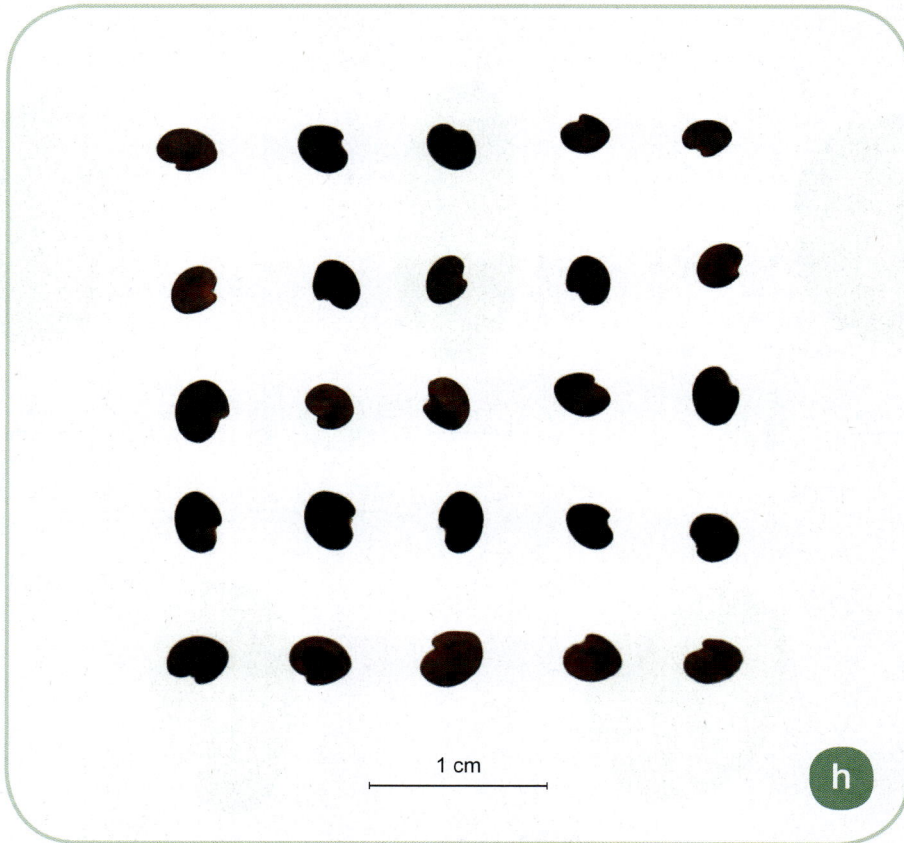

**膜荚黄芪种子性状**

a. 背面；b. 侧面；c. 俯视面；d. 腹面；e. 仰视面；f. 堆叠；g. 平铺；h. 整齐排列

## 白香草木樨                                        *Melilotus officinalis* Pall.

豆科一年生或二年生草本。以全草入药，**为黄芪类药材的易混淆品。**

**种子形态**　种子呈卵形或卵状肾形，略扁，长 2.3~2.8 mm，宽 1.6~1.8 mm，厚 1~1.2 mm。表面棕黄色，平滑，具细瘤点。一面凹陷，一面略凸，腹侧近上端具 1 凹缺，凹缺内有点状种脐，种脐上方有种脊。

**采　集**　花期 5~7 月，果期 7~9 月。当荚果呈黄褐色时采集，摊晒，脱粒，筛后干藏。

**鉴别特征**　种子小，形状与黄芪种子相似，但表面偏黄，且一面凹陷，一面略凸。

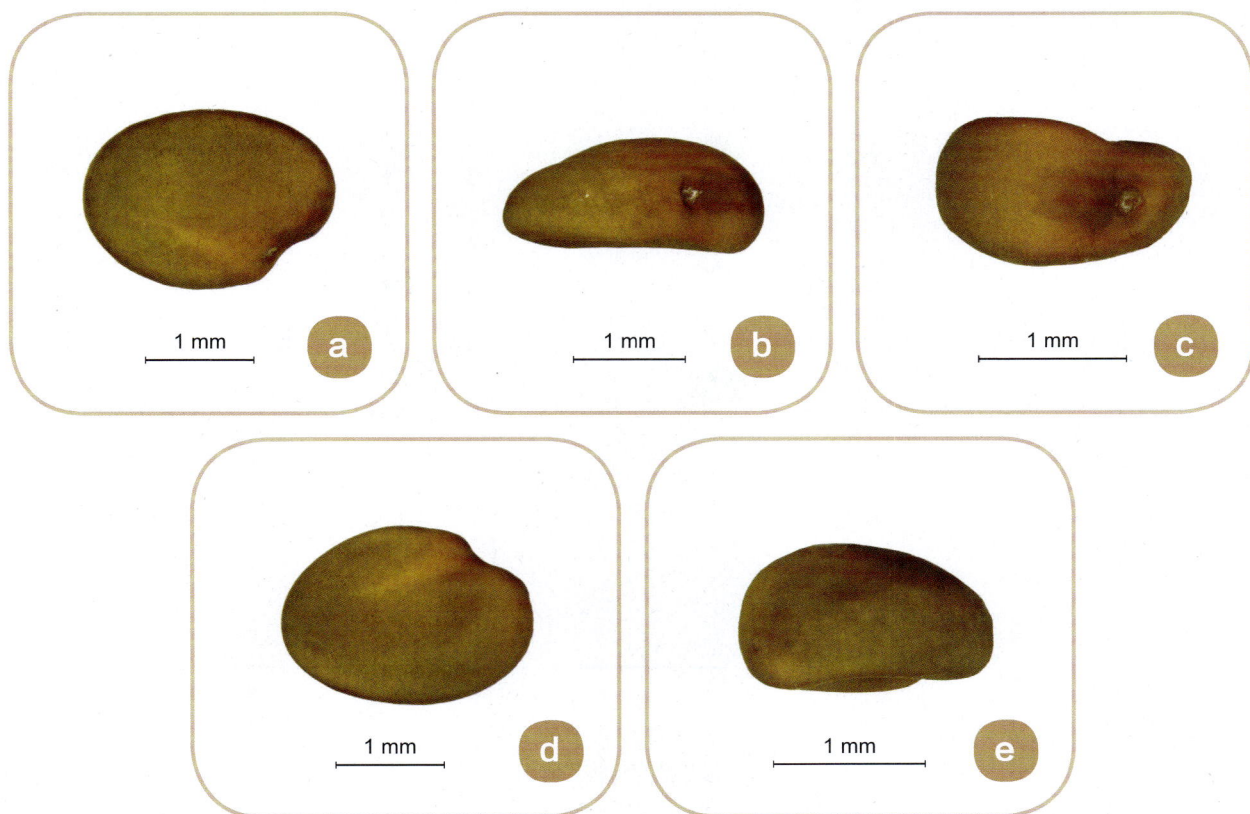

1 cm

f

1 cm

g

1 cm

h

**白香草木樨种子性状**

a. 背面；b. 侧面；c. 俯视面；d. 腹面；e. 仰视面；f. 堆叠；g. 平铺；h. 整齐排列

## 锦鸡儿 　　　　　　　　　　　　　　　　　*Caragana sinica* (Buch'hoz) Rehd.

豆科灌木。以花、根皮入药，**为黄芪类药材的易混淆品。**

**种子形态**　种子呈斜椭圆形或半圆形，黑褐色，略扁，长 4.5～7.5 mm，宽 3.2～4.5 mm，厚约 3.2 mm。种脐条形，位于种子腹面。

**采　　集**　花期 4 月，果期 5～6 月，果熟期 9 月。荚果呈褐色时采摘，放于纱布袋内摊晒，筛选，干藏。

**鉴别特征**　本种种子与黄芪种子的区别为本种种子中等大小，斜椭圆形，红褐色。

1 mm　　a

1 mm　　b

1 mm　　c

1 mm　　d

1 mm　　e

1 cm

f

1 cm

g

1 cm

h

**锦鸡儿种子性状**

a. 背面；b. 侧面；c. 俯视面；d. 腹面；e. 仰视面；f. 堆叠；g. 平铺；h. 整齐排列

## 紫苜蓿 *Medicago sativa* L.

豆科多年生宿根草本。以全草入药，**为黄芪类药材的易混淆品。**

**种子形态** 种子呈肾形，略扁，长 2.2 ~ 3.0 mm，宽 1.2 ~ 1.7 mm，厚 1.1 ~ 1.3 mm。表面黄色或棕色，平滑，稍有光泽。两侧面不凹入，腹侧肾形凹入处具一污白色且中间有裂口的小圆点，即为种脐，种脊不明显。

**采　　集** 花期 5 ~ 7 月，果期为 6 ~ 8 月。荚果呈褐色时采摘，放于纱布袋内摊晒，筛选，干藏。

**鉴别特征** 本种种子与黄芪种子的区别为本种种子小，呈长肾形，浅棕色。

1 cm  f

1 cm  g

1 cm  h

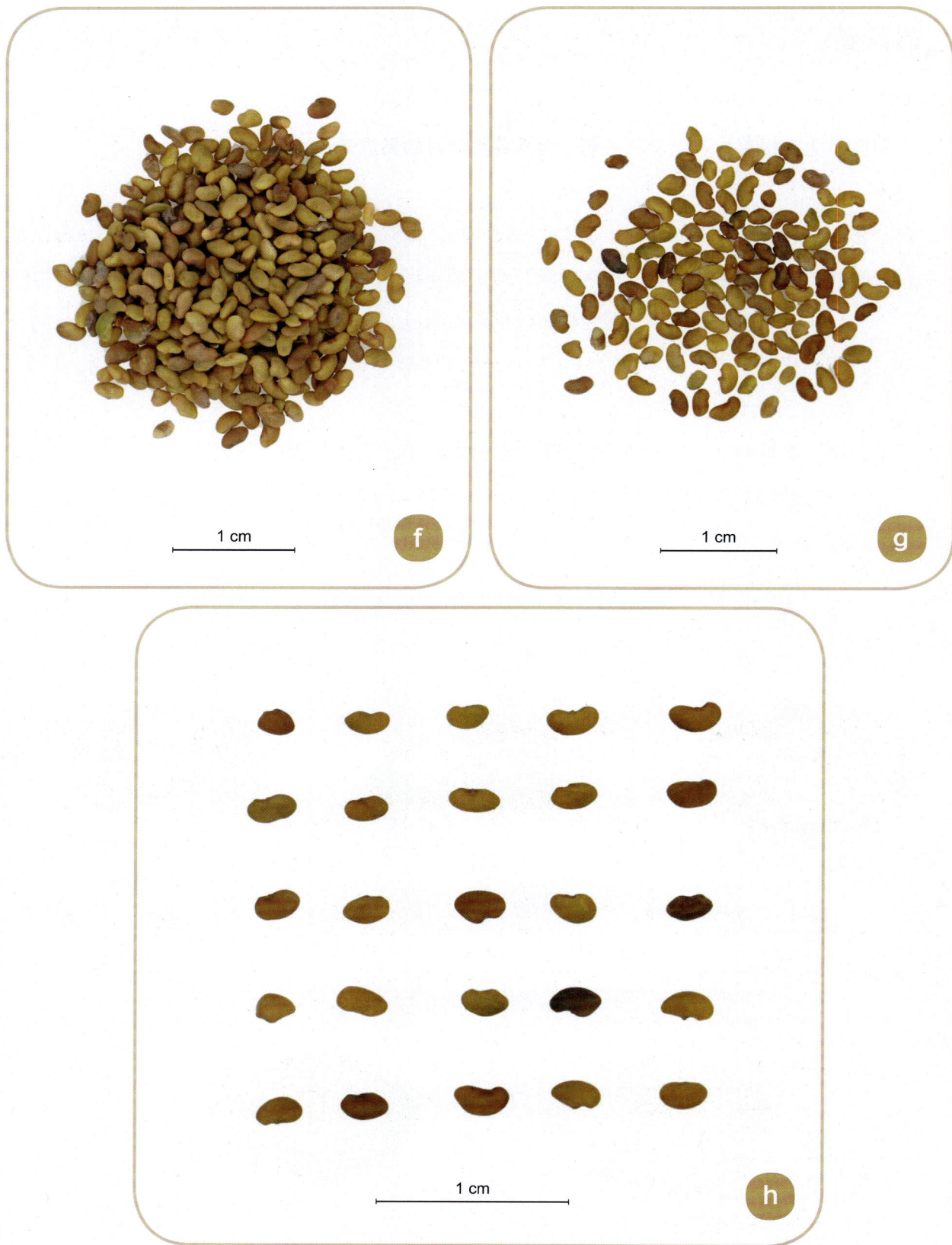

**紫苜蓿种子性状**

a. 背面；b. 侧面；c. 俯视面；d. 腹面；e. 仰视面；f. 堆叠；g. 平铺；h. 整齐排列

## 蜀　葵　　　　　　　　　　　　　　　　　　*Alcea rosea* Linnaeus

锦葵科二年生直立草本。以全草入药，**为黄芪类药材的易混淆品。**

**种子形态**　种子肾形，略扁，长 4.0~4.5 mm，宽 2.8~3.0 mm，厚 0.9~1.1 mm。表面黄色。
　　　　　　腹侧肾形凹入处具一污白色且中间有裂口的条形种脐。

**采　　集**　花期 2~8 月。采收饱满种子，采收后及时清理，除去杂质，置于通风、干燥、阴
　　　　　　暗、温度较低且相对恒定的地方贮藏。

**鉴别特征**　种子小，肾形，疏被浅黄色短毛，与黄芪种子的无毛不同。

1 mm　　a

1 mm　　b

1 mm　　c

1 mm　　d

1 mm　　e

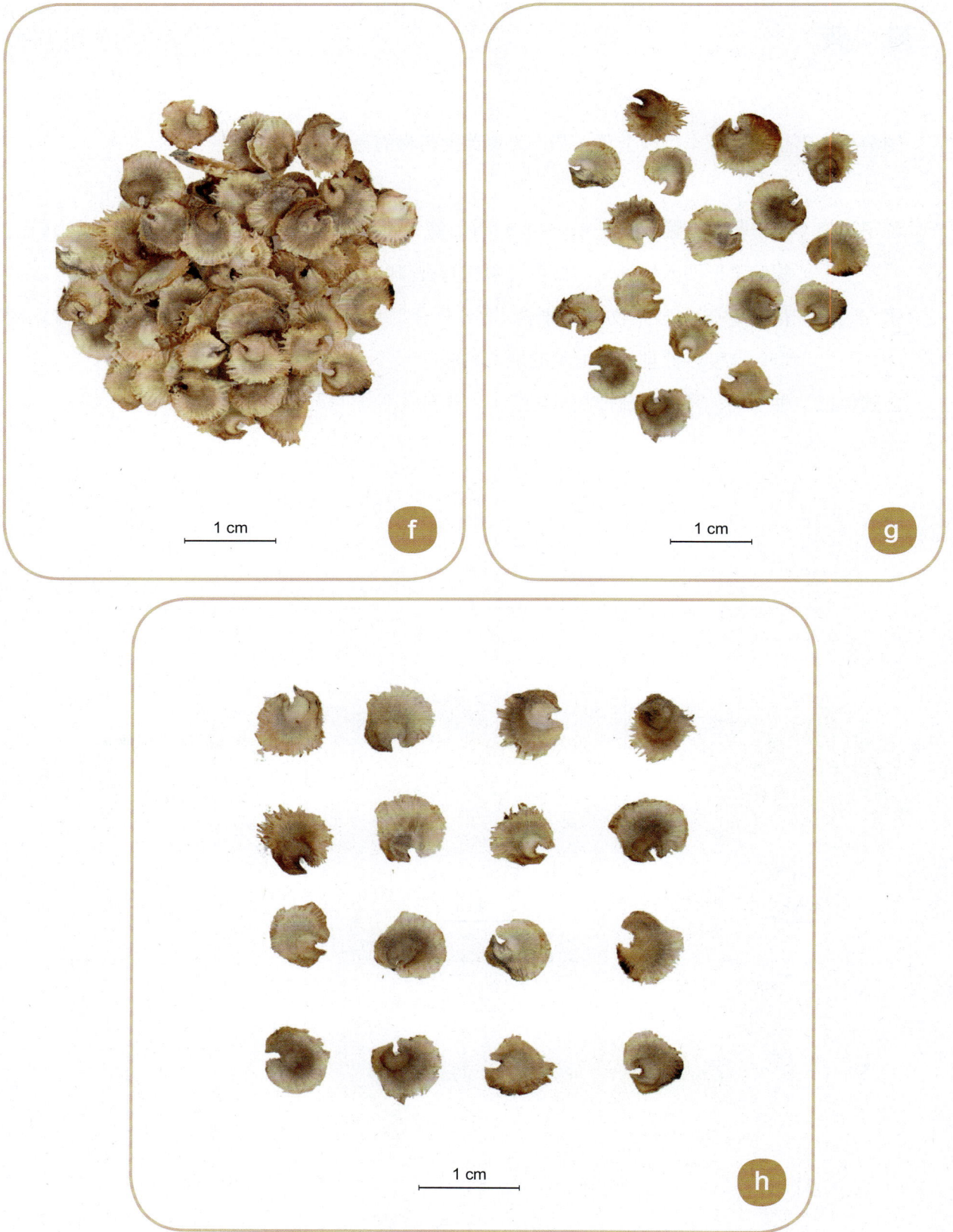

1 cm

f

1 cm

g

1 cm

h

**蜀葵种子性状**

a. 背面；b. 侧面；c. 俯视面；d. 腹面；e. 仰视面；f. 堆叠（果爿）；g. 平铺（果爿）；h. 整齐排列（果爿）

# 补骨脂　　　　　　　　　　　　　　　　　*Psoralea corylifolia* L.

豆科一年生直立草本。以成熟果实入药，药材名为补骨脂。

**种子形态**　莢果呈椭球形或近肾形，略扁，长 3.0 ~ 5.0 mm，宽 2.0 ~ 4.0 mm，厚 1.4 ~ 2.0 mm。表面黑色、黑褐色或灰褐色，粗糙，具细微网状皱纹。先端圆钝，有 1 小突起，凹侧有果梗痕。

**采　　集**　花期6~8 月，果期7~9 月。当种子发黑时分批采收，割下果穗，晒干，打下种子，除去杂质，放于干燥处贮藏，防受潮和虫蛀。

**鉴别特征**　种子小，呈椭球形，具细微网状皱纹。

1 mm　a

1 mm　b

1 mm　c

1 mm　d

1 mm　e

1 cm

f

1 cm

g

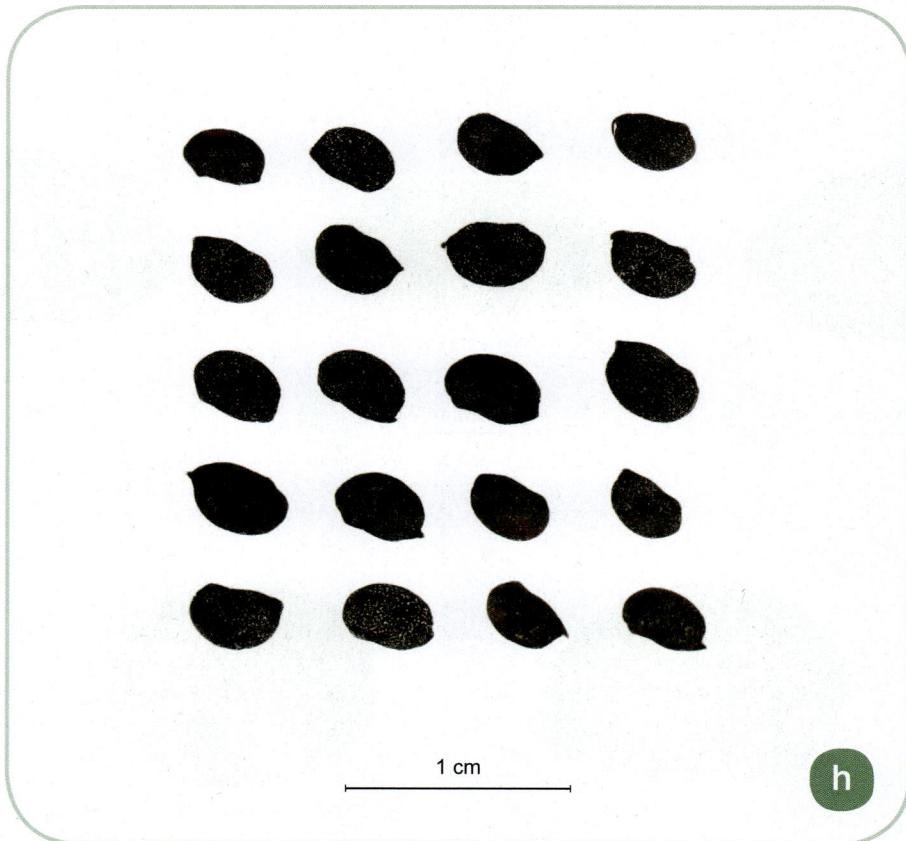

1 cm

h

**补骨脂种子性状**

a. 背面；b. 侧面；c. 俯视面；d. 腹面；e. 仰视面；f. 堆叠；g. 平铺；h. 整齐排列

# 白曼陀罗

*Datura metel* L.

茄科一年生半灌木状直立草本。以花入药，药材名为洋金花，**为补骨脂药材的易混淆品。**

**种子形态**　种子呈心形，略扁，长 3.3~4.0 mm，宽 2.6~3.2 mm，厚 1.5~1.8 mm。表面黑色、灰黑色或棕黑色，具隆起的网纹，被细密的麻点状小凹坑。背侧呈弓状隆起，腹侧的下方具一楔形的种脐，中间为一裂口状的种孔。

**采　　集**　4~11 月花初开时采收，晒干或低温干燥，除去杂质，放于干燥处贮藏。

**鉴别特征**　本种种子与补骨脂种子的区别为本种种子小，呈心形，稍扁，被细密的麻点状小凹坑。

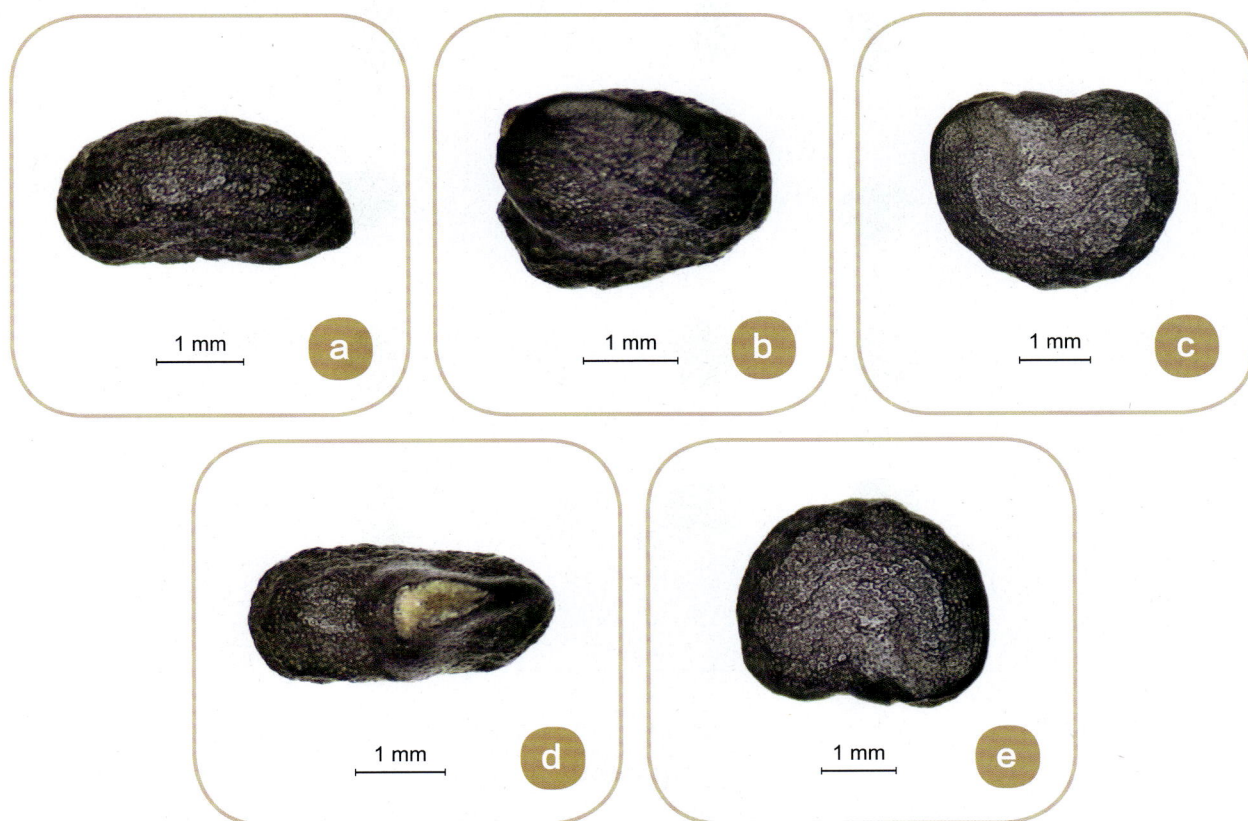

a　1 mm

b　1 mm

c　1 mm

d　1 mm

e　1 mm

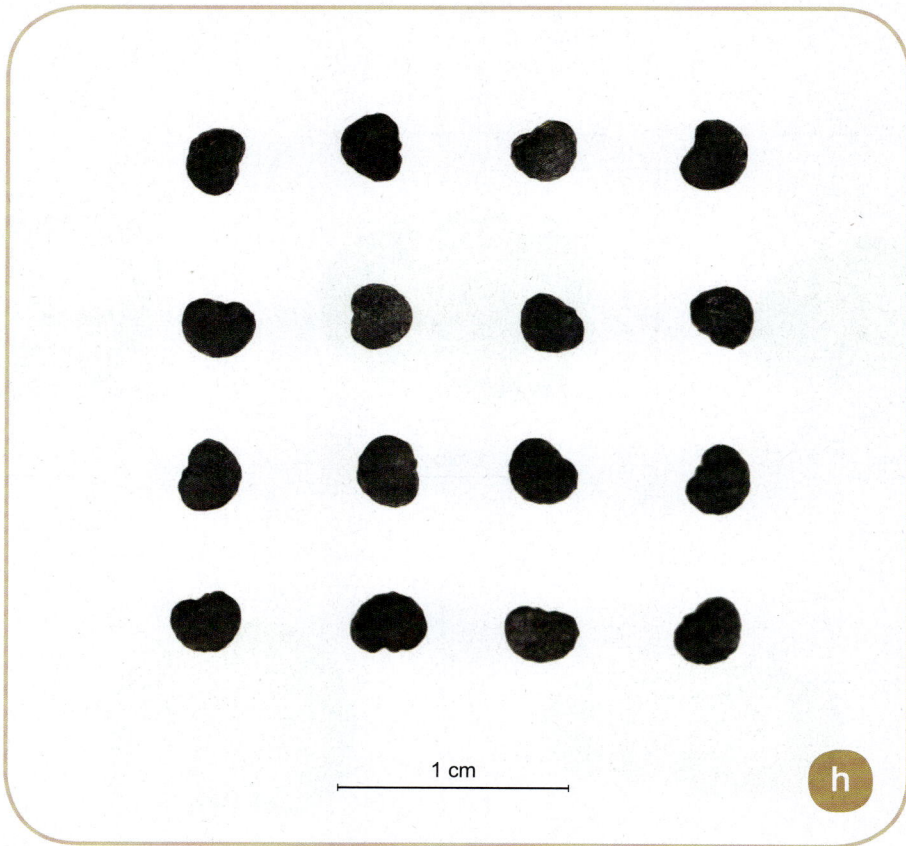

**白曼陀罗种子性状**

a. 背面；b. 侧面；c. 俯视面；d. 腹面；e. 仰视面；f. 堆叠；g. 平铺；h. 整齐排列

# 毛曼陀罗 · *Datura innoxia* Mill.

茄科一年生直立草本或半灌木状。以花入药，**为补骨脂药材的易混淆品**。

**种子形态** 种子略呈肾形，较扁，长 4.5 ~ 5.0 mm，宽 2.8 ~ 3.5 mm，厚 1.2 ~ 1.4 mm。表面棕色或深褐色，具细微的网状纹理，边缘有明显不规则的弯曲沟纹。背侧呈弓状隆起，腹侧具黑色的种柄，种脐呈深缝状。

**采　　集** 花果期 6 ~ 9 月。花初开时采收，晒干或低温干燥，除去杂质，放于干燥处贮藏。

**鉴别特征** 本种种子与补骨脂种子的区别为本种种子小，呈扁肾形，褐色。

1 mm　a

1 mm　b

1 mm　c

1 mm　d

1 mm　e

1 cm **f**

1 cm **g**

1 cm **h**

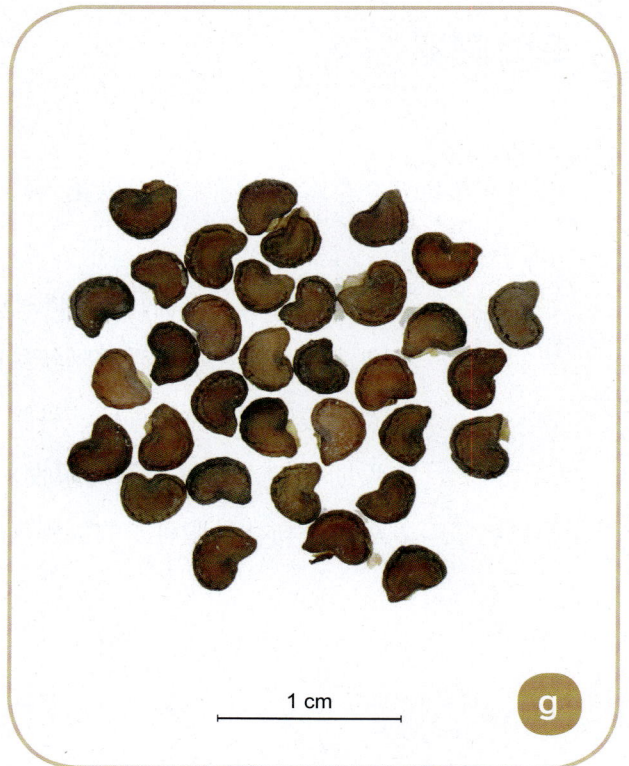

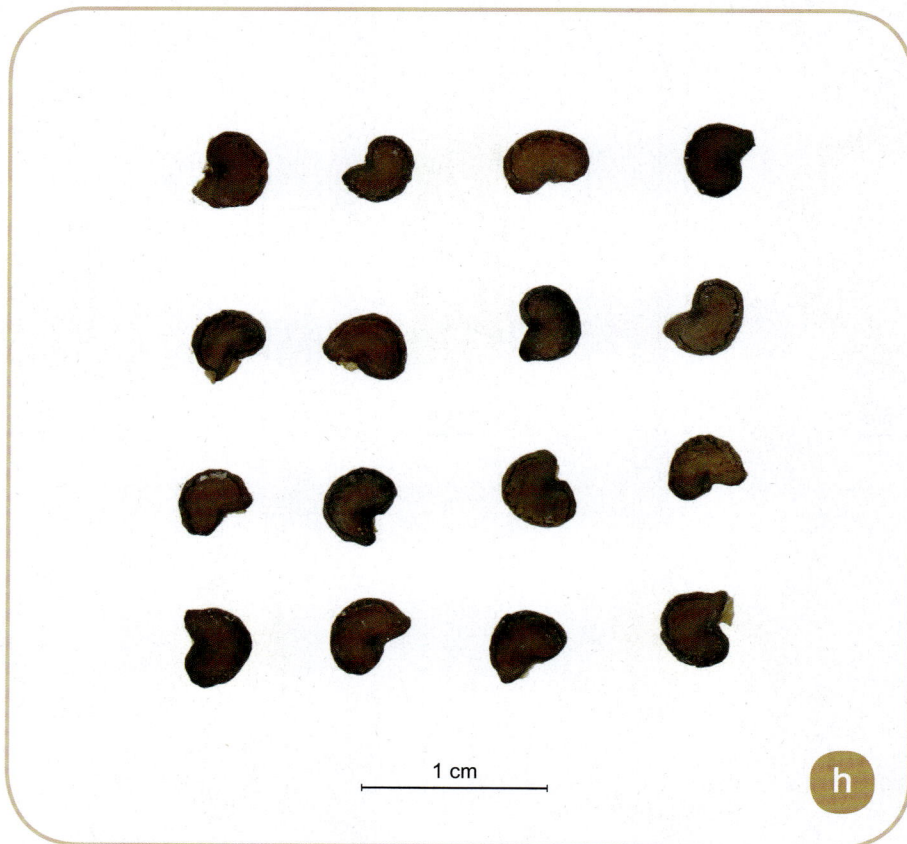

**毛曼陀罗种子性状**

a. 背面；b. 侧面；c. 俯视面；d. 腹面；e. 仰视面；f. 堆叠；g. 平铺；h. 整齐排列

# 赤　豆　　　　　　　　　　　　*Vigna angularis*（Willd.）Ohwi et Ohashi

豆科一年生直立或缠绕草本。以干燥成熟种子入药，药材名为赤小豆。

**种子形态**　种子呈短圆柱形，长 5.0 ~ 7.0 mm，直径 4.0 ~ 5.0 mm，通常呈暗红色或红褐色，两端较平截或钝圆，有光泽；种脐位于侧面，线状，白色，不凹陷，不凸起。

**采　　集**　花期夏季，果期 9 ~ 10 月。秋季果实成熟而未开裂时拔取全株，晒干，打下种子，除去杂质，再晒干。

**鉴别特征**　种子中等大小，呈短圆柱形。

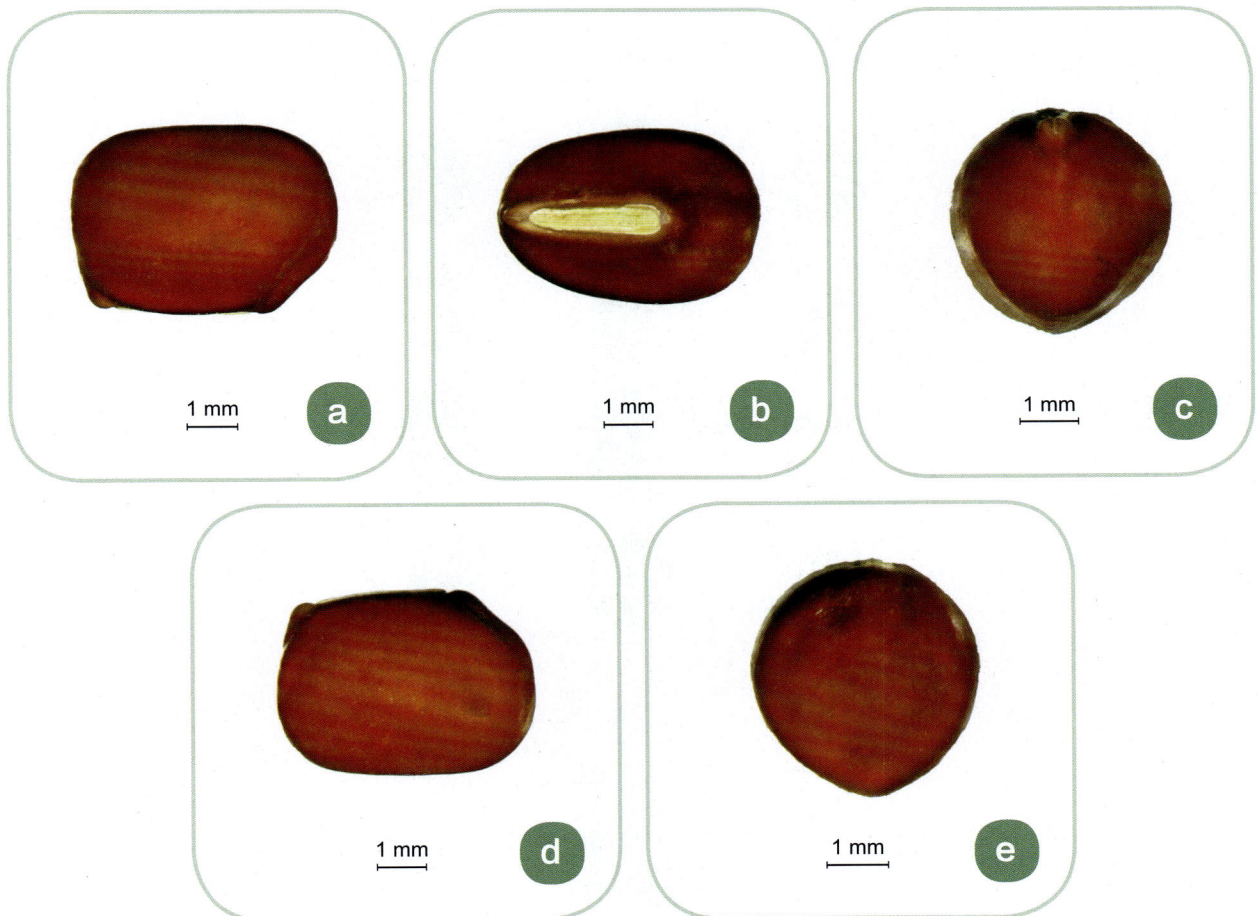

**赤豆种子性状**

a.背面；b.侧面；c.俯视面；d.腹面；e.仰视面；f.堆叠；g.平铺；h.整齐排列

# 赤小豆       *Vigna umbellata* (Thunb.) Ohwi et Ohashi

豆科一年生草本。以干燥成熟种子入药，药材名为赤小豆。

**种子形态** 种子呈球形，长 5.0 ~ 8.0 mm，直径 3.0 ~ 5.0 mm，通常呈暗红色，微有光泽。一侧有线形凸起的种脐，偏向一端，白色，约为全长的 2/3，中间凹陷成纵沟，另一侧有一不明显的棱脊。

**采　集** 花期 5 ~ 8 月。秋季果实成熟而未开裂时拔取全株，晒干，打下种子，除去杂质，再晒干。

**鉴别特征** 种子中等大小，比赤豆种子正面更圆且侧面更扁，白色种脐也短于赤豆种子。

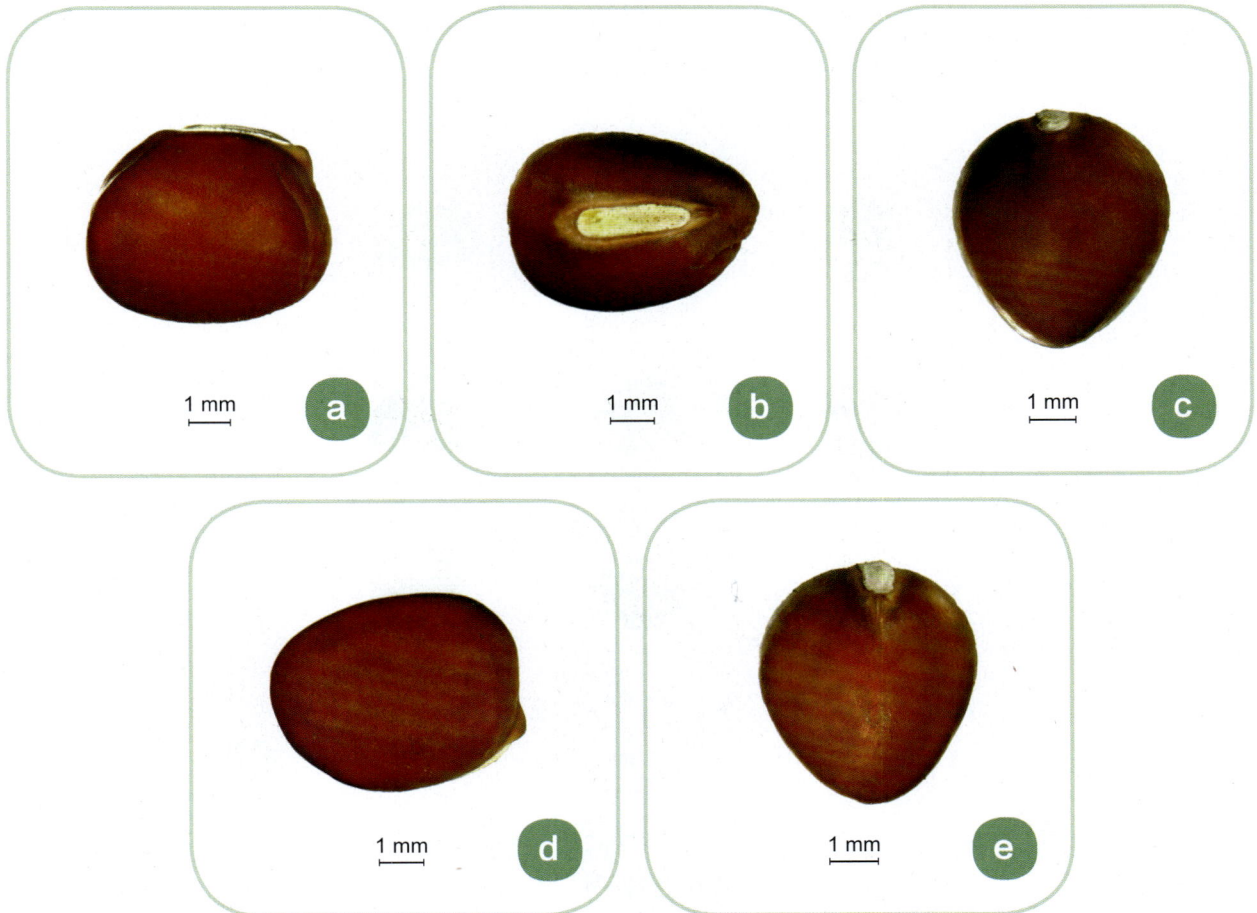

1 cm

f

1 cm

g

1 cm

h

**赤小豆种子性状**

a. 背面；b. 侧面；c. 俯视面；d. 腹面；e. 仰视面；f. 堆叠；g. 平铺；h. 整齐排列

## 相思豆 *Abrus precatorius* L.

豆科藤本。以种子、根、藤入药，**为赤小豆药材的易混淆品**。

**种子形态**　种子呈椭球形，长 5.0~6.0 mm，直径 4.0~5.0 mm，平滑，有光泽，上部约 2/3 为鲜红色，下部 1/3 为黑色。

**采　　集**　花期 3~6 月，果期 9~10 月。秋季果实成熟后采收，晒干，打下种子，除去杂质，再晒干。

**鉴别特征**　本种种子与赤小豆种子的区别为本种种子中等大小，呈球形，带黑色。

1 cm

f

1 cm

g

1 cm

h

**相思豆种子性状**

a. 背面；b. 侧面；c. 俯视面；d. 腹面；e. 仰视面；f. 堆叠；g. 平铺；h. 整齐排列

# 甘 草　　　　　　　　　　　　　*Glycyrrhiza uralensis* Fisch.

豆科多年生草本。以干燥根和根茎入药，药材名为甘草。

**种子形态**　种子呈宽肾形，略扁，长 2.7~4.3 mm，宽 2.6~3.7 mm，厚 1.8~2.3 mm。表面暗绿色、棕绿色、棕色或棕褐色，多有杂斑，略有光泽，有点状凹槽；腹侧具一圆形的凹窝状种脐，上连一棕色的种脊。

**采　集**　7~9 月选择三年以上植株，采收籽粒饱满、无病虫害荚果，成熟时荚果呈黄褐色，割下果荚，风干，脱粒，筛去果皮及杂质。

**鉴别特征**　种子小，侧面观为椭圆形，表面偏绿色，多有杂斑。

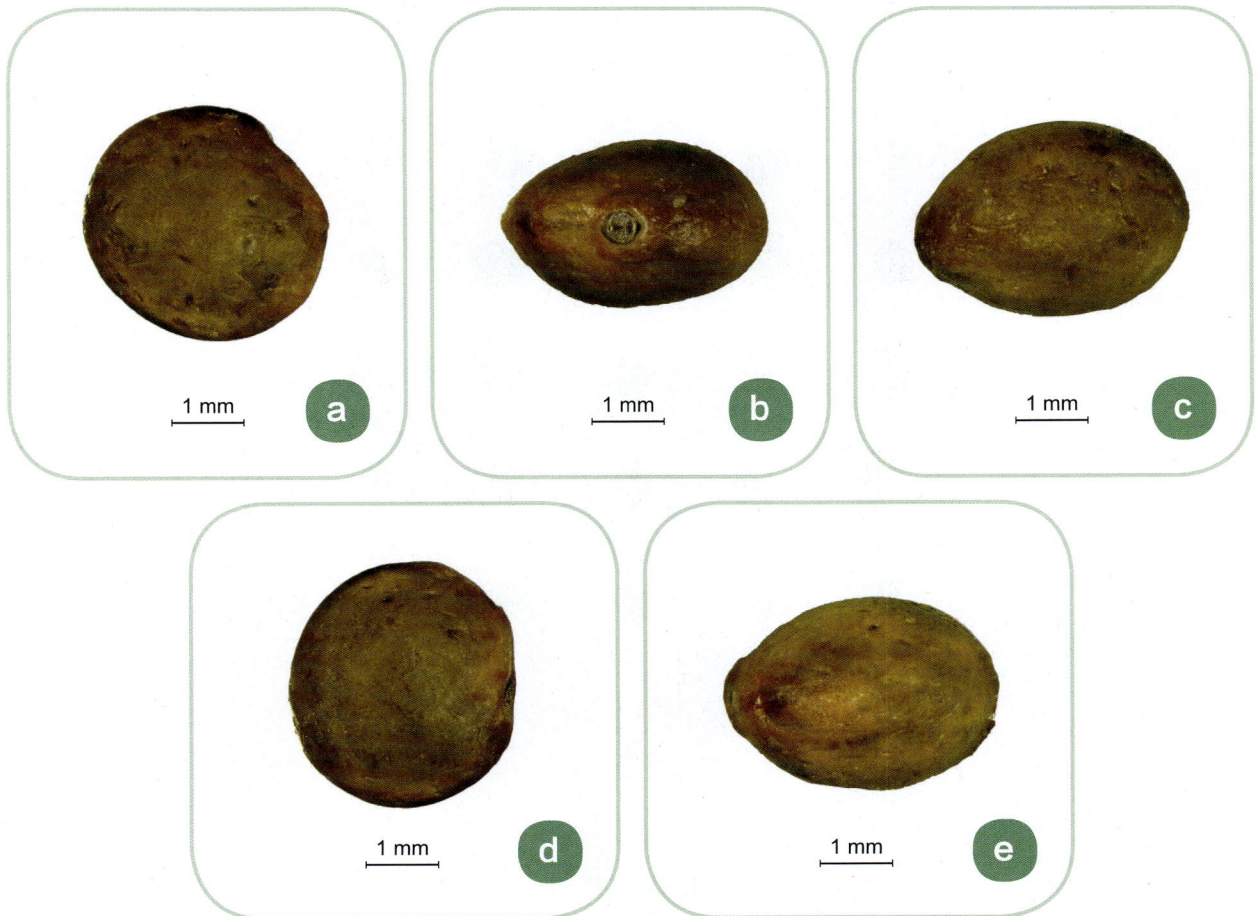

**甘草种子性状**

a. 背面；b. 侧面；c. 俯视面；d. 腹面；e. 仰视面；f. 堆叠；g. 平铺；h. 整齐排列

## 光果甘草　　　　　　　　*Glycyrrhiza glabra* L.　（非人工栽培）

豆科多年生草本。以干燥根和根茎入药，药材名为甘草。

**种子形态**　种子呈宽肾形，长 2.5 ~ 3.0 mm，宽 2.0 ~ 2.8 mm。表面棕绿色或棕褐色，较少杂
　　　　　　色，平滑，略有光泽，腹侧具一圆形的凹窝状种脐，上连一棕绿色的种脊。

**采　　集**　花期 5 ~ 6 月，果期 7 ~ 9 月。当荚果呈褐色时剪下果序，晒干，脱粒，筛去杂质。

**鉴别特征**　本种种子与甘草种子的区别为本种种子小，侧面观偏菱形，表面偏褐色。建议结
　　　　　　合 DNA 条形码进行进一步区别。

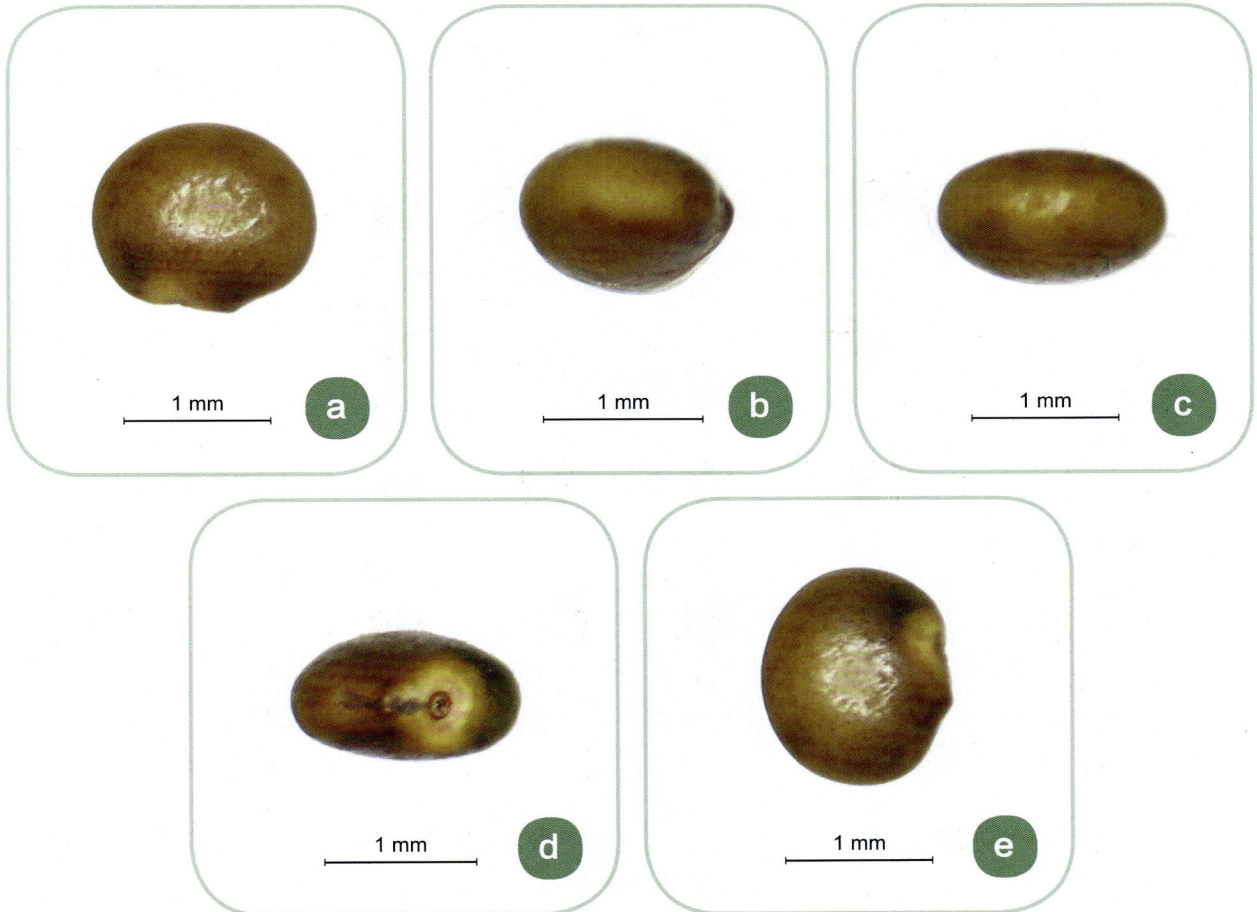

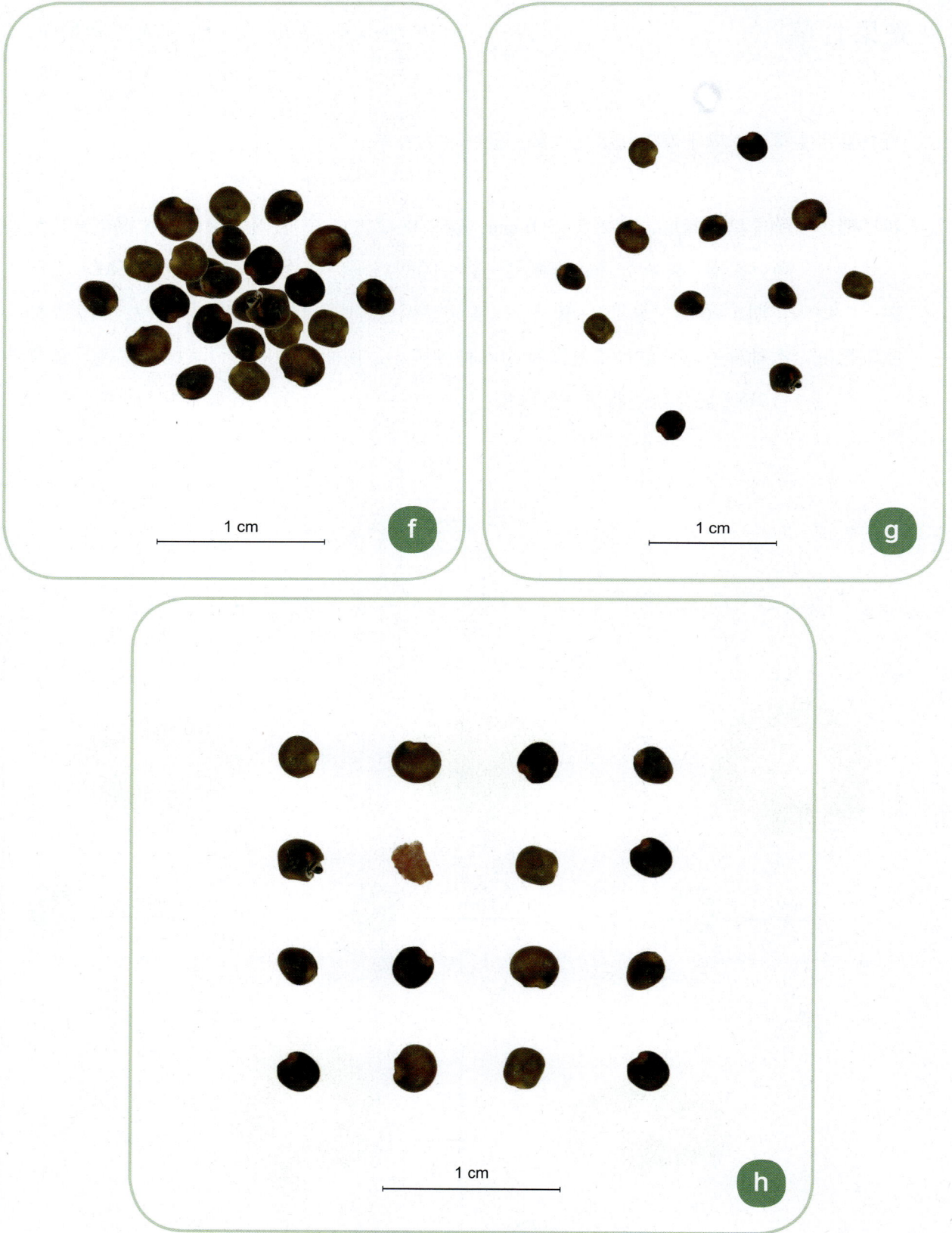

**光果甘草种子性状**

a. 背面；b. 侧面；c. 俯视面；d. 腹面；e. 仰视面；f. 堆叠；g. 平铺；h. 整齐排列

# 胀果甘草          *Glycyrrhiza inflata* Batalin （非人工栽培）

豆科多年生草本。以干燥根和根茎入药，药材名为甘草。

**种子形态**    种子呈窄肾形，长3.2~3.8 mm，宽2.5~3.0 mm。表面棕黄色或棕褐色，平滑，略有光泽，腹侧具一圆形的凹窝状种脐，上连一棕绿色的种脊。

**采　　集**    花期5~7月，果期6~10月。当荚果呈褐色时剪下果序，晒干，脱粒，筛去杂质。

**鉴别特征**    本种种子与甘草种子的区别为本种种子小，较窄长，表面偏黄色，多为纯色，无杂斑。建议结合DNA条形码进行进一步区别。

1 mm   a

1 mm   b

1 mm   c

1 mm   d

1 mm   e

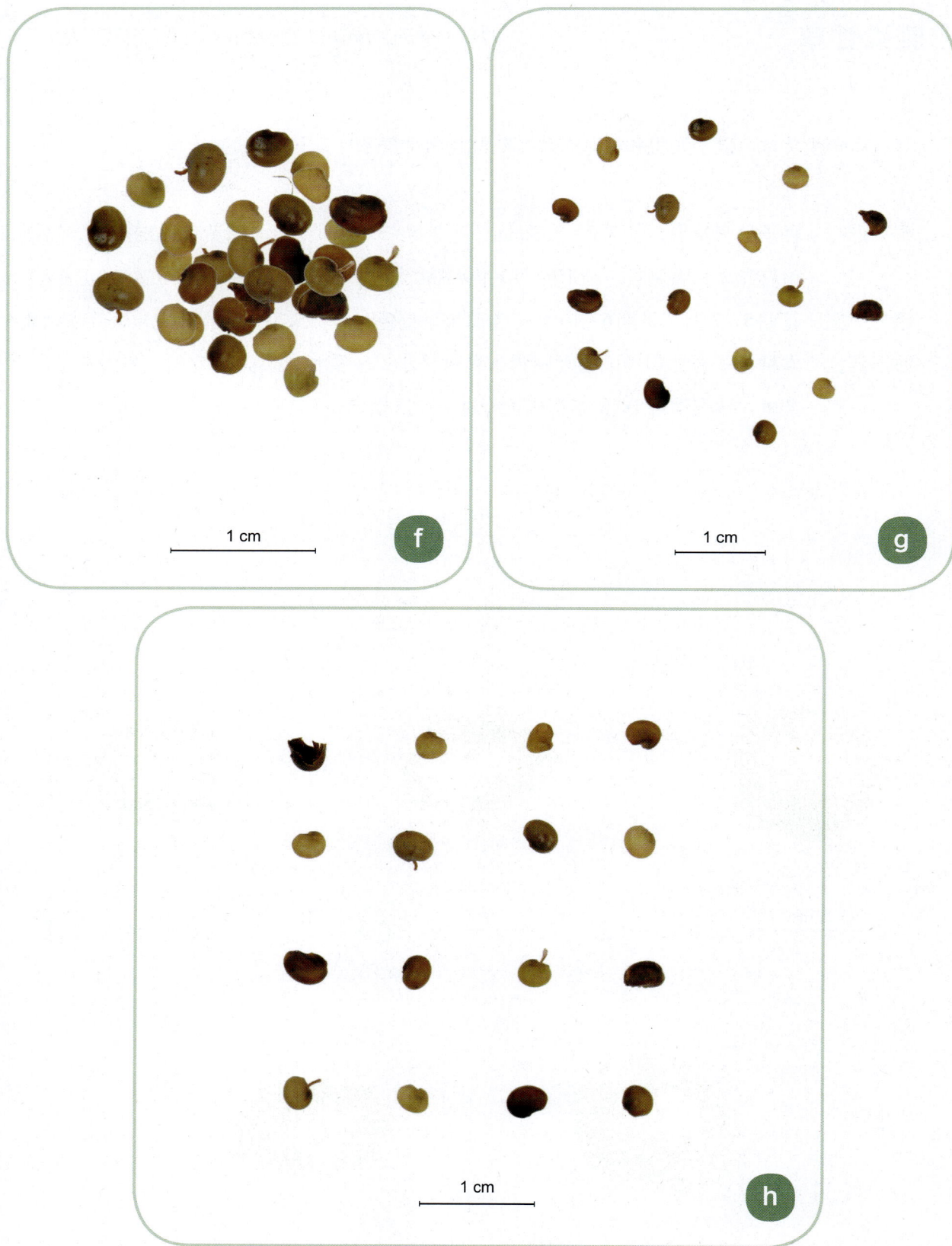

1 cm

f

1 cm

g

1 cm

h

**胀果甘草种子性状**

a. 背面；b. 侧面；c. 俯视面；d. 腹面；e. 仰视面；f. 堆叠；g. 平铺；h. 整齐排列

# 刺果甘草 *Glycyrrhiza pallidiflora* Maxim.

豆科多年生草本。以根、果实入药，**为甘草药材的易混淆品**。

**种子形态**　种子呈宽椭圆形，略扁，长 3.2~3.6 mm，宽 2.6~2.9 mm，厚 2.1~2.3 mm。表面暗绿色、棕绿色或棕褐色，平滑，略有光泽，腹侧具一圆形的凹窝状种脐，上连一棕绿色的种脊。

**采　　集**　果熟期 7 月下旬至 9 月。当荚果呈褐色时剪下果序，晒干，脱粒，筛去杂质。

**鉴别特征**　种子小，表面棕绿色，侧面观近矩形。

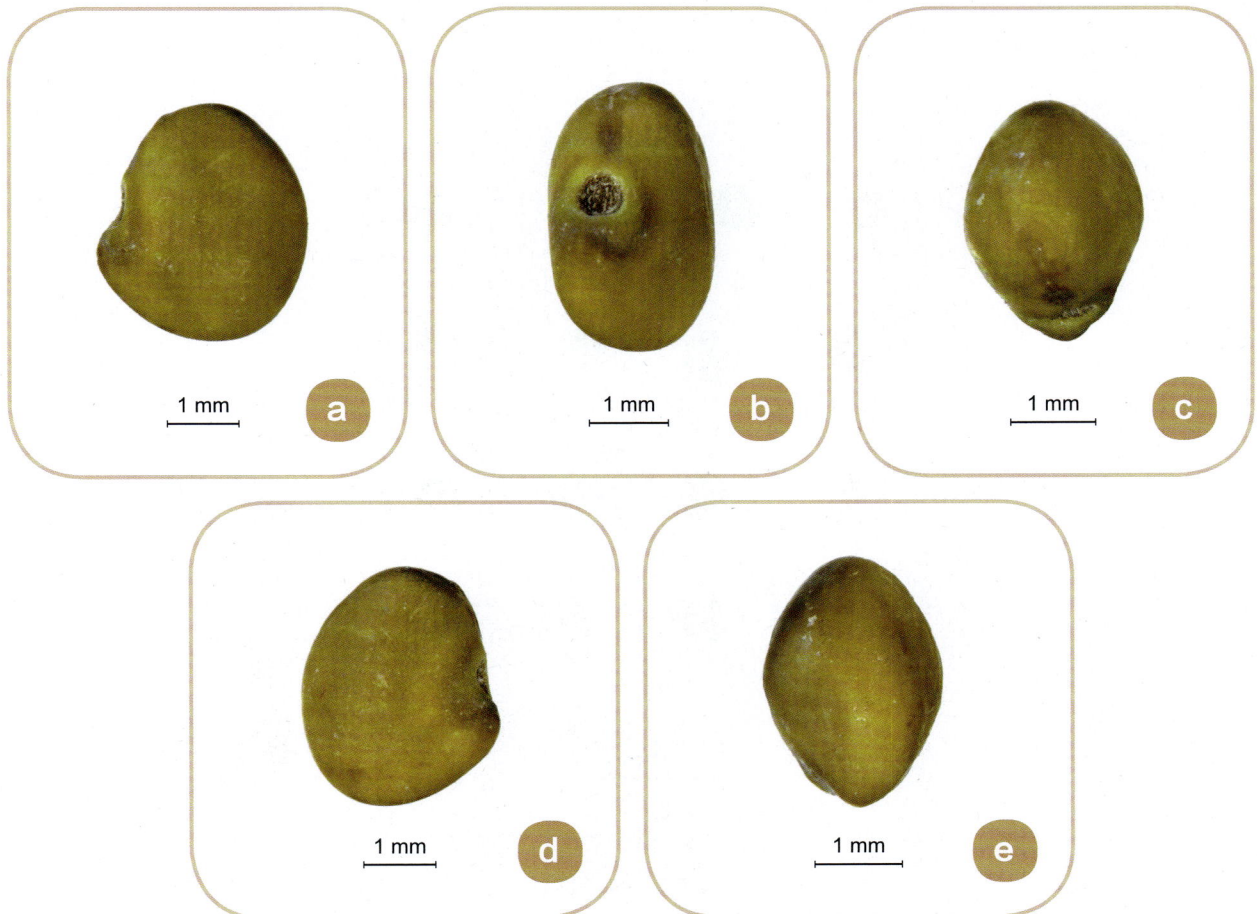

a　1 mm

b　1 mm

c　1 mm

d　1 mm

e　1 mm

刺果甘草种子性状

a. 背面；b. 侧面；c. 俯视面；d. 腹面；e. 仰视面；f. 堆叠；g. 平铺；h. 整齐排列

# 皂 荚　　　　　　　　　　　　　　　*Gleditsia sinensis* Lam.

豆科落叶乔木或小乔木。以干燥不育果实入药，药材名为猪牙皂。以干燥棘刺入药，药材名为皂角刺。以干燥成熟果实入药，药材名为大皂角。

**种子形态**　种子呈椭圆形，略扁，长 10.0~13.0 mm，宽 9.0~11.0 mm，厚约 7.0 mm。表面黄棕色至棕褐色，光滑，无光泽。

**采　集**　花期 3~5 月，果期 5~12 月。当荚果呈暗紫色时采摘，趁新鲜质软时用剪刀剥取种子，荚果干后质变硬，不易剥开，需用碾子将荚皮碾碎，筛取种子，出种率约 25%。

**鉴别特征**　种子大，呈扁椭圆形。

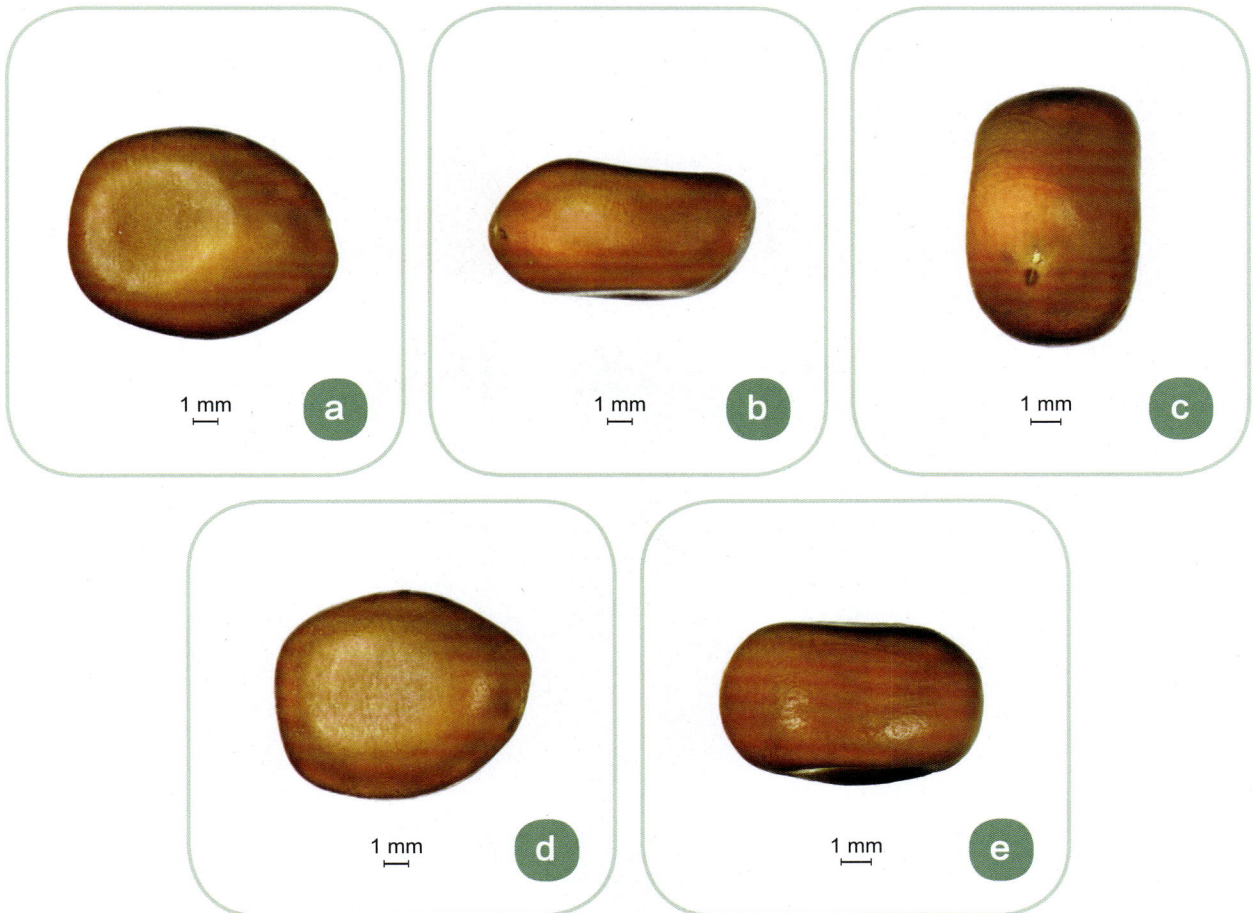

1 cm

**f**

1 cm

**g**

1 cm

**h**

**皂荚种子性状**

a. 背面；b. 侧面；c. 俯视面；d. 腹面；e. 仰视面；f. 堆叠；g. 平铺；h. 整齐排列

## 肥皂荚          *Gymnocladus chinensis* Baill.

豆科落叶乔木。以果实入药，**为猪牙皂和大皂角药材的易混淆品。**

**种子形态** 种子近球形，正方体状，直径 15.0~20.0 mm。表面黑色，平滑无毛。

**采　　集** 8 月结果。当总果梗上的果荚大部分干缩时，将总果梗剪下，收取种子。

**鉴别特征** 本种种子与皂荚种子的区别为本种种子大。

10 mm   a     10 mm   b     10 mm   c

10 mm   d     10 mm   e

f

1 cm

g

1 cm

h

1 cm

**肥皂荚种子性状**

a. 背面；b. 侧面；c. 俯视面；d. 腹面；e. 仰视面；f. 堆叠；g. 平铺；h. 整齐排列

# 广金钱草　　　　　　　　　　　　*Desmodium styracifolium*（Osb.）Merr.

豆科半灌木状草本。以干燥地上部分入药，药材名为广金钱草。

**种子形态**　种子呈肾形，扁平，长 1.9 ~ 2.3 mm，宽 1.3 ~ 1.7 mm。表面黄色，光滑，有光泽。种脐圆形，位于一侧的中部凹陷处，黑色。

**采　　集**　广西以 10 月采收中熟种子为宜。海南花期秋季，果熟期春季。当总果梗上的果荚大部分呈暗褐色并干缩时，将总果梗剪下，并剪除未成熟的果荚，后将果穗摊放于竹箩上晒干，再用粗糙的木块压着果荚摩擦，剪掉花梗，簸掉果皮后再继续摩擦，直至把全部果皮磨碎簸尽，种子便可贮藏于低温且干燥的玻璃容器里。

**鉴别特征**　种子小，呈肾形，纯黄色，有光泽。

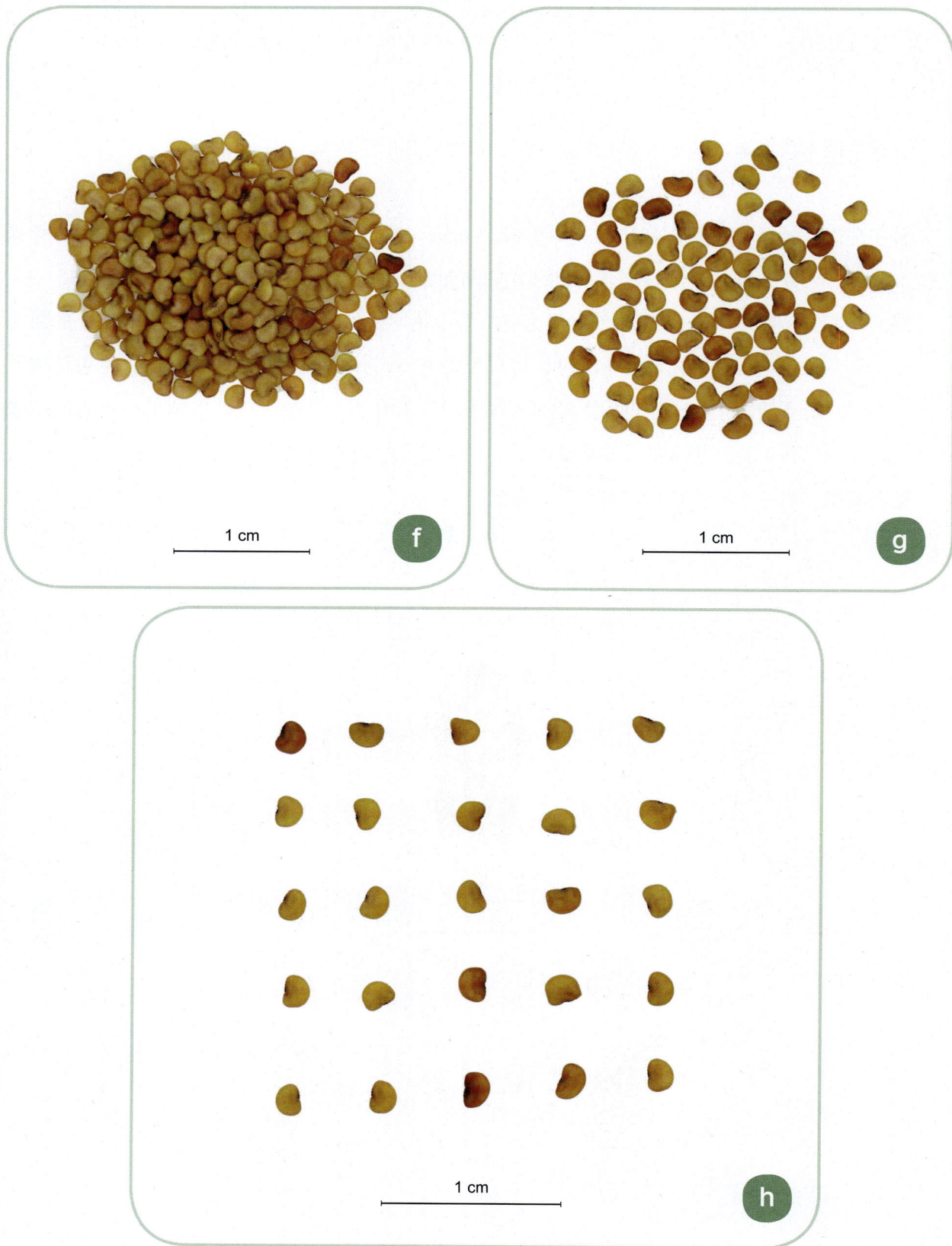

广金钱草种子性状

a. 背面；b. 侧面；c. 俯视面；d. 腹面；e. 仰视面；f. 堆叠；g. 平铺；h. 整齐排列

# 广州相思子

*Abrus cantoniensis* Hance

豆科灌木。以干燥全株入药，药材名为鸡骨草。

**种子形态** 种子呈倒卵状椭圆形或矩圆形，扁平，长 4.0 ~ 5.0 mm，宽 3.0 ~ 3.5 mm，厚约 1.7 mm。表面黄褐色，有时具棕黑相间的花斑。种阜蜡黄色，明显，中间有孔，边具长圆状环。种脐凹陷，线形，脐冠长圆形，基部有 1 晕圈。

**采　　集** 花期 6~7 月，果期 8~10 月。当荚果呈棕黄色时采摘，晒干，脱粒，簸去杂质，干藏。

**鉴别特征** 种子小，表面无光泽，种阜小，种孔椭圆形。

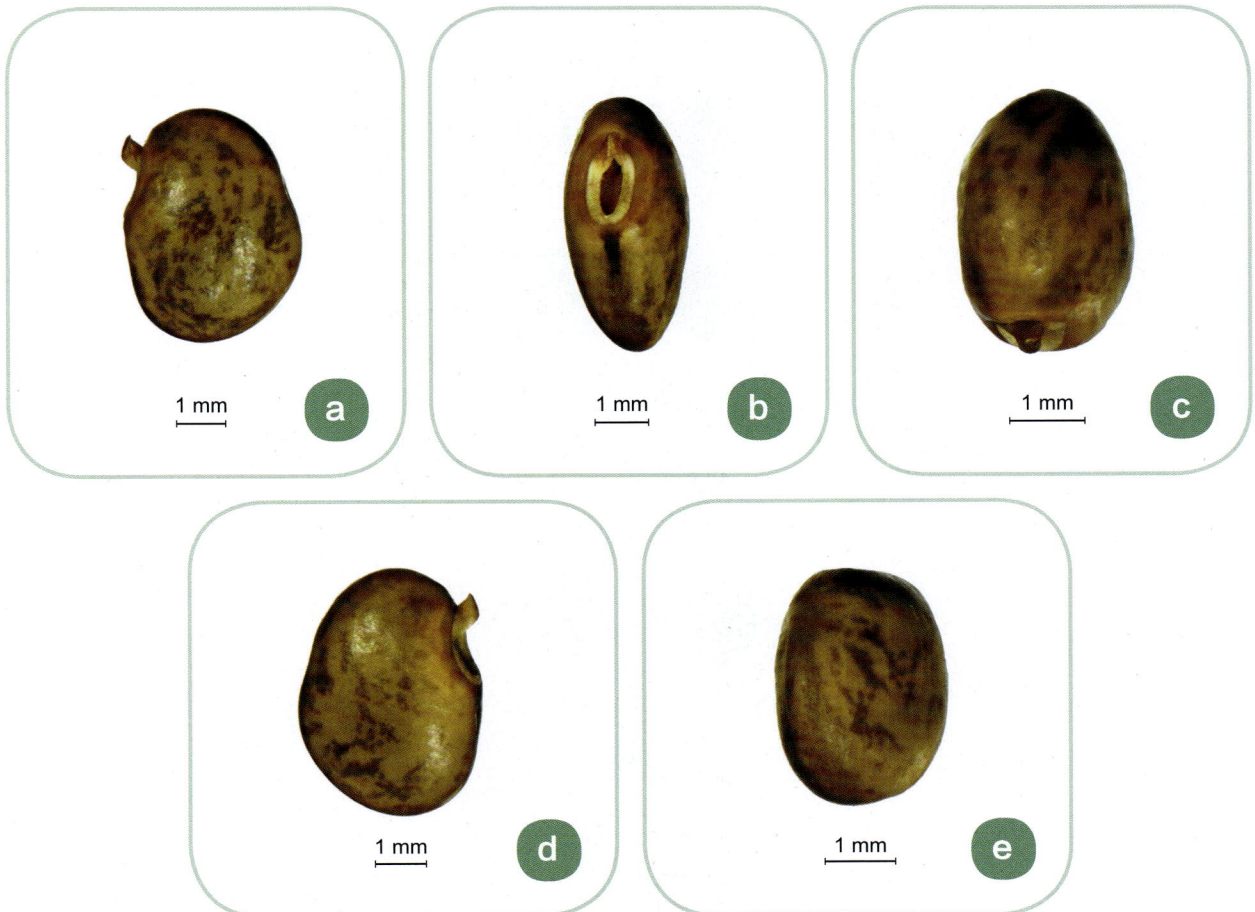

a　1 mm

b　1 mm

c　1 mm

d　1 mm

e　1 mm

1 cm

f

1 cm

g

1 cm

h

**广州相思子种子性状**

a. 背面；b. 侧面；c. 俯视面；d. 腹面；e. 仰视面；f. 堆叠；g. 平铺；h. 整齐排列

## 毛相思子　　　*Abrus pulchellus* Wall. subsp. *mollis*（Hance）Verdc.

豆科藤本。以茎、叶入药，**为鸡骨草药材的易混淆品。**

**种子形态**　种子呈椭圆形，较扁，长 5.5~7.0 mm，宽 4.7~5.7 mm，厚约 2.0 mm。表面光滑，有光泽，黑色或棕色。种阜蜡黄色，明显隆起，中间有孔。

**采　集**　花期 8 月，果期 9 月。当荚果呈棕黄色时采摘，晒干，脱粒，簸去杂质，干藏。

**鉴别特征**　种子中等大小，表面有光泽，种阜加厚，隆起，种孔仅留 1 缝。

**毛相思子种子性状**

a. 背面；b. 侧面；c. 俯视面；d. 腹面；e. 仰视面；f. 堆叠；g. 平铺；h. 整齐排列

# 合 欢 *Albizia julibrissin* Durazz.

豆科落叶乔木。以干燥树皮入药，药材名为合欢皮。以干燥花序或花蕾入药，药材名为合欢花。

**种子形态** 种子呈长卵状椭圆形，较扁，长7.0~8.2 mm，宽4.5~5.8 mm，厚约2.0 mm，稍有光泽，棕褐色，两面中央有椭圆形线纹；种脐位于基部，旁边具1小突起。

**采　　集** 花期6~7月，果期7~10月。荚果不开裂，果实呈绿黄色时采收，晒干，敲打出种子，除去杂质，贮藏于通风凉爽处。

**鉴别特征** 种子中等大小，扁平，椭圆形，两面中央有椭圆形线纹。

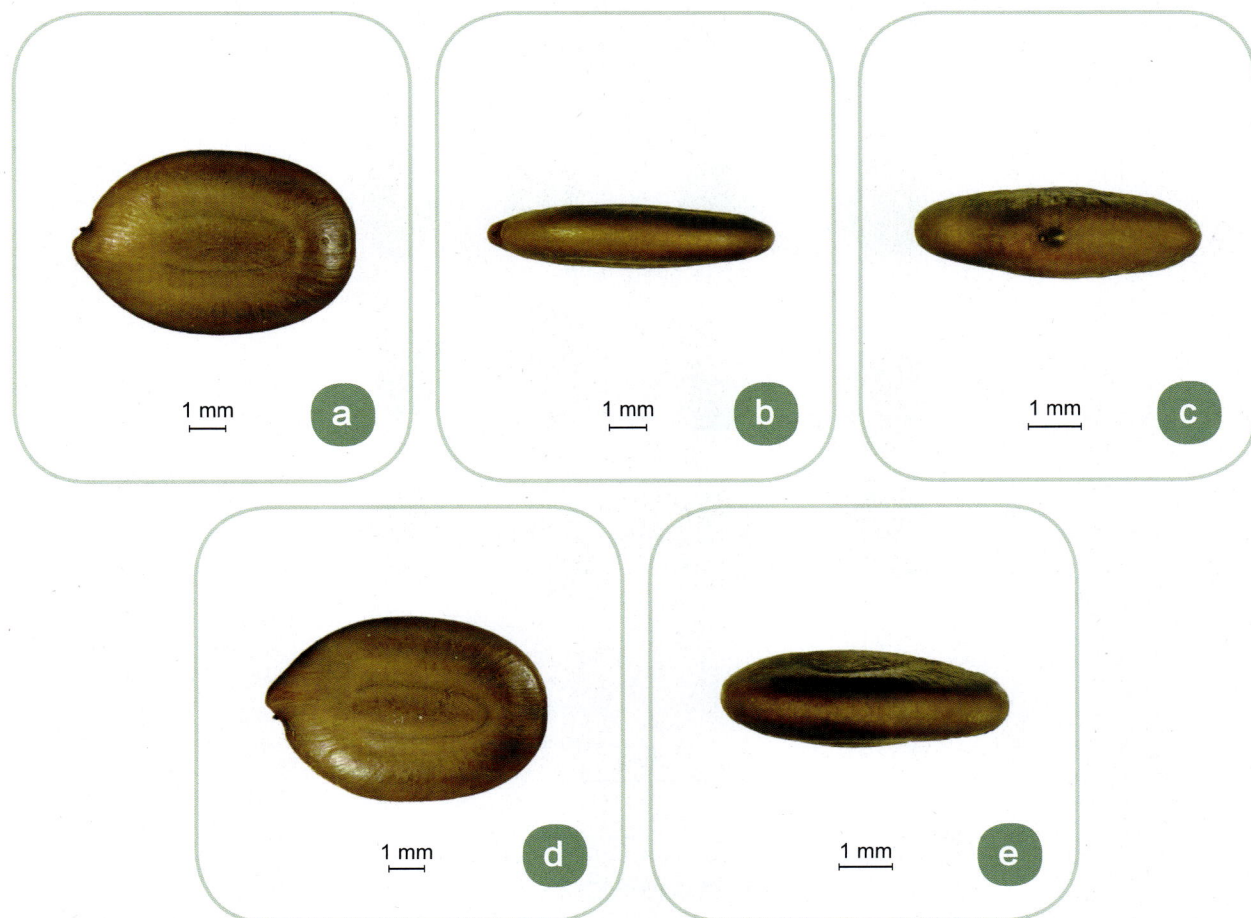

1 cm  f

1 cm  g

1 cm  h

**合欢种子性状**
a. 背面；b. 侧面；c. 俯视面；d. 腹面；e. 仰视面；f. 堆叠；g. 平铺；h. 整齐排列

# 海 桐

*Pittosporum tobira* (Thunb.) Ait.

海桐花科常绿灌木或小乔木。以叶入药，**为合欢皮药材的易混淆品。**

**种子形态**　种子呈肾形或不规则形，略扁，长 4.0 ~ 5.6 mm，宽 2.0 ~ 4.0 mm，厚约 2.0 mm，暗红色，藏于红色假种皮内，干后密布皱纹；种脐凹陷，色深。

**采　　集**　花期 5 ~ 6 月，果期 7 ~ 9 月。当种子变红且蒴果将裂未裂时摘取，阴干，待蒴果全部开裂时取出种子。

**鉴别特征**　种子小，近肾形，有红色假种皮，表面密布皱纹，无线纹。

1 cm

f

1 cm

g

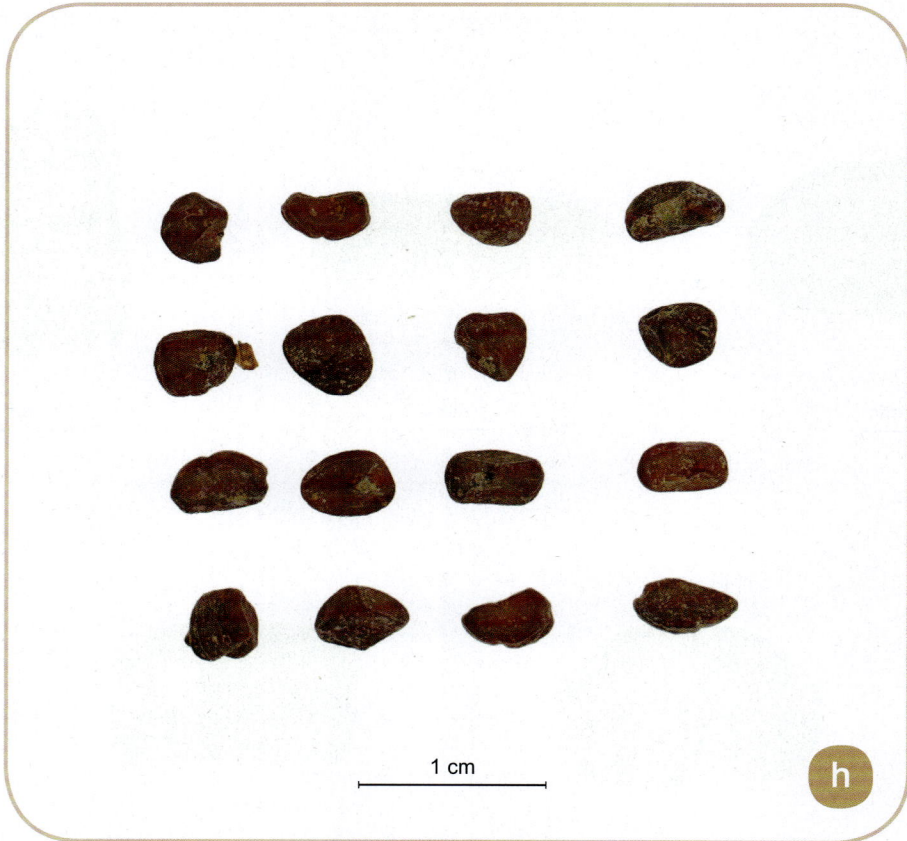

1 cm

h

**海桐种子性状**

a. 背面；b. 侧面；c. 俯视面；d. 腹面；e. 仰视面；f. 堆叠；g. 平铺；h. 整齐排列

## 胡芦巴　　　　　　　　　　　　　　　*Trigonella foenum – graecum* L.

豆科一年生草本。以干燥成熟种子入药，药材名为胡芦巴。

**种子形态**　种子呈斜方形或矩形，略扁，长 3.0~4 mm，宽 2.0~3.0 mm，厚约 2.0 mm。表面
　　　　　　黄棕色，平滑，两侧各具 1 深斜沟，相交处有点状种脐。

**采　　集**　花期 4~7 月，果期 7~9 月。果实成熟时采割植株，晒干，打下种子，除去杂质。

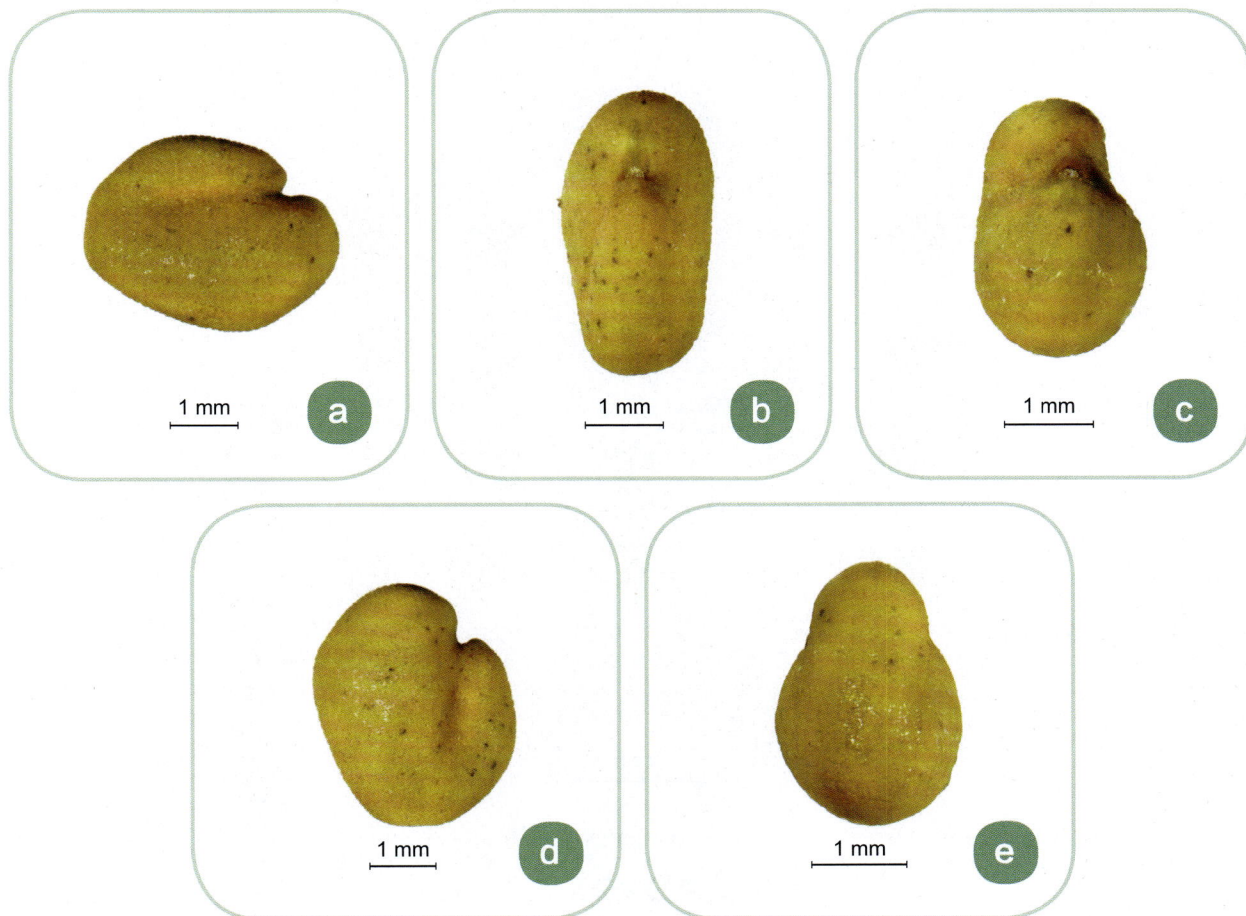

1 mm　a

1 mm　b

1 mm　c

1 mm　d

1 mm　e

胡芦巴种子性状

a. 背面；b. 侧面；c. 俯视面；d. 腹面；e. 仰视面；f. 堆叠；g. 平铺；h. 整齐排列

# 槐

*Sophora japonica* L.

豆科乔木。以干燥花及花蕾入药，药材名为槐花。以干燥成熟果实入药，药材名为槐角。

**种子形态** 种子呈肾形，略扁，长 5.5 ~ 6.5 mm，宽 2.5 ~ 3.0 mm，厚约 2.3 mm，淡黄绿色，干后黑褐色。表面粗糙，一侧有灰白色的圆形种脐，种脐上方凸出 1 小块。

**采　　集** 花期 7 ~ 8 月，果期 8 ~ 10 月。冬季采收种子，除去杂质，干燥。

**鉴别特征** 种子中等大小，种脐上方凸出 1 小块。

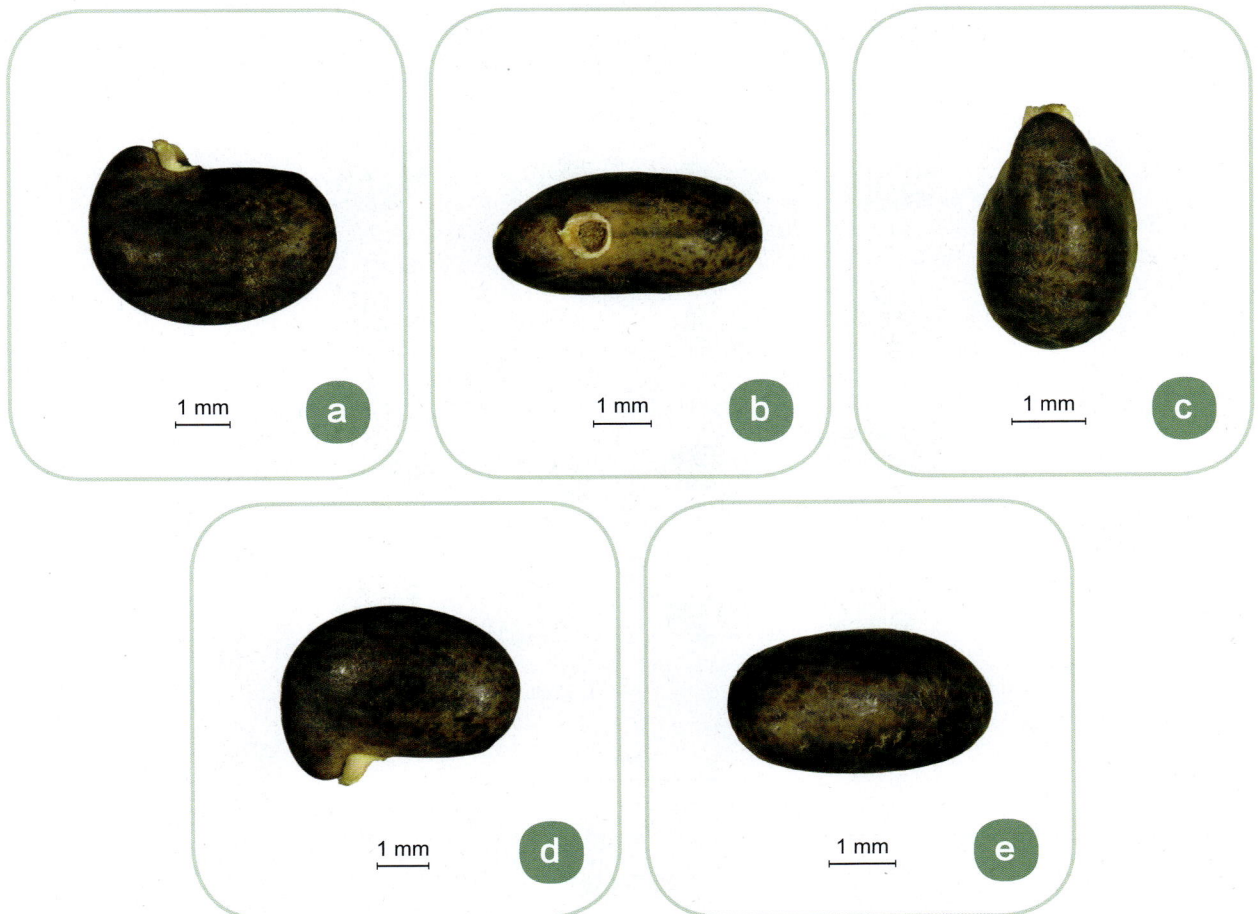

a　1 mm

b　1 mm

c　1 mm

d　1 mm

e　1 mm

**槐种子性状**

a.背面；b.侧面；c.俯视面；d.腹面；e.仰视面；f.堆叠；g.平铺；h.整齐排列

## 刺 槐 　　　　　　　　　　　　　　　　　　　　　　　　*Robinia pseudoacacia* L.

豆科落叶乔木。以花入药，**为槐花药材的易混淆品。**

**种子形态**　种子近肾形或椭圆形，略扁，长 5.0~6.5 mm，宽 2.5~3.0 mm，厚约 2.2 mm，褐色至黑褐色，微有光泽，有时具斑纹，一侧有灰白色的圆形种脐。

**采　　集**　花期 4~6 月，果期 8~9 月。采收饱满种子，采收后及时清理，脱粒，除去杂质，置于通风、干燥、阴暗、温度较低且相对恒定的地方贮藏。

**鉴别特征**　种子中等大小，种脐上方不突出，上、下部分在同一平面。

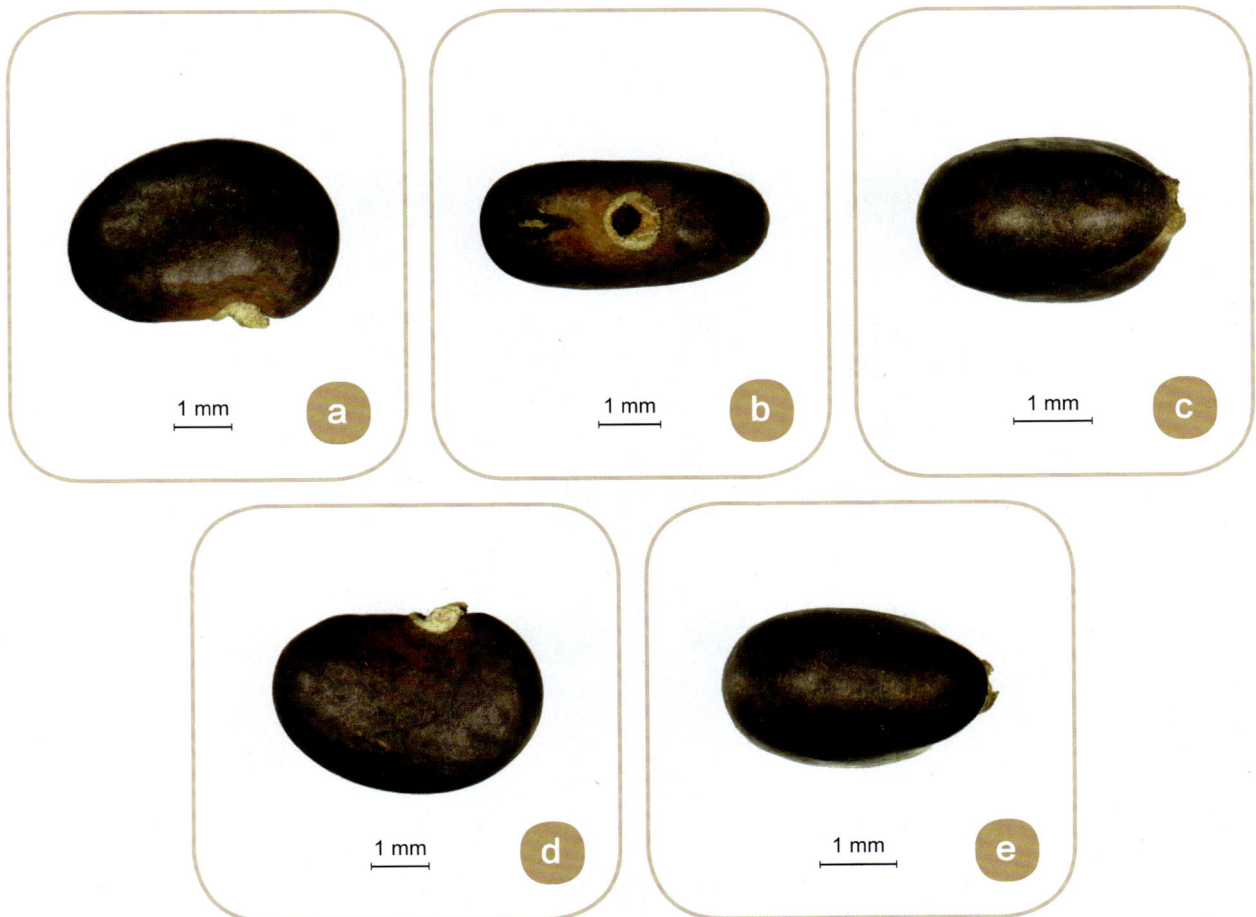

a　1 mm

b　1 mm

c　1 mm

d　1 mm

e　1 mm

刺槐种子性状

a. 背面；b. 侧面；c. 俯视面；d. 腹面；e. 仰视面；f. 堆叠；g. 平铺；h. 整齐排列

# 钝叶决明 *Cassia obtusifolia* L.

豆科一年生亚灌木状草本。以干燥成熟种子入药，药材名为决明子。

**种子形态** 种子呈方棱形，略扁，长 4.0~6.0 mm，宽 2.0~2.9 mm，厚 2.0~2.2 mm。表面黄褐色或绿棕色，平滑，有光泽，很少有白色纹理。上、下两面多平截，两侧面各具一浅色的微凹纵条（水浸时种皮由此处胀裂）；腹棱具一棕色的线状种脊，种脐位于种子近下端。

**采　集** 花果期 8~11 月。当荚果变黄褐色时采收，割下全株，晒干，打下种子，去净杂质，再晒干。

**鉴别特征** 种子中等大小，表面很少有白色纹理。

1 cm

f

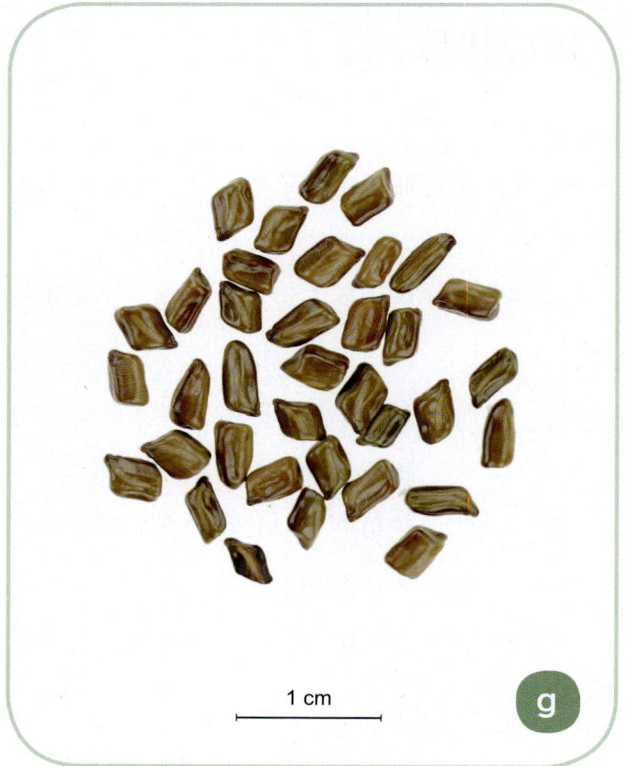

1 cm

g

1 cm

h

**钝叶决明种子性状**

a. 背面；b. 侧面；c. 俯视面；d. 腹面；e. 仰视面；f. 堆叠；g. 平铺；h. 整齐排列

# 决明 （小决明）

*Cassia tora* L.

豆科一年生亚灌木状草本。以干燥成熟种子入药，药材名为决明子。

**种子形态** 种子呈方棱形，略扁，长4.2~7.2 mm，宽2.0~3.3 mm，厚约2.3 mm。表面黄褐色或绿棕色，平滑，有光泽，密布细小的白色纹路。先端钝，下端斜尖，两侧面各具一浅色微凹的纵条(水浸时种皮由此处胀裂)；腹棱具一棕色的线状种脊，种脐位于种子近下端。

**采　集** 花果期8~11月。当荚果变黄褐色时采收，割下全株，晒干，打下种子，去净杂质，再晒干。

**鉴别特征** 种子中等大小，表面密布白色纹理。

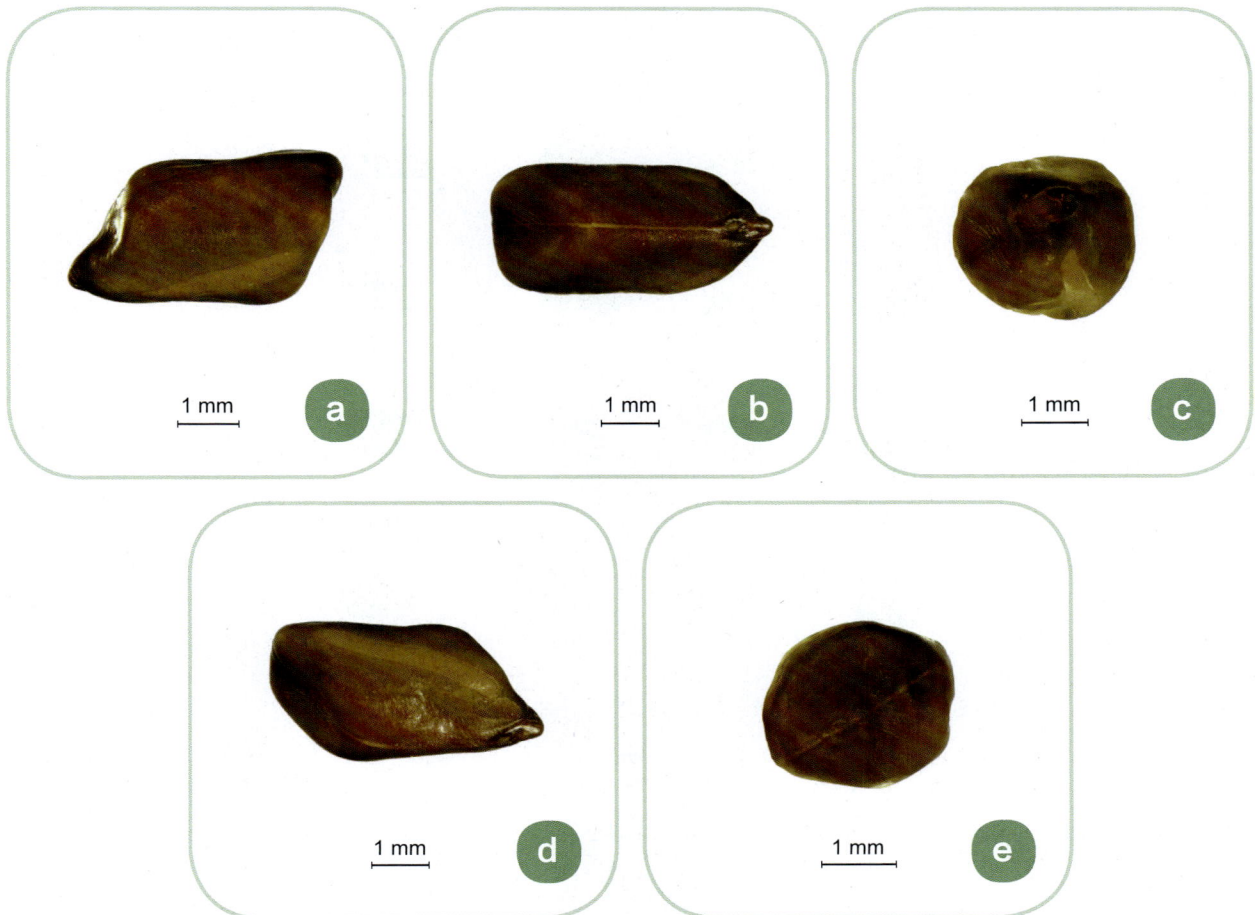

1 mm　a

1 mm　b

1 mm　c

1 mm　d

1 mm　e

**决明（小决明）种子性状**

a. 背面；b. 侧面；c. 俯视面；d. 腹面；e. 仰视面；f. 堆叠；g. 平铺；h. 整齐排列

## 刺田菁　　　　　　　　　　　*Sesbania bispinosa* (Jacq.) W. F. Wight

豆科灌木状草本。以叶、种子入药，**为决明子药材的易混淆品。**

**种子形态**　　种子呈圆柱状，长 3.5 ~ 4.0 mm，直径 1.9 ~ 2.1 mm，红褐色或黑褐色，一侧面有
　　　　　　　一白色的圆孔状种脐。

**采　　集**　　花果期 8 ~ 12 月。当种子成熟时采收，去净杂质，晒干。

**鉴别特征**　　种子小，呈圆柱形，两端钝圆。

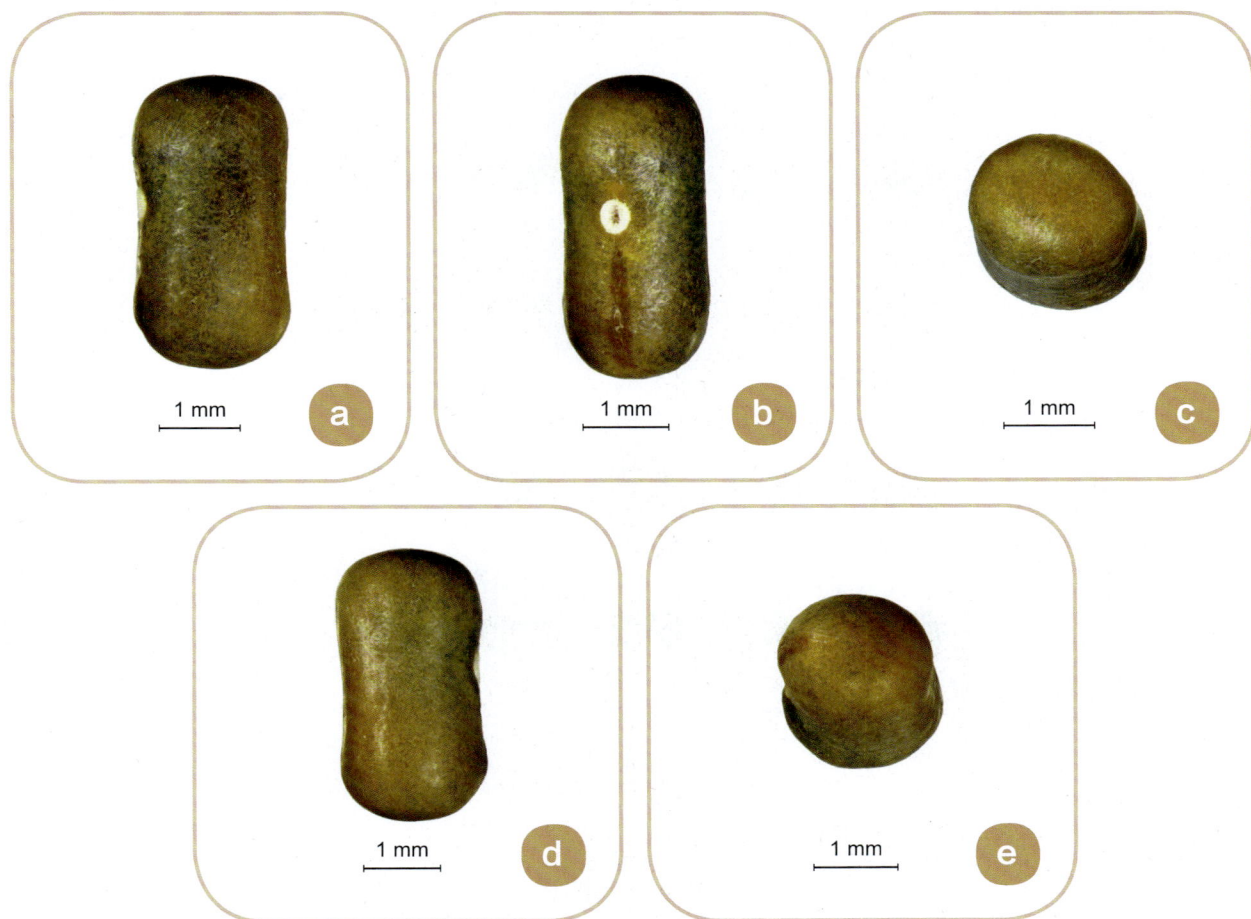

a　1 mm

b　1 mm

c　1 mm

d　1 mm

e　1 mm

1 cm

f

1 cm

g

1 cm

h

**刺田菁种子性状**

a. 背面；b. 侧面；c. 俯视面；d. 腹面；e. 仰视面；f. 堆叠；g. 平铺；h. 整齐排列

## 槐叶（茳茫）决明　　　　　　　　　　*Senna sophera* (L.) Roxb.

豆科灌木或亚灌木。以根、种子入药，**为决明子药材的易混淆品**。

**种子形态**　种子呈扁卵圆形，较扁，长 4.0～5.0 mm，宽 3.0～4.0 mm，厚 1.5～1.7 mm。表面绿棕色，平滑，有光泽。先端钝，下端斜尖，中间凹陷。

**采　　集**　花期 7～9 月，果期 10～12 月。当种子成熟时采收，去净杂质，晒干。

**鉴别特征**　种子小，呈扁卵圆形，两面凹陷。

1 cm

**f**

1 cm

**g**

1 cm

**h**

**槐叶 (茳茫) 决明种子性状**

a. 背面；b. 侧面；c. 俯视面；d. 腹面；e. 仰视面；f. 堆叠；g. 平铺；h. 整齐排列

# 望江南

*Senna occidentalis* (Linnaeus) Link

豆科亚灌木或灌木。以种子入药，**为决明子药材的易混淆品。**

**种子形态**　种子呈倒卵形，略扁，长 4.2 ~ 5.1 mm，宽 3.0 ~ 3.9 mm，厚 1.7 ~ 2.2 mm。表面暗绿色。先端钝，下端尖突状；两侧面中央各具一椭圆形的浅平凹窝，四周常覆以白色条纹状或网状开裂的薄膜，腹侧下端具一椭圆形的凹窝状种脐；种脊隆线形，暗灰色，合点位于种子先端。

**采　　集**　花期7~8月，果期9~10月。当荚果大部分呈黄褐色且种子呈暗绿色时摘取荚果，或将地上部分割下，晒干，打出种子，簸去杂质，放于干燥阴凉处贮藏。

**鉴别特征**　种子小，呈扁倒卵形，中央各具1凹窝，四周覆以白色的条纹状薄膜。

1 cm    f

1 cm    g

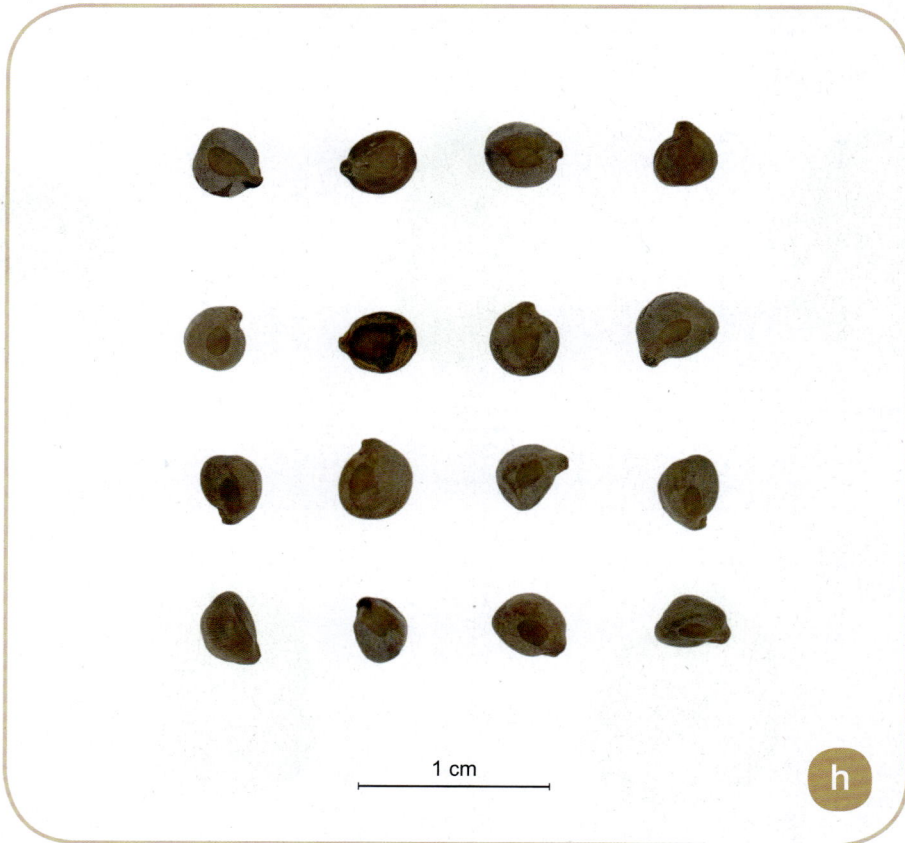

1 cm    h

**望江南种子性状**

a. 背面；b. 侧面；c. 俯视面；d. 腹面；e. 仰视面；f. 堆叠；g. 平铺；h. 整齐排列

## 甘葛藤

*Pueraria thomsonii* Benth.

豆科藤木。以干燥根入药，药材名为粉葛。

**种子形态** 种子呈短圆柱形，长 11.5～12.5 mm，直径 8.0～1.0 mm；种皮黑色，有红棕色麸糠状附着物，一侧有短条状的白色种脐。先端偶有凹陷。

**采　　集** 花期 9 月，果期 10 月。采收饱满种子，采收后及时清理，除去杂质，置于通风、干燥、阴暗、温度较低且相对恒定的地方贮藏。

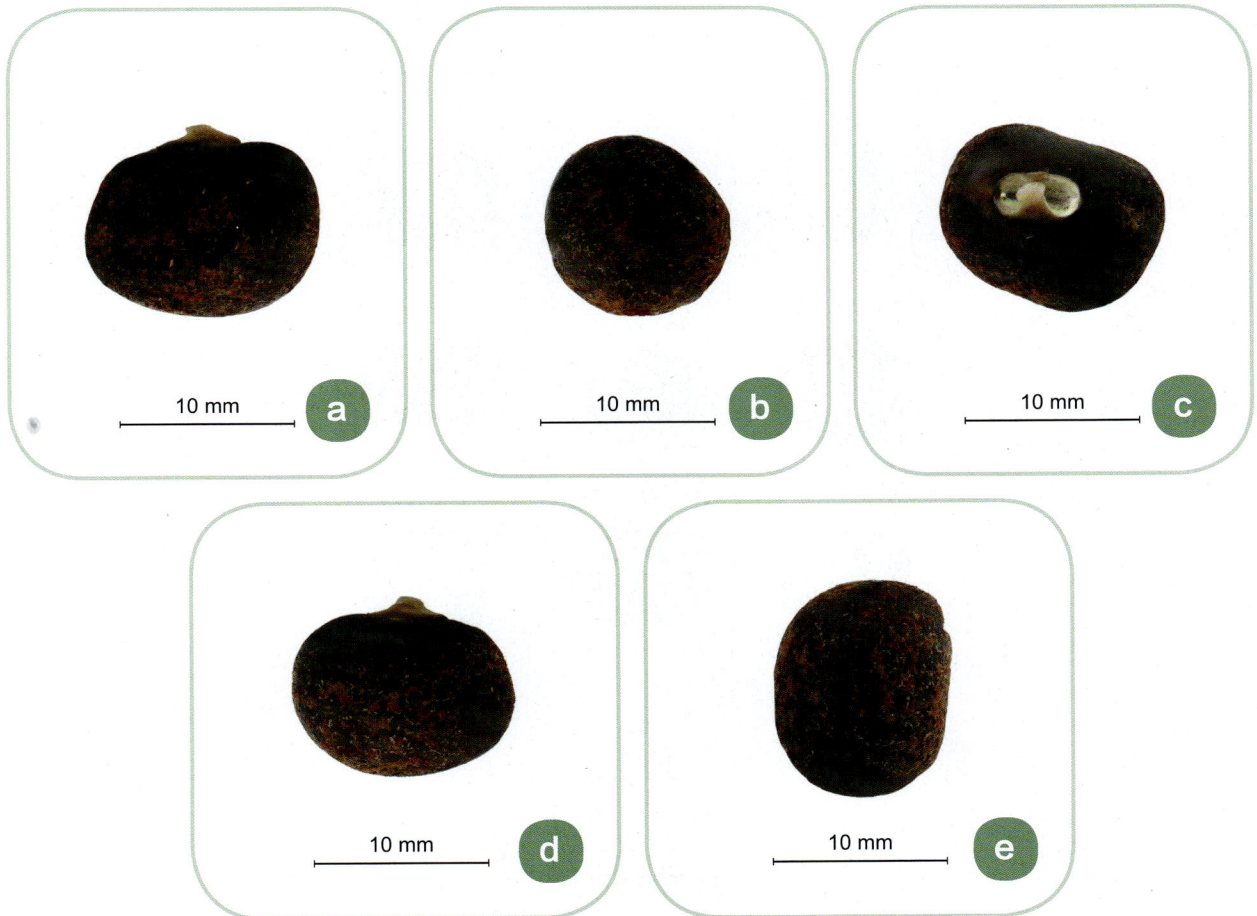

a　10 mm

b　10 mm

c　10 mm

d　10 mm

e　10 mm

f

1 cm

g

1 cm

h

1 cm

**甘葛藤种子性状**

a. 背面；b. 侧面；c. 俯视面；d. 腹面；e. 仰视面；f. 堆叠；g. 平铺；h. 整齐排列

# 杜仲科

## 杜　仲　　　　　　　　　　　　　　*Eucommia ulmoides* Oliv.

杜仲科落叶乔木。以干燥树皮入药，药材名为杜仲。以干燥叶入药，药材名为杜仲叶。

**种子形态**　翅果呈纺锤形，扁平，长3.1~3.9cm，宽0.9~1.1cm，厚1.6mm，黄褐色或棕褐色。表面不光滑，略有光泽，可见清晰脉纹。先端具"V"形裂缺，内含1种子。种子扁，长棒形，长约1.5cm，宽3~4mm；种脐不明显。

**采　集**　花期4~5月，果熟期10~11月。当果实呈黄褐色时采种，采后摊开，阴干，除去夹杂物，露天沙藏。

1 mm　a

1 mm　b

1 mm　c

1 mm　d

1 mm　e

1 cm

f

1 cm

g

1 cm

h

**杜仲种子性状**

a. 背面；b. 侧面；c. 俯视面；d. 腹面；e. 仰视面；f. 堆叠（果实）；g. 平铺（果实）；h. 整齐排列（果实）

# 凤仙花科

## 凤仙花                  *Impatiens balsamina* L.

凤仙花科一年生草本。以干燥成熟种子入药，药材名为急性子。

**种子形态**   种子呈椭圆形、扁圆形或卵圆形，略扁，长 2.0～3.5 mm，宽 1.5～2.5 mm，厚约 2.0 mm。表面棕褐色或灰褐色，粗糙，有稀疏的白色或浅黄棕色小点。种脐位于狭端，稍突出。

**采　集**   花期 7～10 月。夏、秋季果实即将成熟时采收，晒干，除去果皮和杂质。

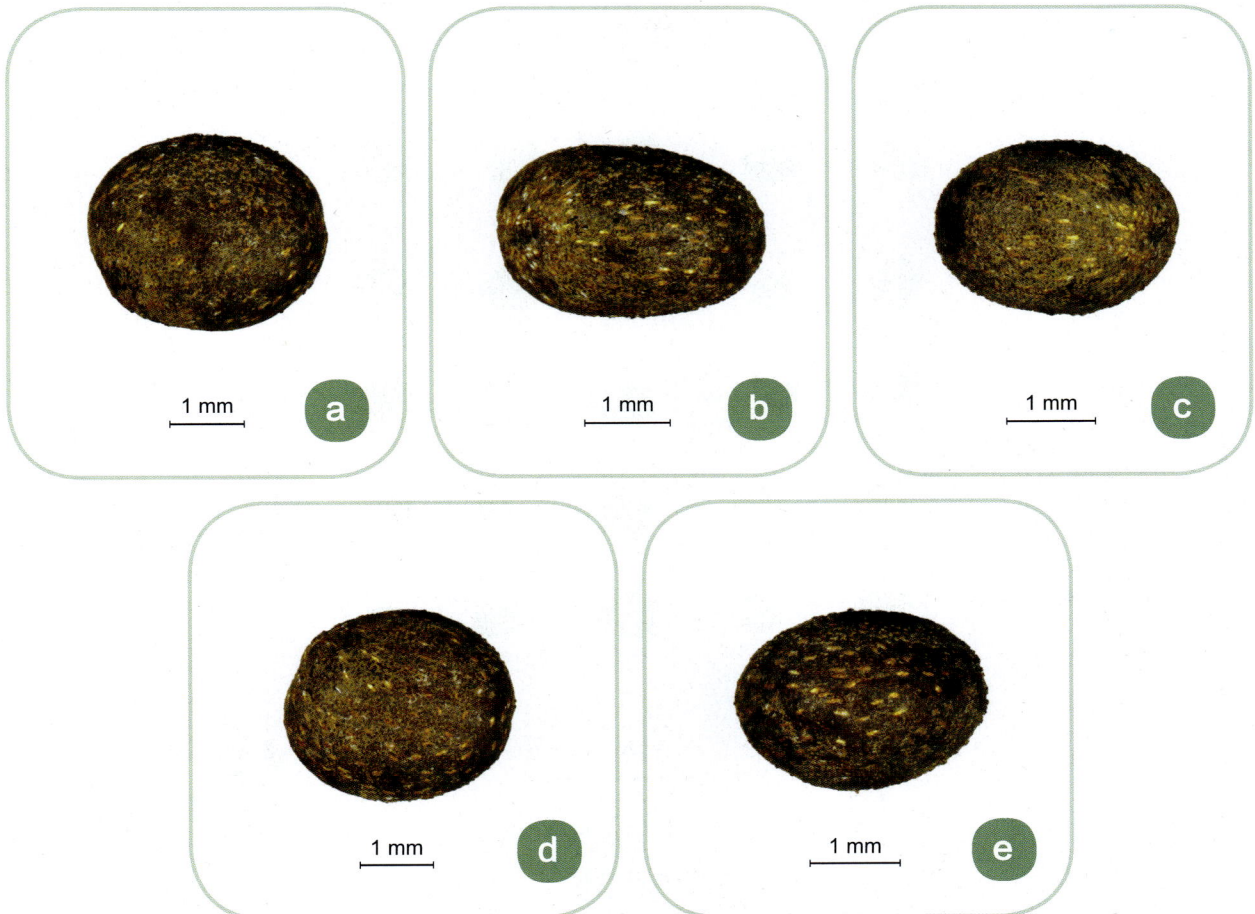

a    1 mm

b    1 mm

c    1 mm

d    1 mm

e    1 mm

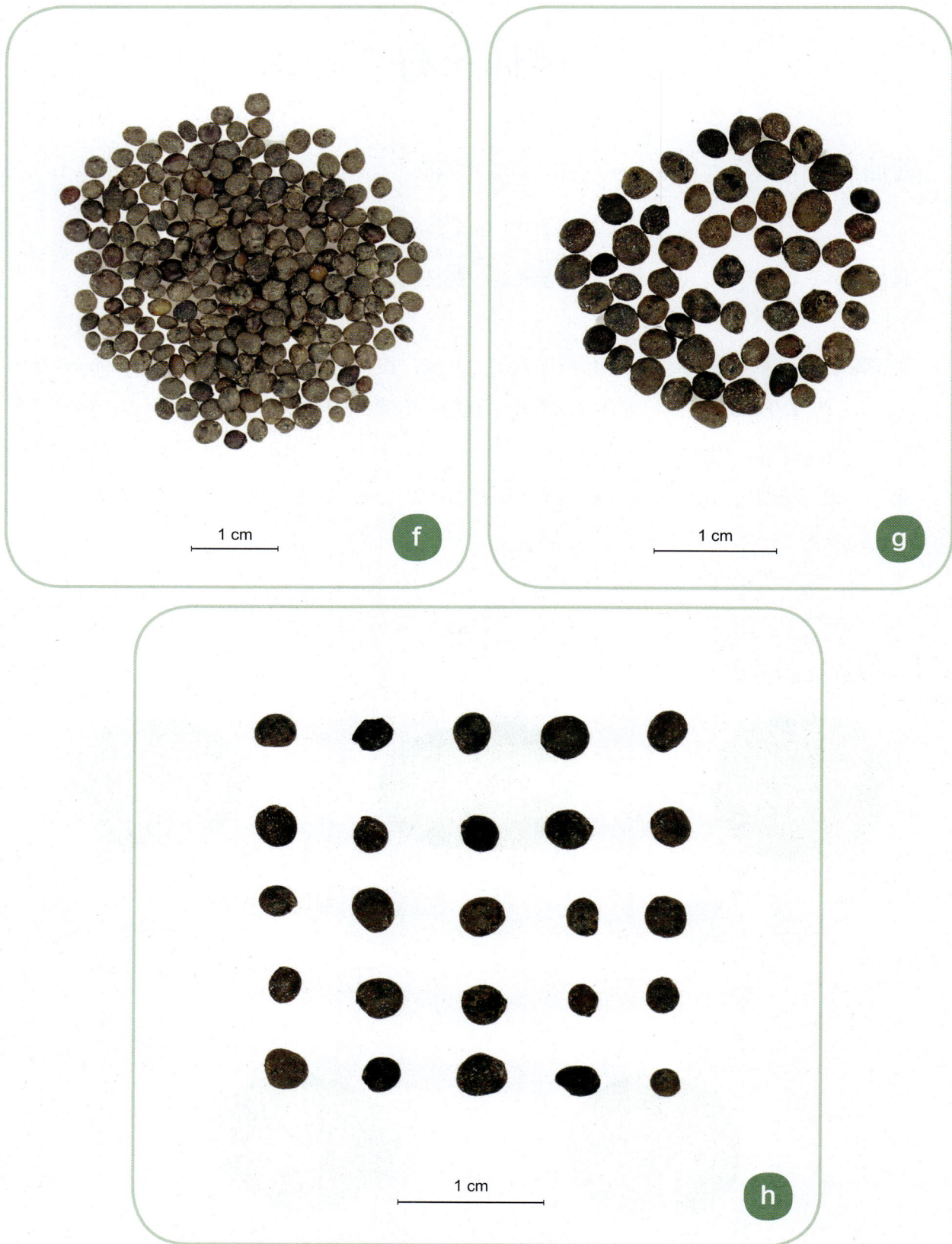

**凤仙花种子性状**

a. 背面；b. 侧面；c. 俯视面；d. 腹面；e. 仰视面；f. 堆叠；g. 平铺；h. 整齐排列

# 禾本科

## 薏　苡　　　*Coix lacryma-jobi* L. var. *ma – yuen*（Roman.）Stapf

禾本科一年生粗壮草本。以干燥成熟种仁入药，药材名为薏苡仁。

**种子形态**　颖果呈水滴形，外包坚硬总苞。总苞卵形，略扁，长 8.2 ~ 13.2 mm，宽 5.0 ~ 7.3 mm，厚约 6.4 mm；表面灰色或棕灰色，有多数浅纵沟及黑褐色纵行斑纹。先端尖，具一暗棕色的宿存花柱，有时花柱断落，基部钝圆，微凹，具 1 圆孔，孔缘白色。

**采　　集**　花期 7 ~ 9 月，果期 8 ~ 10 月。秋季果实成熟时采割植株，打下果实，再晒干，除去杂质。

**鉴别特征**　果实中等大小，呈水滴形，有多数浅纵沟及黑褐色的纵行斑纹。

1 mm　a

1 mm　b

1 mm　c

1 mm　d

1 mm　e

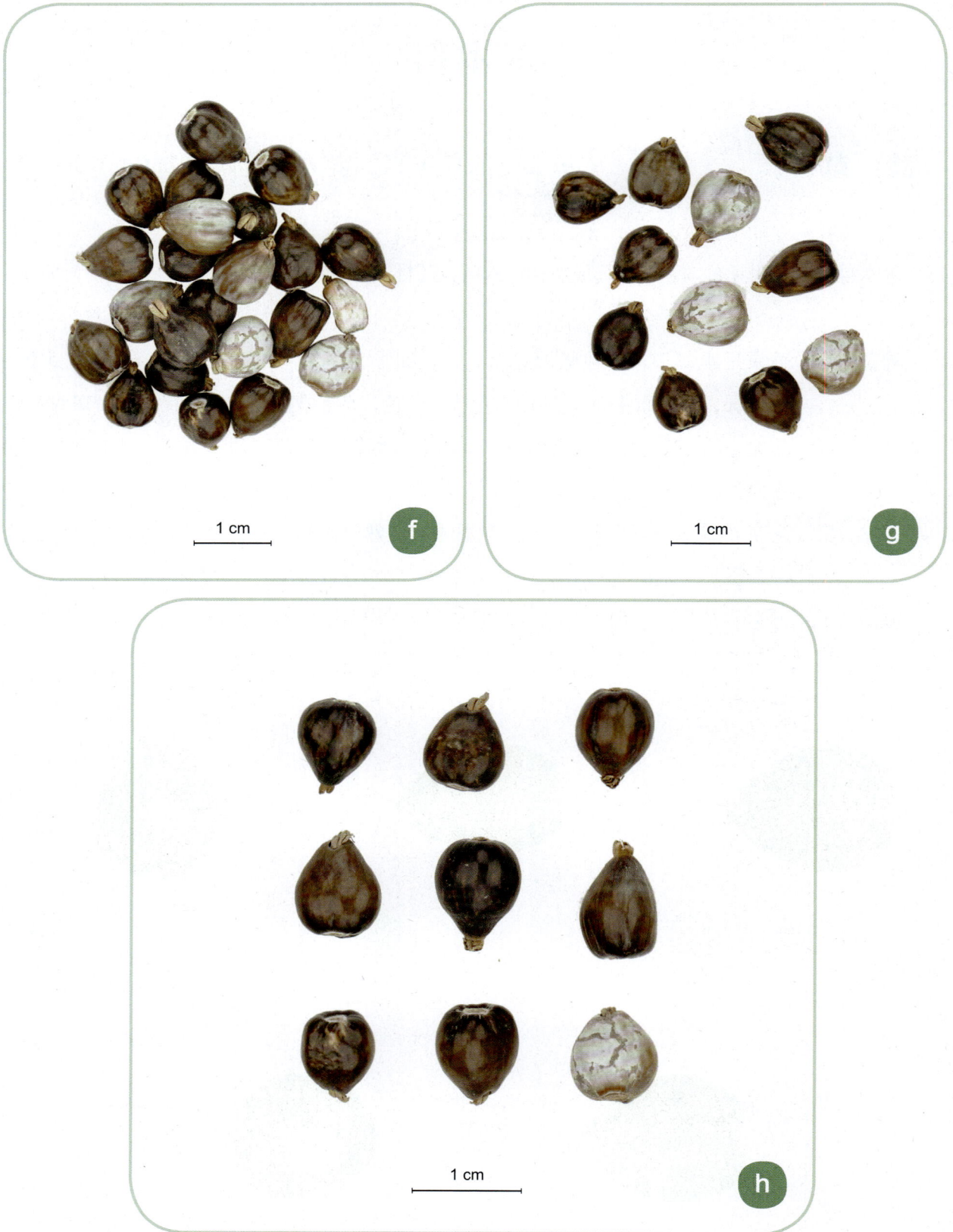

1 cm

f

1 cm

g

1 cm

h

**薏苡果实性状**

a. 背面；b. 侧面；c. 俯视面；d. 腹面；e. 仰视面；f. 堆叠；g. 平铺；h. 整齐排列

## 草珠子                    *Coix lacryma-jobi* L.

禾本科一年生粗壮草本。以种仁入药，**为薏苡仁药材的易混淆品。**

**种子形态**　颖果小，质硬，淀粉少，颖果外包坚硬总苞。总苞卵形，长 7.5～9.5 mm，直径 7.0～8.0 mm；表面黄褐色或棕黑色。先端尖，具一暗棕色的宿存花柱，基部钝圆，微凹，具 1 圆孔，孔缘白色。

**采　　集**　花果期 6～12 月。秋季果实成熟时采割植株，打下果实，再晒干，除去杂质。

**鉴别特征**　本种果实与薏苡种子的区别为本种果实中等大小，呈水滴形，无浅纵沟及黑褐色的纵行斑纹。

1 mm　　a

1 mm　　b

1 mm　　c

1 mm　　d

1 mm　　e

f

1 cm

g

1 cm

h

1 cm

**草珠子果实性状**

a. 背面；b. 侧面；c. 俯视面；d. 腹面；e. 仰视面；f. 堆叠；g. 平铺；h. 整齐排列

# 黑三棱科

| 黑三棱 | *Sparganium stoloniferum* Buch.-Ham. |

黑三棱科多年生水生或沼生草本。以干燥块茎入药，药材名为三棱。

**种子形态** 果实呈倒圆锥形，略扁，长8.0~10.0 mm，宽4.0~6.0 mm，厚约3.9 mm，褐色，上部通常膨大成冠状，具多棱，靠近基部处棱与棱之间凹陷，基部钝圆，具1短柄。

**采　集** 花果期5~10月。秋季果实成熟时采收，晒干，除去杂质。

1 mm　a

1 mm　b

1 mm　c

1 mm　d

1 mm　e

1 cm

f

1 cm

g

1 cm

h

**黑三棱果实性状**

a. 背面；b. 侧面；c. 俯视面；d. 腹面；e. 仰视面；f. 堆叠；g. 平铺；h. 整齐排列

# 红豆杉科

| 榧 | *Torreya grandis* Fort. |

红豆杉科乔木。以干燥成熟种子入药，药材名为榧子。

**种子形态**　种子呈卵圆形或长卵圆形，长 2.0 ~ 3.5 cm，直径 1.3 ~ 2 cm。表面灰黄色或淡黄棕色，光滑，有不规则纵棱。先端尖，基部钝圆，可见椭圆形的种脐。

**采　集**　花期 4 月，种子翌年 10 月成熟。秋季果实成熟时采收，晒干，除去杂质。

a　1 cm

b　1 cm

c　1 cm

d　1 cm

e　1 cm

1 cm

f

1 cm

g

1 cm

h

**榧种子性状**

a. 背面；b. 侧面；c. 俯视面；d. 腹面；e. 仰视面；f. 堆叠；g. 平铺；h. 整齐排列

# 胡椒科

## 胡 椒 *Piper nigrum* L.

胡椒科木质攀缘藤本。以干燥近成熟至成熟的果实（黑胡椒）或果核（白胡椒）入药时，药材名为胡椒。

**种子形态** 种子为带内果皮的果核，呈球形，直径 7.0 ~ 10.0 mm。表面棕黄色，具灰白色斑纹和 10 ~ 14 纵行的脉纹。

**采 集** 如条件适宜，胡椒植株几乎全年都开花，但主花期在各个产区不同，在海南为 3 ~ 5 月和 9 ~ 11 月，在云南为 5 ~ 7 月和 10 ~ 11 月。当果穗上绝大部分果实变黄绿色，同时一部分果实呈红黄色时即可采收。剪下果穗，摘下果实，搓掉外皮，用清水洗去果皮及果肉，在室内摊开，晾干；或用纸覆盖后在阳光下适度晒干，不宜过分干燥，存放一个月后于低温下贮藏。

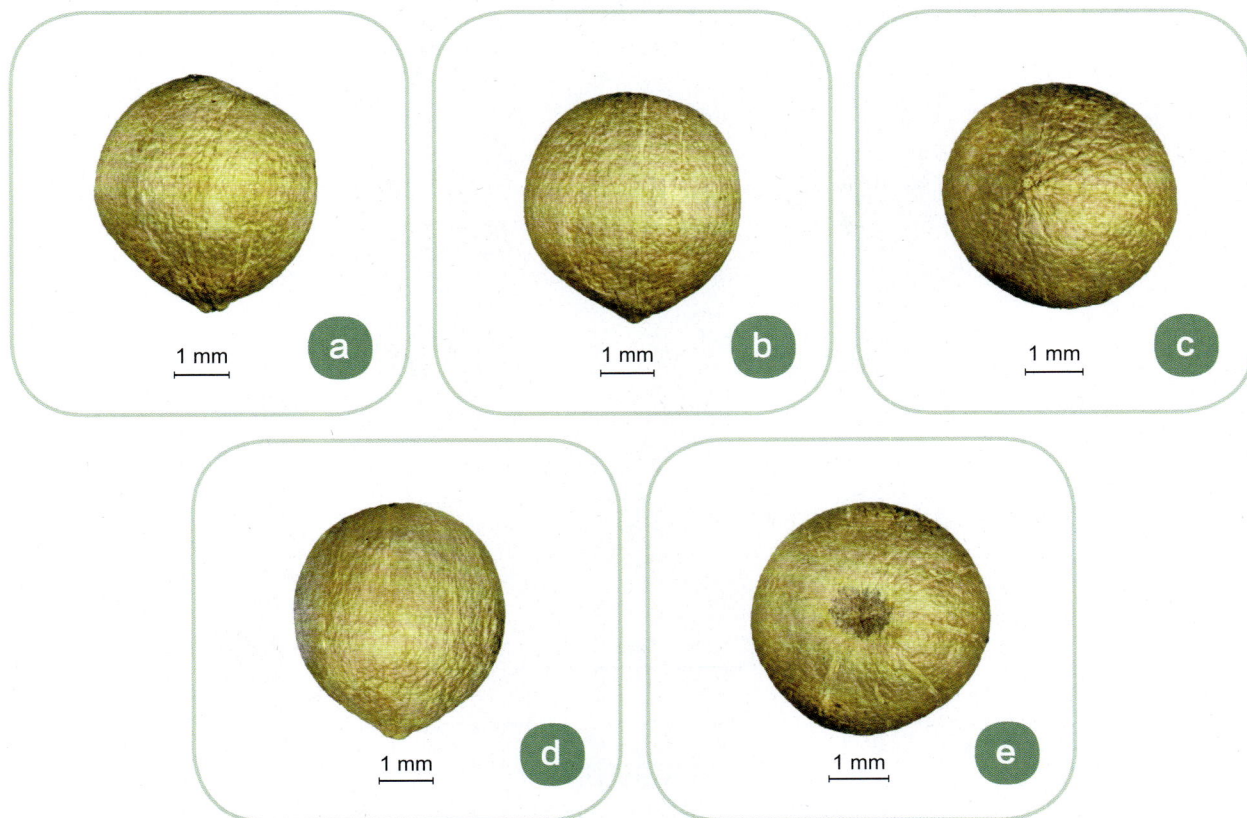

1 mm a

1 mm b

1 mm c

1 mm d

1 mm e

f

1 cm

g

1 cm

h

1 cm

**胡椒种子性状**

a. 背面；b. 侧面；c. 俯视面；d. 腹面；e. 仰视面；f. 堆叠；g. 平铺；h. 整齐排列

# 胡桃科

| 胡　桃 | *Juglans regia* L. |

胡桃科乔木。以干燥成熟种子入药，药材名为核桃仁。

**种子形态**　核果呈长球形，直径 3.0 ~ 3.5 cm。表面黑褐色，粗糙，被不规则孔洞，稍皱曲，有 2 纵棱，先端具短尖头。

**采　　集**　花期 5 月，果期 10 月。秋季果实成熟时采收。

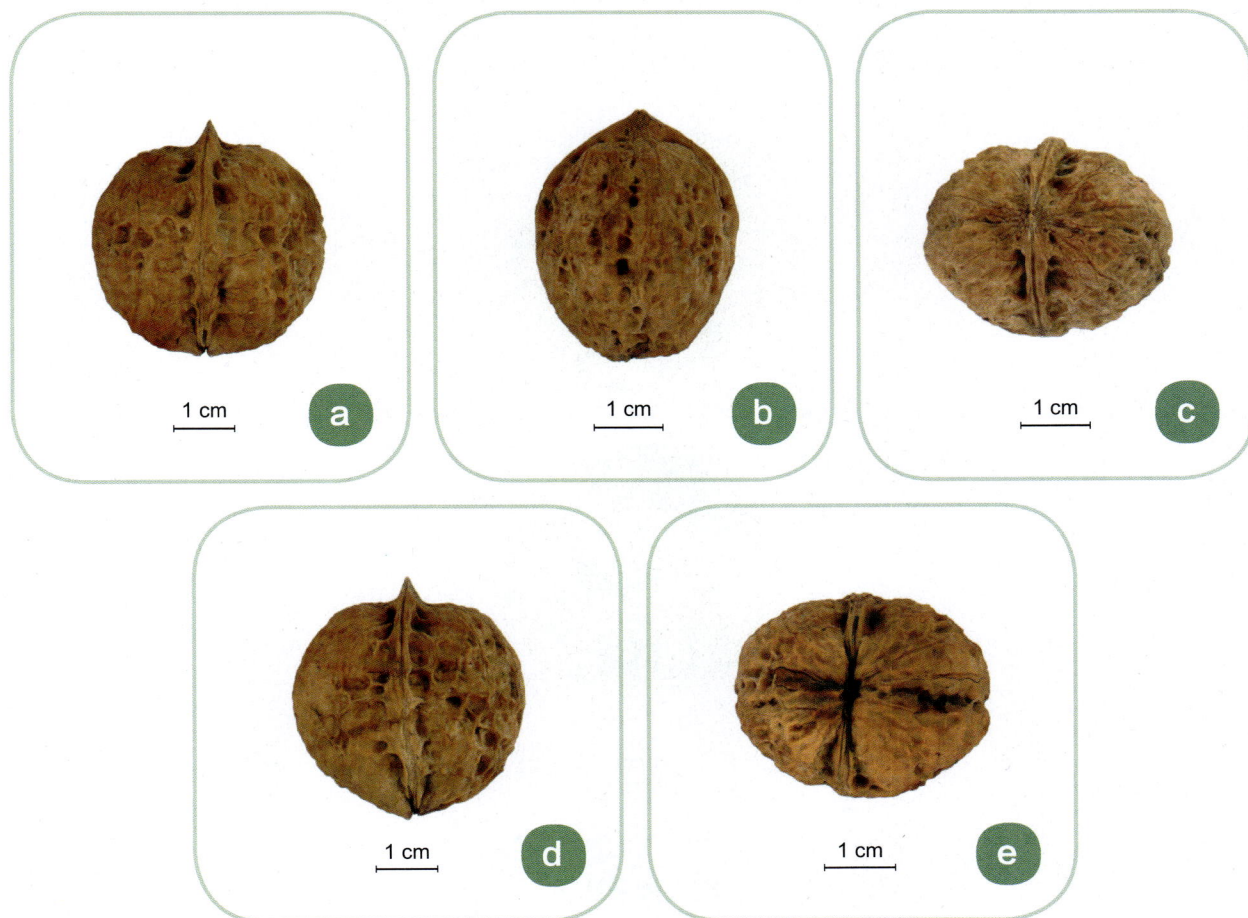

1 cm　**a**

1 cm　**b**

1 cm　**c**

1 cm　**d**

1 cm　**e**

1 cm

f

1 cm

g

1 cm

h

**胡桃种子性状**

a. 背面；b. 侧面；c. 俯视面；d. 腹面；e. 仰视面；f. 堆叠；g. 平铺；h. 整齐排列

# 葫芦科

| 栝　楼 | *Trichosanthes kirilowii* Maxim. |

葫芦科攀缘藤本。以干燥根入药，药材名为天花粉。以干燥成熟果实入药，药材名为瓜蒌。以干燥成熟种子入药，药材名为瓜蒌子。以干燥成熟果皮入药，药材名为瓜蒌皮。

**种子形态**　种子呈椭圆形，略扁，长 11.1～15.4 mm，宽 7.1～10.4 mm，厚 3.3～4.5 mm。表面暗棕色或棕灰色，略粗糙。先端钝圆，具一黄白色的条状种脐，连接一裂口状或孔状的种孔，下端常略带尖；两侧面较平，沿边缘有一圈宽约 1 mm 的边。

**采　　集**　花期 7～8 月，果熟期 9～10 月。选橙黄色、壮实且柄短的果实，当果实呈橙黄色且光滑无毛时连果柄剪下，挂在干燥通风处阴干，播种前从瓠果中取出种子，于水中洗去肉质果瓤，晾干，播种；或采后即将果实纵剖，取出种子，洗净，晾干，放于干燥阴凉处贮藏。

**鉴别特征**　种子大，较短圆，有 1 环边。

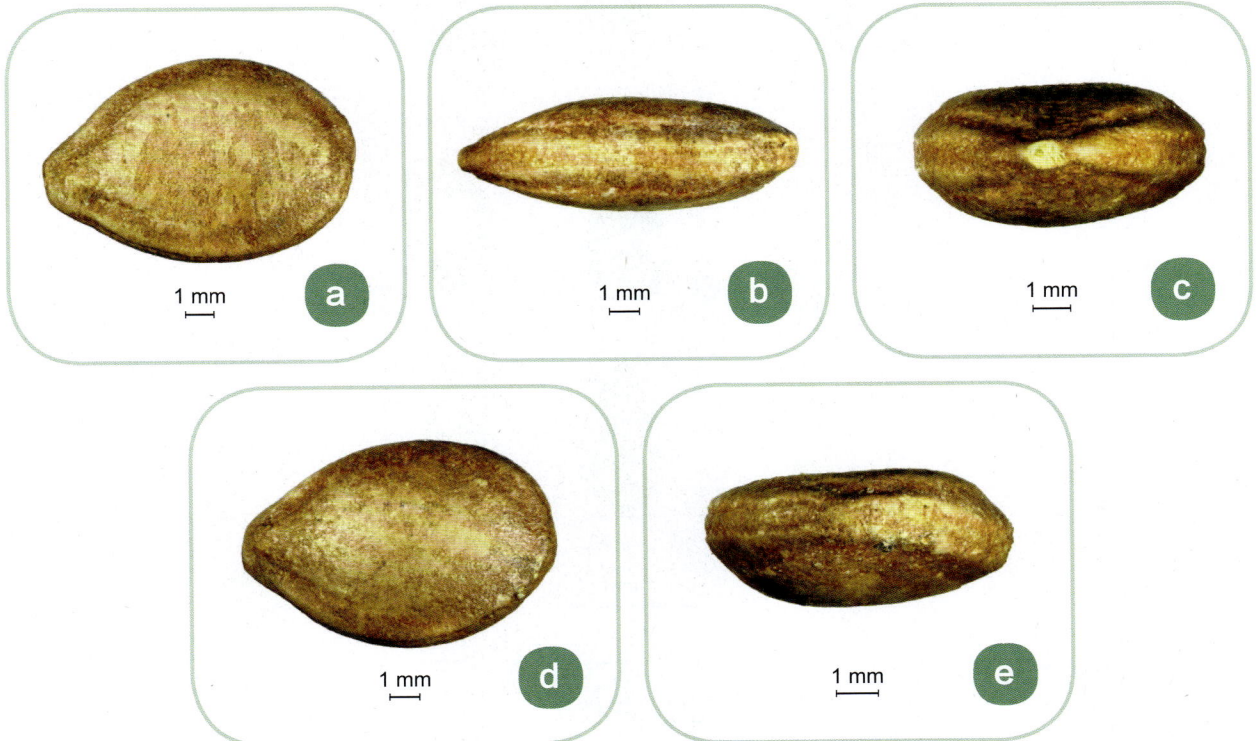

1 mm　a

1 mm　b

1 mm　c

1 mm　d

1 mm　e

1 cm

f

1 cm

g

1 cm

h

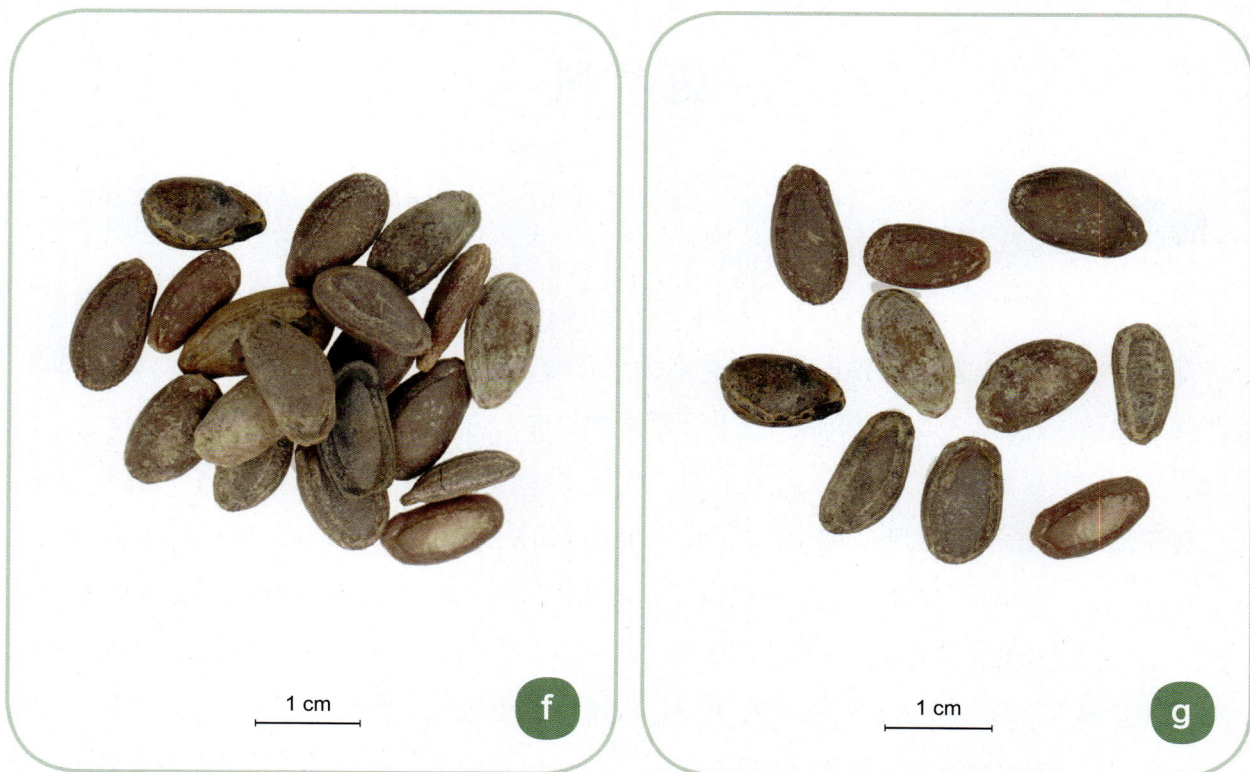

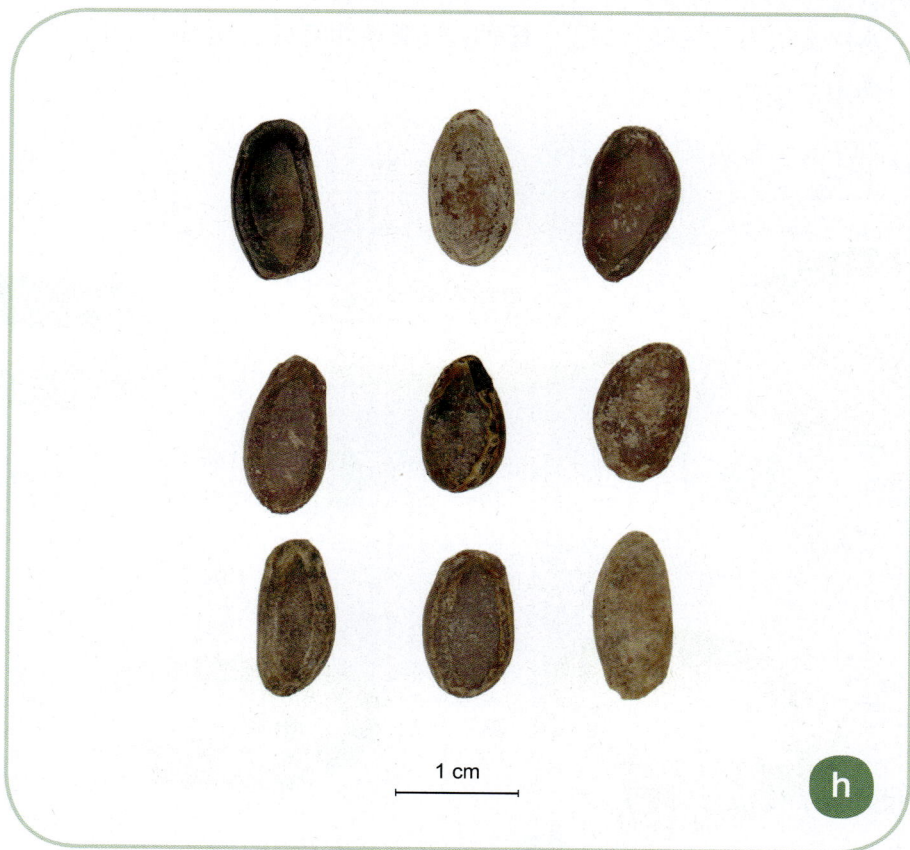

**栝楼种子性状**

a.背面；b.侧面；c.俯视面；d.腹面；e.仰视面；f.堆叠；g.平铺；h.整齐排列

## 双边栝楼 *Trichosanthes rosthornii* Harms

葫芦科攀缘藤本。以干燥根入药，药材名为天花粉。以干燥成熟果实入药，药材名为瓜蒌。以干燥成熟种子入药，药材名为瓜蒌子。以干燥成熟果皮入药，药材名为瓜蒌皮。

**种子形态** 种子呈椭圆形，较扁，长1.5~1.9cm，宽8.0~10.0 mm，厚约2.5 mm。表面棕褐色，光滑，有光泽，沟纹明显而环边较宽。先端收缩变窄且平截。

**采　　集** 花期6~8月，果期8~10月。秋季采摘成熟果实，剖开，取出种子，洗净，晒干。

**鉴别特征** 种子大，大于栝楼种子，沟纹明显而环边较宽，但不隆起。

a　5 mm

b　5 mm

c　1 mm

d　5 mm

e　1 mm

1 cm

f

1 cm

g

1 cm

h

**双边栝楼种子性状**

a. 背面；b. 侧面；c. 俯视面；d. 腹面；e. 仰视面；f. 堆叠；g. 平铺；h. 整齐排列

## 长萼栝楼       *Trichosanthes laceribractea* Hayata

葫芦科攀缘草本。以根、果实、果皮、种子入药，**为瓜蒌子药材的易混淆品。**

**种子形态** 种子呈长方状椭圆形，略三角状，稍扁，长 1.0 ~ 1.4 cm，宽 5.0 ~ 8.0 mm，厚 4.0 ~ 5.0 mm，灰褐色，两端钝圆或平截。表面粗糙，无光泽，环边明显隆起。

**采　　集** 花期 7 ~ 8 月，果期 9 ~ 10 月。秋季采摘成熟果实，剖开，取出种子，洗净，晒干。

**鉴别特征** 本种种子与瓜蒌子的区别为本种种子大，环边明显隆起。

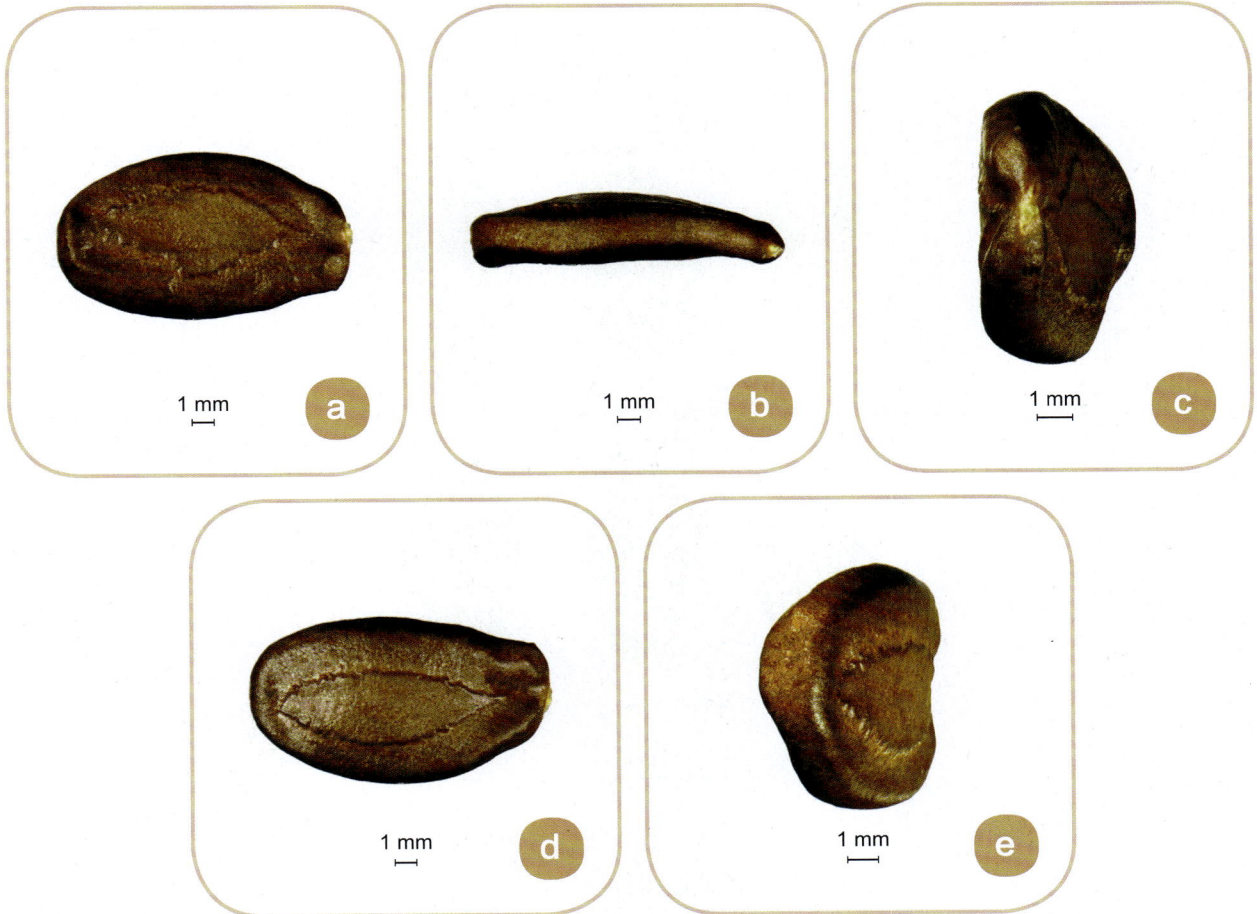

1 mm    a

1 mm    b

1 mm    c

1 mm    d

1 mm    e

1 cm **f**

1 cm **g**

1 cm **h**

**长萼栝楼种子性状**

a. 背面；b. 侧面；c. 俯视面；d. 腹面；e. 仰视面；f. 堆叠；g. 平铺；h. 整齐排列

## 罗汉果 *Siraitia grosvenorii* (Swingle) C. Jeffrey ex A. M. Lu et Z. Y. Zhang

葫芦科攀缘草本。以干燥果实入药，药材名为罗汉果。

**种子形态**　种子呈矩圆形或类圆形，较扁，长1.1~1.5 cm，宽0.8~1.2 cm，厚约4.0 mm。表面淡黄色，两面中间微凹陷，四周有放射状沟纹。边缘有槽，较厚，具不规则缺刻，中央微凹。

**采　集**　花期6~8月，果期8~10月。立秋后10天左右，果实由嫩绿色转青色、发黄成熟时，将果实带柄或带藤剪下，挂通风凉爽处8~10天，使其后熟。

**鉴别特征**　种子大，两面中间微凹陷，四周有放射状沟纹。

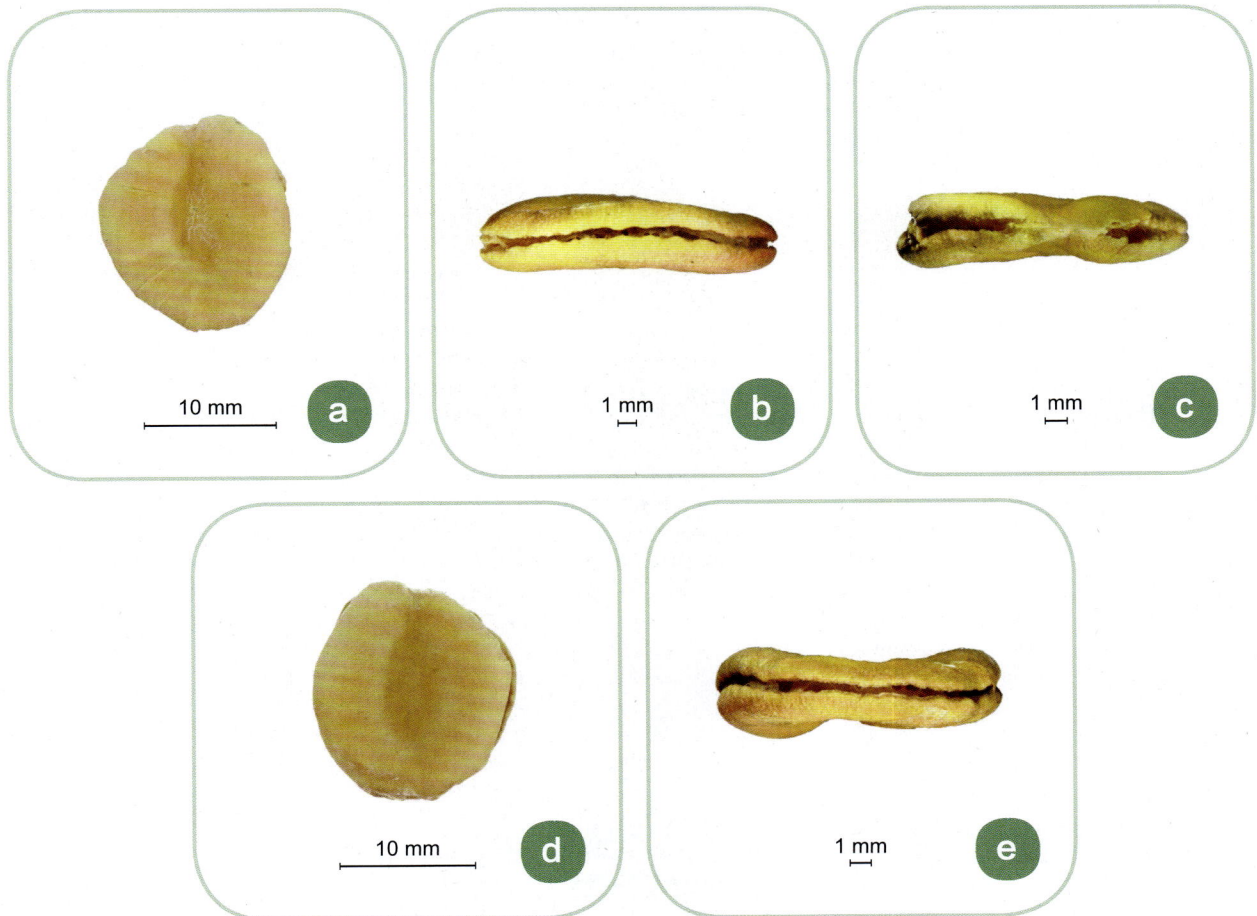

1 cm f

1 cm g

1 cm h

**罗汉果种子性状**

a. 背面；b. 侧面；c. 俯视面；d. 腹面；e. 仰视面；f. 堆叠；g. 平铺；h. 整齐排列

## 山 橙　　　　　*Melodinus cochinchinensis* (Loureiro) Merrill

夹竹桃科粗壮木质藤本。以果实入药，**为罗汉果药材的易混淆品。**

**种子形态**　种子呈长圆形或卵圆形，较扁，长 8.0 ~ 9.0 mm，宽 4.5 ~ 5.5 mm，厚 2.0 ~ 2.5 mm。表面灰褐色，粗糙，无光泽，似岩石表面。

**采　　集**　花期 4~5 月，果期 9~11 月。果实变红色且成熟后采收。

**鉴别特征**　种子大，表面粗糙，似岩石表面。

1 mm　a

1 mm　b

1 mm　c

1 mm　d

1 mm　e

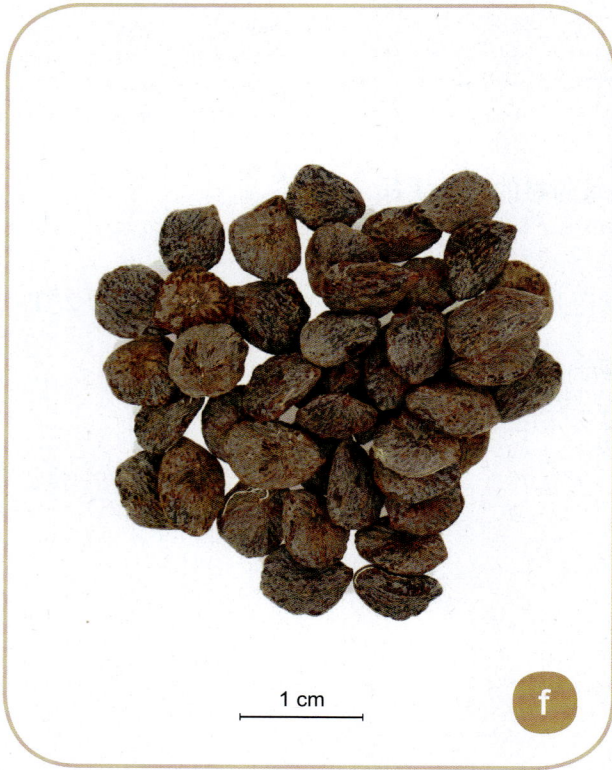

1 cm

**f**

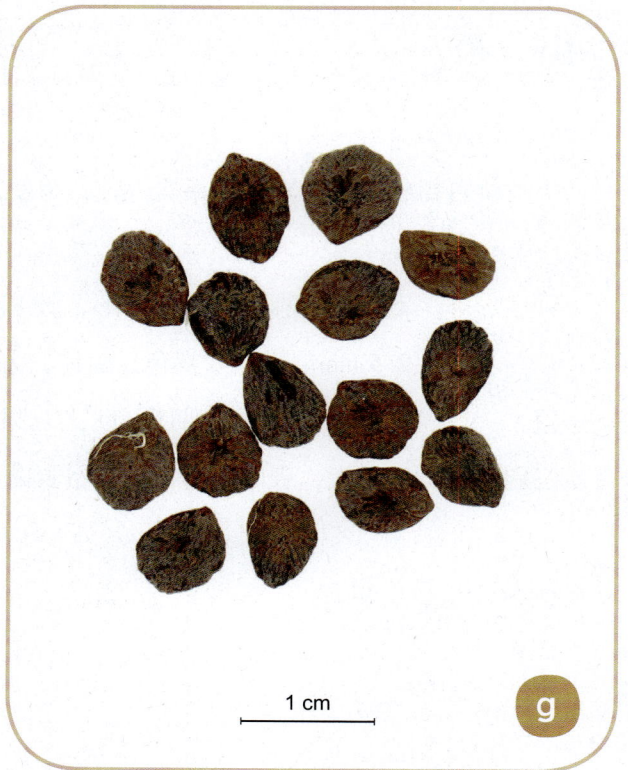

1 cm

**g**

1 cm

**h**

**山橙种子性状**

a. 背面；b. 侧面；c. 俯视面；d. 腹面；e. 仰视面；f. 堆叠；g. 平铺；h. 整齐排列

# 兰 科

## 白 及　　　　　　　　　　*Bletilla striata*（Thunb.）Reichb. f.

姜科多年生草本。以干燥块茎入药，药材名为白及。

**种子形态**　种子呈细长纺锤形，中间膨大，两端渐尖，长 1.5~3.0 mm，直径约 0.4 mm。表面黄棕色，有细小柔毛或毛屑。

**采　集**　花期4~6月，果熟期7~9月。当蒴果呈黄褐色时采收，种子保存在蒴果中。

0.5 mm　a

0.5 mm　b

0.5 mm　c

0.5 mm　d

0.5 mm　e

1 cm

**f**

1 cm

**g**

1 cm

**h**

**白及种子性状**

a. 背面；b. 侧面；c. 俯视面；d. 腹面；e. 仰视面；f. 堆叠；g. 平铺；h. 整齐排列

# 姜 科

## 草 果        *Amomum tsao-ko* Crevost et Lemaire

姜科多年生草本。以干燥成熟果实入药，药材名为草果。

**种子形态** 种子呈四面形至多面形，直径 5.0 ~ 6.0 mm。表面红棕色，具灰白色的膜质假种皮，棱边处纵直纹理明显。在较狭的一端有一凹窝状的种脐，合点在背面中央，成 1 小凹穴。

**采 集** 花期 3 ~ 6 月，果熟期 9 ~ 12 月。当果实易从果柄脱落，轻捏裂开时即为成熟果实。成熟种子呈红棕色，未成熟种子呈红色。将采回的果序置于室内通风透气处 4 ~ 5 天后，除去果皮，去净杂质，置于背阴或室内通透处晾干。

**鉴别特征** 种子中等大小，四面形至多面形，表面红棕色，具灰白色的膜质假种皮，棱边处纵直纹理明显。

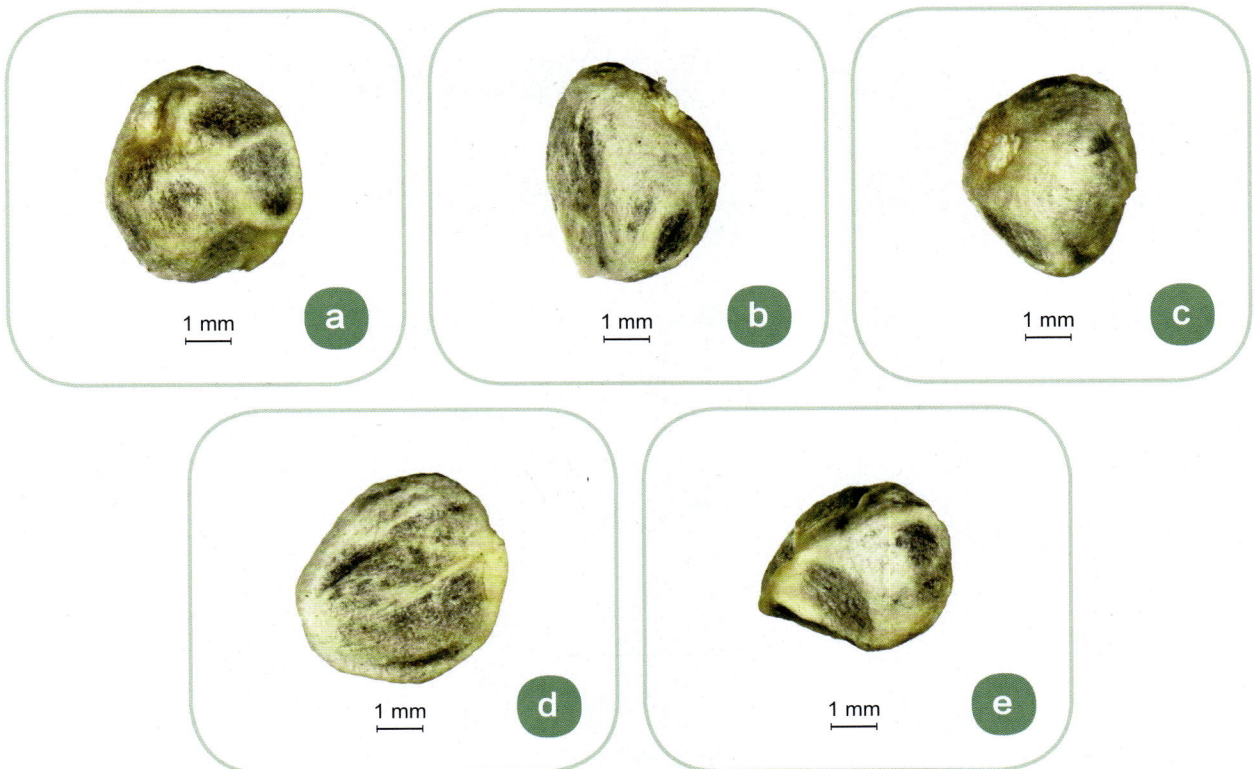

1 mm   a

1 mm   b

1 mm   c

1 mm   d

1 mm   e

f

1 cm

g

1 cm

h

1 cm

**草果种子性状**

a. 背面；b. 侧面；c. 俯视面；d. 腹面；e. 仰视面；f. 堆叠；g. 平铺；h. 整齐排列

## 草豆蔻 *Alpinia katsumadai* Hayata

姜科多年生草本。以干燥近成熟种子入药，药材名为草豆蔻，**为草果药材的易混淆品**。

**种子形态**　种子呈长圆状或卵圆状多角形，长 3.0~5.0 mm，直径 2.0~3.0 mm。表面灰棕色或浅褐色，外被一层白色且透明的假种皮，背面稍隆起，合点约在中央。种脐位于背侧面，呈圆形，凹陷；种脊为 1 纵沟，经腹面至合点。

**采　　集**　海南花期 4~6 月，果期 5~8 月；云南果熟期 8~10 月。当果皮呈浅黄色时剪下果穗，阴干后果皮自动开裂，搓洗，除去果肉，取沉底种子置于室内，晾干或适度晾晒。

**鉴别特征**　本种种子与草果种子的区别为本种种子小，呈长圆状或卵圆状多角形，外被一层白色且透明的假种皮。

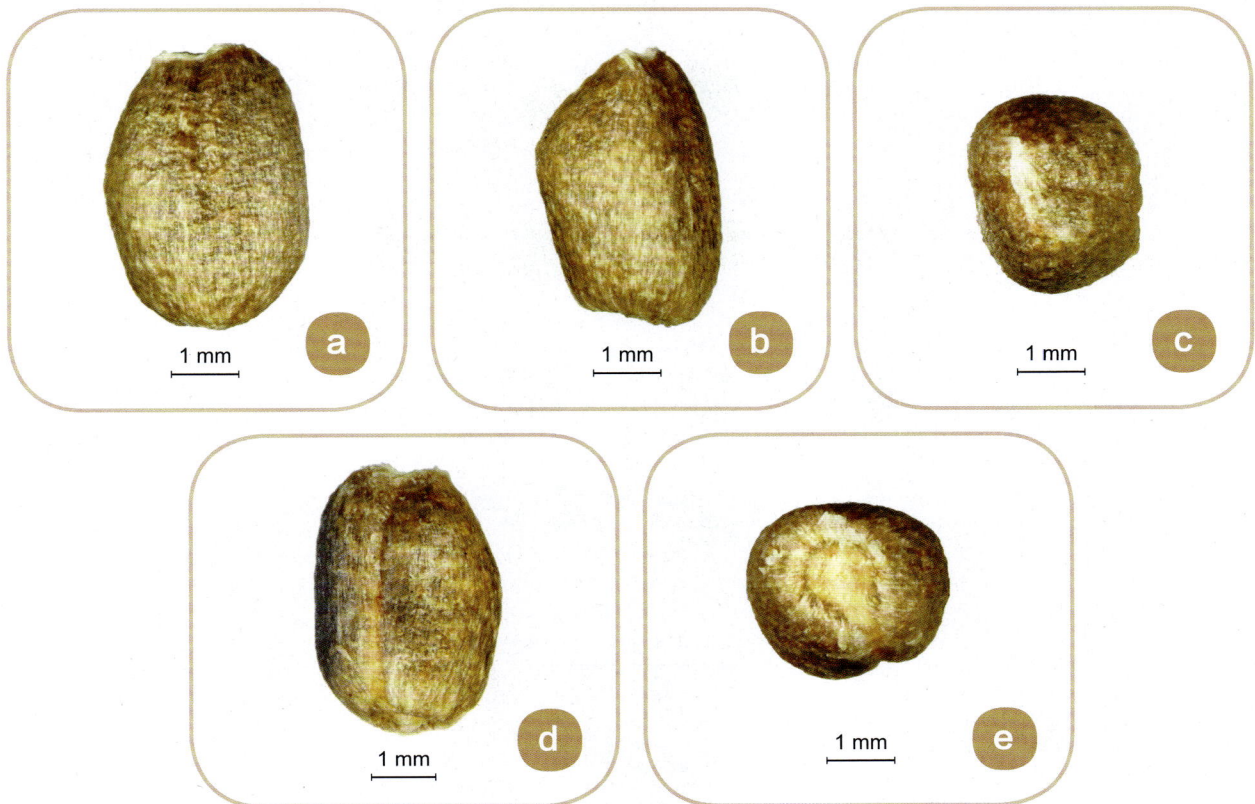

f

1 cm

g

1 cm

h

1 cm

**草豆蔻种子性状**

a. 背面；b. 侧面；c. 俯视面；d. 腹面；e. 仰视面；f. 堆叠；g. 平铺；h. 整齐排列

# 高良姜　　　　　　　　　　　　　*Alpinia officinarum* Hance

姜科多年生草本。以干燥根茎入药，药材名为高良姜。

**种子形态**　种子呈三角状盾形，略扁，直径 4.0~5.0 mm，厚 2.5~2.8 mm，黑棕色或红棕色，外被黄白色的膜质假种皮。背部中央有一点状的褐色种脐，腹部无种皮包被。

**采　　集**　花期4~9月，果期5~11月。采收种子，置于室内，晾干或适度晾晒。

**鉴别特征**　种子小，呈三角状盾形，外被黄白色的膜质假种皮，腹部无种皮包被。

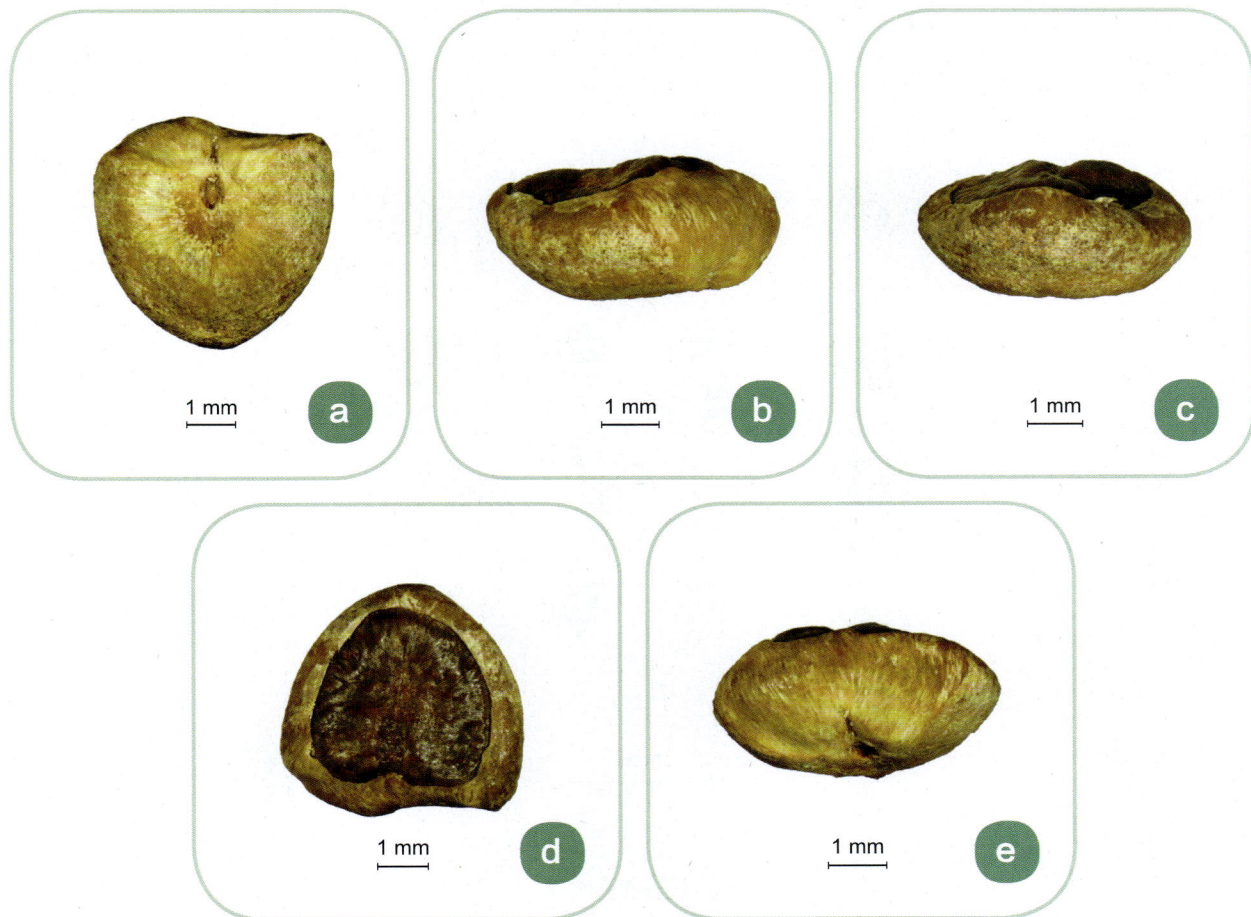

高良姜种子性状

a. 背面；b. 侧面；c. 俯视面；d. 腹面；e. 仰视面；f. 堆叠；g. 平铺；h. 整齐排列

## 大良姜          *Alpinia galanga* (L.) Willd.

姜科多年生草本。以干燥根茎、果实入药。以干燥成熟果实入药时，药材名为红豆蔻，**为高良姜药材的易混淆品。**

**种子形态** 种子呈不规则圆柱形，长 5.0~6.5 mm，直径 3.0~5.0 mm，浅黄色。表面粗糙，无光泽，一端具 1 圆孔形种脐，另一端具 1 浅沟。

**采　　集** 花期 5~8 月，果期 9~11 月。秋季果实变红色时采收，除去杂质及果肉，阴干。

**鉴别特征** 种子中等大小，呈不规则圆柱形，无黄白色的膜质假种皮，表面粗糙。

1 mm    a

1 mm    b

1 mm    c

1 mm    d

1 mm    e

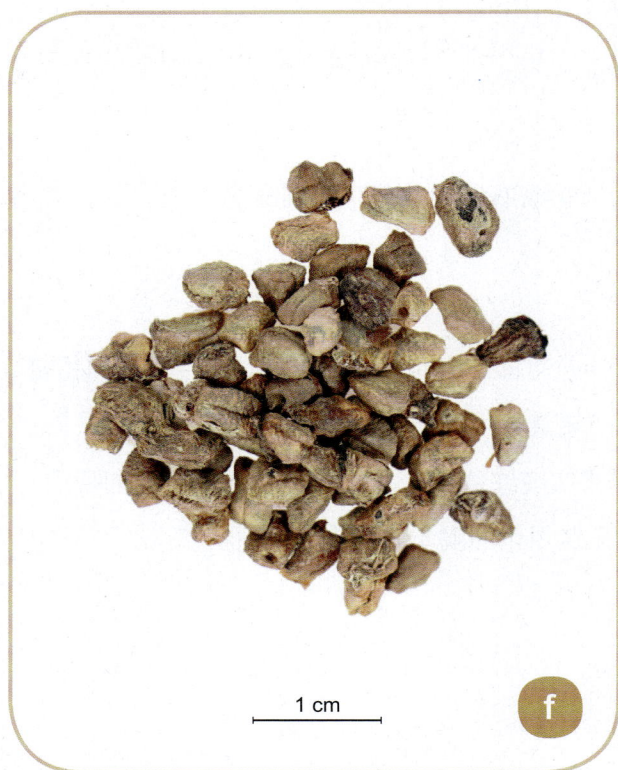

1 cm  f

1 cm  g

1 cm  h

**大良姜种子性状**

a. 背面；b. 侧面；c. 俯视面；d. 腹面；e. 仰视面；f. 堆叠；g. 平铺；h. 整齐排列

## 海南砂仁　　　　　　　　　　　　*Amomum longiligulare* T. L. Wu

姜科多年生草本。以干燥成熟果实入药，药材名为砂仁。

**种子形态**　种子为不规则多面体，直径 2.5 ~ 3.5 mm。表面暗褐色，粗糙，外被淡棕色的膜质假种皮；种脐位于突出的一端，圆形，凹陷。断面白色。

**采　集**　花期随各地的气温高低不同而异，从 4 月下旬至 6 月，果熟期 8 ~ 9 月。当果实易从果柄脱落且轻捏裂开时即为成熟果实。成熟种子呈黑褐色，未成熟种子呈红褐色。除去果皮，擦去果肉种衣，用清水漂净，阴干或适度晒干。

**鉴别特征**　种子小，外面常被淡棕色的膜质假种皮。

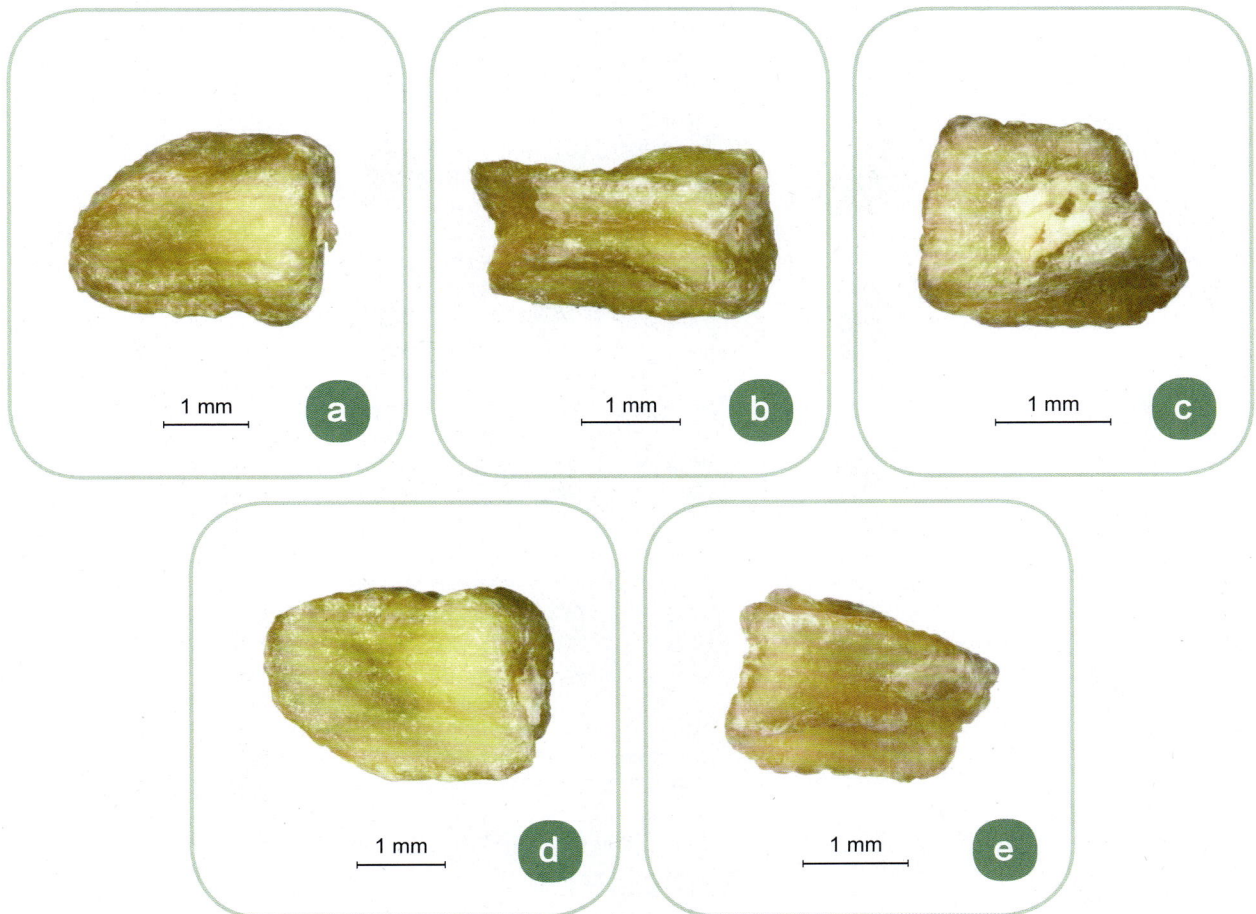

1 mm　a

1 mm　b

1 mm　c

1 mm　d

1 mm　e

1 cm

f

1 cm

g

1 cm

h

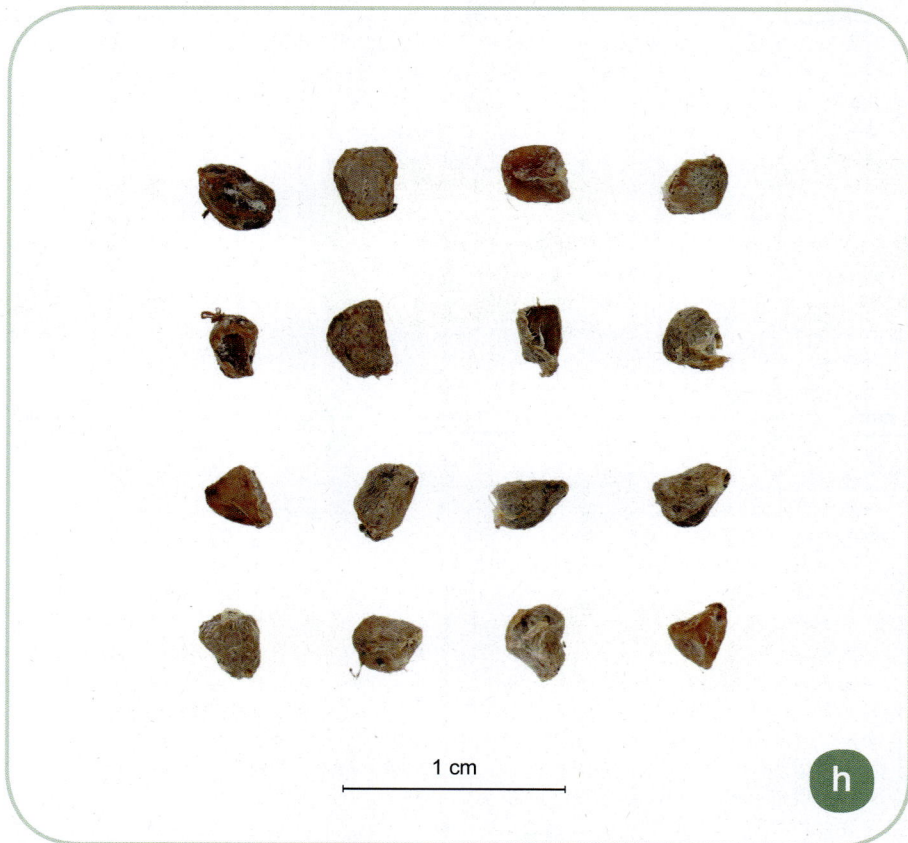

**海南砂仁种子性状**

a. 背面；b. 侧面；c. 俯视面；d. 腹面；e. 仰视面；f. 堆叠；g. 平铺；h. 整齐排列

# 阳春砂    *Amomum villosum* Lour.

姜科多年生草本。以干燥成熟果实入药，药材名为砂仁。

**种子形态**　种子为不规则椭圆状的多面体，直径约 2.0 mm，棕红色或暗褐色。表面具不整齐的网状纹理。较小的一端有凹陷的发芽孔，较大的一端为合点。种脊沿腹面成 1 纵沟，背面平坦。

**采　集**　花期随各地的气温高低而异，4 月下旬至 6 月，果熟期 8~9 月。当果实易从果柄脱落且轻捏即裂开时采收。种子充分成熟的标志是变为黑褐色，连晒 2 天，然后放置 3~4 天，可提高种子的成熟度。

**鉴别特征**　种子比海南砂仁种子小，表面具不整齐的网状纹理。

1 mm　a

1 mm　b

1 mm　c

1 mm　d

1 mm　e

f

1 cm

g

1 cm

h

1 cm

**阳春砂种子性状**

a. 背面；b. 侧面；c. 俯视面；d. 腹面；e. 仰视面；f. 堆叠；g. 平铺；h. 整齐排列

## 艳山姜　　　　　　　*Alpinia zerumbet* (Pers.) B. L. Burtt & R. M. Sm.

姜科植物。以果实、根茎入药，**为砂仁药材的易混淆品。**

**种子形态**　种子呈四面形至多面形，直径 4.0 ~ 5.0 mm。表面棕褐色，具灰白色的膜质假种皮，无纵直纹理。在较狭的一端有一凹窝状的种脐，合点位于另一端的中央，成 1 小凹穴状，合点与种脐间有一纵沟状的种脊。

**采　　集**　花期 4 ~ 6 月，果期 7 ~ 10 月。当果实易从果柄脱落且轻捏即裂开时采收，去净杂质，置于背阴或室内通透处晾干。

**鉴别特征**　种子小，呈多面形，比砂仁种子大。

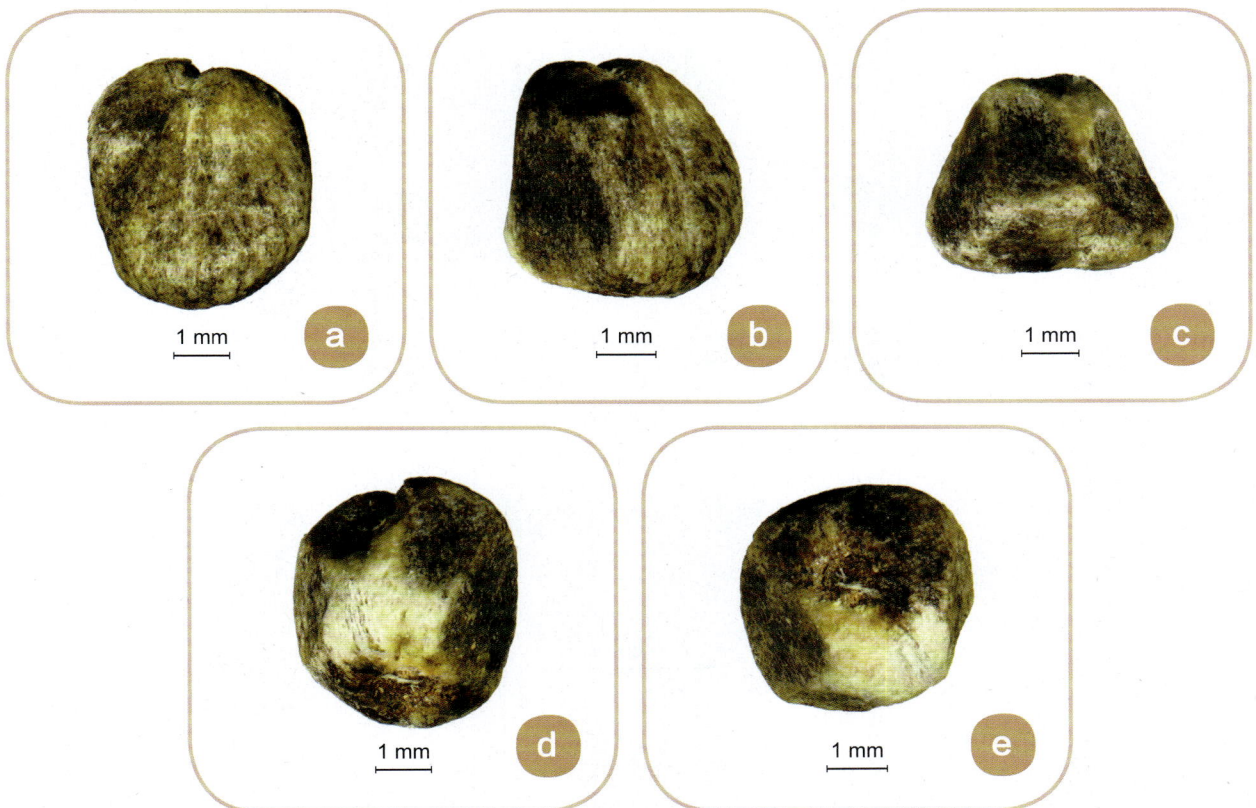

a　1 mm

b　1 mm

c　1 mm

d　1 mm

e　1 mm

1 cm

f

1 cm

g

1 cm

h

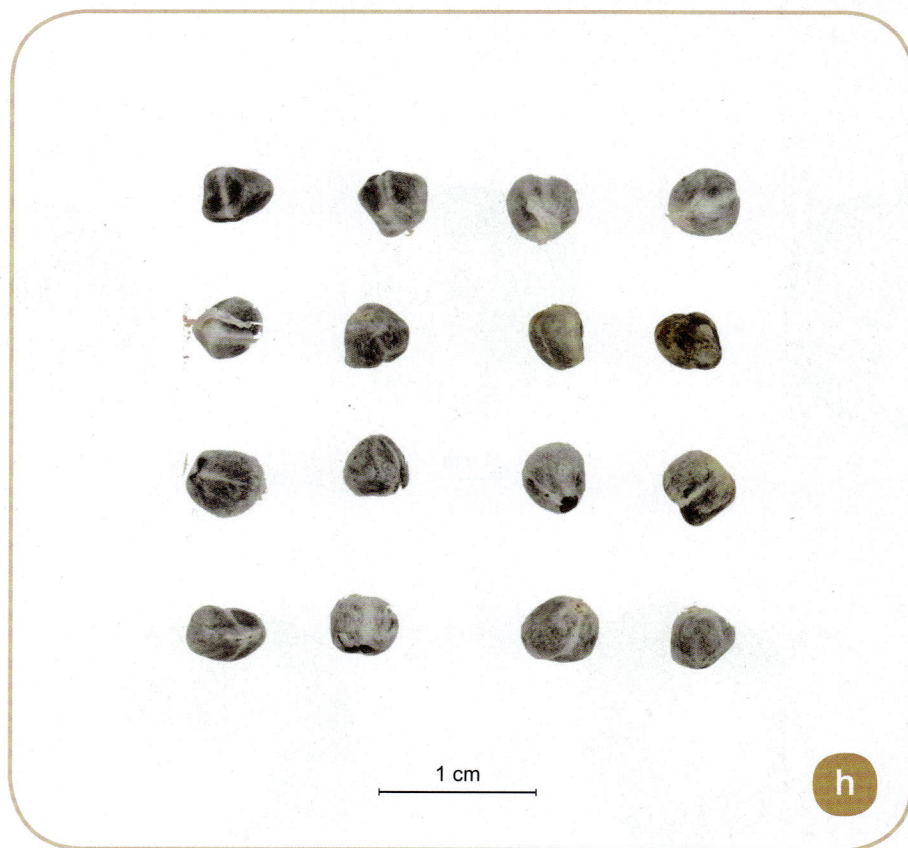

**艳山姜种子性状**

a. 背面；b. 侧面；c. 俯视面；d. 腹面；e. 仰视面；f. 堆叠；g. 平铺；h. 整齐排列

# 益　智

*Alpinia oxyphylla* Miq.

姜科多年生草本。以干燥成熟果实入药，药材名为益智。

**种子形态**　干燥果实呈纺锤形或椭圆形，长 1.0~1.5 cm，直径 1~1.2 cm，外皮红棕色或灰棕色，有多条纵向断续的隆起线。种子呈不规则扁圆形，长 2.8~3.2 mm，宽 2.0~2.5 mm，厚 2.0~2.5 mm，表面暗棕色或灰棕色；假种皮膜质，种皮角质，质硬；种脐位于腹面中央，略呈圆形，凹陷，从种脐至背面的合点处，有 1 沟状种脊。

**采　　集**　花期2~3 月，果熟期5~7 月。当果实呈浅黄色且果肉带甜味时摘下果实，剥去果皮，将种子倒入细沙和草木灰混合物（细沙与草木灰的比例为7:3，且加适量水）中，揉搓种子，再用清水漂洗除去果肉，取沉底的种子，洗净，适当晒干，不宜过分干燥。

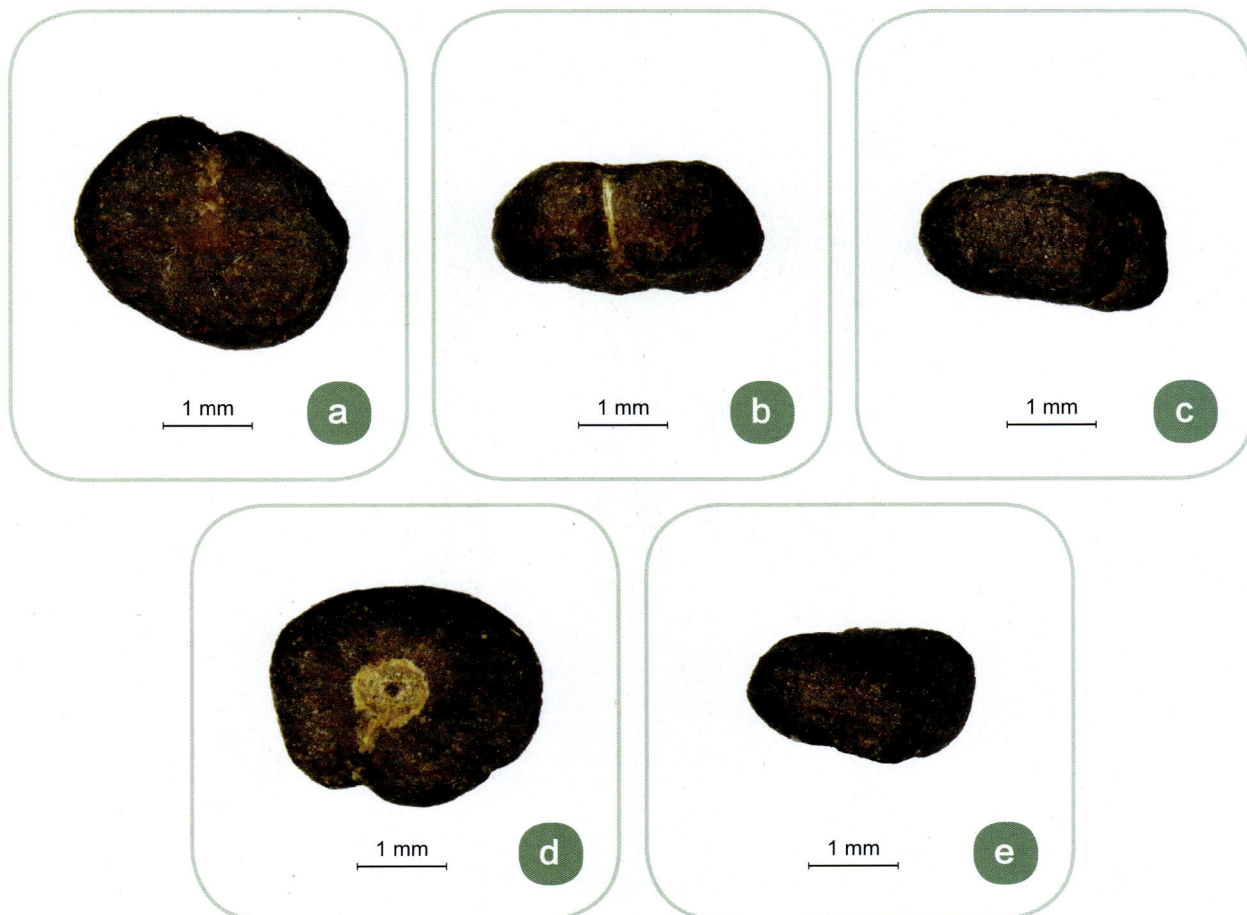

a　1 mm

b　1 mm

c　1 mm

d　1 mm

e　1 mm

1 cm

f

1 cm

g

1 cm

h

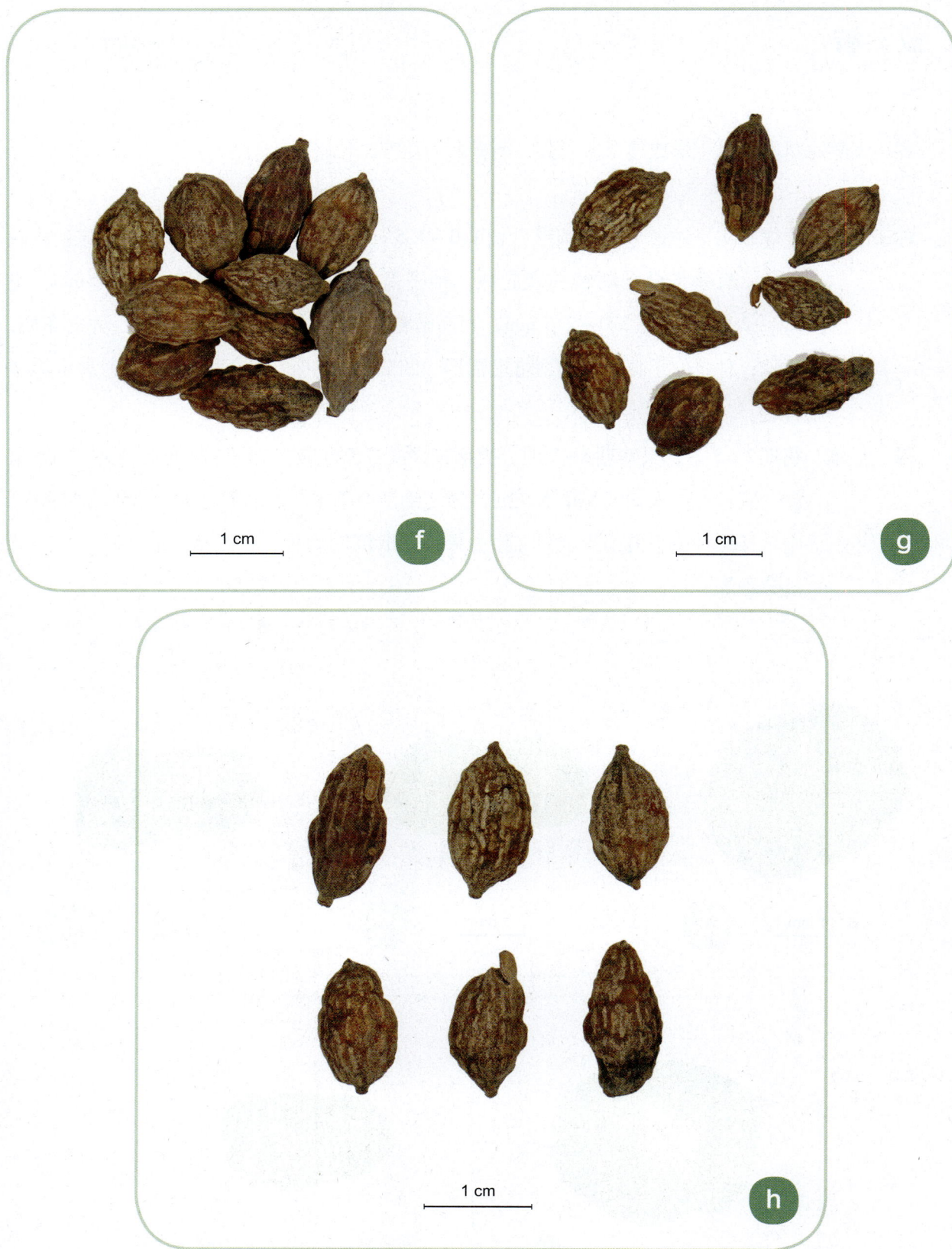

**益智种子性状**

a.背面；b.侧面；c.俯视面；d.腹面；e.仰视面；f.堆叠（果实）；g.平铺（果实）；h.整齐排列（果实）

# 金缕梅科

## 枫香树                  *Liquidambar formosana* Hance

金缕梅科落叶乔木。以干燥成熟果序入药，药材名为路路通。

**种子形态**    种子呈长卵圆形，略扁，长 7.5～9.0 mm，宽 1.8～2.2 mm，厚 1.0～1.1 mm，棕色，背部凸起，有棱，腹部较平坦。先端延伸为窄翅，腹面有一凸起的浅色种脐。

**采　集**    花期 3～4 月，果期 9～10 月。果实成熟时击落果实或收集自然脱落的果实，晒干，敲打除去果壳，簸出种子，沙藏或干藏。

a    1 mm

b    1 mm

c    1 mm

d    1 mm

e    1 mm

f

1 cm

g

1 cm

h

1 cm

**枫香树种子性状**

a. 背面；b. 侧面；c. 俯视面；d. 腹面；e. 仰视面；f. 堆叠；g. 平铺；h. 整齐排列

# 锦葵科

| 黄蜀葵 | *Abelmoschus manihot*（L.）Medic. |
| --- | --- |

锦葵科一年生或多年生草本。以干燥花冠入药，药材名为黄蜀葵花。

**种子形态**　种子呈肾形，略扁，长 3.2～3.8 mm，宽 2.8～3.3 mm，厚 2.0～2.5 mm，黑褐色，被多条黄色短柔毛组成的条纹，排列整齐。种脐三角状，灰白色，位于腹侧中部，微凸。

**采　　集**　花期 8～10 月。种子成熟时采收，晒干，簸除杂质，贮藏。

**鉴别特征**　种子小，被黄色短柔毛，排列整齐。

1 mm　a

1 mm　b

1 mm　c

1 mm　d

1 mm　e

1 cm

f

1 cm

g

1 cm

h

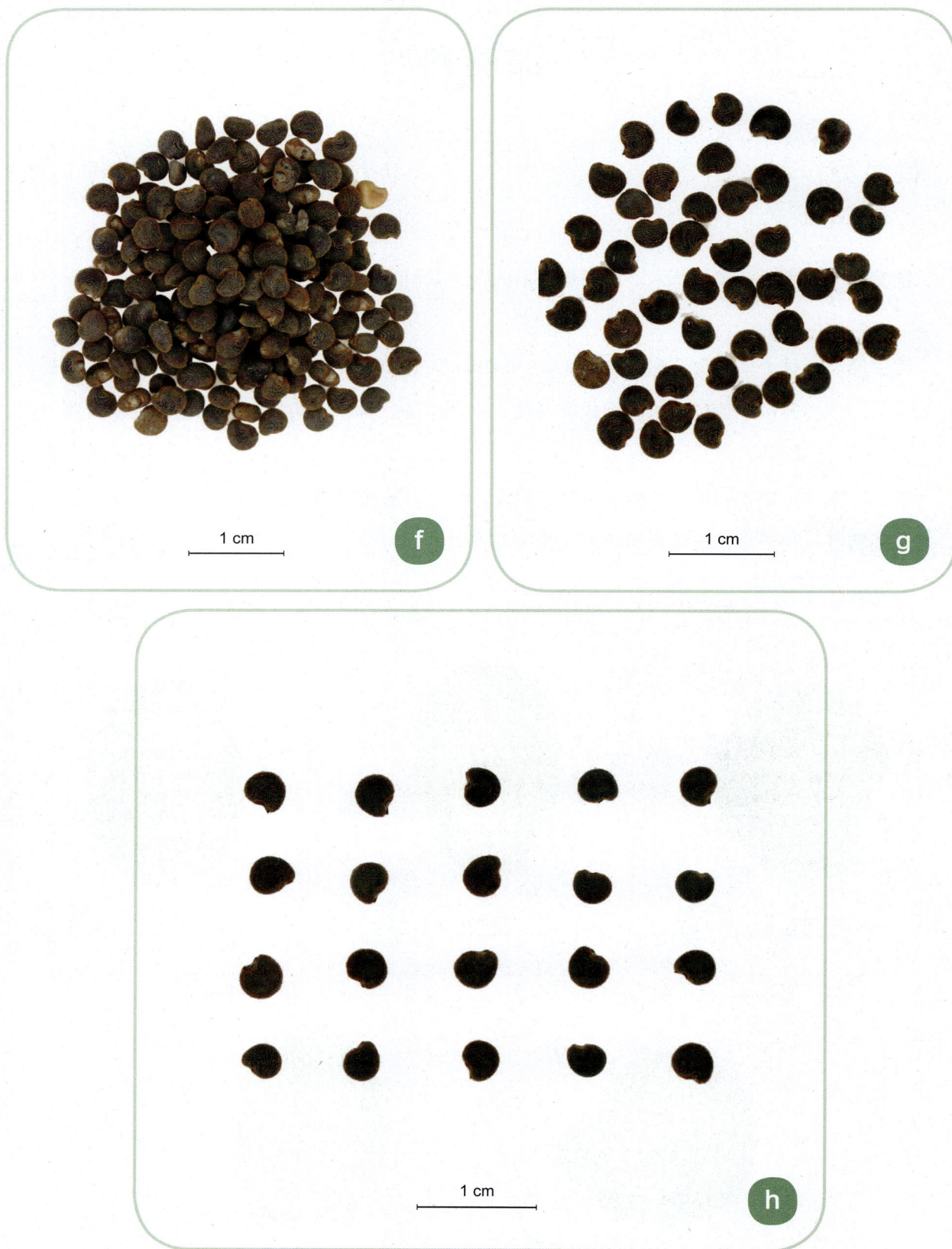

**黄蜀葵种子性状**

a. 背面；b. 侧面；c. 俯视面；d. 腹面；e. 仰视面；f. 堆叠；g. 平铺；h. 整齐排列

# 木芙蓉

*Hibiscus mutabilis* L.

锦葵科落叶灌木或小乔木。以花、叶、根皮入药。以干燥叶入药时，药材名为木芙蓉叶。

**种子形态** 种子呈肾形或三角状肾形，略扁，长 2.3～3.0 mm，宽 1.6～1.9 mm，厚 1.3～1.4 mm。种皮褐色，表面有细微纹理；种脐条形，位于腹侧中部，微凸。

**采　集** 花期 9～10 月，果期 10～12 月。当蒴果微裂时分批采收，晒干，除去果皮及杂质，放于通风干燥处贮藏。

1 cm

f

1 cm

g

1 cm

h

**木芙蓉种子性状**

a. 背面；b. 侧面；c. 俯视面；d. 腹面；e. 仰视面；f. 堆叠；g. 平铺；h. 整齐排列

## 冬 葵　　　　　　　　　　　　　　　　　　　　*Malva verticillata* L.

锦葵科二年生草本。以根、茎、叶、果实入药。以干燥成熟果实入药时，药材名为冬葵果。

**种子形态**　果实呈扁球状盘形，直径 4.0 ~ 7.0 mm。果实由 10 ~ 12 分果瓣组成，在圆锥形中轴周围排成 1 轮。分果呈扁圆形，直径 1.4 ~ 2.5 mm；表面黄白色或黄棕色，具隆起的环向细脉纹。种子呈圆肾形，略扁，直径约 1.8 mm，红棕色或棕黄色，腹侧下方有 1 凹入处，中有白色凸起的种脐，中央有 1 圆孔。

**采　　集**　花期 7 ~ 9 月，果熟期 9 ~ 10 月。当心皮彼此分离并与中轴脱离时采收，晒干，除去杂质。

**鉴别特征**　种子小，呈圆肾形，种脐上方突出。

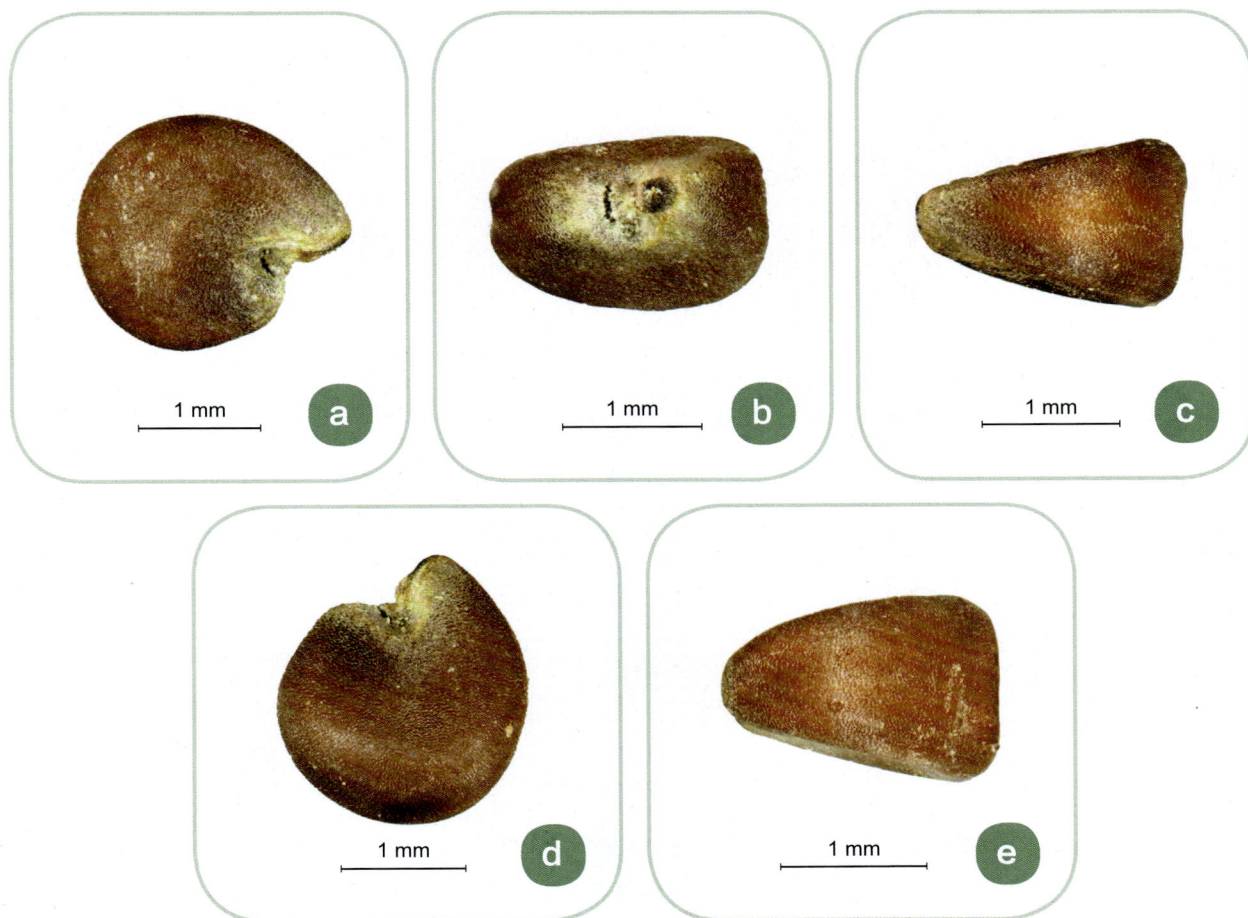

1 mm　a

1 mm　b

1 mm　c

1 mm　d

1 mm　e

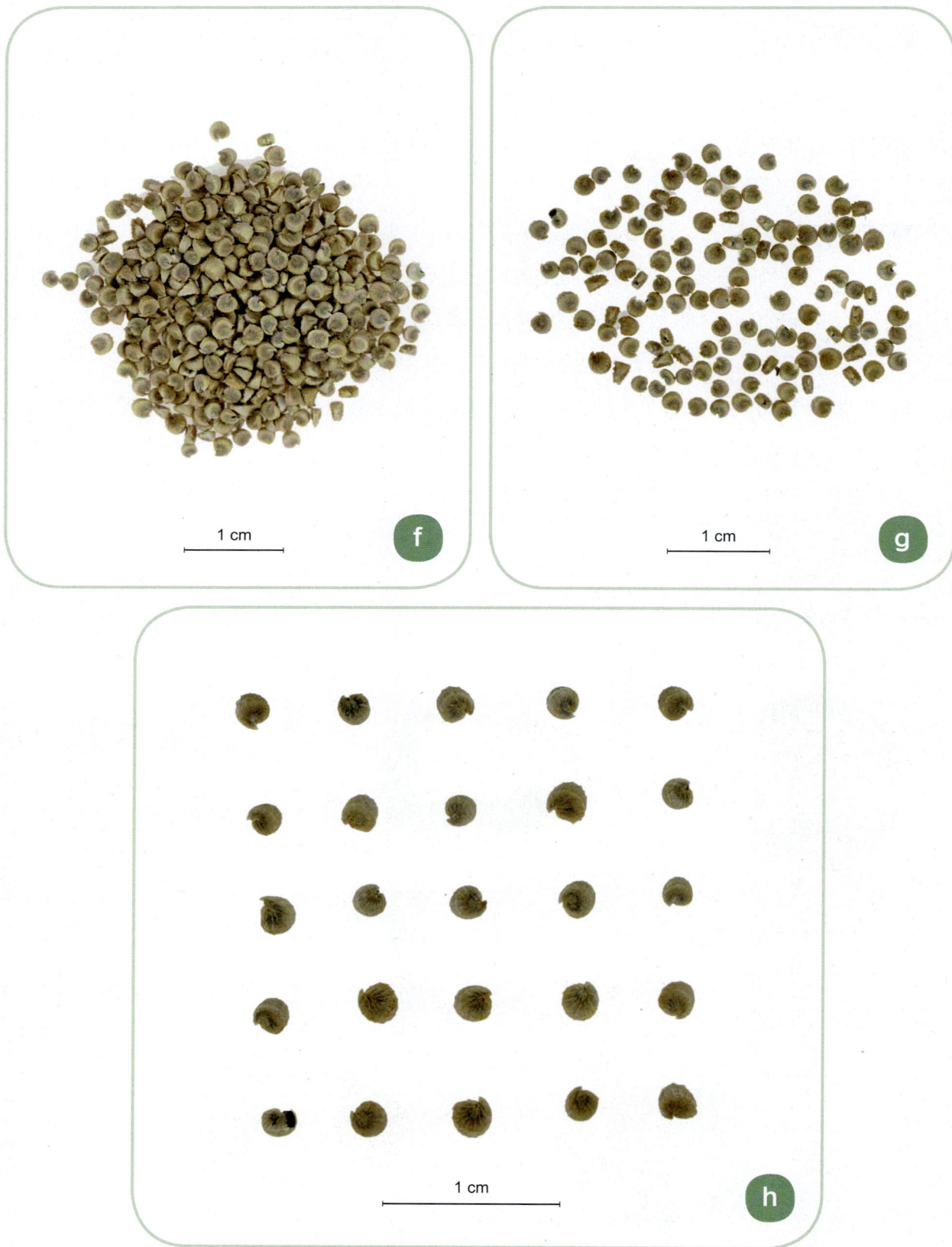

**冬葵种子性状**

a. 背面；b. 侧面；c. 俯视面；d. 腹面；e. 仰视面；f. 堆叠（分果）；g. 平铺（分果）；h. 整齐排列（分果）

# 苘 麻

*Abutilon theophrasti* Medicus

锦葵科一年生亚灌木状草本。以干燥成熟种子入药，药材名为苘麻子，**为冬葵果药材的易混淆品**。

**种子形态** 种子呈三角状肾形或倒卵状肾形，略扁，长 3.4～4.2 mm，宽 2.5～3.2 mm，厚 1.5～1.8 mm。表面暗褐色或灰褐色，疏被灰色短毛，先端钝圆，下端稍尖，腹侧肾形凹入处具一棕色的隆线状种脐。

**采　　集** 花期 7～8 月，果熟期 9～10 月。当果实干枯后摘下，晒干，用木棒敲打，使种子掉落，筛除果皮及杂质，放于干燥阴凉处贮藏。

**鉴别特征** 种子小，呈三角状肾形，疏被灰色短毛，形状和表面与补骨脂种子不同。

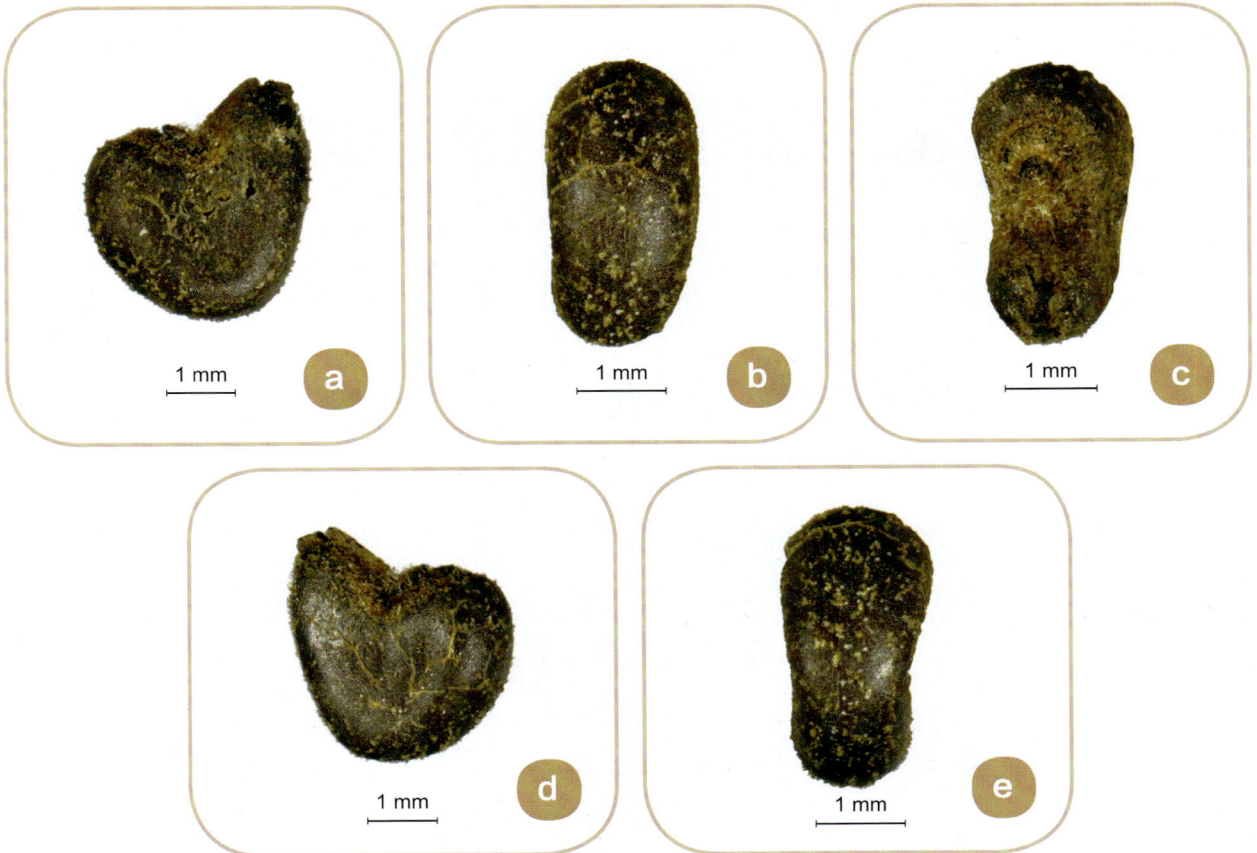

1 cm

f

1 cm

g

1 cm

h

**苘麻种子性状**

a. 背面；b. 侧面；c. 俯视面；d. 腹面；e. 仰视面；f. 堆叠；g. 平铺；h. 整齐排列

# 桔梗科

## 川党参            *Codonopsis tangshen* Oliv.

桔梗科多年生草本。以干燥根入药，药材名为党参。

**种子形态**　种子呈椭圆状长卵形，长 1.4 ~ 1.8 mm，直径 0.6 ~ 0.8 mm，暗红棕色，光滑，有油亮光泽；种脐位于较狭的一端，略突出。

**采　集**　花果期 7 ~ 10 月。当蒴果成熟时分批采收，晒干，除去果皮及杂质，放于通风干燥处贮藏。

**鉴别特征**　种子小，呈椭圆状长卵形，长宽比约为 2∶1，表面红棕色或暗褐色，有光泽。

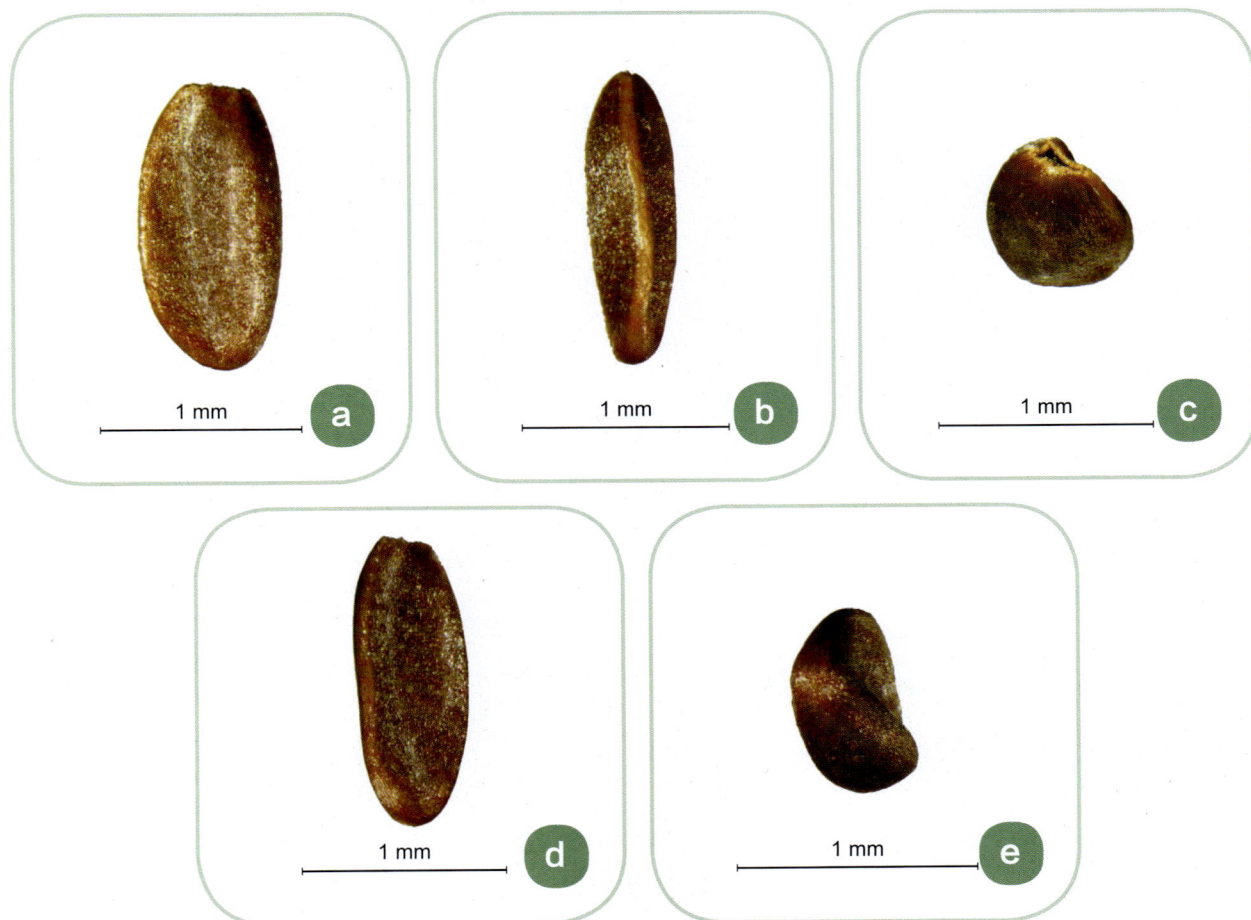

a　1 mm

b　1 mm

c　1 mm

d　1 mm

e　1 mm

1 cm

f

1 cm

g

1 cm

h

**川党参种子性状**

a. 背面；b. 侧面；c. 俯视面；d. 腹面；e. 仰视面；f. 堆叠；g. 平铺；h. 整齐排列

## 党　参　　　　　　　　　　　　　　*Codonopsis pilosula*（Franch.）Nannf.

桔梗科多年生草质藤本。以干燥根入药，药材名为党参。

**种子形态**　种子呈卵状宽椭圆形，略扁，长1.5~1.8 mm，宽0.6~1.2 mm，厚约0.7 mm。表面棕褐色，有光泽，密被纵行的线纹，先端钝圆，基部具一圆形的凹窝状种脐。

**采　　集**　花期8~10月，果期9~10月。当果实变软、呈黄褐色且种子呈深褐色时采收，脱粒，除去杂质，干藏。

**鉴别特征**　种子小，比川党参种子和素花党参种子更短且更宽，长宽比约为1.5∶1。

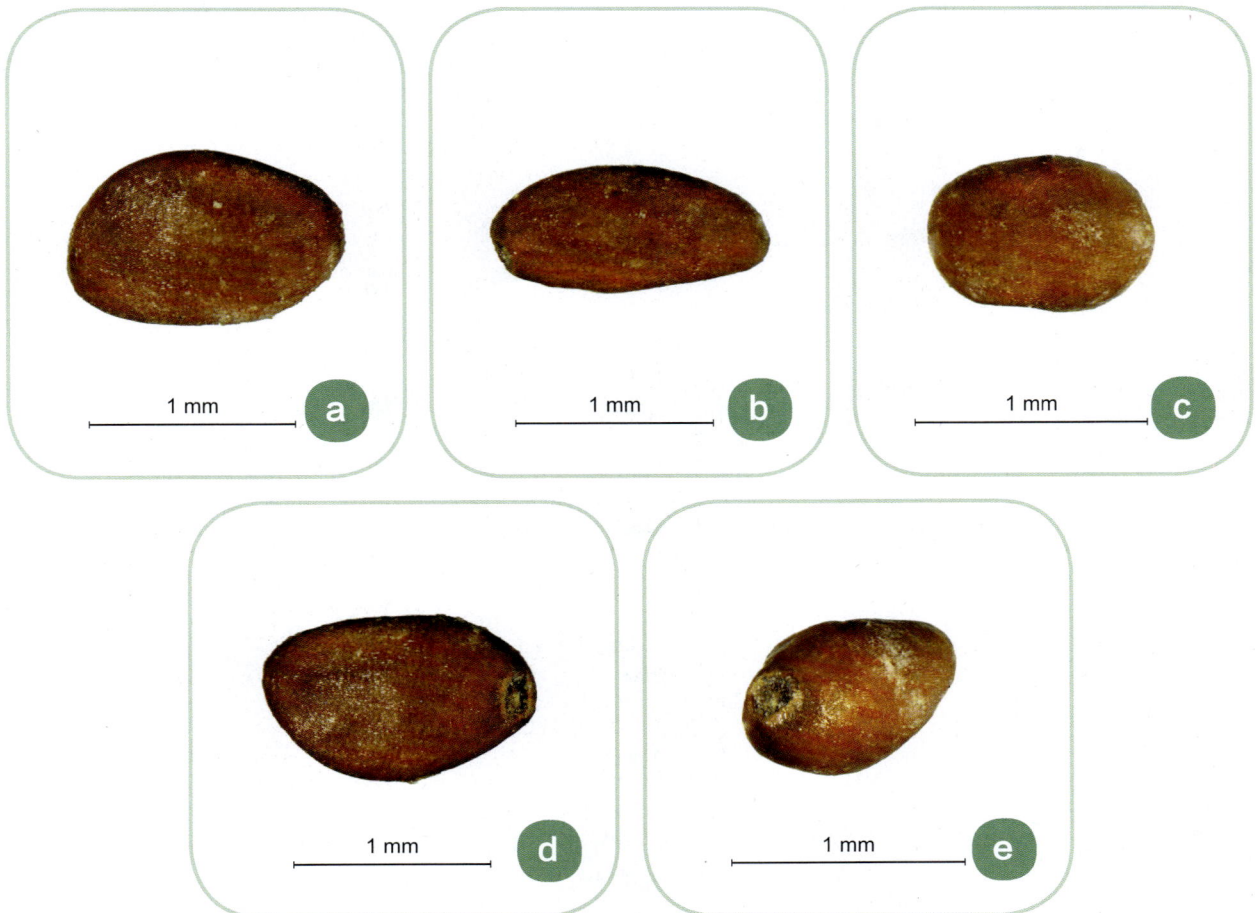

a　1 mm

b　1 mm

c　1 mm

d　1 mm

e　1 mm

1 cm

f

1 cm

g

1 cm

h

**党参种子性状**

a. 背面；b. 侧面；c. 俯视面；d. 腹面；e. 仰视面；f. 堆叠；g. 平铺；h. 整齐排列

**素花党参**　*Codonopsis pilosula* Nannf. var. *modesta*（Nannf.）L. T. Shen

桔梗科多年生草本。以干燥根入药，药材名为党参。

**种子形态**　种子呈椭圆状长卵形，长 1.2~1.6 mm，直径 0.6~0.8 mm，红棕色或红褐色，光滑。表面具细密纹理，一端具略突出的圆形种脐。

**采　　集**　花果期 7~10 月。当果实变软、呈黄褐色且种子呈深褐色时采收。

**鉴别特征**　种子小，形状与川党参种子相似，表面颜色浅于川党参种子，且无光泽。

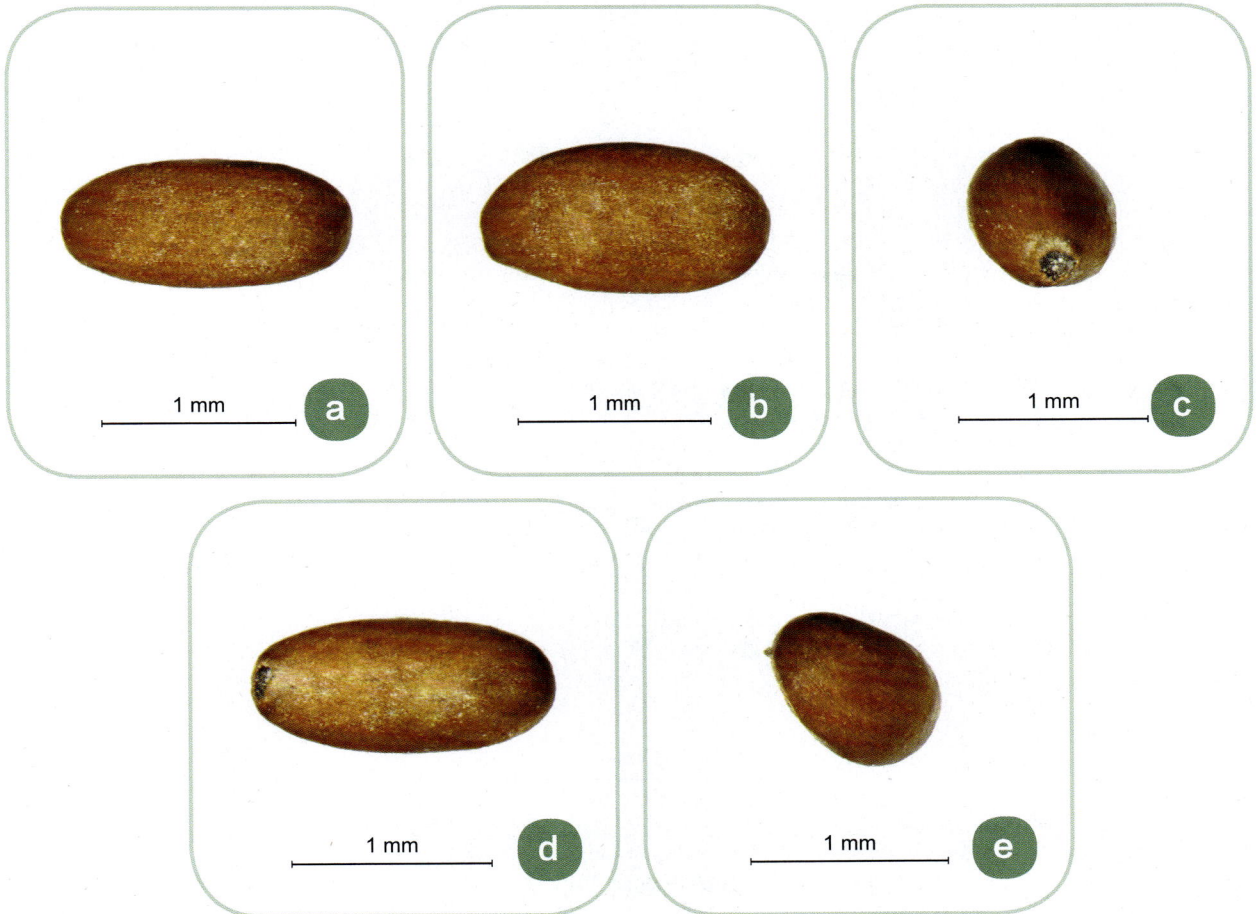

1 cm

f

1 cm

g

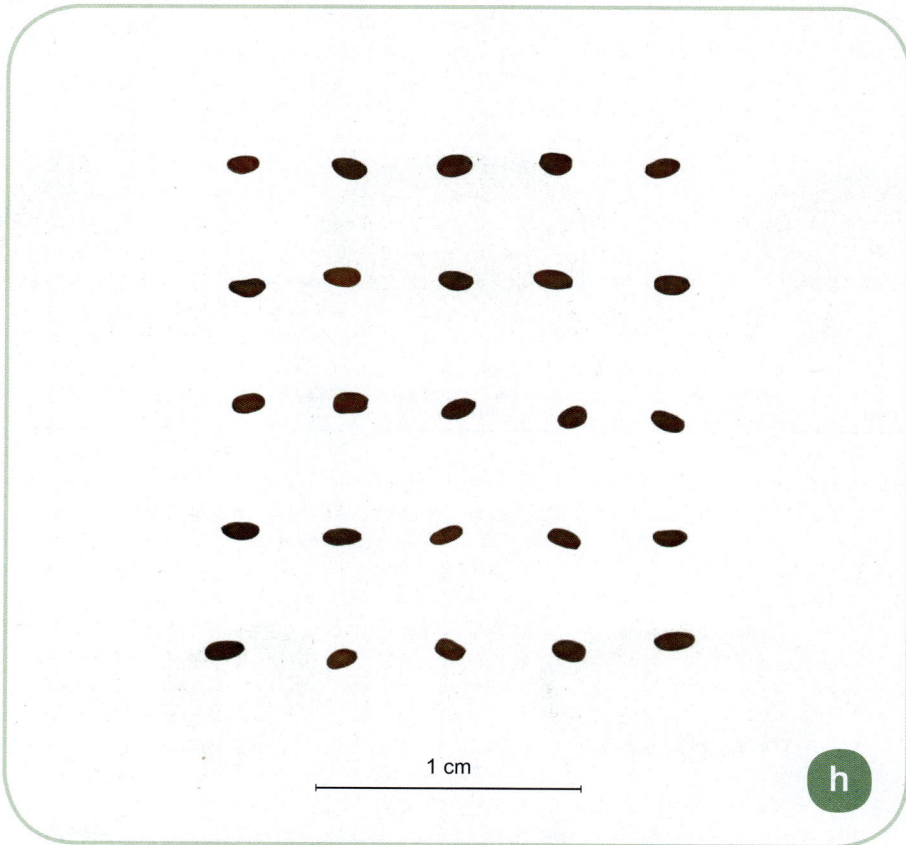

1 cm

h

**素花党参种子性状**

a. 背面；b. 侧面；c. 俯视面；d. 腹面；e. 仰视面；f. 堆叠；g. 平铺；h. 整齐排列

## 迷果芹 *Sphallerocarpus gracilis*（Bess.）K.-Pol.

伞形科多年生草本。以果实、根及根茎入药，**为党参药材的易混淆品。**

**种子形态** 分果呈椭球形，长 2.0~2.5 mm，直径 1.0~1.5 mm，果皮黄褐色。分果呈椭圆形，背面有 5 纵棱，具圆拱形隆起，不呈翅状，先端有凸起的花柱基。

**采　　集** 花果期 7~10 月。采收颜色深、有光泽的饱满种子，采收后及时清理，脱粒，除去杂质，置于通风、干燥、阴暗、温度较低且相对恒定的地方贮藏。

**鉴别特征** 果实小，呈椭球形，背面有 5 纵棱，具圆拱形隆起。

a　　1 mm

b　　1 mm

c　　1 mm

d　　1 mm

e　　1 mm

f

1 cm

g

1 cm

h

1 cm

**迷果芹果实性状**

a. 背面；b. 侧面；c. 俯视面；d. 腹面；e. 仰视面；f. 堆叠；g. 平铺；h. 整齐排列

# 桔 梗

*Platycodon grandiflorus* (Jacq.) A. DC.

桔梗科多年生草本。以干燥根入药，药材名为桔梗。

**种子形态** 种子呈倒卵形或长倒卵形，一侧具波浪状的浅色翼，较扁，长 2.0~2.6 mm，宽 1.2~1.6 mm，厚 0.6~0.9 mm，表面棕色或棕褐色。种脐位于基部，呈小凹窝状；种翼宽 0.2~0.4 mm，颜色常稍浅。

**采　　集** 花期 7~9 月，果期 8~10 月。当蒴果枯黄、果顶初裂时采收，堆放 4~5 天，晒干，碾碎果壳，打出种子，簸去杂质，贮藏。

**鉴别特征** 种子小，呈长倒卵形，一侧具浅色翼。

1 mm　a

1 mm　b

1 mm　c

1 mm　d

1 mm　e

**桔梗种子性状**

a.背面；b.侧面；c.俯视面；d.腹面；e.仰视面；f.堆叠；g.平铺；h.整齐排列

# 轮叶沙参　　　　　　　　*Adenophora tetraphylla* (Thunb.) Fisch.

桔梗科多年生草本。以干燥根入药，药材名为南沙参，**为桔梗药材的易混淆品。**

**种子形态**　种子呈卵状宽椭圆形，长 1.2~1.4 mm，直径 0.6~0.8 mm，棕褐色或黄棕色，略有光泽，密被纵行的线纹。种脐位于种子一侧的顶部，具纺锤形或椭圆形孔。

**采　　集**　花期 7~9 月。当蒴果微裂时分批采收，晒干，除去果皮及杂质，放于通风干燥处贮藏。

**鉴别特征**　种子小，呈卵状宽椭圆形，顶部具椭圆形孔。

1 mm　a

1 mm　b

1 mm　c

1 mm　d

1 mm　e

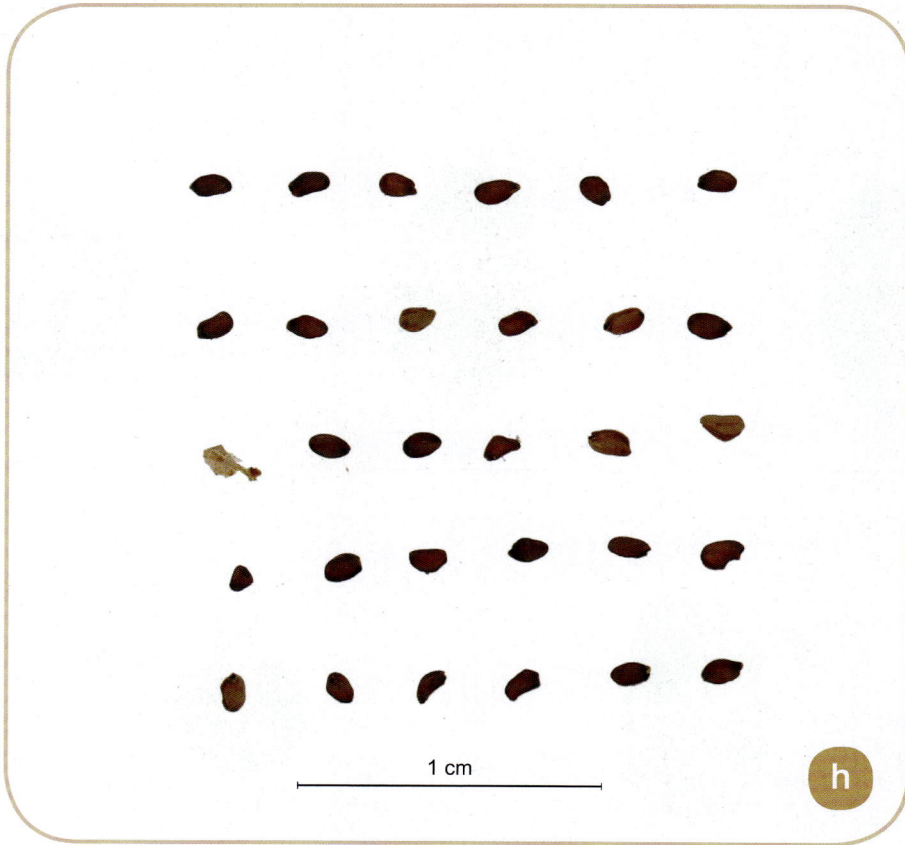

**轮叶沙参种子性状**

a. 背面；b. 侧面；c. 俯视面；d. 腹面；e. 仰视面；f. 堆叠；g. 平铺；h. 整齐排列

# 石生蝇子草

*Silene tatarinowii* Regel

石竹科多年生草本。以根入药，**为桔梗药材的易混淆品。**

**种子形态**　种子呈肾形，一侧具翼，略扁，长 1.1 ~ 1.4 mm，宽 0.8 ~ 1.0 mm，厚 0.7 ~ 0.8 mm，表面黄褐色，被瘤状突起；深色种脐位于侧面，向内凹陷。

**采　　集**　花期 7 ~ 8 月，果期 8 ~ 10 月。种子成熟时采收，筛除杂质，放于阴凉处贮藏。

**鉴别特征**　种子小，呈肾形，被瘤状突起。

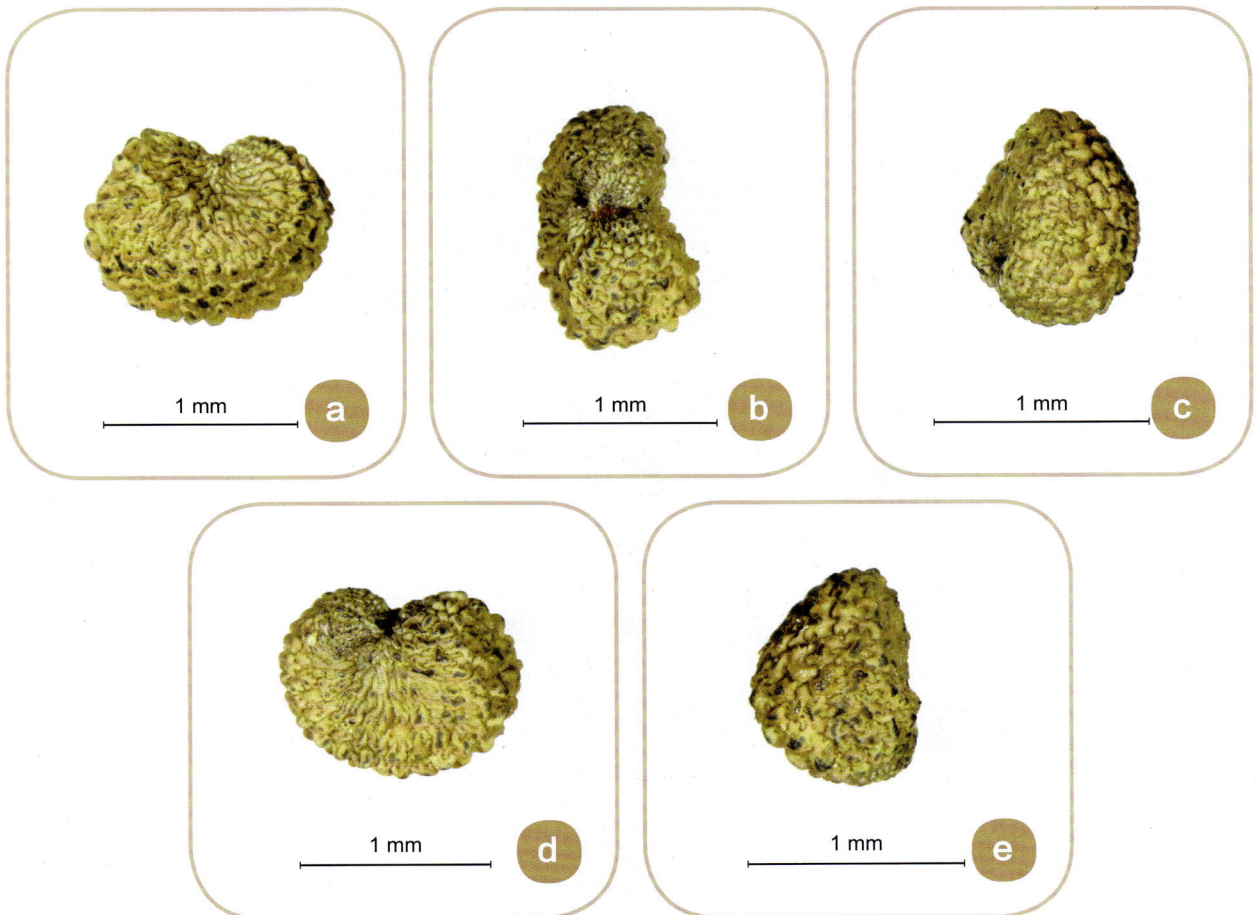

1 mm　a

1 mm　b

1 mm　c

1 mm　d

1 mm　e

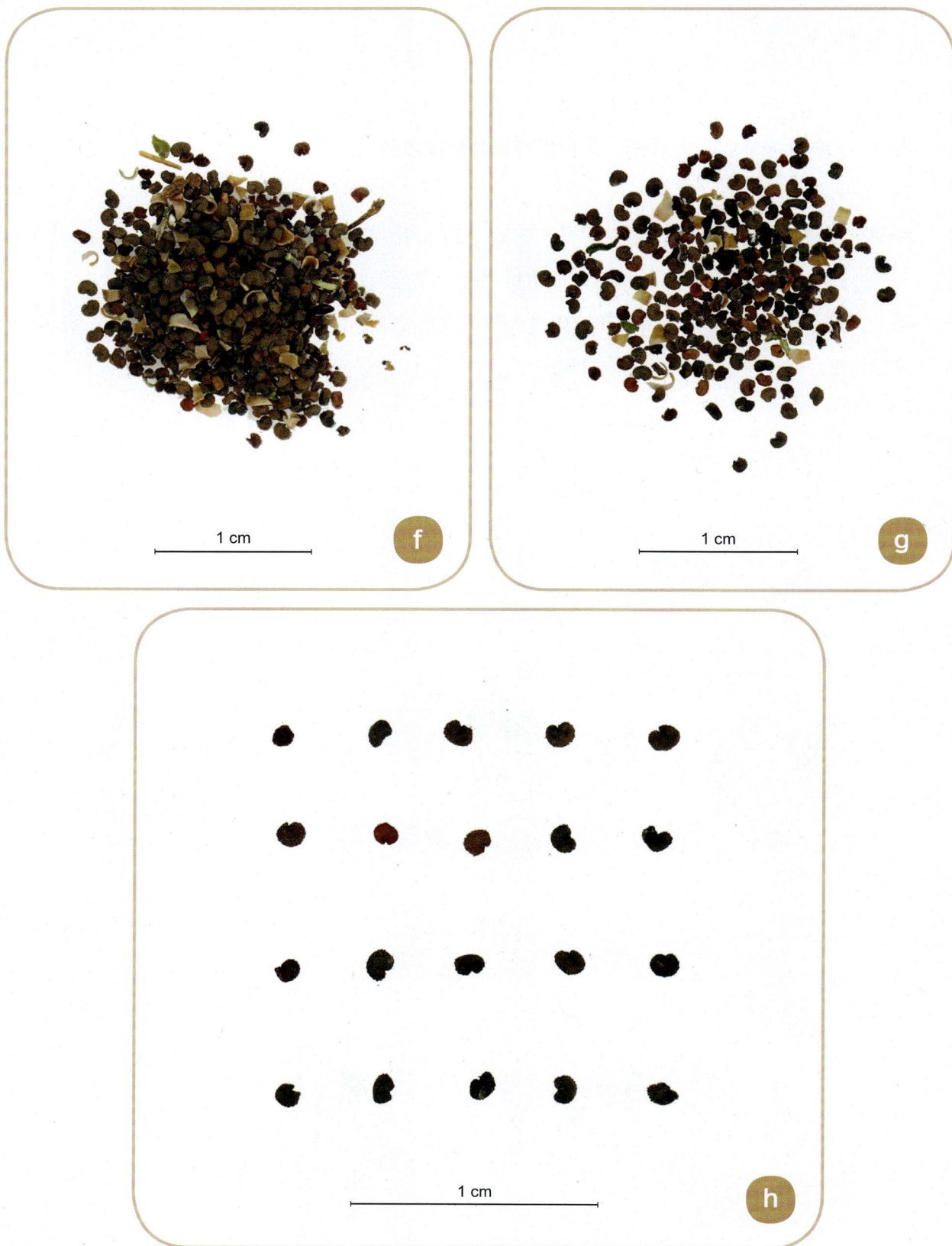

石生蝇子草种子性状

a. 背面；b. 侧面；c. 俯视面；d. 腹面；e. 仰视面；f. 堆叠；g. 平铺；h. 整齐排列

# 长蕊石头花　　　　　　　　　　　　　　*Gypsophila oldhamiana* Miq.

石竹科多年生草本。以根、茎入药，**为桔梗药材的易混淆品。**

**种子形态**　　种子呈椭圆形或圆形，较扁，长 1.5 ~ 1.8 mm，宽 1.2 ~ 1.5 mm，厚约 0.6 mm。表
　　　　　　　面黄褐色或褐色，具整齐的钝疣状突起。

**采　　集**　　花期 6 ~ 8 月，果期 8 ~ 9 月。种子成熟时采收，筛除杂质，放于阴凉处贮藏。

**鉴别特征**　　种子小，呈椭圆形或圆形，具整齐的钝疣状突起。

1 mm　a

1 mm　b

1 mm　c

1 mm　d

1 mm　e

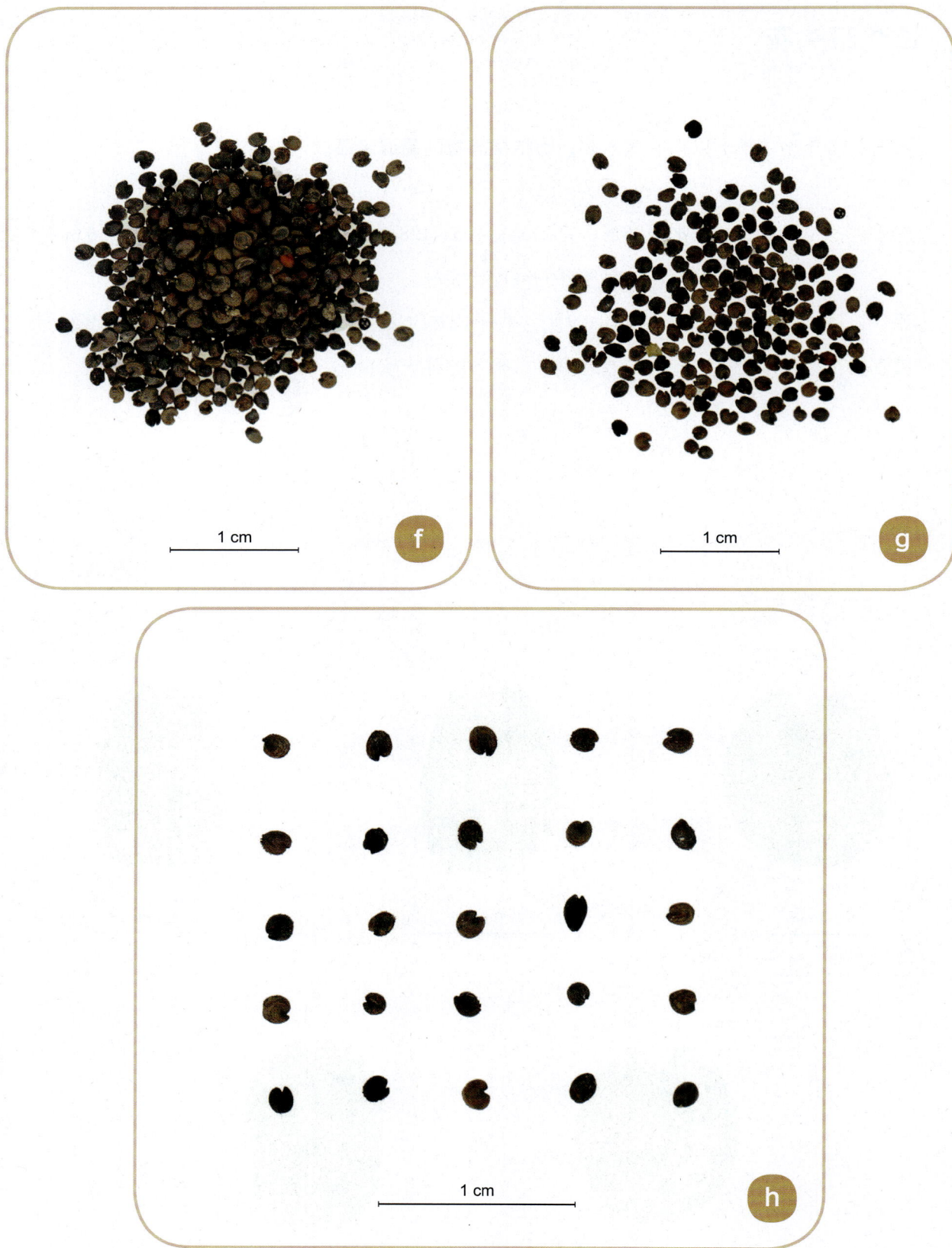

**长蕊石头花种子性状**

a. 背面；b. 侧面；c. 俯视面；d. 腹面；e. 仰视面；f. 堆叠；g. 平铺；h. 整齐排列

# 菊 科

## 白 术                    *Atractylodes macrocephala* Koidz.

菊科多年生草本或亚灌木。以干燥根茎入药，药材名为白术。

**种子形态**    瘦果呈长圆形，略扁，长 8～10 mm，宽 3.4 mm，厚 1.8～2.0 mm，表面密生黄白色长毛，底色为棕色；冠毛长 1.5 cm，基部为刚毛质，草黄色，上面羽状分歧。

**采 集**    花期 9～10 月，果期 10～11 月。11 月中旬植株茎叶枯黄时将植株挖出，剪去地下根茎，将地上部分扎成小把，倒挂在屋檐下阴干，促使种子成熟，然后晒干，脱粒，装入布袋或麻袋内，置于通风干燥处贮藏。

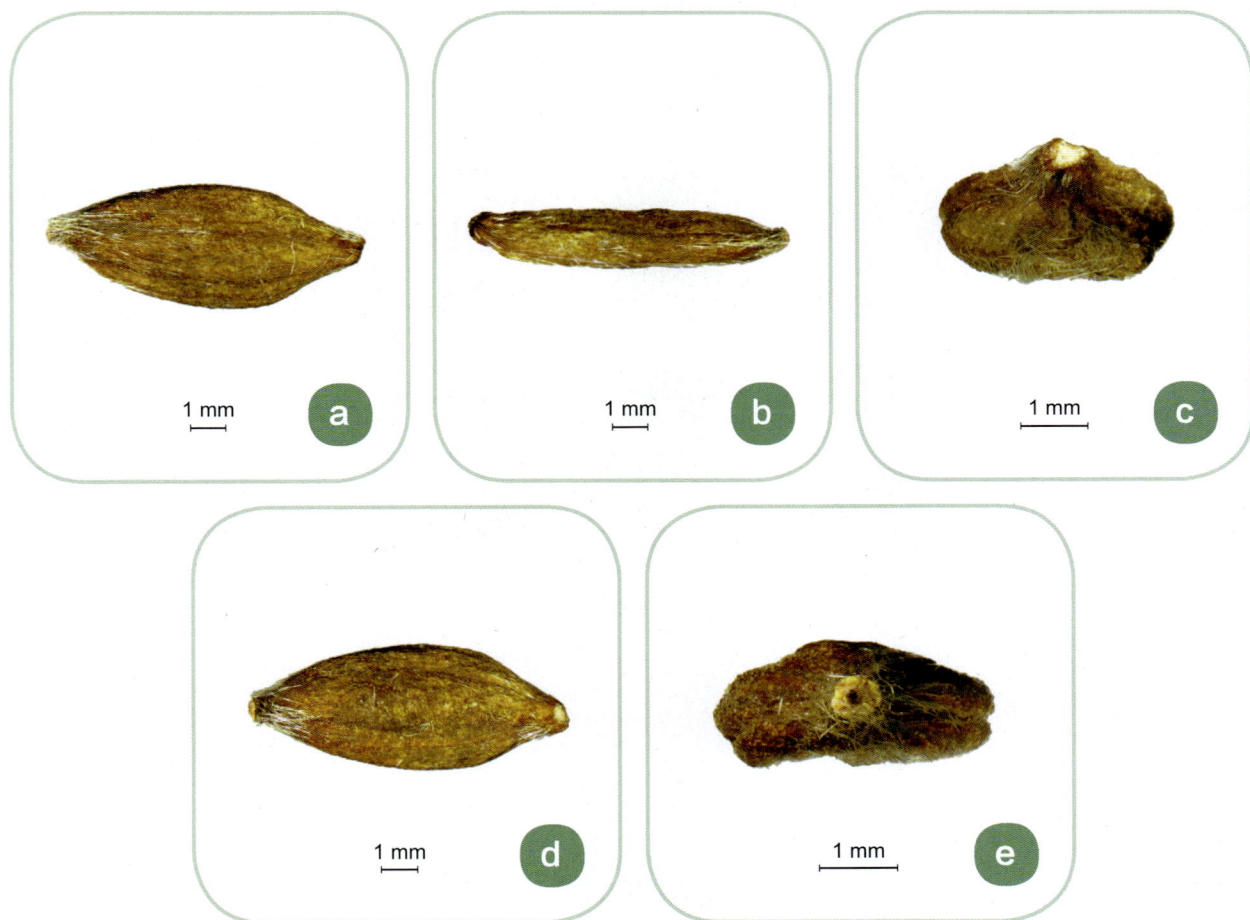

1 mm    a

1 mm    b

1 mm    c

1 mm    d

1 mm    e

1 cm f

1 cm g

1 cm h

**白术果实性状**

a. 背面；b. 侧面；c. 俯视面；d. 腹面；e. 仰视面；f. 堆叠；g. 平铺；h. 整齐排列

## 短葶飞蓬　　　　　　　　　　*Erigeron breviscapus*（Vant.）Hand.-Mazz.

菊科多年生草本。以干燥全草入药，药材名为灯盏细辛（灯盏花）。

**种子形态**　瘦果呈狭长柱形，长 1.2～1.4 mm，直径约 0.3 mm，背面常具 1 肋，密被短毛；冠毛淡褐色，2 层，刚毛状，外层极短，内层长约 2.5 mm；种脐位于末端，边缘浅黄色，中央具 1 圆孔。

**采　　集**　花期 3～10 月。当瘦果呈黄色时采收，晾干，脱粒，簸去杂质，放于干燥处贮藏。

1 mm　　a

1 mm　　b

0.5 mm　　c

1 mm　　d

0.5 mm　　e

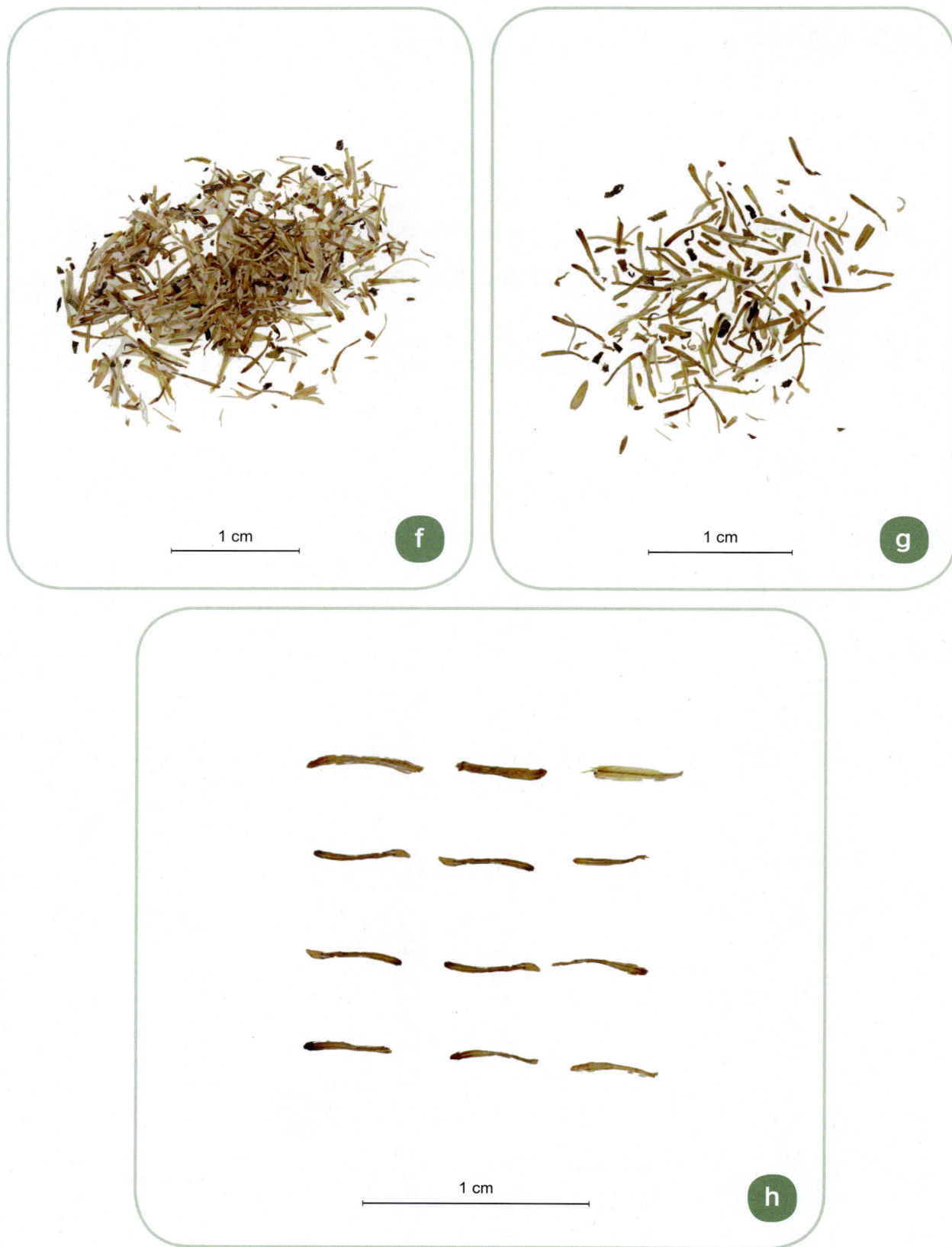

1 cm

f

1 cm

g

1 cm

h

**短葶飞蓬果实性状**

a.背面；b.侧面；c.俯视面；d.腹面；e.仰视面；f.堆叠；g.平铺；h.整齐排列

# 红 花　　　　　　　　　　　　　　　*Carthamus tinctorius* L.

菊科一年生草本。以干燥花入药，药材名为红花。

**种子形态**　瘦果呈倒卵形，略扁，长 5.5~8.0 mm，宽 3.5~5.2 mm，厚 3.0~4.5 mm。表面白色或上端淡棕色，稍有光泽，具 4 纵棱线。上端钝圆，下端尖，歪生一小圆点状的果脐。偶有冠毛。

**采　　集**　花期6~7月，果熟期8~9月。选无病、丰产、种性一致的植株留种。当植株枯黄时割取全草，晒干，脱粒，簸净杂质，再晒干，贮藏。

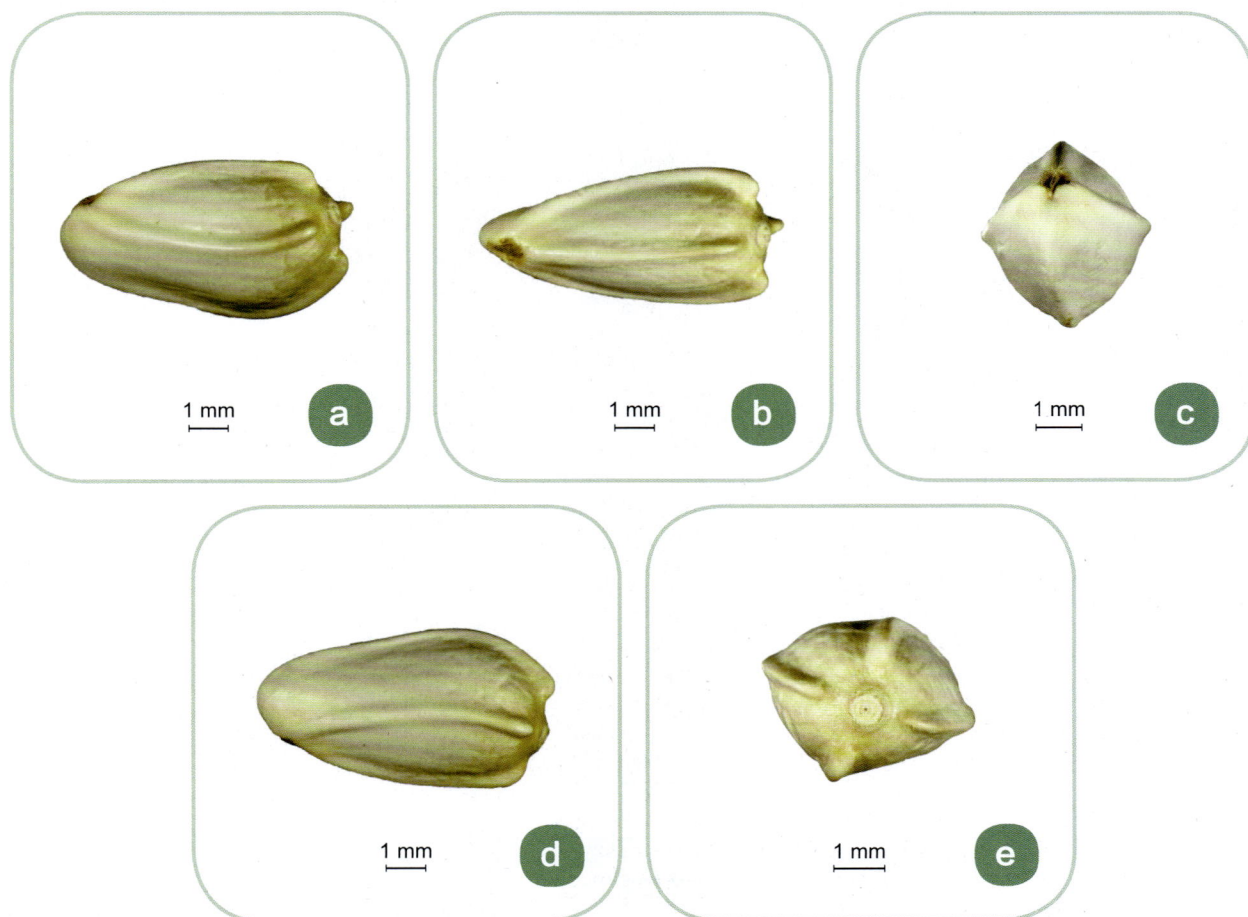

1 mm　　a

1 mm　　b

1 mm　　c

1 mm　　d

1 mm　　e

**红花果实性状**

a. 背面；b. 侧面；c. 俯视面；d. 腹面；e. 仰视面；f. 堆叠；g. 平铺；h. 整齐排列

# 黄花蒿 *Artemisia annua* L.

菊科一年生草本。以干燥地上部分入药，药材名为青蒿。

**种子形态** 瘦果呈倒卵形或长椭圆形，长 0.6 ~ 0.7 mm，直径 0.2 ~ 0.3 mm，表面浅黄色，末端具冠毛。果柄颜色较深，长约 0.3 mm，先端的果脐呈圆形。

**采　　集** 花果期 8 ~ 11 月。秋季花盛开时采割，除去老茎，晒干，脱粒，簸净杂质，再晒干，贮藏。

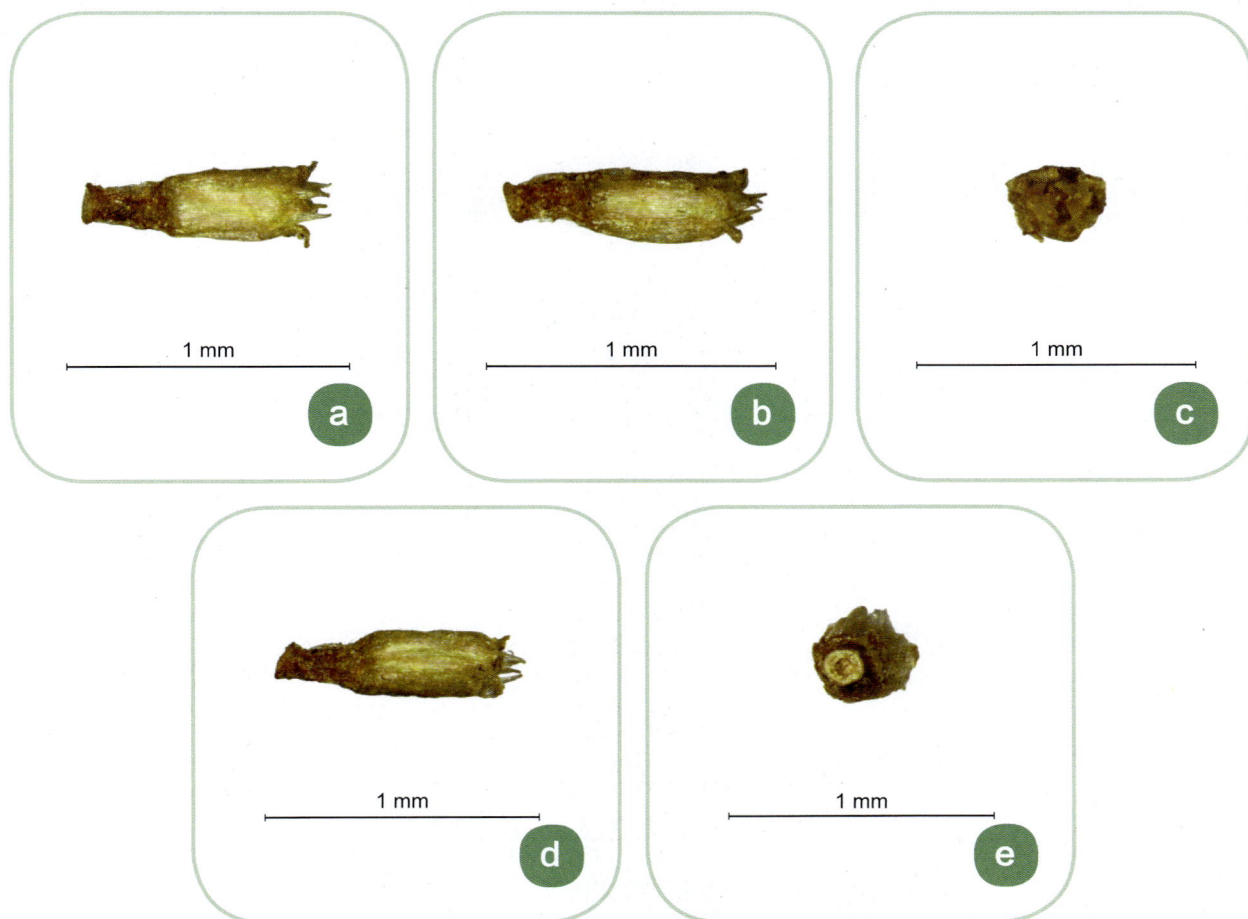

1 cm    f

1 cm    g

1 cm    h

**黄花蒿果实性状**

a. 背面；b. 侧面；c. 俯视面；d. 腹面；e. 仰视面；f. 堆叠；g. 平铺；h. 整齐排列

## 菊                                                         *Chrysanthemum morifolium* Ramat.

菊科多年生草本。以干燥头状花序入药，药材名为菊花。

**种子形态**    瘦果呈棍棒形，略扁，长 1.6~2.6 mm，宽 0.5~1.2 mm，厚 0.6~0.7 mm；表面浅棕色至黑褐色。先端平截，无冠毛，两侧具突出的纵棱。果实下部渐窄，基部为一黄褐色的圆形果脐。

**采　　集**    花期 9~11 月。成熟的果实不脱落，在 10 月初将全株割下，晒干，打下种子，去净杂质，装入麻袋贮藏。

a    1 mm

b    1 mm

c    1 mm

d    1 mm

e    1 mm

f

1 cm

g

1 cm

h

1 cm

**菊果实性状**

a. 背面；b. 侧面；c. 俯视面；d. 腹面；e. 仰视面；f. 堆叠；g. 平铺；h. 整齐排列

# 菊 苣　　　　　　　　　　　　　　　　　　*Cichorium intybus* L.

菊科多年生草本。以干燥地上部分、根入药，药材名为菊苣。

**种子形态**　瘦果呈倒楔形，略扁，长 2.3～2.7 mm，1.3～1.5 mm，厚约 1.0 mm，浅棕色或褐色，有棕黑色色斑。先端截形，具 3～5 棱，向下收窄。浅黄色冠毛极短，长0.2～0.3 mm。

**采　　集**　花果期 5～10 月。成熟的果实不脱落，在 10 月初将全株割下，晒干，打下种子，去净杂质，装入麻袋贮藏。

a

b

c

d

e

1 cm  f

1 cm  g

1 cm  h

**菊苣果实性状**

a. 背面；b. 侧面；c. 俯视面；d. 腹面；e. 仰视面；f. 堆叠；g. 平铺；h. 整齐排列

# 茅苍术　　　　　　　　　　　　　　　*Atractylodes lancea* ( Thunb. ) DC.

菊科多年生草本。以干燥根茎入药，药材名为苍术。

**种子形态**　瘦果呈倒卵圆状，长 4.5 ~ 7.1 mm，直径 1.1 ~ 2.5 mm；表面多黑褐色，被稠密、顺向贴伏的白色长直毛，先端毛密集，表面有少数条纹状纵沟。先端平截，有羽毛状冠毛，冠毛较短，脱落后可见紫黑色种皮。基部呈不规则圆形，黄白色。

**采　　集**　花果期 6 ~ 10 月。果实成熟时将全株割下，晒干，打下种子，去净杂质，装入麻袋贮藏。

**鉴别特征**　果实小，基部呈不规则圆形。

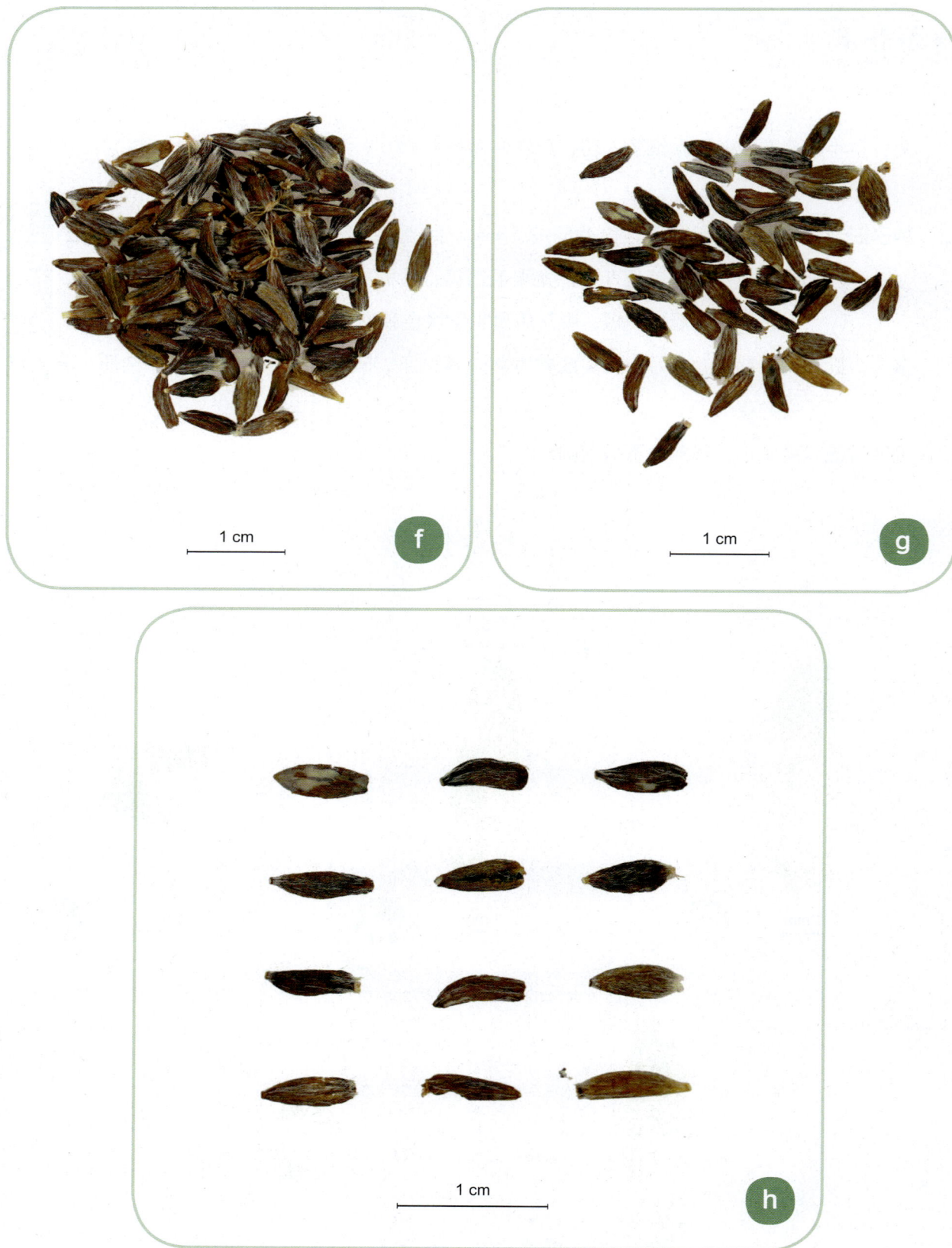

**茅苍术果实性状**

a. 背面；b. 侧面；c. 俯视面；d. 腹面；e. 仰视面；f. 堆叠；g. 平铺；h. 整齐排列

# 关苍术　　　　　　　　　　　　　　　　*Atractylodes japonica* Koidz. ex Kitam.

菊科多年生草本。以根茎入药，**为苍术药材的易混淆品**。

**种子形态**　瘦果呈倒卵圆形，多数黑褐色，长 5.0 ~ 7.8 mm，直径 1.2 ~ 2.9 mm，被稠密、顺向贴伏的白色长直毛，有时毛稀疏；表面有少数条纹状纵沟。顶部偶有残留花柱，冠毛羽毛状，较短，褐色或污白色。基部成环，污白色。

**采　　集**　花期 8 ~ 10 月，果期 9 ~ 10 月。种子成熟时采收，晒干，簸除杂质，贮藏。

**鉴别特征**　果实小，基部成环，形状规则。

1 cm

f

1 cm

g

1 cm

h

**关苍术种子性状**

a. 背面；b. 侧面；c. 俯视面；d. 腹面；e. 仰视面；f. 堆叠；g. 平铺；h. 整齐排列

# 木 香　　　　　　　　　　　　　*Aucklandia lappa* Decne.

菊科多年生草本。以干燥根入药，药材名为木香。

**种子形态**　瘦果呈线状卵形，略扁，长 8.0～10.0 mm，宽 2.0～3.0 mm，厚约 2.0 mm。先端钝尖，基部平截或呈圆形，灰色或浅棕色，上有不规则的纵肋，散布细小的锈色斑块，基部有锈色衣领状环。冠毛淡褐色，羽毛状，成熟时多脱落。果脐圆形。

**采　　集**　花期 6 月，果期 7～8 月。种子成熟后易脱落，应及时采收。当花柄变为黄色、花苞变为黄褐色、花苞上部细毛接近散开时采收果实，晒干或晾干，打出种子，簸去杂质，置于通风干燥处贮藏。

a

1 mm

b

1 mm

c

1 mm

d

1 mm

e

1 mm

1 cm

f

1 cm

g

1 cm

h

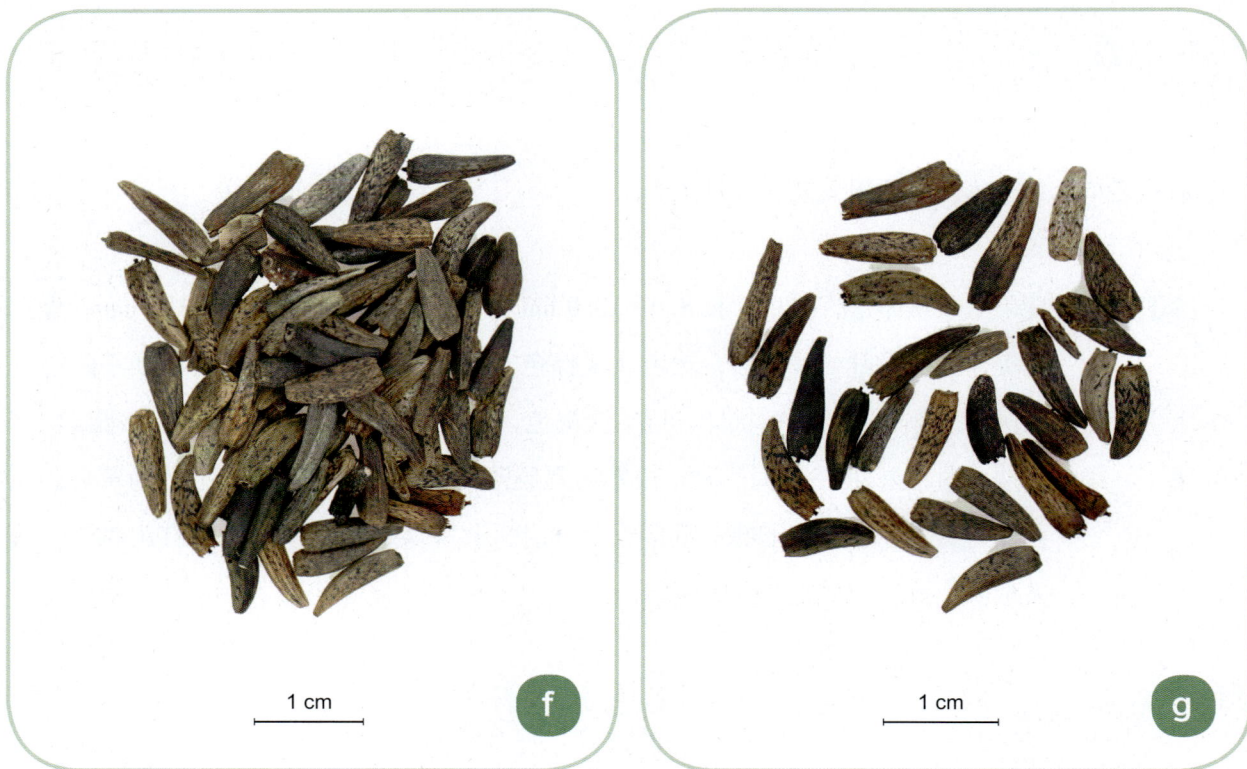

**木香果实性状**

a. 背面；b. 侧面；c. 俯视面；d. 腹面；e. 仰视面；f. 堆叠；g. 平铺；h. 整齐排列

# 牛　蒡

*Arctium lappa* L.

菊科二年生草本。以干燥成熟果实入药，药材名为牛蒡子。

**种子形态**　瘦果呈倒长卵形或偏斜倒长卵形，较扁，长 5.0～7.0 mm，宽 2.0～3.0 mm，厚 1.3 mm。两侧压扁，浅褐色，有多数细脉纹，有深褐色的色斑或无色斑。冠毛多层，浅褐色；冠毛刚毛糙毛状，不等长，长达 3.8 mm，基部不连合成环，分散脱落。

**采　　集**　花果期 6～9 月。秋季果实成熟时采收，晒干，打下果实，除去杂质，再晒干。

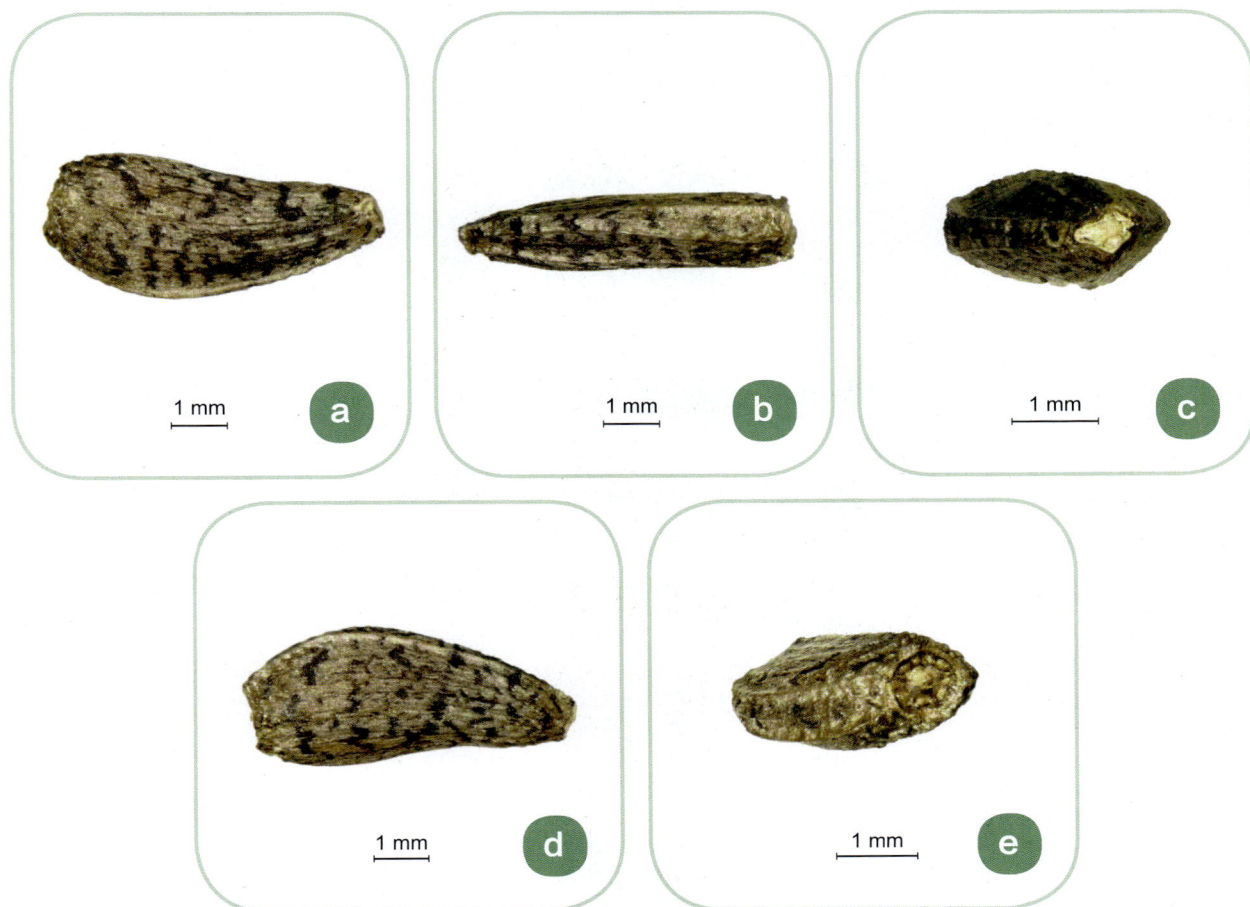

1 mm　a

1 mm　b

1 mm　c

1 mm　d

1 mm　e

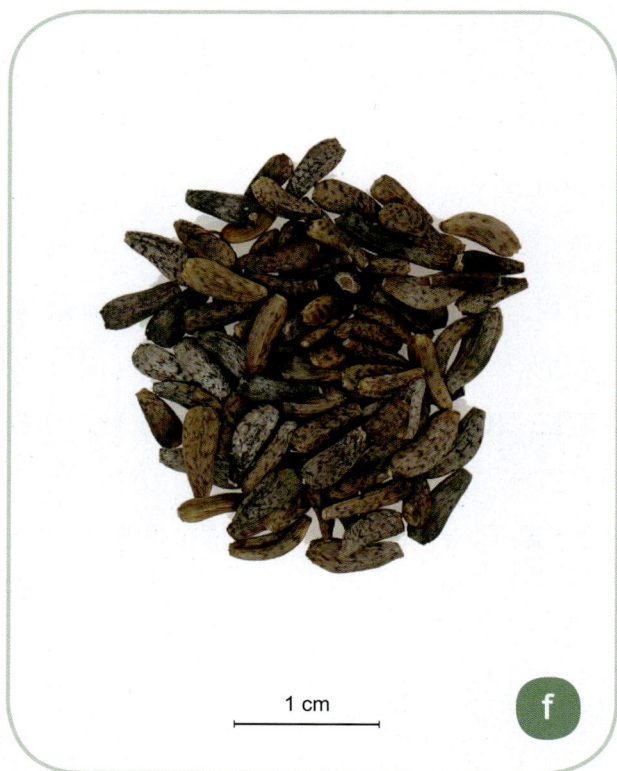

1 cm

f

1 cm

g

1 cm

h

**牛蒡果实性状**

a. 背面；b. 侧面；c. 俯视面；d. 腹面；e. 仰视面；f. 堆叠；g. 平铺；h. 整齐排列

# 佩 兰

*Eupatorium fortunei* Turcz.

菊科多年生草本。以干燥地上部分入药，药材名为佩兰。

**种子形态**　瘦果呈长椭圆形，长 2.5~3.0 mm，直径 0.4~0.6 mm；表面黑褐色，无毛，无腺点，具 5 棱。冠毛白色，长约 5.0 mm。

**采　集**　花果期 7~11 月。秋季果实成熟时采收地上部分，晒干，打下果实，除去杂质，再晒干。

1 mm　a

1 mm　b

1 mm　c

1 mm　d

1 mm　e

1 cm

f

1 cm

g

1 cm

h

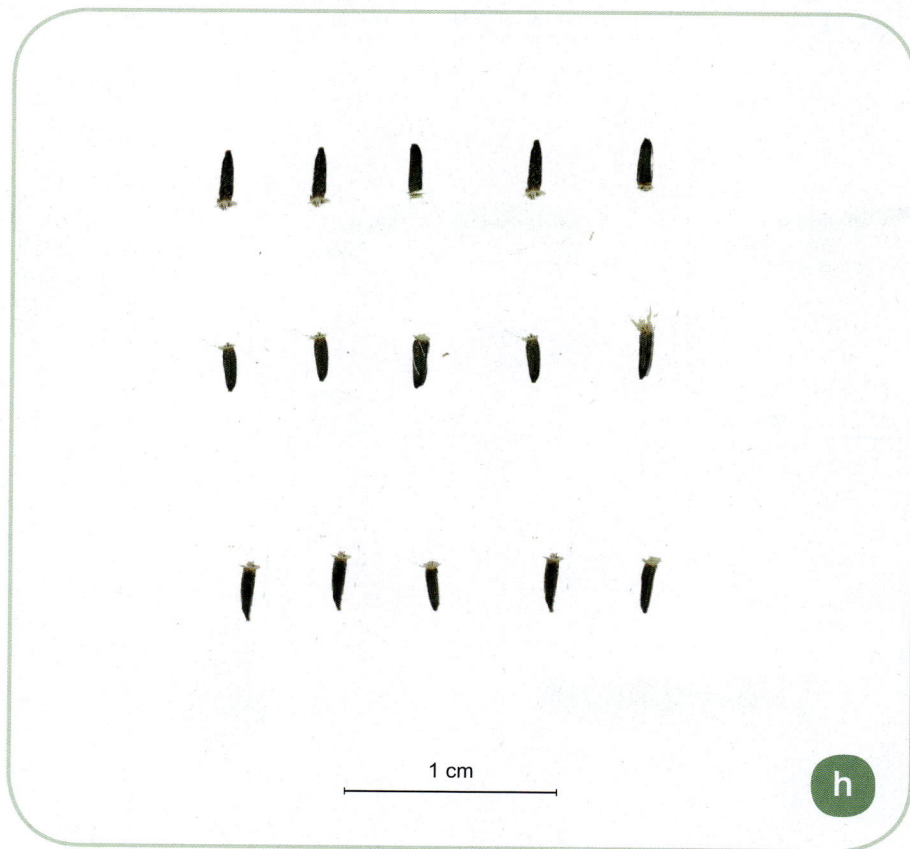

**佩兰果实性状**

a. 背面；b. 侧面；c. 俯视面；d. 腹面；e. 仰视面；f. 堆叠；g. 平铺；h. 整齐排列

# 水飞蓟

*Silybum marianum*（L.）Gaertn.

菊科一年生或二年生草本。以干燥成熟果实入药，药材名为水飞蓟。

**种子形态** 瘦果呈长卵形，略扁，先端突出，长 6.5~7.5 mm，直径 3.0~3.5 mm，成熟后灰褐色或黄褐色，具条纹，有光泽；冠毛白色，基部合生成环状，脱落。

**采　　集** 花期 6 月中旬至 7 月上旬，果熟期 6 月下旬至 7 月中旬。当果序总苞片裂开且变为白色、冠毛开始露出时采收，采收后晒干，脱粒，除去冠毛和苞片，贮存于干燥阴凉处。

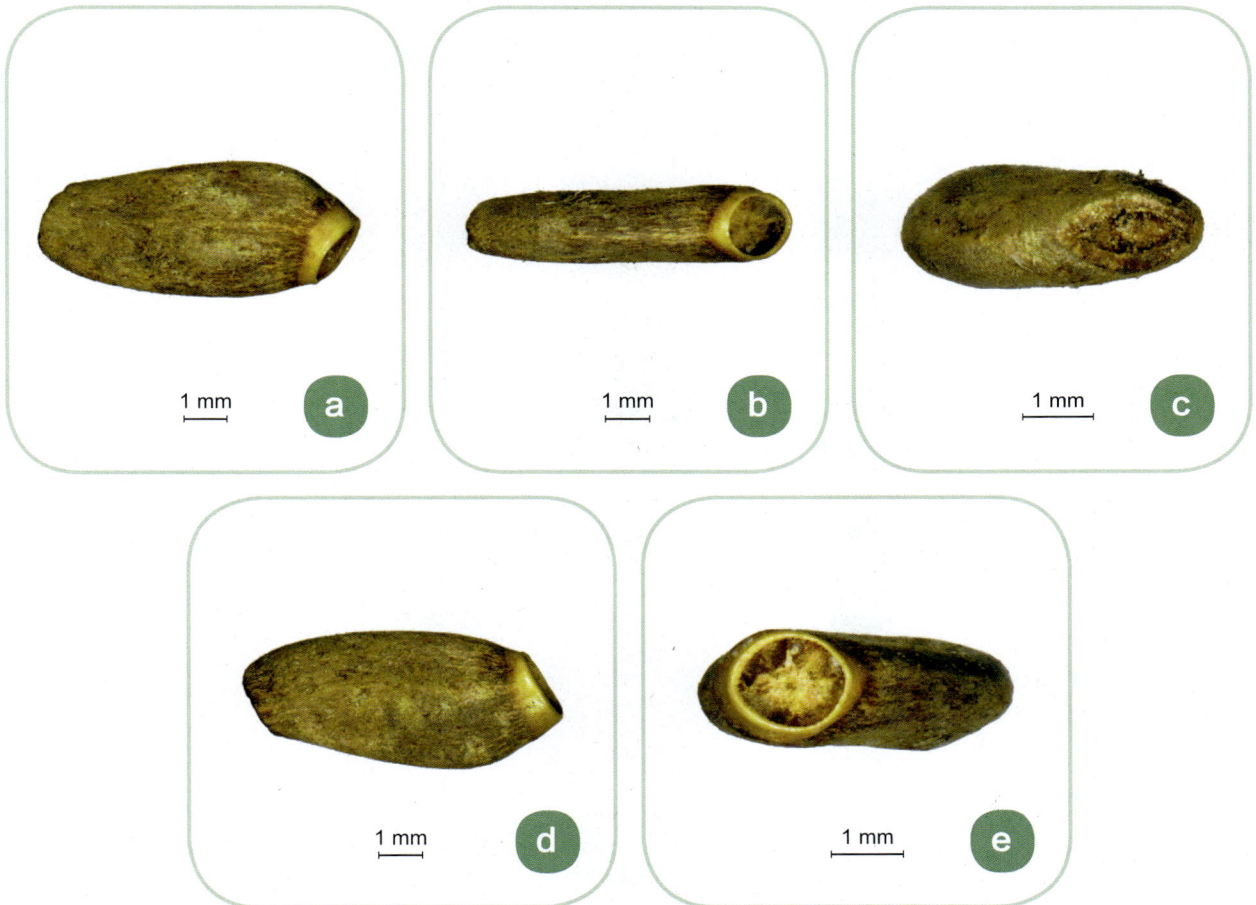

1 mm  a

1 mm  b

1 mm  c

1 mm  d

1 mm  e

1 cm f

1 cm g

1 cm h

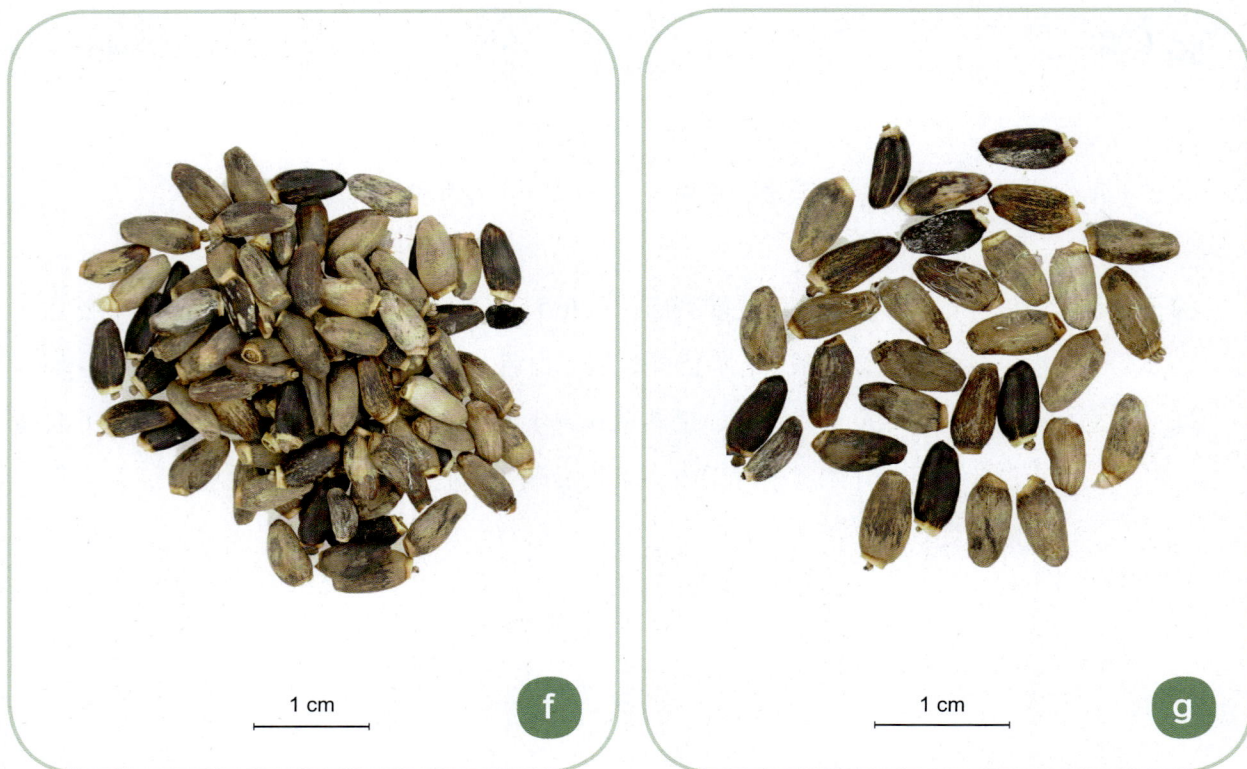

**水飞蓟果实性状**

a. 背面；b. 侧面；c. 俯视面；d. 腹面；e. 仰视面；f. 堆叠；g. 平铺；h. 整齐排列

# 土木香                                           *Inula helenium* L.

菊科多年生草本。以干燥根入药，药材名为土木香。

**种子形态**　瘦果呈柱状，具宿存冠毛，不连冠毛长 3.4~3.6 mm，直径 0.6~0.9 mm；表面棕褐色，具多数纵肋及纵沟。先端截形，稍外张，着生污白色冠毛，冠毛多已折断，其中完整者长 8.0~10.0 mm，有细微刺毛状分枝，基部具一黄白色的圆环，内有微凹的果脐。

**采　　集**　南方花期 5~6 月，果熟期 7~8 月；北方花期 6~7 月，果熟期 8~10 月。当种子成熟且表面呈棕褐色时采摘，掰开，晒干，除去杂质，贮藏。

1 mm　　a

1 mm　　b

1 mm　　c

1 mm　　d

1 mm　　e

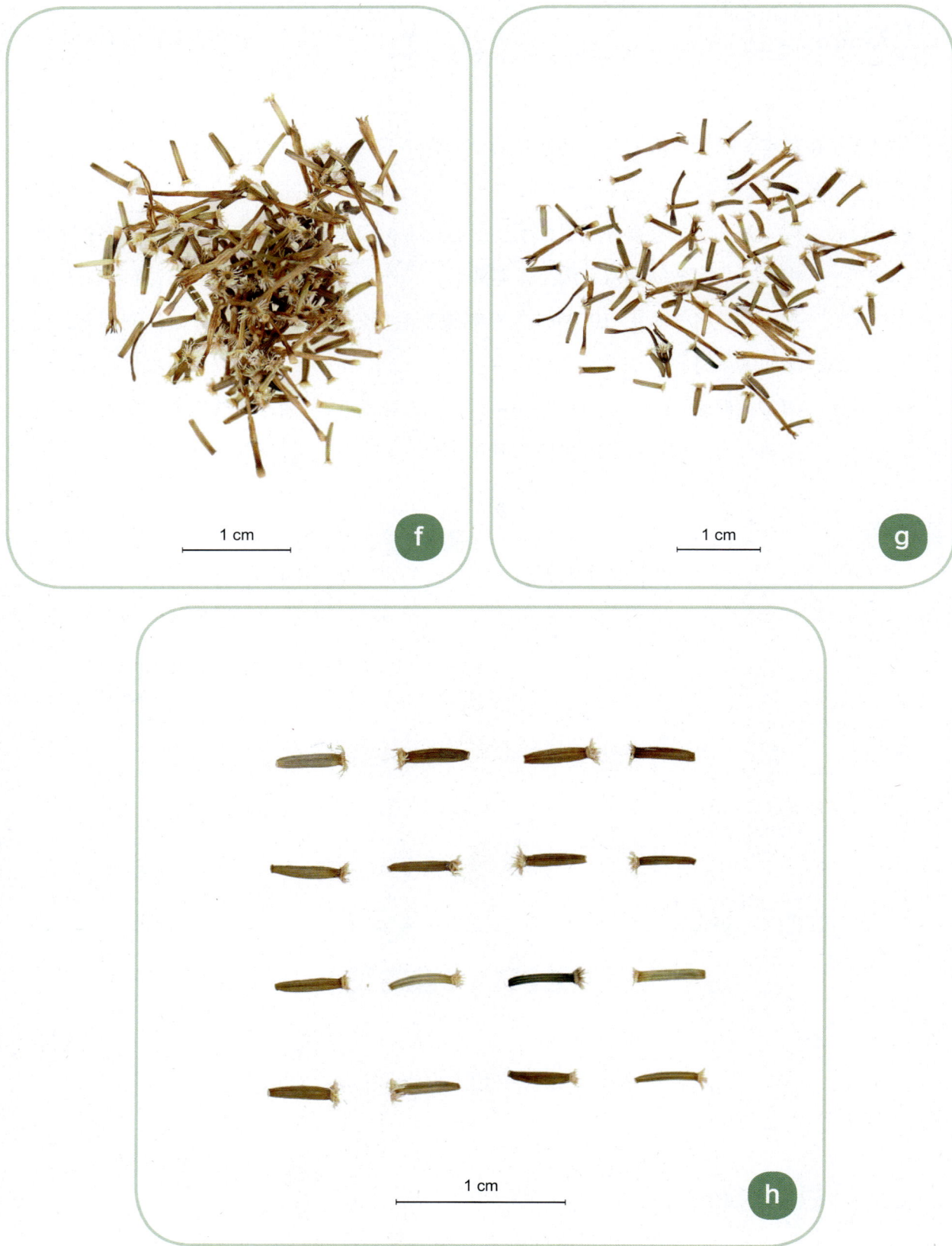

**土木香果实性状**

a. 背面；b. 侧面；c. 俯视面；d. 腹面；e. 仰视面；f. 堆叠；g. 平铺；h. 整齐排列

## 药用蒲公英 　　　　　　　　　*Taraxacum officinale* F. H. Wigg.

菊科多年生草本。以干燥全草入药，药材名为蒲公英。

**种子形态** 瘦果呈倒卵状披针形，较扁，长 3.8~4.5 mm，宽 1~1.5 mm，厚 0.4~0.6 mm，暗褐色，上部具小刺，下部具成行排列的小瘤，先端逐渐收缩为长约 1.0 mm 的圆锥形至圆柱形喙基，喙长 6.0~10.0 mm，纤细。冠毛白色，长约 6.0 mm。

**采　　集** 花期 4~9 月，果期 5~10 月。当果实呈淡黄褐色时及时分批采收，脱粒，晾干，贮藏。

**鉴别特征** 果实小，先端有喙。

药用蒲公英果实性状

a. 背面；b. 侧面；c. 俯视面；d. 腹面；e. 仰视面；f. 堆叠；g. 平铺；h. 整齐排列

## 苣荬菜 *Sonchus wightianus* DC.

菊科多年生草本。以全草或花入药，**为蒲公英药材的易混淆品**。

**种子形态** 瘦果稍压扁，长椭圆形，长 3 ~ 4 mm，直径不足 1.0 mm。表面褐色，每面各有 5
细肋，肋间有横皱纹。冠毛白色，长 1.5 cm，柔软，相互缠绕。

**采 集** 花果期 1 ~ 9 月。种子成熟时采收，晒干，簸除杂质，贮藏。

**鉴别特征** 果实小，每面各有 5 细肋。

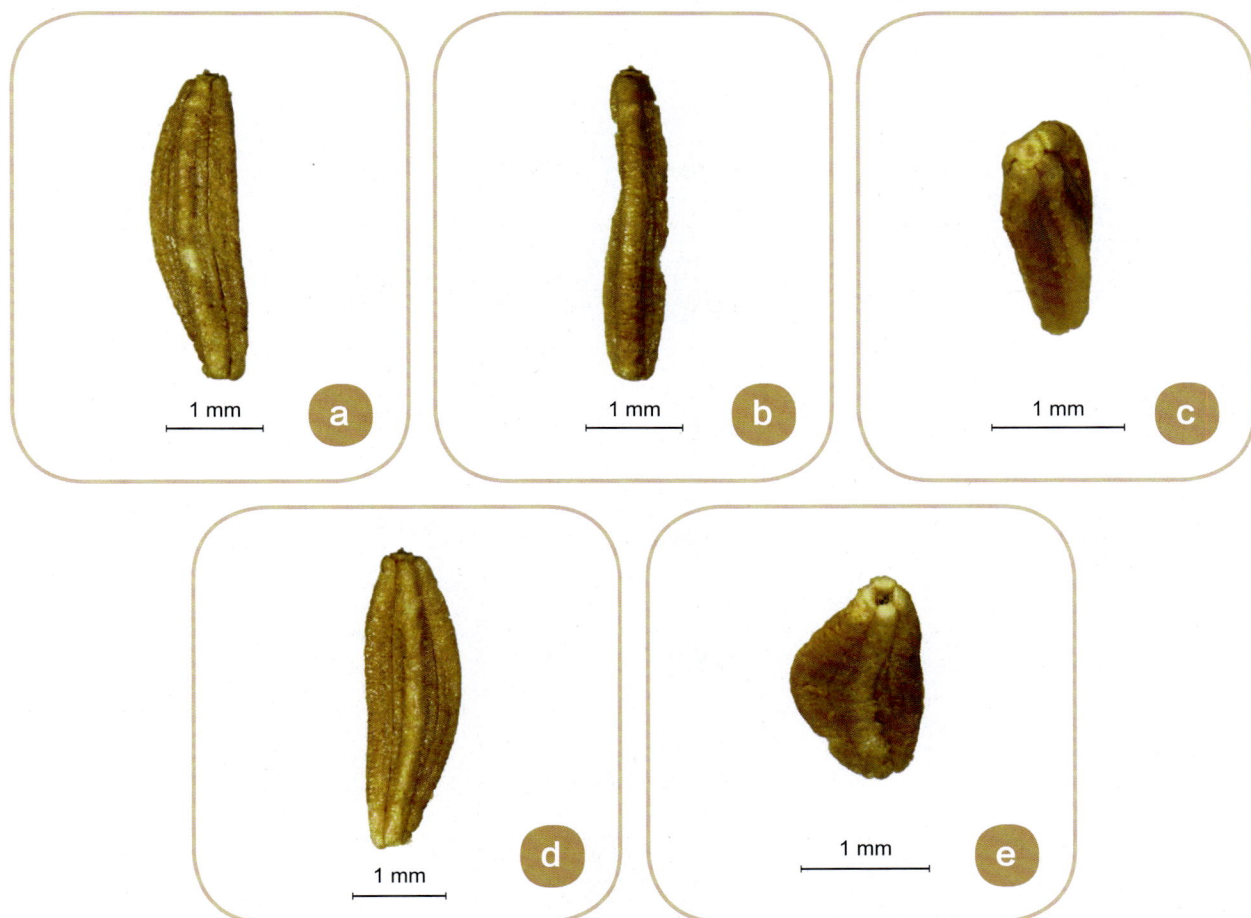

1 mm a

1 mm b

1 mm c

1 mm d

1 mm e

1 cm

f

1 cm

g

1 cm

h

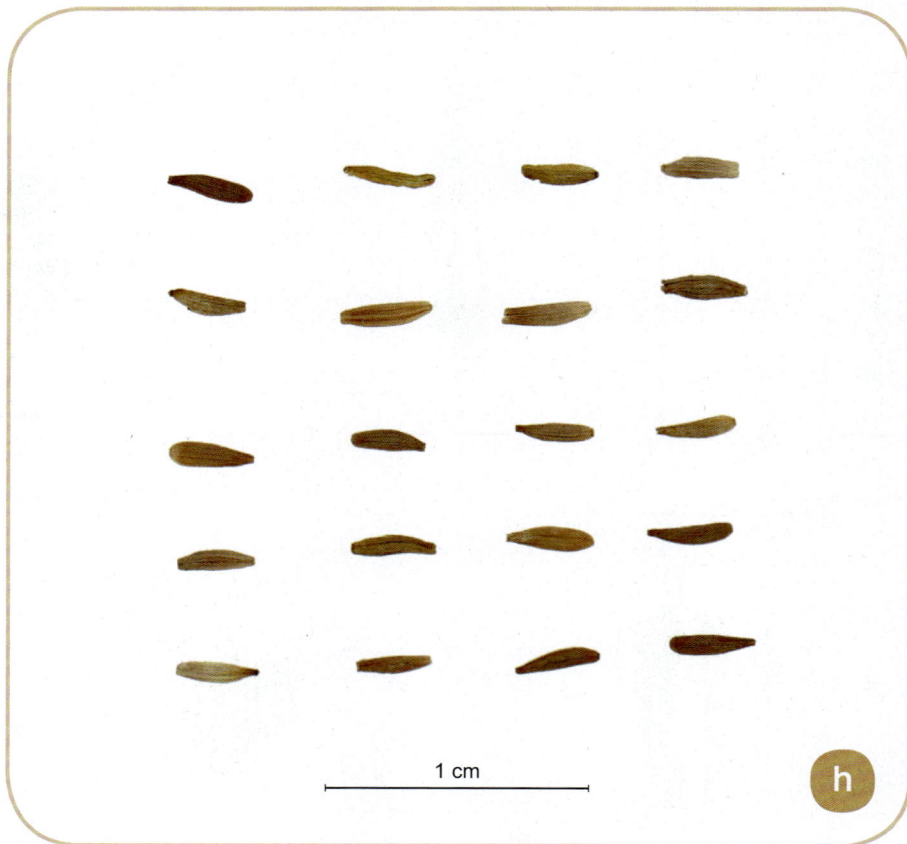

**苣荬菜果实性状**

a. 背面；b. 侧面；c. 俯视面；d. 腹面；e. 仰视面；f. 堆叠；g. 平铺；h. 整齐排列

# 紫　菀　　　　　　　　　　　　　　　*Aster tataricus* L. f.

菊科多年生草本。以干燥根及根茎入药，药材名为紫菀。

**种子形态**　瘦果呈三角状倒卵形，较扁，一侧弯凸，一侧平直，长 2.5～3.2 mm，宽约 1.2 mm，厚约 0.7 mm，成熟时呈紫褐色，两面各有 1 脉，稀有 3 脉，外被疏毛；冠毛比瘦果长 2～4 倍，污白色或微带红色。

**采　　集**　花期 5～6 月，果期 6～8 月。当瘦果呈褐色时剪下果序，晾干，脱粒，除去杂质，放于通风干燥处贮藏。

**鉴别特征**　果实小，呈三角状倒卵形。

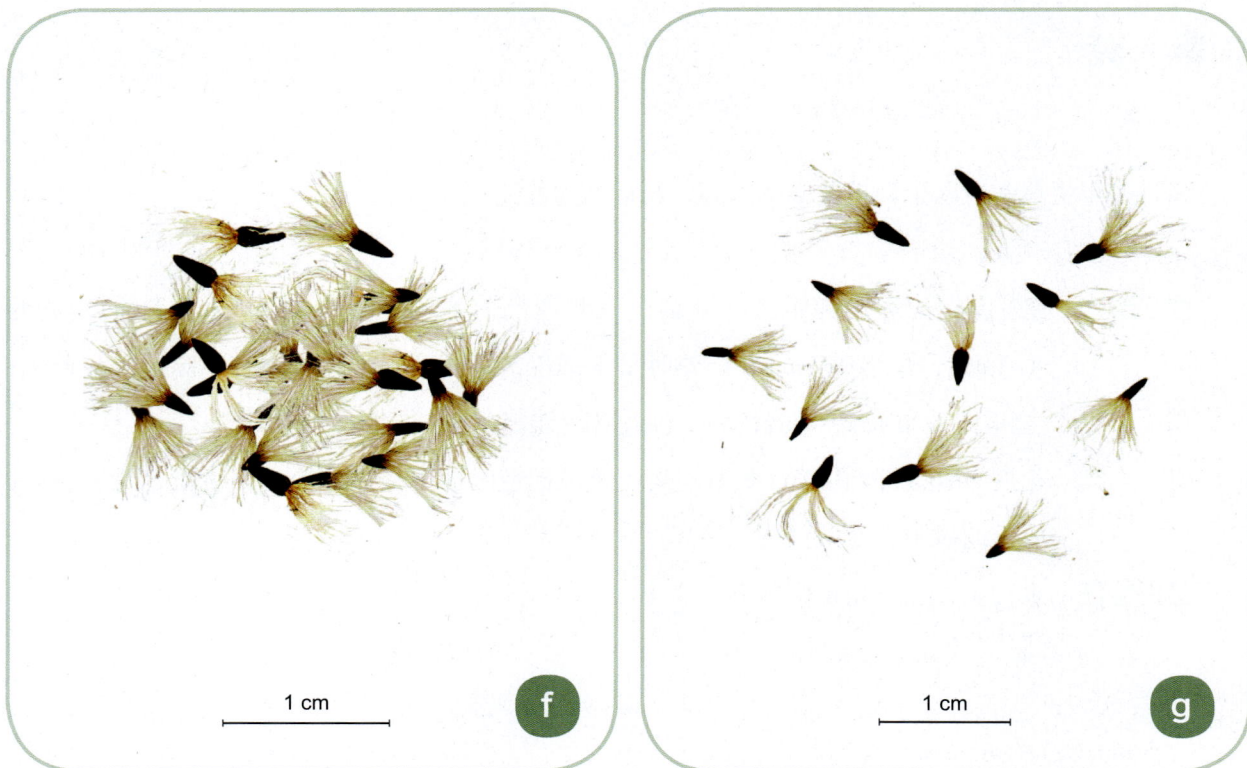

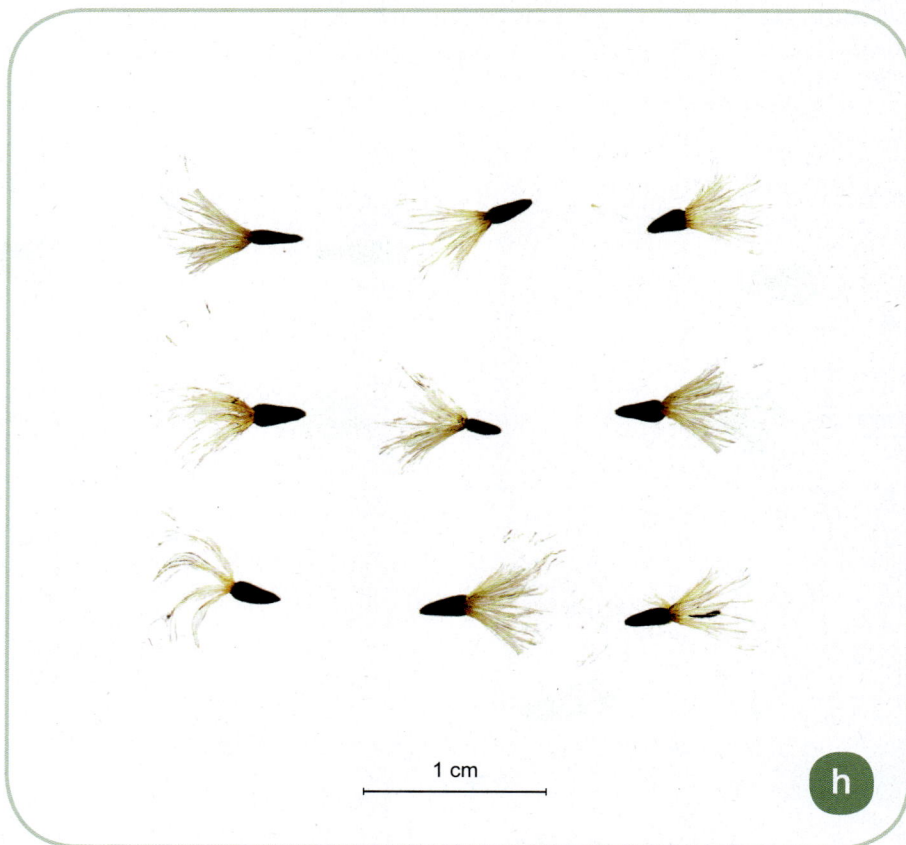

1 cm

f

1 cm

g

1 cm

h

**紫菀果实性状**

a. 背面；b. 侧面；c. 俯视面；d. 腹面；e. 仰视面；f. 堆叠；g. 平铺；h. 整齐排列

# 蹄叶橐吾　　　　　　　　　*Ligularia fischeri*（Ledeb.）Turcz.

菊科多年生草本。以根及根茎入药，**为紫菀药材的易混淆品**。

**种子形态**　瘦果呈细圆柱形，长 5.5 ~ 7.0 mm，直径 1.0 ~ 1.5 mm，深褐色，光滑，具多肋。一端具冠毛，污白色，另一端末端平截，带孔，靠近末端 0.3 mm 处略向内收窄。

**采　　集**　花果期 7 ~ 10 月。当瘦果呈褐色时剪下果序，晾干，脱粒，除去杂质，放于通风干燥处贮藏。

**鉴别特征**　果实中等大小，细圆柱形，远长于紫菀种子。

**山紫菀果实性状**

a. 背面；b. 侧面；c. 俯视面；d. 腹面；e. 仰视面；f. 堆叠；g. 平铺；h. 整齐排列

## 路边青     *Geum aleppicum* Jacq.

蔷薇科多年生草本。以全草入药，**为紫菀药材的易混淆品。**

**种子形态** 瘦果呈卵形，长 4.0~5.0 mm，直径 1.0~1.5 mm，深褐色，被长硬毛。硬毛先端有小钩，与果实本身呈钝角。果身被白色短硬毛，硬毛长约 1 mm。

**采　　集** 花果期 7~10 月。在晴天时采收颜色深、有光泽、饱满的种子，脱粒，除去杂质，置于通风、干燥、阴暗、温度较低且相对恒定的地方贮存。

**鉴别特征** 果实小，呈卵形，有 1 硬毛，硬毛先端有小钩。

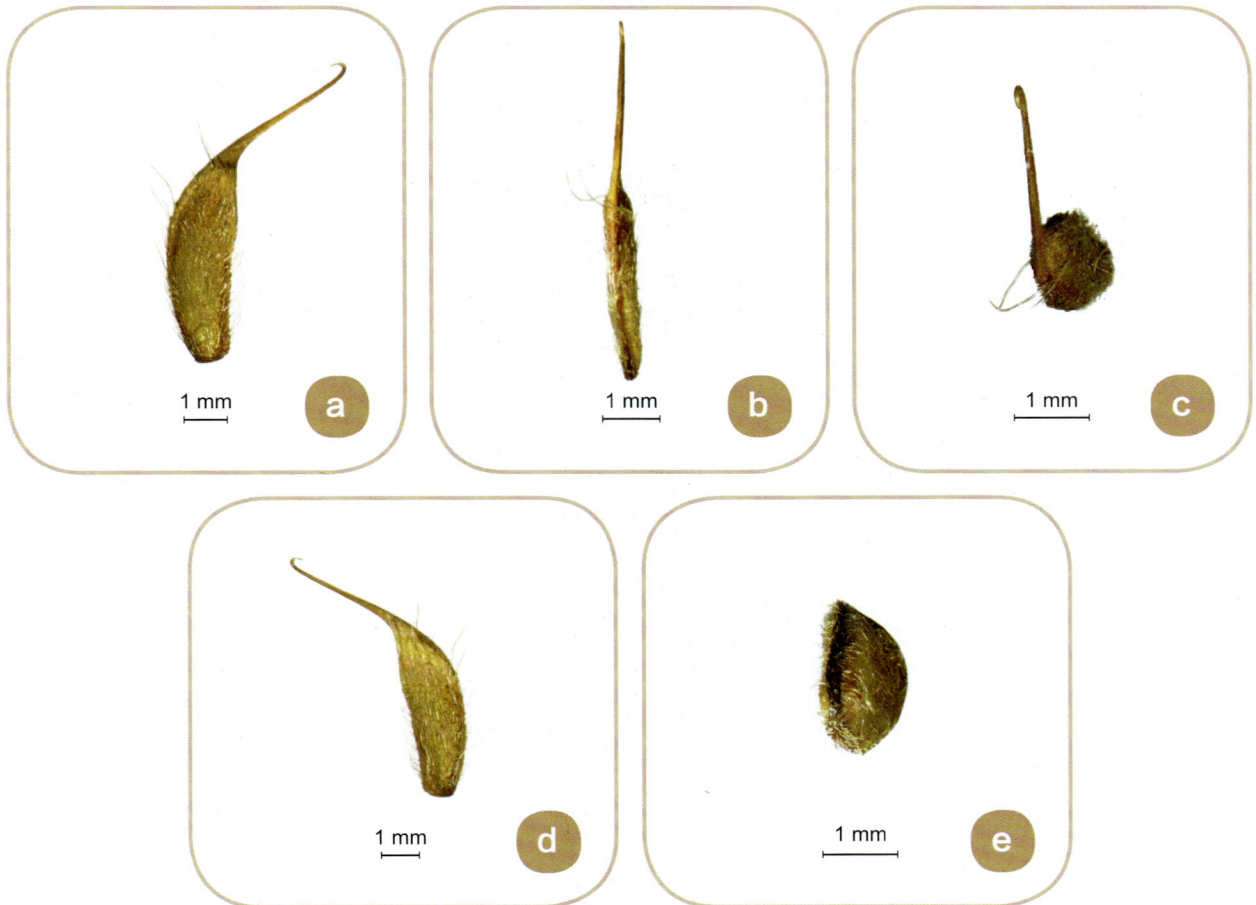

1 mm    a

1 mm    b

1 mm    c

1 mm    d

1 mm    e

1 cm

f

1 cm

g

1 cm

h

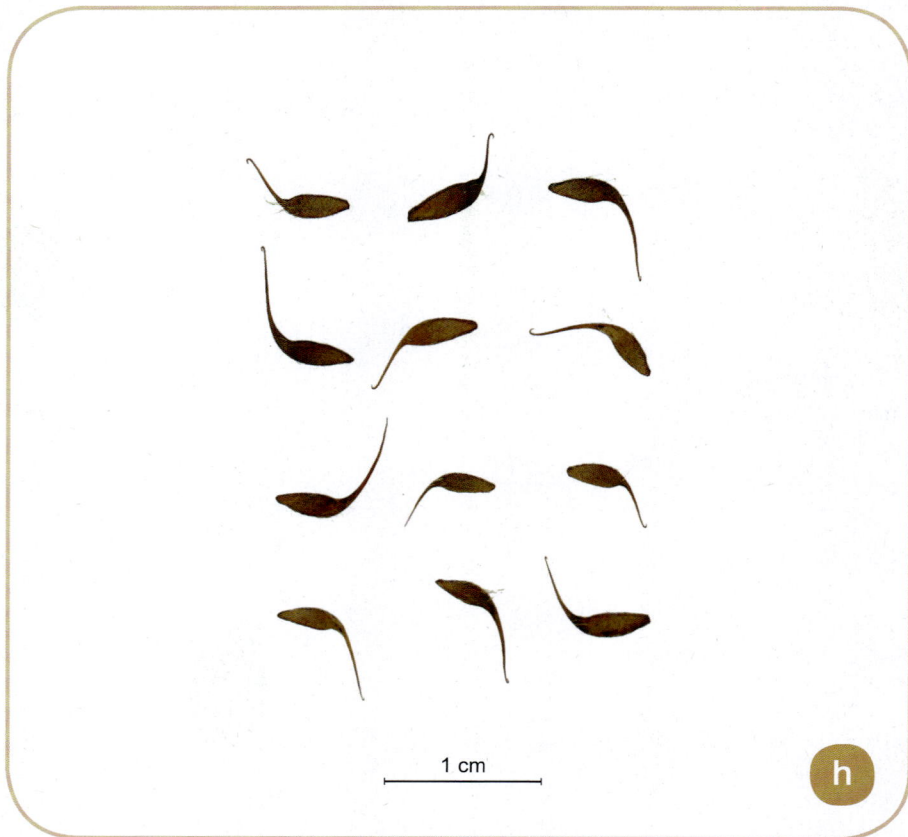

**路边青果实性状**

a. 背面；b. 侧面；c. 俯视面；d. 腹面；e. 仰视面；f. 堆叠；g. 平铺；h. 整齐排列

# 爵床科

| 穿心莲 | *Andrographis paniculata* (Burm. f.) Nees |

爵床科一年生草本。以干燥地上部分入药，药材名为穿心莲。

**种子形态** 种子呈椭圆形至卵形，略扁，长 2.0~2.1 mm，宽 1.6~1.7 mm，厚 0.8~1.2 mm，黄褐色至棕褐色；种皮坚硬，外观似一卷曲成"U"形的虫子。表面不平，有弯曲的沟纹。种脐凹陷成小坑，位于"U"形一端的外侧。

**采　集** 花期 7~10 月，果熟期 8~11 月。穿心莲为无限花序，果熟期长，应分批采收种子，种子成熟度对发芽率的影响很大，应采收种皮呈棕色的种子。当果荚呈紫褐色时，在清晨露水未干时采摘，放置数日，待果荚自行开裂，筛去果荚，放于干燥处贮藏。

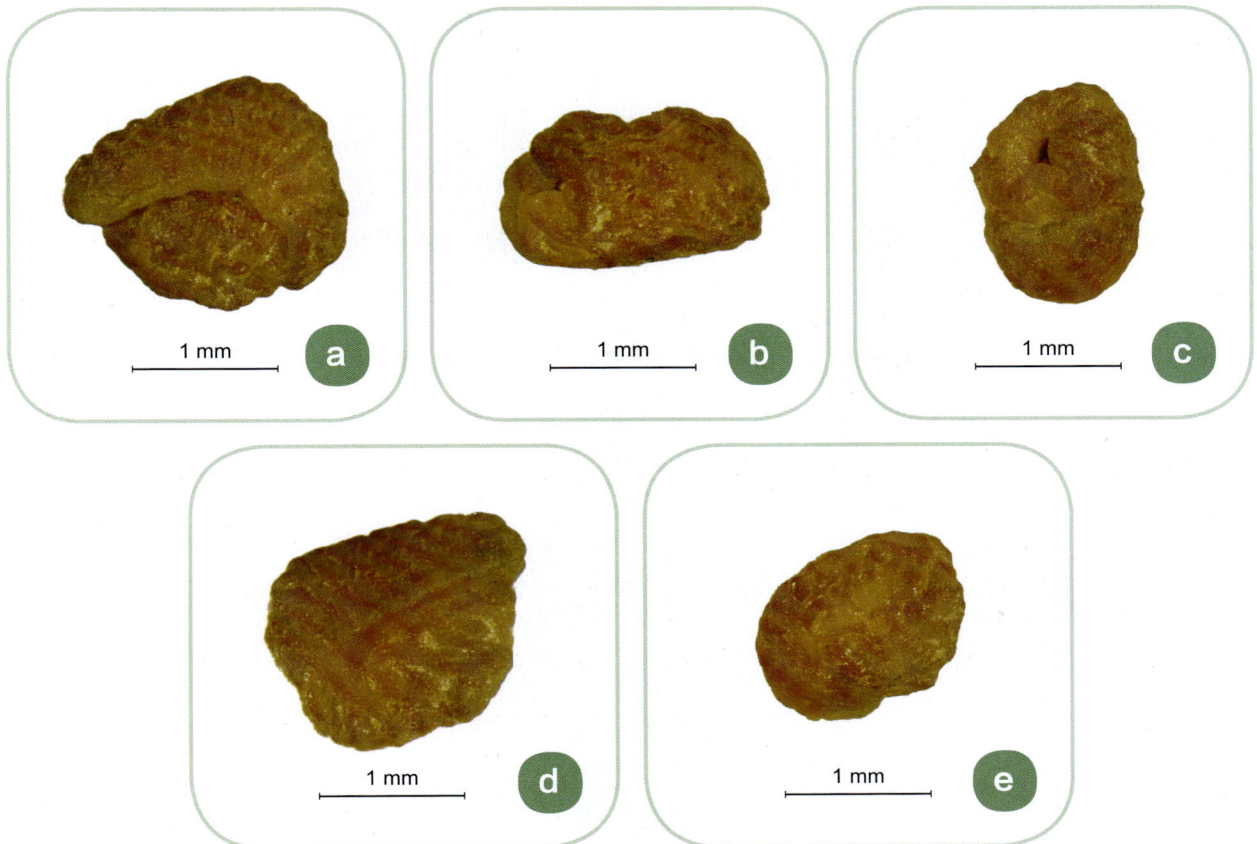

1 mm　a

1 mm　b

1 mm　c

1 mm　d

1 mm　e

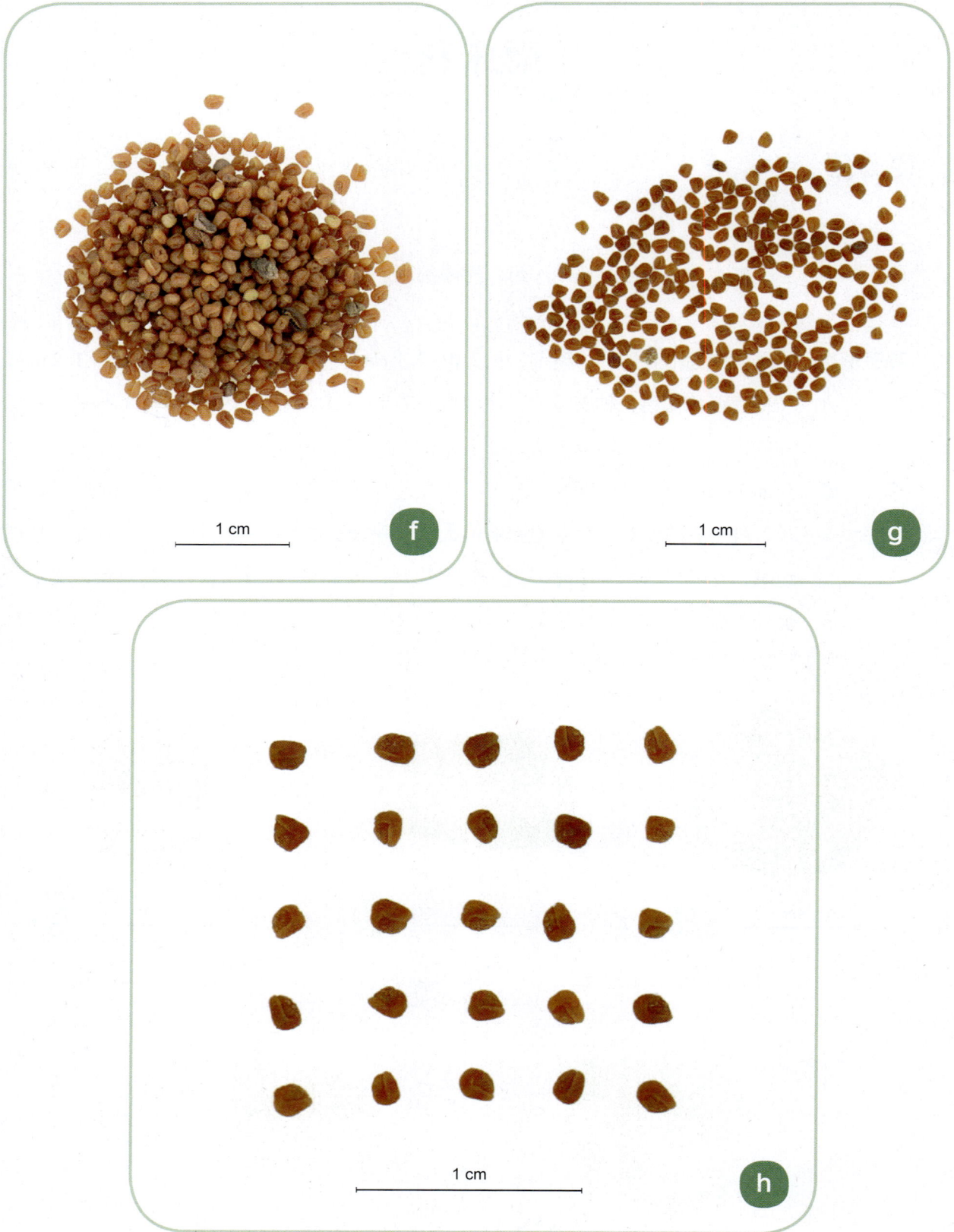

**穿心莲种子性状**

a. 背面；b. 侧面；c. 俯视面；d. 腹面；e. 仰视面；f. 堆叠；g. 平铺；h. 整齐排列

# 马 蓝　　　　　　　　　　　　　　　*Strobilanthes cusia* (Nees) Kuntze

爵床科多年生草本。以干燥根及根茎入药，药材名为南板蓝根。以叶或茎叶经加工制得的干燥粉末、团块或颗粒入药，药材名为青黛。

**种子形态**　种子呈卵形或近圆形，较扁，长 3.5～5.0 mm，宽 2.5～4.0 mm，厚约 1.0 mm。顶部较尖，基部较钝，表面棕色至深褐色，粗糙，带细毛。基部有一浅色的种脐。

**采　　集**　花期 11 月。采收成熟种子，筛去果荚，放于干燥处贮藏。

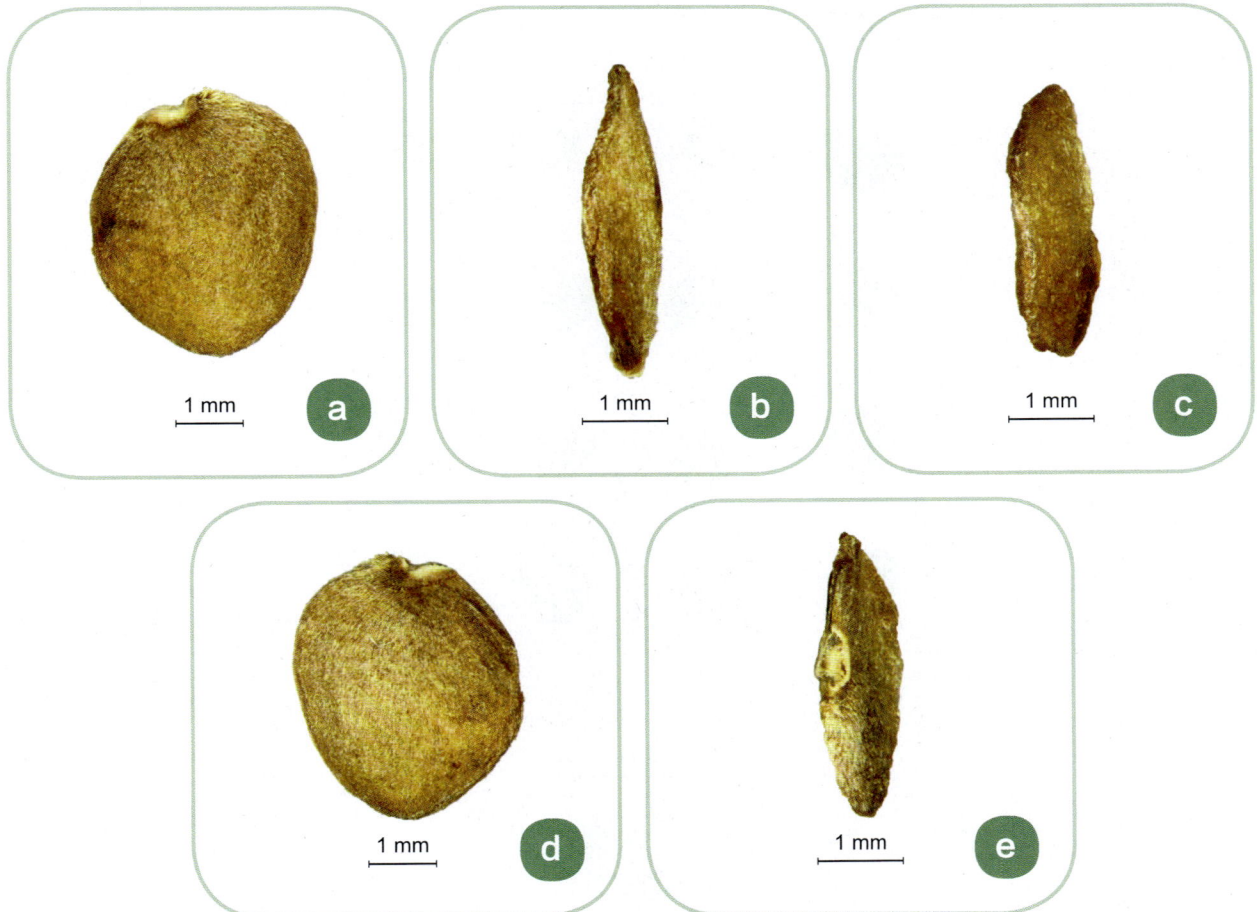

a　1 mm

b　1 mm

c　1 mm

d　1 mm

e　1 mm

1 cm

f

1 cm

g

1 cm

h

**马蓝种子性状**

a. 背面；b. 侧面；c. 俯视面；d. 腹面；e. 仰视面；f. 堆叠；g. 平铺；h. 整齐排列

# 苦木科

| 臭　椿 | *Ailanthus altissima*（Mill.）Swingle |

苦木科落叶乔木。以干燥根皮或干皮入药，药材名为椿皮。

**种子形态**　翅果呈长椭圆形，扁平，长 3 ~ 5 cm，宽 1.0 ~ 1.2 cm，厚 0.2 cm；果皮浅棕色，种子所在处的果皮呈环状，黑褐色。翅果一侧的中部有 1 凹缺，果实中含 1 种子。种子位于翅的中间，呈倒卵形，黄褐色，基部略呈黑色。

**采　　集**　花期 5 ~ 6 月，果熟期 9 ~ 10 月。成熟时翅果呈淡黄色或淡红褐色，采种时连同果穗一齐取下，搓碎，簸去杂质，晾干种子，干藏。

**鉴别特征**　果实为翅果，种子位于中央，呈倒卵形。

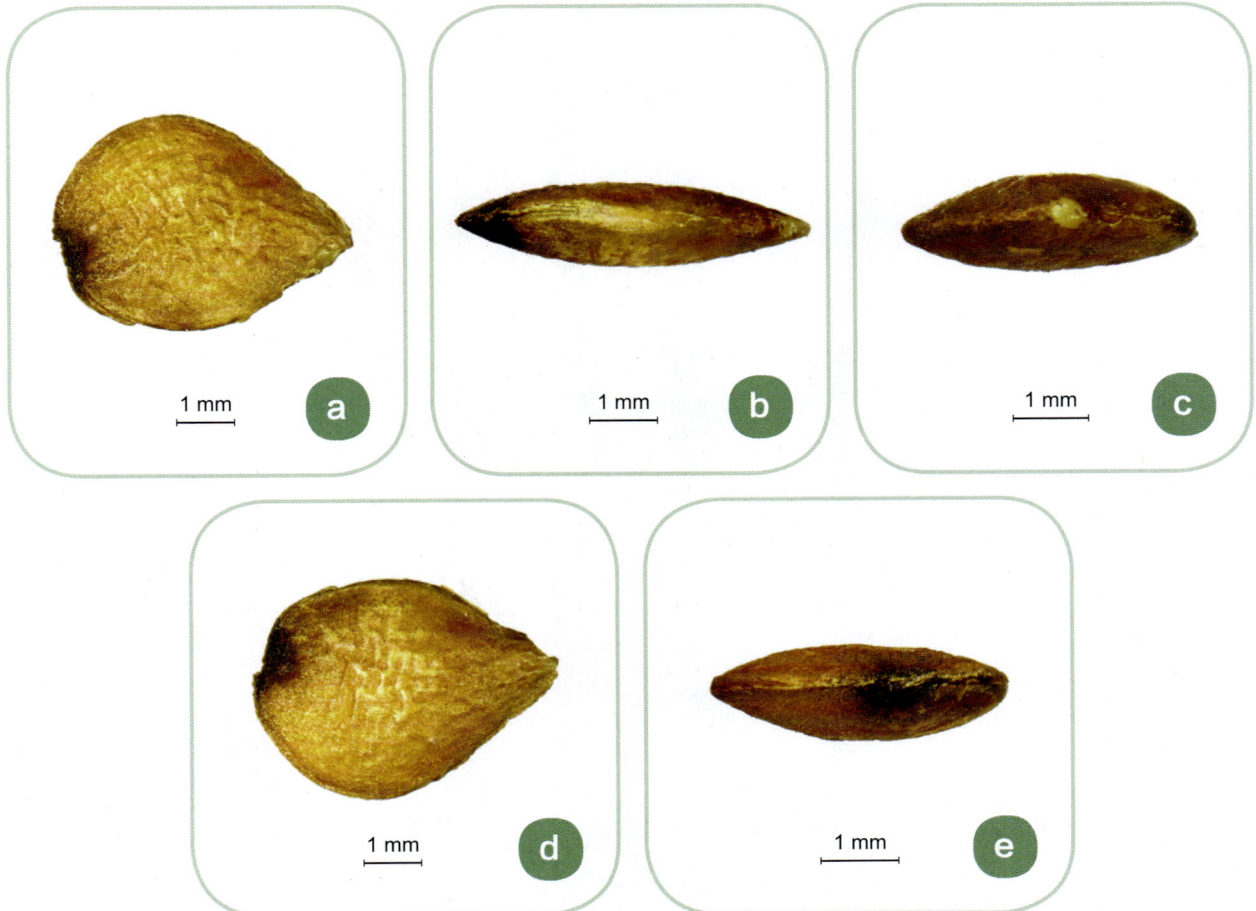

1 mm　a

1 mm　b

1 mm　c

1 mm　d

1 mm　e

**臭椿种子性状**

a. 背面；b. 侧面；c. 俯视面；d. 腹面；e. 仰视面；f. 堆叠（果实）；g. 平铺（果实）；h. 整齐排列（果实）

# 香 椿　　　　　　　　　　　　　　　*Toona sinensis* (A. Juss.) Roem.

楝科乔木。以根皮、果实入药，**为椿皮药材的易混淆品。**

**种子形态**　种子呈椭圆形，扁平，带翅长 1.0～1.7 cm，宽 4.0～5.0 mm，厚 0.9～1.0 mm，基部通常钝，上端有半透明、膜质、椭圆形的长翅，下端无翅，基部略尖，种脐为 1 小圆点。无翅种子呈长卵形，黄褐色。

**采　集**　花期 5～6 月，果期 8～9 月，果熟期 10 月。当蒴果呈黄褐色且微裂时采集，摊晒，脱粒，筛选，干藏。

**鉴别特征**　种子上端带翅，位于一端，呈长卵形。

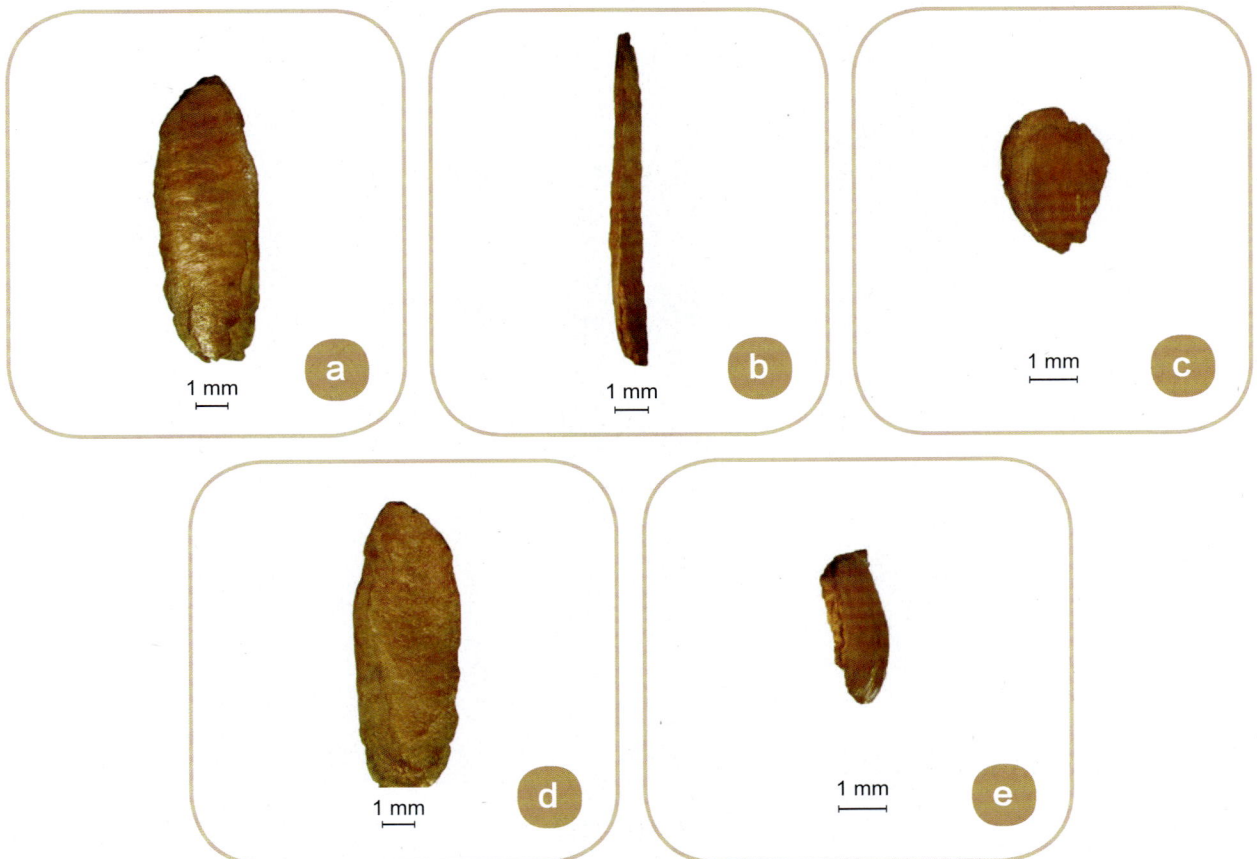

a

1 mm

b

1 mm

c

1 mm

d

1 mm

e

1 mm

1 cm

f

1 cm

g

1 cm

h

**香椿种子性状**

a. 背面；b. 侧面；c. 俯视面；d. 腹面；e. 仰视面；f. 堆叠；g. 平铺；h. 整齐排列

# 鸦胆子
*Brucea javanica* (L.) Merr.

苦木科灌木或小乔木。以干燥成熟果实入药，药材名为鸦胆子。

**种子形态** 种子呈扁卵形，长 5.0~8.0 mm，直径 4.0~5.5 mm。表面类白色或黄白色，表皮粗糙，有凸起的不规则白色皱纹。

**采　　集** 花期3~8月，果期4~9月。秋季果实成熟时采收黑色的成熟果实，除去果皮，洗净果肉，晒干。

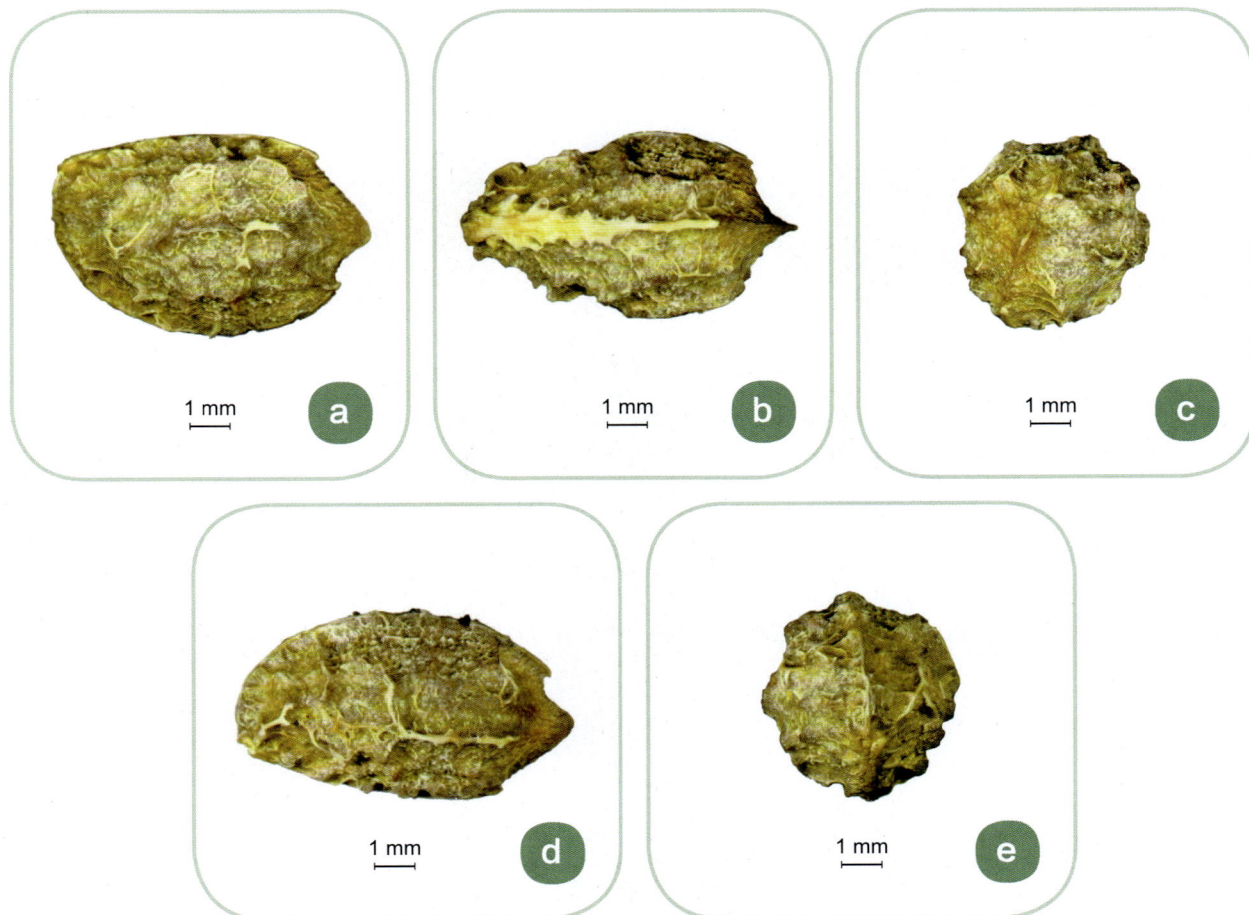

1 mm　a

1 mm　b

1 mm　c

1 mm　d

1 mm　e

1 cm

f

1 cm

g

1 cm

h

**鸦胆子种子性状**

a. 背面；b. 侧面；c. 俯视面；d. 腹面；e. 仰视面；f. 堆叠；g. 平铺；h. 整齐排列

# 楝　科

| 川　楝 | *Melia toosendan* Sieb. et Zucc. |

楝科落叶乔木。以干燥成熟果实入药，药材名为川楝子。

**种子形态**　果核呈球形至卵形，长 1.3~1.5 cm，直径 9.0~11.0 mm，一端有凹陷的种脐，具 5~8 凸起的棱线；内果皮木质，具 4~5 室，每室有 1 种子。种子黑棕色，长圆形。

**采　　集**　花期 4~5 月，果期 10~12 月。冬季果实成熟时采收，除去杂质，干燥。

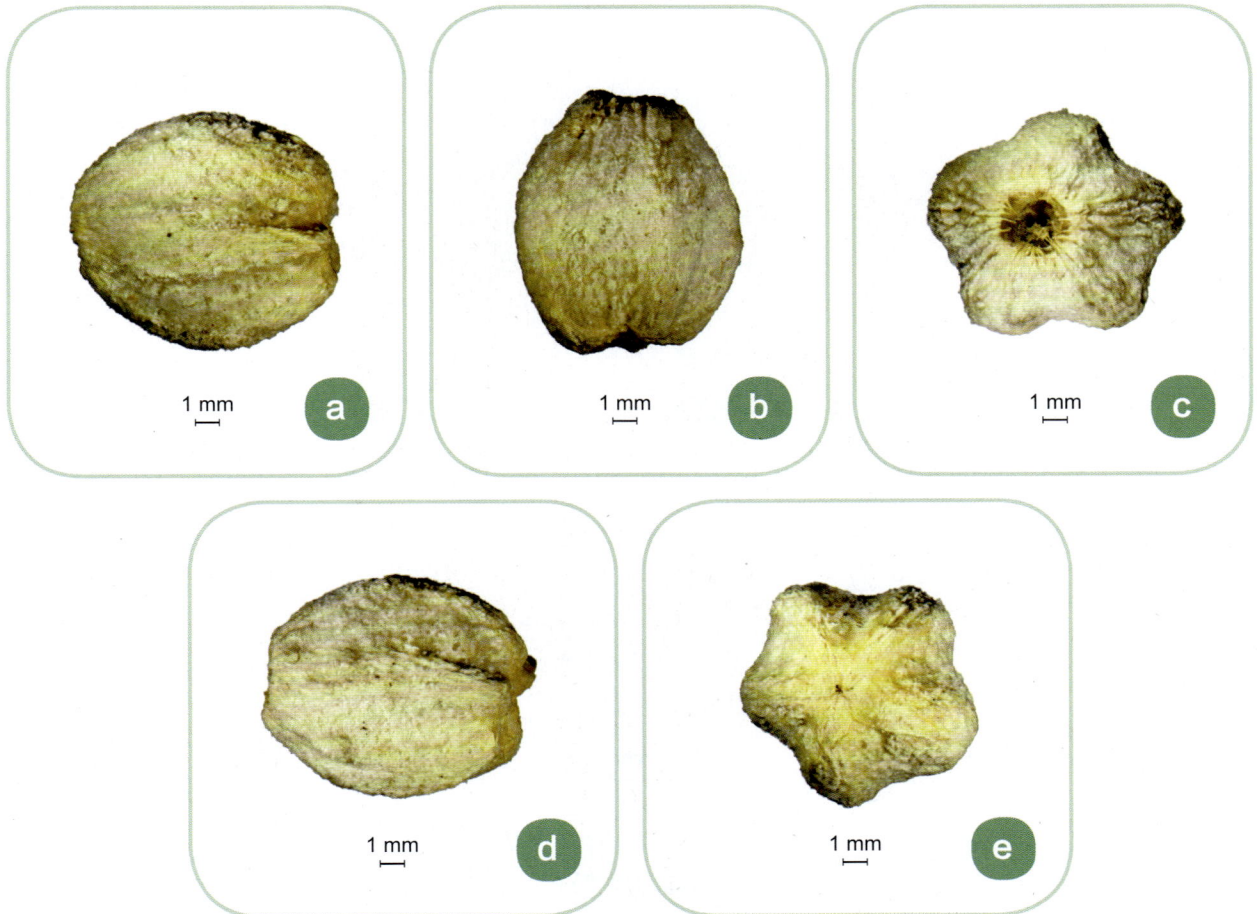

1 mm　a

1 mm　b

1 mm　c

1 mm　d

1 mm　e

1 cm

f

1 cm

g

1 cm

h

**川楝果核性状**

a. 背面；b. 侧面；c. 俯视面；d. 腹面；e. 仰视面；f. 堆叠；g. 平铺；h. 整齐排列

# 蓼 科

## 何首乌 *Polygonum multiflorum* Thunb.

蓼科多年生缠绕草本。以干燥块根入药，药材名为何首乌。以干燥藤茎入药，药材名为首乌藤。

**种子形态** 瘦果呈倒卵状三棱形，长 2 ~ 2.5 mm，直径 1.6 mm，全部包于增大的翅状宿存花被内，具 3 棱，棱与棱之间凹陷，棕黑色而光亮，基部为一小孔状的果脐，内含 1 种子。种子呈卵状三棱形，棕褐色。

**采　集** 花期 8 ~ 10 月，果期 10 ~ 11 月。当花被呈褐色、变干且种子呈黑褐色时采集，晒干，脱粒，除去杂质，放于干燥阴凉处贮藏。

**鉴别特征** 果实小，呈三棱状，棱与棱之间凹陷。

1 mm　a

1 mm　b

1 mm　c

1 mm　d

1 mm　e

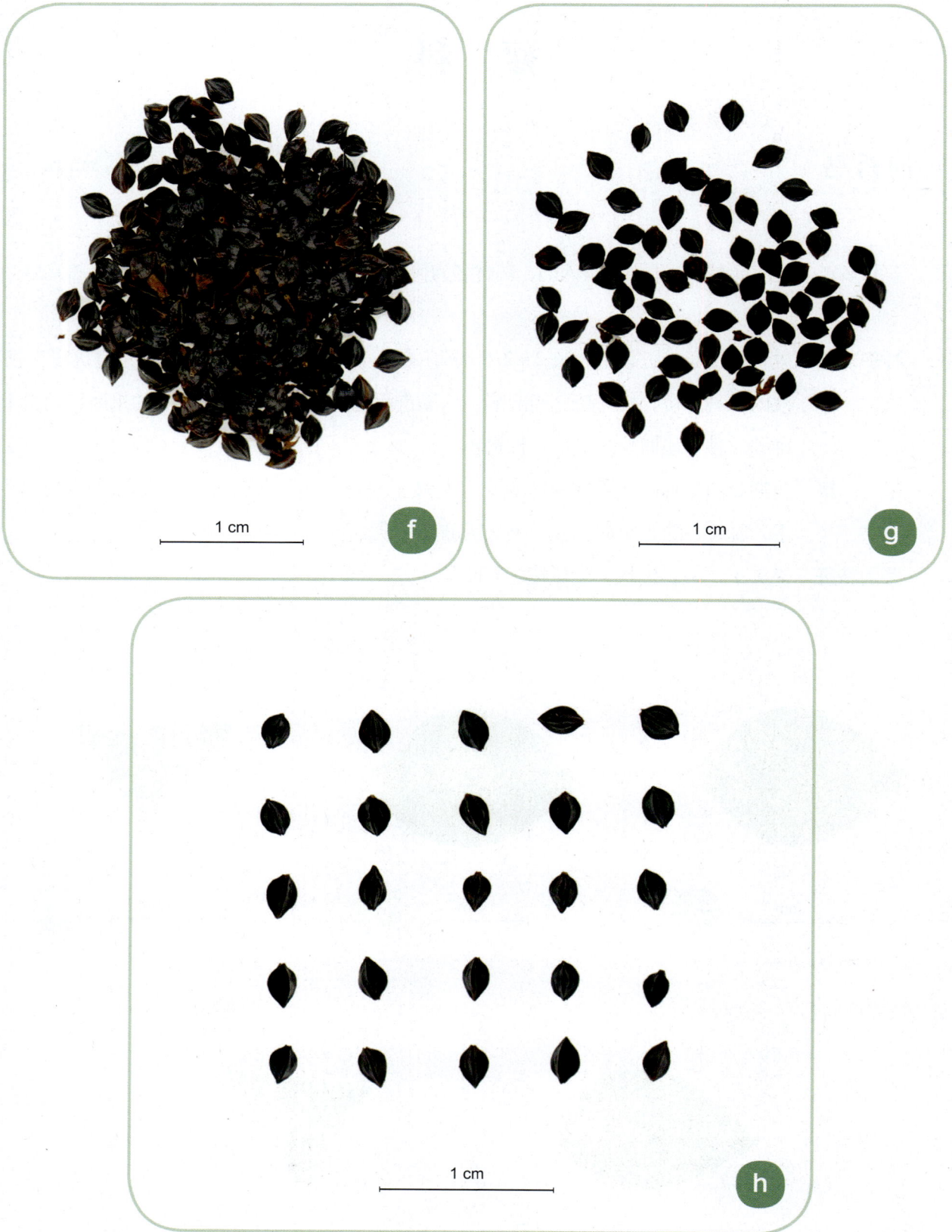

**何首乌果实性状**

a. 背面；b. 侧面；c. 俯视面；d. 腹面；e. 仰视面；f. 堆叠；g. 平铺；h. 整齐排列

## 白首乌                                         *Cynanchum bungei* Decne.

萝藦科草质缠绕藤本。以干燥块根入药，**为何首乌药材的易混淆品**。

**种子形态**　种子呈长倒卵形，较扁，背面稍突出，长 5.0～7.0 mm，宽 2.0～3.0 mm，厚约 1.0 mm。表面红褐色。种子边缘呈翅状，0.6～0.7 mm，翅膜与种子边缘连接处颜色加深，末端翅膜呈锯齿状，先端平截，种毛白色，绢质，腹面 2/3 以下有 1 纵棱，下部在种脐处，上部有分枝，周围有 1 凹陷区，色较深。

**采　　集**　花期 6～7 月，果期 7～10 月。选晴天采收颜色深、有光泽的饱满种子，除去杂质，置于通风、干燥、阴暗、温度较低且相对恒定的地方贮藏。

**鉴别特征**　种子中等大小，边缘呈翅状，末端翅膜呈锯齿状。

a

1 mm

b

1 mm

c

1 mm

d

1 mm

e

1 mm

**白首乌种子性状**

a. 背面；b. 侧面；c. 俯视面；d. 腹面；e. 仰视面；f. 堆叠；g. 平铺；h. 整齐排列

# 蓼 蓝                                    *Polygonum tinctorium* Ait.

蓼科一年生草本。以干燥叶入药，药材名为蓼大青叶。

**种子形态** 瘦果呈三棱状卵形，长 2.7~3.5 mm，直径 1.5~2.0 mm；表面棕色或红棕色，平滑，有光泽；先端尖，具花柱残基，基部具果柄痕或残存果柄，含 1 种子。种子呈三棱状卵形；表面浅棕色；先端尖，具种孔，基部具一棕色的圆形种脐。

**采　　集** 花期6~7月，果期8~9月。当果实呈棕色时剪下花序，晒干，除去枝梗及杂质，放于干燥阴凉处贮藏。

**鉴别特征** 果实小，表面棕色或红棕色，平滑，有光泽。

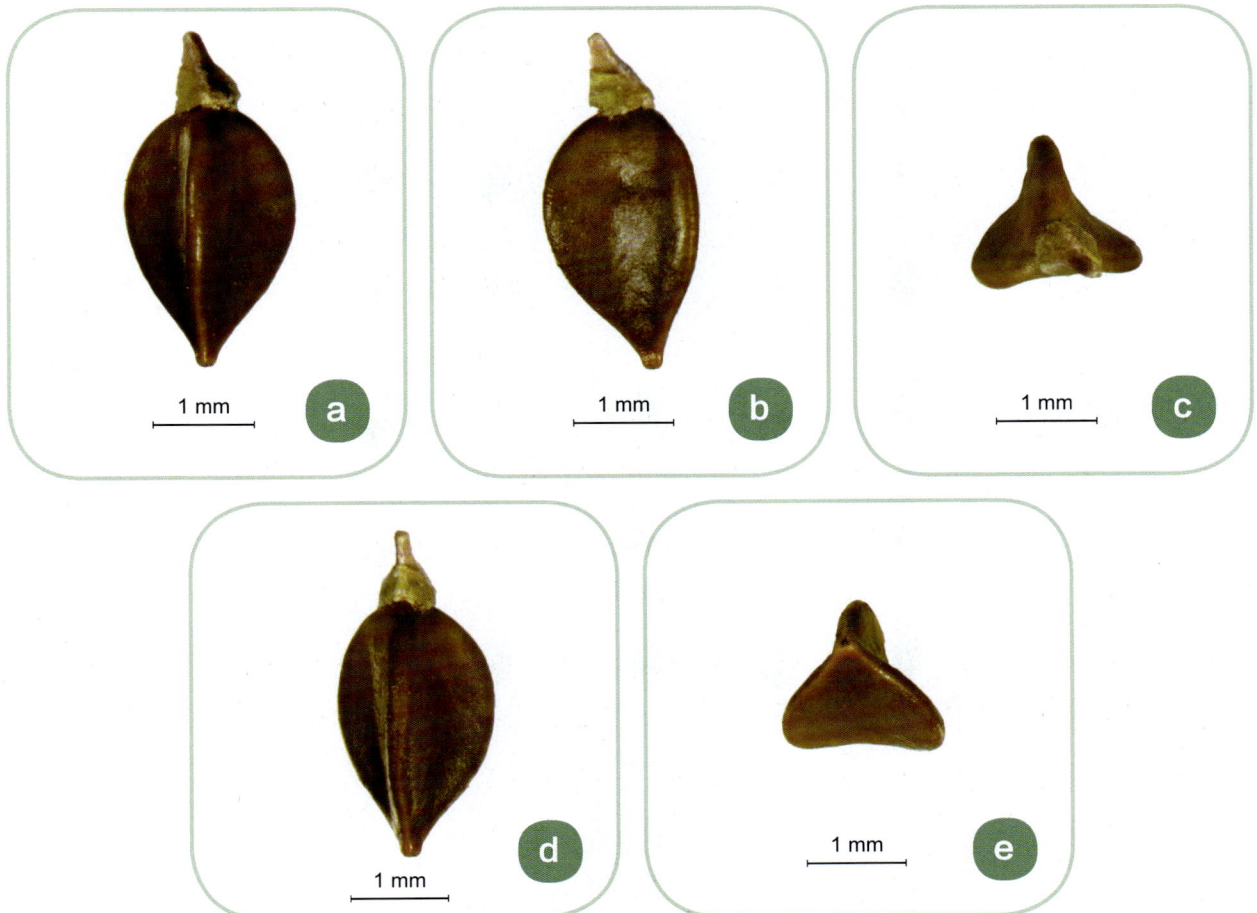

a　1 mm

b　1 mm

c　1 mm

d　1 mm

e　1 mm

1 cm

f

1 cm

g

1 cm

h

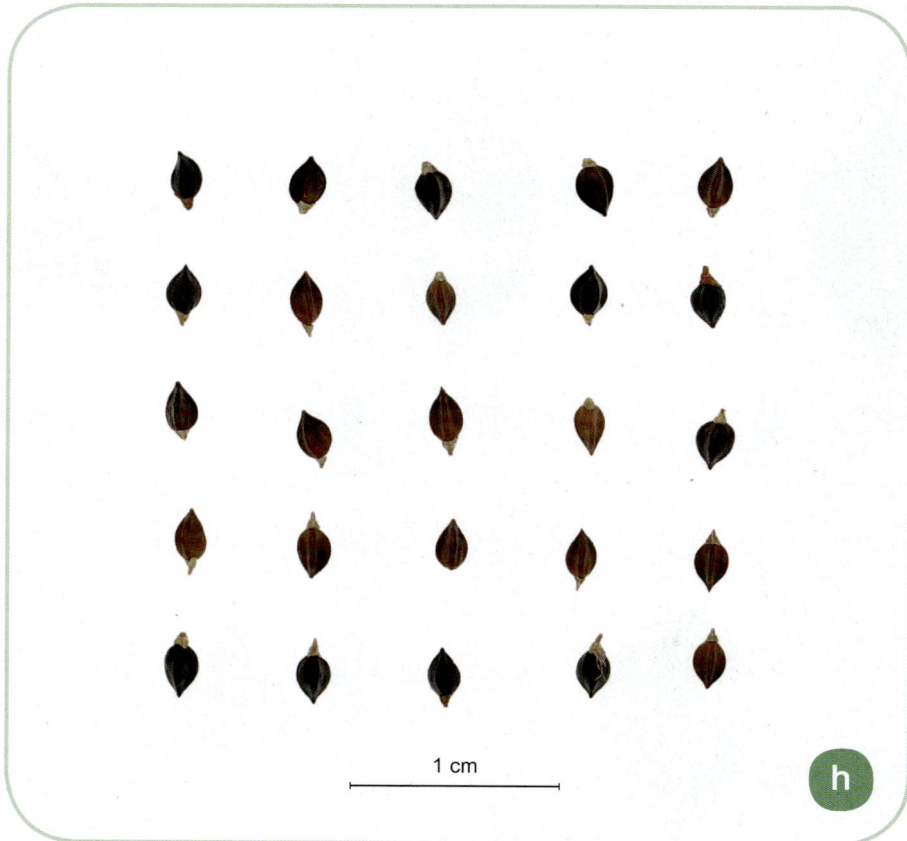

**蓼蓝果实性状**

a. 背面；b. 侧面；c. 俯视面；d. 腹面；e. 仰视面；f. 堆叠；g. 平铺；h. 整齐排列

## 水 蓼

*Persicaria hydropiper* (L. ) Spach

蓼科一年生草本。以全草入药，**为蓼大青叶药材的易混淆品。**

**种子形态**　瘦果呈三棱状卵形，长 2.0 ~ 2.5 mm，直径 1.3 ~ 1.6 mm，厚 1 ~ 1.2 mm；先端较尖，基部具突出的果柄痕，膜质花被宿存。种子卵形，一面隆起，基部有圆形种脐，黑褐色。

**采　集**　花期 7 ~ 9 月，果期 8 ~ 10 月。当果实呈褐色时剪下果穗，晒干，搓揉出种子，除去杂质，放于通风干燥处贮藏。

**鉴别特征**　果实小，表面黑褐色，比蓼蓝果实钝圆。

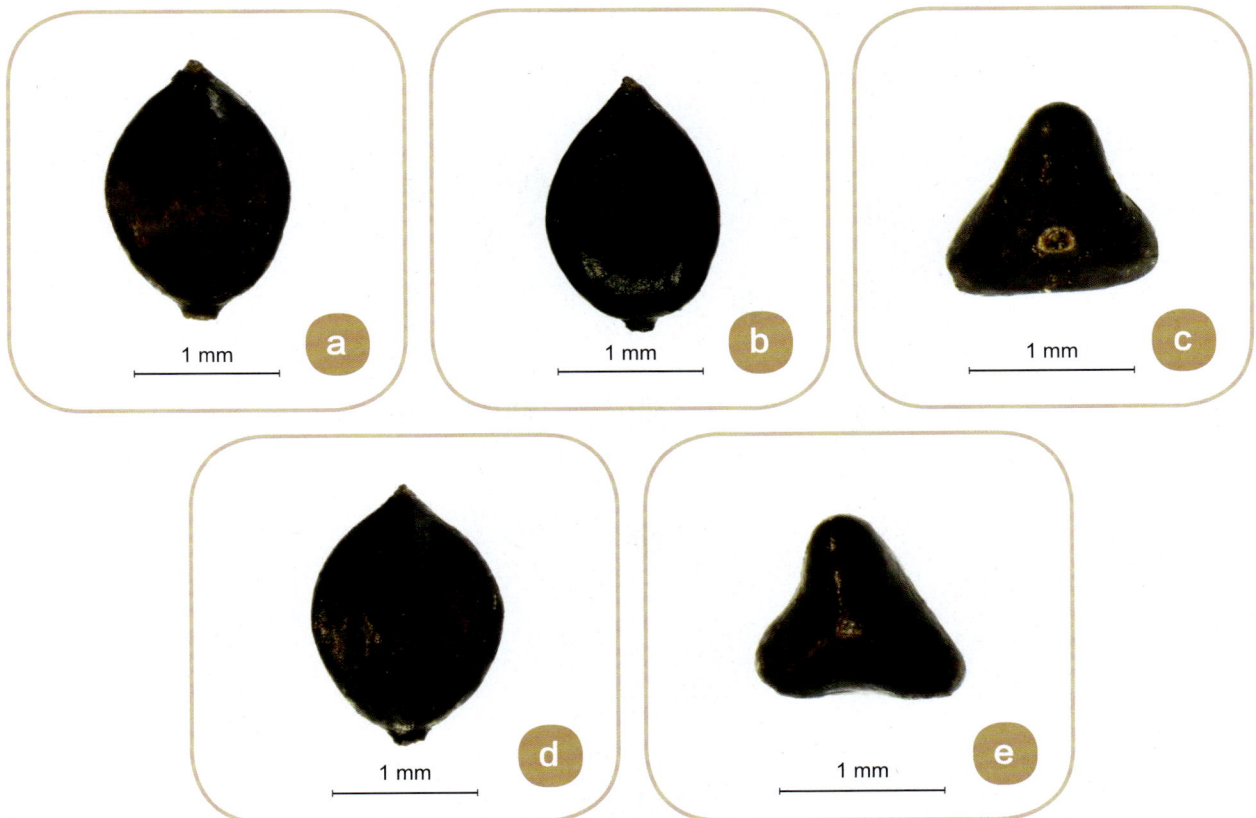

1 mm　a

1 mm　b

1 mm　c

1 mm　d

1 mm　e

1 cm **f**

1 cm **g**

1 cm **h**

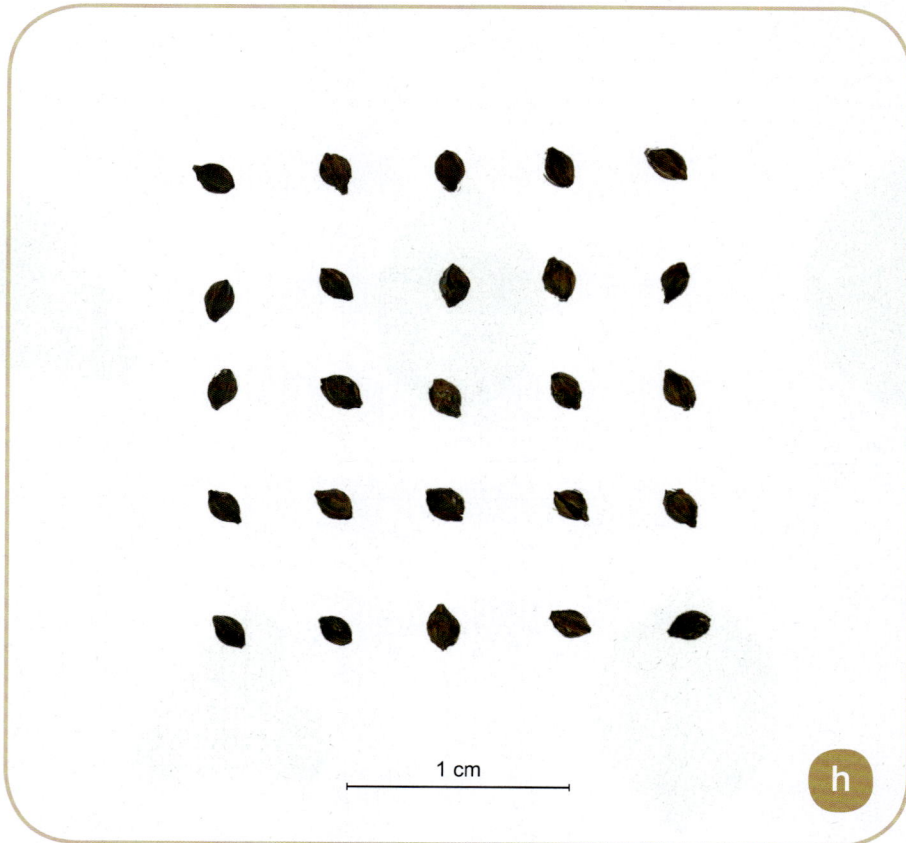

**水蓼果实性状**

a. 背面；b. 侧面；c. 俯视面；d. 腹面；e. 仰视面；f. 堆叠；g. 平铺；h. 整齐排列

# 药用大黄

*Rheum officinale* Baill.

蓼科高大草本。以干燥根及根茎入药，药材名为大黄。

**种子形态**　瘦果具 3 翅，长圆形，长 7.0 ~ 9.8 mm，直径 7.0 ~ 8.0 mm，基部心形，翅宽约
3 mm，纵脉靠近翅的边缘，翅先端略有缺口，红褐色。翅膜分为内、外两区域，
两区域宽度近相等，近种子区域颜色较深，外边缘区域较透明，具网纹。种子所
在处中央呈黑色，平滑无毛，边缘具一圈棕灰色的围边。种子呈月牙形，黄褐色；
表面皱缩，先端有 1 种柄。

**采　　集**　北京花期 4 月下旬，果熟期 6 月上、中旬；西北产区一般 5 月中旬开花，6 月下旬
至 7 月种子成熟；青海于 8 月下旬至 9 月上旬采种，选三年生的健壮植株，当大
部分果穗变褐色时，选晴天连同花枝一齐割下，倒挂于阴凉通风处，稍干后抖下
种子，摊开，阴干。

**鉴别特征**　果实中等大小，种子所在处中央平滑。

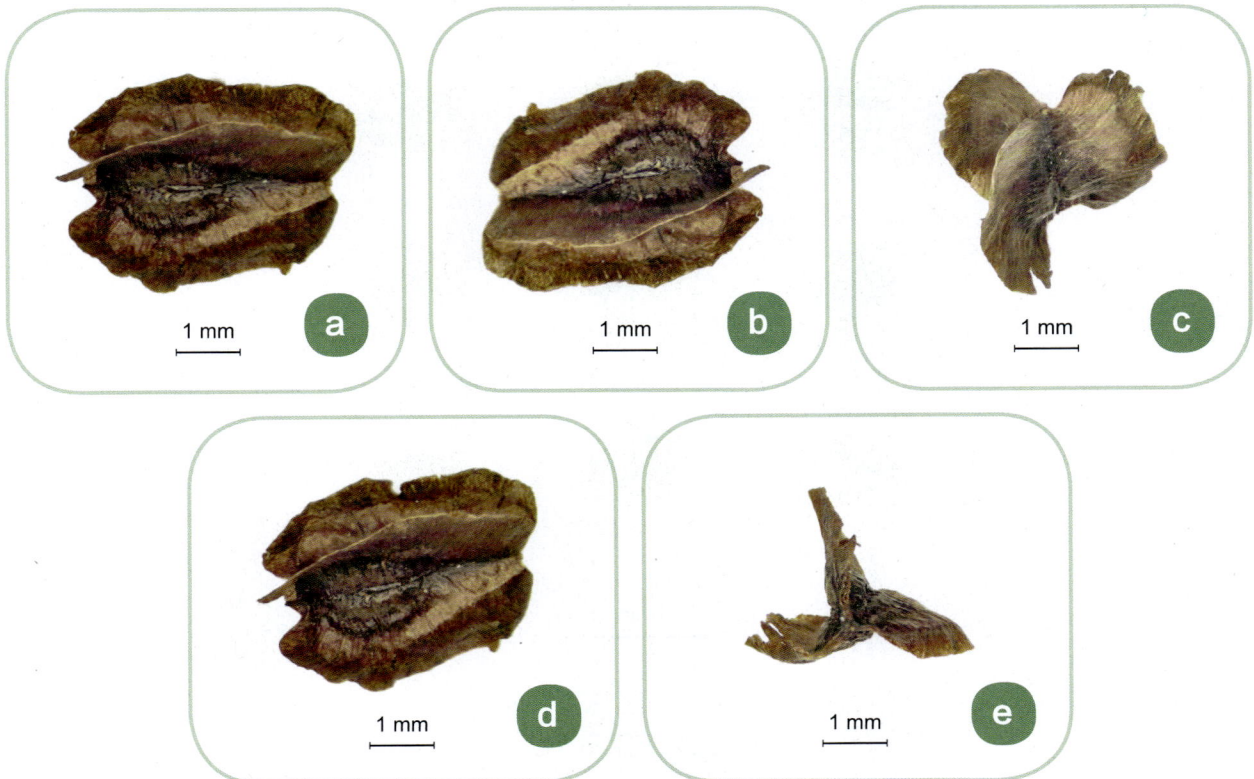

1 cm

f

1 cm

g

1 cm

h

**药用大黄果实性状**

a. 背面；b. 侧面；c. 俯视面；d. 腹面；e. 仰视面；f. 堆叠；g. 平铺；h. 整齐排列

# 掌叶大黄　　　　　　　　　　　　　　*Rheum palmatum* L.

蓼科高大草本。以干燥根及根茎入药，药材名为大黄。

**种子形态**　瘦果呈矩圆状椭圆形至矩圆形，长 8.0 ~ 11.0 mm，直径 5.0 ~ 6.5 mm，两端均下凹，翅宽约 2.5 mm，纵脉靠近翅的边缘，翅先端无缺口，红褐色。种子所在处中央呈黑色，皱缩，无毛。翅膜分为内、外两区域，外边缘区域很窄。种子呈宽卵形，棕黑色。

**采　　集**　花期 6 月，果期 8 月。当大部分果穗变褐色时，选晴天连同花枝一齐割下，倒挂于阴凉通风处，稍干后抖下种子，摊开，阴干。

**鉴别特征**　果实中等大小，种子所在处中央皱缩。

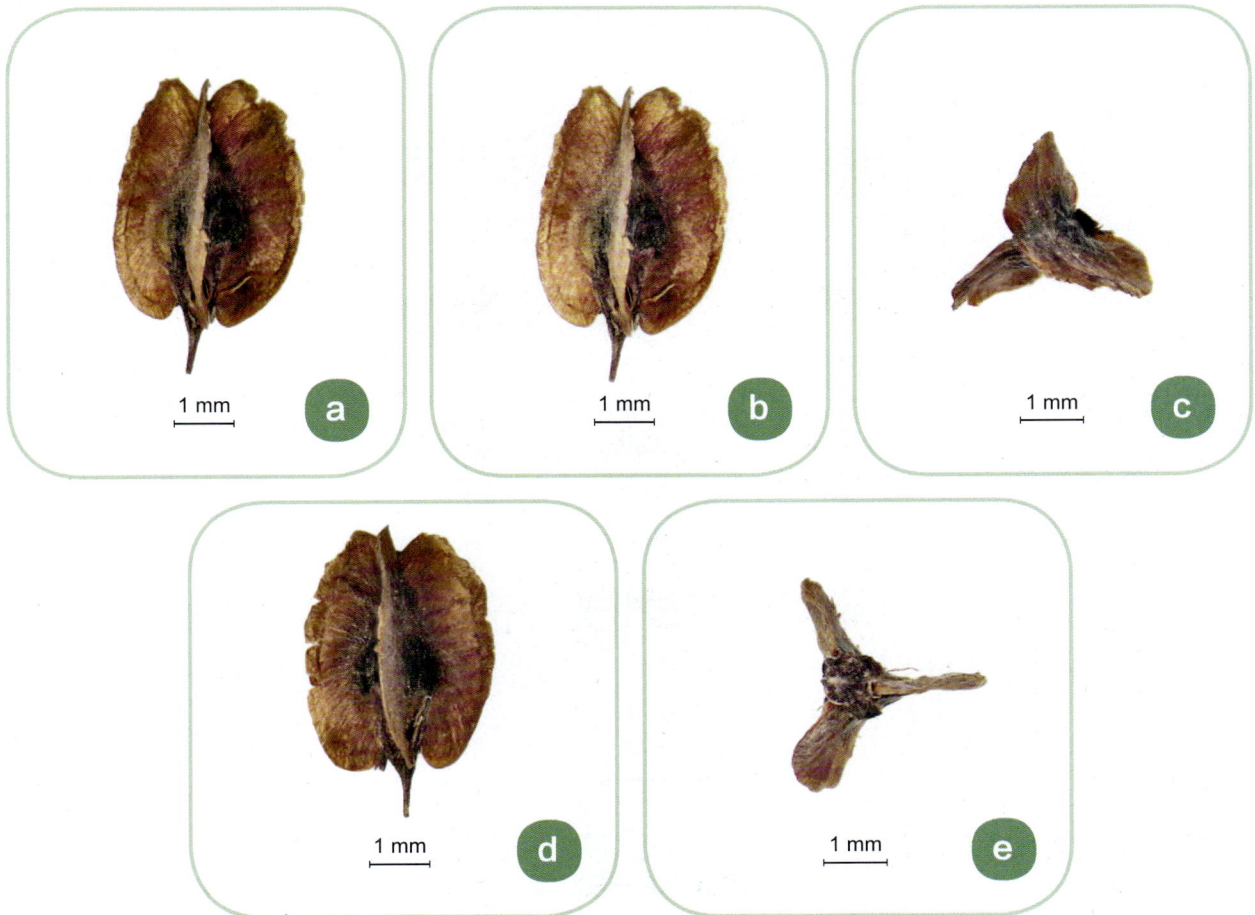

1 mm
**a**

1 mm
**b**

1 mm
**c**

1 mm
**d**

1 mm
**e**

1 cm

f

1 cm

g

1 cm

h

**掌叶大黄果实性状**

a. 背面；b. 侧面；c. 俯视面；d. 腹面；e. 仰视面；f. 堆叠；g. 平铺；h. 整齐排列

## 土大黄　　　　　　　　　　　　*Strobilanthes dimorphotricha* Hance

爵床科草本。以茎、叶入药，**为大黄药材的易混淆品**。

**种子形态**　瘦果呈三棱状卵形，长 2.7~2.8 mm，直径 1.7~1.9 mm，外包褐色、具 3 翅、膜质的宿存花被。瘦果棕褐色，有光泽，基部有一小圆孔状的果脐，果实内含 1 种子。

**采　　集**　花期 5~6 月，果熟期 6~8 月。当瘦果干枯或呈棕褐色时采收，除去杂质，放于干燥阴凉处贮藏。

**鉴别特征**　果实小，外包褐色、具 3 翅、膜质的宿存花被时，形状与掌叶大黄果实相似，但较细小，且翅边缘带刺状物。

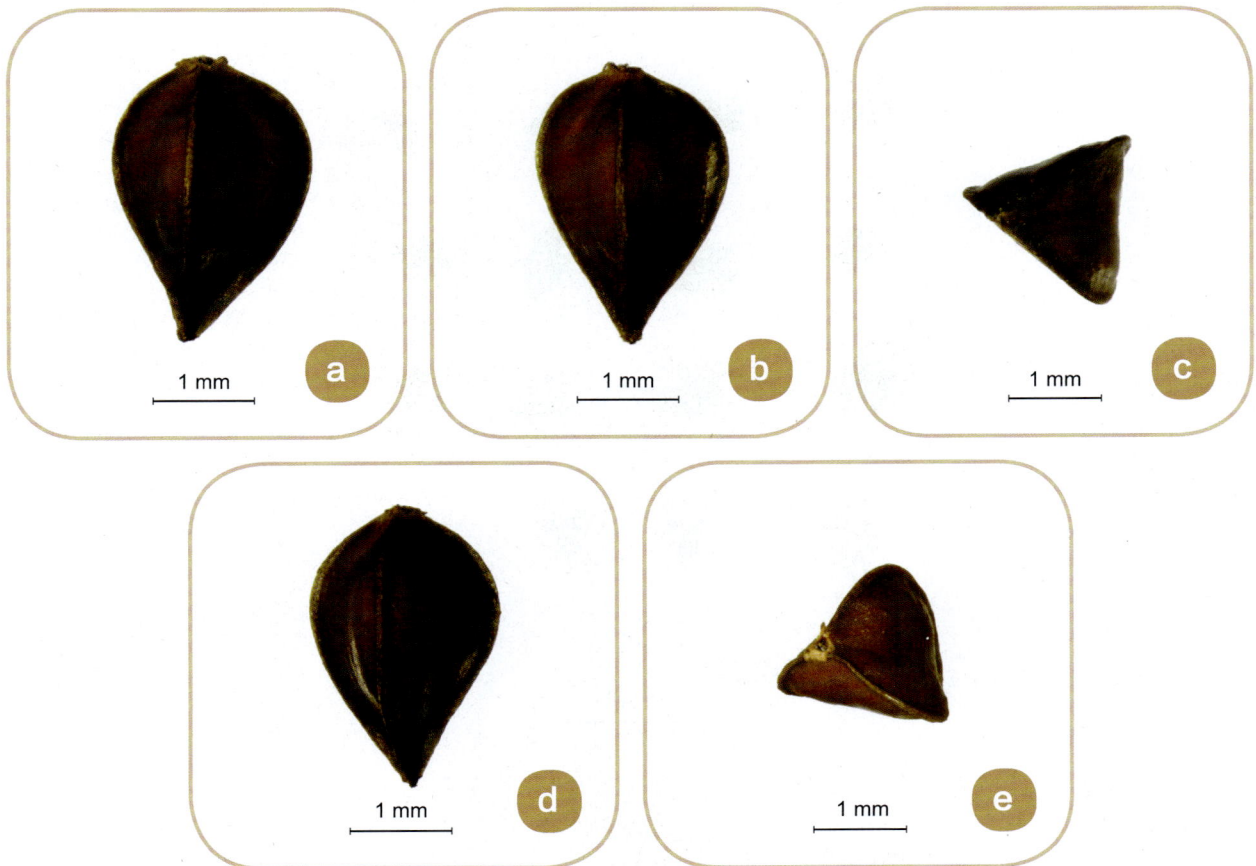

a　1 mm

b　1 mm

c　1 mm

d　1 mm

e　1 mm

1 cm

f

1 cm

g

1 cm

h

**土大黄果实性状**

a. 背面；b. 侧面；c. 俯视面；d. 腹面；e. 仰视面；f. 堆叠（包花被）；g. 平铺（包花被）；h. 整齐排列（包花被）

# 列当科

## 管花肉苁蓉 *Cistanche tubulosa*（Schenk）Wight

列当科多年生寄生草本。以干燥带鳞叶的肉质茎入药，药材名为肉苁蓉。

**种子形态**　种子近圆形，长 1.0 ~ 1.2 mm，直径约 0.7 mm，黑褐色，外面具蜂窝状网纹。

**采　　集**　花期 5 ~ 6 月，果期 7 ~ 8 月。选晴天采收颜色深、有光泽的饱满种子，除去杂质，置于通风、干燥、阴暗、温度较低且相对恒定的地方贮藏。

**鉴别特征**　种子小，近圆形，外面具蜂窝状网纹。

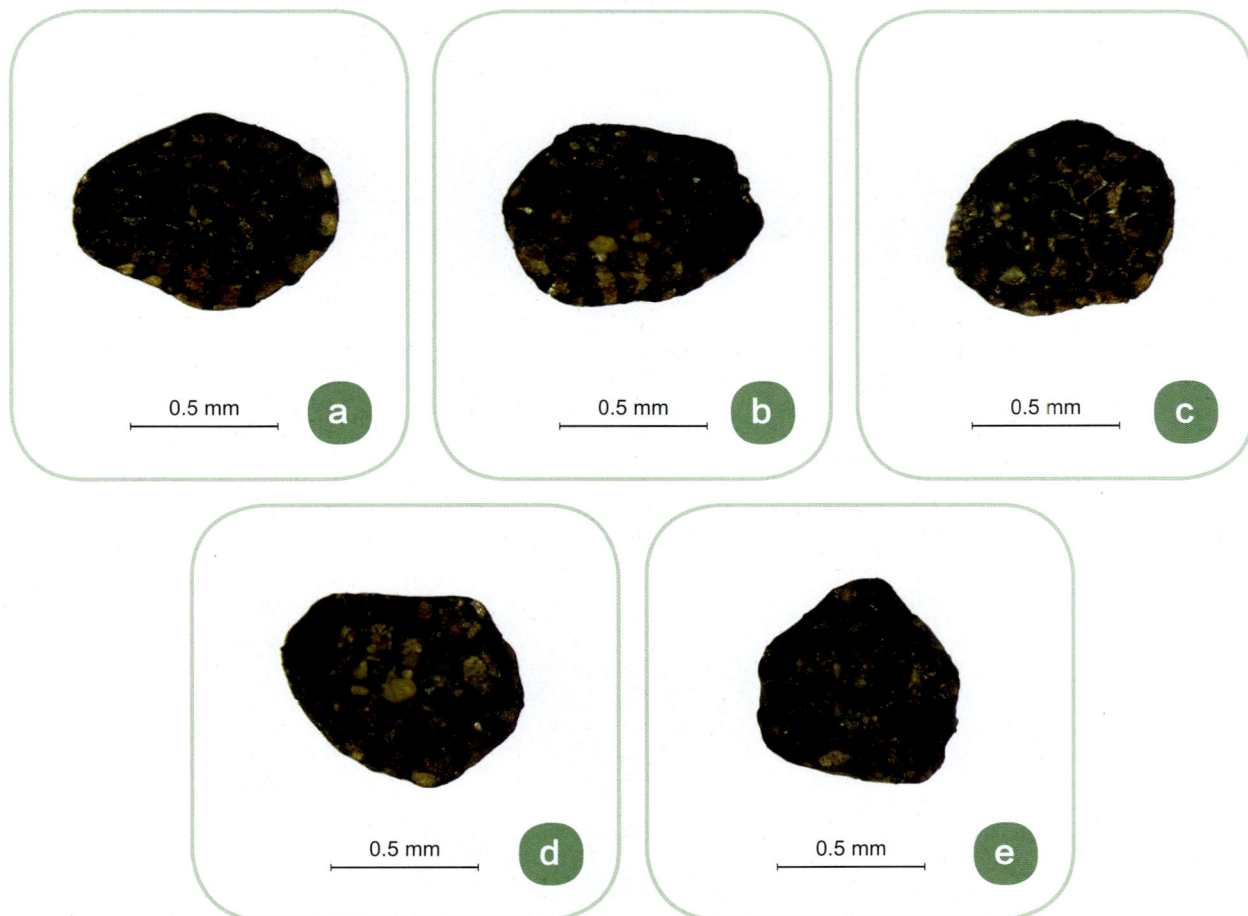

0.5 mm ⓐ

0.5 mm ⓑ

0.5 mm ⓒ

0.5 mm ⓓ

0.5 mm ⓔ

f

1 cm

g

1 cm

h

1 cm

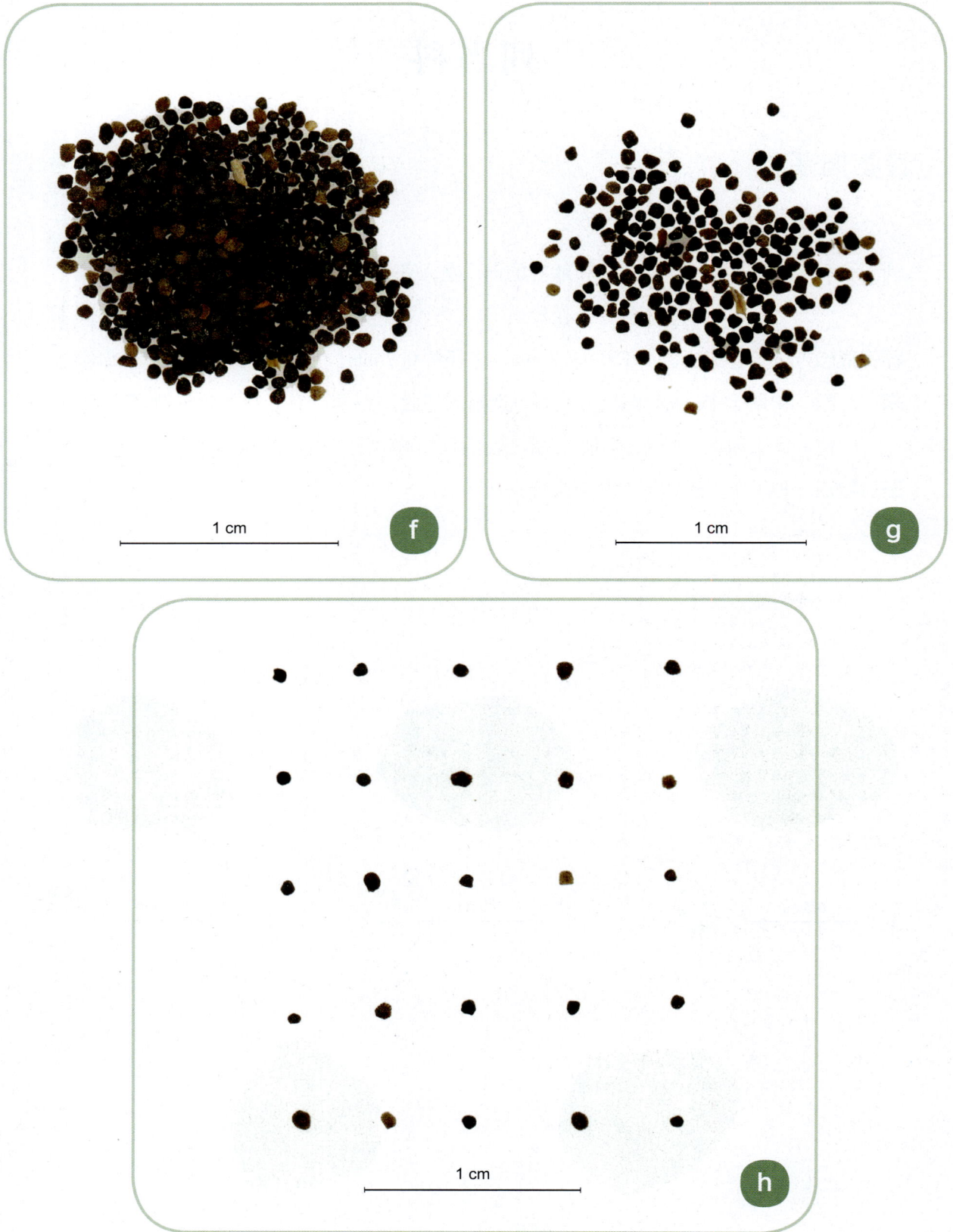

**管花肉苁蓉种子性状**

a. 背面；b. 侧面；c. 俯视面；d. 腹面；e. 仰视面；f. 堆叠；g. 平铺；h. 整齐排列

# 肉苁蓉 *Cistanche deserticola* Y. C. Ma

列当科高大草本。以干燥带鳞叶的肉质茎入药，药材名为肉苁蓉。

**种子形态** 种子呈椭圆形或近卵形，直径 0.6~1.0 mm，黑褐色，外面具蜂窝状网纹。

**采　　集** 花期 5~6 月，果期 6~8 月。采收颜色深的饱满种子，除去杂质，置于通风、干燥、阴暗、温度较低且相对恒定的地方贮藏。

**鉴别特征** 种子小于管花肉苁蓉种子。

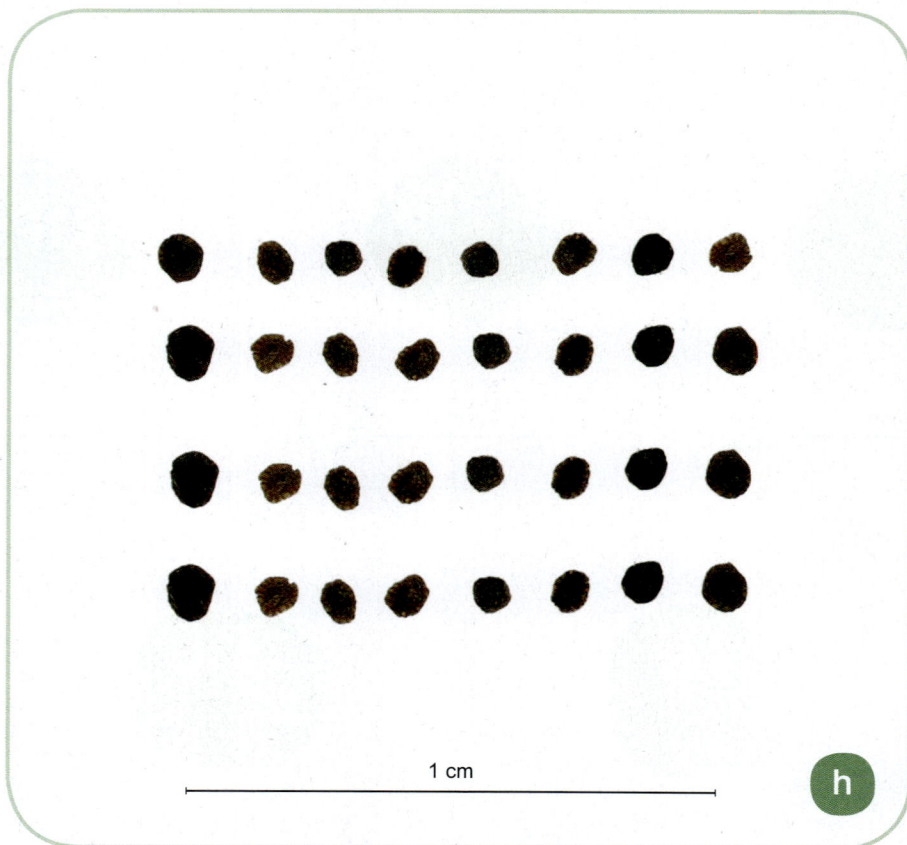

**肉苁蓉种子性状**

a. 背面；b. 侧面；c. 俯视面；d. 腹面；e. 仰视面；f. 堆叠；g. 平铺；h. 整齐排列

# 龙胆科

## 龙　胆　　　　　　　　　　　　　　　　　　　　*Gentiana scabra* Bge.

龙胆科多年生草本。以干燥根及根茎入药，药材名为龙胆，习称"龙胆"。

**种子形态**　种子呈线形或纺锤形，长 1.8 ~ 2.5 mm，直径 0.5 ~ 0.6 mm；种仁（胚乳）呈椭圆形，位于种子中央，所在处色深；种皮膜质，浅黄褐色，有光泽，表面具增粗的网纹，向两端延伸成翅状。

**采　　集**　花果期 5 ~ 11 月。东北产区 10 月果实成熟，成熟时蒴果开裂，应在刚开裂或将开裂时及时采收，种子在蒴果中阴干，贮藏。

**鉴别特征**　种子大，呈线形，表面具粗且有光泽的网纹。

a　1 mm

b　1 mm

c　1 mm

d　1 mm

e　1 mm

1 cm

f

1 cm

g

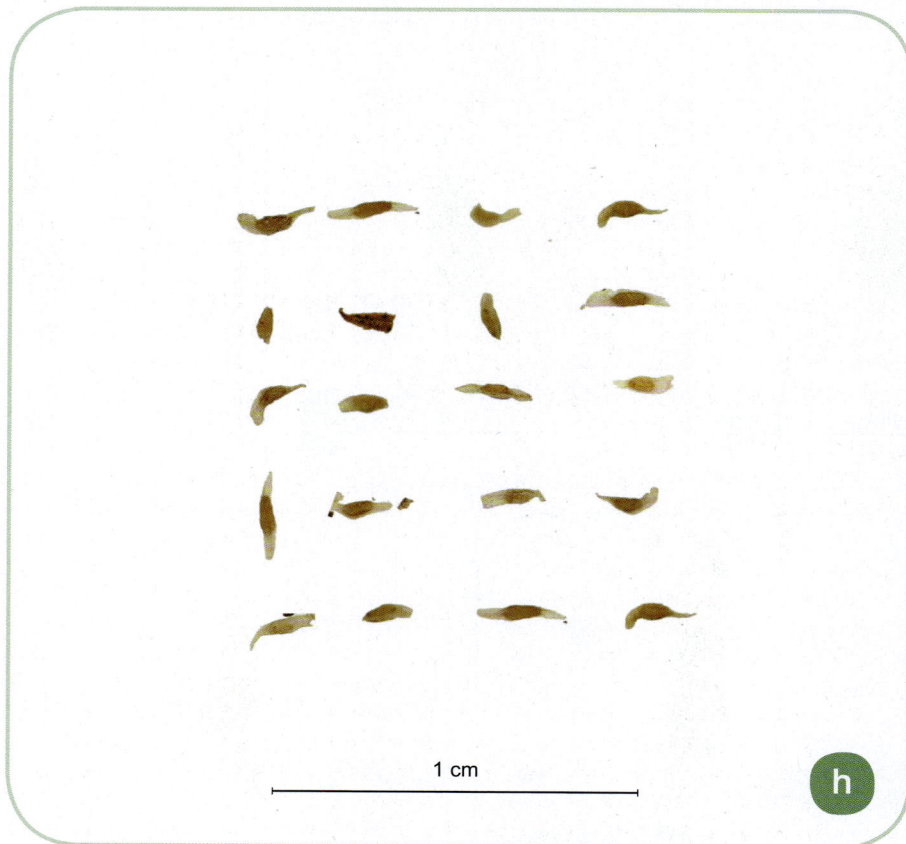

1 cm

h

**龙胆种子性状**

a. 背面；b. 侧面；c. 俯视面；d. 腹面；e. 仰视面；f. 堆叠；g. 平铺；h. 整齐排列

## 桃儿七       *Sinopodophyllum hexandrum* (Royle) T. S. Ying

小檗科多年生草本。以根及根茎入药，**为龙胆药材的易混淆品。**

**种子形态**   种子呈卵状三角形，长 4.0~5.0 mm，直径 2.5~4.0 mm，红褐色。表面有网纹，种脊明显。

**采　集**   花期5~6月，果期7~9月。采收颜色深、有光泽的饱满种子，除去杂质，置于通风、干燥、阴暗、温度较低且相对恒定的地方贮藏。

**鉴别特征**   本种种子与龙胆种子的区别为本种种子远大于龙胆种子，呈卵状三角形。

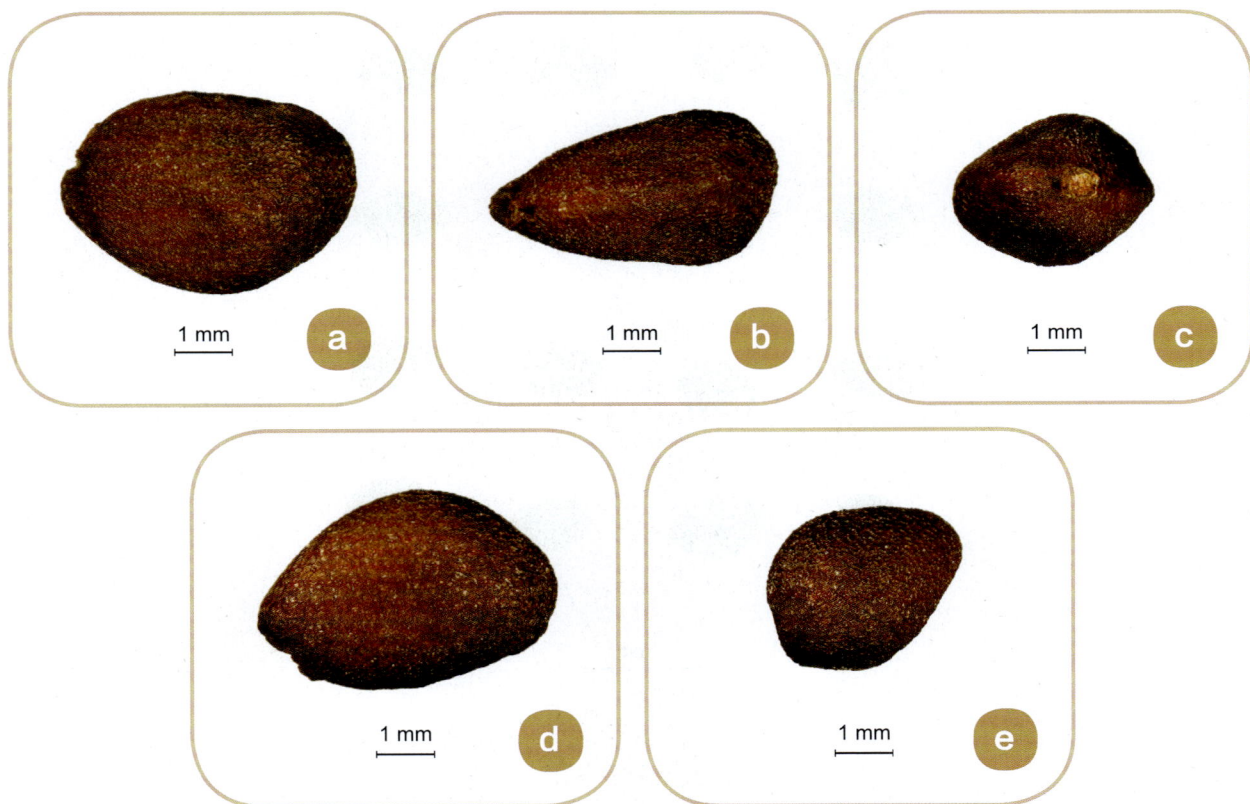

a    1 mm

b    1 mm

c    1 mm

d    1 mm

e    1 mm

1 cm

**f**

1 cm

**g**

1 cm

**h**

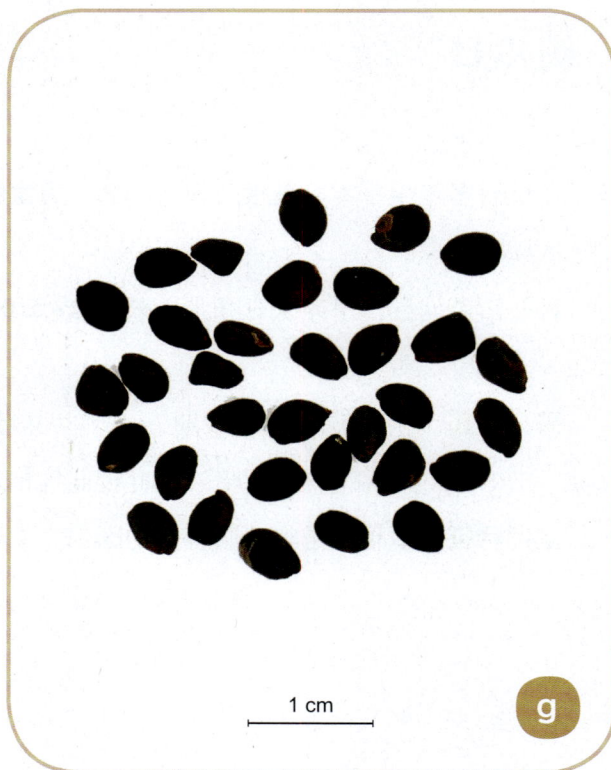

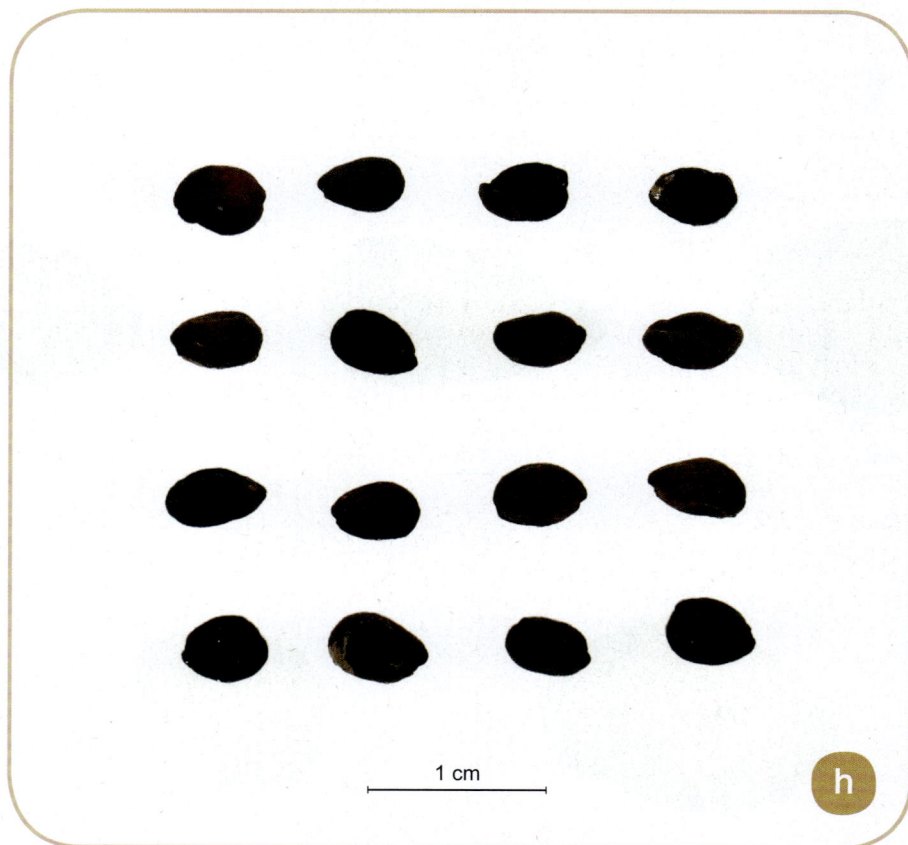

**桃儿七种子性状**

a. 背面；b. 侧面；c. 俯视面；d. 腹面；e. 仰视面；f. 堆叠；g. 平铺；h. 整齐排列

# 兔儿伞

*Syneilesis aconitifolia* (Bge.) Maxim.

菊科多年生草本。以全草或根入药，**为龙胆药材的易混淆品。**

**种子形态**　瘦果呈圆柱形，长 5.0 ~ 7.0 mm，直径约 1.0 mm，黄褐色，无毛，具肋；冠毛污白色，基部变红色，糙毛状，长 8.0 ~ 10.0 mm。

**采　　集**　花期 6 ~ 7 月，果期 8 ~ 10 月。采收颜色深、有光泽的饱满种子，除去杂质，置于通风、干燥、阴暗、温度较低且相对恒定的地方贮藏。

**鉴别特征**　果实中等大小，有冠毛。

5 mm　　a

5 mm　　b

5 mm　　c

5 mm　　d

1 mm　　e

1 cm

f

1 cm

g

1 cm

h

**兔儿伞果实性状**
a.背面；b.侧面；c.俯视面；d.腹面；e.仰视面状；f.堆叠；g.平铺；h.整齐排列

## 坚龙胆 　　　　　　　 *Gentiana rigescens* Franch. （非人工栽培）

龙胆科多年生草本。以干燥根及根茎入药，药材名为龙胆，习称"坚龙胆"。

**种子形态** 种子呈椭圆形，长 0.6 ~ 0.8 mm，宽 0.4 ~ 0.5 mm。表面黄褐色，有光泽，具蜂窝
　　　　　状网隙。

**采　　集** 花果期 8 ~ 12 月。东北产区 10 月果实成熟，成熟时蒴果开裂，应在刚开裂或将开
　　　　　裂时及时采收，种子在蒴果中阴干，贮藏。

**鉴别特征** 种子中等大小，比龙胆种子细小，无翅。

0.5 mm　a

0.5 mm　b

0.5 mm　c

0.5 mm　d

0.5 mm　e

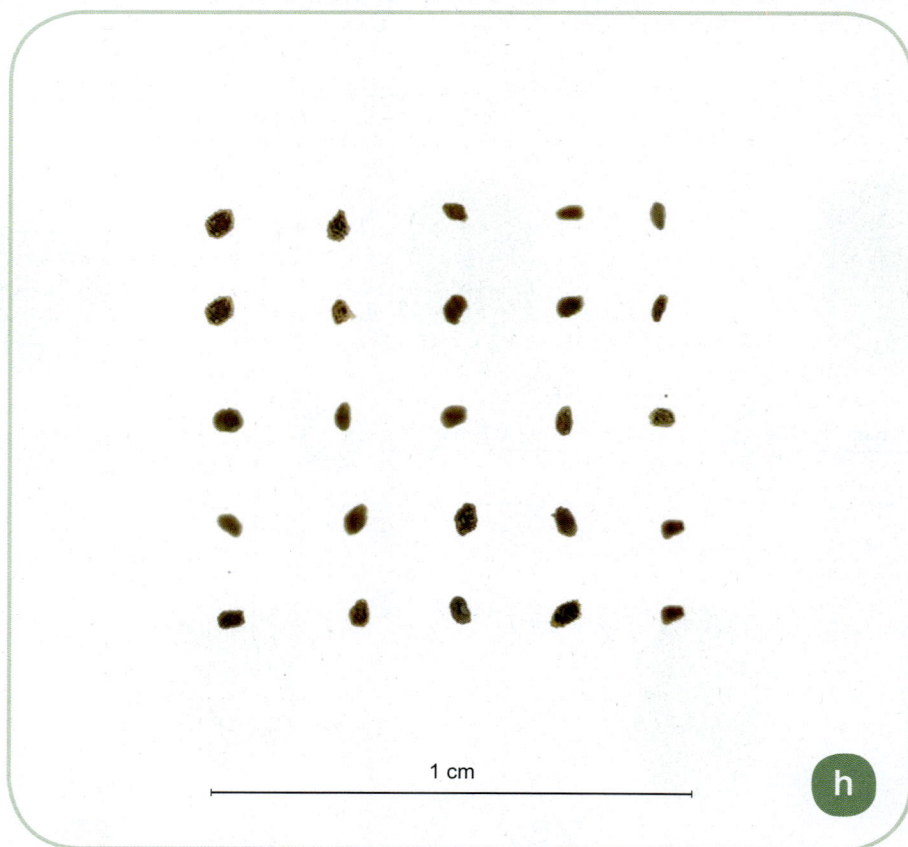

**坚龙胆种子性状**

a. 背面；b. 侧面；c. 俯视面；d. 腹面；e. 仰视面；f. 堆叠；g. 平铺；h. 整齐排列

# 秦　艽　　　　　　　　　　　　*Gentiana macrophylla* Pall.

龙胆科多年生草本。以干燥根入药，药材名为秦艽。

**种子形态**　种子呈长卵形，长 1.6～1.7 mm，直径 0.5～0.6 mm；表面红褐色或棕色，光滑。种脐位于基部尖端，不明显；表面密布略凸起的纵皱纹。

**采　　集**　花期7~9月，果期8~10月。选生长三年或三年以上的老株，当种子呈褐色或棕色时割下果序，放于通风阴凉处7～8天，抖出种子，晒干，放于干燥阴凉处贮藏。

**鉴别特征**　种子小，红褐色，呈长卵形。

a　0.5 mm
b　0.5 mm
c　0.5 mm
d　0.5 mm
e　0.5 mm

1 cm

f

1 cm

g

1 cm

h

**秦艽种子性状**

a. 背面；b. 侧面；c. 俯视面；d. 腹面；e. 仰视面；f. 堆叠；g. 平铺；h. 整齐排列

## 独一味　　　*Phlomoides rotata*（Benth. ex Hook. f.）Mathiesen

唇形科草本。以全草入药，**为秦艽药材的易混淆品**。

**种子形态**　种子呈三棱状长卵形，背面略拱起，长3.0~3.7 mm，直径1.2~2.0 mm；表面黑褐色，粗糙。种脐位于基部尖端，凹陷，腹面的棱略凸起。

**采　　集**　花期6~7月，果期8~9月。采收颜色深、有光泽的饱满种子，除去杂质，置于通风、干燥、阴暗、温度较低且相对恒定的地方贮藏。

**鉴别特征**　种子大于秦艽种子，略呈三棱状。

1 mm　a

1 mm　b

1 mm　c

1 mm　d

1 mm　e

**独一味种子性状**

a. 背面；b. 侧面；c. 俯视面；d. 腹面；e. 仰视面；f. 堆叠；g. 平铺；h. 整齐排列

# 萝藦科

## 徐长卿　　　　　　　　　　　　　*Vincetoxicum pycnostelma*（Bge.）Kitag.

萝藦科多年生草本。以干燥根及根茎入药，药材名为徐长卿。

**种子形态**　种子呈卵形，扁平，长 5.1～5.5 mm，宽 3.3～3.6 mm，厚 0.6～0.7 mm，先端束生白色绢毛，毛长 17.2～22.7 mm，常脱落。表面褐色或棕褐色，散布深棕色短线纹及小点，以背面为多，且密布细网纹，边缘翼状。先端平截或微凹，基部钝圆；背面稍隆起，腹面平或微凹，具一线形的种脊，至先端与微突出的种脐相连，至种子中下部与合点相连。

**采　　集**　花期 6～7 月，果期 9～10 月。当蓇葖果呈黄绿色且将开裂时及时分批采收，放于干燥阴凉处贮藏。

**鉴别特征**　种子中等大小，散布深棕色短线纹及小点，以背面为多。

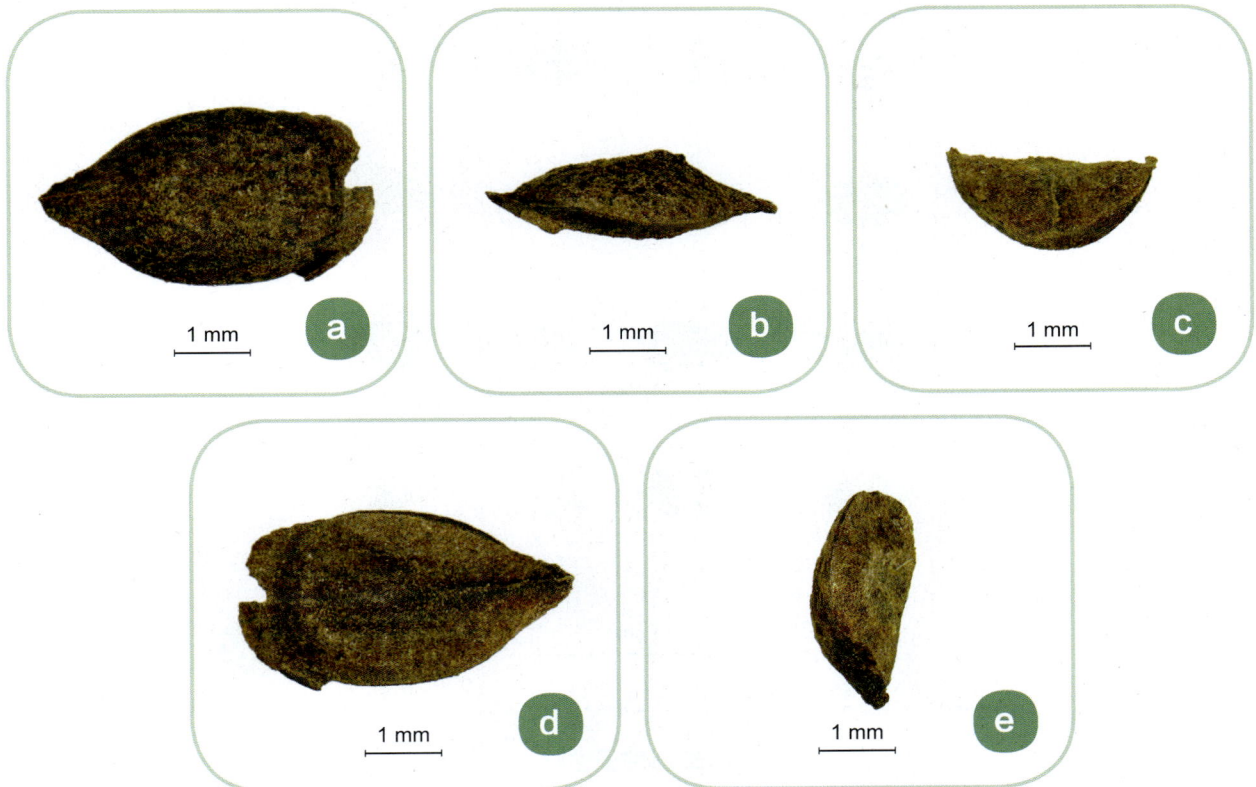

1 mm　a

1 mm　b

1 mm　c

1 mm　d

1 mm　e

1 cm

f

1 cm

g

1 cm

h

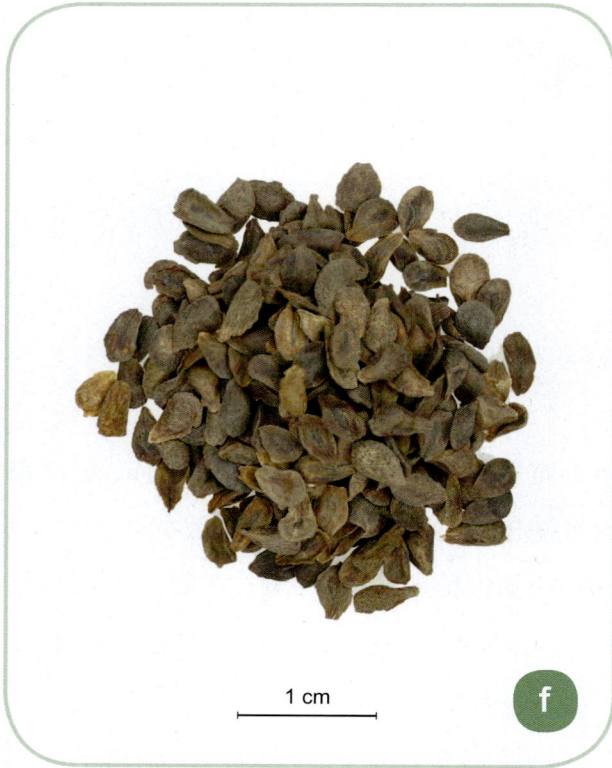

**徐长卿种子性状**

a. 背面；b. 侧面；c. 俯视面；d. 腹面；e. 仰视面；f. 堆叠；g. 平铺；h. 整齐排列

# 白 前　　　*Vincetoxicum glaucescens*（Decne.）C. Y. Wu et D. Z. Li

萝藦科多年生草本。以根及根茎入药，**为徐长卿药材的易混淆品**。

**种子形态**　种子呈倒卵形，扁平，长4.5~6.0 mm，宽2.0~2.5 mm，厚约0.3 mm。表面黄褐色，有时为红色，两面多皱。基端截形，宽约为种子的1/3；边缘宽翅状，腹面中央小纵棱长为种子长的3/4，周围颜色加深。

**采　　集**　花期5~11月，果期7~12月。秋季果实充分成熟而呈黄色且未开裂时采摘果实，剥出种子，贮藏于干燥处，也可连同果实一起贮藏。

**鉴别特征**　种子小，表面红色，无斑点及杂色。

1 mm　a

1 mm　b

1 mm　c

1 mm　d

1 mm　e

1 cm

f

1 cm

g

1 cm

h

**白前种子性状**

a. 背面；b. 侧面；c. 俯视面；d. 腹面；e. 仰视面；f. 堆叠；g. 平铺；h. 整齐排列

# 白　薇　　*Vincetoxicum atratum* (Bunge) Morren et Decne.

萝藦科多年生草本。以根及根茎入药，**为徐长卿药材的易混淆品。**

**种子形态**　种子呈卵形或椭圆形，较扁，长 6.1 ~ 8.2 mm，宽 3.1 ~ 4.3 mm，厚 1.2 ~ 1.6 mm，先端束生白色绢毛，毛长 17.6 ~ 26.5 mm，常脱落。表面棕褐色，散布暗褐色小斑点，边缘狭翼状；背面稍隆起，腹面平或微凹，具一线形的种脊，至先端与一微突出的种脐相连，至种子中下部与分枝的合点相连。线形种脊周围颜色加深。

**采　　集**　花期 5 ~ 7 月，果期 8 ~ 10 月。当蓇葖果变色且微开裂时及时分批采摘，敲开果壳，抖出种子，搓去白毛，晾干，贮藏。

**鉴别特征**　种子中等大小，大于徐长卿种子，表面散布暗褐色小斑点。

1 mm　　a

1 mm　　b

1 mm　　c

1 mm　　d

1 mm　　e

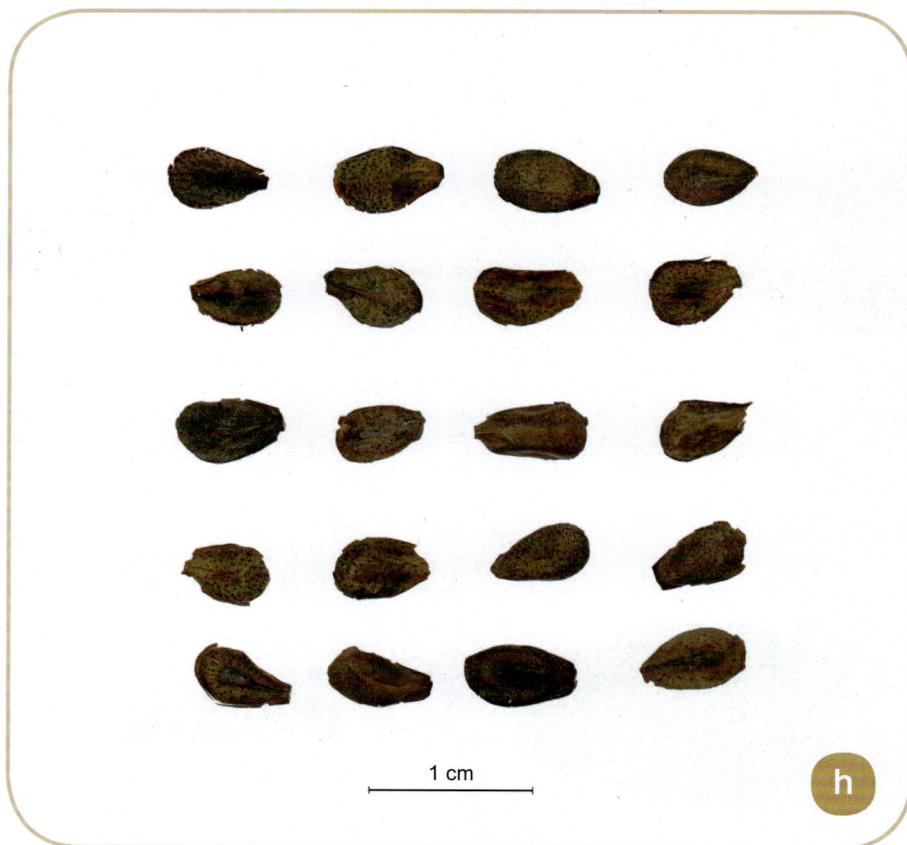

**白薇种子性状**

a. 背面；b. 侧面；c. 俯视面；d. 腹面；e. 仰视面；f. 堆叠；g. 平铺；h. 整齐排列

# 毛茛科

| 黄　连 | *Coptis chinensis* Franch. |

毛茛科多年生草本。以干燥根茎入药，药材名为黄连，习称"味连"。

**种子形态**　种子呈长椭圆形，长 2.0~2.5 mm，直径 0.6~0.9 mm，背面隆起，略呈弧形，腹面扁，中线明显略凹，先端圆形，基端平直；种皮红棕色或棕褐色，表面有多数纵纹凸起，稍有光泽。

**采　　集**　2~3 月开花，4~6 月结果。当蓇葖果由黄绿色刚转变为紫色且可抖出种子时，选晴天一次性采收，采收时两手合捧，连同果序一齐摘下，经搓打抖出黄绿色种子，置于室内阴凉湿润处，经常翻动，3~5 天后，种子逐渐变棕褐色时，拌和湿沙，贮藏于阴凉处。

**鉴别特征**　种子小，表面有多数纵纹凸起。

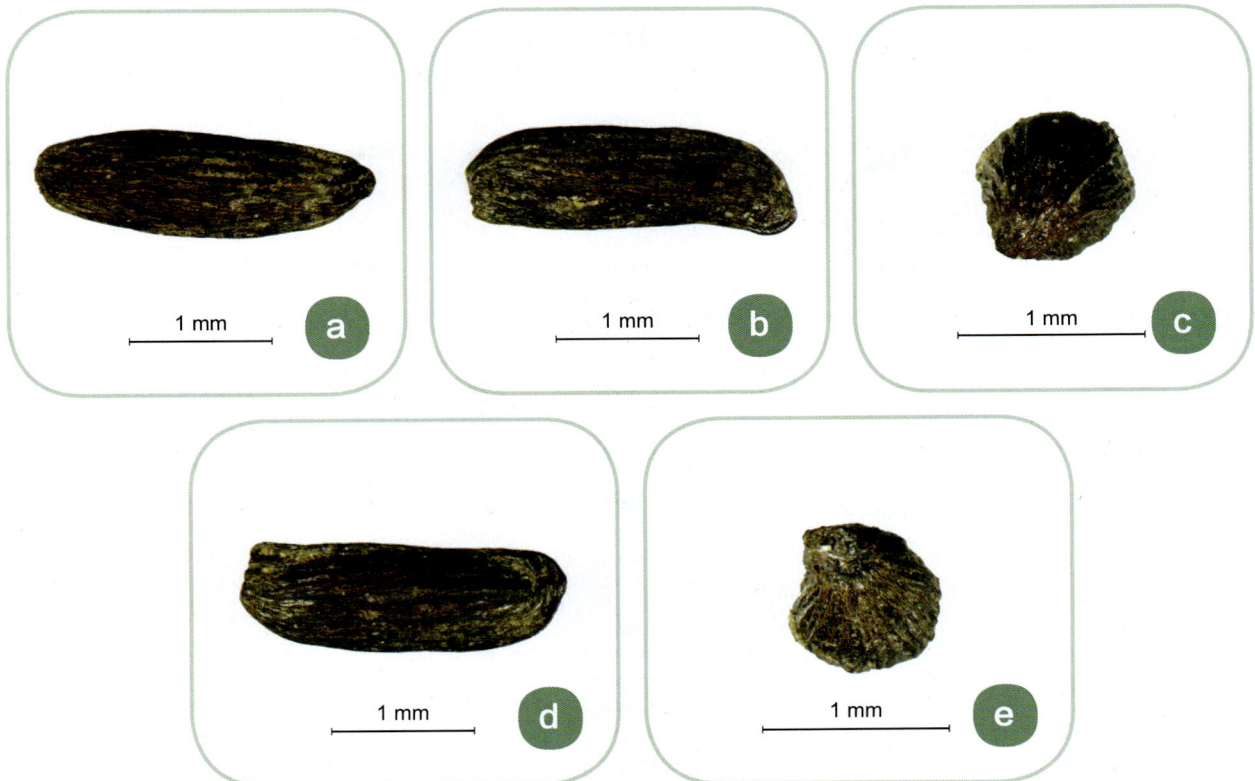

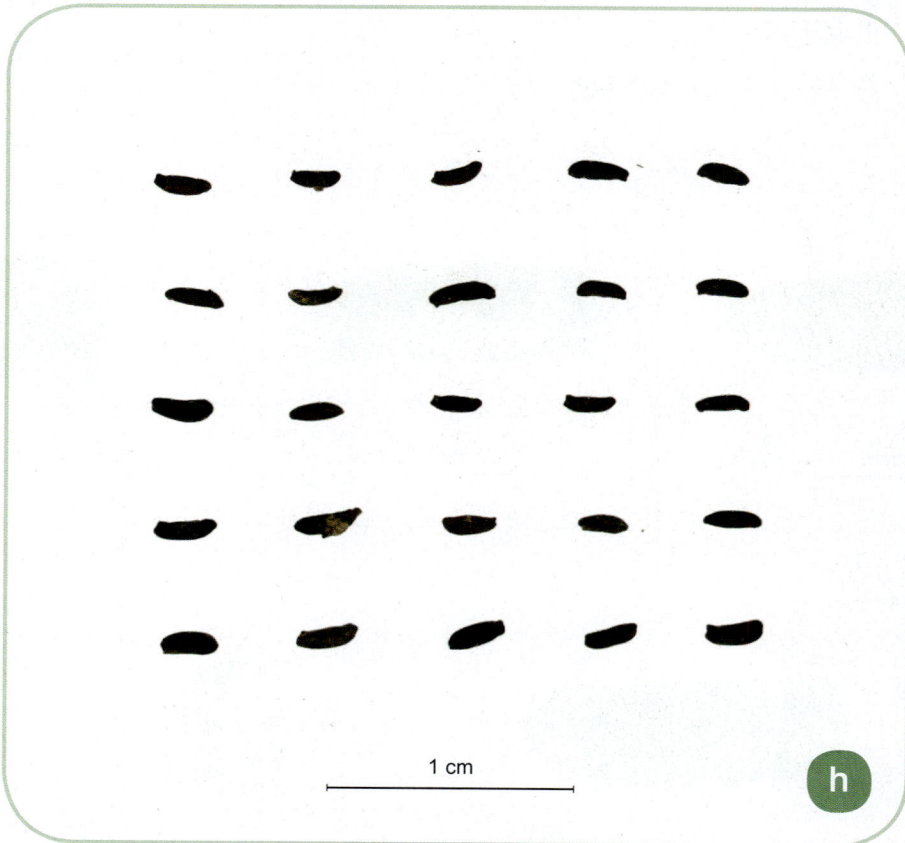

**黄连种子性状**

a. 背面；b. 侧面；c. 俯视面；d. 腹面；e. 仰视面；f. 堆叠；g. 平铺；h. 整齐排列

## 淫羊藿　　　　　　　　　　　　　　　*Epimedium brevicornu* Maxim.

小檗科多年生草本。以全草或叶入药。以干燥叶入药时，药材名为淫羊藿，**为黄连药材的易混淆品。**

**种子形态**　种子呈卵球形，长 3.3 ~ 3.5 mm，直径 3.0 ~ 3.2 mm，背面具多条隆起的纵棱，腹面中间有一明显隆起的种脊；种脐圆形，周围发黑；种皮红棕色或棕褐色，表面有多数纵纹凸起，无光泽。

**采　　集**　花期 5 ~ 6 月，果期 6 ~ 8 月。采收颜色深、有光泽的饱满种子，除去杂质，置于通风、干燥、阴暗、温度较低且相对恒定的地方贮藏。

**鉴别特征**　种子长于黄连种子，表面多呈红棕色。

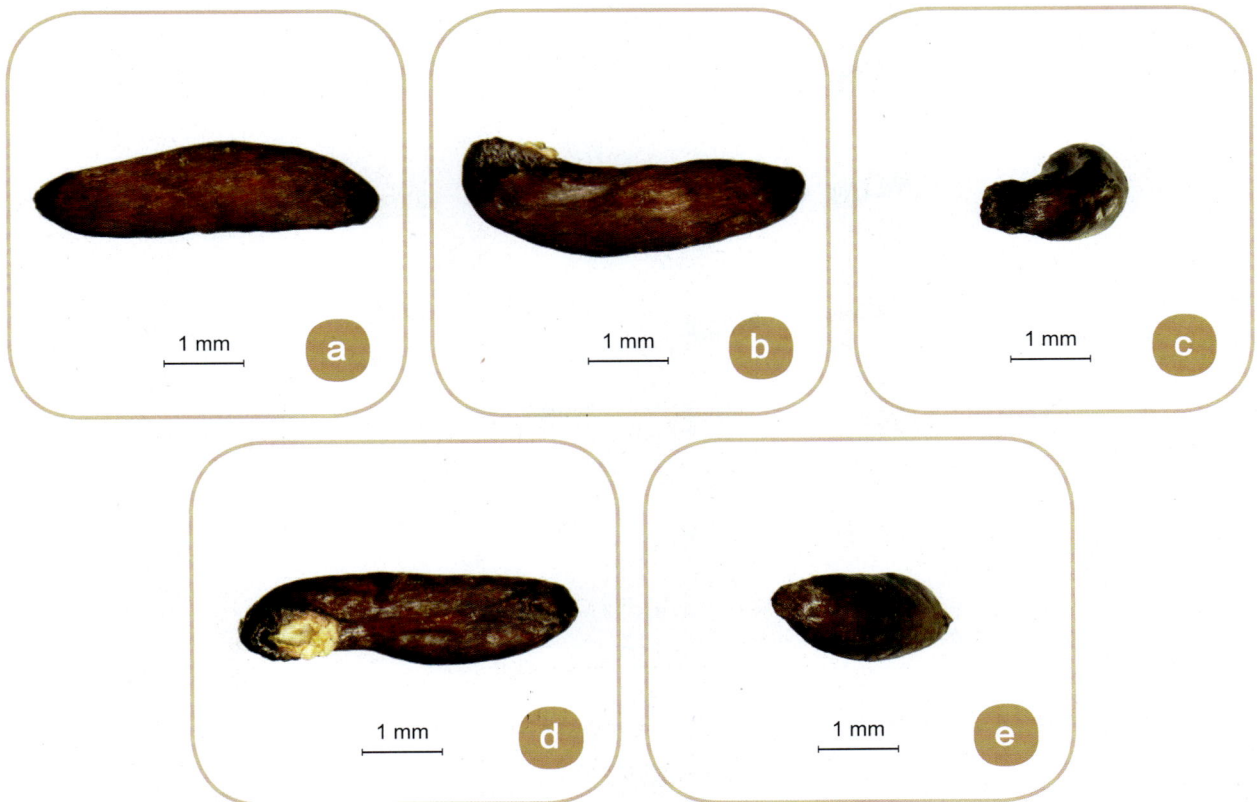

a　1 mm

b　1 mm

c　1 mm

d　1 mm

e　1 mm

1 cm — f

1 cm — g

1 cm — h

**淫羊藿种子性状**

a. 背面；b. 侧面；c. 俯视面；d. 腹面；e. 仰视面；f. 堆叠；g. 平铺；h. 整齐排列

# 牡　丹

*Paeonia suffruticosa* Andr.

毛茛科落叶灌木。以干燥根皮入药，药材名为牡丹皮。

**种子形态**　种子呈阔椭圆状球形或倒卵状球形，较扁，长 10.3～12.1 mm，宽 8.6～9.8 mm，厚约 2.7 mm；表面黑色或棕黑色，有光泽，常具 1～2 大型浅凹窝，基部略尖，有一不甚明显的小种孔。种脐位于种孔一侧，短线形，灰褐色。

**采　　集**　花期 4～5 月，果熟期 7～9 月。当蓇葖果呈黄色且腹部开始破裂时分批采收，置于室内阴凉通风处，使种子在果荚里充分后熟，经常翻动，以免发热，当果壳充分裂开后脱粒，播种或放于室内通风处阴干，不能暴晒。

**鉴别特征**　种子大，呈阔椭圆状球形，黑色，有光泽。

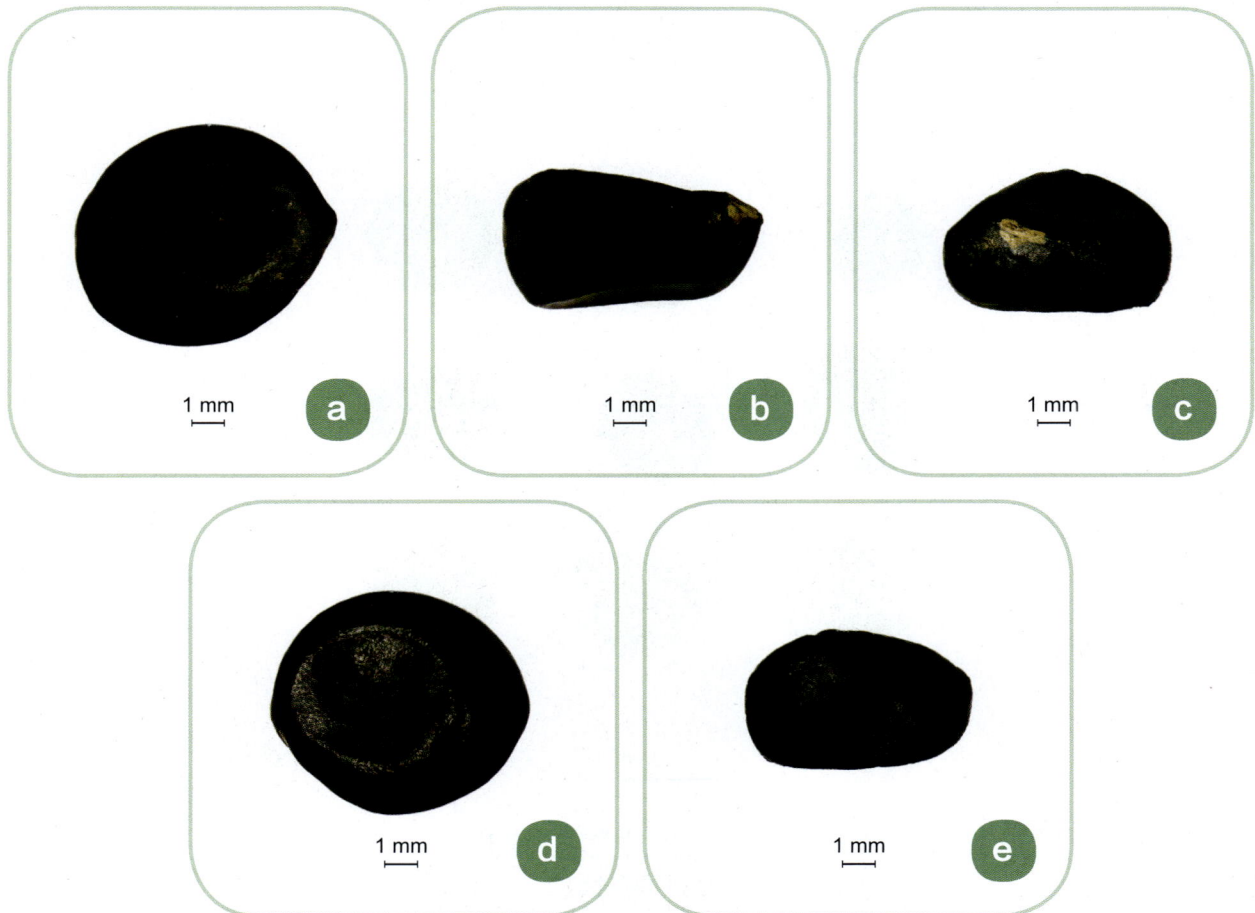

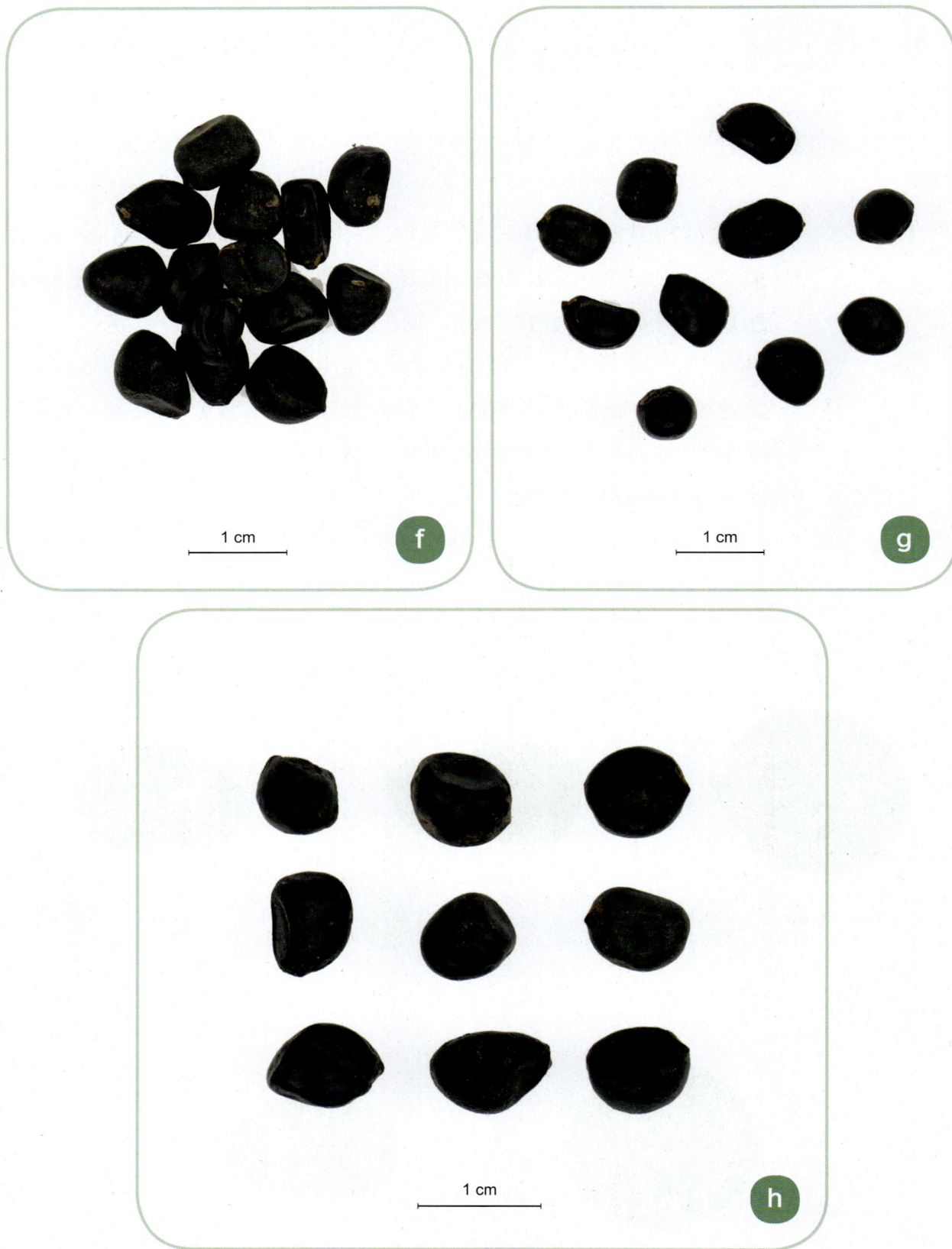

1 cm    f

1 cm    g

1 cm    h

**牡丹种子性状**

a. 背面；b. 侧面；c. 俯视面；d. 腹面；e. 仰视面；f. 堆叠；g. 平铺；h. 整齐排列

# 朱砂根

*Ardisia crenata* Sims

紫金牛科灌木。以根、叶、果实入药，**为牡丹皮药材的易混淆品。**

**种子形态**　种子呈球形，直径 6.0~8.0 mm。表面黄褐色至暗褐色。

**采　　集**　花期 5~6 月，果期 10~12 月或 2~4 月。采收颜色深、光泽强的饱满种子，采收后除去杂质，置于通风、干燥、阴暗、温度较低且相对恒定的地方贮藏。

**鉴别特征**　本种种子与牡丹种子的区别为本种种子中等大小，表面黄褐色至暗褐色。

a　1 mm

b　1 mm

c　1 mm

d　1 mm

e　1 mm

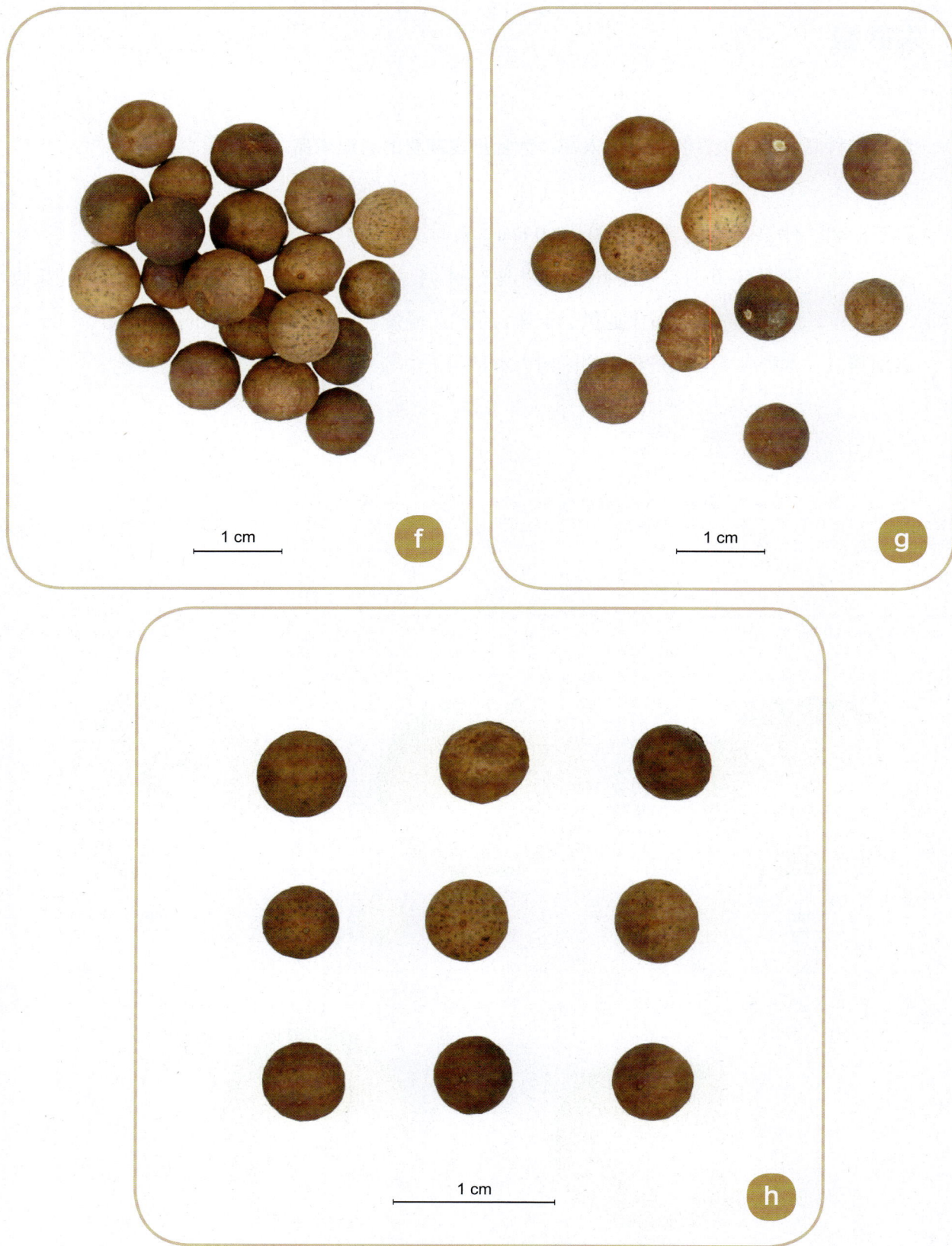

**朱砂根种子性状**

a. 背面；b. 侧面；c. 俯视面；d. 腹面；e. 仰视面；f. 堆叠；g. 平铺；h. 整齐排列

## 芍 药　　　　　　　　　　　　　　　　　　　　　*Paeonia lactiflora* Pall.

毛茛科多年生草本。以干燥根入药，药材名为白芍。

**种子形态**　种子呈椭圆状球形或倒卵形，略扁，长 6.9 ~ 8.7 mm，宽 6.5 ~ 7.2 mm，厚约
　　　　　　3.4 mm；表面棕色或红棕色，稍有光泽，常具 1 ~ 3 大型浅凹窝及略凸起的黄棕
　　　　　　色或棕色斑点，基部略尖，有一不甚明显的小孔，为种孔。种脐位于种孔一侧，
　　　　　　短线形，污白色。

**采　　集**　花期5~7月，果熟期8~9月，南方果实7月成熟，单瓣芍药结子多，选健壮植株
　　　　　　采种，于蓇葖果微裂时及时采摘，随采随播或沙藏至少数萌芽时播种。

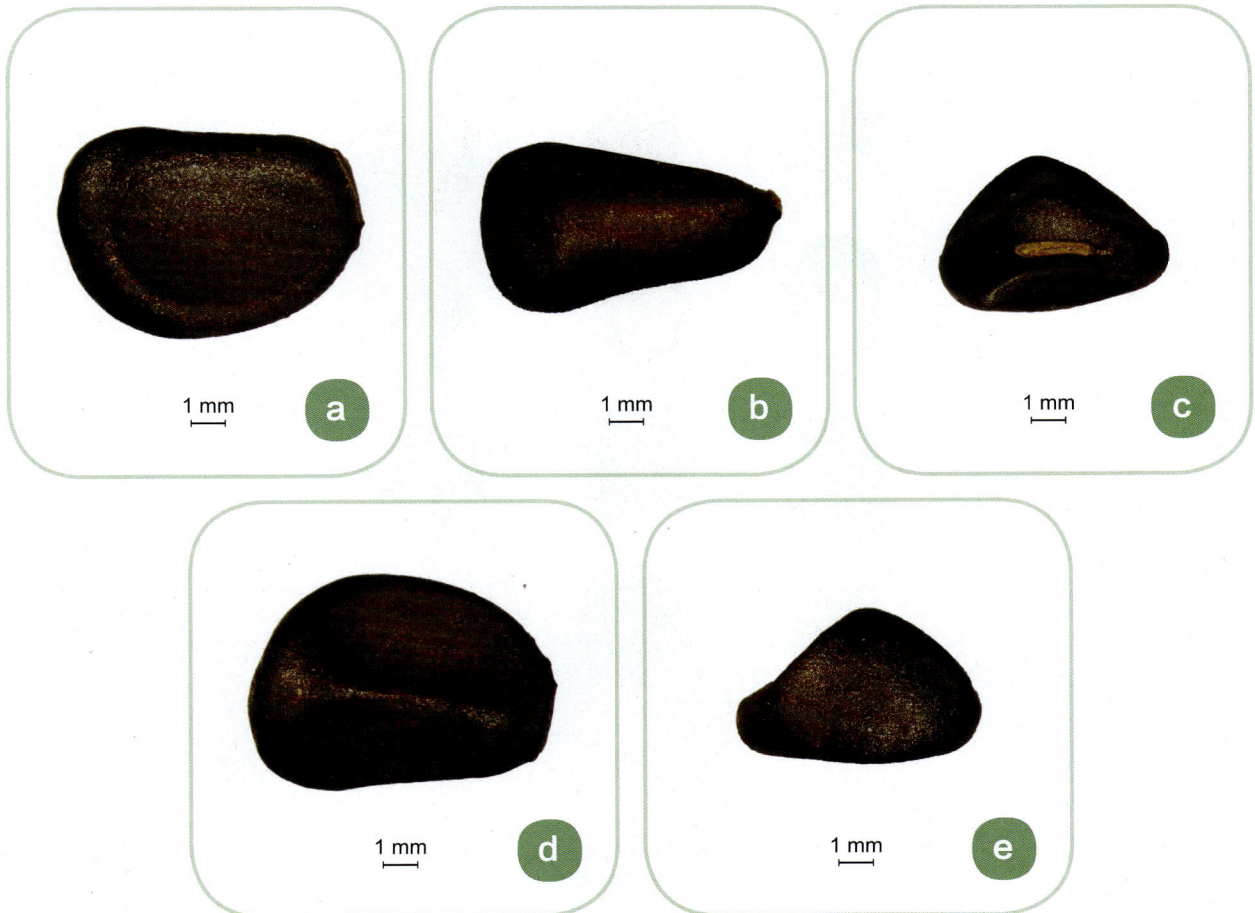

1 mm　（a）
1 mm　（b）
1 mm　（c）
1 mm　（d）
1 mm　（e）

1 cm

f

1 cm

g

1 cm

h

**芍药种子性状**

a. 背面；b. 侧面；c. 俯视面；d. 腹面；e. 仰视面；f. 堆叠；g. 平铺；h. 整齐排列

## 乌 头                                   *Aconitum carmichaelii* Debx.

毛茛科草本。以干燥母根入药，药材名为川乌。以子根的加工品入药，药材名为附子，习称"泥附子"。

**种子形态**　种子呈倒卵形，略扁，长 4.1 ~ 5.2 mm，宽 2.8 ~ 3.2 mm，厚 1.6 ~ 2.1 mm；表面褐色，皱缩，背部宽，横生大型膜质鳞片，两端延伸至两侧面，腹侧具膜质翼，且有种脊；基部具一小点状的种脐；种皮膜质。

**采　集**　花期 6 ~ 7 月，果熟期 8 ~ 11 月，露蕊乌头果熟期 8 月。蓇葖果成熟时开裂，应在果未开裂时分批采摘，除去杂质，随采随播。

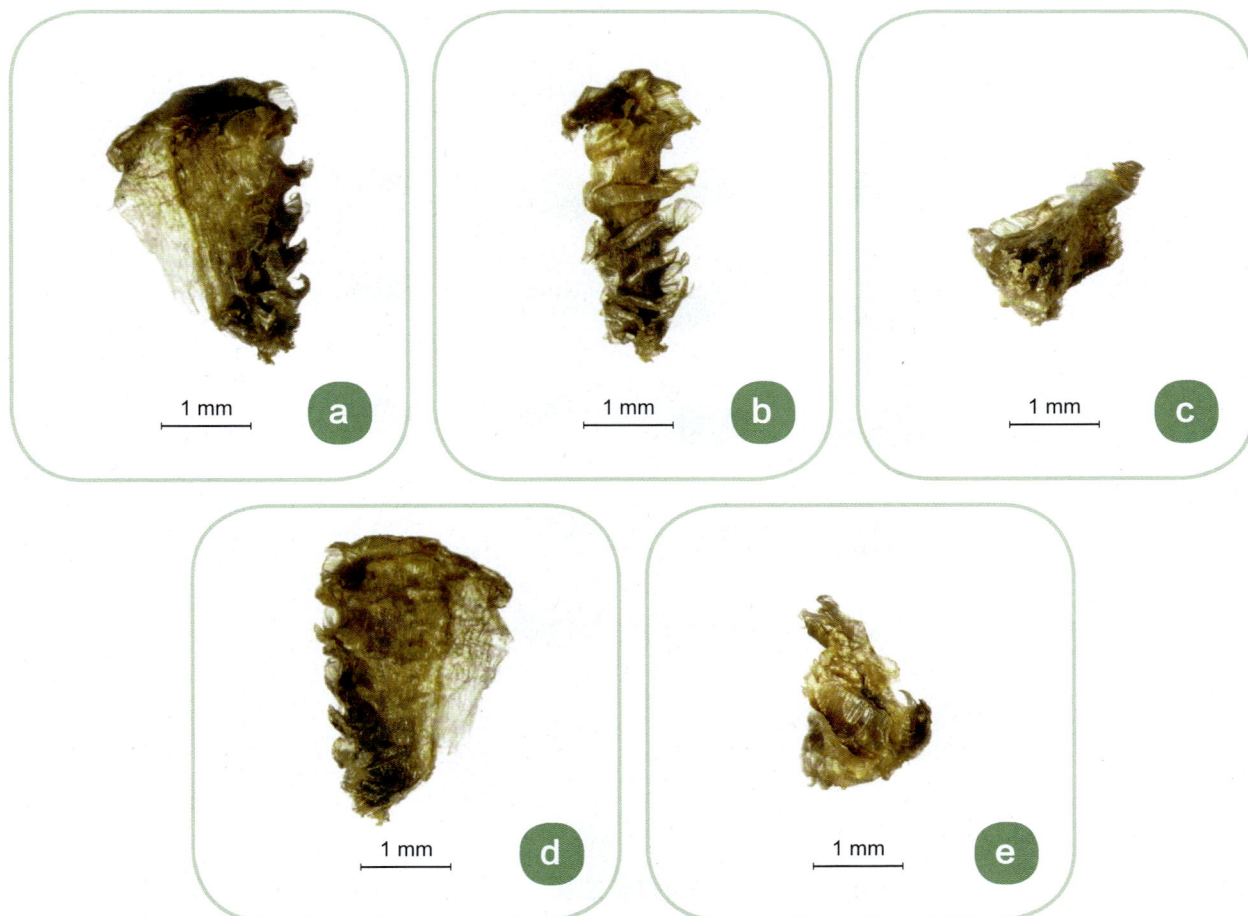

a　1 mm

b　1 mm

c　1 mm

d　1 mm

e　1 mm

**乌头种子性状**

a. 背面；b. 侧面；c. 俯视面；d. 腹面；e. 仰视面；f. 堆叠（果实）；g. 平铺（果实）；h. 整齐排列（果实）

## 腺毛黑种草 *Nigella glandulifera* Freyn et Sint.

毛茛科多年生草本。以干燥成熟种子入药，药材名为黑种草子。

**种子形态** 种子黑色，呈三角形，略扁，长 2.9 ~ 3.1 mm，宽 1.6 ~ 1.8 mm，厚 1.0 ~ 1.2 mm。表面黑色，粗糙，有横皱纹。先端较狭而尖，下端稍钝，有不规则的突起。

**采　　集** 8 月初当大部分蒴果由绿色变黄色时及时收割，晒干，脱粒，去净杂质，装入袋中，放于干燥阴凉处贮藏。

**鉴别特征** 种子小，黑色，呈三角形，粗糙，有横皱。

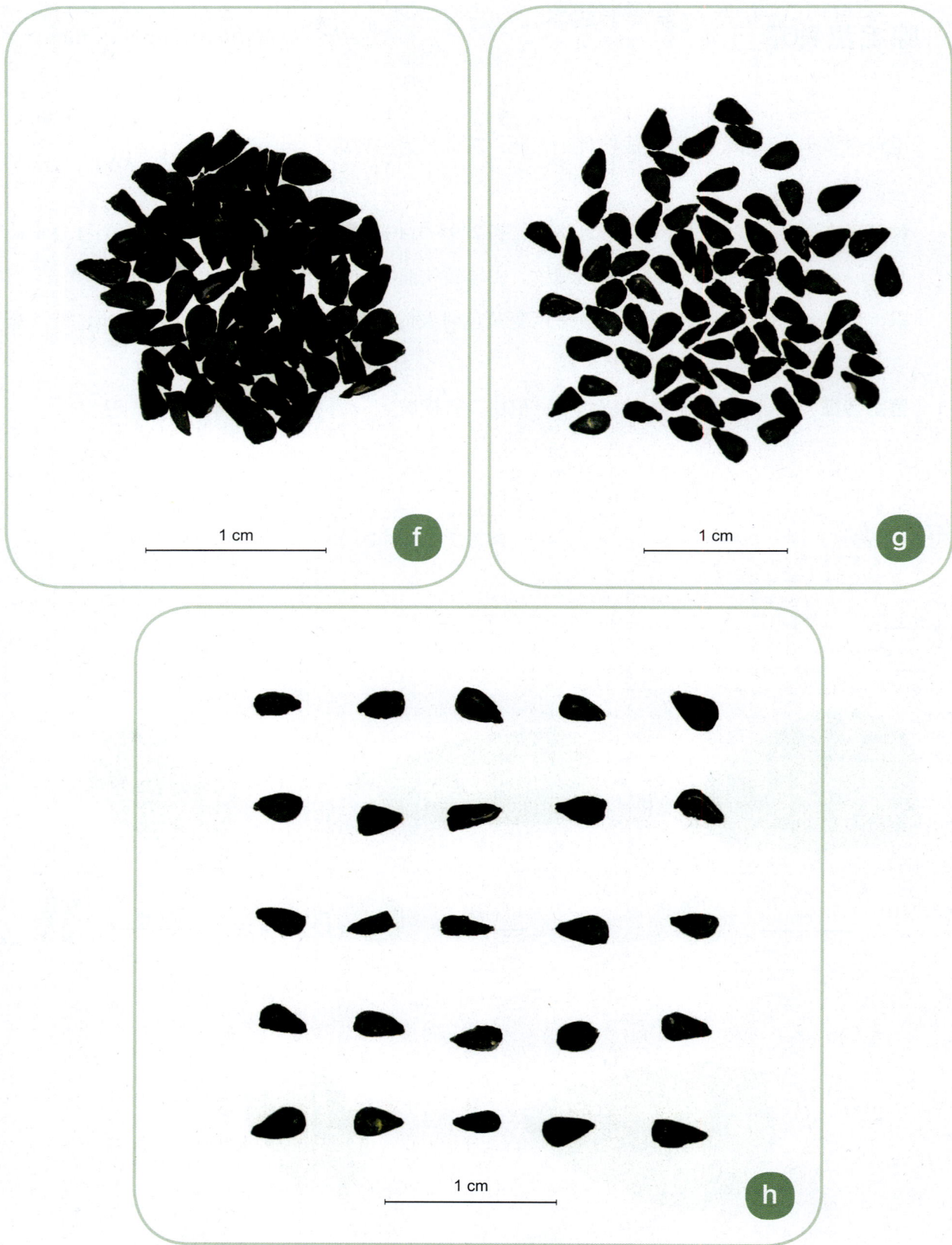

**腺毛黑种草种子性状**

a. 背面；b. 侧面；c. 俯视面；d. 腹面；e. 仰视面；f. 堆叠；g. 平铺；h. 整齐排列

## 莴 苣 *Lactuca sativa* L.

菊科一年生或二年生草本。以嫩茎、种子入药，**为黑种草子药材的易混淆品。**

**种子形态** 瘦果呈倒披针形，较扁，长 3.0~5.0 mm，宽 1.2~1.7 mm，厚约 0.8 mm。表面棕绿色，每面有 6~7 细脉纹。先端急尖成细喙，长 1.5~2.5 mm，喙细丝状，长约 4 mm，与瘦果几等长。冠毛 2 层，白色，纤细，微糙毛状。果脐在基部，白色，微凹。

**采　集** 花果期 2~9 月。当瘦果呈黑色时采集，割下果序，晒干，脱粒，簸去杂质，放于干燥处贮藏。

**鉴别特征** 果实小，棕绿色，倒披针形，有细脉纹。

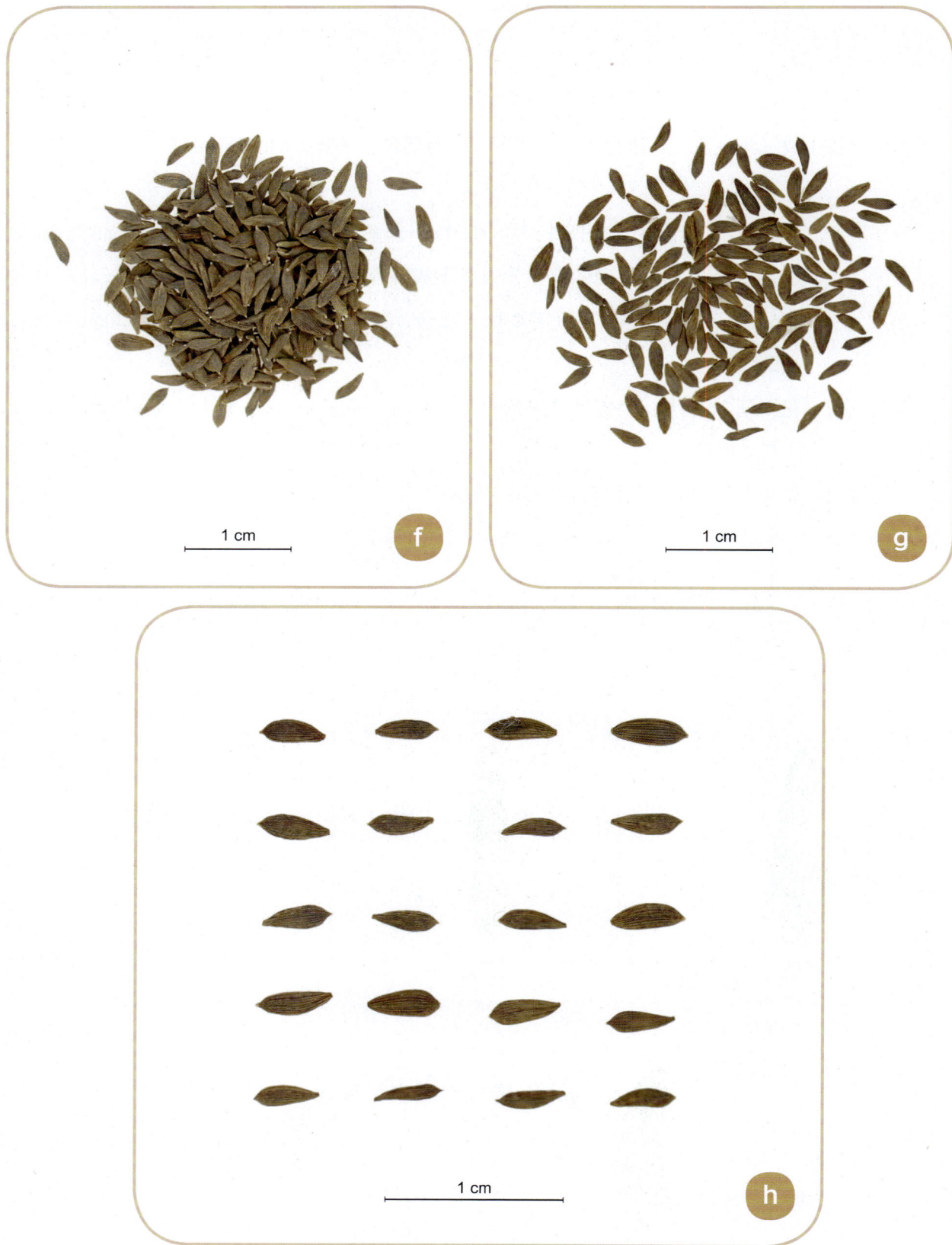

1 cm  f

1 cm  g

1 cm  h

**莴苣果实性状**

a. 背面；b. 侧面；c. 俯视面；d. 腹面；e. 仰视面；f. 堆叠；g. 平铺；h. 整齐排列

# 木兰科

## 凹叶厚朴　　　*Magnolia officinalis* Rehd. et Wils. var. *biloba* Rehd. et Wils.

木兰科落叶乔木。以干燥干皮、根皮、枝皮入药，药材名为厚朴。以干燥花蕾入药，药材名为厚朴花。

**种子形态**　种子呈宽倒卵形，较扁，长 8.5 ~ 11.0 mm，宽 8.0 ~ 9.5 mm，厚约 4.0 mm。表面黑色，光亮。先端尖，基部钝且种脐凹陷，中央有一较宽的沟。

**采　　集**　花期 4 ~ 5 月，果期 10 月。采收颜色深、有光泽的饱满种子，及时清理，脱粒，除去杂质，置于通风、干燥、阴暗、温度较低且相对恒定的地方贮藏。

**鉴别特征**　种子中等大小，黑色，光亮。

1 mm　a

1 mm　b

1 mm　c

1 mm　d

1 mm　e

1 cm

f

1 cm

g

1 cm

h

**凹叶厚朴种子性状**

a. 背面；b. 侧面；c. 俯视面；d. 腹面；e. 仰视面；f. 堆叠；g. 平铺；h. 整齐排列

# 厚 朴

*Magnolia officinalis* Rehd. et Wils.

木兰科落叶乔木。以干燥干皮、根皮、枝皮入药，药材名为厚朴。以干燥花蕾入药，药材名为厚朴花。

**种子形态** 种子呈三角状倒卵形，略扁，长 8.5 ~ 10.0 mm，宽 6.0 ~ 7.5 mm，厚约 3.8 mm。表面灰黑色，粗糙。先端尖，基部钝且种脐凹陷，腹面中央有一较宽的沟，两边隆起。

**采　　集** 花期 5 ~ 6 月，果期 8 ~ 10 月。采收颜色深、有光泽的饱满种子，除去杂质，置于通风、干燥、阴暗、温度较低且相对恒定的地方贮藏。

**鉴别特征** 种子小，黑灰色，无光泽，比凹叶厚朴种子窄。

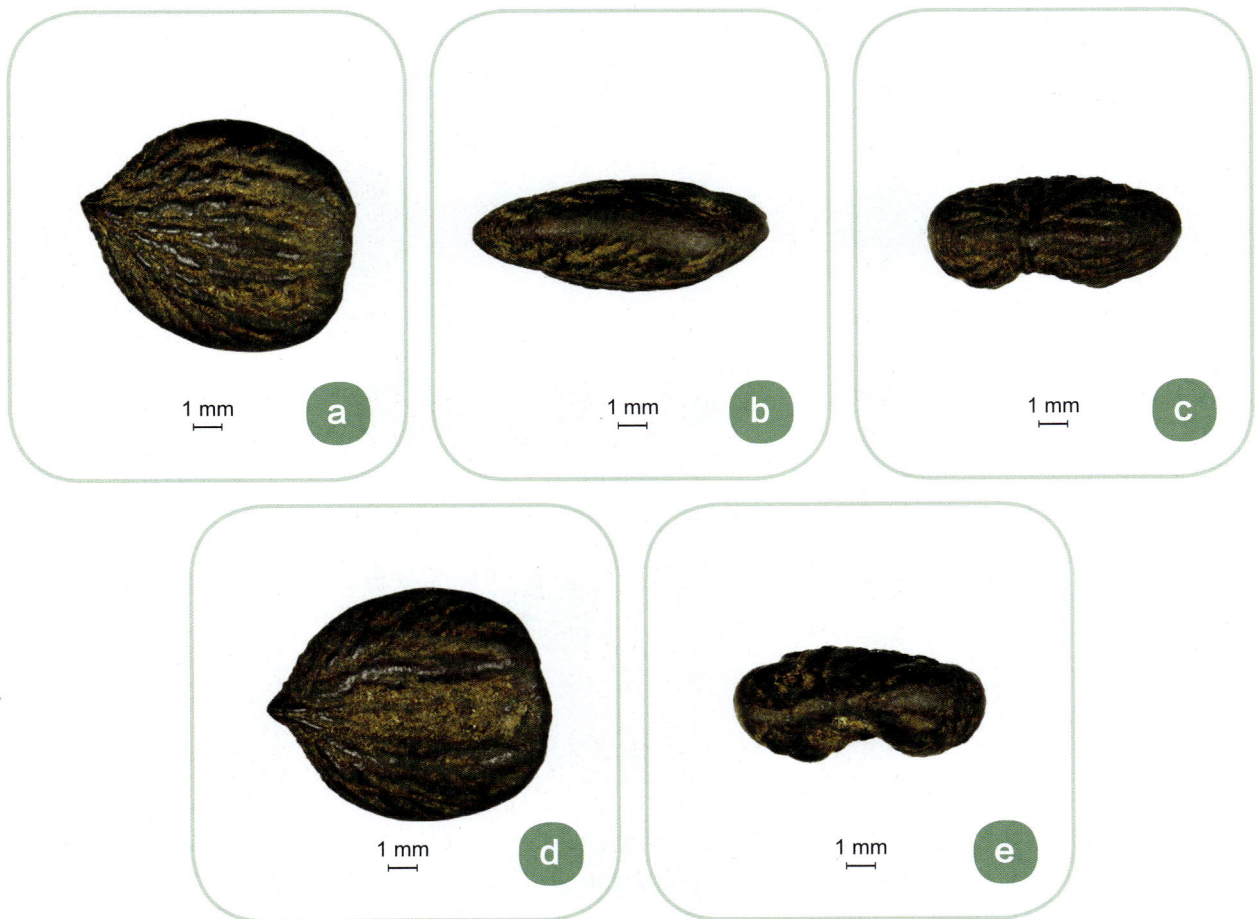

1 mm　a

1 mm　b

1 mm　c

1 mm　d

1 mm　e

f

1 cm

g

1 cm

h

**厚朴种子性状**

a. 背面；b. 侧面；c. 俯视面；d. 腹面；e. 仰视面；f. 堆叠；g. 平铺；h. 整齐排列

# 八角茴香                                    *Illicium verum* Hook. f.

木兰科乔木。以干燥成熟果实入药，药材名为八角茴香。

**种子形态**　种子呈卵形，略扁，长 7.0 ~ 9.0 mm，宽 4.5 ~ 6.0 mm，厚 3.6 ~ 3.8 mm；种皮棕色或灰棕色，光亮；一端有小种脐，旁有明显珠孔，另一端有合点，种脐与合点之间有淡色的狭细种脊。

**采　　集**　花期 7 ~ 11 月，8 月中旬以前开花形成的幼果，当年发育，翌年 3 ~ 4 月成熟，8 月中旬以后开花形成的幼果，翌年 10 月中下旬成熟，可采收留种。当果实变红棕色时采收，置于干湿适度的地方贮藏。

**鉴别特征**　种子中等大小，棕色，光亮，厚 3.6 ~ 3.8 mm。

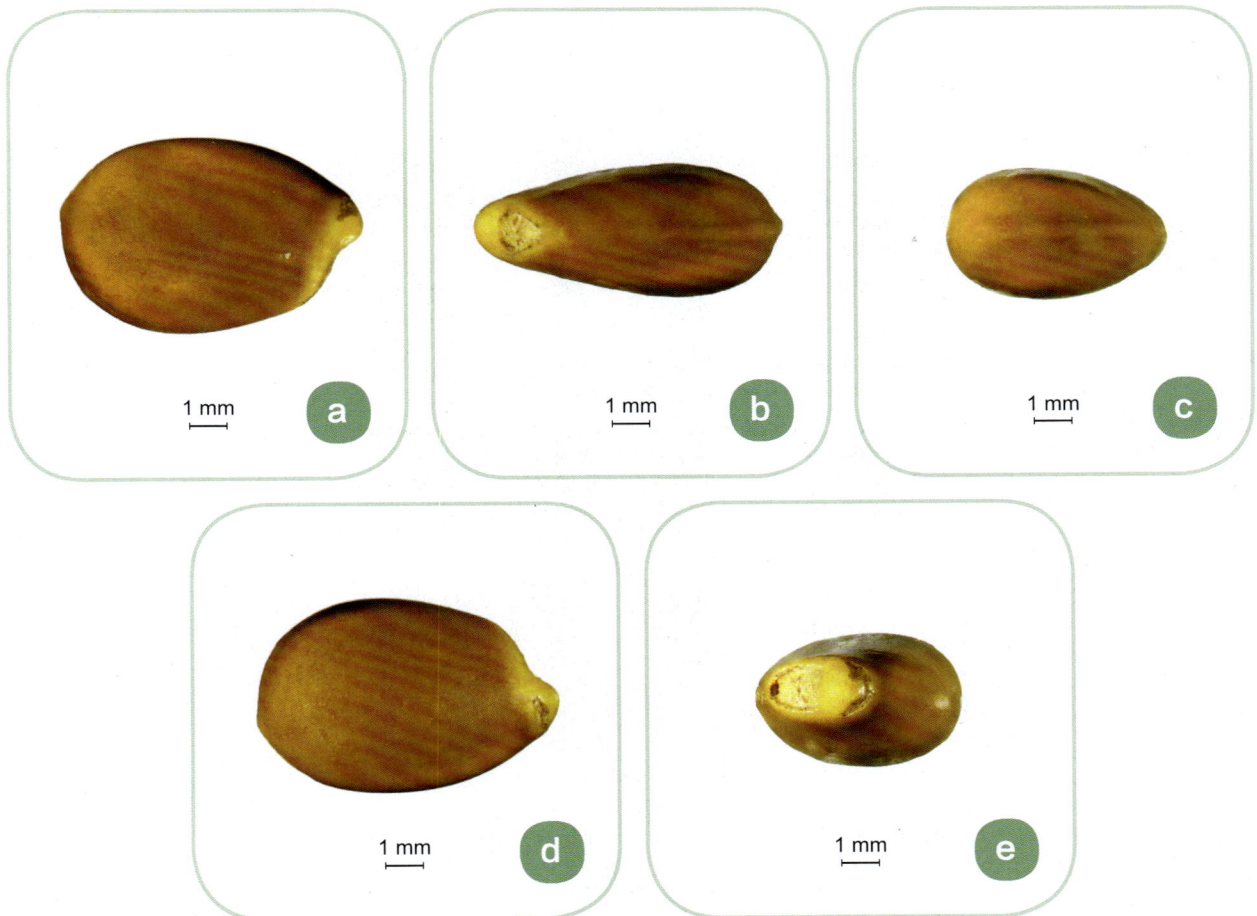

1 mm　a

1 mm　b

1 mm　c

1 mm　d

1 mm　e

1 cm

f

1 cm

g

1 cm

h

**八角茴香种子性状**

a. 背面；b. 侧面；c. 俯视面；d. 腹面；e. 仰视面；f. 堆叠；g. 平铺；h. 整齐排列

# 红茴香

木兰科灌木或小乔木。以根或根皮入药，**为八角茴香药材的易混淆品。**

**种子形态**　种子呈卵形，略扁，长 7.0~8.0 mm，宽 4.5~5.5 mm，厚 2.0~3.5 mm；种皮棕色或红棕色，光亮；一端有小种脐，旁有明显珠孔，另一端有合点，种脐与合点之间有淡色的狭细隆起种脊。

**采　　集**　花期4~6月，果期8~10月。采收颜色深、有光泽的饱满种子，及时清理，脱粒，除去杂质，置于通风、干燥、阴暗、温度较低且相对恒定的地方贮藏。

**鉴别特征**　种子中等大小，比八角茴香种子细长，且更扁。

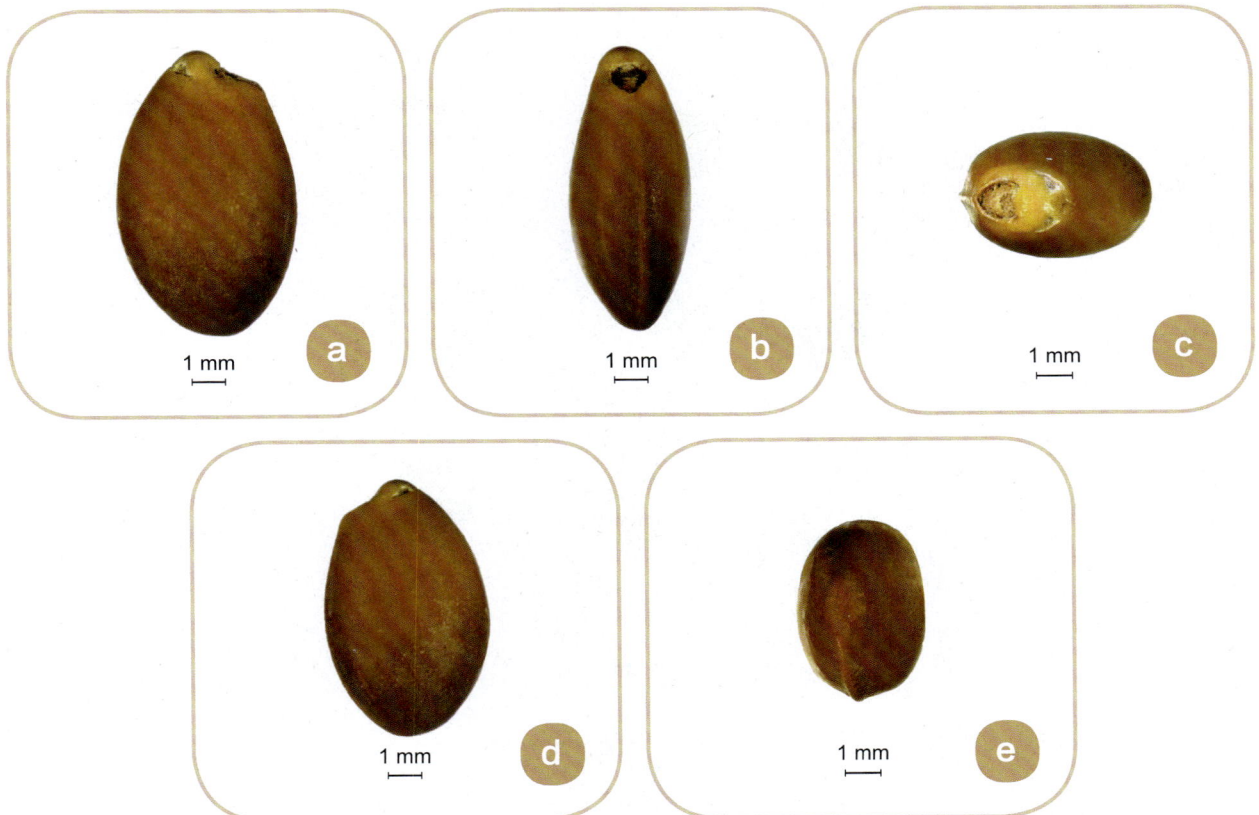

a　1 mm

b　1 mm

c　1 mm

d　1 mm

e　1 mm

1 cm

**f**

1 cm

**g**

1 cm

**h**

**红毒茴种子性状**

a. 背面；b. 侧面；c. 俯视面；d. 腹面；e. 仰视面；f. 堆叠；g. 平铺；h. 整齐排列

## 野八角                                      *Illicium simonsii* Maxim.

木兰科乔木。以果实入药，**为八角茴香药材的易混淆品。**

**种子形态**　种子呈卵形，略扁，长 6.5 ~ 7.5 mm，宽 5.0 ~ 5.5 mm，厚 2.5 ~ 3.0 mm；种皮棕
色或红棕色，光亮；一端有小种脐，旁有明显珠孔，另一端有合点，种脐与合点
之间有淡色的狭细隆起种脊。

**采　　集**　花期 4 ~ 6 月，果期 8 ~ 10 月。采收颜色深、有光泽的饱满种子，及时清理，除去
杂质，置于通风、干燥、阴暗、温度较低且相对恒定的地方贮藏。

**鉴别特征**　种子中等大小，比八角茴香种子小。

a　1 mm

b　1 mm

c　1 mm

d　1 mm

e　1 mm

**野八角种子性状**

a.背面；b.侧面；c.俯视面；d.腹面；e.仰视面；f.堆叠；g.平铺；h.整齐排列

# 望春花 *Magnolia biondii* Pamp.

木兰科落叶乔木。以干燥花蕾入药，药材名为辛夷。

**种子形态** 种子呈椭球形，略扁，长 7.5~8.5 mm，宽 7.0~8.0 mm，厚 4.5~5.5 mm，暗红色，夹杂黑色，无光泽，具隆起皱纹。

**采　　集** 花期 3 月，果熟期 9 月。采收颜色深、有光泽的饱满种子，及时清理，脱粒，除去杂质，置于通风、干燥、阴暗、温度较低且相对恒定的地方贮藏。

**鉴别特征** 种子中等大小，暗红色，无光泽。

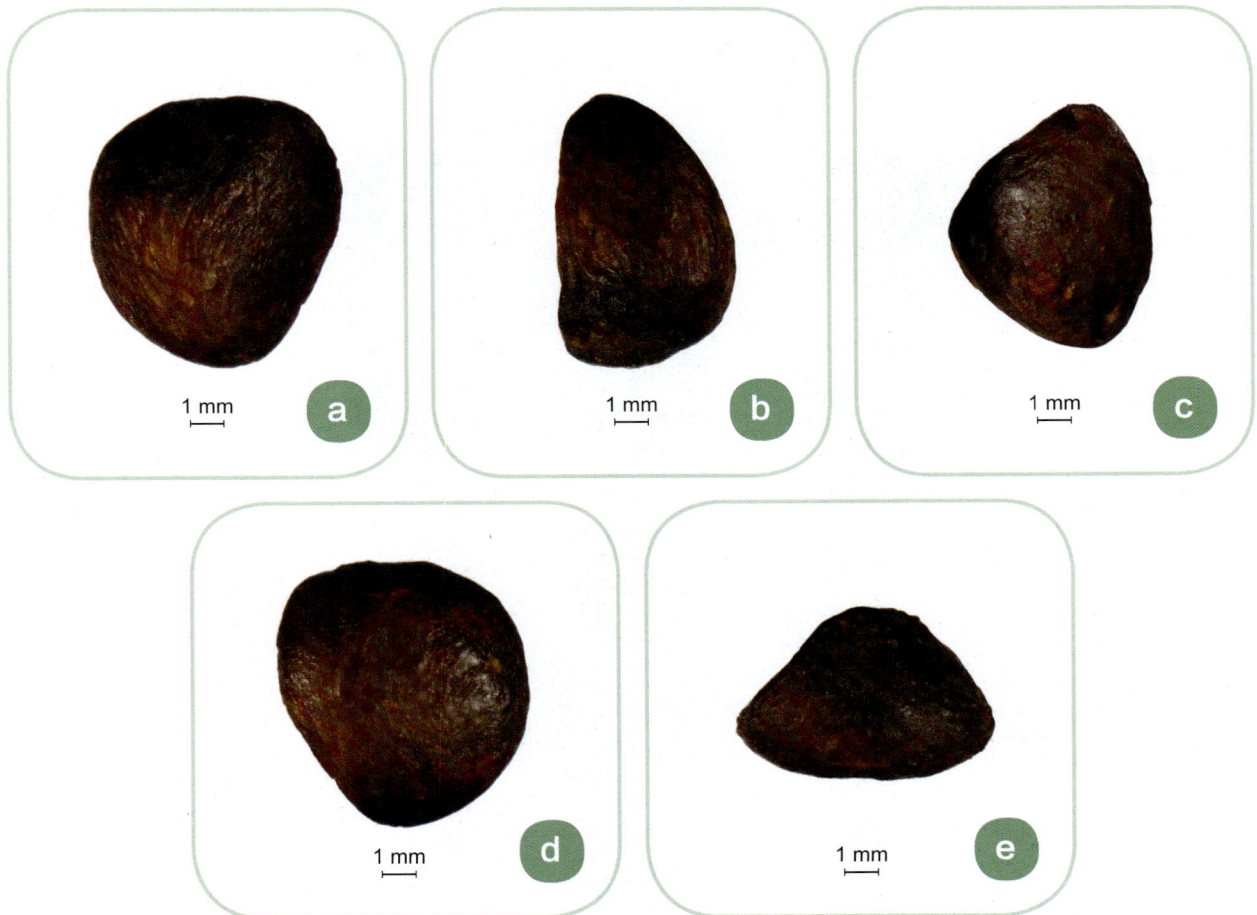

1 cm

f

1 cm

g

1 cm

h

**望春花种子性状**

a. 背面；b. 侧面；c. 俯视面；d. 腹面；e. 仰视面；f. 堆叠；g. 平铺；h. 整齐排列

## 玉 兰           *Magnolia denudata* Desr.

木兰科落叶乔木。以干燥花蕾入药，药材名为辛夷。

**种子形态**   种子近圆形，扁平，长、宽均 10.0～12.0 mm，厚 0.6～0.8 mm；外种皮红色，有光泽，夹杂黑色，具隆起皱纹，侧面具一浅色的种脐。

**采    集**   花期 2～3 月，常于 7～9 月再开一次花，果期 8～9 月。采收颜色深、有光泽的饱满种子，及时清理，脱粒，除去杂质，置于通风、干燥、阴暗、温度较低且相对恒定的地方贮藏。

**鉴别特征**   种子大，远大于望春花种子，红色，有光泽。

f

1 cm

g

1 cm

h

1 cm

**玉兰种子性状**

a. 背面；b. 侧面；c. 俯视面；d. 腹面；e. 仰视面；f. 堆叠；g. 平铺；h. 整齐排列

## 华中五味子 *Schisandra sphenanthera* Rehd. et Wils. （非人工栽培）

木兰科落叶木质藤本。以干燥成熟果实入药，药材名为南五味子。

**种子形态**　种子呈椭圆状肾形，略扁，长 3.0~3.5 mm，直径 2.7 mm，厚约 2.4 mm；表面黑褐色，不光滑，有细密的瘤状小突起，稍有光泽。种皮薄而脆；种脐位于种子腹侧凹入处，棕黄色，大而凸出。

**采　集**　花期 3~7 月，果熟期 9 月。果实呈红色且变软时采收，随即浸泡于水中，搓去果肉，洗出种子，再于水中将秕粒漂出。

**鉴别特征**　种子小，黑褐色，有细密的瘤状小突起。

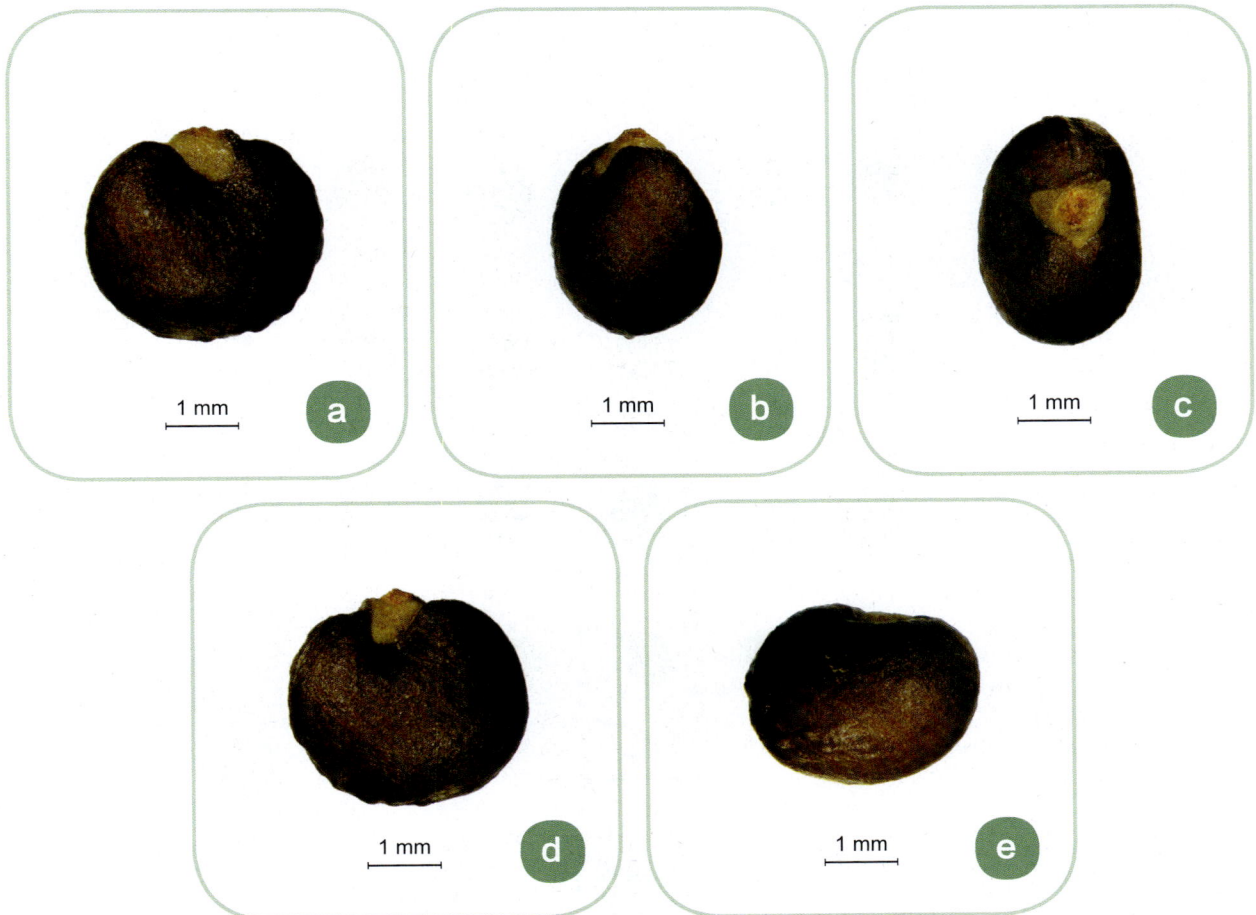

f

1 cm

g

1 cm

h

1 cm

**华中五味子种子性状**

a. 背面；b. 侧面；c. 俯视面；d. 腹面；e. 仰视面；f. 堆叠；g. 平铺；h. 整齐排列

# 五味子

*Schisandra chinensis*（Turcz.）Baill.

木兰科落叶木质藤本。以干燥成熟果实入药，药材名为五味子，习称"北五味子"。

**种子形态**　种子呈椭圆状肾形，略扁，长 3.5～5.0 mm，宽 3.0～4.1 mm，厚 2.2～2.8 mm；表面浅黄色，平滑，有光泽。种脐位于种子腹侧凹入处；种仁呈肾形，上端钝圆，下端稍尖。

**采　　集**　花期5～7月，果熟期9～10月。果实呈红色且变软时采收，浸泡于水中，搓去果肉，洗出种子，再于水中将秕粒漂出。

**鉴别特征**　种子小，浅黄色，平滑，有光泽。

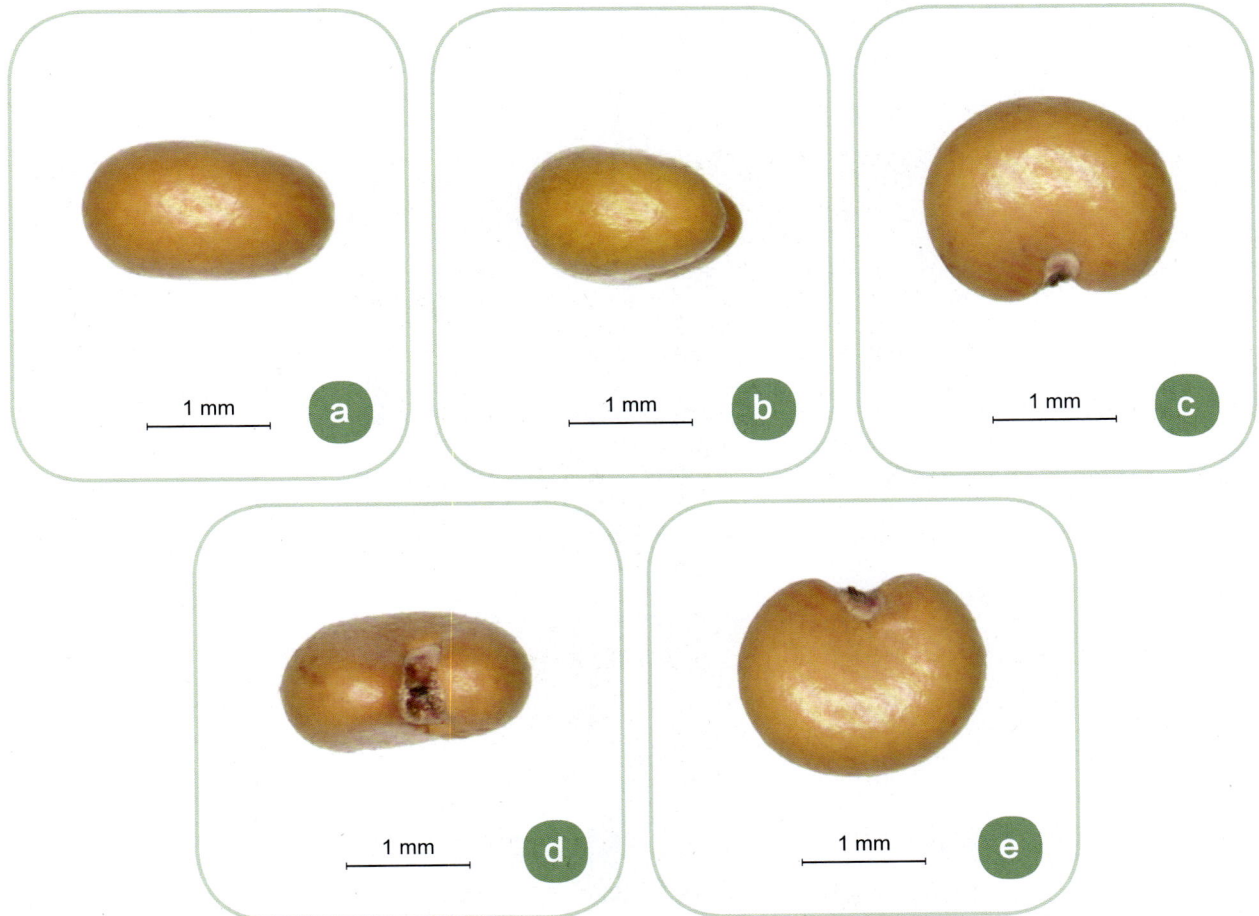

1 mm　a

1 mm　b

1 mm　c

1 mm　d

1 mm　e

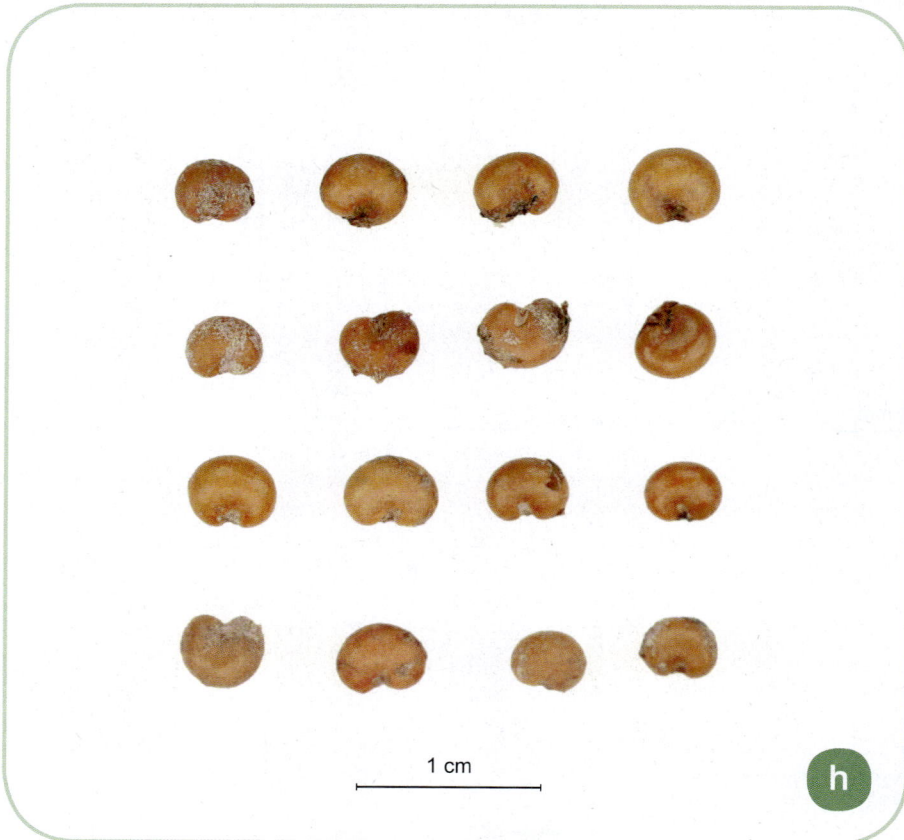

**五味子种子性状**

a. 背面；b. 侧面；c. 俯视面；d. 腹面；e. 仰视面；f. 堆叠；g. 平铺；h. 整齐排列

# 山葡萄 *Vitis amurensis* Rupr.

葡萄科木质藤本。以果实、茎、根入药，**为五味子药材的易混淆品。**

**种子形态** 种子呈倒卵圆形，略扁，长 4.0~4.5 mm，宽 3.3~3.5 mm，厚 2.0~2.3 mm；表面褐色；先端微凹，基部有短喙。种脐在种子腹面中部呈椭圆形，腹面中棱脊微凸起，两侧洼穴狭窄，呈条形，向上可达种子中部或近先端。

**采　集** 花期 5~6 月，果期 7~9 月。采收颜色深、有光泽的饱满种子，及时清理，脱粒，除去杂质，置于通风、干燥、阴暗、温度较低且相对恒定的地方贮藏。

**鉴别特征** 本种种子与五味子种子的区别为本种种子小，褐色，无光泽。

1 cm

f

1 cm

g

1 cm

h

**山葡萄种子性状**

a. 背面；b. 侧面；c. 俯视面；d. 腹面；e. 仰视面；f. 堆叠；g. 平铺；h. 整齐排列

# 木犀科

| 女 贞 | *Ligustrum lucidum* Ait. |

木犀科落叶灌木或乔木。以干燥成熟果实入药，药材名为女贞子。

**种子形态** 核果浆果状，呈长圆形，一侧稍凸，成熟时蓝黑色，干燥后果实呈卵形、椭圆形或肾形，长 6.0 ~ 6.6 mm，直径 2.9 ~ 3.1 mm；表面黑紫色或灰黑色，皱缩不平，基部有果梗痕或宿萼、短梗。外果皮薄，中果皮较松软，易剥离，内果皮木质，黄棕色，具纵棱，破开后通常具 1 种子，种子呈肾形，紫黑色。

**采　集** 花期 5~7 月，果期 7 月至翌年 5 月。冬季果实成熟时采收，除去枝叶，稍蒸或置沸水中略烫后，干燥；或直接干燥。

**鉴别特征** 果实中等大小，呈长肾形，表面具多条隆起的纵肋。

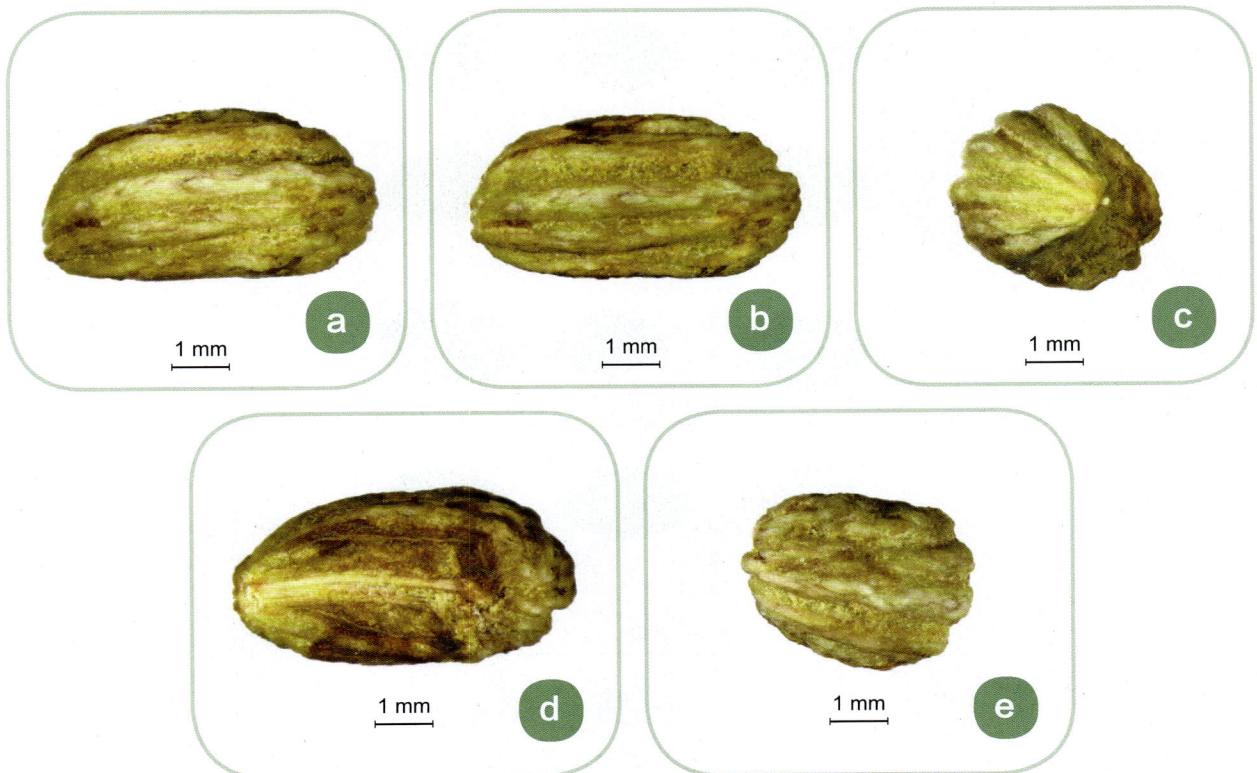

a　1 mm

b　1 mm

c　1 mm

d　1 mm

e　1 mm

1 cm

f

1 cm

g

1 cm

h

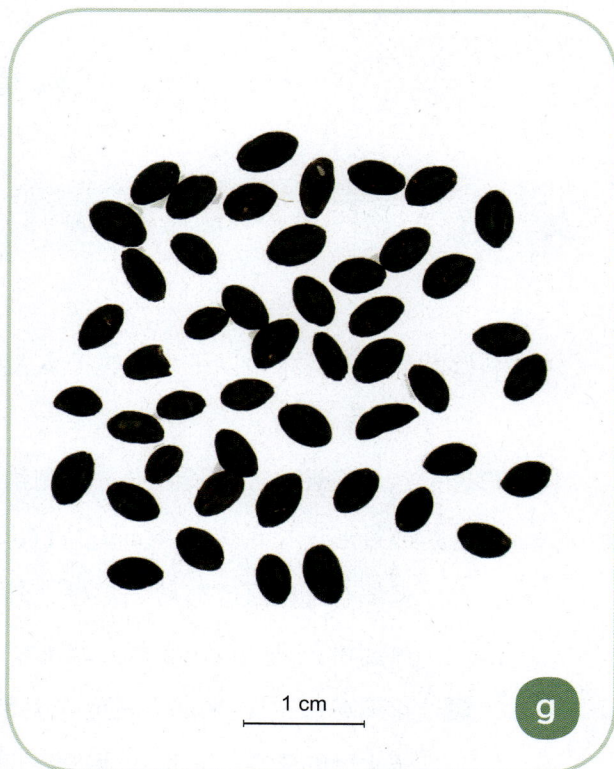

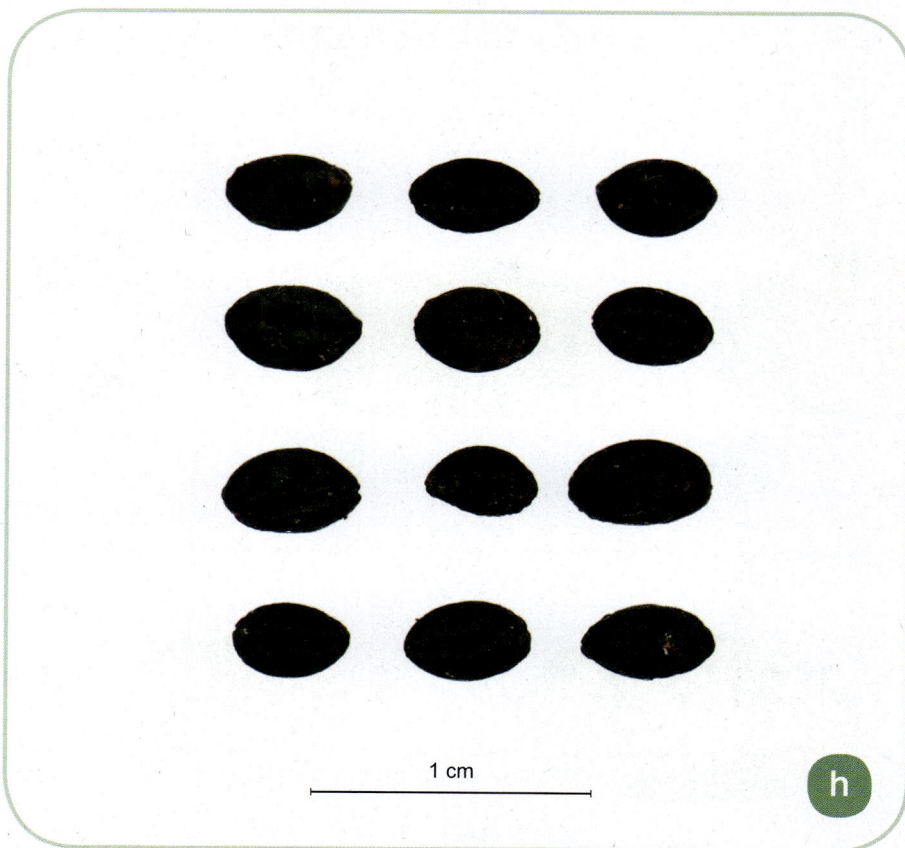

**女贞果实 （最外层为内果皮） 性状**

a. 背面；b. 侧面；c. 俯视面；d. 腹面；e. 仰视面（包含外果皮）；f. 堆叠；g. 平铺；h. 整齐排列

## 水蜡树　　　　　　　　　　　　　　　　*Ligustrum obtusifolium* Siebold & Zucc.

木犀科落叶灌木。以果实入药，**为女贞子药材的易混淆品。**

**种子形态**　果实呈椭球形，长 4.0 ~ 7.0 mm，直径 3.5 ~ 4.5 mm。表面黑紫色或灰黑色，皱缩，呈网纹状，基部有果梗痕。

**采　　集**　花期 3 月。采收颜色深、有光泽的饱满种子，除去杂质，置于通风、干燥、阴暗、温度较低且相对恒定的地方贮藏。

**鉴别特征**　果实中等大小，呈椭球形。

1 mm　　a

1 mm　　b

1 mm　　c

1 mm　　d

1 mm　　e

1 cm

f

1 cm

g

1 cm

h

**水蜡树果实性状**

a. 背面；b. 侧面；c. 俯视面；d. 腹面；e. 仰视面；f. 堆叠；g. 平铺；h. 整齐排列

## 小叶女贞 *Ligustrum quihoui* Carr.

木犀科落叶灌木。以叶、树皮、果实入药，**为女贞子药材的易混淆品**。

**种子形态** 果实呈倒卵形或宽椭圆形，较扁，长 4.0 ~ 5.0 mm，直径 3.0 ~ 4.1 mm，黑褐色，背面有数条隆起的棱，腹面中央有 1 纵沟，两侧各有一长条状隆起的边，基部有果梗痕。

**采　　集** 花期 5 ~ 7 月，果期 8 ~ 11 月。采收颜色深、有光泽的饱满种子，除去杂质，置于通风、干燥、阴暗、温度较低且相对恒定的地方贮藏。

**鉴别特征** 本种果实与五味子种子的区别为本种果实小，呈扁倒卵形，腹面中央有 1 纵沟。

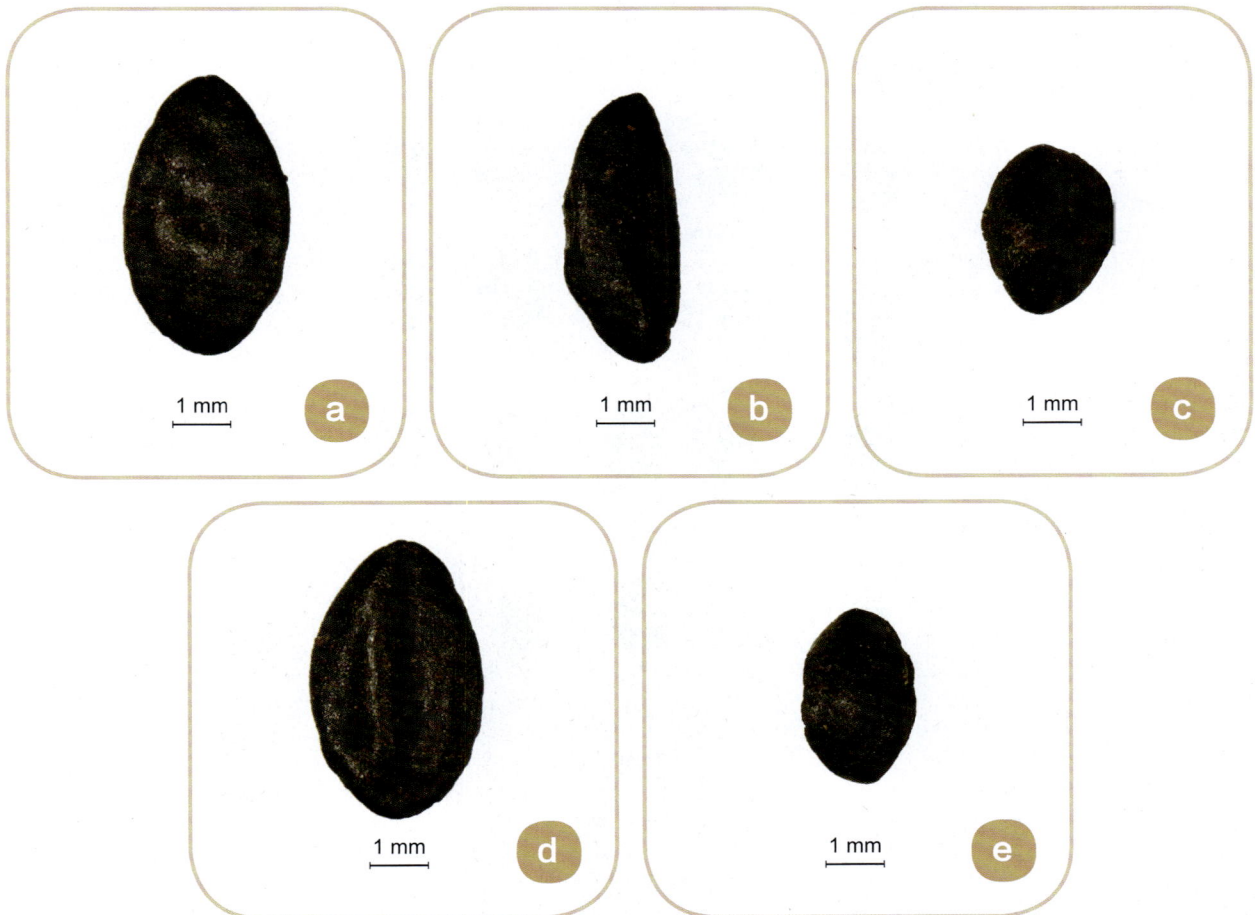

1 mm　a

1 mm　b

1 mm　c

1 mm　d

1 mm　e

1 cm    f

1 cm    g

1 cm    h

**小叶女贞果实性状**

a. 背面；b. 侧面；c. 俯视面；d. 腹面；e. 仰视面；f. 堆叠；g. 平铺；h. 整齐排列

# 漆树科

| 南酸枣 | *Choerospondias axillaris*（Roxb.）Burtt et Hill |

漆树科落叶乔木。以树皮、果实入药。以干燥成熟果实入药时，药材名为广枣。

**种子形态** 核果呈五棱柱状椭圆形，长 2.0～2.5 cm，直径 1.2～1.5 cm，浅黄色，遍布大小不一的小孔，具多肋。先端具 5 中心对称的分散孔，末端具 5 中心对称的聚集小孔。

**采　集** 花期 4 月，果期 8～10 月。秋季果实成熟时采收，除去杂质，干燥。

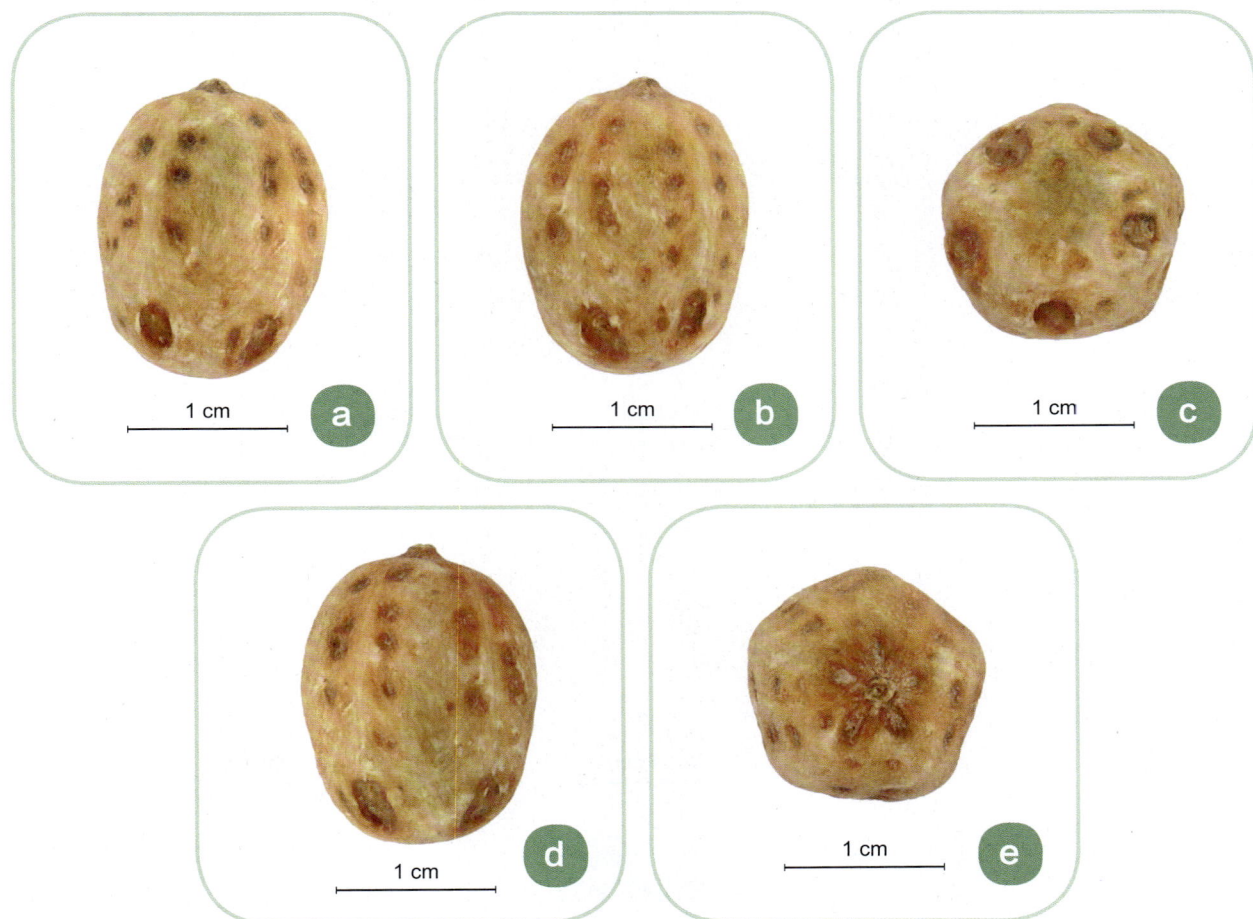

1 cm a

1 cm b

1 cm c

1 cm d

1 cm e

1 cm

f

1 cm

g

1 cm

h

**南酸枣核果性状**

a. 背面；b. 侧面；c. 俯视面；d. 腹面；e. 仰视面；f. 堆叠；g. 平铺；h. 整齐排列

# 茜草科

## 巴戟天 　　　　　　　　　　　　　　　　　　　　　　　*Morinda officinalis* How

茜草科藤本。以干燥根入药，药材名为巴戟天。

**种子形态**　核果具分核 2~4。分核呈长椭圆形，一端略尖，外侧弯拱，长 9.2~11.4 mm，宽 4.5~5.5 mm，种子处厚 3.8 mm；表面黄褐色，被毛状物，内面具 1 种子。种子呈倒卵形，稍扁，长 4.2~5.0 mm，宽 2.5~3.5 mm；表面黄褐色，无毛。

**采　　集**　花期 5~7 月，果熟期 10~11 月。采摘成熟的果实，置于室内 3~5 天，当果肉软烂时，用双层纱布包裹，在水中搓揉，将果肉全部搓烂后，用清水漂净果肉及浮种，将沉种放于竹箩上，种壳在室内阴干后，便可放在密封的干燥玻璃容器里，贮藏于 6 ℃的冰箱中。

**鉴别特征**　核果分核大，呈长椭圆形；种子小，呈倒卵形。

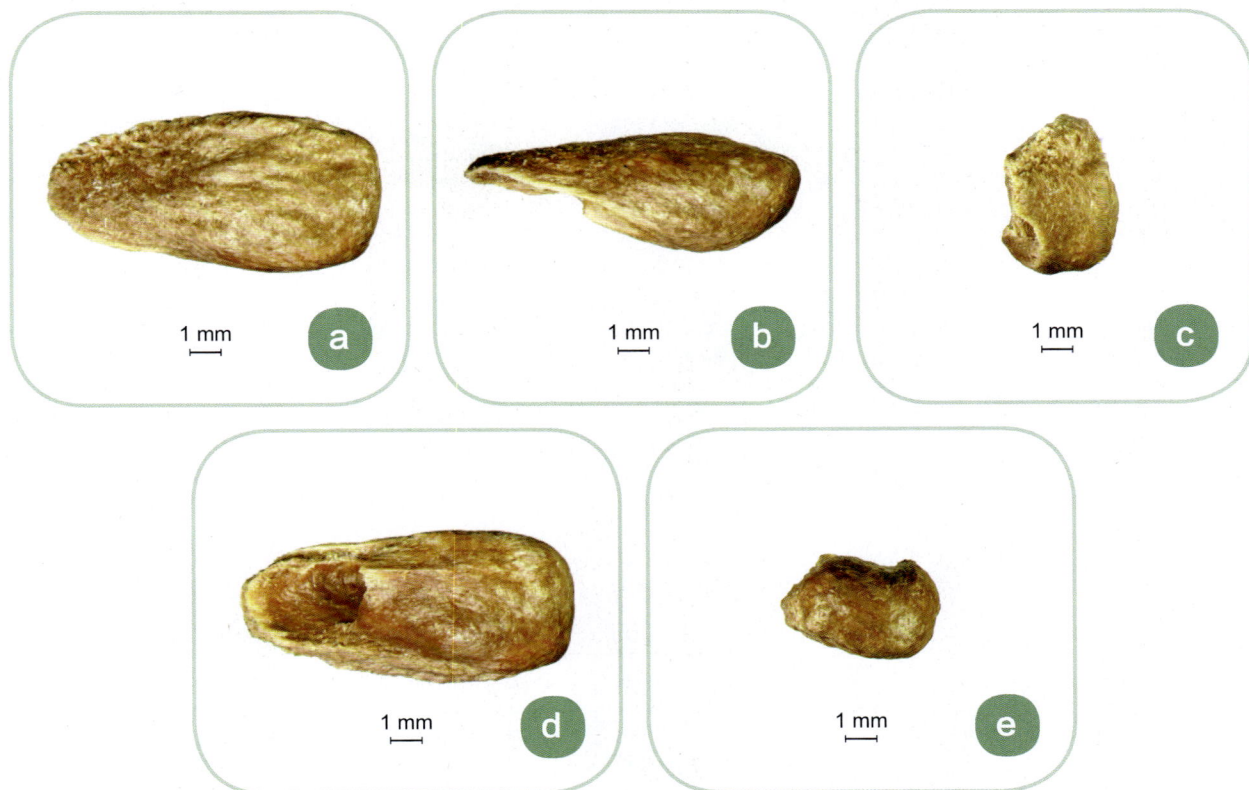

1 mm　a

1 mm　b

1 mm　c

1 mm　d

1 mm　e

1 cm

f

1 cm

g

1 cm

h

**巴戟天分核性状**

a. 背面；b. 侧面；c. 俯视面；d. 腹面；e. 仰视面；f. 堆叠；g. 平铺；h. 整齐排列

## 羊角藤　　　　　*Morinda umbellata* L. subsp. *obovata* Y. Z. Ruan

茜草科攀缘或缠绕藤本。以根或根皮入药，**为巴戟天药材的易混淆品。**

**种子形态**　种子呈肾形或近肾形，背面具 3 棱和 2 深沟，长 2.5 ~ 5.0 mm，宽 2.0 ~ 3.0 mm，厚 2.4 ~ 2.6 mm，黄棕色。表面粗糙，皱缩，具多肋。

**采　　集**　花期 6 ~ 7 月，果熟期 10 ~ 11 月。采收颜色深、有光泽的饱满种子，及时清理，脱粒，除去杂质，置于通风、干燥、阴暗、温度较低且相对恒定的地方贮藏。

**鉴别特征**　种子小，背面具 3 棱和 2 深沟。

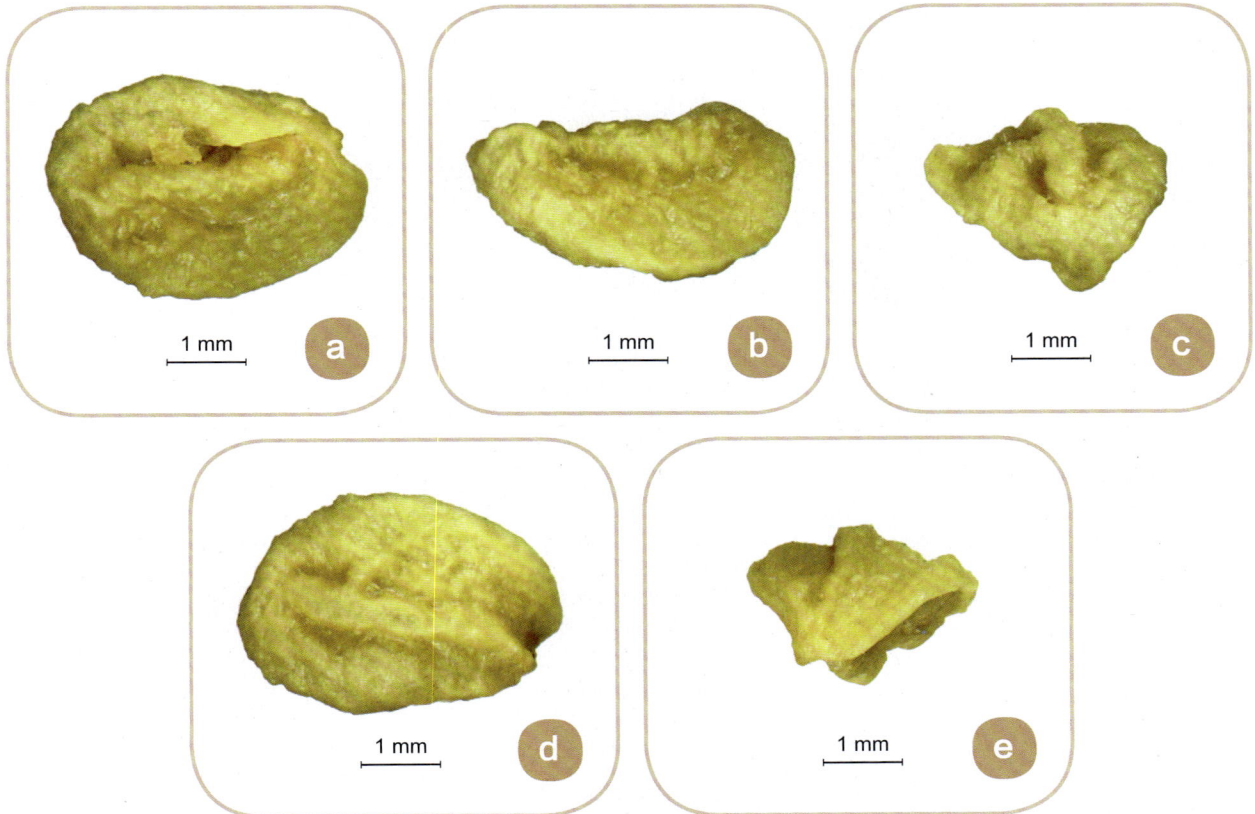

| | | |
|---|---|---|
| 1 mm　a | 1 mm　b | 1 mm　c |
| 1 mm　d | 1 mm　e | |

1 cm  f

1 cm  g

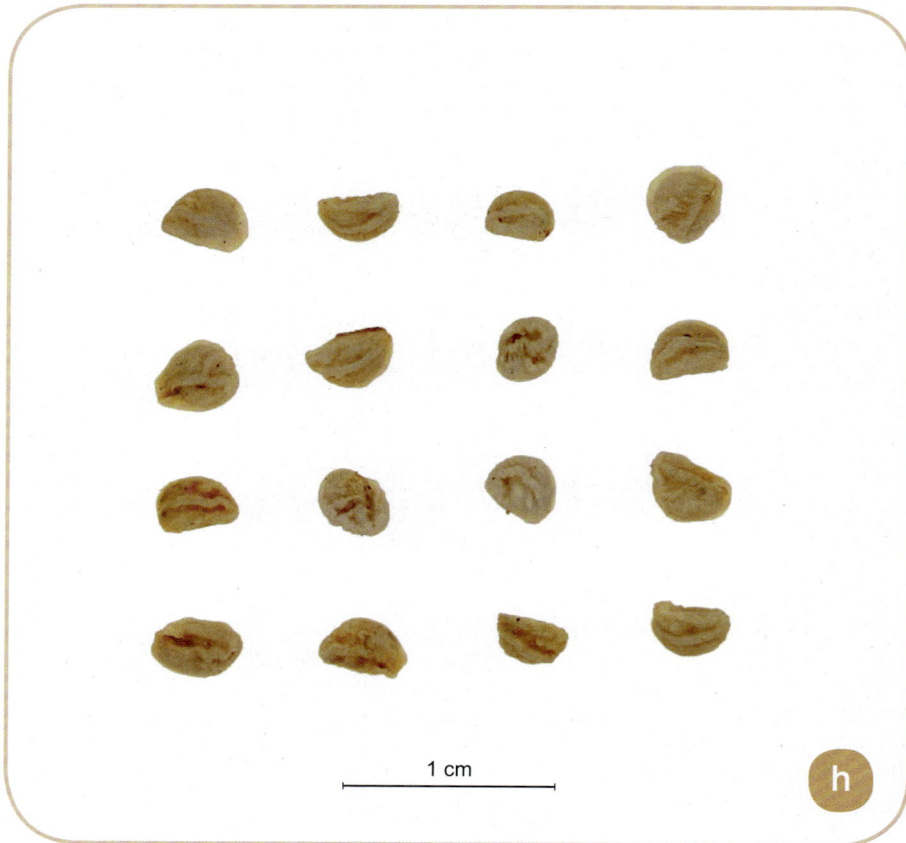

1 cm  h

**羊角藤种子性状**

a. 背面；b. 侧面；c. 俯视面；d. 腹面；e. 仰视面；f. 堆叠；g. 平铺；h. 整齐排列

## 白木通　*Akebia trifoliata* (Thunb.) Koidz. subsp. *australis* (Diels) T. Shimizu

木通科落叶木质藤本。以根、茎、果实入药，**为巴戟天药材的易混淆品。**

**种子形态**　果实呈长卵形，较扁，长 5.0~8.0 mm，宽 3.5~4.5 mm，厚 1.8~2.0 mm，成熟时红褐色或黑褐色，光滑，有光泽，两面凹陷，先端有一凸起的黄色种脐。

**采　　集**　花期4~5月，果期6~9月。采收颜色深、有光泽的饱满种子，除去杂质，置于通风、干燥、阴暗、温度较低且相对恒定的地方贮藏。

**鉴别特征**　本种果实与女贞种子的区别为本种果实中等大小，呈扁长卵形，两面凹陷。

1 cm

f

1 cm

g

1 cm

h

**白木通果实性状**

a. 背面；b. 侧面；c. 俯视面；d. 腹面；e. 仰视面；f. 堆叠；g. 平铺；h. 整齐排列

# 栀 子　　　　　　　　　　　　　　*Gardenia jasminoides* Ellis

茜草科灌木。以干燥成熟果实入药，药材名为栀子。

**种子形态**　种子呈卵圆形，较扁，长 3.5~4.5 mm，宽 2.0~2.5 mm，厚 0.8~0.9 mm，深红色或红黄色。表面密具细小的疣状突起。

**采　集**　9~11 月果实成熟且呈红黄色时采收，除去果梗和杂质，蒸至上气或置沸水中略烫，取出干燥。

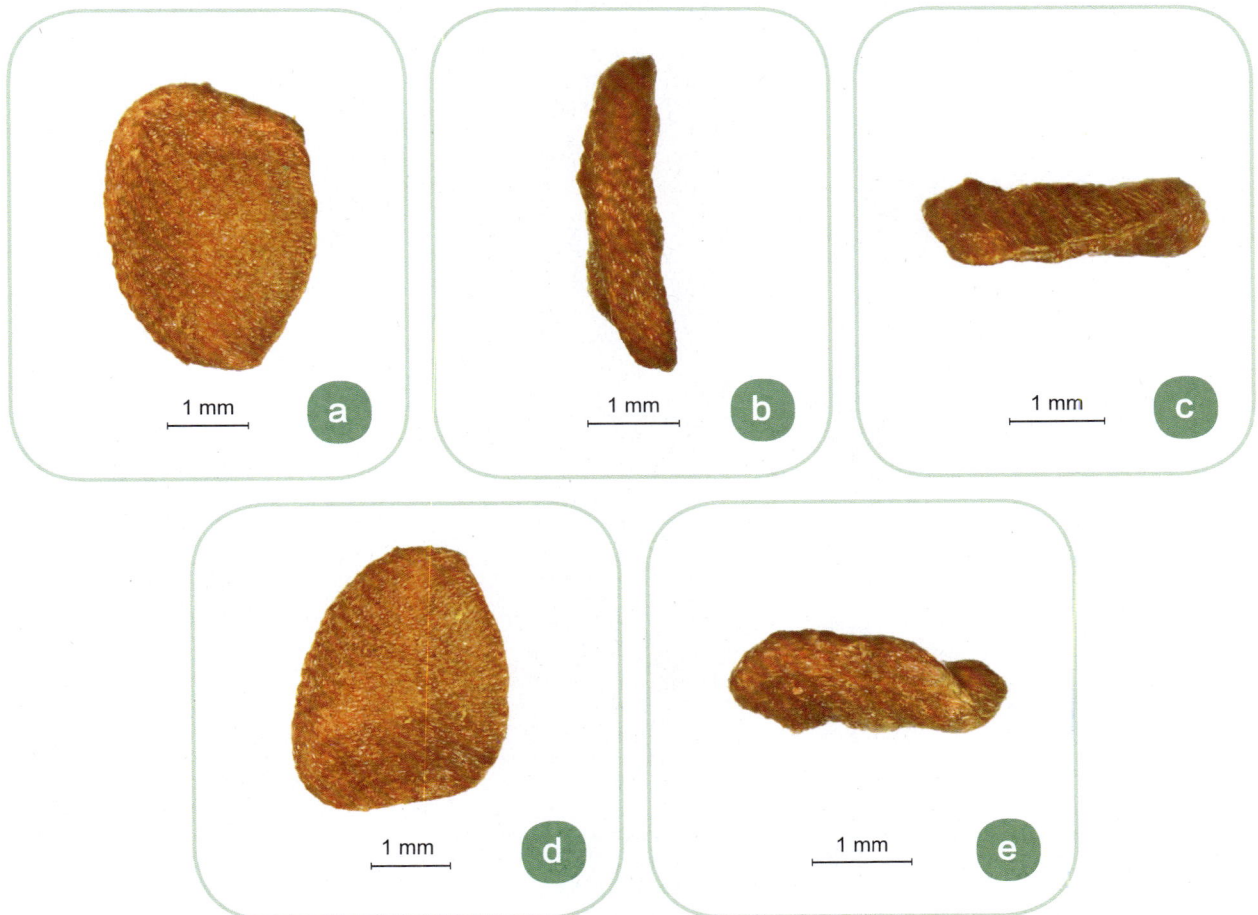

1 mm　a

1 mm　b

1 mm　c

1 mm　d

1 mm　e

1 cm f

1 cm g

1 cm h

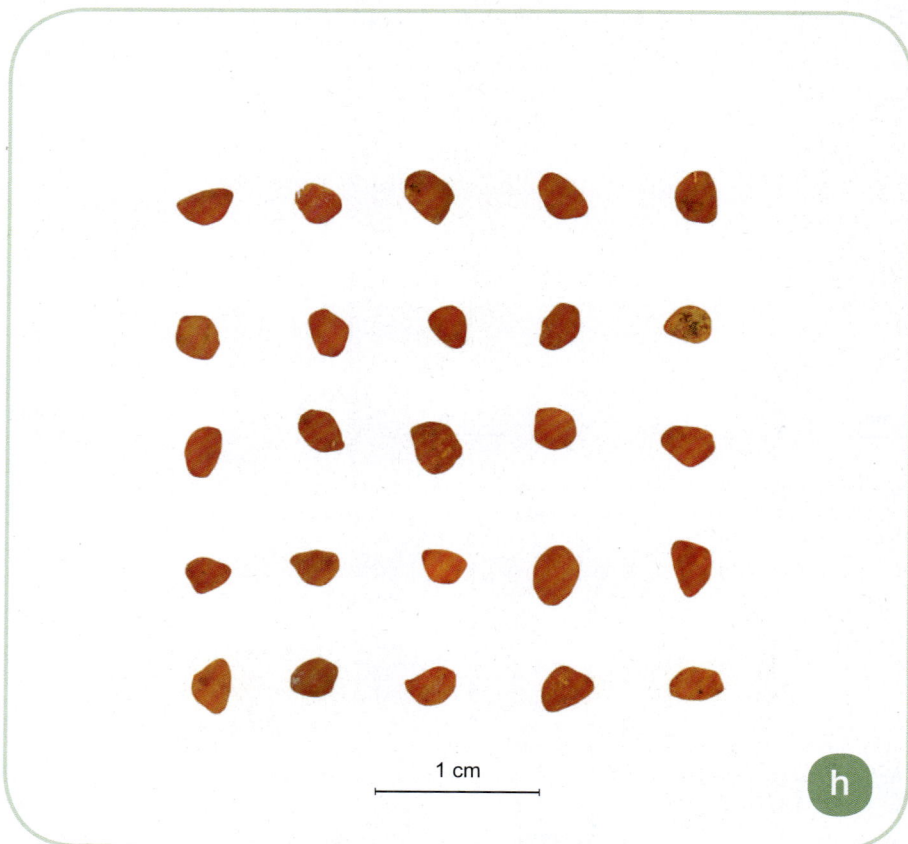

**栀子种子性状**

a. 背面；b. 侧面；c. 俯视面；d. 腹面；e. 仰视面；f. 堆叠；g. 平铺；h. 整齐排列

# 蔷薇科

| 山里红 | *Crataegus pinnatifida* Bge. var. *major* N. E. Br. |
|---|---|

蔷薇科落叶乔木。以干燥成熟果实入药，药材名为山楂。以干燥叶入药，药材名为山楂叶。

**种子形态**　种子呈倒卵状肾形，略扁，长 5.0~6.5 mm，宽 3.0~4.0 mm，厚约 3.0 mm。表面淡黄棕色，稍具皱纹；先端钝圆，下端尖，腹侧近下端具一薄片状的凸起种柄。种脊浅色，合点位于腹侧先端，棕色或暗棕色。

**采　　集**　花期 5~6 月，果期 9~10 月。秋季果实成熟时采收，及时清理，脱粒，除去杂质，置于通风、干燥、阴暗、温度较低且相对恒定的地方贮藏。

**鉴别特征**　种子中等大小，呈扁倒卵状肾形，表面淡黄棕色。

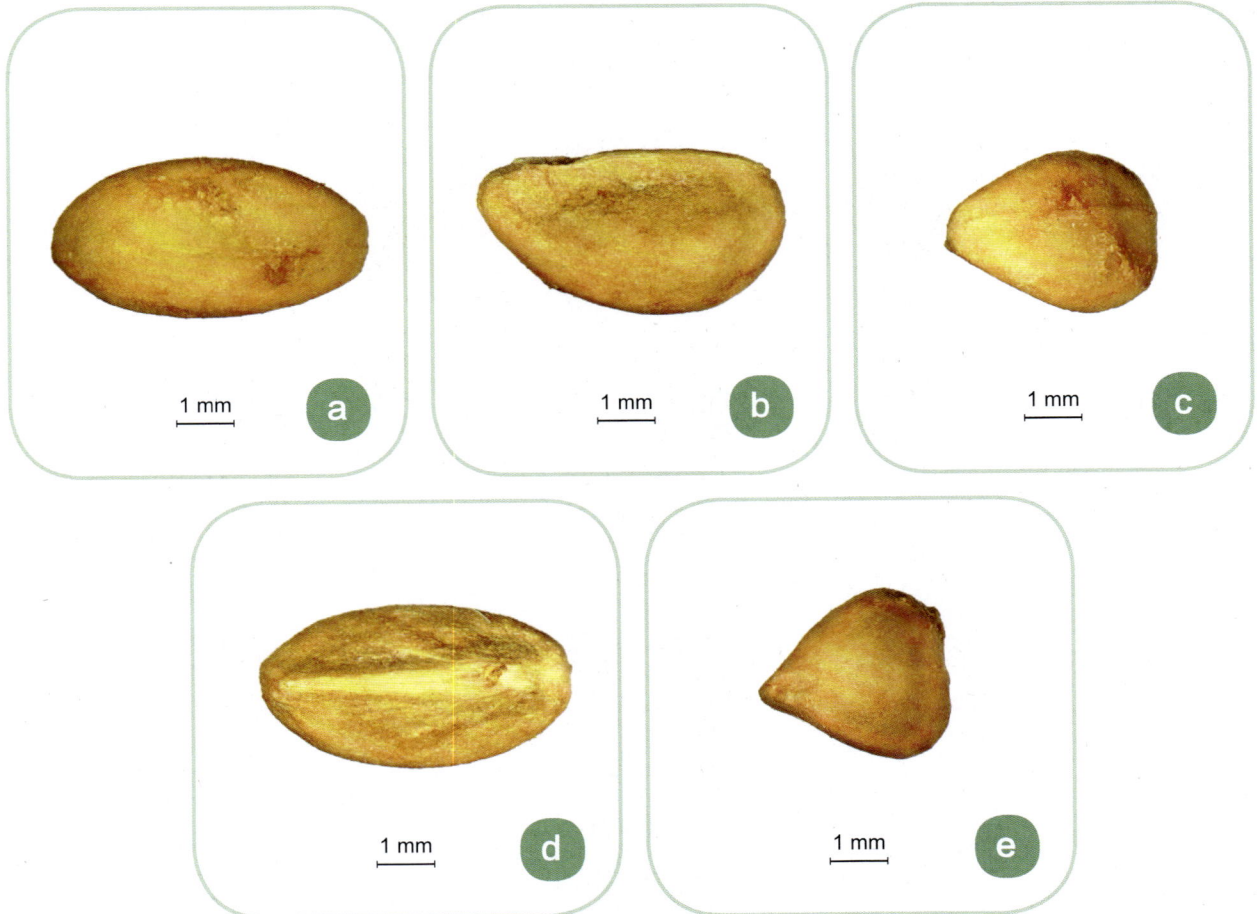

1 mm　a

1 mm　b

1 mm　c

1 mm　d

1 mm　e

1 cm

f

1 cm

g

1 cm

h

**山里红种子性状**

a. 背面；b. 侧面；c. 俯视面；d. 腹面；e. 仰视面；f. 堆叠；g. 平铺；h. 整齐排列

# 水榆花楸            *Sorbus alnifolia* (Sieb. et Zucc.) K. Koch

蔷薇科乔木。以果实入药，**为山楂药材的易混淆品**。

**种子形态**   种子呈椭圆形或卵形，半球形，长 4.0 ~ 6.0 mm，宽 3.0 ~ 4.0 mm，厚 2.0 ~ 2.2 mm，褐色或黄褐色，背面拱起，包被皱缩的种壳，较钝一端具 1 种脐，较尖一端具合点，中央有隆起的种脊。

**采     集**   花期 5 月，果期 8~9 月。秋季果实成熟时采收，及时清理，脱粒，除去杂质，置于通风、干燥、阴暗、温度较低且相对恒定的地方贮藏。

**鉴别特征**   种子小，呈椭圆形，黄褐色，包被皱缩的种壳。

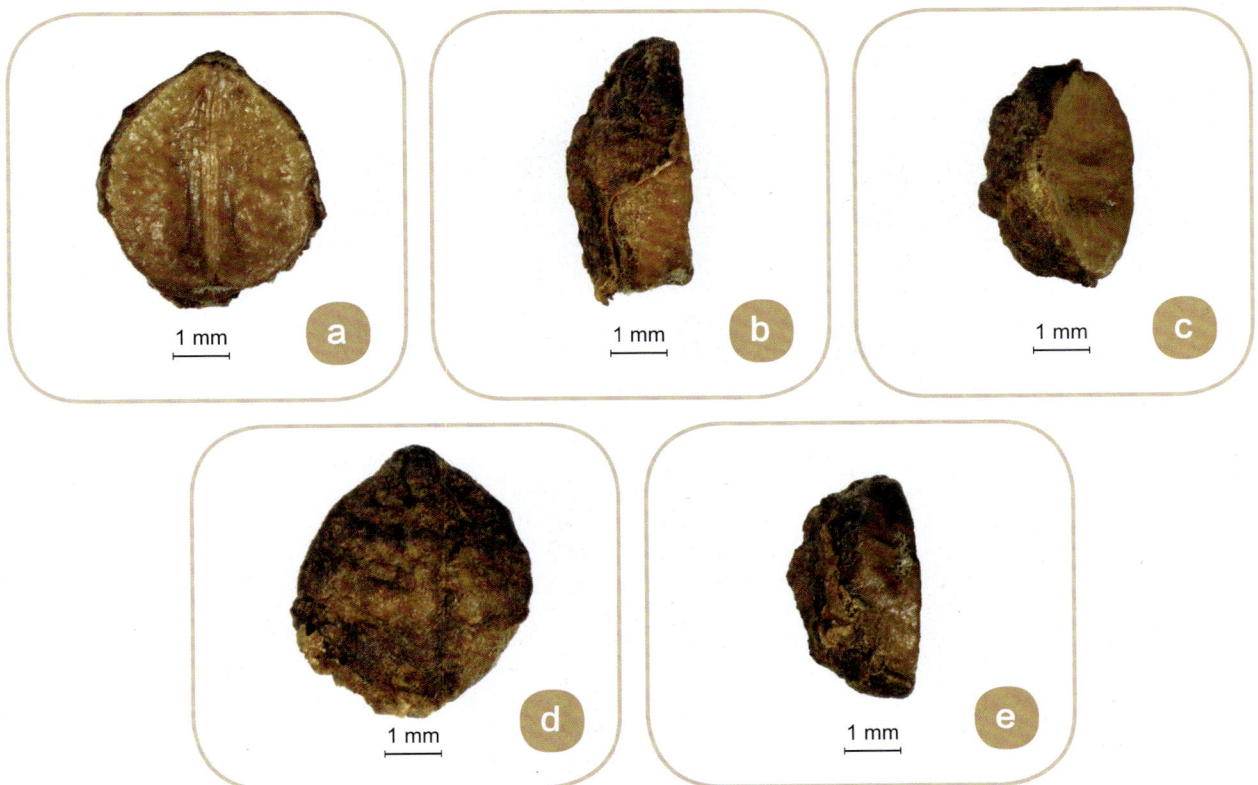

1 mm   a

1 mm   b

1 mm   c

1 mm   d

1 mm   e

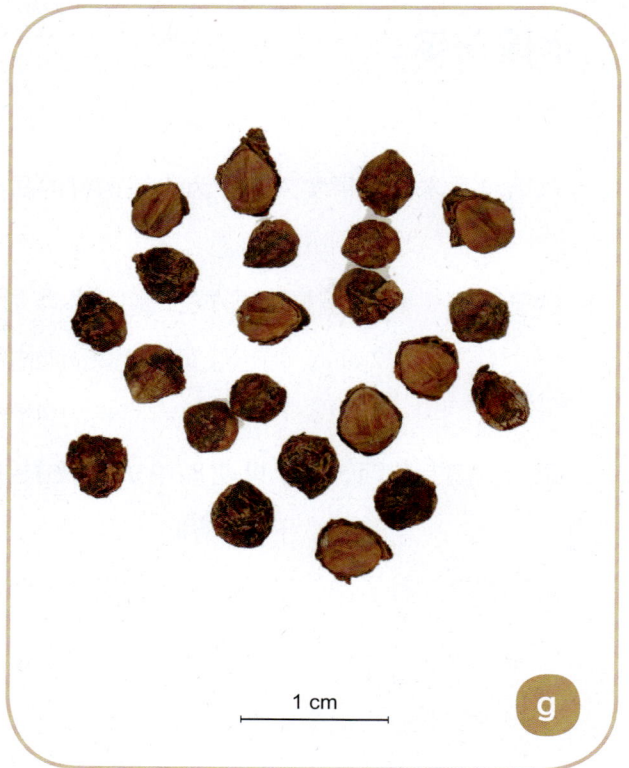

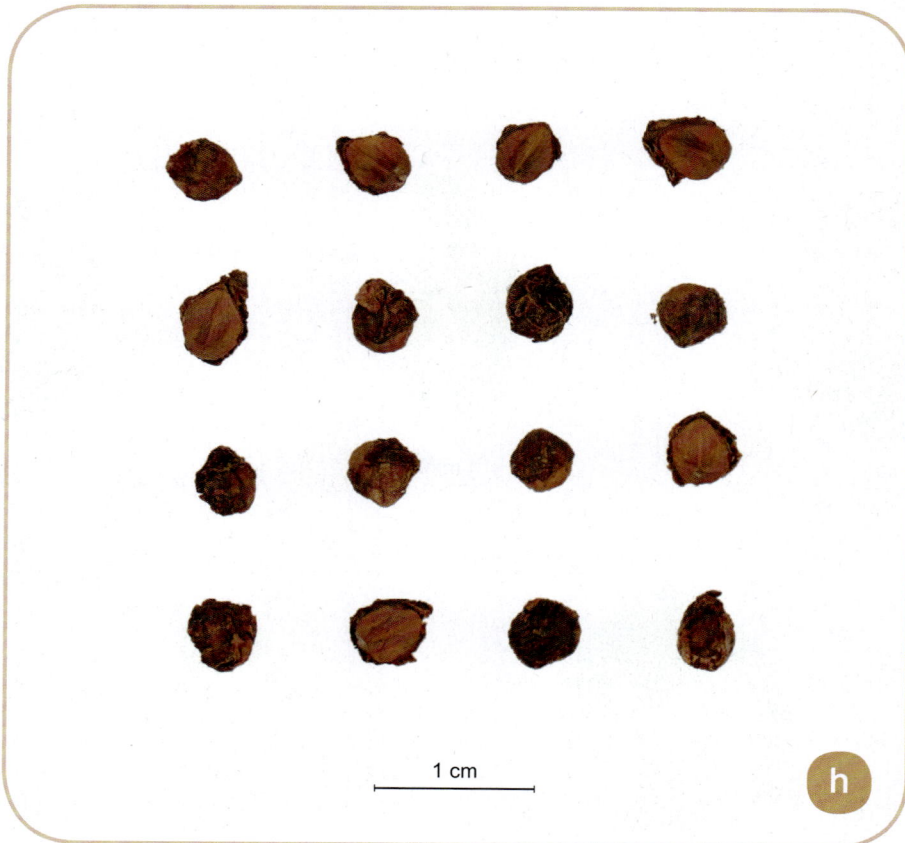

**花楸种子性状**

a. 背面；b. 侧面；c. 俯视面；d. 腹面；e. 仰视面；f. 堆叠；g. 平铺；h. 整齐排列

# 贴梗海棠         *Chaenomeles speciosa* (Sweet) Nakai

蔷薇科落叶灌木。以干燥近成熟果实入药，药材名为木瓜。

**种子形态** 种子呈椭球形，略扁，长 9~11.5 mm，宽 6.0~8.0 mm，厚 4.2~4.2 mm，腹面中心部分凹陷，棕黄色，基部歪生 1 种脐，旁有 1 小突起。

**采　集** 花期 3~5 月，果期 9~10 月。采收饱满种子，及时清理，脱粒，除去杂质，置于通风、干燥、阴暗、温度较低且相对恒定的地方贮藏。

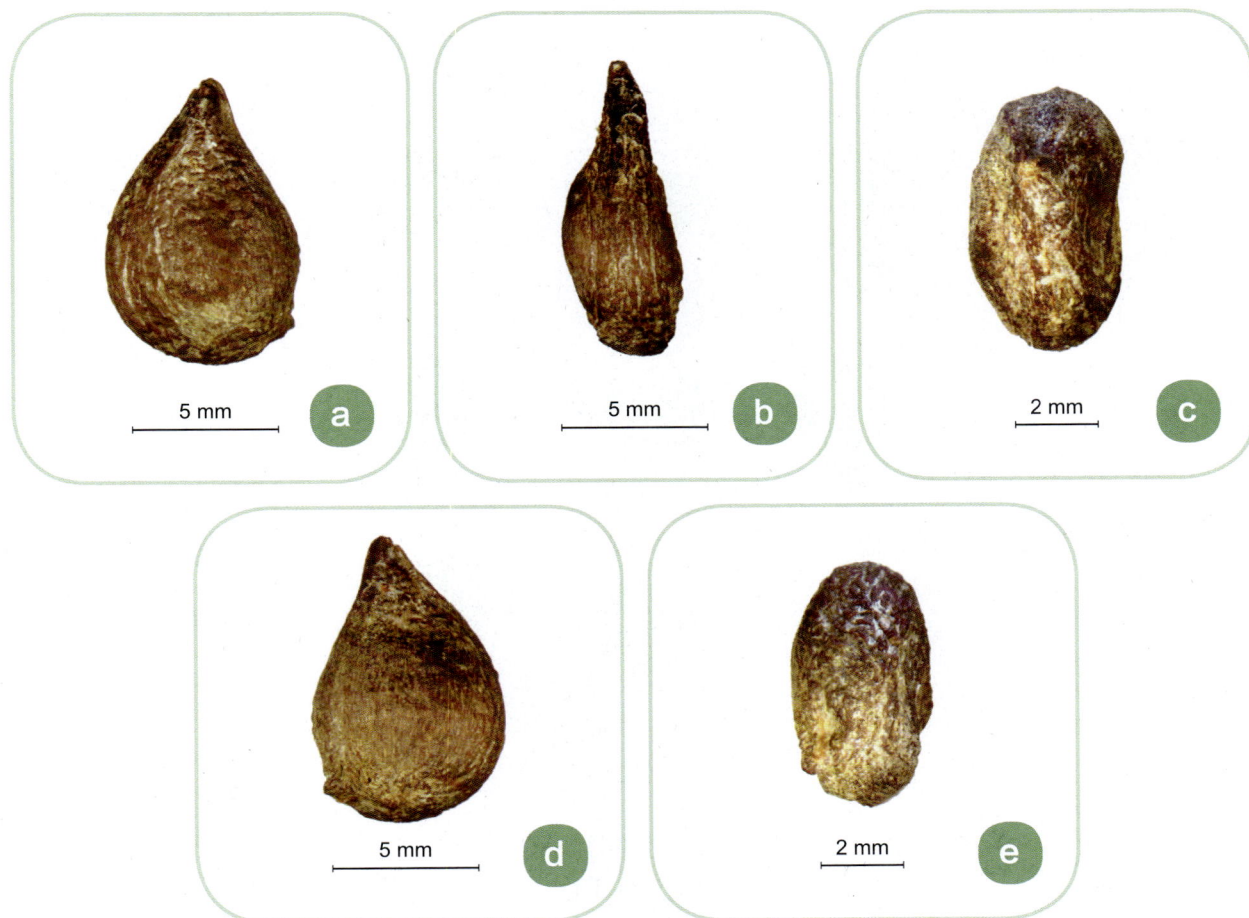

a    5 mm

b    5 mm

c    2 mm

d    5 mm

e    2 mm

**贴梗海棠种子性状**

a.背面；b.侧面；c.俯视面；d.腹面；e.仰视面；f.堆叠；g.平铺；h.整齐排列

# 杏 *Prunus armeniaca* L.

蔷薇科小乔木，稀灌木。以干燥成熟果实入药，药材名为苦杏仁。

**种子形态** 果核呈心形，略扁，长 1.0~1.9 cm，宽 0.8~1.5 cm，厚 0.5~1.0 cm。表面黄棕色至深棕色，稍粗糙或平滑。一端尖，另一端钝圆，肥厚，左右不对称，尖端一侧有短线形种脐，圆端合点处向上具多数深棕色的脉纹。

**采　集** 花期 3~4 月，果期 6~7 月。夏季采收成熟果实，除去果肉和核壳，取出种子，晒干。

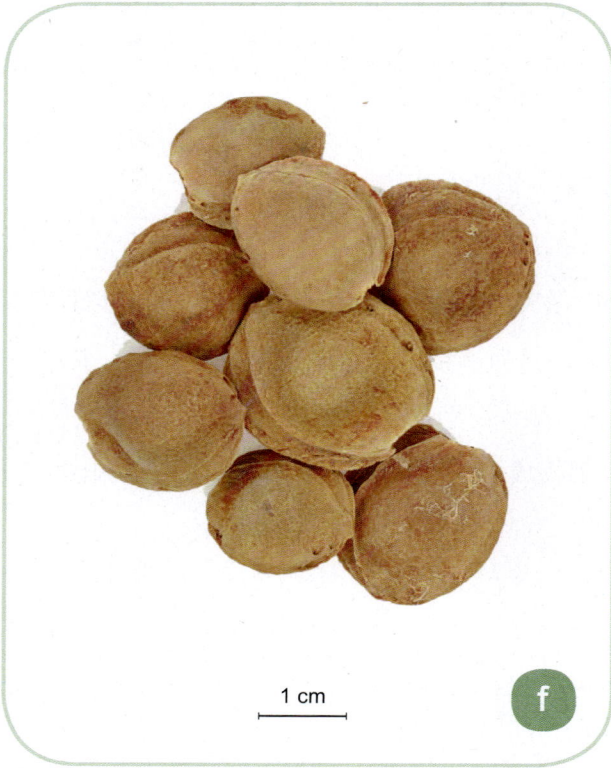

1 cm

f

1 cm

g

1 cm

h

**杏种子性状**

a. 背面；b. 侧面；c. 俯视面；d. 腹面；e. 仰视面；f. 堆叠；g. 平铺；h. 整齐排列

# 茄 科

| 颠 茄 | *Atropa belladonna* L. |
|---|---|

茄科多年生草本。以干燥全草入药，药材名为颠茄草。

**种子形态** 种子呈肾形、椭圆形或卵形，较扁，长 2.5 ~ 2.8 mm，宽 2.0 ~ 2.3 mm，厚约 1.0 mm，浅黄色。表面密布细网纹，种脐圆孔状。

**采 集** 花期 6 月下旬至 8 月，果熟期 8 ~ 10 月。当果实呈黑紫色且变软时采收，收后将果实放入水中，搓去果肉，漂洗，取出沉底的种子，阴干，贮藏。

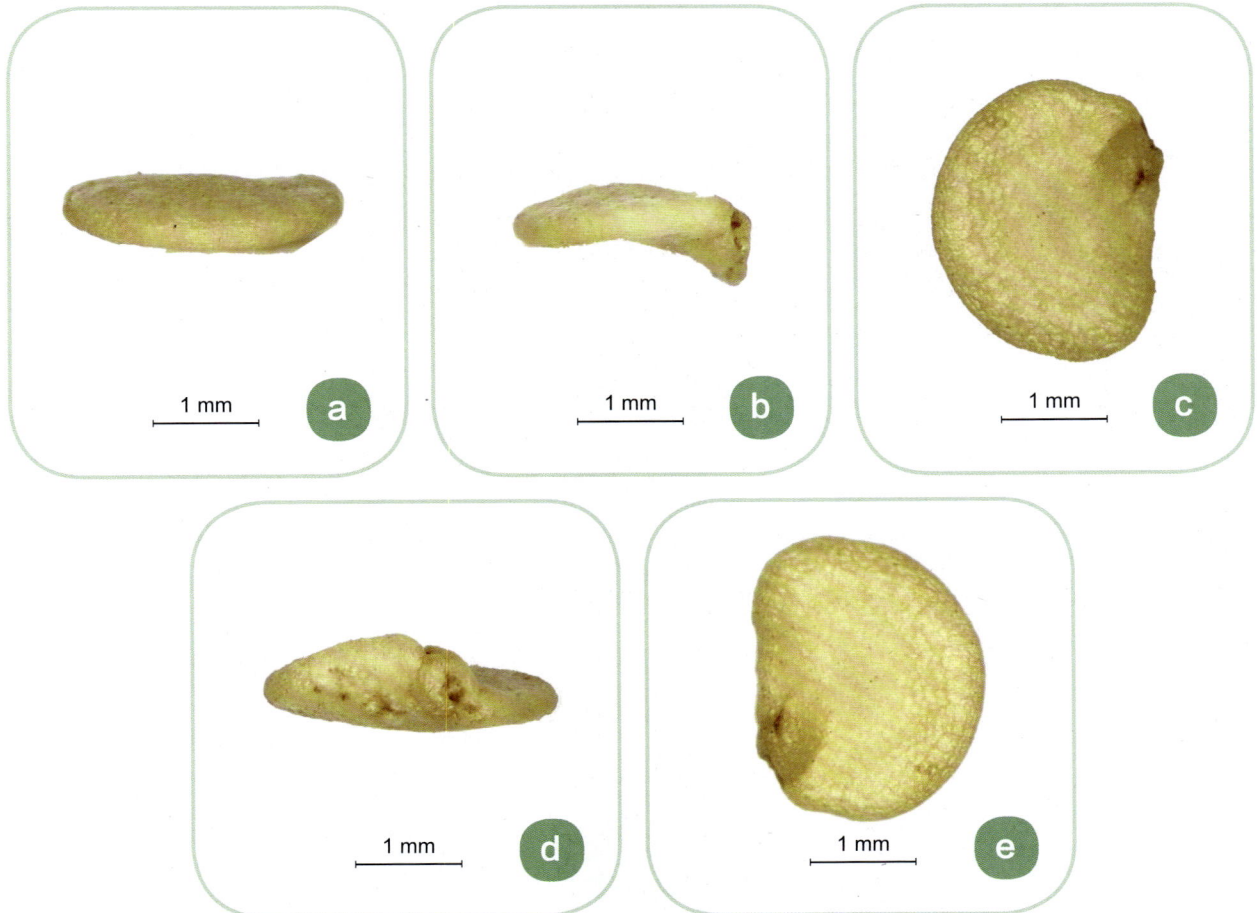

a

1 mm

b

1 mm

c

1 mm

d

1 mm

e

1 mm

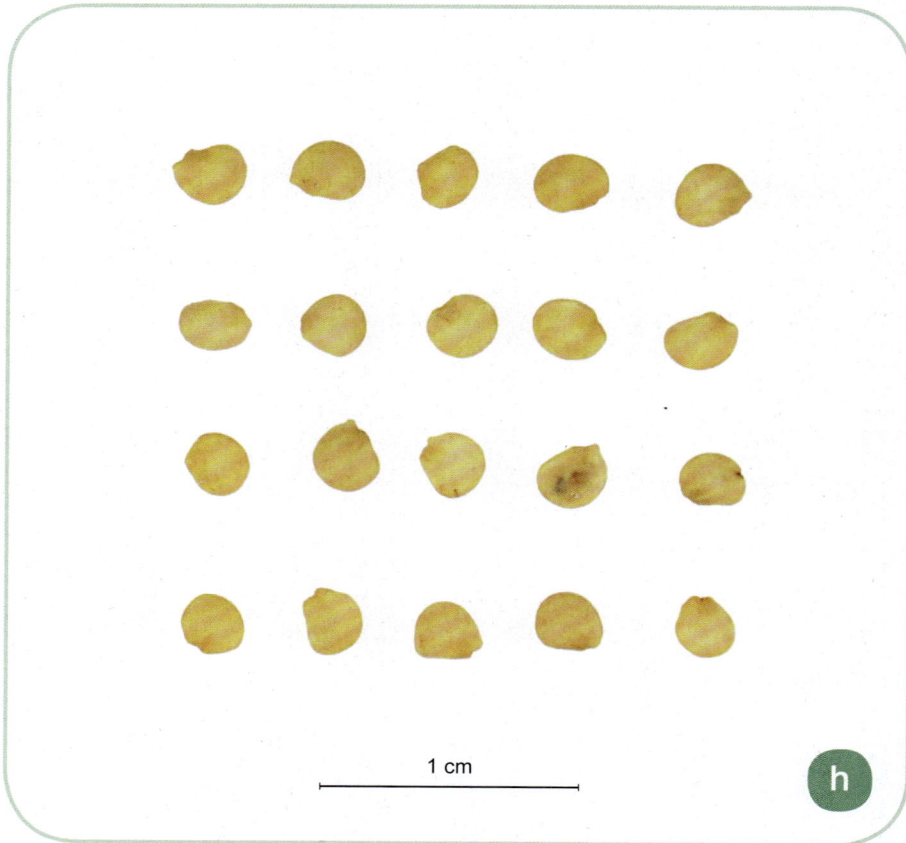

**颠茄种子性状**

a. 背面；b. 侧面；c. 俯视面；d. 腹面；e. 仰视面；f. 堆叠；g. 平铺；h. 整齐排列

# 宁夏枸杞 *Lycium barbarum* L.

茄科灌木。以干燥成熟果实入药，药材名为枸杞子。以干燥根皮入药，药材名为地骨皮。

**种子形态** 种子呈倒卵状肾形或矩圆形，扁而翘，长 1.5~1.9 mm，宽 1.1~1.5 mm，厚 0.6~0.9 mm。表面淡黄色，密布略隆起的网纹，腹侧肾形凹入处可见一裂口状或孔状的种孔，其周缘即为种脐。

**采　集** 花果期较长，一般从 5 月至 10 月边开花边结果，果实成熟一批采摘一批，夏、秋季果实呈红色时采收，热风烘干，除去果梗；或晾至皮皱，晒干，除去果梗。

**鉴别特征** 种子小，呈矩圆形，淡黄色，密布略隆起的网纹。

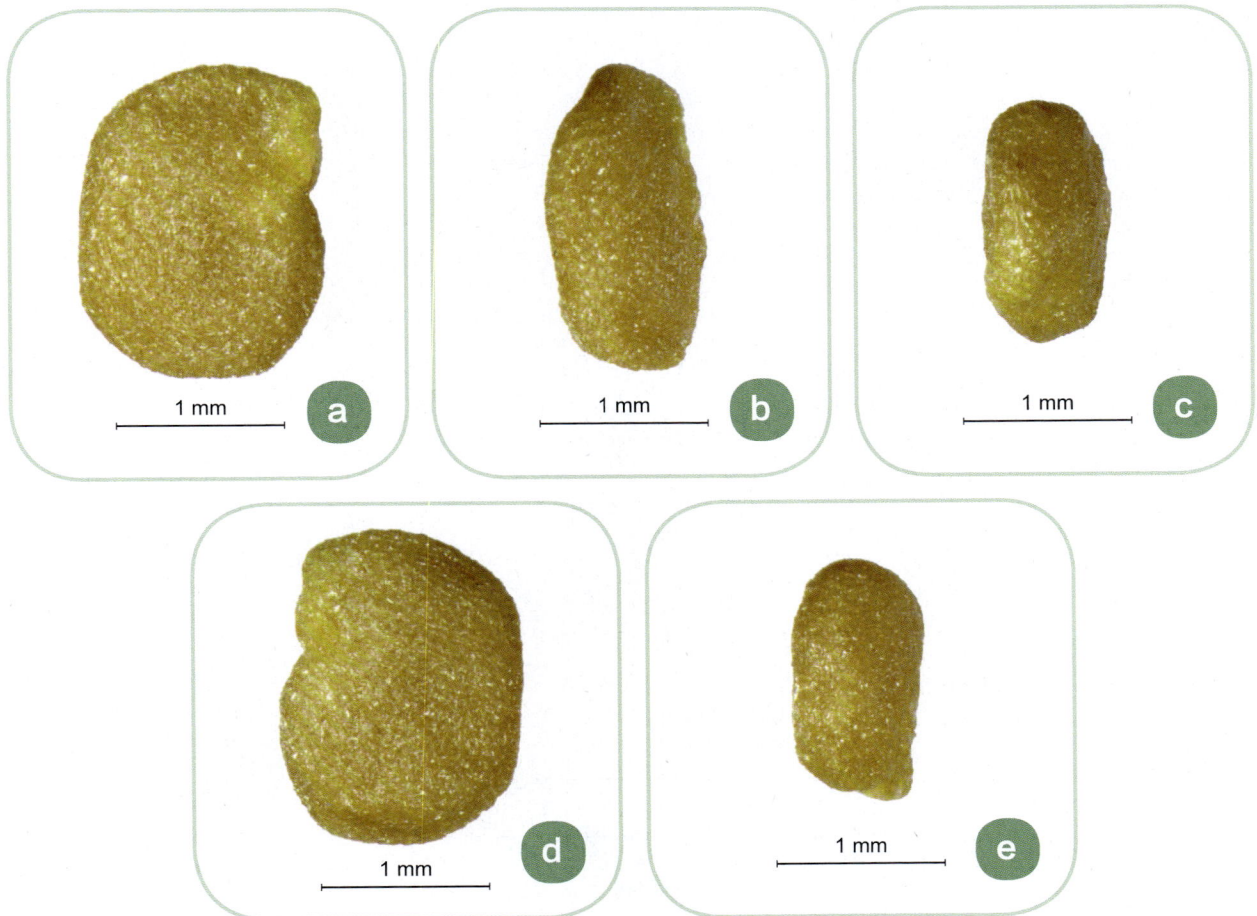

a 1 mm　　b 1 mm　　c 1 mm　　d 1 mm　　e 1 mm

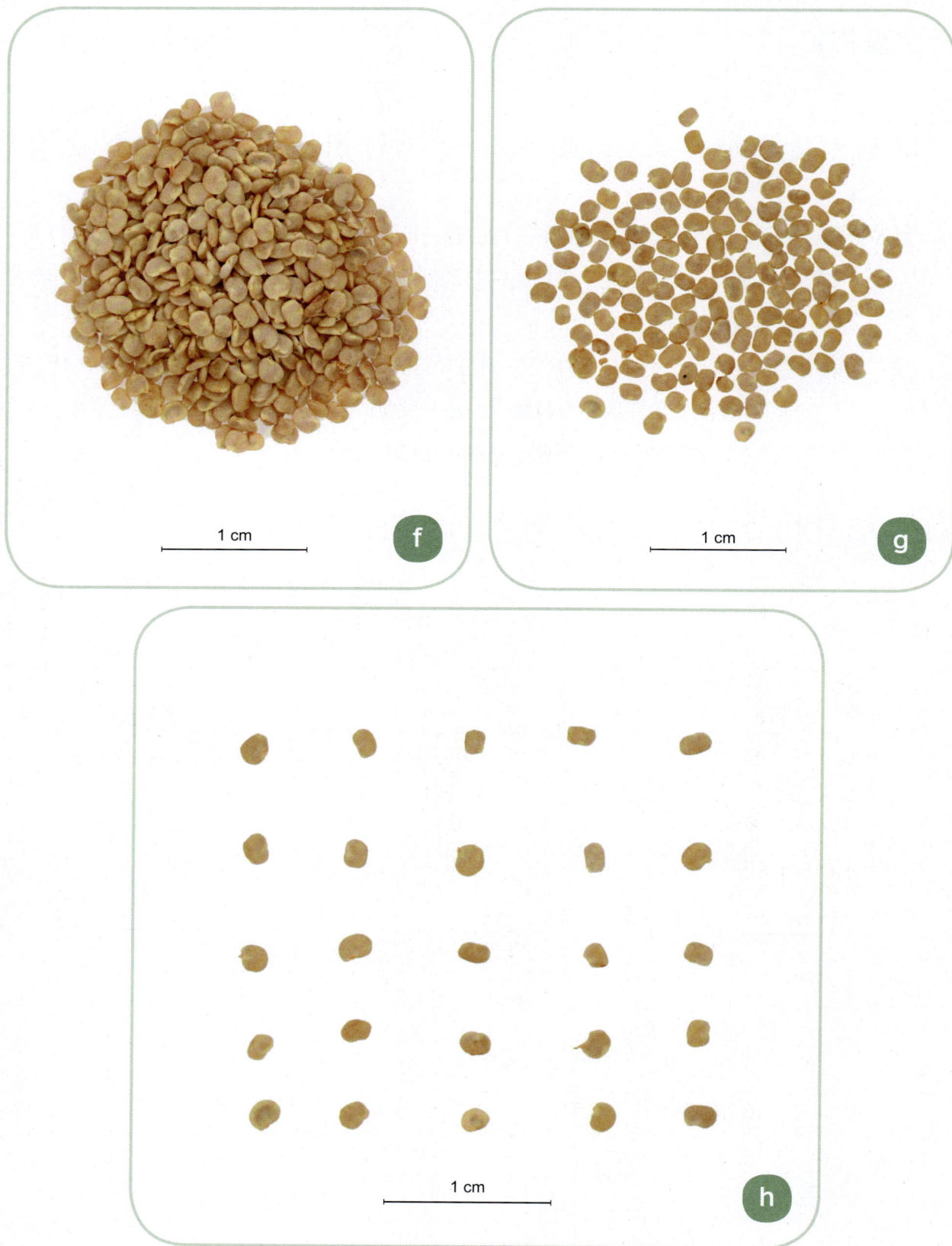

宁夏枸杞种子性状

a.背面；b.侧面；c.俯视面；d.腹面；e.仰视面；f.堆叠；g.平铺；h.整齐排列

## 珊瑚樱                               *Solanum pseudocapsicum* L.

茄科直立分枝小灌木。以根入药，**为枸杞子药材的易混淆品。**

**种子形态**   种子呈肾形，较扁，长 3.0 ~ 3.8 mm，宽 2.5 ~ 2.8 mm，厚 0.9 ~ 1.0 mm。表面黄白色，平滑，无光泽，无毛，密布略隆起的网纹，两面略微凹陷，腹侧扭曲，呈波浪状，可见一裂口状或孔状的种孔，其周缘即为种脐。

**采　　集**   花期 5 ~ 10 月，果期 6 ~ 12 月。当浆果呈红色且变软时采收，成熟果实经久不落，故可一次性集中采收，压破搓烂，洗出种子，晾干，贮藏。

**鉴别特征**   本种种子与宁夏枸杞种子的区别为本种种子小，呈肾形，腹侧扭曲，呈波浪状。

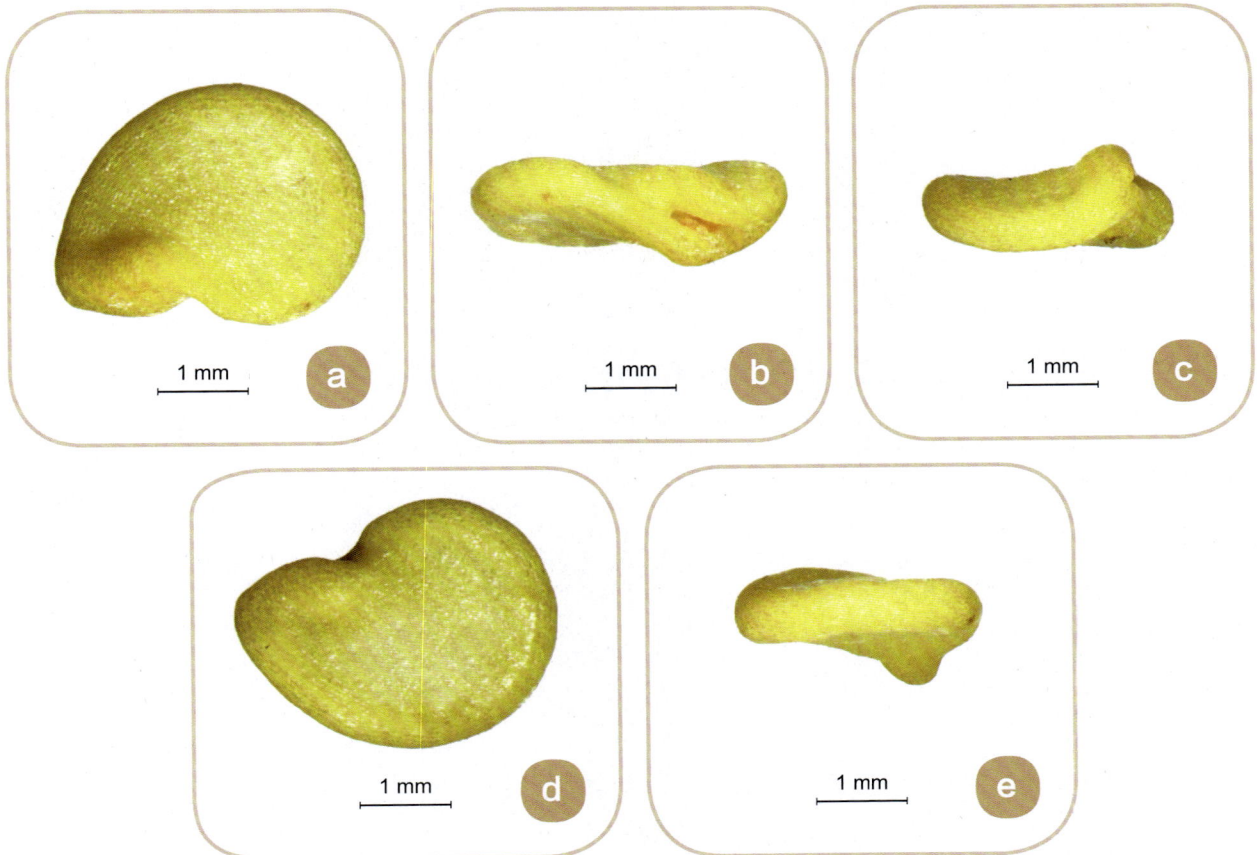

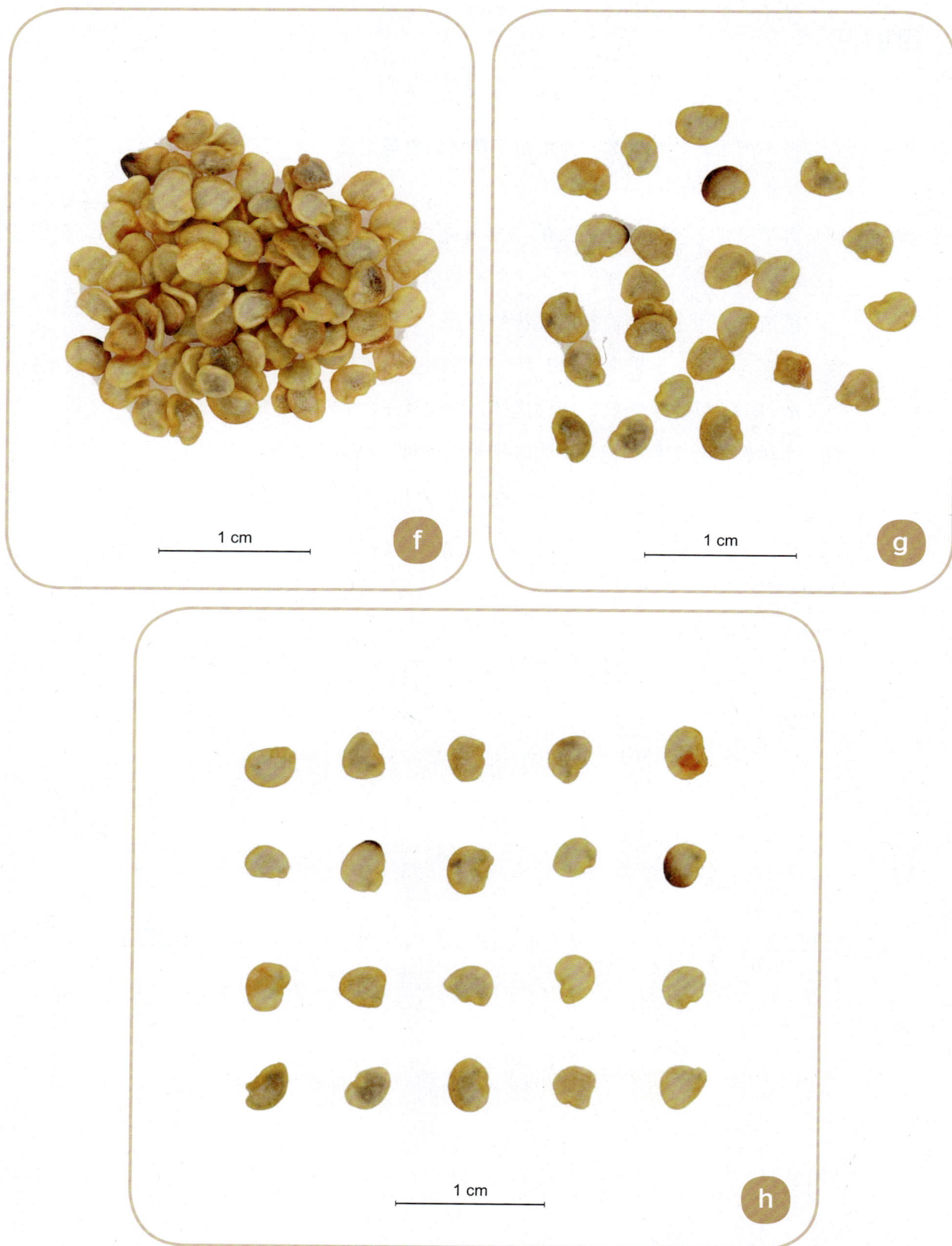

1 cm

f

1 cm

g

1 cm

h

**珊瑚樱种子性状**

a. 背面；b. 侧面；c. 俯视面；d. 腹面；e. 仰视面；f. 堆叠；g. 平铺；h. 整齐排列

## 鹅绒藤 *Cynanchum chinense* R. Br.

萝藦科缠绕草本。以全草入药，**为枸杞子药材的易混淆品。**

**种子形态** 种子呈长倒卵形，较扁，背面稍凸出，长 5.0 ~ 7.0 mm，宽 2.0 ~ 3.0 mm。表面黄褐色，边缘呈翅状，长 0.6 ~ 0.7 mm，翅膜颜色较浅。种子先端平截，种毛白色，绢质，腹面 2/3 以下有 1 纵棱，下部在种脐处，上部有分枝，周围有 1 凹陷区，色较深。

**采　　集** 花期 6 ~ 8 月，果期 8 ~ 10 月。采收颜色深、有光泽的饱满种子，除去杂质，置于通风、干燥、阴暗、温度较低且相对恒定的地方贮藏。

**鉴别特征** 种子中等大小，呈长倒卵形，黄褐色，边缘呈翅状。

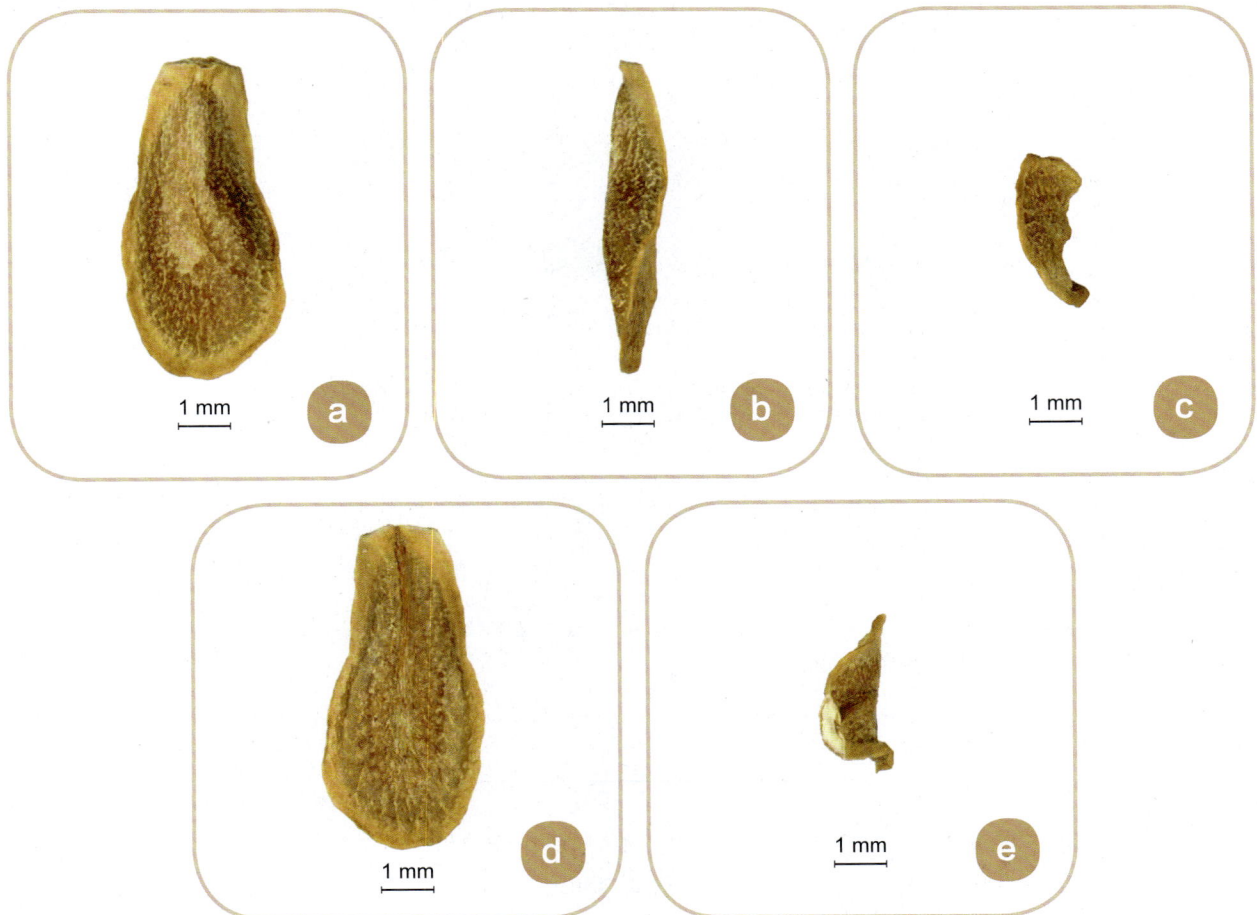

**鹅绒藤种子性状**

a. 背面；b. 侧面；c. 俯视面；d. 腹面；e. 仰视面；f. 堆叠；g. 平铺；h. 整齐排列

## 黑果枸杞 *Lycium ruthenicum* Murray

茄科多棘刺灌木。虽不属于《中国药典》收载的品种，但属于藏药。

**种子形态** 种子呈宽肾形，较扁，长 1.5～2.0 mm，宽 1.1～1.5 mm，厚 0.7～0.9 mm。表面褐色，密布略隆起的网纹，腹侧肾形凹入处可见一裂口状或孔状的种孔，其周缘即为种脐。

**采　集** 花果期 5～10 月。果实成熟一批采摘一批，夏、秋季果实呈红色时采收，热风烘干，除去果梗；或晾至皮皱后，晒干，除去果梗。

**鉴别特征** 本种种子与宁夏枸杞种子的区别为本种种子小，呈宽肾形，褐色。

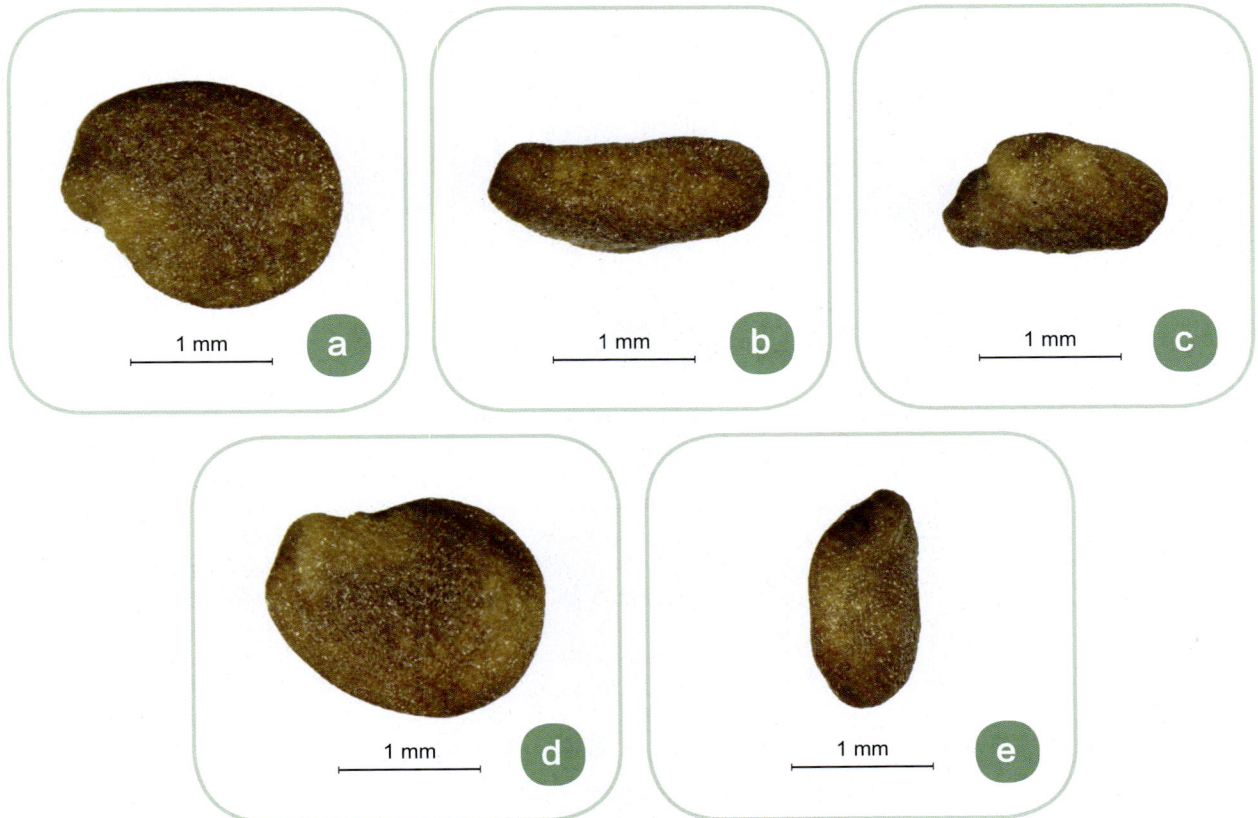

a　1 mm

b　1 mm

c　1 mm

d　1 mm

e　1 mm

f

1 cm

g

1 cm

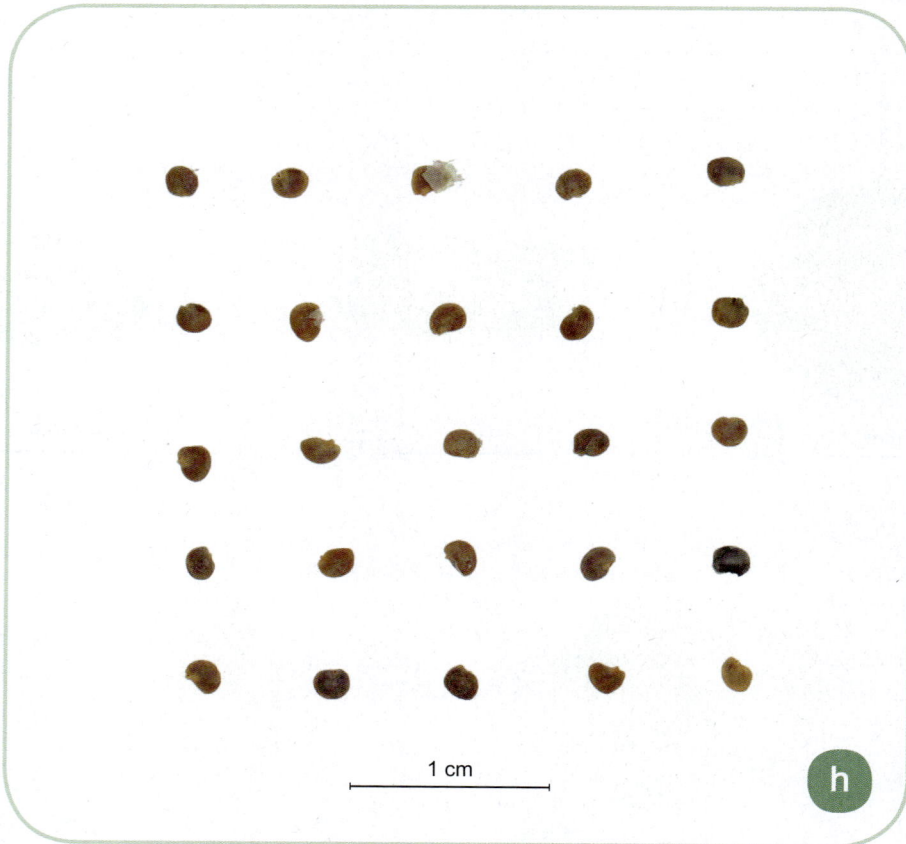

h

1 cm

**黑果枸杞种子性状**

a. 背面；b. 侧面；c. 俯视面；d. 腹面；e. 仰视面；f. 堆叠；g. 平铺；h. 整齐排列

## 酸 浆　　　　　　　　　　　　　　*Alkekengi offieinarum* Moench

茄科多年生草本。以干燥宿萼或带果实的宿萼入药，药材名为锦灯笼。

**种子形态**　种子呈倒卵形或肾形，较扁，长 2.1~2.3 mm，宽 1.8~2.1 mm，厚 0.7~0.9 mm。
表面淡黄褐色，密布细网纹，两侧面较平，腹侧中下部微凹，具一裂口状的种孔，
其周缘为种脐。

**采　　集**　花期 6~8 月，果熟期 8~10 月。当浆果呈赤黄色且变软时采收，搓烂，洗出种
子，晾干，贮藏。

**鉴别特征**　种子小，表面淡黄褐色。

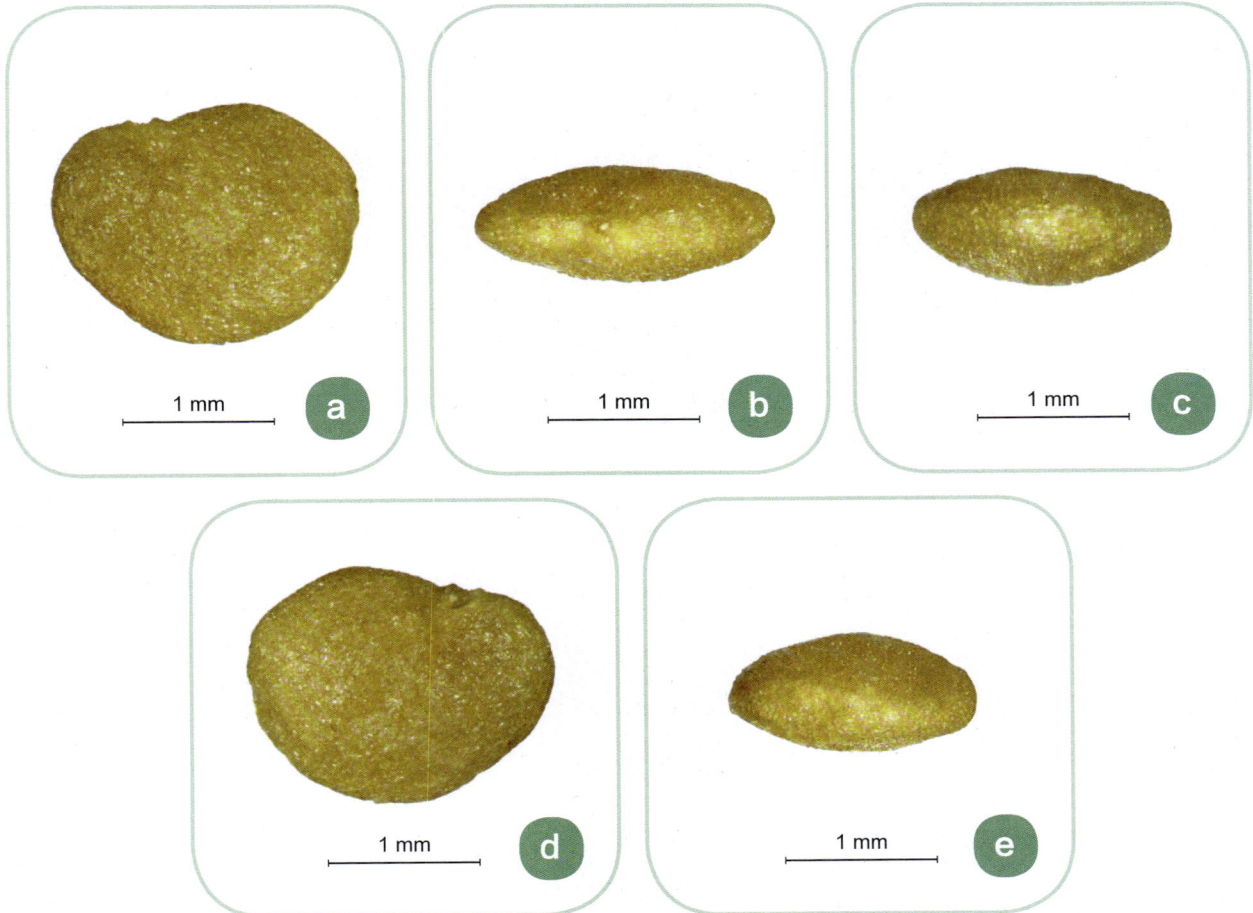

1 mm　a

1 mm　b

1 mm　c

1 mm　d

1 mm　e

f

1 cm

g

1 cm

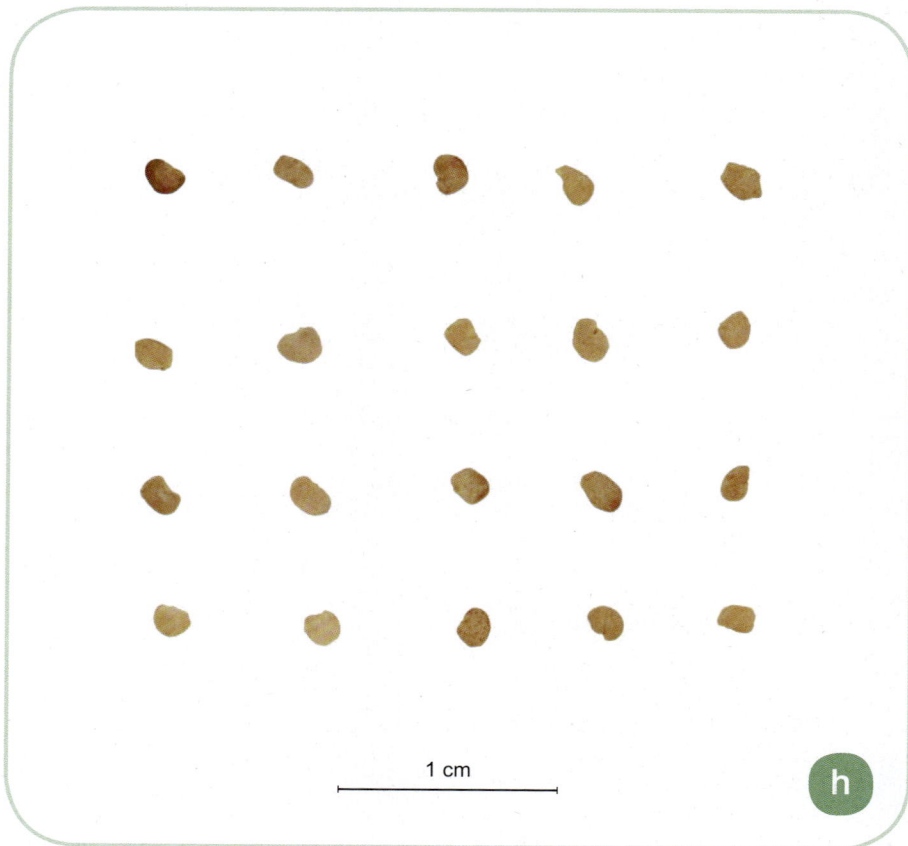

h

1 cm

**酸浆种子性状**

a. 背面；b. 侧面；c. 俯视面；d. 腹面；e. 仰视面；f. 堆叠；g. 平铺；h. 整齐排列

## 挂金灯　*Alkekengi officinarum* Moench var. *franchetii*（Mast.）R. J. Wang

茄科多年生草本。以果实入药，**为锦灯笼药材的易混淆品**。

**种子形态**　种子呈肾形，较扁，长 1.8～2.2 mm，宽 1.5～1.8 mm，厚约 0.5 mm。表面浅黄色，平滑，无光泽，无毛，密布略隆起的网纹，两面略微凹陷，腹侧凹陷处可见一裂口状或孔状的种孔，其周缘即为种脐。

**采　　集**　花期 6～8 月，果期 8～10 月。采收饱满种子，及时清理，除去杂质，置于通风、干燥、阴暗、温度较低且相对恒定的地方贮藏。

**鉴别特征**　种子小，表面浅黄色，比酸浆种子色浅。

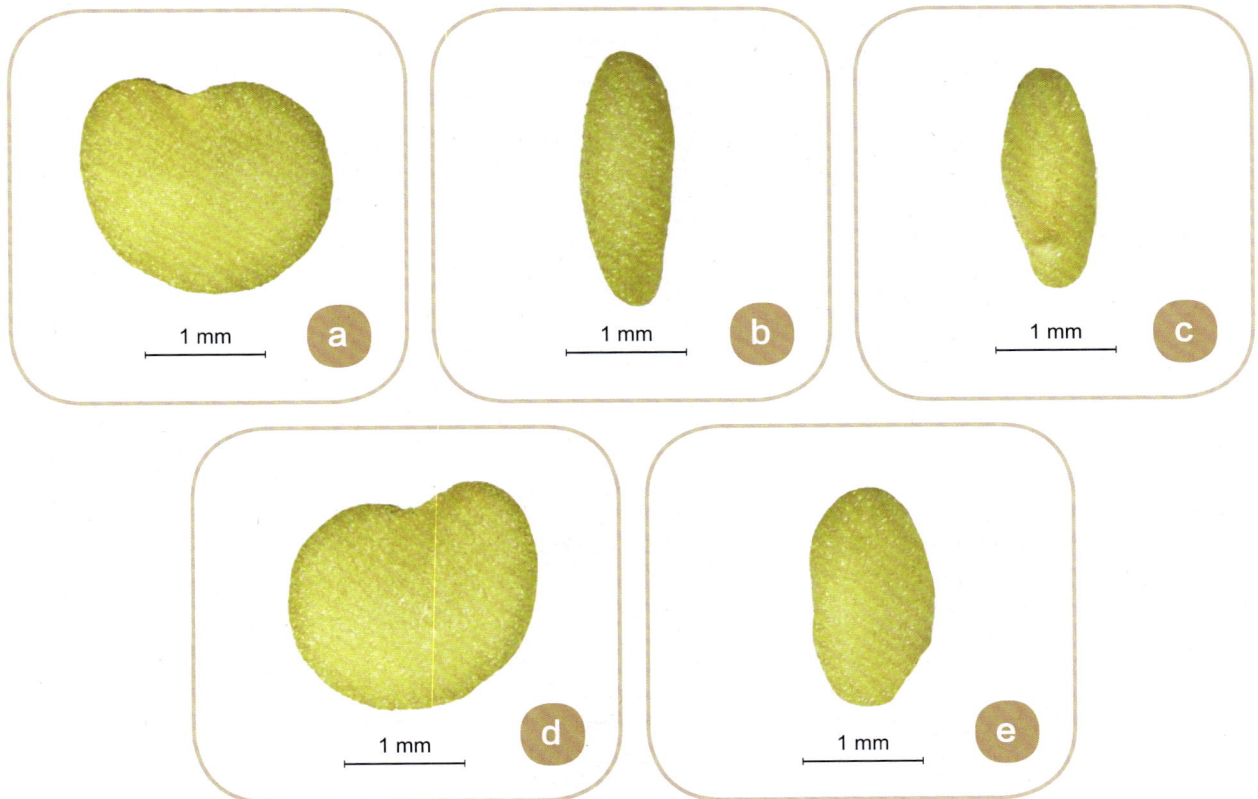

a　1 mm

b　1 mm

c　1 mm

d　1 mm

e　1 mm

1 cm

f

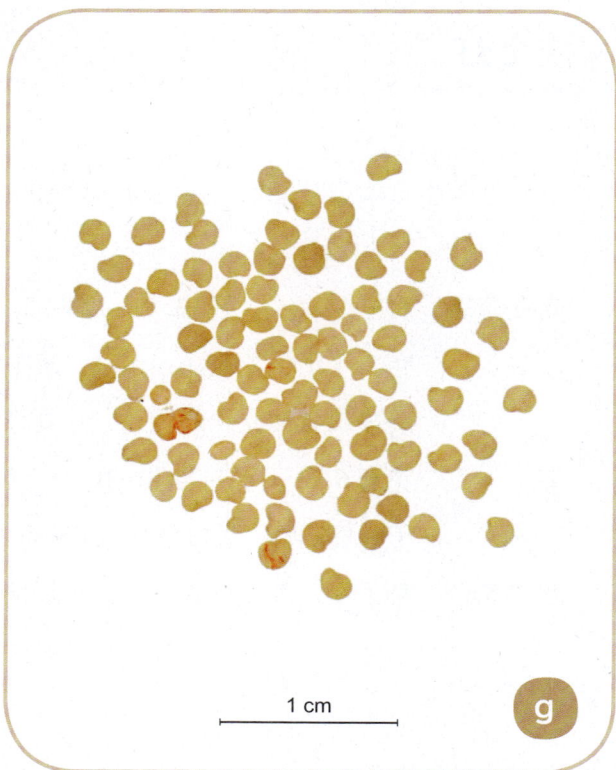

1 cm

g

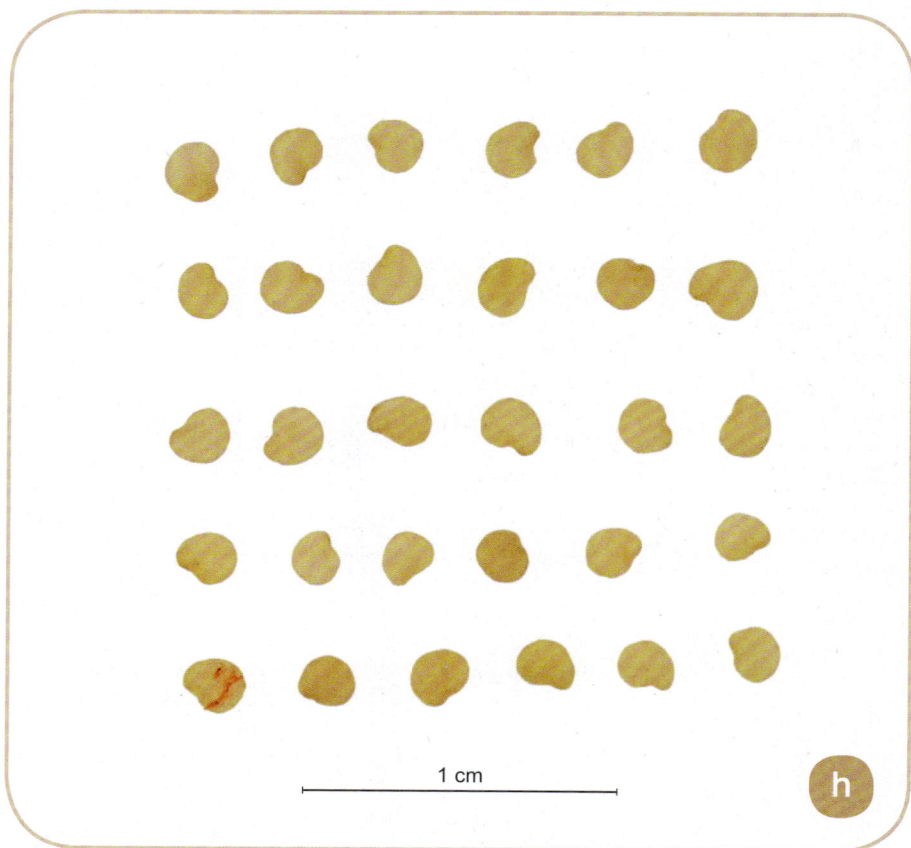

1 cm

h

**挂金灯种子性状**

a. 背面；b. 侧面；c. 俯视面；d. 腹面；e. 仰视面；f. 堆叠；g. 平铺；h. 整齐排列

# 忍冬科

**黄褐毛忍冬**　　　　　　　　*Lonicera fulvotomentosa* Hsu et S. C. Cheng

忍冬科半常绿藤本。以干燥花蕾或初开的花入药，药材名为山银花。

**种子形态**　种子呈宽椭圆形，较扁，长2.3~3.0 mm，宽2.0~2.4 mm，整体厚约1.3 mm。表面黄褐色，被细密网纹，两端较钝。背面略隆起，有2明显凹沟，腹面不平，有2明显沟棱。

**采　　集**　花期4~5月，果熟期7~8月。当果实呈黑色且变软时采摘，泡软果实，洗净果肉，取种，晾干。

**鉴别特征**　种子小，呈宽椭圆形，黄褐色。

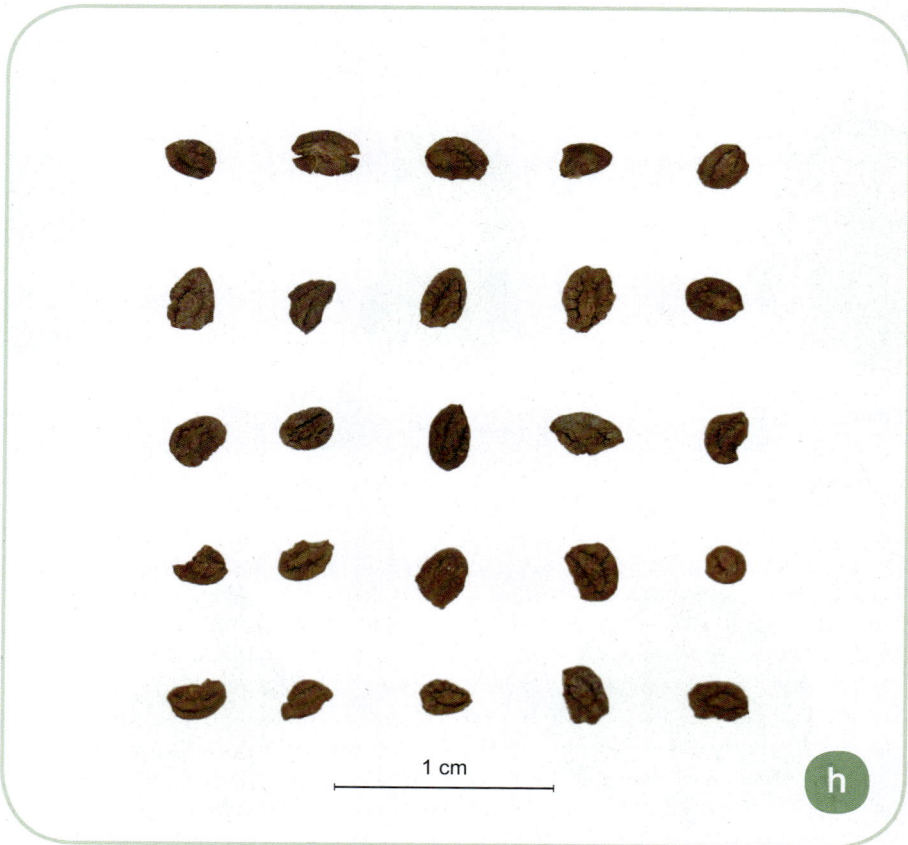

**黄褐毛忍冬种子性状**

a. 背面；b. 侧面；c. 俯视面；d. 腹面；e. 仰视面；f. 堆叠；g. 平铺；h. 整齐排列

## 灰毡毛忍冬                 *Lonicera macranthoides* Hand.-Mazz.

忍冬科半常绿藤本。以干燥花蕾或初开的花入药，药材名为山银花。

**种子形态** 种子呈卵形，较扁，长 3.5~4.5 mm，宽 2.5~3.0 mm，一端较薄，厚约 0.4 mm，另一端厚约 1.2 mm。表面红褐色或棕绿色，被细密网纹，常有蓝白色粉。背面略隆起，有 2 明显凹沟，腹面不平，沟棱较浅；先端稍圆，基部稍尖，为一褐色的圆形种脐。

**采　　集** 花期 6 月中旬至 7 月上旬，果熟期 10~11 月。当果实呈黑色且变软时采摘，泡软果实，洗净果肉，取种，晾干。

**鉴别特征** 种子大于黄褐毛忍冬种子，呈卵形，一端扁平。

a   1 mm

b   1 mm

c   1 mm

d   1 mm

e   1 mm

**灰毡毛忍冬种子性状**

a. 背面；b. 侧面；c. 俯视面；d. 腹面；e. 仰视面；f. 堆叠；g. 平铺；h. 整齐排列

## 淡红忍冬          *Lonicera acuminata* Wall.

忍冬科落叶或半常绿藤本。以花入药，**为山银花药材的易混淆品。**

**种子形态** 种子呈椭圆形至矩圆形，较扁，长 3.0~3.5 mm，宽 1.5~2.5 mm，厚约 1.1 mm。表面黄褐色，被疣状突起，常有蓝白色粉。背面拱起，两面中部各有一凸起的脊；先端稍圆，基部稍尖，为一褐色的圆形种脐。

**采　　集** 花期 6 月，果熟期 10~11 月。当果实呈黑色且变软时采摘，泡软果实，洗净果肉，取种，晾干。

**鉴别特征** 种子被疣状突起，但比黄褐毛忍冬种子大且扁。

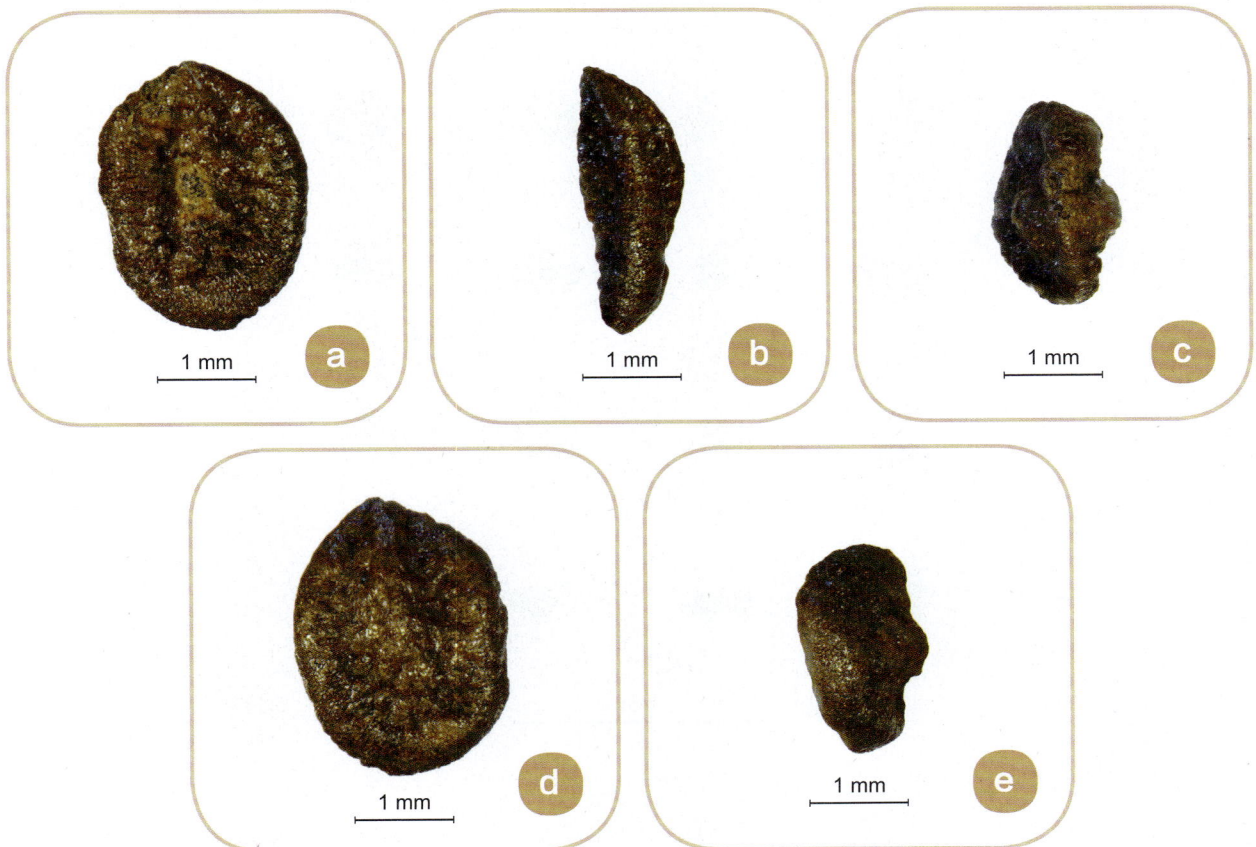

1 mm   a

1 mm   b

1 mm   c

1 mm   d

1 mm   e

1 cm

f

1 cm

g

1 cm

h

**淡红忍冬种子性状**

a. 背面；b. 侧面；c. 俯视面；d. 腹面；e. 仰视面；f. 堆叠；g. 平铺；h. 整齐排列

## 盘叶忍冬　　　　　　　　　　　　　　*Lonicera tragophylla* Hemsl.

忍冬科落叶藤本。以花蕾、带叶嫩枝入药，**为山银花药材的易混淆品。**

**种子形态**　种子呈球形，直径 3.5~6.5 mm。表面黑色，皱缩，有一圆形的种脐。

**采　　集**　花期6~7月，果熟期9~10月。当果实呈黑色且变软时采摘，泡软果实，洗净果肉，取种，晾干。

**鉴别特征**　本种种子与忍冬种子的区别为本种种子小，呈球形。

1 cm f

1 cm g

1 cm h

**盘叶忍冬种子性状**

a. 背面；b. 侧面；c. 俯视面；d. 腹面；e. 仰视面；f. 堆叠；g. 平铺；h. 整齐排列

# 忍 冬

*Lonicera japonica* Thunb.

忍冬科半常绿藤本。以干燥茎枝入药，药材名为忍冬藤。以干燥花蕾或初开的花入药，药材名为金银花。

**种子形态** 种子呈椭圆形或卵形，较扁，长 2.1～2.8 mm，宽 1.6～2.5 mm，厚约 1.2 mm。表面棕色，有光泽。背面略隆起，两面有 2 明显的凹沟，背面中部的脊凸起，基部稍尖，为一褐色的椭圆形种脐。

**采　　集** 花期华东、华中地区 4～6 月，四川 5～7 月，北京 5～6 月，东北 6～7 月，果期 8～10 月。当果实呈黑色且变软时采摘，金银花果实成熟后不易脱落，干缩浆果仍挂在植株上，故可于 10～11 月一次性采摘，泡软果实，洗净果肉，取种，晾干。

**鉴别特征** 种子小，与黄褐毛忍冬种子大小相似，但本种种子更窄且颜色更深，呈深褐色。

1 mm　a

1 mm　b

1 mm　c

1 mm　d

1 mm　e

1 cm

f

1 cm

g

1 cm

h

**忍冬种子性状**

a.背面；b.侧面；c.俯视面；d.腹面；e.仰视面；f.堆叠；g.平铺；h.整齐排列

## 金银木　　　　　　　　　　　　　　　　*Lonicera maackii*（Rupr.）Maxim.

忍冬科落叶灌木。以茎叶、根入药，**为忍冬藤药材的易混淆品。**

**种子形态**　果实呈球形，直径 4.0 ~ 5.0 mm，暗红色。表面皱缩，具蜂窝状微小浅凹点，具多肋。

**采　　集**　花期 5 ~ 6 月，果熟期 8 ~ 10 月。采收饱满种子，及时清理，除去杂质，置于通风、干燥、阴暗、温度较低且相对恒定的地方贮藏。

**鉴别特征**　本种果实与忍冬种子的区别为本种果实小，呈球形，具多肋。

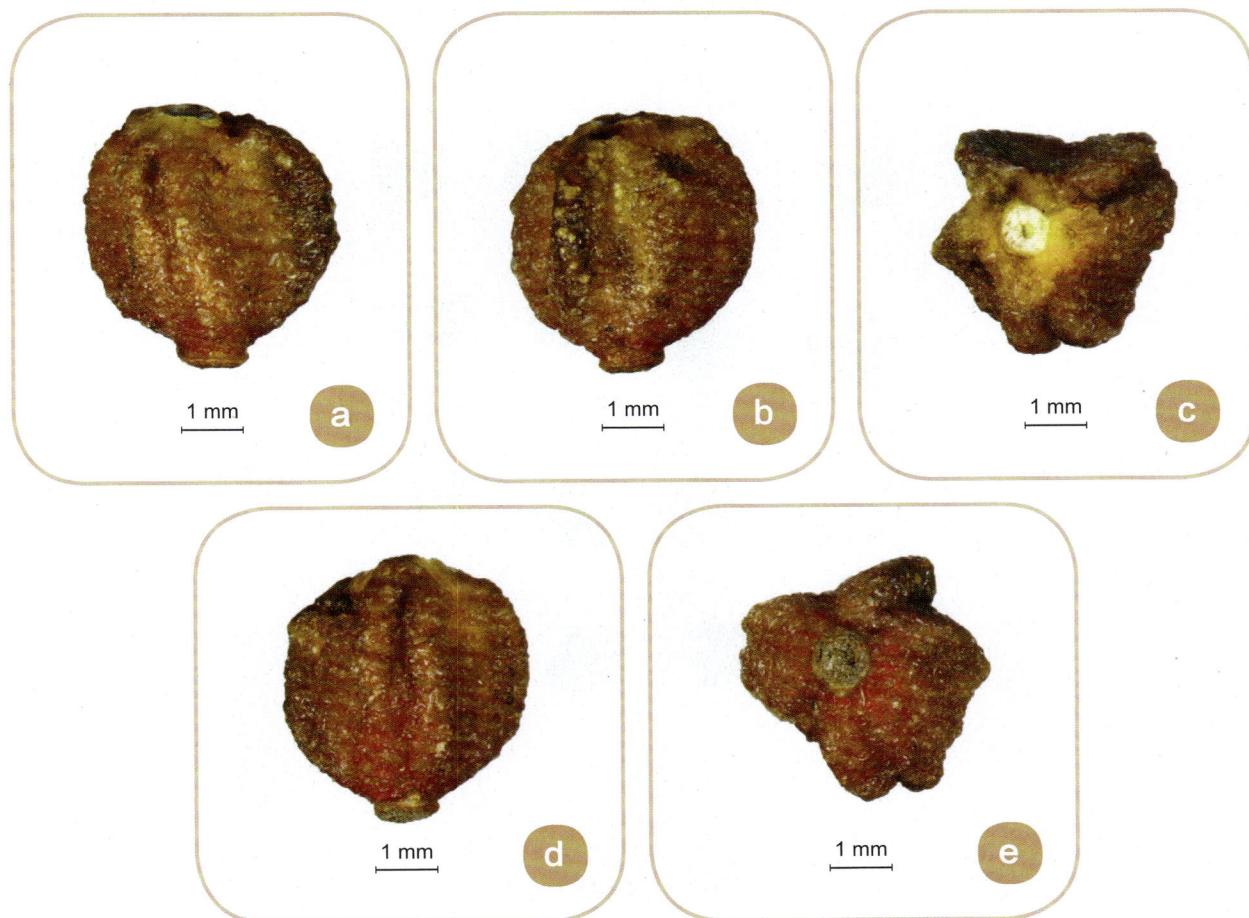

1 mm　　a

1 mm　　b

1 mm　　c

1 mm　　d

1 mm　　e

**金银木果实性状**

a.背面；b.侧面；c.俯视面；d.腹面；e.仰视面；f.堆叠；g.平铺；h.整齐排列

# 瑞香科

| 白木香 | *Aquilaria sinensis*（Lour.）Gilg |

瑞香科乔木。以含有树脂的木材入药，药材名为沉香。

**种子形态**　种子呈卵球形，长约1.0 cm，直径约5.5 mm，黑褐色，疏被柔毛，基部具角状附属体，附属体长约1.5 cm，上端宽扁，宽约4.0 mm，下端渐尖，呈柄状。

**采　　集**　花期3~4月，果熟期6~8月。成熟果实外壳呈浅黄绿色，易纵向2瓣裂，种子借果壳裂开的弹力散落于地面后即可收集，用沙层积，贮藏于室内阴凉处。

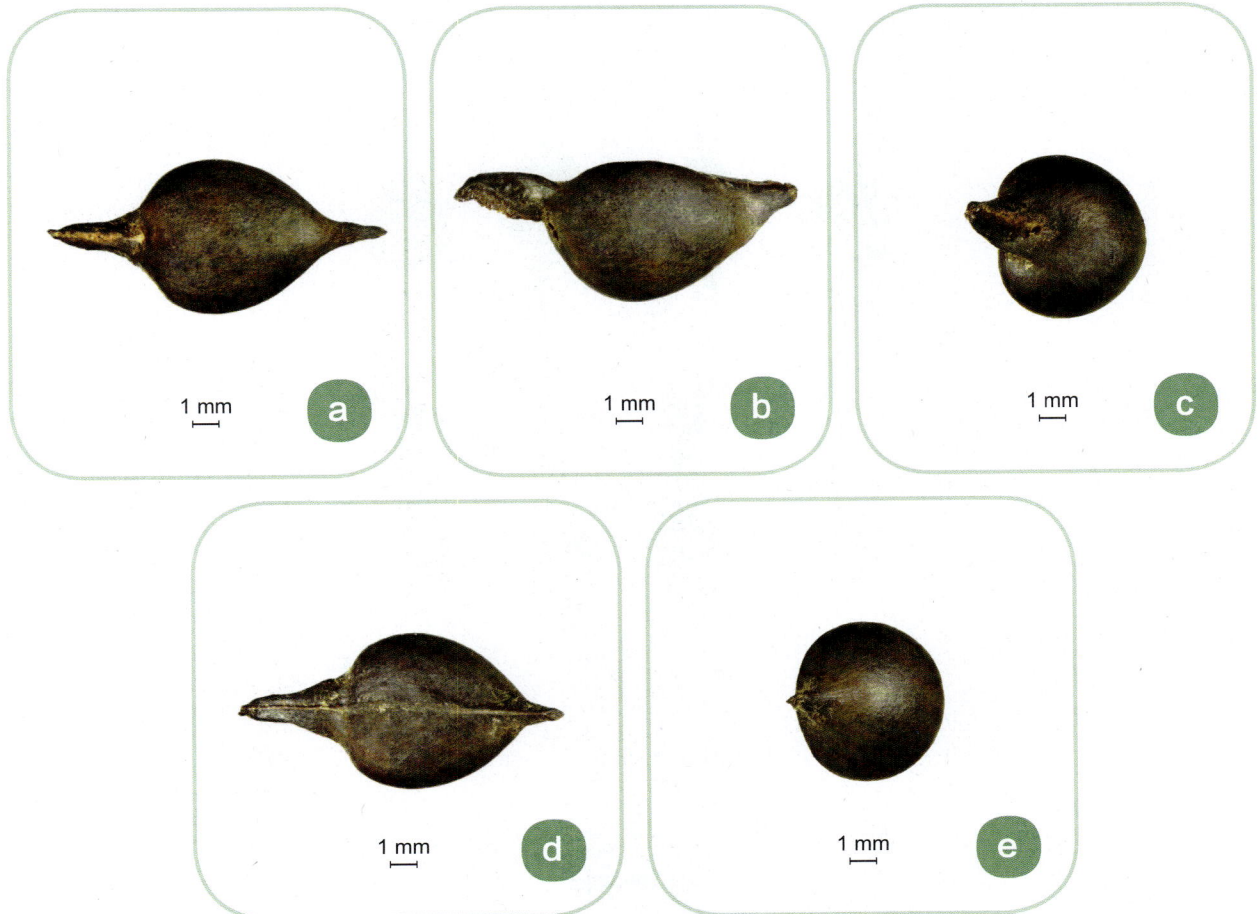

1 mm a

1 mm b

1 mm c

1 mm d

1 mm e

1 cm

f

1 cm

g

1 cm

h

**白木香种子性状**

a. 背面；b. 侧面；c. 俯视面；d. 腹面；e. 仰视面；f. 堆叠；g. 平铺；h. 整齐排列

# 三白草科

| 蕺 菜 | *Houttuynia cordata* Thunb. |

三白草科腥臭草本。以新鲜全草或干燥地上部分入药，药材名为鱼腥草。

**种子形态**　种子呈卵球形，长 1.2~1.3 mm，直径 0.4~0.5 mm。先端尖，基部钝圆，呈黄褐色，先端表面皱缩，两端具有小突起。

**采　集**　花期 4~7 月。采收颜色深、有光泽的饱满种子，及时清理，脱粒，除去杂质，置于通风、干燥、阴暗、温度较低且相对恒定的地方贮藏。

a　0.5 mm
b　0.5 mm
c　0.5 mm
d　0.5 mm
e　0.5 mm

1 cm f

1 cm g

1 cm h

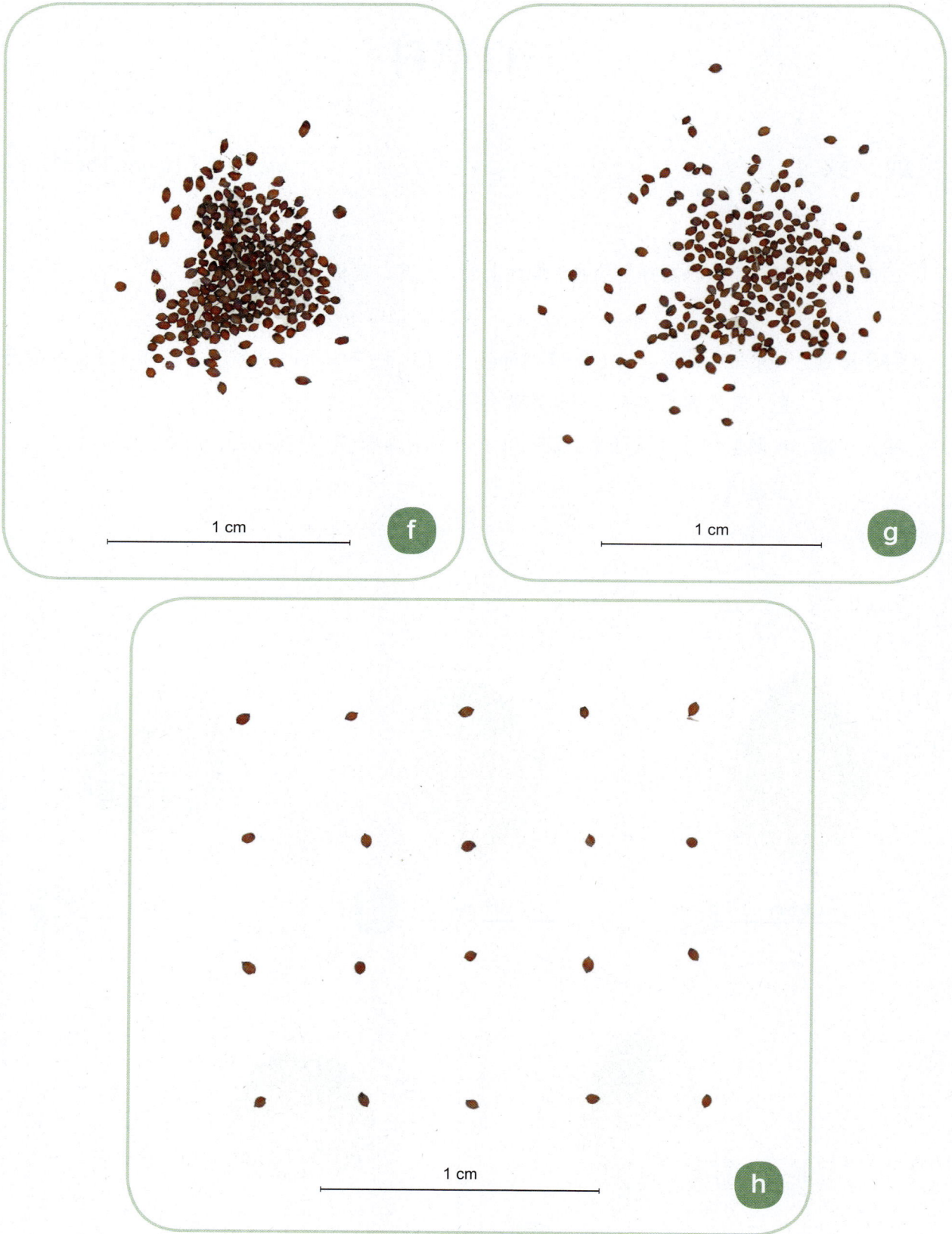

**蕺菜种子性状**

a. 背面；b. 侧面；c. 俯视面；d. 腹面；e. 仰视面；f. 堆叠；g. 平铺；h. 整齐排列

# 伞形科

## 白花前胡        *Peucedanum praeruptorum* Dunn

伞形科多年生草本。以干燥根入药，药材名为前胡。

**种子形态** 分果呈卵圆形，腹面压扁，长 4.5~5.5 mm，宽 2.9~4.0 mm，厚约 0.8 mm，棕褐色，有稀疏短毛，背棱 3，呈线形，稍凸起，侧棱呈翅状，比果体窄，稍厚，色浅。

**采　　集** 花期 8~9 月，果期 10~11 月。采收饱满种子，及时清理，除去杂质，置于通风、干燥、阴暗、温度较低且相对恒定的地方贮藏。

**鉴别特征** 果实小，表面棕褐色。

1 mm　a

1 mm　b

1 mm　c

1 mm　d

1 mm　e

f

1 cm

g

1 cm

h

1 cm

**白花前胡果实性状**

a. 背面；b. 侧面；c. 俯视面；d. 腹面；e. 仰视面；f. 堆叠；g. 平铺；h. 整齐排列

## 华中前胡

伞形科多年生草本。以根入药，**为前胡药材的易混淆品。**

**种子形态** 分果呈卵圆形，腹面压扁，长 3.5~4.5 mm，宽 2.5~3.5 mm，厚约 1.2 mm，棕绿色，有稀疏短毛，背棱 3，呈线形，稍凸起，侧棱呈狭翅状，稍厚，色浅。

**采　　集** 花期 7~9 月，果期 10~11 月。采收饱满种子，及时清理，除去杂质，置于通风、干燥、阴暗、温度较低且相对恒定的地方贮藏。

**鉴别特征** 果实小，表面棕绿色，比白花前胡果实的侧棱窄。

1 mm　a

1 mm　b

1 mm　c

1 mm　d

1 mm　e

f

1 cm

g

1 cm

h

1 cm

**华中前胡果实性状**

a. 背面；b. 侧面；c. 俯视面；d. 腹面；e. 仰视面；f. 堆叠；g. 平铺；h. 整齐排列

# 白　芷　　*Angelica dahurica*（Fisch. ex Hoffm.）Benth. et Hook. f.

伞形科多年生高大草本。以干燥根入药，药材名为白芷。

**种子形态**　分果呈片状椭圆形，扁平，长 5.7 ~ 7.5 mm，宽 5.0 ~ 5.5 mm，厚 0.9 ~ 1.0 mm，黄白色，无毛，不光滑。分果具 5 明显隆起的肋线，中间的 3 肋线较低平，两侧的 2 肋线特别宽大，呈翅状，比果体窄；每棱槽间有油管 1，棕色，背面有油管 2。果柄黄色。

**采　　集**　花期 7 ~ 8 月，果期 8 ~ 9 月。当果皮变黄绿色时连同果序分批采收，收后置于阴凉通风处晾干，抖下或搓下种子，除去果梗及杂质，贮藏。

**鉴别特征**　果实中等大小，中间具 3 低平肋线，两侧具 2 翅状肋线。

1 mm　a

1 mm　b

1 mm　c

1 mm　d

1 mm　e

1 cm

f

1 cm

g

1 cm

h

**白芷果实性状**

a. 背面；b. 侧面；c. 俯视面；d. 腹面；e. 仰视面；f. 堆叠；g. 平铺；h. 整齐排列

## 杭白芷

*Angelica dahurica* (Fisch. ex Hoffm.) Benth. et Hook. f. var. *formosana* (Boiss.) Shan et Yuan

伞形科多年生高大草本。以干燥根入药，药材名为白芷。

**种子形态**　分果呈椭圆形片状，扁平，长 6.0~7.0 mm，宽 3.0~4.5 mm，厚 0.9~1.0 mm，黄白色至浅棕色，无毛，不光滑。分果具 5 明显隆起的肋线，中间的 3 肋线较低平，两侧的 2 肋线特别宽大，呈翅状，侧棱延伸成翅状，较果体狭；每棱槽间有油管 1，棕色，背面有油管 2。果柄褐色。

**采　　集**　花期5~6月，果熟期6~7月。当果皮变黄绿色时连同果序一齐分批采收，收后置于阴凉通风处晾干，抖下或搓下种子，除去果梗及杂质，贮藏。

**鉴别特征**　果实中等大小，比白芷果实宽。可进一步做分子鉴定区分。

a　1 mm

b　1 mm

c　1 mm

d　1 mm

e　1 mm

**杭白芷果实性状**

a. 背面；b. 侧面；c. 俯视面；d. 腹面；e. 仰视面；f. 堆叠；g. 平铺；h. 整齐排列

## 柴　胡    *Bupleurum chinense* DC.

伞形科多年生草本。以干燥根入药，药材名为柴胡，习称"北柴胡"。

**种子形态**　分果呈长圆状椭圆形，长2.6~3.4 mm，宽1.0~1.2 mm，厚约0.7 mm。先端有花柱基，腹面平直，表面黑褐色。切面近半圆形，棱狭翼状，稍尖锐，色浅。合生面平坦且较宽，中间有果柄痕。

**采　　集**　花期8~9月，果期9~10月。当果实呈淡褐色时采集，剪下果序，晒干，脱粒，簸去杂质，放于干燥通风处贮藏。

**鉴别特征**　果实小，棱狭翼状，稍尖锐。

1 mm　a

1 mm　b

1 mm　c

1 mm　d

1 mm　e

1 cm f

1 cm g

1 cm h

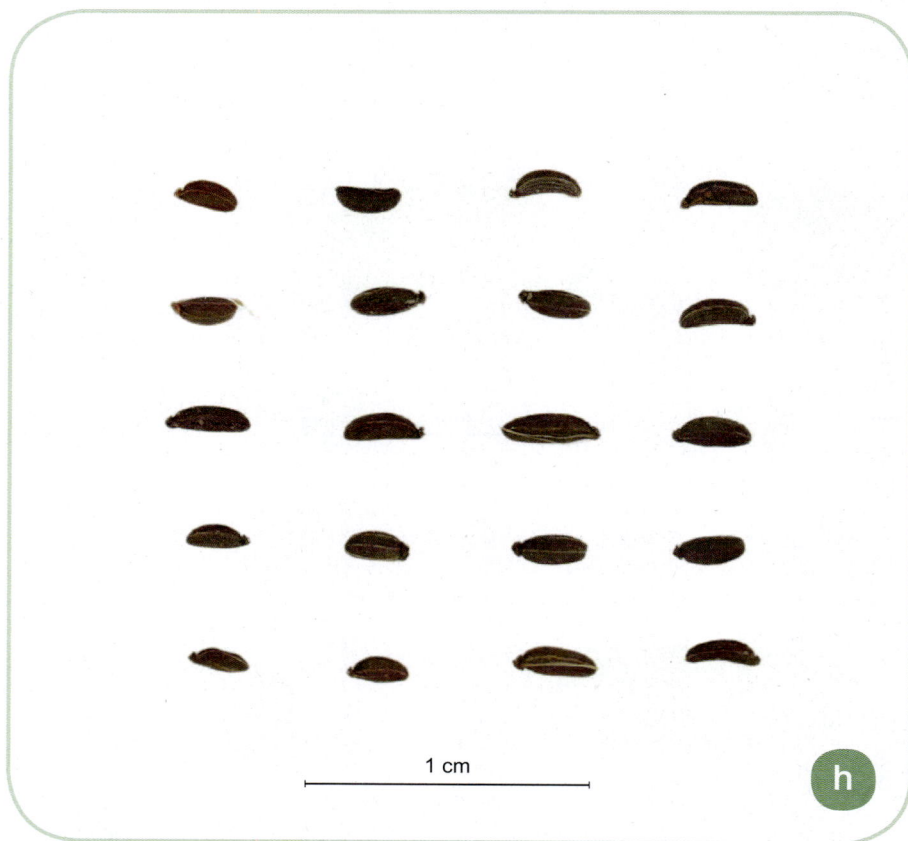

**柴胡果实性状**

a. 背面；b. 侧面；c. 俯视面；d. 腹面；e. 仰视面；f. 堆叠；g. 平铺；h. 整齐排列

# 狭叶柴胡

*Bupleurum scorzonerifolium* Willd.

伞形科多年生草本。以干燥根入药，药材名为柴胡，习称"南柴胡"。

**种子形态** 分果呈长圆状椭圆形，长 2.4~3.1 mm，宽 1.0~1.2 mm。先端有花柱基，表面深褐色。切面近半圆形，棱凸起，钝圆，色浅。合生面平坦且较宽，中间有果柄痕。

**采 集** 花期 7~8 月，果期 8~9 月。当果实呈淡褐色时采集，剪下果序，晒干，脱粒，簸去杂质，放于干燥通风处贮藏。

**鉴别特征** 果实小，棱凸起，钝圆。

1 mm  a

1 mm  b

1 mm  c

1 mm  d

1 mm  e

1 cm

f

1 cm

g

1 cm

h

**狭叶柴胡果实性状**

a.背面；b.侧面；c.俯视面；d.腹面；e.仰视面；f.堆叠；g.平铺；h.整齐排列

# 黄柴胡                                    *Bupleurum krylovianum* Schischk. ex Krylov

伞形科多年生草本。以干燥根入药。虽不属于《中国药典》收载的品种，但在部分地区可代替柴胡使用。

**种子形态**　分果呈广椭圆形，表面粗糙，长 3.2~4.2 mm，宽 1.0~1.2 mm，棕褐色。先端有花柱基。侧边有 5 棱，棱粗钝且粗细不均匀，呈浅棕色；棱槽间有明显的纵向条纹。

**采　　集**　花期 8~9 月，果期 9~10 月。当果实呈淡褐色时采集，剪下果序，晒干，脱粒，簸去杂质，放于干燥通风处贮藏。

**鉴别特征**　果实小，棱粗钝且粗细不均匀。

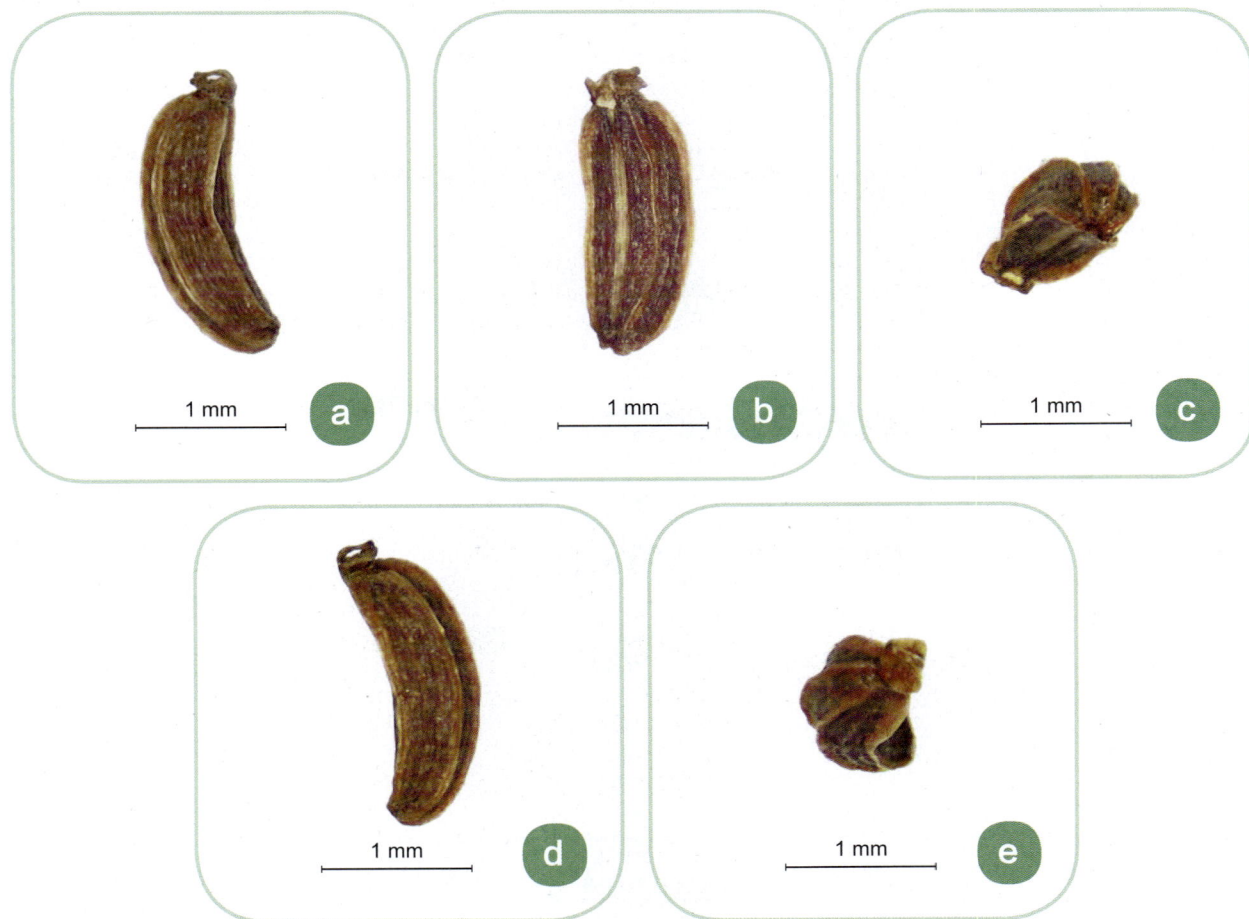

1 mm　a

1 mm　b

1 mm　c

1 mm　d

1 mm　e

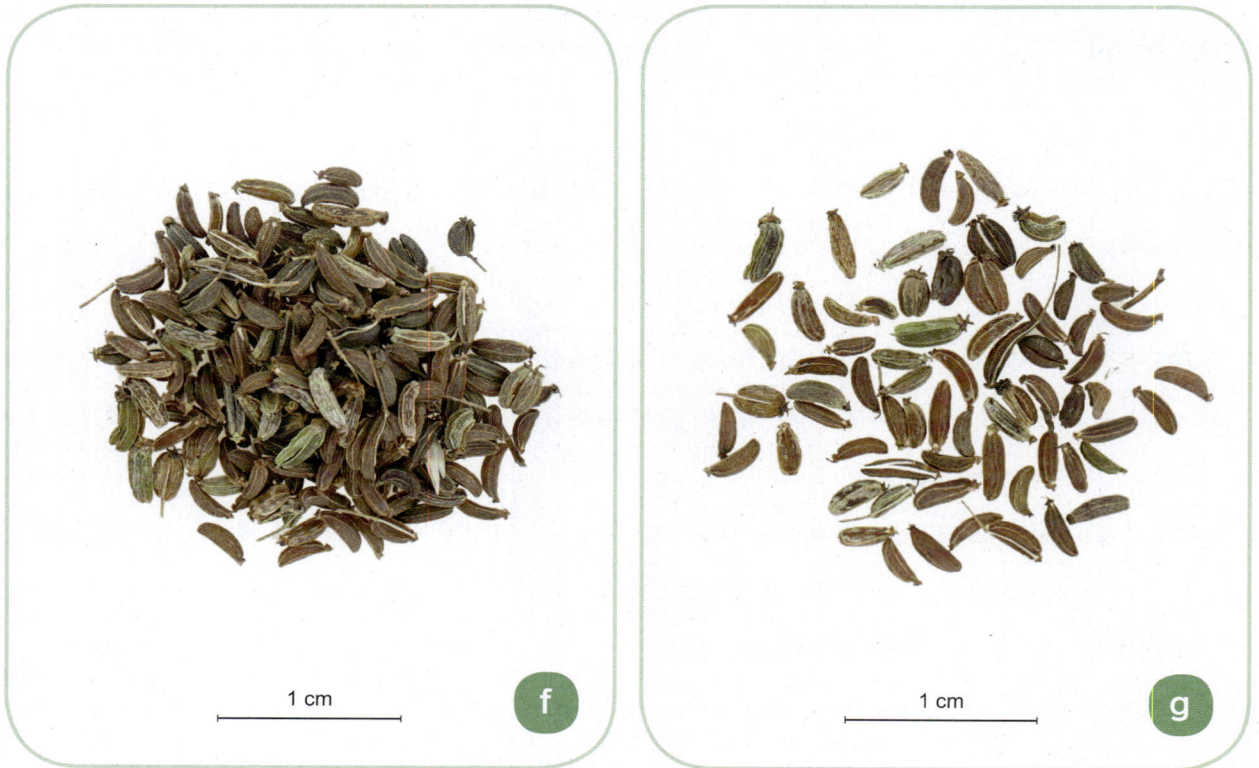

**黄柴胡果实性状**

a.背面；b.侧面；c.俯视面；d.腹面；e.仰视面；f.堆叠；g.平铺；h.整齐排列

## 藏柴胡

*Bupleurum marginatum* Wall. wx DC. var. *stenaphyllum*（Wolff）Shan et Y. Li

伞形科多年生草本。以干燥根入药。虽不属于《中国药典》收载的品种，但在部分地区可代替柴胡使用。

**种子形态** 分果呈广椭圆形，表面粗糙，长 4.5~5.2 mm，宽 0.8~1.2 mm，棕黄色。两端尖，背部隆起，先端花柱基较大。侧边有 5 棱，棱粗钝且粗细不均匀，呈浅棕色；棱槽间有明显的纵向条纹。合生面窄，中间有较细的果柄痕。

**采　　集** 花期 8~9 月，果期 9~10 月。当果实呈淡褐色时采集，剪下果序，晒干，脱粒，簸去杂质，放于干燥通风处贮藏。

**鉴别特征** 果实小，形态类似于黄柴胡果实，但比柴胡果实、狭叶柴胡果实、黄柴胡果实更为细长。

1 mm　a

1 mm　b

1 mm　c

1 mm　d

1 mm　e

1 cm f

1 cm g

1 cm h

**藏柴胡果实性状**

a.背面；b.侧面；c.俯视面；d.腹面；e.仰视面；f.堆叠；g.平铺；h.整齐排列

## 大叶柴胡 *Bupleurum longiradiatum* Turcz.

伞形科多年生高大草本。以根入药，**为柴胡药材的易混淆品。**

**种子形态**　分果呈长卵形，香蕉状弯曲，长 5.0~8.0 mm，直径 1.1~1.5 mm。腹面平坦，表面棕褐色或黑褐色，略粗糙，具隆起的悬棱多条，淡棕色。

**采　　集**　花期 8~9 月，果期 9~10 月。当果实呈灰褐色时割取，晒干，脱粒，簸去杂质，放于通风阴凉处贮藏。

**鉴别特征**　果实中等大小，明显大于柴胡果实、狭叶柴胡果实、黄柴胡果实及藏柴胡果实。

1 mm　a

1 mm　b

1 mm　c

1 mm　d

1 mm　e

1 cm

f

1 cm

g

1 cm

h

**大叶柴胡果实性状**

a. 背面；b. 侧面；c. 俯视面；d. 腹面；e. 仰视面；f. 堆叠；g. 平铺；h. 整齐排列

## 重齿毛当归　　　*Angelica pubescens* Maxim. f. *biserrata* Shan et Yuan

伞形科多年生高大草本。以干燥根入药，药材名为独活。

**种子形态**　分果扁，呈纺锤形，翅果状，长4.5~6.5 mm，宽3.0~3.5 mm，厚约1.1 mm。表面灰白色或深褐色，平滑无毛；先端有凸起的花柱基。背面略隆起，具5明显隆起的肋线，中间的3肋线较低平，两侧的2肋线特别宽大，呈翅状，腹面平凹，常存一细线状的悬果柄，与果实先端相连。横切面上可见肋线间各具油管1，腹面有油管2。

**采　集**　花期8~9月，果期9~10月。当种子成熟时分批采收，将果序割下，扎成把，放于阴凉处晾干，避免受热受潮，脱粒，除净杂质，放于阴凉处贮藏，也可至播种前脱粒。

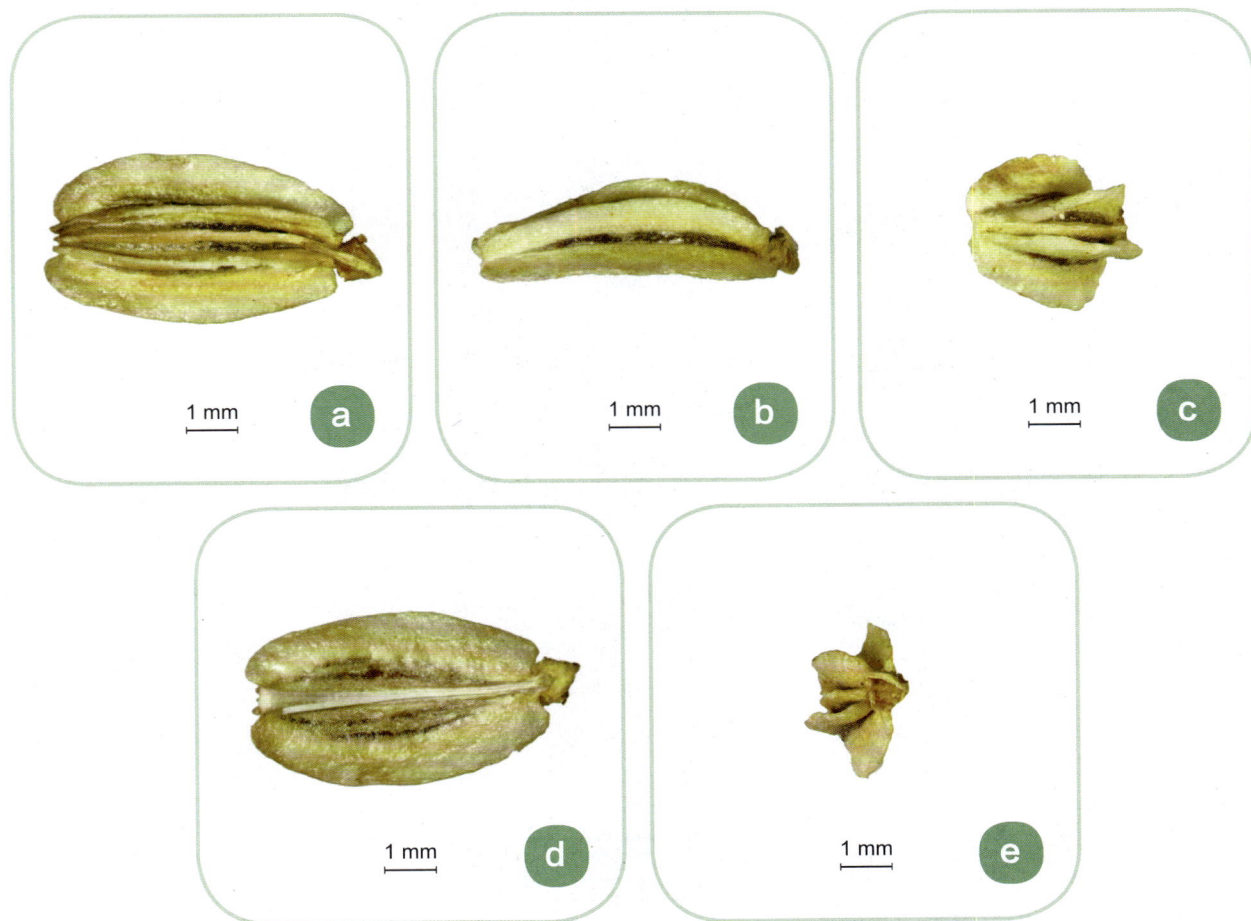

1 mm　a

1 mm　b

1 mm　c

1 mm　d

1 mm　e

1 cm

f

1 cm

g

1 cm

h

**重齿毛当归果实性状**

a. 背面；b. 侧面；c. 俯视面；d. 腹面；e. 仰视面；f. 堆叠；g. 平铺；h. 整齐排列

# 当 归

*Angelica sinensis* (Oliv.) Diels

伞形科多年生草本。以干燥根入药，药材名为当归。

**种子形态** 分果呈宽卵圆形或矩圆形，扁平，翅果状，长 5.0 ~ 8.5 mm，宽 5.0 ~ 7.5 mm，厚 0.6 ~ 0.7 mm。表面浅黄色或淡棕色，平滑无毛；先端有凸起的花柱基，基部心形。背面略隆起，具 5 明显隆起的肋线，中间的 3 肋线较低平，两侧的 2 肋线特别宽大，呈翅状，常有破损，腹面平凹，常存一细线状的悬果柄，与果实先端相连。横切面上可见肋线间各具油管 1，腹面有油管 2，含 1 种子，种子横切面呈长椭圆状肾形或椭圆形。

**采 集** 花期 6 ~ 7 月，果熟期 8 月中旬。当种子由红色变粉白色时分批采收，将果序割下，扎成把，放于阴凉处晾干，避免受热受潮，脱粒，除净杂质，放于阴凉处贮藏。

**鉴别特征** 果实中等大小，中间具 3 低平肋，两侧具 2 翅状肋。

1 mm a

1 mm b

1 mm c

1 mm d

1 mm e

**当归果实性状**

a. 背面；b. 侧面；c. 俯视面；d. 腹面；e. 仰视面；f. 堆叠；g. 平铺；h. 整齐排列

## 欧当归          *Levisticum officinale* W. D. J. Koch

伞形科多年生草本。以根入药，**为当归药材的易混淆品。**

**种子形态** 分果呈椭圆形，背部稍压扁，长 5.0~6.5 mm，宽 3.0~4.5 mm，厚 0.8~0.9 mm。表面浅黄色或淡棕色，先端有内凹的花柱基，具 5 明显隆起的果棱，侧棱和背棱呈阔翅状，背棱的翅较侧棱的翅宽，两侧的肋线不呈翅状。腹面平凹，有 2 黑线，常存一细线状的悬果柄，与果实先端相连。

**采　　集** 花期 6~8 月，果期 8~9 月。当种子成熟时分批采收，将果序割下，扎成把，放于阴凉处晾干，避免受热受潮，脱粒，除净杂质，放于阴凉处贮藏。

**鉴别特征** 果实中等大小，两侧的肋线不呈翅状，腹面有 2 黑线。

a　1 mm

b　1 mm

c　1 mm

d　1 mm

e　1 mm

**欧当归果实性状**
a. 背面；b. 侧面；c. 俯视面；d. 腹面；e. 仰视面；f. 堆叠；g. 平铺；h. 整齐排列

# 防 风　　　　*Saposhnikovia divaricata*（Turcz.）Schischk.

伞形科多年生草本。以干燥根入药，药材名为防风。

**种子形态**　分果呈狭椭圆形或椭圆形，略扁，长 4.2~5.7 mm，宽 2.0~2.6 mm，厚 1.2~2.2 mm。表面灰棕色，稍粗糙，未成熟者具疣状突起，先端具 3~5 三角状萼齿，围着一凸起的花柱基，有时可见 2 宿存花柱，基部具一果柄痕或残存的果柄。背面稍隆起，具 5 肋线，中间的 3 肋线较平，两侧的 2 肋线较宽，腹面平凹。横切面上可见肋线间各具油管 1，腹面具油管 2。

**采　集**　花期 6~7 月，果熟期 9 月。当种子呈灰棕色且裂成 2 分果时及时采收，晾干，除去杂质，贮藏。

**鉴别特征**　果实小，表面稍粗糙，未成熟者具疣状突起，无刚毛。

1 mm　a

1 mm　b

1 mm　c

1 mm　d

1 mm　e

**防风果实性状**

a.背面；b.侧面；c.俯视面；d.腹面；e.仰视面；f.堆叠；g.平铺；h.整齐排列

## 野胡萝卜 *Daucus carota* L.

伞形科二年生草本。以果实入药，**为防风药材的易混淆品。**

**种子形态**　分果呈卵圆形，较扁，长 3.0～4.0 mm，宽 1.4～2.2 mm，厚 0.8～0.9 mm。表面黄棕色或灰棕色，先端有凸起的花柱基。背面隆起，具 4 翅状肋线，翅上具黄色刚毛，表面具纵棱线及短刺毛，腹面平或微凹，有纵棱线数条，纵棱线上疏被短刺毛。

**采　　集**　花期 5～6 月，果熟期 7 月。当双悬果分裂为 2 片且呈灰褐色时采收果序，晒干，脱粒，除去杂质，放于干燥阴凉处贮藏。

**鉴别特征**　果实小，具 4 翅状肋线，翅上具黄色刚毛。

a　1 mm

b　1 mm

c　1 mm

d　1 mm

e　1 mm

1 cm

**f**

1 cm

**g**

1 cm

**h**

**野胡萝卜果实性状**

a. 背面；b. 侧面；c. 俯视面；d. 腹面；e. 仰视面；f. 堆叠；g. 平铺；h. 整齐排列

# 茴 香　　　　　　　　　　　　　　　　　　　*Foeniculum vulgare* Mill.

伞形科草本。以干燥成熟果实入药，药材名为小茴香。

**种子形态**　分果呈长圆状卵形，有的稍弯曲，长 6.0 ~ 8.0 mm，直径 1.5 ~ 2.5 mm。表面黄绿色或淡黄色，两端略尖，先端残留黄棕色的凸起花柱基，基部有时具细小的果梗。背面有 5 浅色主棱，主棱呈翅状。

**采　　集**　花期 5 ~ 6 月，果期 7 ~ 9 月。秋季果实成熟时采割植株，晒干，打下果实，除去杂质。

**鉴别特征**　果实中等大小，呈长圆状卵形，背面有 5 翅状纵棱。

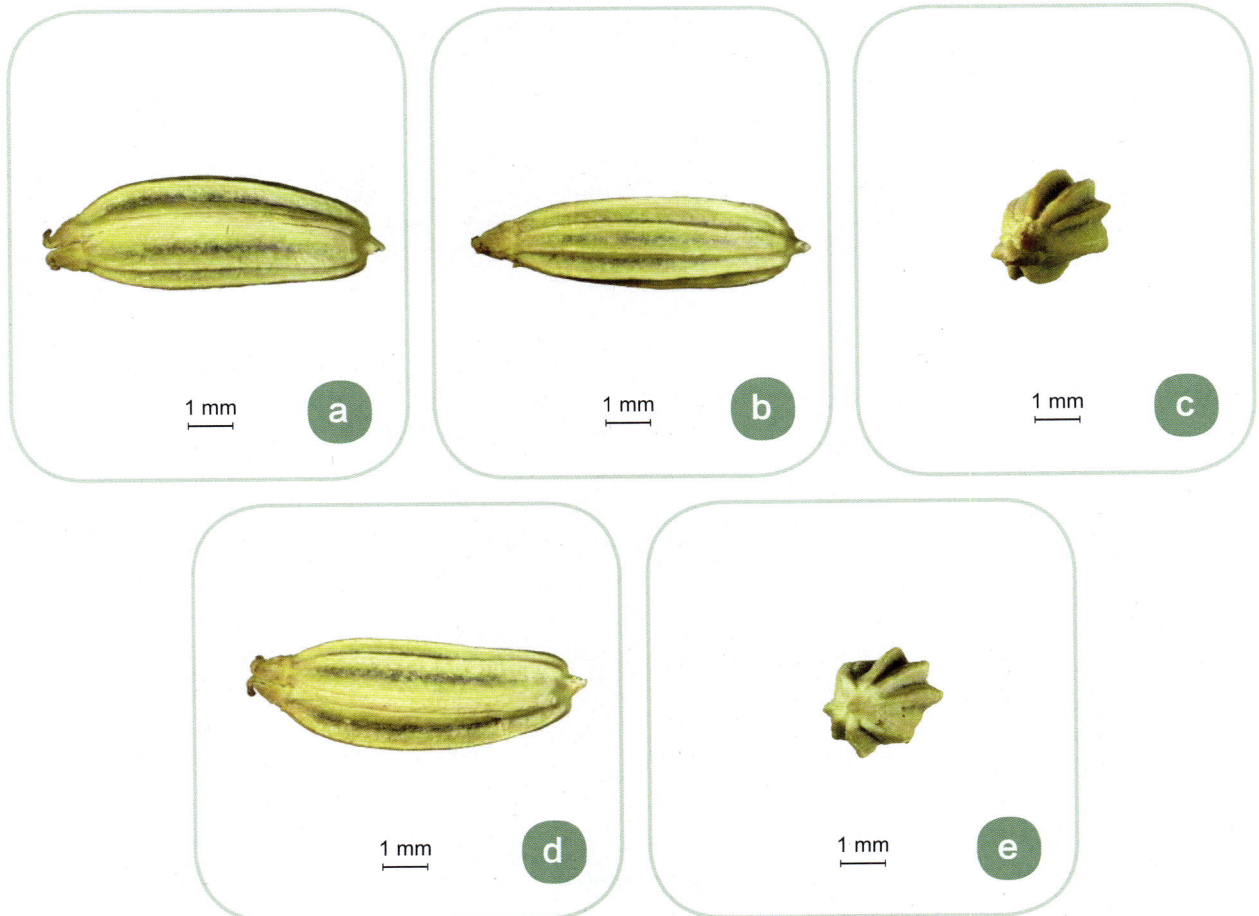

1 mm　　a

1 mm　　b

1 mm　　c

1 mm　　d

1 mm　　e

1 cm

f

1 cm

g

1 cm

h

**茴香果实性状**

a. 背面；b. 侧面；c. 俯视面；d. 腹面；e. 仰视面；f. 堆叠；g. 平铺；h. 整齐排列

# 莳 萝 *Anethum graveolens* L.

伞形科一年生草本。以果实入药，**为小茴香药材的易混淆品**。

**种子形态** 分果呈宽椭圆形，较扁，长 3.0~5.0 mm，宽 2.0~3.0 mm，厚约 1.0 mm；果皮棕黄色至棕色。有主棱和 2 近翅膀状的侧棱。

**采　　集** 花期 6~7 月，果期江苏 7~8 月，新疆 8 月中旬。当大部分果实变棕色时采收果枝，捆成小把，阴干后脱粒，去净杂质，晒干，贮藏。

**鉴别特征** 果实小于茴香的果实，有 2 翅状侧棱。

a

1 mm

b

1 mm

c

1 mm

d

1 mm

e

1 mm

**莳萝果实性状**

a.背面；b.侧面；c.俯视面；d.腹面；e.仰视面；f.堆叠；g.平铺；h.整齐排列

# 辽藁本

*Ligusticum jeholense* Nakai et Kitag.

伞形科多年生草本。以干燥根及根茎入药，药材名为藁本。

**种子形态** 分果呈椭圆形，略扁，长 2.0 ~ 3.2 mm，宽 1.5 ~ 2.0 mm，厚 1.1 ~ 1.8 mm。表面灰棕色或棕绿色，先端有凸起的花柱基，基部具果柄痕或残存的果柄。背面隆起，具 5 明显隆起的肋线，腹面成弧形凹陷，中央为一白色的隆起肋线，侧面的白色肋线变厚且变粗，肋线间各具 1 油管，腹面具 2 油管，含 1 种子。

**采　集** 花期 7 ~ 9 月，果熟期 9 ~ 10 月。当果序呈棕褐色时剪下果序，晒干，除去杂质，放于干燥阴凉处贮藏。

a　1 mm

b　1 mm

c　1 mm

d　1 mm

e　1 mm

1 cm f

1 cm g

1 cm h

**辽藁本果实性状**

a. 背面；b. 侧面；c. 俯视面；d. 腹面；e. 仰视面；f. 堆叠；g. 平铺；h. 整齐排列

# 川 芎　　　　　　　　　　*Ligusticum chuanxiong* Hort.

伞形科多年生草本。以干燥根茎入药，药材名为川芎。

**种子形态**　果实呈纺锤形，长 1.8~2.4 mm，直径 1.0~1.5 mm。表面深褐色，密被长柔毛及
绒毛，背面具多条明显隆起的果棱，果棱为木栓质翅。

**采　集**　花期7~8月，幼果期9~10月。当果实呈褐色时采收，晒干，除去杂质，放于干
燥阴凉处贮藏。

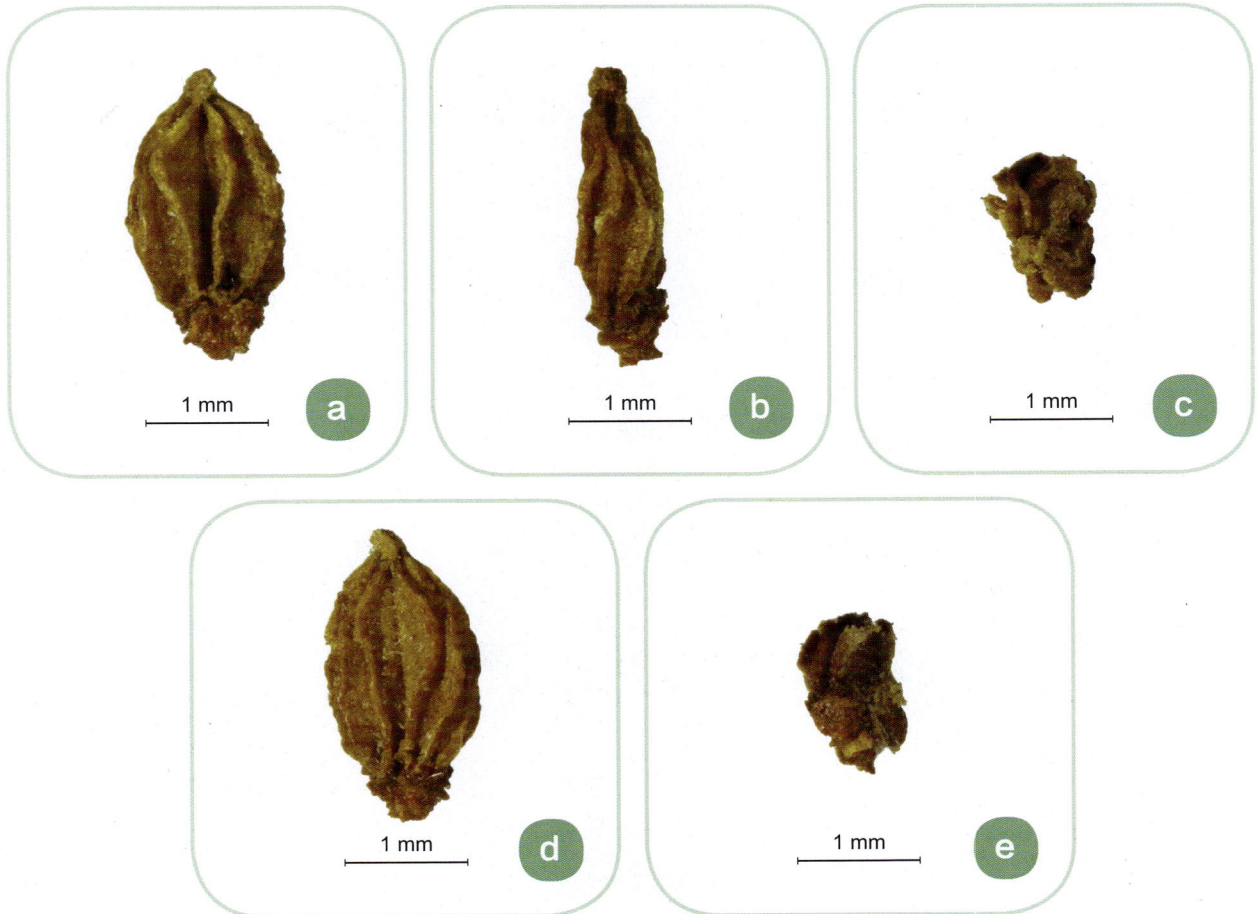

1 mm　　a

1 mm　　b

1 mm　　c

1 mm　　d

1 mm　　e

1 cm

f

1 cm

g

1 cm

h

**川芎果实性状**

a. 背面；b. 侧面；c. 俯视面；d. 腹面；e. 仰视面；f. 堆叠；g. 平铺；h. 整齐排列

## 珊瑚菜 　　　　　　　　　　　　　　　*Glehnia littoralis* Fr. Schmidt ex Miq.

伞形科多年生草本。以干燥根入药，药材名为北沙参。

**种子形态**　果实呈椭球形或倒广卵形，较扁，长 9.0 ~ 12.0 mm，宽 4.5 ~ 7.0 mm，厚约 2.0 mm。表面浅棕色，密被长柔毛及绒毛，背面具 5 明显隆起的果棱，果棱为木栓质翅，腹面平坦。

**采　　集**　花果期 6 ~ 8 月。当果实成熟时采收，晒干，除去杂质，放于干燥阴凉处贮藏。

**鉴别特征**　果实小，密被长柔毛及绒毛，背面具 5 明显隆起的果棱。

a　1 mm

b　1 mm

c　1 mm

d　1 mm

e　1 mm

f

1 cm

g

1 cm

h

1 cm

**珊瑚菜果实性状**

a. 背面；b. 侧面；c. 俯视面；d. 腹面；e. 仰视面；f. 堆叠；g. 平铺；h. 整齐排列

# 桑 科

## 大 麻 *Cannabis sativa* L.

桑科一年生直立草本。以干燥成熟果实入药，药材名为火麻仁。

**种子形态** 瘦果呈卵圆形，长 4.0~5.5 mm，直径 2.5~4.0 mm。表面灰绿色或灰黄色，有微细的白色或棕色网纹，两边有棱；先端略尖，基部有 1 圆形果梗痕。果皮薄而脆，易破碎。

**采　集** 花期 5~6 月，果期 7 月。秋季果实成熟时采收，除去杂质，晒干。

a　1 mm

b　1 mm

c　1 mm

d　1 mm

e　1 mm

1 cm

f

1 cm

g

1 cm

h

**大麻果实性状**

a.背面；b.侧面；c.俯视面；d.腹面；e.仰视面；f.堆叠；g.平铺；h.整齐排列

# 桑

桑科乔木或灌木。以干燥叶入药，药材名为桑叶。以干燥嫩枝入药，药材名为桑枝。以干燥果穗入药，药材名为桑椹。以干燥根皮入药，药材名为桑白皮。

**种子形态** 聚花果呈圆柱形，黑紫色或白色。瘦果呈三角状倒卵形，长 2.0 ~ 3.0 mm，直径 1.5 ~ 2.0 mm，黄褐色；表面平滑，无光泽，侧面具隆起的纵棱，较钝一端具椭圆形种脐，旁边具 1 小突起，内含 1 种子。

**采　　集** 花期 3 ~ 4 月，果熟期南方 4 ~ 5 月，北方 5 ~ 6 月。当聚花果成熟且呈紫色或白色时采摘，采后立即淘洗，除去果肉，阴干后播种。

**鉴别特征** 果实小，呈三角状倒卵形，表面黄褐色，平滑，无光泽。

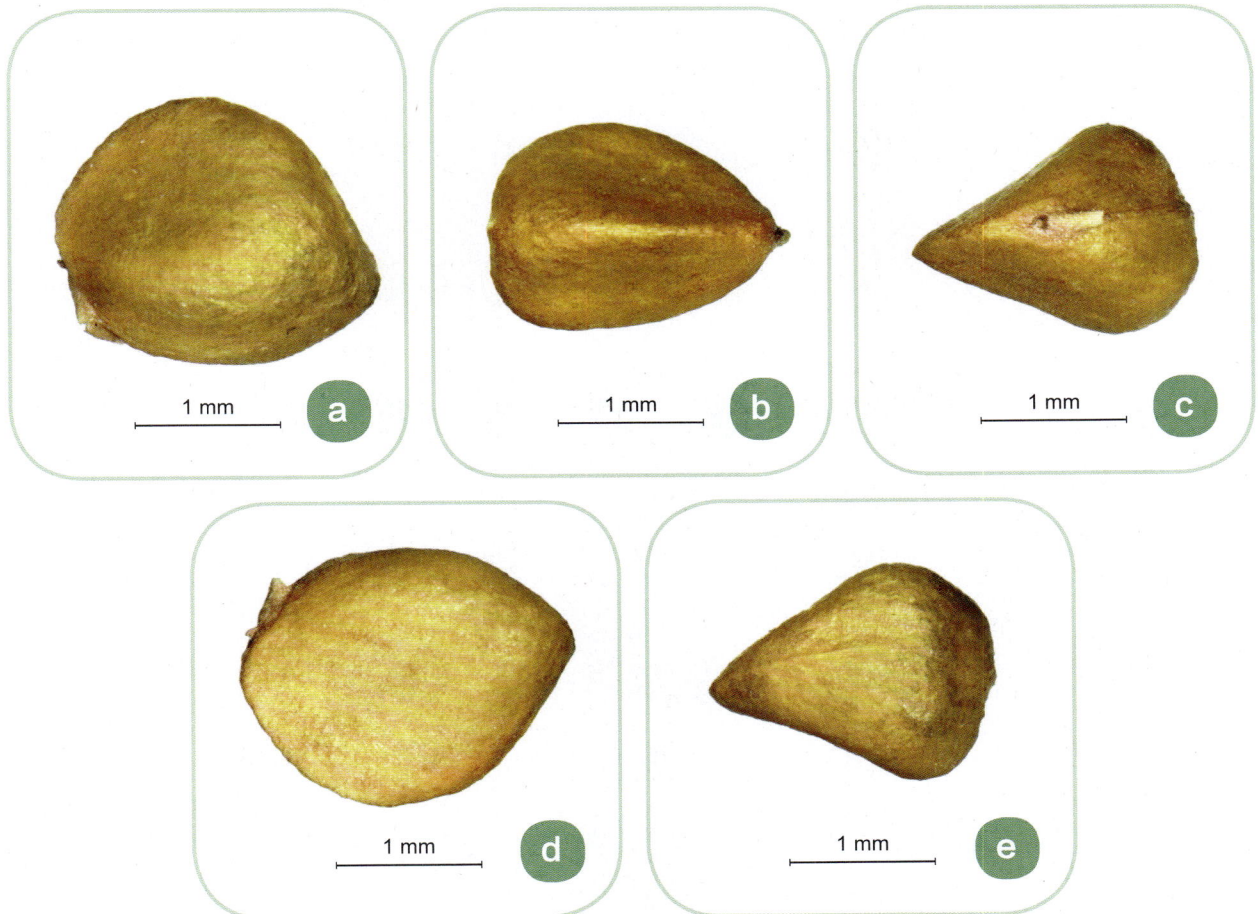

1 mm　a

1 mm　b

1 mm　c

1 mm　d

1 mm　e

1 cm f

1 cm g

1 cm h

**桑果实性状**

a. 背面；b. 侧面；c. 俯视面；d. 腹面；e. 仰视面；f. 堆叠；g. 平铺；h. 整齐排列

## 构 树        *Broussonetia papyrifera* (L.) L′Hér. ex Vent.

桑科乔木。以干燥成熟果实、根皮入药，**为桑白皮药材的易混淆品。**

**种子形态** 小瘦果呈扁球形或近卵圆形，三棱状，直径 1.5~2.5 mm。表面红色，有网状突起或疣状突起，一侧略凹陷，一侧稍隆起。一端钝圆，具圆形种脐，旁边有一白色的弯曲小突起，另一端较尖，侧面有一浅色的种脊。

**采 集** 花期 5 月，果期 8~10 月。当聚花果呈鲜红色时及时采收，揉烂，洗去果肉，晾干，种子干藏。

**鉴别特征** 果实小，表面红色，有网状突起或疣状突起。

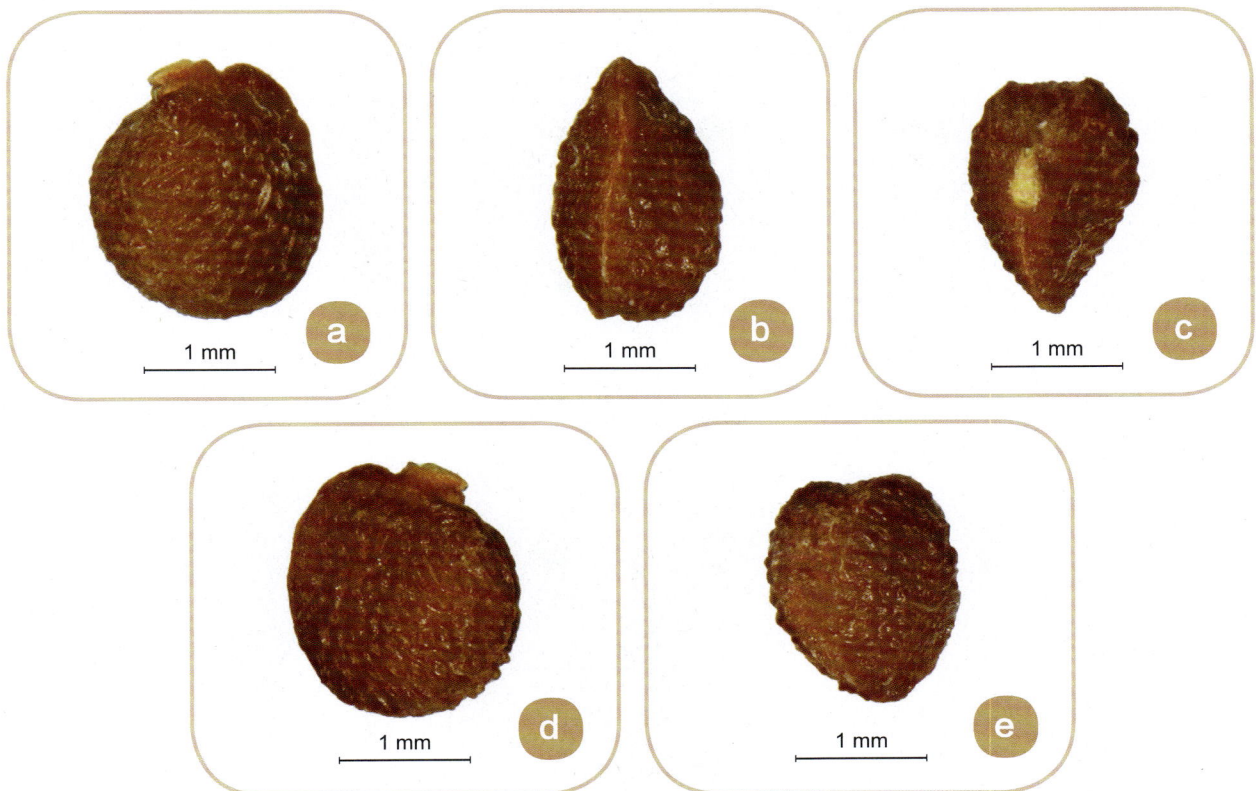

a    1 mm

b    1 mm

c    1 mm

d    1 mm

e    1 mm

1 cm

f

1 cm

g

1 cm

h

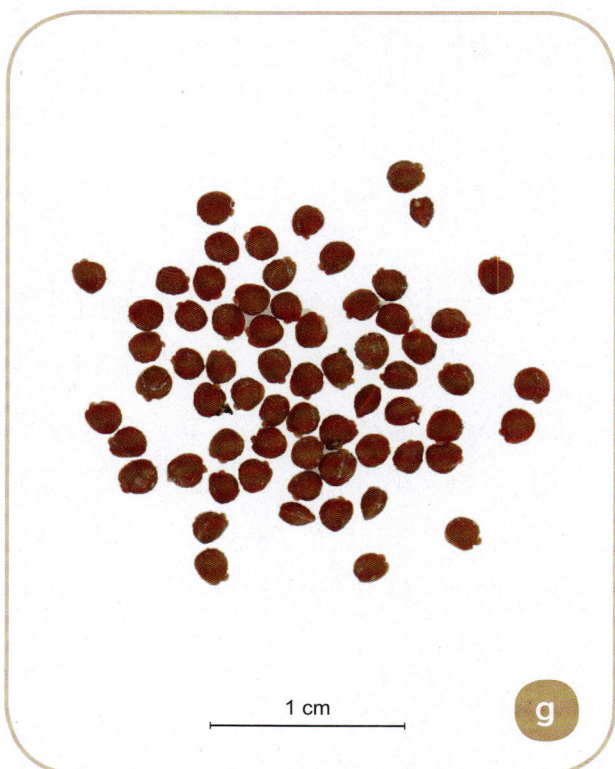

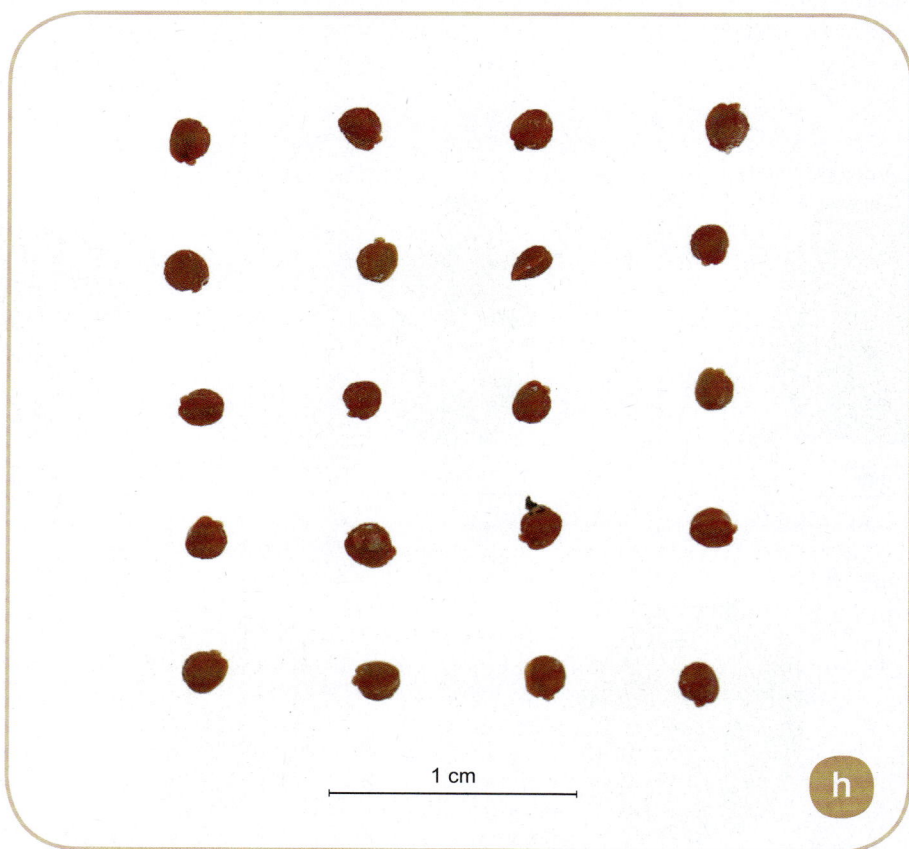

**构树果实性状**

a. 背面；b. 侧面；c. 俯视面；d. 腹面；e. 仰视面；f. 堆叠；g. 平铺；h. 整齐排列

# 柘

桑科落叶灌木或小乔木。以根皮入药，**为桑白皮药材的易混淆品。**

**种子形态** 瘦果呈卵球形，略扁，长 4.0~5.0 mm，直径 3.0~4.2 mm，灰黄色或灰褐色，侧面各有 1 裂口，背面有 4 纵沟，腹面有 3 纵沟，种脐和合点分别位于两个端点，内含 1 种子。种子呈卵圆形。

**采　　集** 花期5~6月，果期9~10月。当聚合果呈红色时采收，浸于水中揉搓，除去果肉，取出沉底种子，淘洗干净，晾干。

**鉴别特征** 果实小，呈卵球形，表面灰黄色，背面具 4 纵沟，腹面具 3 纵沟。

a　1 mm

b　1 mm

c　1 mm

d　1 mm

e　1 mm

1 cm

f

1 cm

g

1 cm

h

**柘果实性状**

a. 背面；b. 侧面；c. 俯视面；d. 腹面；e. 仰视面；f. 堆叠；g. 平铺；h. 整齐排列

# 山茱萸科

## 山茱萸                  *Cornus officinalis* Sieb. et Zucc.

山茱萸科落叶乔木或灌木。以干燥成熟果肉入药，药材名为山茱萸。

**种子形态** 核果呈长方状椭圆形，长约 1.5 cm，直径约 7.0 mm，成熟后呈鲜红色至枣红色。种子呈长圆柱状椭圆形，长约 1.3 cm，直径 0.5 cm；表面黄褐色，具黑褐色斑，先端钝圆，基部圆形。有一褐色的闭合圆圈，圆圈内凹陷处为种脐，两侧各有一较深的纵沟，延伸至果实下部2/3 处，另具少数浅沟纹。

**采　集** 花期3~4 月，果期9~10 月。秋末冬初果皮变红色时采收果实，用文火烘或置于沸水中略烫后，及时除去果肉，干燥。

**鉴别特征** 种子大，呈长圆柱状椭圆形。

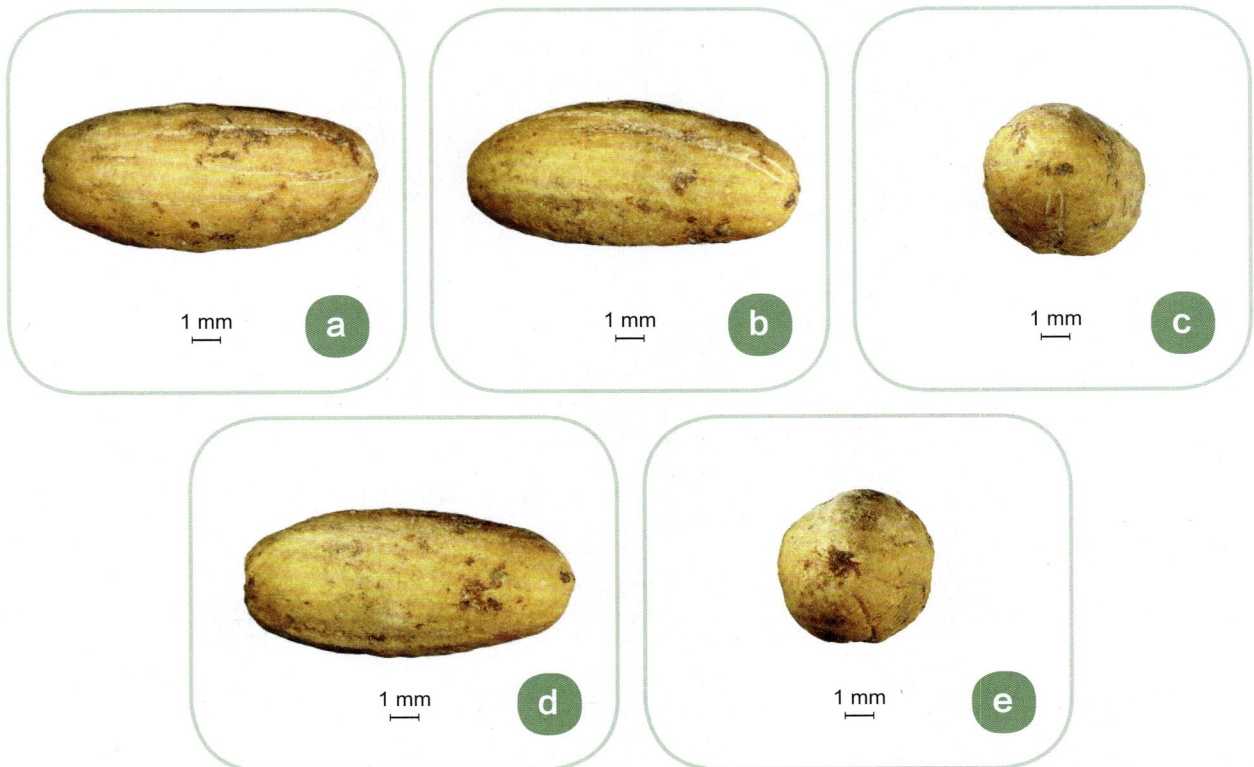

1 mm　a

1 mm　b

1 mm　c

1 mm　d

1 mm　e

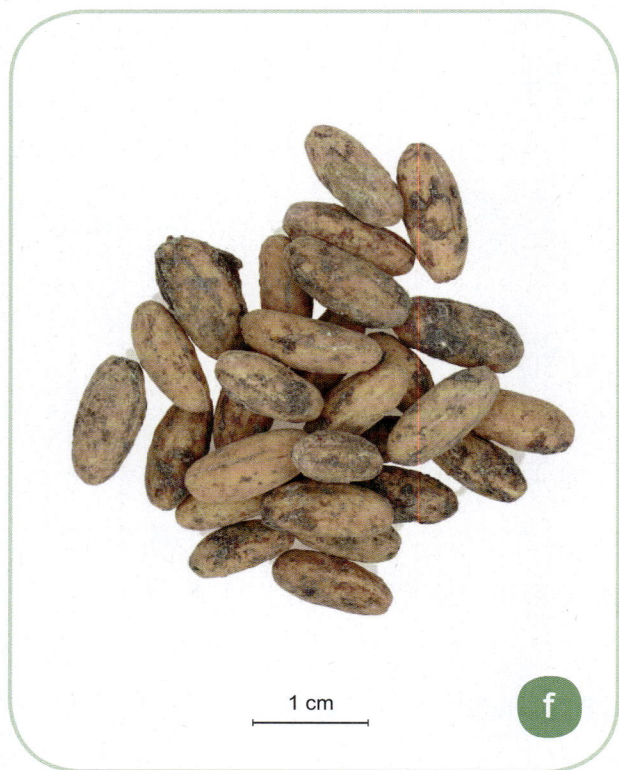

**山茱萸种子性状**

a.背面；b.侧面；c.俯视面；d.腹面；e.仰视面；f.堆叠；g.平铺；h.整齐排列

## 滇刺枣

*Ziziphus mauritiana* Lam.

鼠李科常绿乔木或灌木。以根皮入药，**为山茱萸药材的易混淆品。**

**种子形态**　种子呈宽椭圆形或近圆形，较扁，长 6.0～7.0 mm，宽 5.0～6.0 mm，厚约 2.0 mm，红褐色，有时具深色纹理，有光泽。腹面平坦。较尖一端有缢缩状的种脐，周边表面皱缩。

**采　　集**　花期 8～11 月，果期 9～12 月。采收颜色深、有光泽的饱满种子，及时清理，脱粒，除去杂质，置于通风、干燥、阴暗、温度较低且相对恒定的地方贮藏。

**鉴别特征**　种子中等大小，呈宽椭圆形，扁平。

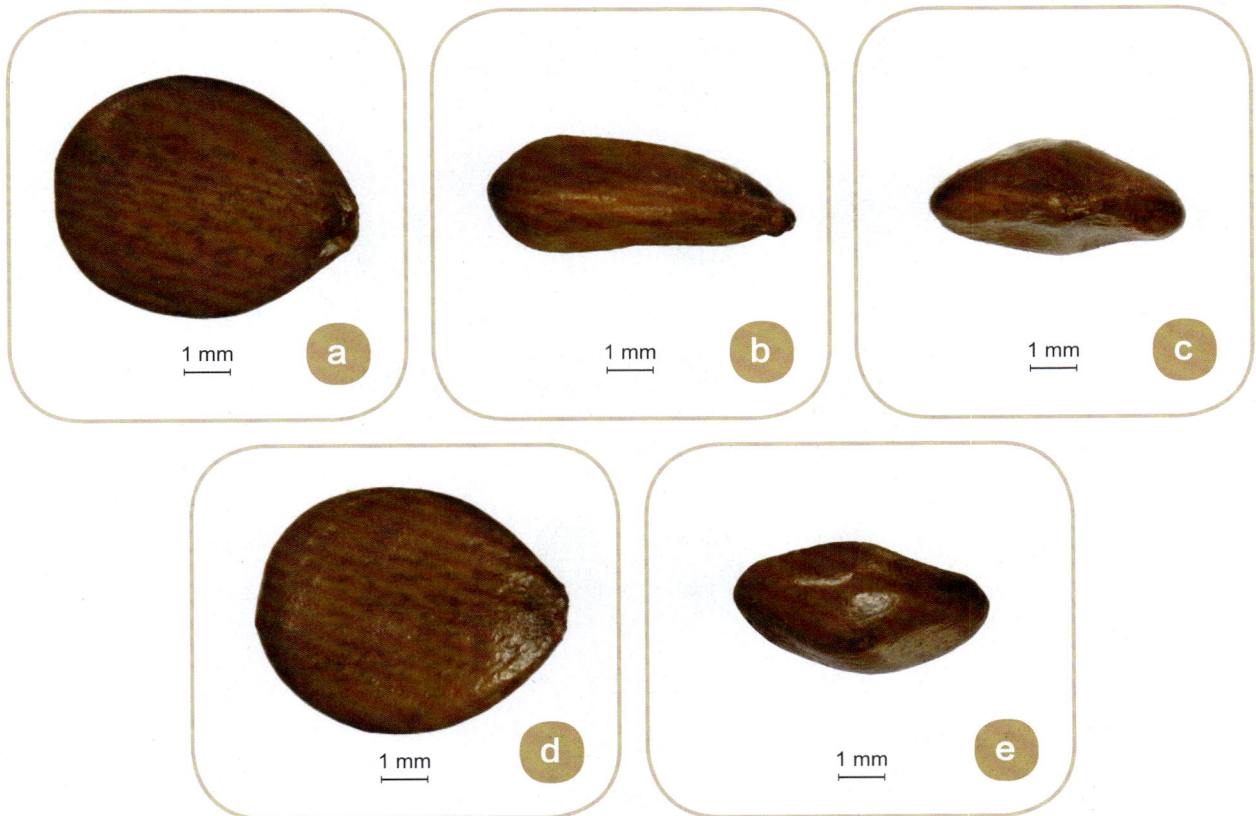

1 mm　a

1 mm　b

1 mm　c

1 mm　d

1 mm　e

**滇刺枣种子性状**

a.背面；b.侧面；c.俯视面；d.腹面；e.仰视面；f.堆叠；g.平铺；h.整齐排列

# 十字花科

## 白 芥　　　　　　　　　　　　　　　　　　　　*Sinapis alba* L.

十字花科一年生草本。以干燥成熟种子入药，药材名为芥子，习称"白芥子"。

**种子形态**　种子呈球形，直径 1.5 ~ 2.5 mm。表面灰白色至淡黄色，具细微的网纹，有明显的点状种脐。

**采　　集**　花果期 6 ~ 8 月。夏末秋初果实成熟时采割植株，晒干，打下种子，除去杂质。

**鉴别特征**　种子小，表面淡黄色。

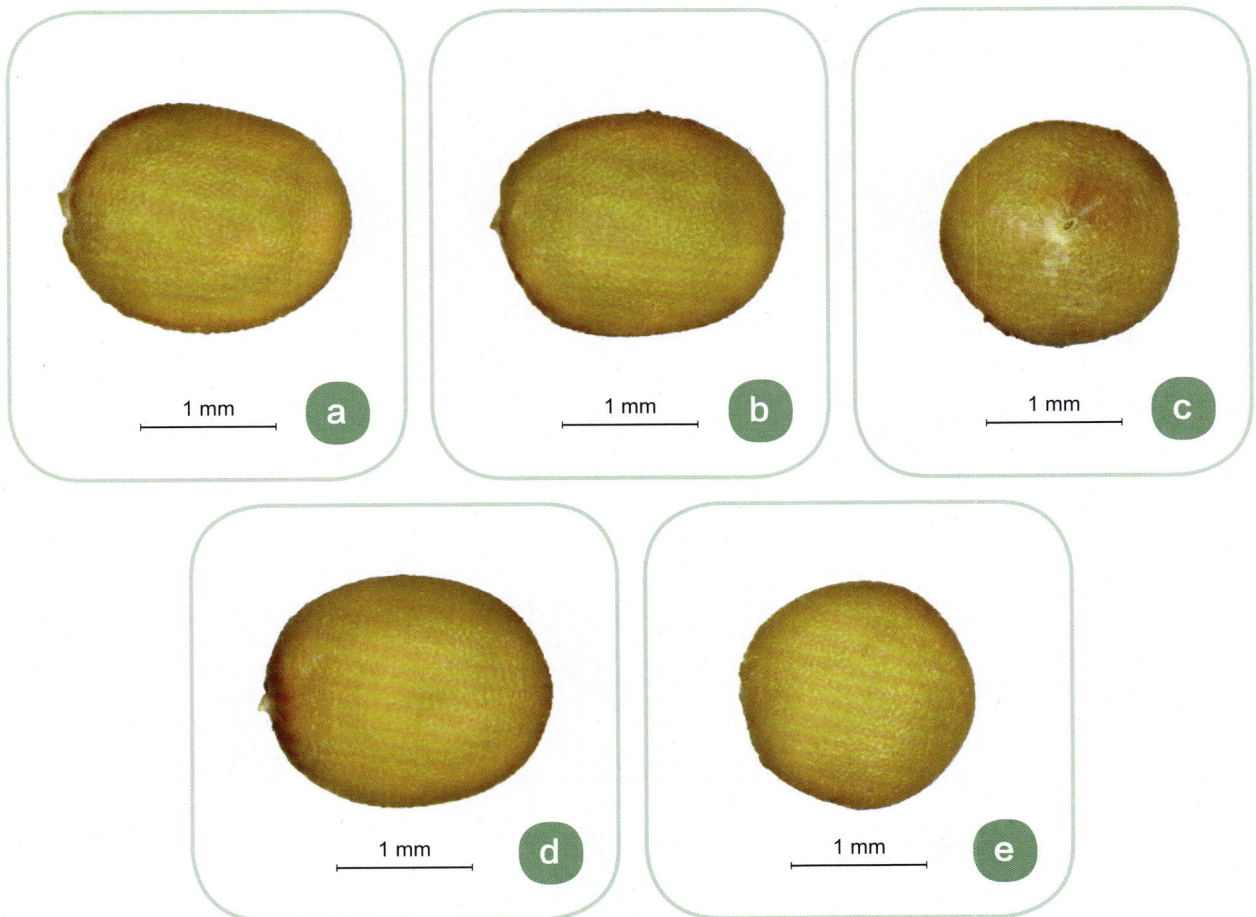

a　1 mm

b　1 mm

c　1 mm

d　1 mm

e　1 mm

1 cm

f

1 cm

g

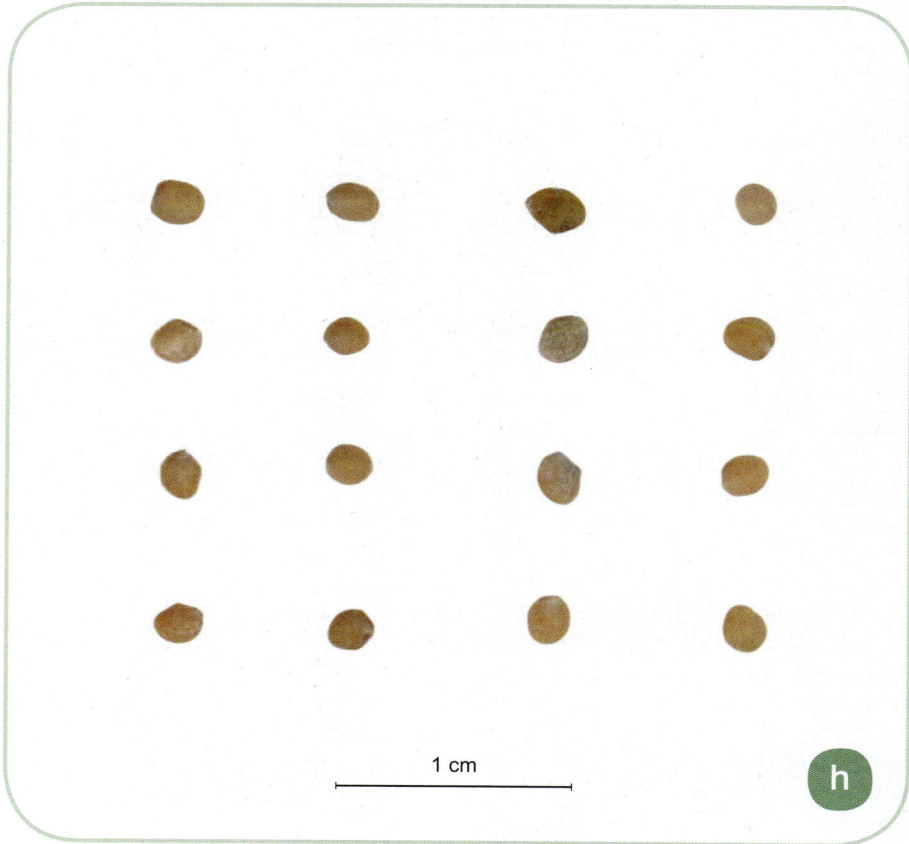

1 cm

h

**白芥种子性状**

a. 背面；b. 侧面；c. 俯视面；d. 腹面；e. 仰视面；f. 堆叠；g. 平铺；h. 整齐排列

# 芥                                    *Brassica juncea* (L.) Czern. et Coss.

十字花科一年生草本。以干燥成熟种子入药，药材名为芥子，习称"黄芥子"。

**种子形态**　种子呈球形，直径 1.0~2.0 mm。表面黄色至棕黄色，少数呈暗红棕色或紫褐色，具细微的网纹，有明显的浅色短线状种脐。

**采　　集**　花期3~5月，果期5~6月。夏末秋初果实成熟时采割植株，晒干，打下种子，除去杂质。

**鉴别特征**　种子小，表面黄色至棕黄色，比白芥种子颜色深。

a　1 mm

b　1 mm

c　1 mm

d　1 mm

e　1 mm

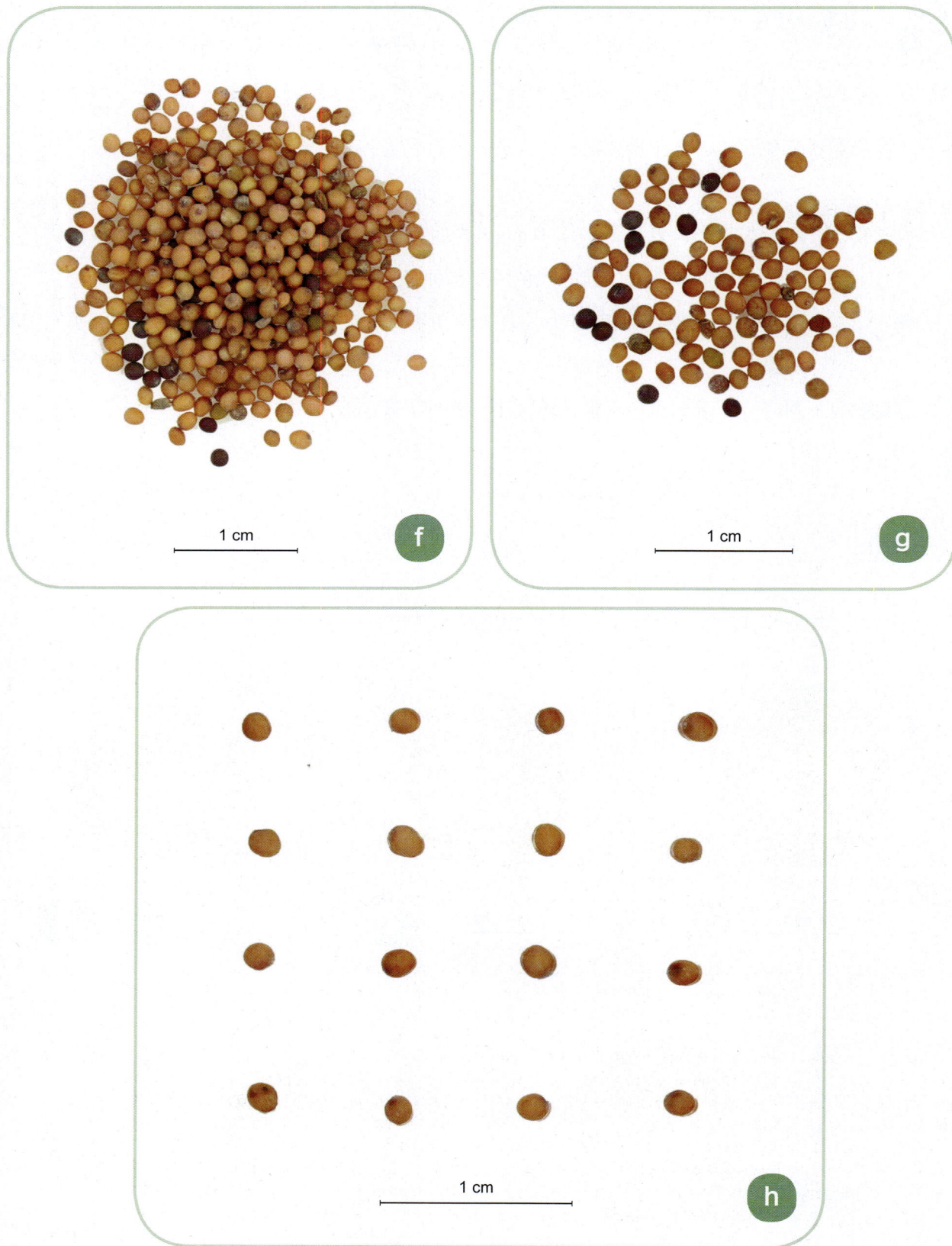

**芥种子性状**

a.背面；b.侧面；c.俯视面；d.腹面；e.仰视面；f.堆叠；g.平铺；h.整齐排列

# 萝 卜 *Raphanus sativus* L.

十字花科一年生或二年生草本。以干燥成熟种子入药，药材名为莱菔子。

**种子形态** 种子呈卵形或椭圆形，略扁，长 2.9~4.1 mm，宽 2.3~3.1 mm，厚 1.5~2.5 mm。表面红棕色或棕褐色，少数黄白色，可见细密网纹，一侧具 2~4 浅纵沟，基部较宽，具一微小的尖突。先端具种孔，近种孔处具一褐色的圆点状种脐。

**采　集** 花期 3~6 月，果期 5~8 月。当角果充分成熟时采收，晒干，打出种子，放于干燥处贮藏。

**鉴别特征** 种子小，呈卵形或椭圆形，略扁，红棕色。

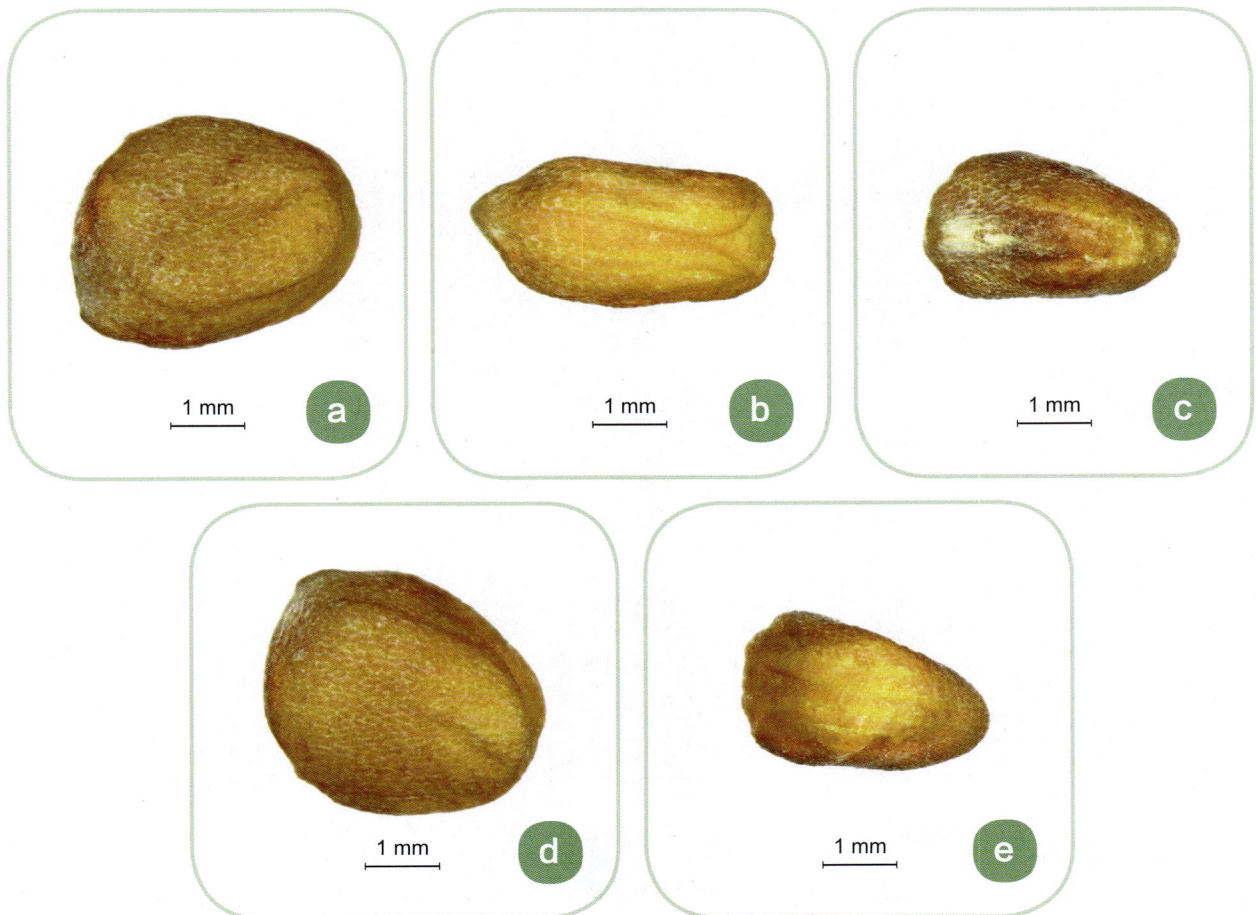

1 mm　a

1 mm　b

1 mm　c

1 mm　d

1 mm　e

f

1 cm

g

1 cm

h

1 cm

**萝卜种子性状**

a.背面；b.侧面；c.俯视面；d.腹面；e.仰视面；f.堆叠；g.平铺；h.整齐排列

# 菘　蓝

*Isatis indigotica* Fort.

十字花科二年生草本。以干燥叶入药，药材名为大青叶。以叶或茎叶经加工制成的干燥粉末、团块或颗粒入药，药材名为青黛。以干燥根入药，药材名为板蓝根。

**种子形态**　角果呈长圆形，较扁，翅状，长 13.2 ~ 18.4 mm，宽 3.5 ~ 4.9 mm，厚 1.3 ~ 1.9 mm；表面紫褐色、黄褐色相间，稍有光泽；先端微凹或平截，基部渐窄，具残存的果柄或果柄痕；两侧面各具 1 中肋，中部呈长椭圆状隆起，内含 1 种子。种子呈长椭圆形，长 3.2 ~ 3.8 mm，宽 1.0 ~ 1.2 mm；表面黄褐色，基部具一小尖突状的种柄，两侧面各具一较明显的纵沟及一不甚明显的浅纵沟。

**采　　集**　花期 4 ~ 5 月，果期 5 ~ 6 月。当角果表面呈紫褐色或黄褐色时采收，晒干，脱粒，放于干燥阴凉处贮藏。

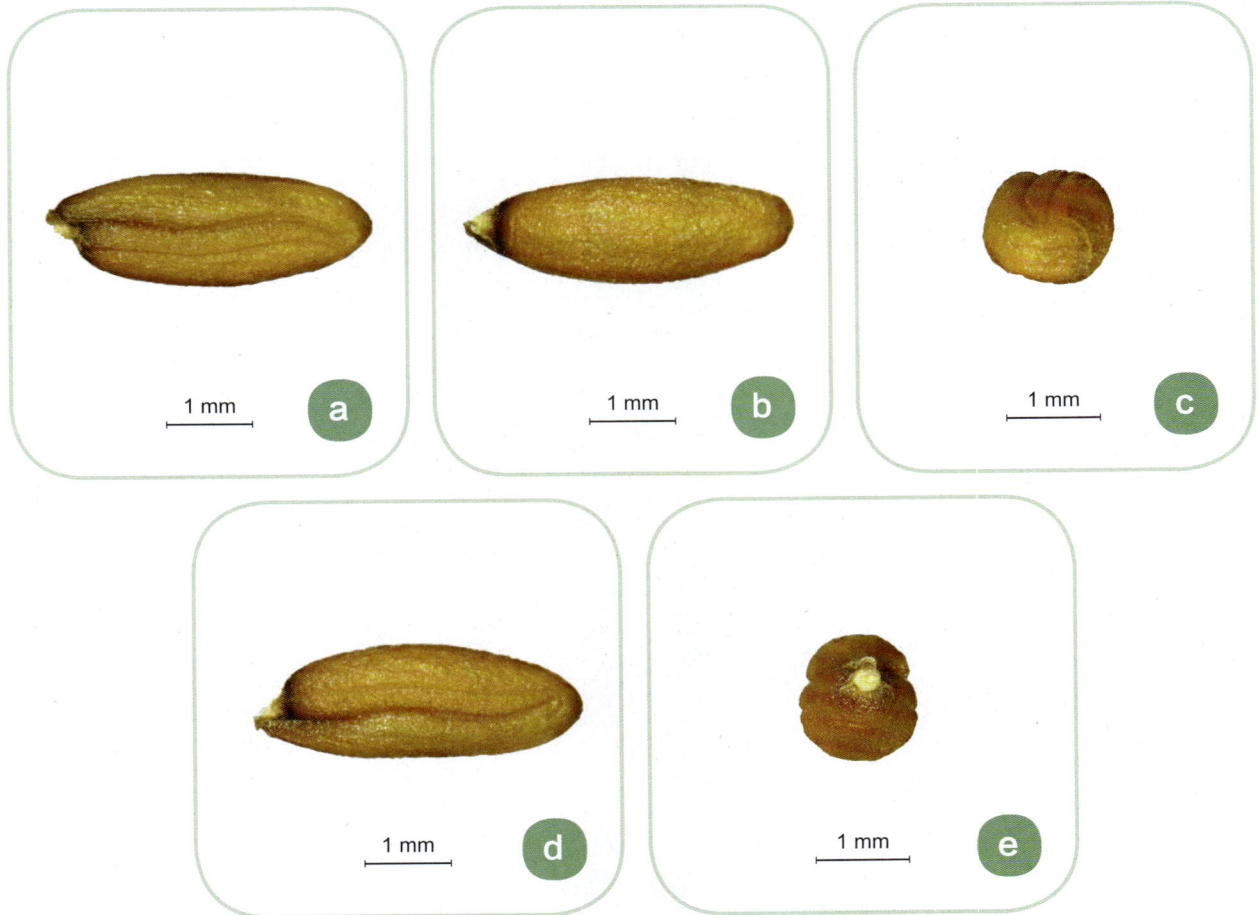

a　1 mm

b　1 mm

c　1 mm

d　1 mm

e　1 mm

1 cm

f

1 cm

g

1 cm

h

**菘蓝种子性状**

a. 背面；b. 侧面；c. 俯视面；d. 腹面；e. 仰视面；f. 堆叠（果实）；g. 平铺（果实）；h. 整齐排列（果实）

# 石竹科

## 孩儿参      *Pseudostellaria heterophylla*（Miq.）Pax ex Pax et Hoffm.

石竹科多年生草本。以干燥块根入药，药材名为太子参。

**种子形态**    种子呈椭圆形，较扁，长 2.0 ~ 2.6 mm，宽 1.8 ~ 2.5 mm，厚约 1.0 mm。表面棕绿色，外种皮密生瘤刺状突起，种脐位于种子的腹面基部。

**采　集**    花期 4 ~ 5 月，果期 5 ~ 6 月。蒴果成熟后易开裂，种子自然脱落，不易人工采种。

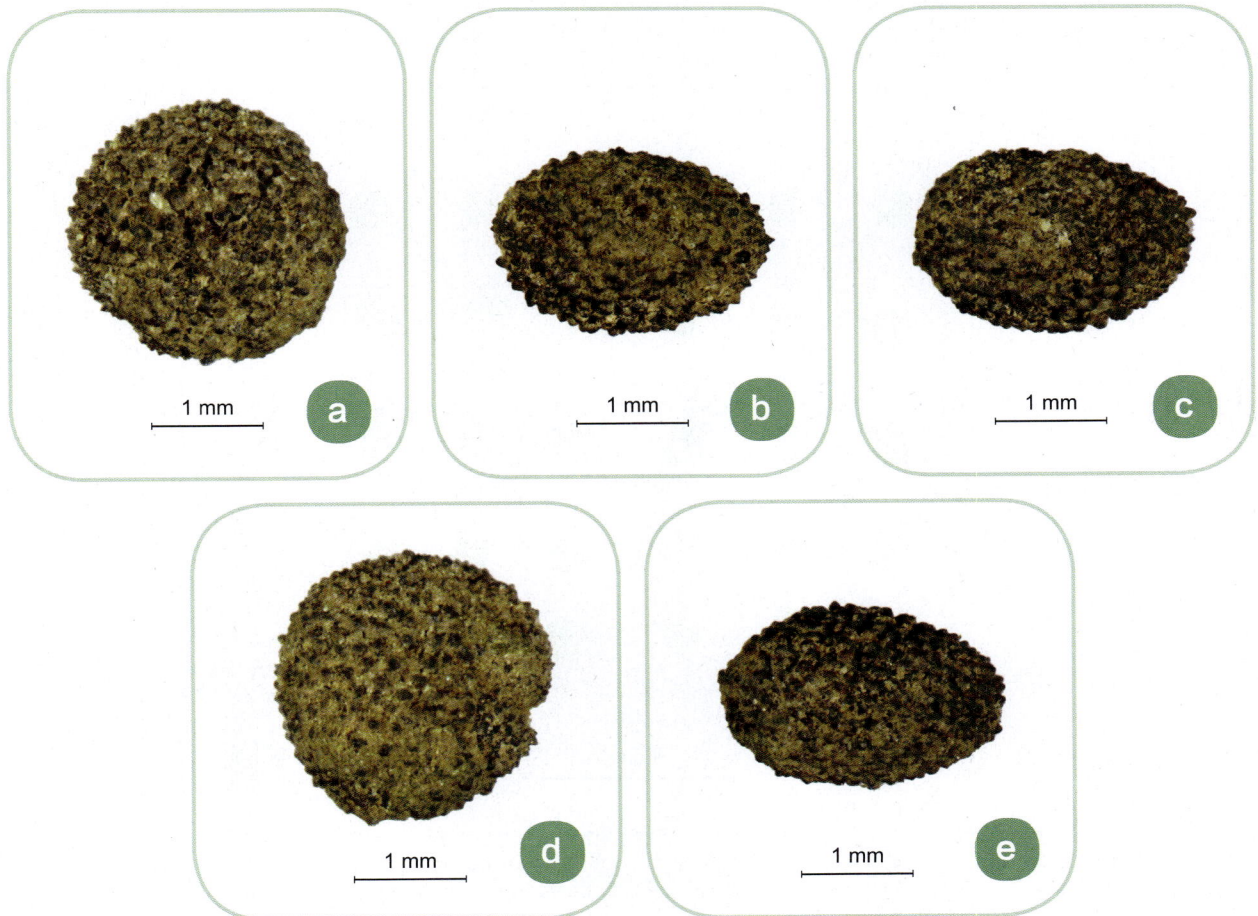

a   1 mm

b   1 mm

c   1 mm

d   1 mm

e   1 mm

1 cm

f

1 cm

g

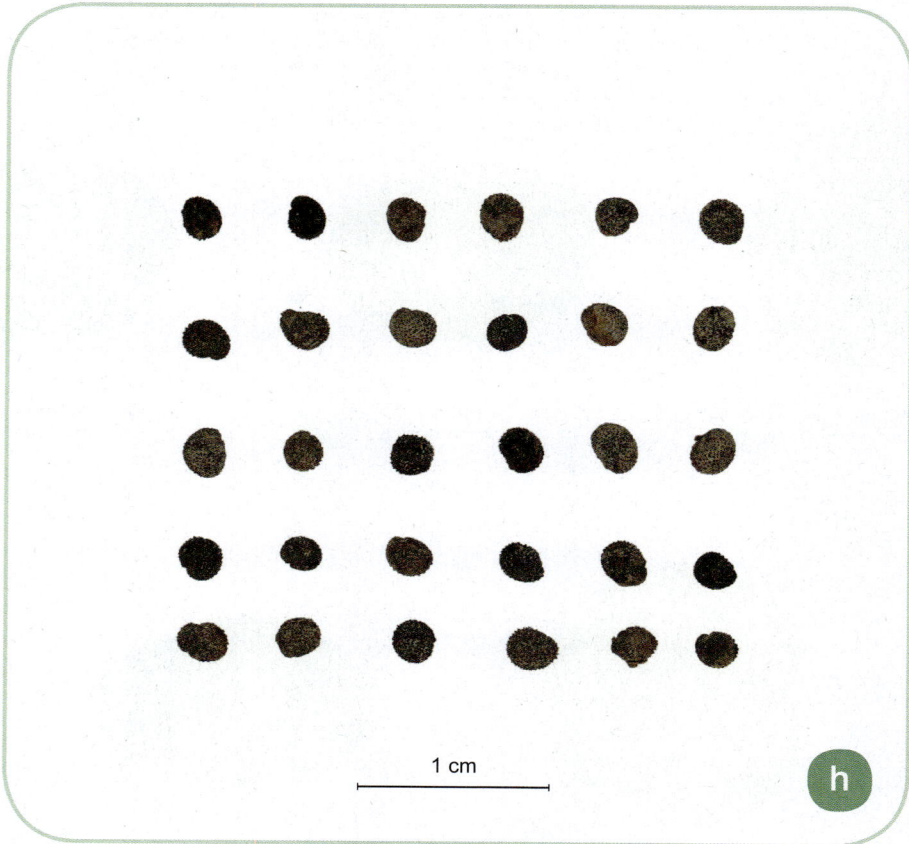

1 cm

h

**孩儿参种子性状**

a. 背面；b. 侧面；c. 俯视面；d. 腹面；e. 仰视面；f. 堆叠；g. 平铺；h. 整齐排列

## 麦蓝菜

*Vaccaria segetalis* (Neck.) Garcke

石竹科一年生或二年生草本。以干燥成熟种子入药，药材名为王不留行。

**种子形态**　种子呈圆球形，直径 1.8～2.1 mm。表面黑色或棕黑色，未成熟者红棕色，表面密
　　　　　　布细小的颗粒状突起；一侧有一凹陷的纵沟，基部具一污白色的点状种脐。种皮
　　　　　　坚硬。

**采　　集**　花期 4～5 月，果熟期 5～6 月。当种子大部分呈黄褐色且少部分变黑色时割取全
　　　　　　草，晒干，蒴果自然开裂，收集种子，除去杂质。

**鉴别特征**　种子小，表面密布细小的颗粒状突起，种脐污白色。

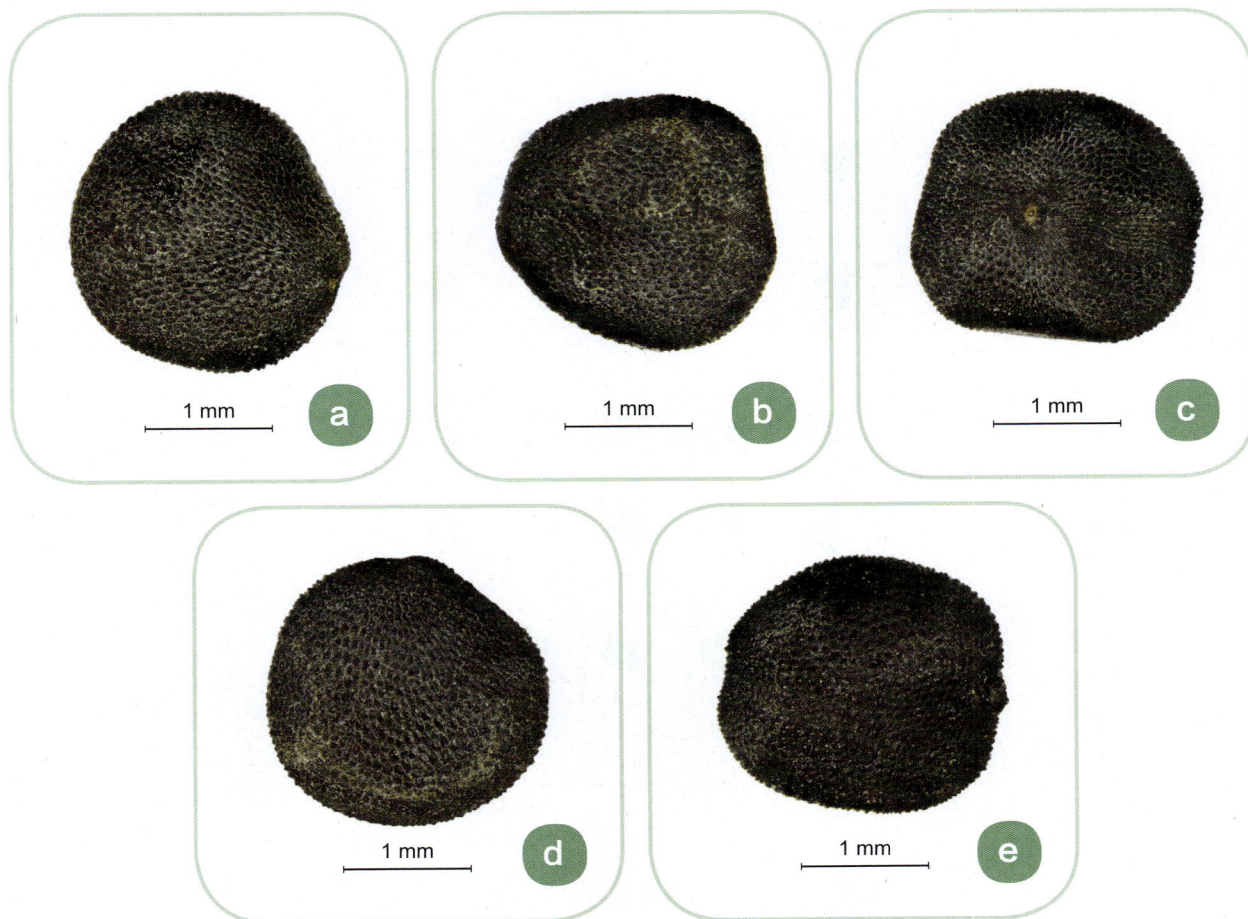

a

1 mm

b

1 mm

c

1 mm

d

1 mm

e

1 mm

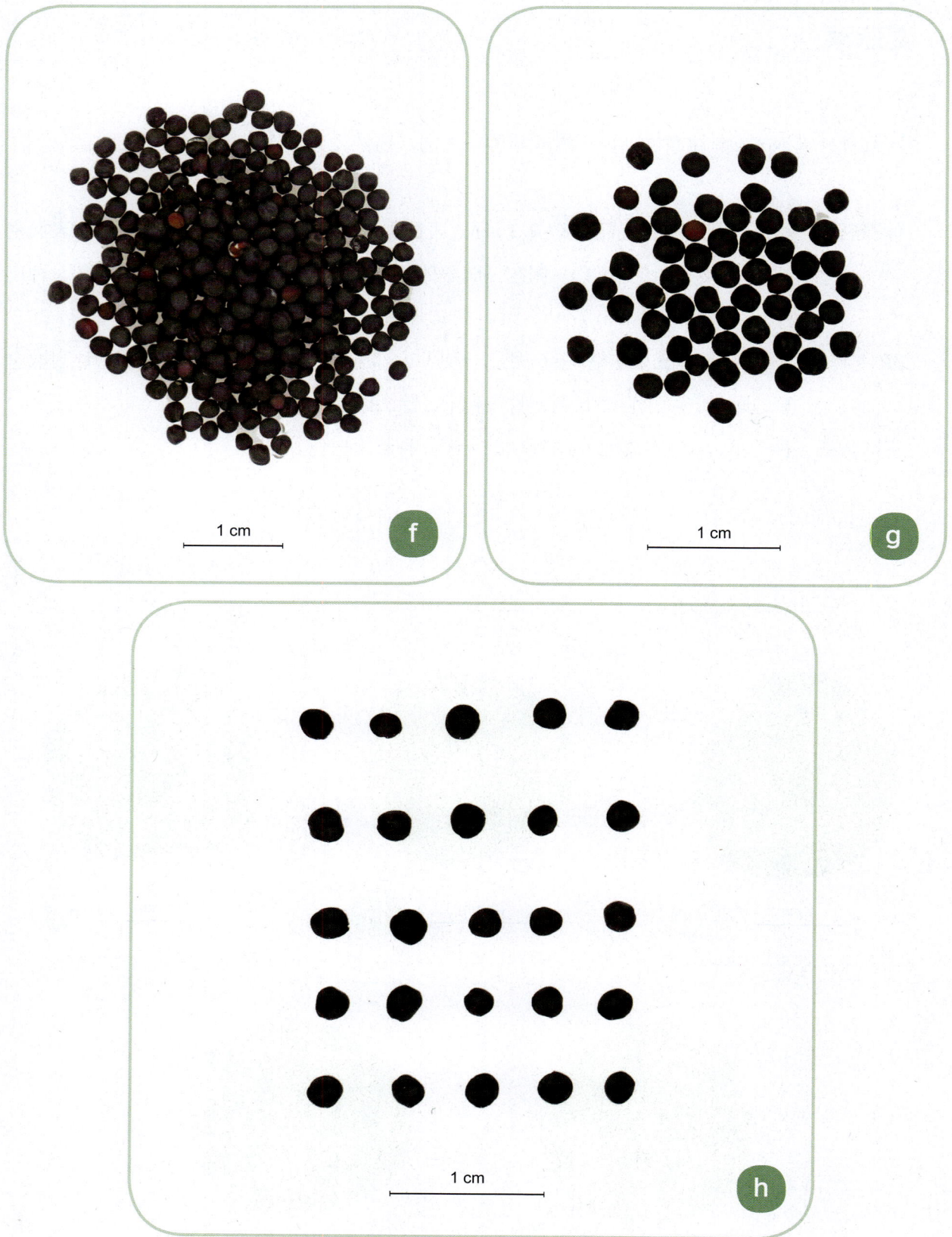

1 cm f

1 cm g

1 cm h

**麦蓝菜种子性状**

a. 背面；b. 侧面；c. 俯视面；d. 腹面；e. 仰视面；f. 堆叠；g. 平铺；h. 整齐排列

## 窄叶野豌豆　　　　　　　　　*Vicia sativa* L. subsp. *nigra* Ehrhart

豆科多年生草本。以叶、花、果实入药，**为王不留行药材的易混淆品**。

**种子形态**　种子呈扁圆球形，直径 2.0~3.0 mm。表面灰绿色或暗棕色，有黑色斑纹，无明显的疣状突起，光滑或稍皱缩；一侧有白色的线状种脐。

**采　集**　花期 6 月，果期 7~8 月。采收颜色深、有光泽的饱满种子，及时打下种子，除去杂质，晒干。

**鉴别特征**　种子小，无明显的疣状突起。

1 cm

f

1 cm

g

1 cm

h

**窄叶野豌豆种子性状**

a. 背面；b. 侧面；c. 俯视面；d. 腹面；e. 仰视面；f. 堆叠；g. 平铺；h. 整齐排列

## 芸 苔 · *Brassica rapa* L. var. *oleifera* DC.

十字花科二年生草本。以种子入药，**为王不留行药材的易混淆品。**

**种子形态** 种子呈圆球形，直径 1.6～2.2 mm。表面黑色或棕黑色，偶呈红棕色，密布细小的颗粒状突起；一侧有 1 浅纵沟，基部具一褐色的点状种脐，周围种皮发白。

**采　集** 花期 3～4 月，果期 5 月。采收颜色深、有光泽的饱满种子，及时清理，脱粒，除去杂质，置于通风、干燥、阴暗、温度较低且相对恒定的地方贮藏。

**鉴别特征** 种子小，种脐褐色，周围种皮发白。

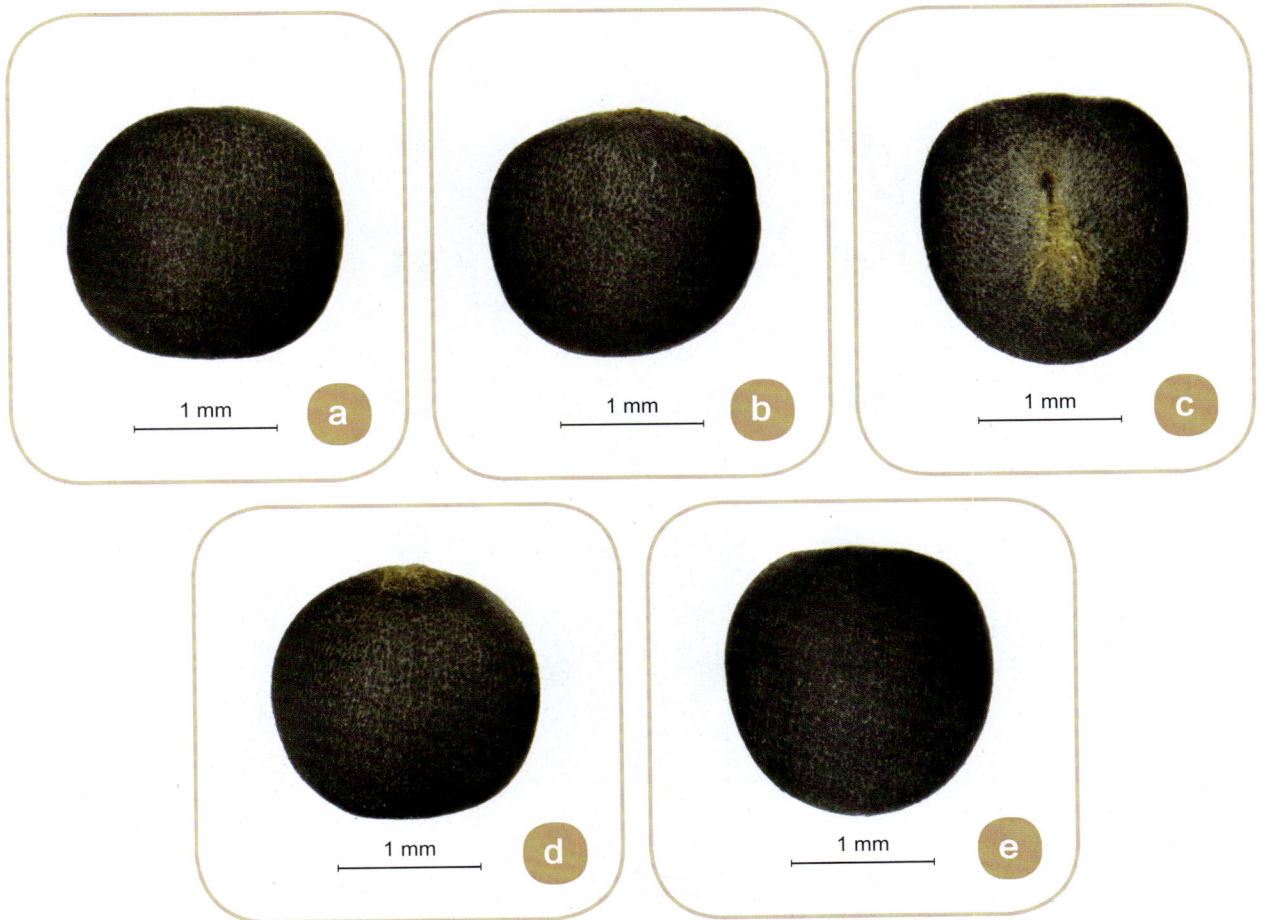

a　1 mm

b　1 mm

c　1 mm

d　1 mm

e　1 mm

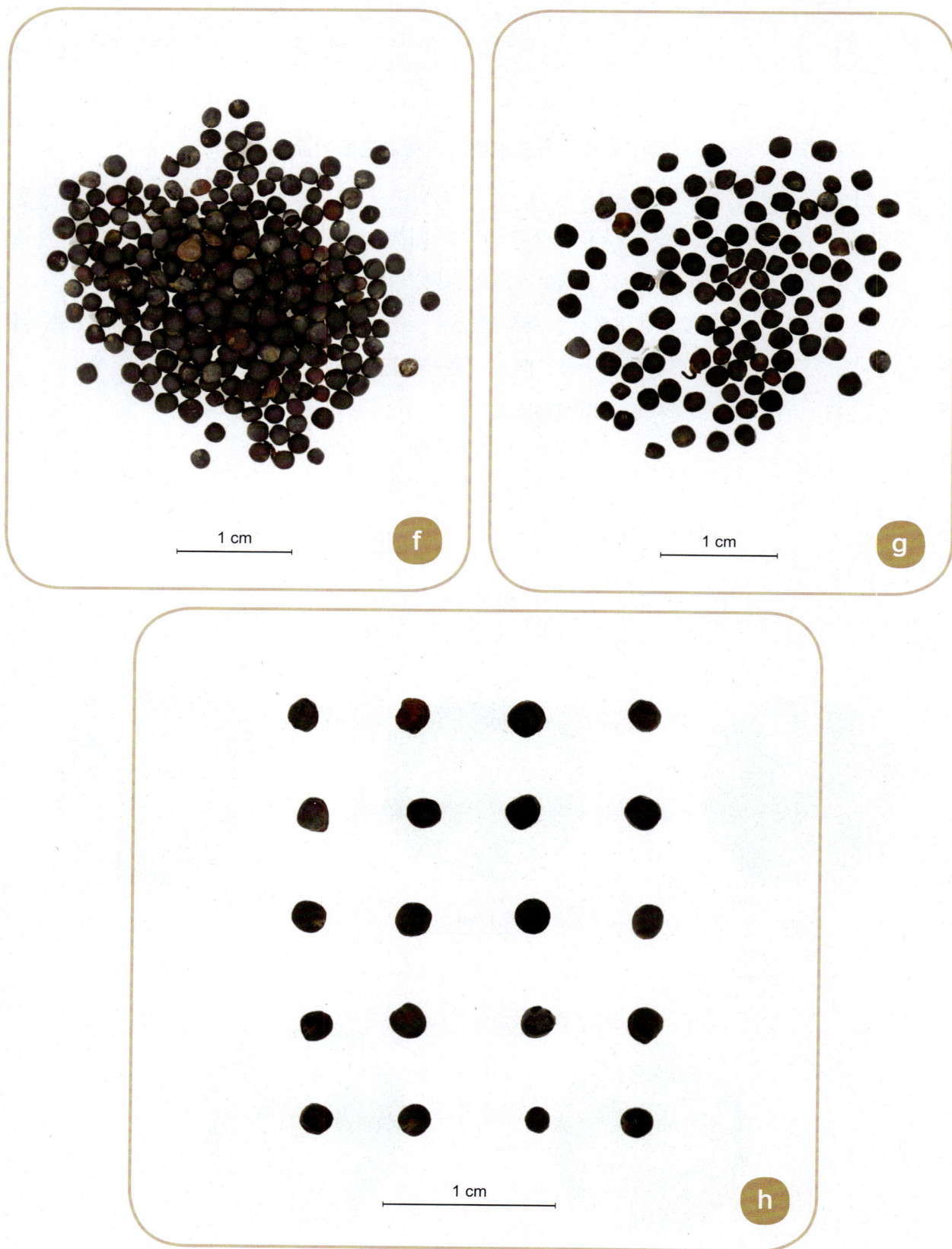

1 cm  f

1 cm  g

1 cm  h

**芸苔种子性状**

a. 背面；b. 侧面；c. 俯视面；d. 腹面；e. 仰视面；f. 堆叠；g. 平铺；h. 整齐排列

# 石 竹　　　　　　　　　　　　　　*Dianthus chinensis* L.

石竹科多年生草本。以干燥地上部分入药，药材名为瞿麦。

**种子形态**　种子呈椭圆形或倒卵形，扁平，常弯曲，长 2.3～2.9 mm，宽 1.6～2.2 mm，厚 0.4～0.6 mm，表面棕褐色或黑色，密布排列规整的皱纹；先端微凹，下端具 1 小尖突，背面中央具一大型的椭圆状浅平凹窝，下具 1 短纵棱，与基部的小尖突相连；腹面中央具 1 纵脊，中部有污白色的点状种脐。

**采　集**　花期 5～9 月，果期 6～10 月。当蒴果枯黄、先端开裂小孔且种子呈黑褐色时及时采收，晒干，脱粒，筛去杂质。

**鉴别特征**　种子小，呈倒卵形，背面中央具一大型的椭圆状浅平凹窝，下具 1 短纵棱。

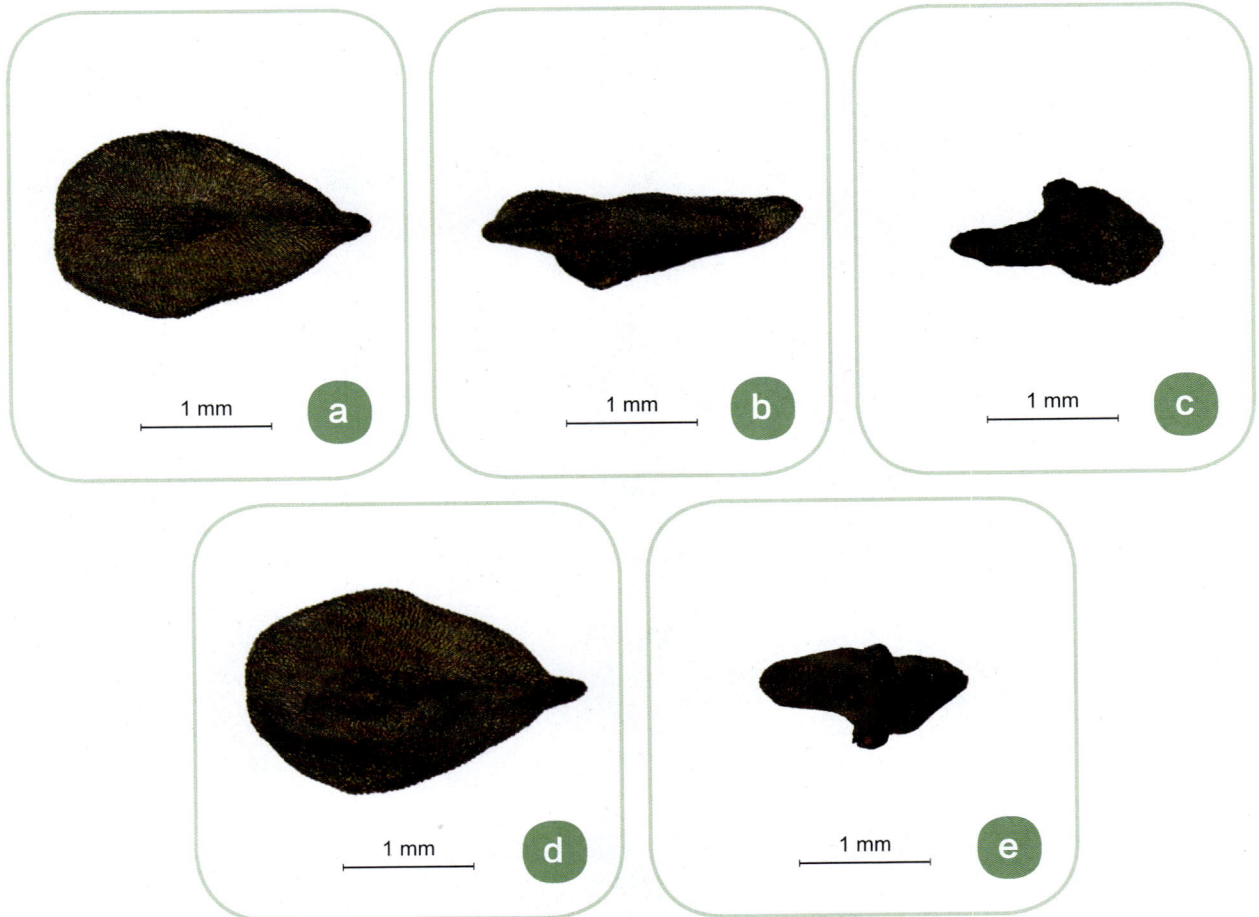

a　　b　　c　　d　　e

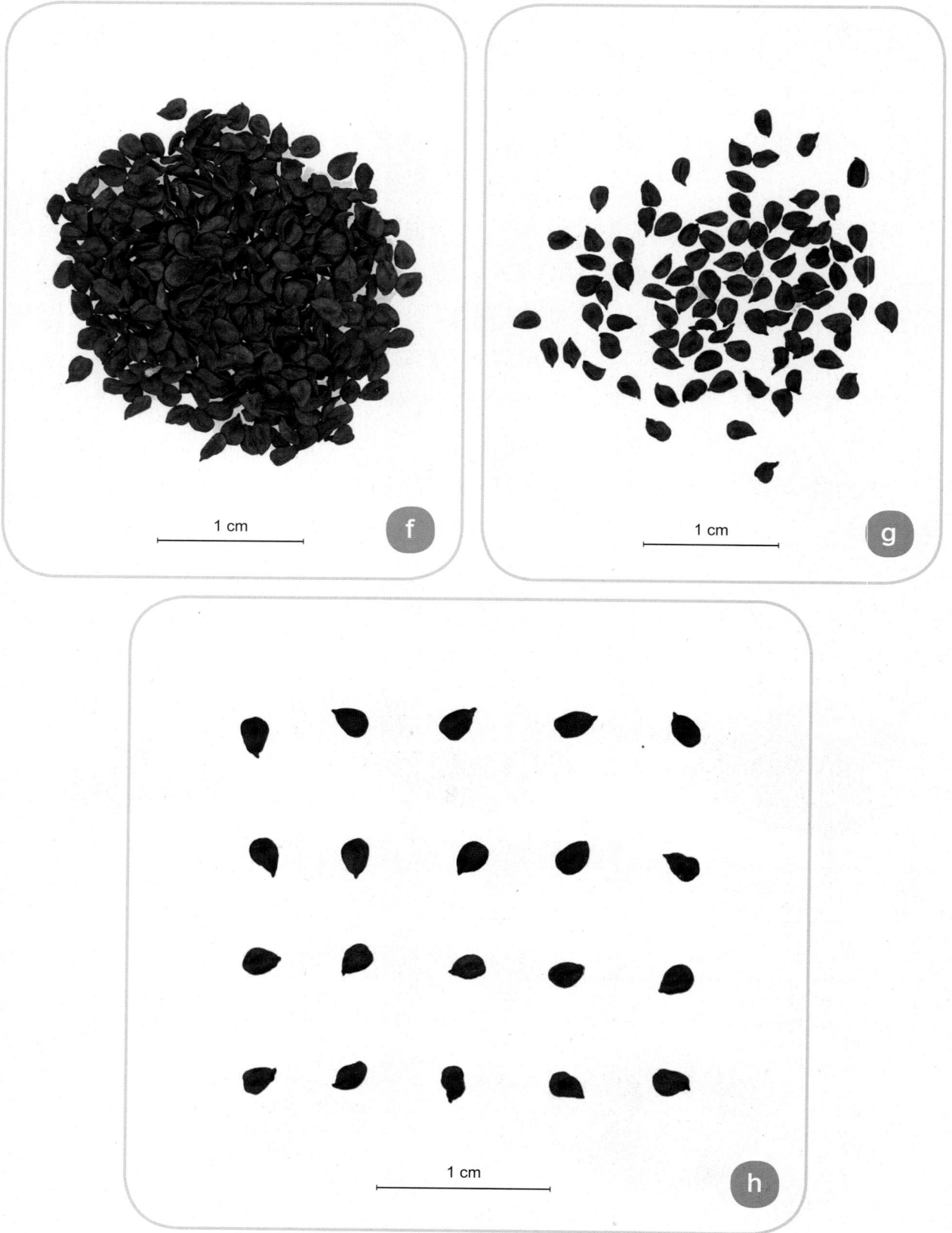

石竹种子性状

a. 背面；b. 侧面；c. 俯视面；d. 腹面；e. 仰视面；f. 堆叠；g. 平铺；h. 整齐排列

## 银柴胡

*Stellaria dichotoma* L. var. *lanceolata* Bge.

石竹科多年生草本。以干燥根入药，药材名为银柴胡。

**种子形态** 种子呈椭圆形，略扁，长 2.0 ~ 2.6 mm，宽 1.4 ~ 1.9 mm，厚约 1.3 mm。表面红褐色，外种皮密生瘤状突起和小凹点，先端有一凸起的柄。

**采　集** 花期 6 ~ 7 月，果期 7 ~ 8 月。采收颜色深、有光泽的饱满种子，及时清理，脱粒，除去杂质，置于通风、干燥、阴暗、温度较低且相对恒定的地方贮藏。

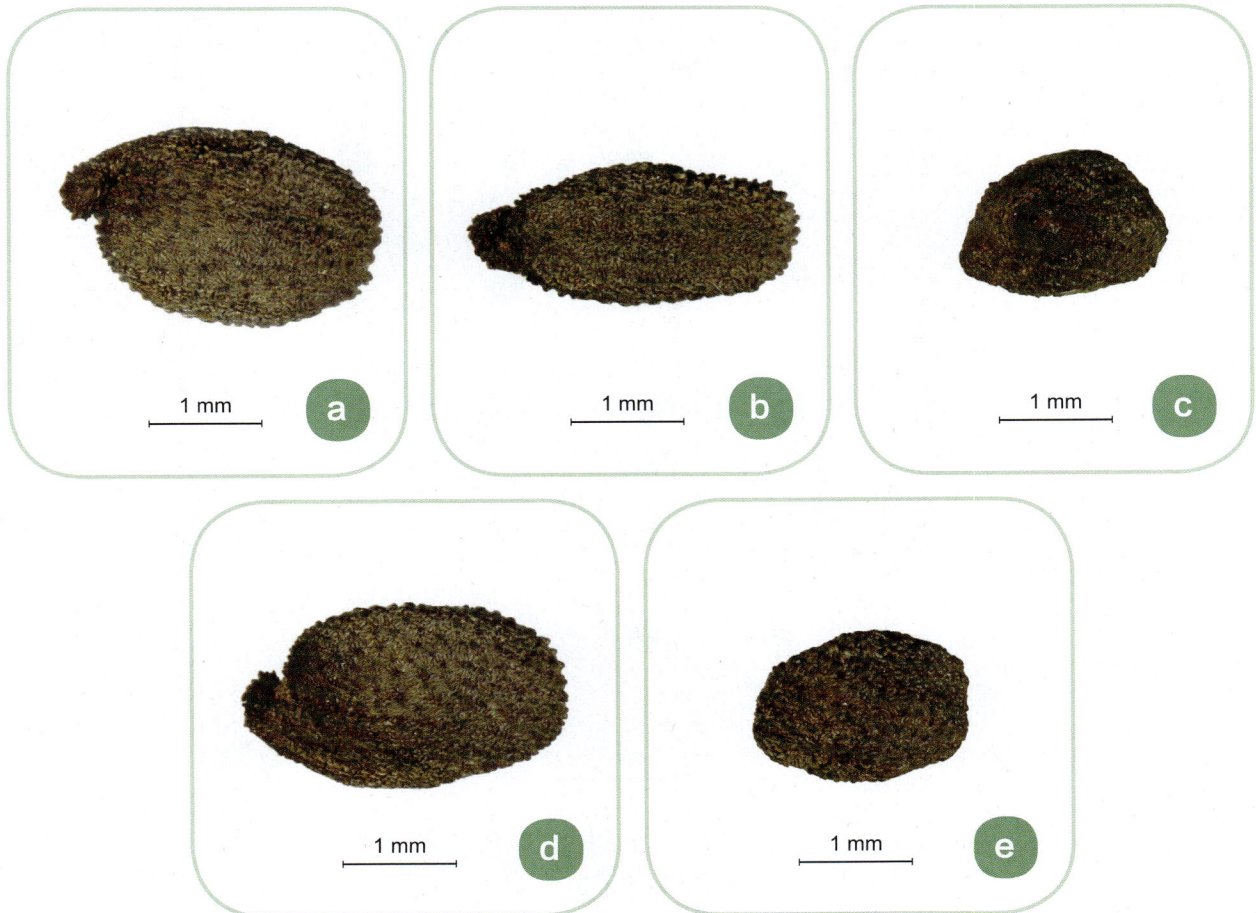

1 cm

f

1 cm

g

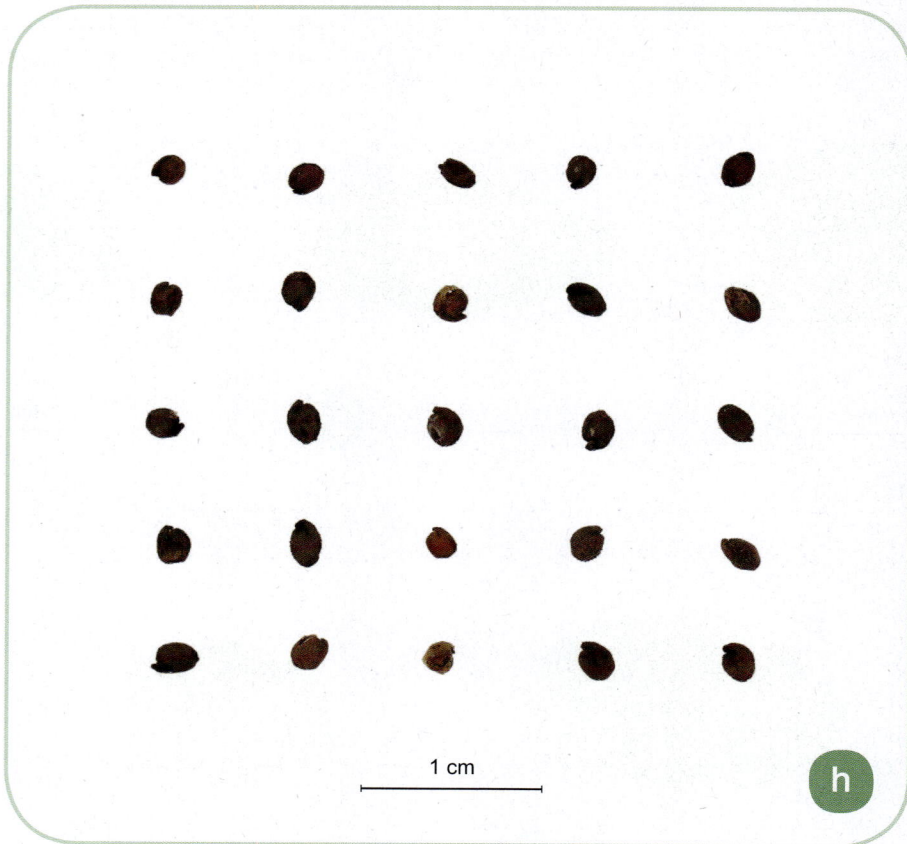

1 cm

h

**银柴胡种子性状**

a.背面；b.侧面；c.俯视面；d.腹面；e.仰视面；f.堆叠；g.平铺；h.整齐排列

# 使君子科

## 使君子　　　　　　　　　　　　　　　　　　　　　　*Quisqualis indica* L.

使君子科多年生草本。以干燥成熟果实入药，药材名为使君子。

**种子形态**　果实呈椭圆形或卵圆形，具5纵棱，偶有4~9棱，长2.5~4 cm，直径约2.0 cm；表面黑褐色至紫黑色，平滑，微有光泽；先端狭尖，基部钝圆，有明显的圆形果梗痕；质坚硬，横切面多呈五角星形，棱角处壳较厚，中间为类圆形空腔。种子呈长椭圆形或纺锤形，长约2.0 cm，直径约1.0 cm；表面棕褐色或黑褐色，有多数纵皱纹。

**采　　集**　花期初夏，果期秋末。秋季果皮变紫黑色时采收，除去杂质，干燥。

1 cm　　a

1 cm　　b

1 cm　　c

1 cm　　d

1 cm　　e

1 cm  f

1 cm  g

1 cm  h

**使君子果实性状**

a. 背面；b. 侧面；c. 俯视面；d. 腹面；e. 仰视面；f. 堆叠；g. 平铺；h. 整齐排列

# 薯蓣科

| 薯　蓣 | *Dioscorea opposita* Thunb. |
|---|---|

薯蓣科缠绕草质藤本。以干燥根茎入药，药材名为山药。

**种子形态**　种子呈薄片状，四周延伸成翼，全体略呈圆形或半圆形，一侧平直，直径 14.0 ~ 15.0 mm，至平直一侧的垂直距离为 11.5 ~ 13.0 mm；种仁呈圆形，深棕色，位于中轴中部，向平直的侧面伸出一棕色的横线状种脊；翼薄膜质，淡棕色，不透明。

**采　　集**　花期 6 ~ 9 月，果熟期 7 ~ 11 月。采摘成熟果实，晒干，脱粒，过筛，放于干燥阴凉处贮藏。

**鉴别特征**　种子大，呈圆形或半圆形。

1 mm　**a**

1 mm　**b**

1 mm　**c**

1 mm　**d**

1 mm　**e**

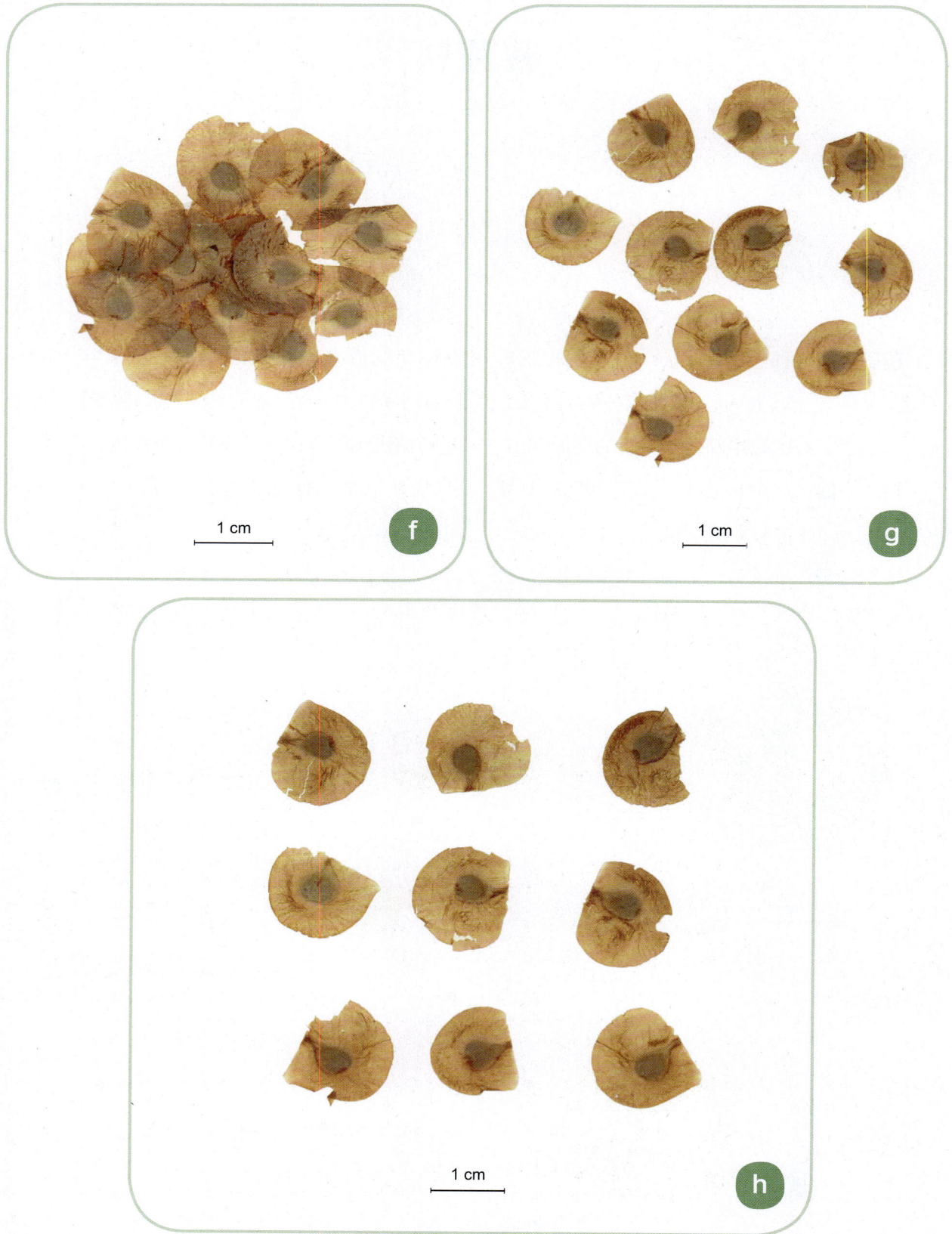

1 cm

f

1 cm

g

1 cm

h

**薯蓣种子性状**

a.背面；b.侧面；c.俯视面；d.腹面；e.仰视面；f.堆叠；g.平铺；h.整齐排列

## 穿龙薯蓣 *Dioscorea nipponica* Makino

薯蓣科缠绕草质藤本。以根茎入药，**为山药药材的易混淆品。**

**种子形态** 种子呈薄片状，四周延伸成翼，全体略呈椭圆状肾形或长椭圆形，扁平，长 11.5 ~ 17.0 mm，宽 5.0 ~ 7.0 mm，厚 0.5 ~ 0.9 mm；种仁呈椭圆形，深棕色，腹侧肾形凹入处下缘具一点状的种脐，由种脐向一侧面伸出一棕色的横线状种脊；翼薄膜质，淡棕色至无色，透明。

**采　集** 花期 5 ~ 6 月，果熟期 9 ~ 10 月。采摘成熟果实，晒干，脱粒，过筛，放于干燥阴凉处贮藏。

**鉴别特征** 种子大，呈椭圆状肾形或长椭圆形。

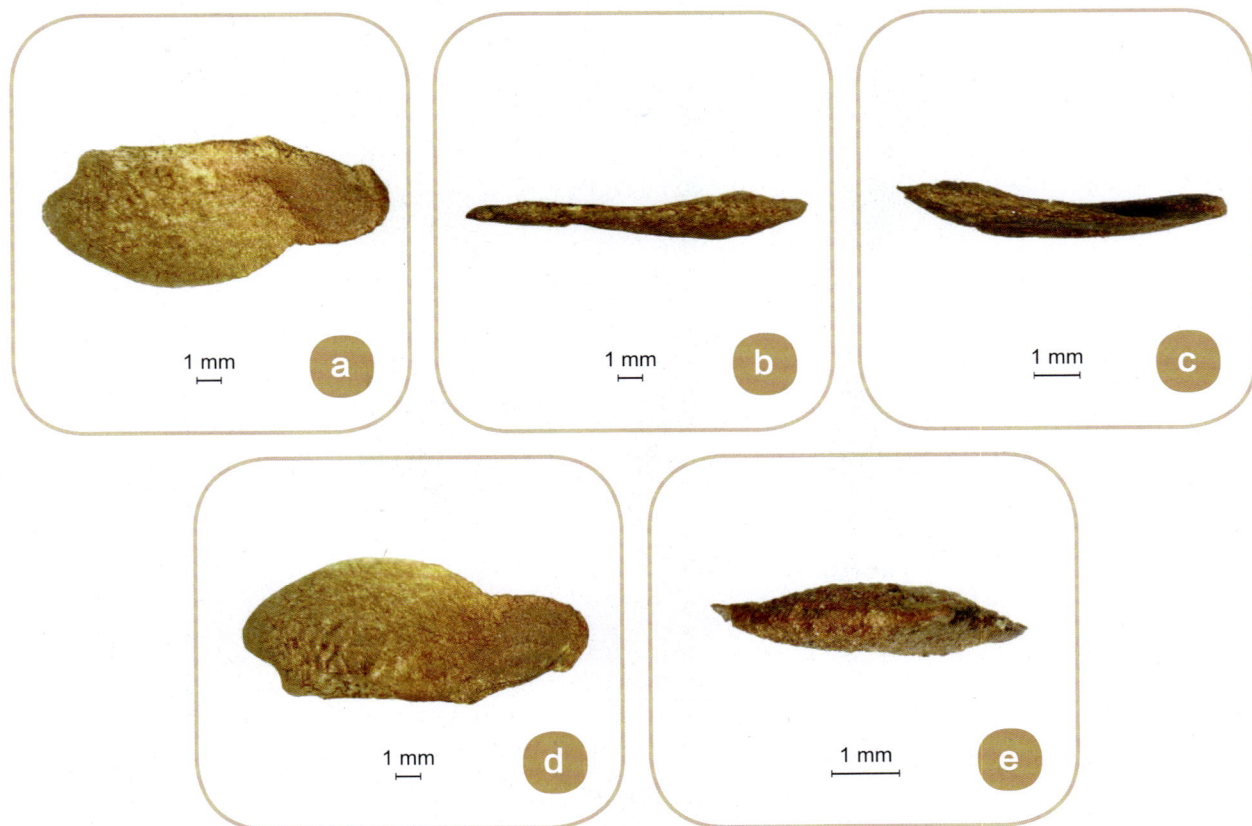

a　　1 mm

b　　1 mm

c　　1 mm

d　　1 mm

e　　1 mm

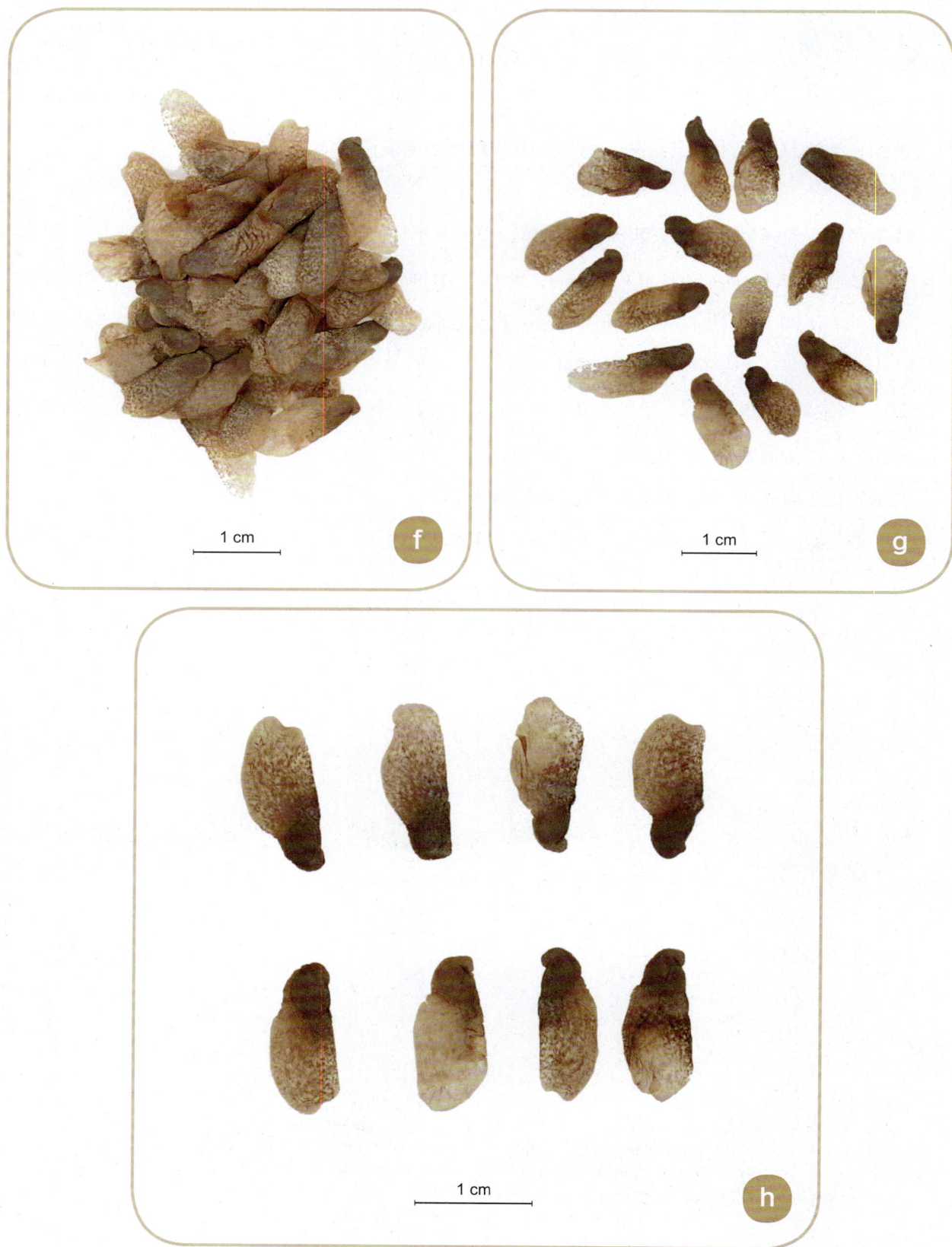

**穿龙薯蓣种子性状**

a. 背面；b. 侧面；c. 俯视面；d. 腹面；e. 仰视面；f. 堆叠；g. 平铺；h. 整齐排列

## 木 薯

*Manihot esculenta* Crantz

大戟科直立灌木。以块根入药，**为山药药材的易混淆品。**

**种子形态**　种子呈椭圆形或卵形，长约1 cm，宽0.5 cm，厚约0.3 cm，具3棱；种皮硬壳质，褐色，具黑色斑纹，光滑。

**采　　集**　花期9～11月，果期12月至翌年1月。采收种子，除去杂质，置于通风、干燥、低温处贮藏。

**鉴别特征**　种子具3棱，种皮硬壳质，具斑纹。

1 mm　a

1 mm　b

1 mm　c

1 mm　d

1 mm　e

1 cm

f

1 cm

g

1 cm

h

**木薯种子性状**

a. 背面；b. 侧面；c. 俯视面；d. 腹面；e. 仰视面；f. 堆叠；g. 平铺；h. 整齐排列

# 睡莲科

| 莲 | *Nelumbo nucifera* Gaertn. |

睡莲科多年生水生草本。以干燥成熟种子入药，药材名为莲子。以成熟种子中的干燥幼叶及胚根入药，药材名为莲子心。以干燥花托入药，药材名为莲房。以干燥雄蕊入药，药材名为莲须。以干燥叶入药，药材名为荷叶。以干燥根茎节部入药，药材名为藕节。

**种子形态** 种子呈类球形，长 1.2 ~ 1.8 cm，直径 0.8 ~ 1.4 cm。表面红棕色或灰黑色。一端中心具乳头状突起，棕褐色，另一端具边缘凸起的圆形种孔。

**采　集** 花期 6 ~ 8 月，果期 8 ~ 10 月。秋季果实成熟时采割莲房，取出果实，除去果皮，干燥；或除去莲子心后干燥。

1 cm  a

1 cm  b

1 cm  c

1 cm  d

1 cm  e

**莲种子性状**

a. 背面；b. 侧面；c. 俯视面；d. 腹面；e. 仰视面；f. 堆叠；g. 平铺；h. 整齐排列

# 芡 实

*Euryale ferox* Salisb.

睡莲科一年生大型水生草本。以干燥成熟种仁入药，药材名为芡实。

**种子形态**　种子呈球形，直径 14.0 ~ 19.0 mm。表面棕黄色，光滑，一端有不规则的凹点状种脐痕，污白色。

**采　　集**　花期 7 ~ 8 月，果期 8 ~ 9 月。秋末冬初采收成熟果实，除去果皮，取出种子，洗净，晒干。

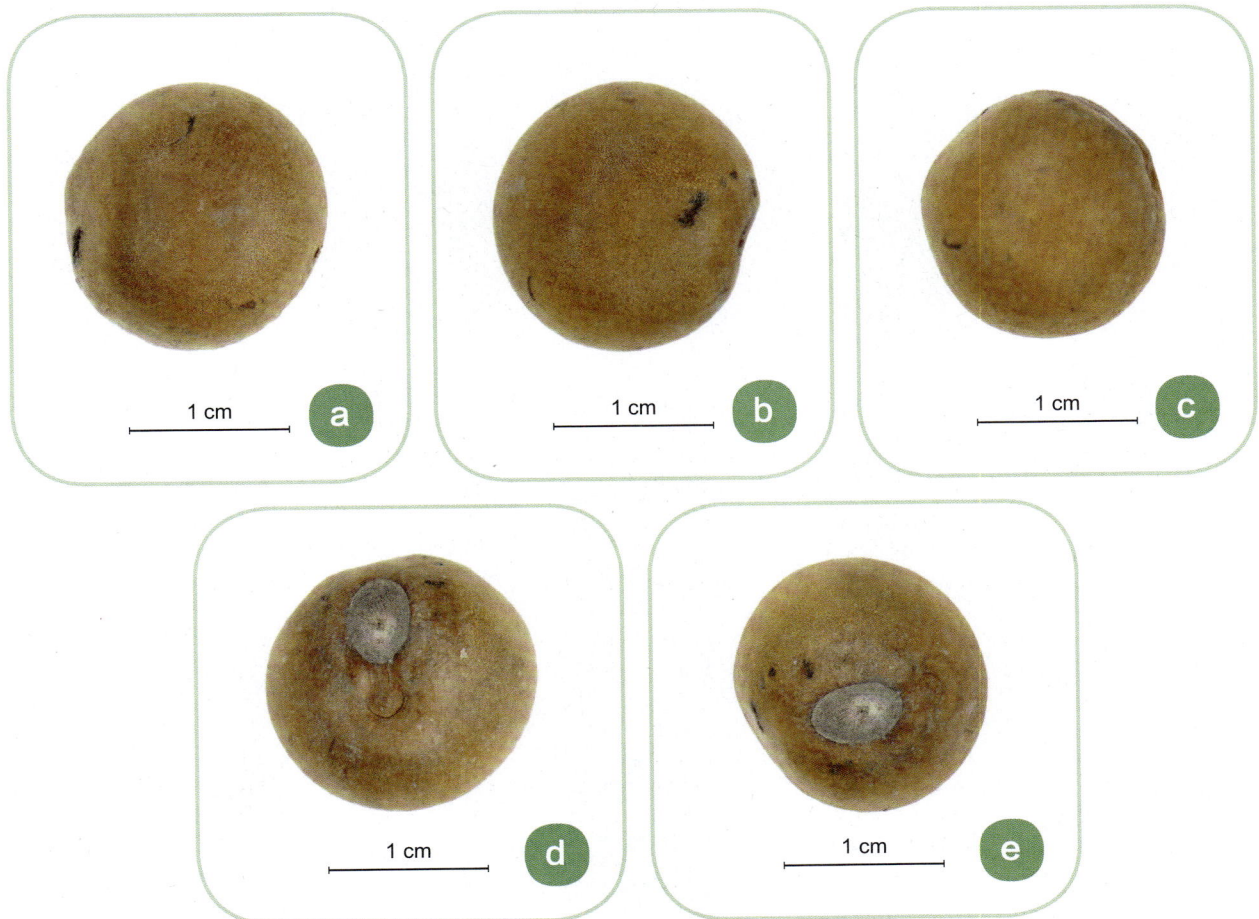

a　1 cm

b　1 cm

c　1 cm

d　1 cm

e　1 cm

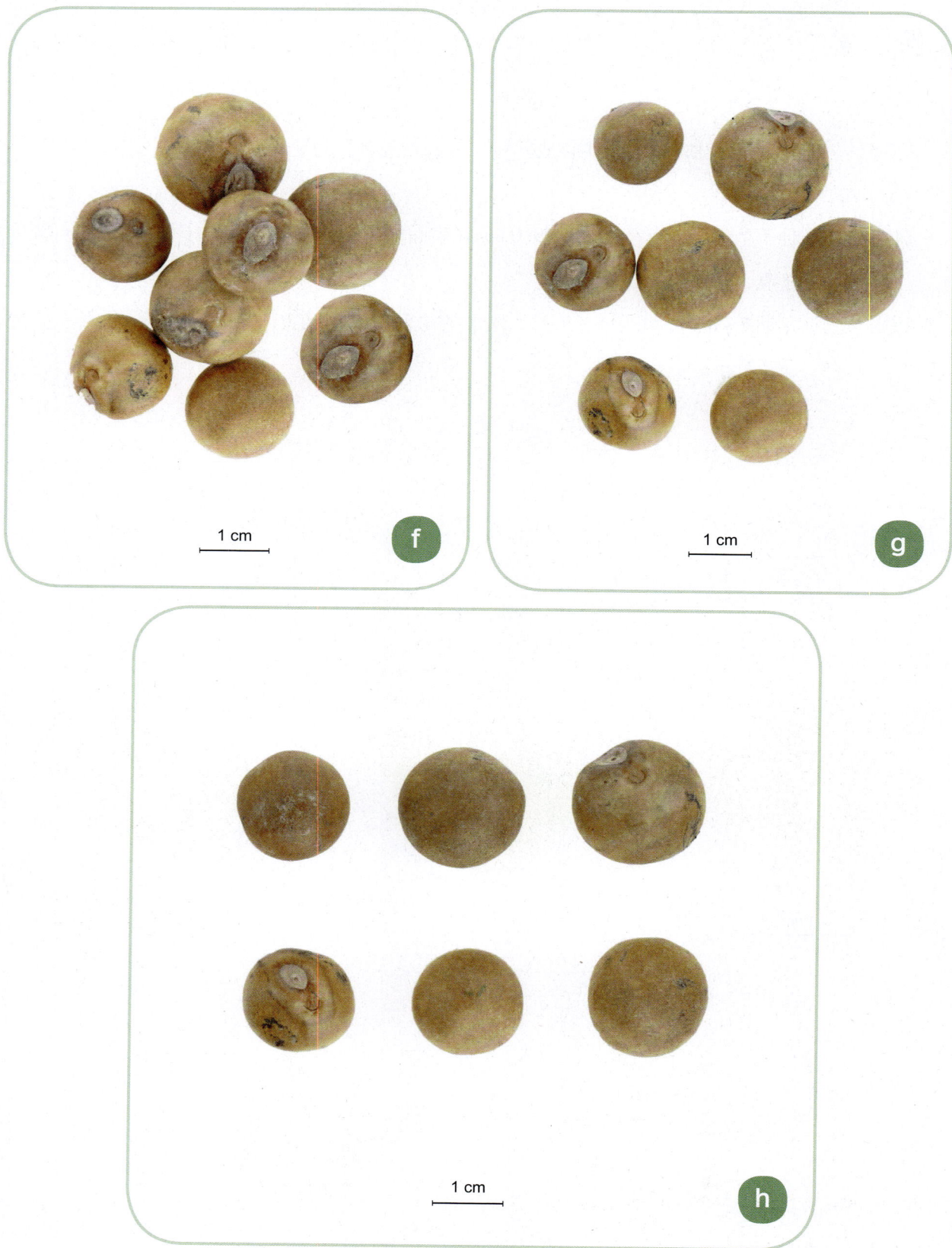

1 cm

f

1 cm

g

1 cm

h

**芡实种子性状**

a. 背面；b. 侧面；c. 俯视面；d. 腹面；e. 仰视面；f. 堆叠；g. 平铺；h. 整齐排列

# 檀香科

## 檀 香 *Santalum album* L.

檀香科常绿小乔木。以树干的干燥心材入药，药材名为檀香。

**种子形态** 种子近球形，直径 6.0 ~ 6.5 mm，黄褐色，部分具黑色斑纹，被细密小坑。一端具 1 小突起，附近表面皱缩。

**采　集** 花期 5 ~ 7 月，果熟期海南 8 ~ 10 月，云南西双版纳 8 ~ 11 月。用高枝剪剪下成熟果实；或登上夹梯，采摘成熟的果实，洗净果肉，去净浮种，平铺在竹箩上，置于室内，阴干或晒干。

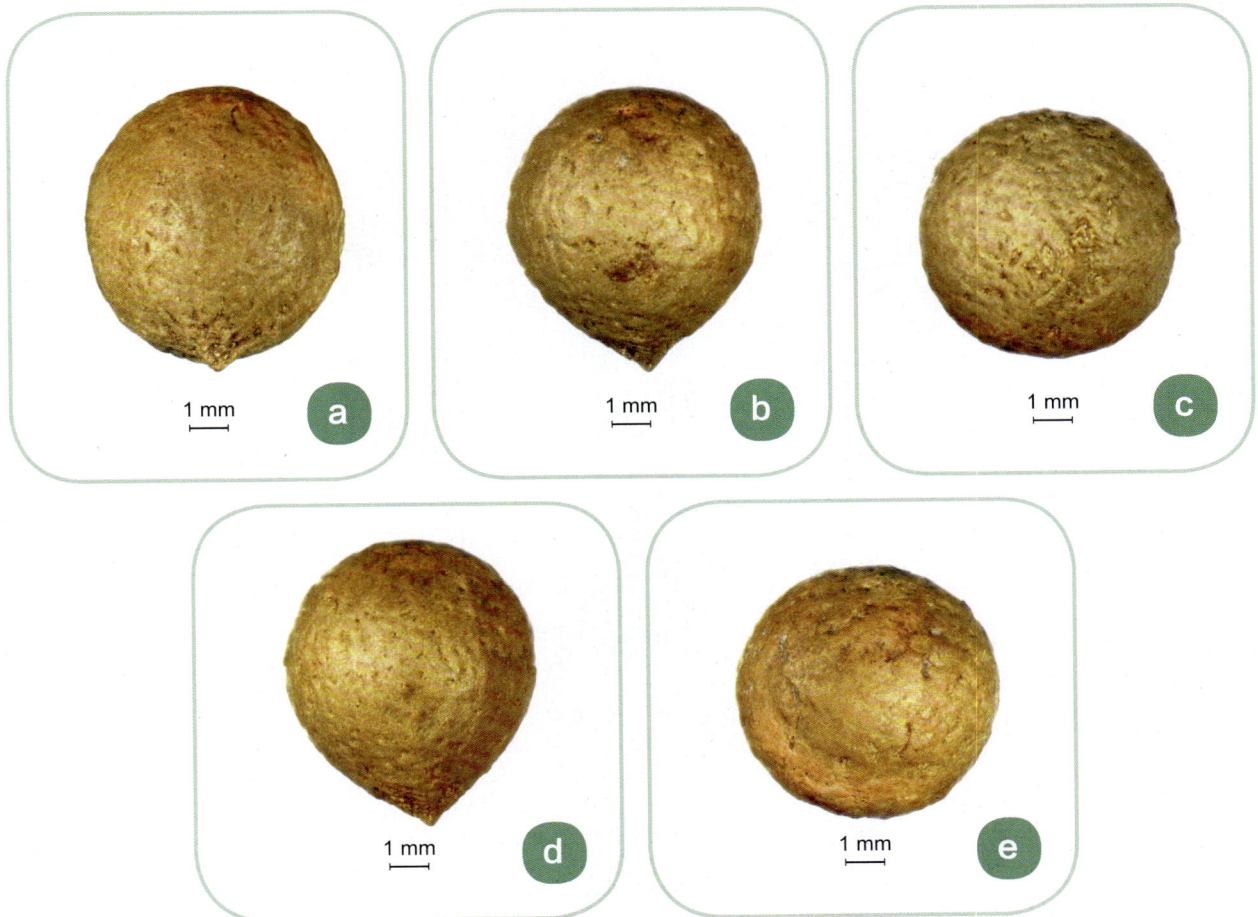

1 mm ⓐ

1 mm ⓑ

1 mm ⓒ

1 mm ⓓ

1 mm ⓔ

1 cm

f

1 cm

g

1 cm

h

**檀香种子性状**

a. 背面；b. 侧面；c. 俯视面；d. 腹面；e. 仰视面；f. 堆叠；g. 平铺；h. 整齐排列

# 天南星科

| 半　夏 | *Pinellia ternata*（Thunb.）Breit. |

天南星科常绿小乔木。以干燥块茎入药，药材名为半夏。

**种子形态**　种子呈椭圆形，一端尖，长 4.0~4.5 mm，直径 3.0~3.6 mm。表面浅黄色或浅粉色，密布浅沟纹；腹面平坦，较钝的一端有一凹陷的黄色种柄。

**采　　集**　6 月中下旬采种，当总苞片发黄、果皮呈白绿色、种子呈浅茶色或茶绿色且易脱落时分批采收。

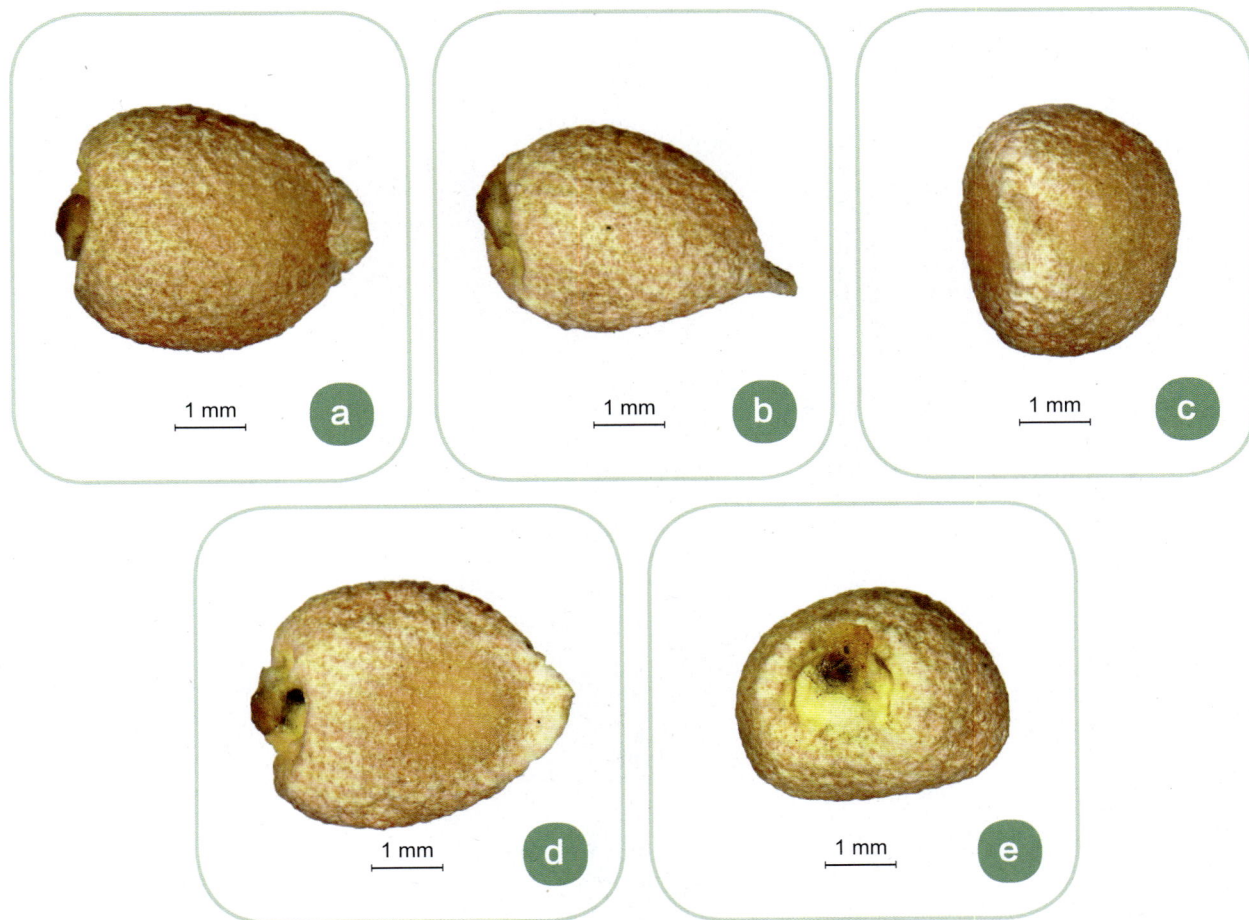

1 mm　a

1 mm　b

1 mm　c

1 mm　d

1 mm　e

f

1 cm

g

1 cm

h

1 cm

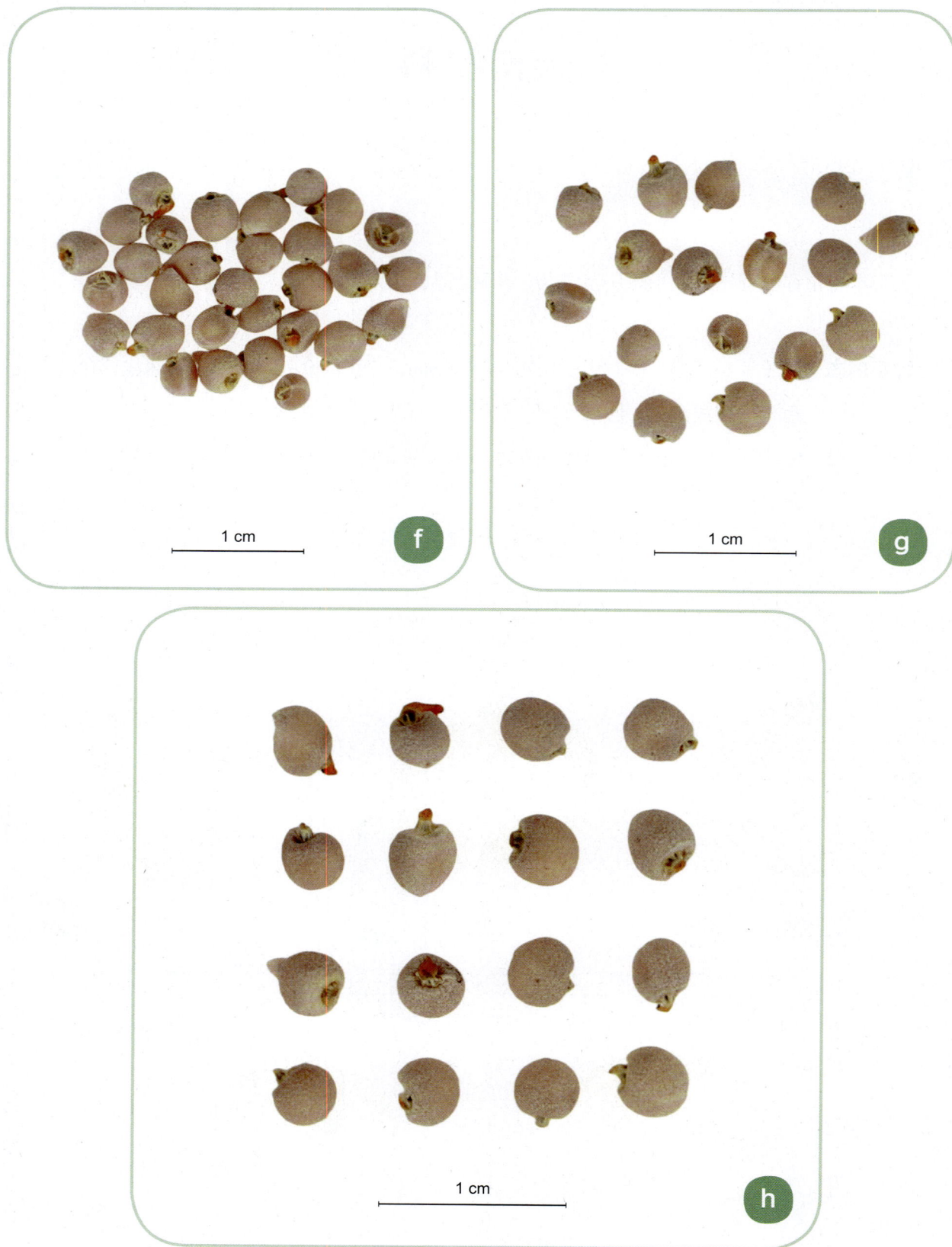

**半夏种子性状**

a.背面；b.侧面；c.俯视面；d.腹面；e.仰视面；f.堆叠；g.平铺；h.整齐排列

# 无患子科

## 荔 枝　　　　　　　　　　　　　　*Litchi chinensis* Sonn.

无患子科常绿乔木。以干燥成熟种子入药，药材名为荔枝核。

**种子形态**　种子呈长圆形或卵圆形，长 1.5~1.8 cm，直径 1.0~1.5 cm。表面棕红色，平滑，有光泽，略有凹陷及细波纹。一端有类圆形的黄棕色种脐，直径约 1.0 mm。

**采　集**　花期春季，果期夏季。夏季采摘成熟果实，除去果皮和肉质假种皮，洗净，晒干。

1 cm

f

1 cm

g

1 cm

h

**荔枝种子性状**

a. 背面；b. 侧面；c. 俯视面；d. 腹面；e. 仰视面；f. 堆叠；g. 平铺；h. 整齐排列

# 龙 眼

*Dimocarpus longan* Lour.

无患子科常绿乔木。以假种皮入药，药材名为龙眼肉。

**种子形态** 种子近球形，直径 1.2~1.6 cm。表面黑色，光亮，略凹陷，有细波纹。一端有类圆形的浅黄色种脐，直径约 1.0 mm。

**采　集** 花期春、夏季，果期夏季。夏、秋季采收成熟果实，干燥，除去壳及种皮，晒干。

1 mm　a

1 mm　b

1 mm　c

1 mm　d

1 mm　e

1 cm

f

1 cm

g

1 cm

h

**龙眼种子性状**

a. 背面；b. 侧面；c. 俯视面；d. 腹面；e. 仰视面；f. 堆叠；g. 平铺；h. 整齐排列

# 五加科

## 人 参 *Panax ginseng* C. A. Mey.

五加科多年生草本。以干燥根及根茎入药，药材名为人参。以干燥叶入药，药材名为人参叶。以经蒸制后的干燥根及根茎入药，药材名为红参。

**种子形态** 种子呈宽椭圆形或宽倒卵形，略扁，长 4.8～7.2 mm，宽 3.9～5.0 mm，厚 2.1～3.4 mm。表面黄白色或浅棕色，粗糙；腹侧平直或稍内凹，基部有 1 小尖突，上具一小点状的吸水孔，吸水孔上方有 1 脉，由种子腹侧经先端后再经背侧而达基部，脉至种子上端后分为数叉，凡脉经过处，种子均向内微凹而呈浅沟状。腹侧具一黄色或棕黄色的线状种脊，至先端常分为 2 枝，至基部与一小尖突状的种柄相连。

**采　集** 果实 7 月中旬至 8 月中旬成熟。当果实呈鲜红色且果肉变软时采收，注意不要碰掉紫果和青果，采后搓掉果皮及果肉，用水漂除果肉及不成熟的浮种，将种子洗至洁白、干净为止。

**鉴别特征** 种子中等大小，表面黄白色，有多条脉络，呈浅沟状。

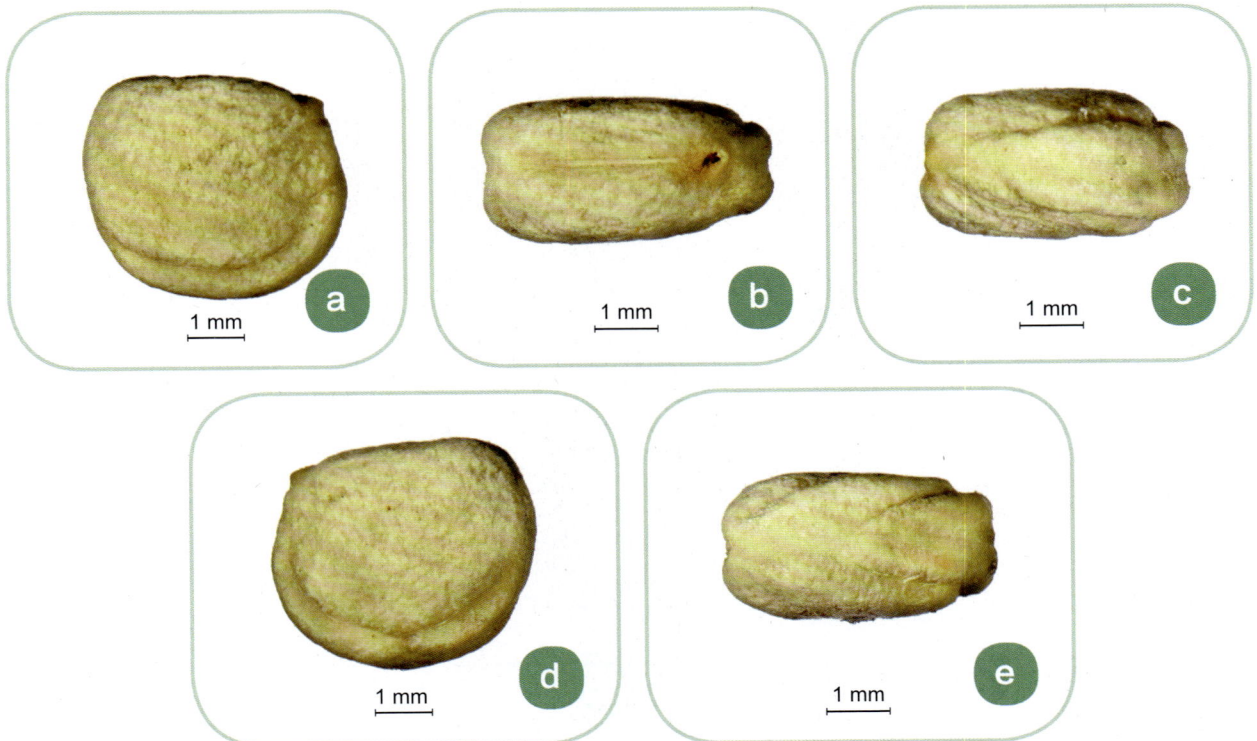

a

1 mm

b

1 mm

c

1 mm

d

1 mm

e

1 mm

f

1 cm

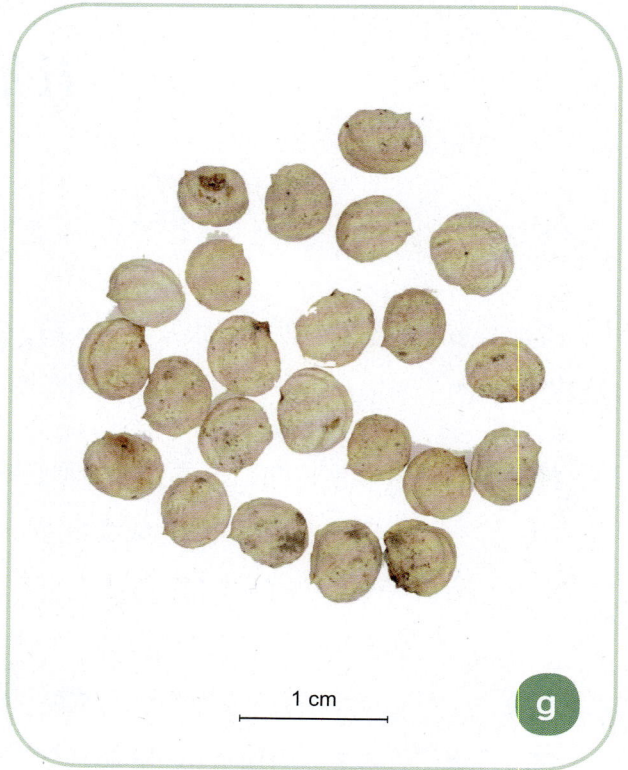

g

1 cm

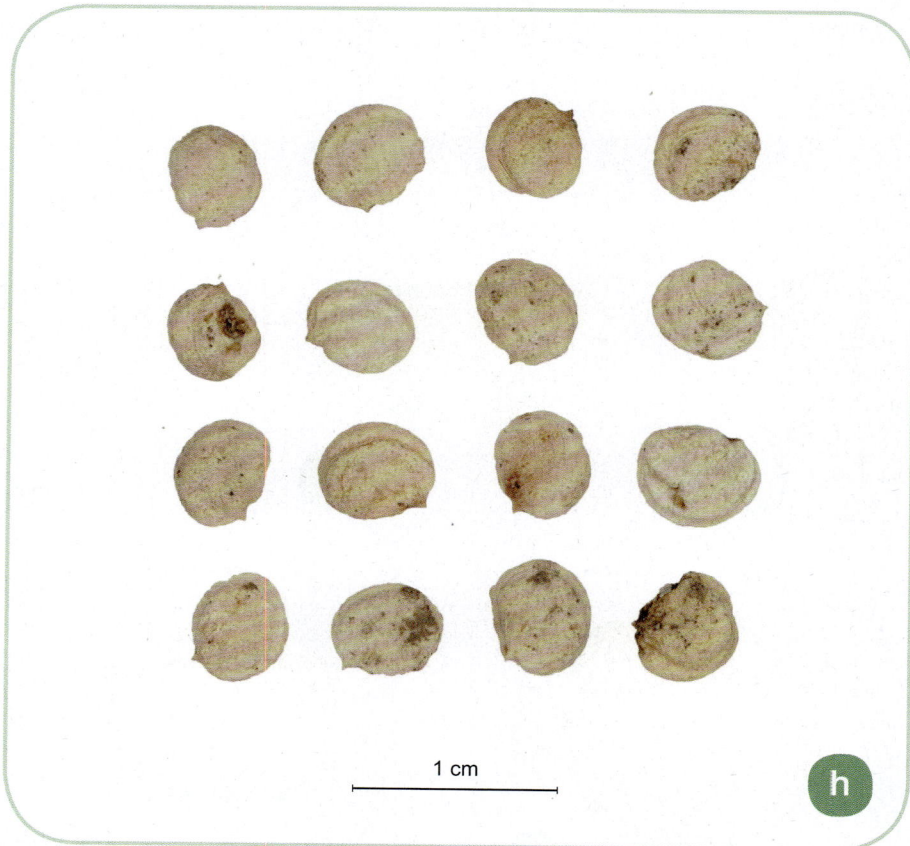

h

1 cm

**人参种子性状**

a. 背面；b. 侧面；c. 俯视面；d. 腹面；e. 仰视面；f. 堆叠；g. 平铺；h. 整齐排列

# 商　陆　　　　　　　　　　　　　　*Phytolacca acinosa* Roxb.

商陆科多年生草本。以干燥根入药，药材名为商陆，**为人参药材的易混淆品。**

**种子形态**　种子呈圆形或圆肾形，较扁，长、宽均为 2.5~3.5 mm，厚 1.4~1.6 mm。表面黑色，平滑，有光泽，一侧稍直，近下端有 1 小凹缺，内具一褐色的凸起种脐。

**采　　集**　花期5~7月，果熟期7~10月。当浆果呈紫黑色且变软时采集，在水中揉搓，漂洗去果肉，取沉底种子，晾干，贮藏。

**鉴别特征**　种子小，呈圆肾形，表面黑色，平滑，有光泽。

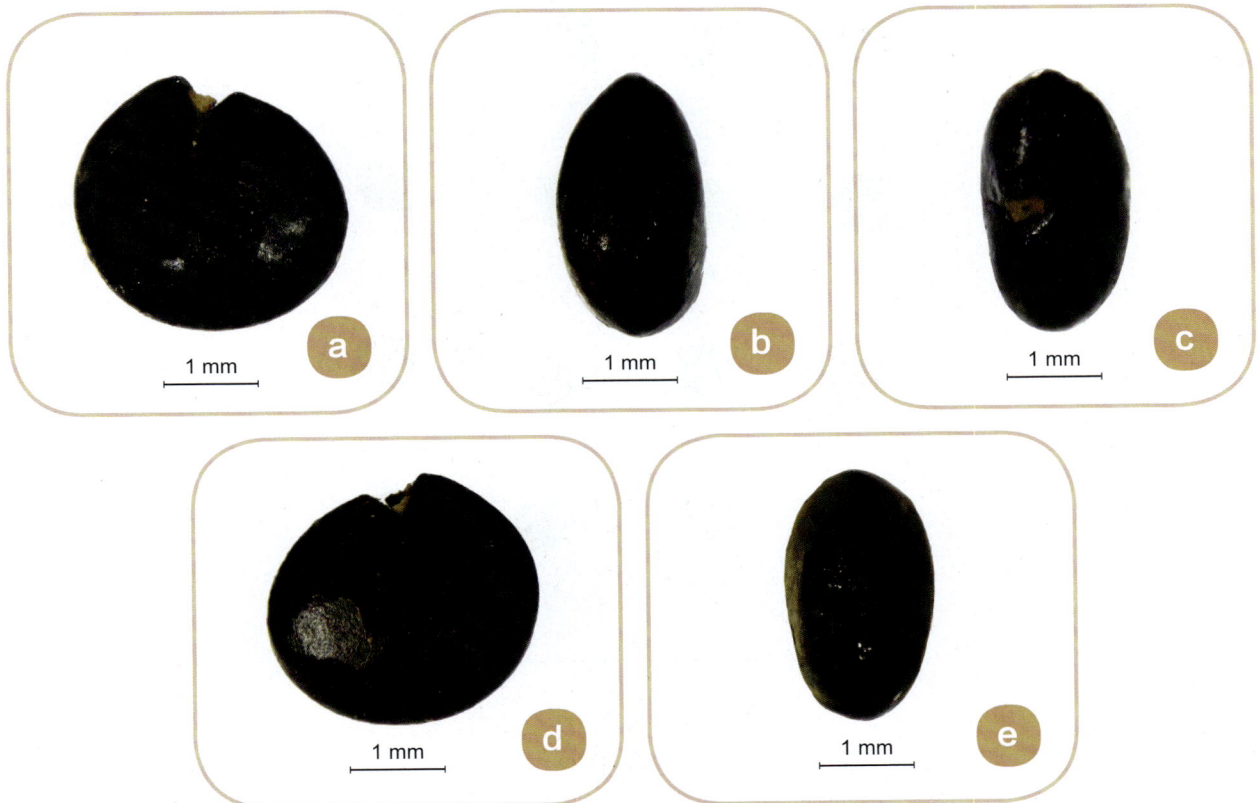

f

1 cm

g

1 cm

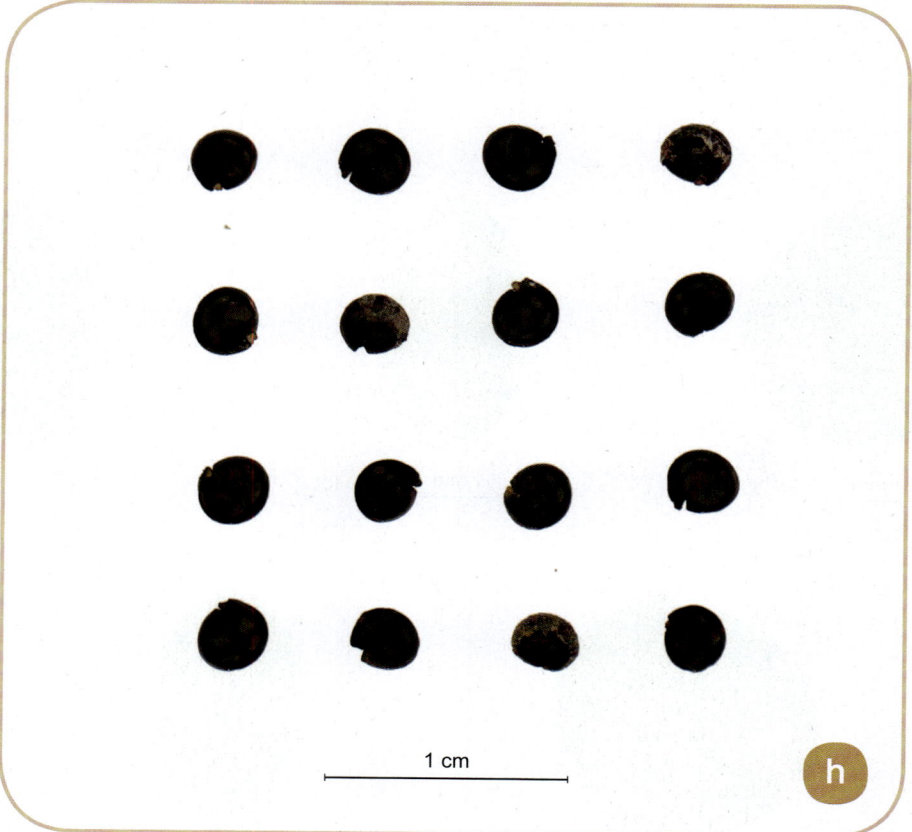

h

1 cm

**商陆种子性状**

a. 背面；b. 侧面；c. 俯视面；d. 腹面；e. 仰视面；f. 堆叠；g. 平铺；h. 整齐排列

# 土人参                  *Talinum paniculatum*（Jacq.）Gaertn.

马齿苋科一年生或多年生草本。以根、叶入药，**为人参药材的易混淆品。**

**种子形态**   种子呈扁圆形或圆肾形，直径约 1.8 mm，黑色，种皮表面有尖细突起；种脐位于种子边缘，为 1 凹陷，中央具一长方形的肉质突起，灰色。

**采　　集**   花期 6~8 月，果期 9~11 月。当果皮干燥并呈浅褐色时及时采摘，置于培养皿中晒 2 小时左右，簸掉果皮，将种子贮藏于密封的干燥容器中。

**鉴别特征**   种子小，呈圆肾形，黑色，种皮表面有尖细突起。

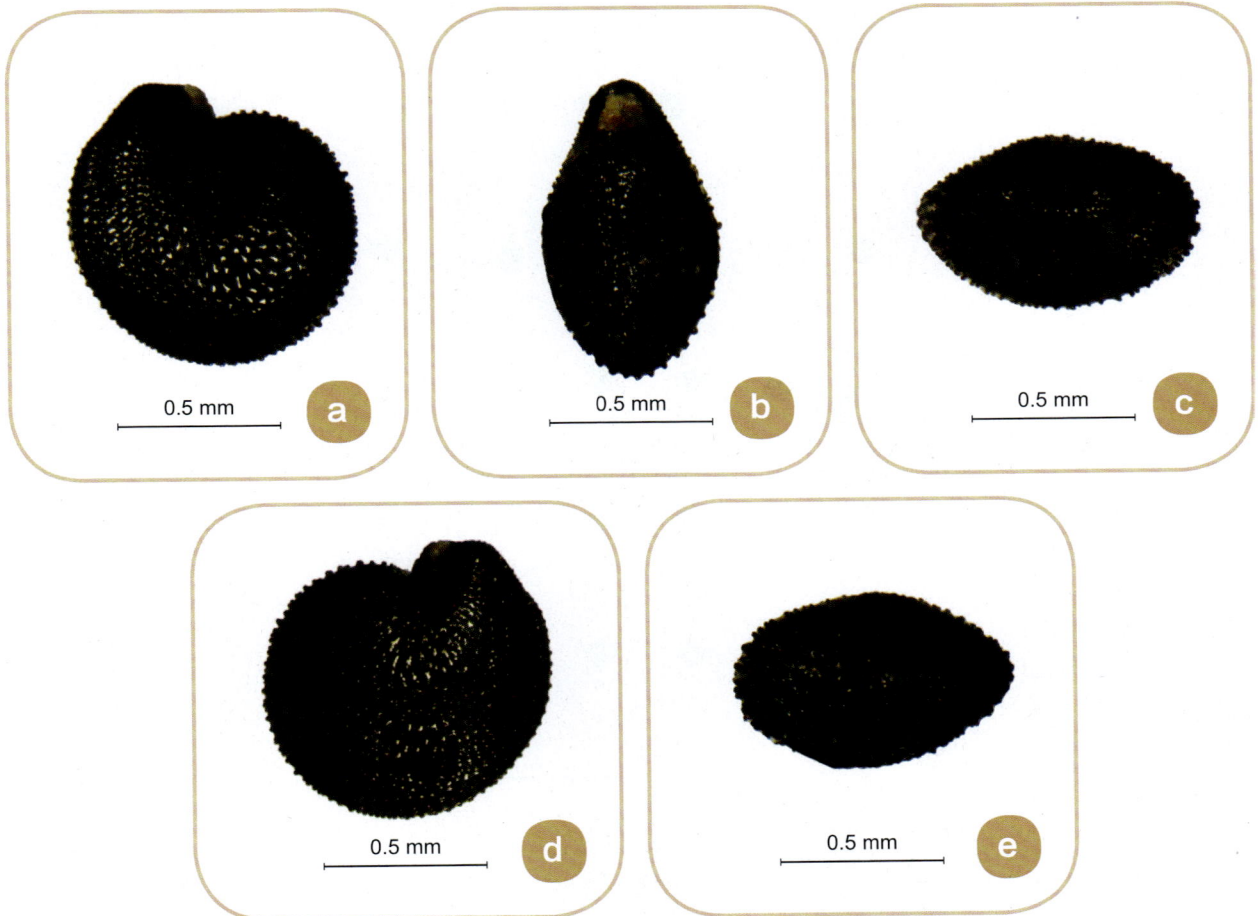

0.5 mm   a

0.5 mm   b

0.5 mm   c

0.5 mm   d

0.5 mm   e

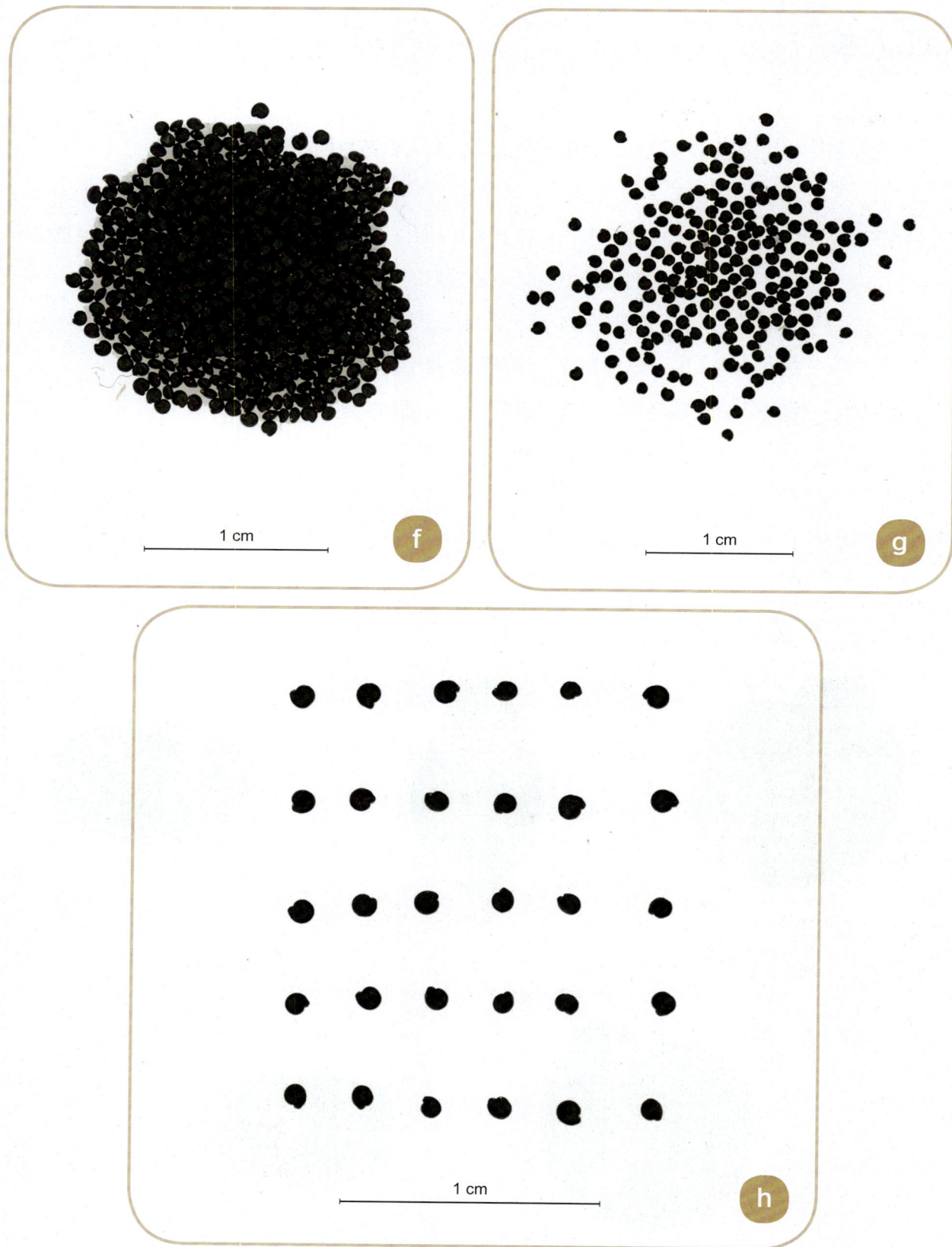

f

1 cm

g

1 cm

h

1 cm

**土人参种子性状**

a. 背面；b. 侧面；c. 俯视面；d. 腹面；e. 仰视面；f. 堆叠；g. 平铺；h. 整齐排列

# 紫茉莉

*Mirabilis jalapa* L.

紫茉莉科一年生草本。以根、叶入药，**为人参药材的易混淆品**。

**种子形态**　瘦果呈椭球形，直径 8.5～9.5 mm，革质，黑色，具黄色的点状斑纹。表面具皱纹，一端具黄色且凹陷的圆形种脐，周围一圈隆起，从中延伸出 10～11 肋线至侧面，肋线之间有不规则的瘤状突起。

**采　　集**　花期 6～10 月，果期 8～11 月。采收饱满种子，及时清理，除去杂质，置于通风、干燥、阴暗、温度较低且相对恒定的地方贮藏。

**鉴别特征**　种子中等大小，呈类球形，表面黑色，革质，具不规则的瘤状突起。

1 mm　a

1 mm　b

1 mm　c

1 mm　d

1 mm　e

f

g

h

**紫茉莉果实性状**

a. 背面；b. 侧面；c. 俯视面；d. 腹面；e. 仰视面；f. 堆叠；g. 平铺；h. 整齐排列

# 三　七　　　　　*Panax notoginseng*（Burk.）F. H. Chen

五加科多年生草本。以干燥根及根茎入药，药材名为三七。

**种子形态**　种子侧扁或呈三角状卵形，直径 5.0~7.0 mm，黄白色，表面粗糙；种子平直的一面有种脊，近基部有一圆形的吸水孔。

**采　集**　花期 6~7 月，果熟期 10 月中旬至 12 月。当果实成熟且呈鲜红色时分批采收，将种子摊于竹席上，置于通风阴凉处 3~5 天，外皮稍干后，将种子剥成单粒，及时用湿沙贮藏。

**鉴别特征**　种子中等大小，呈三角状卵形，黄白色。

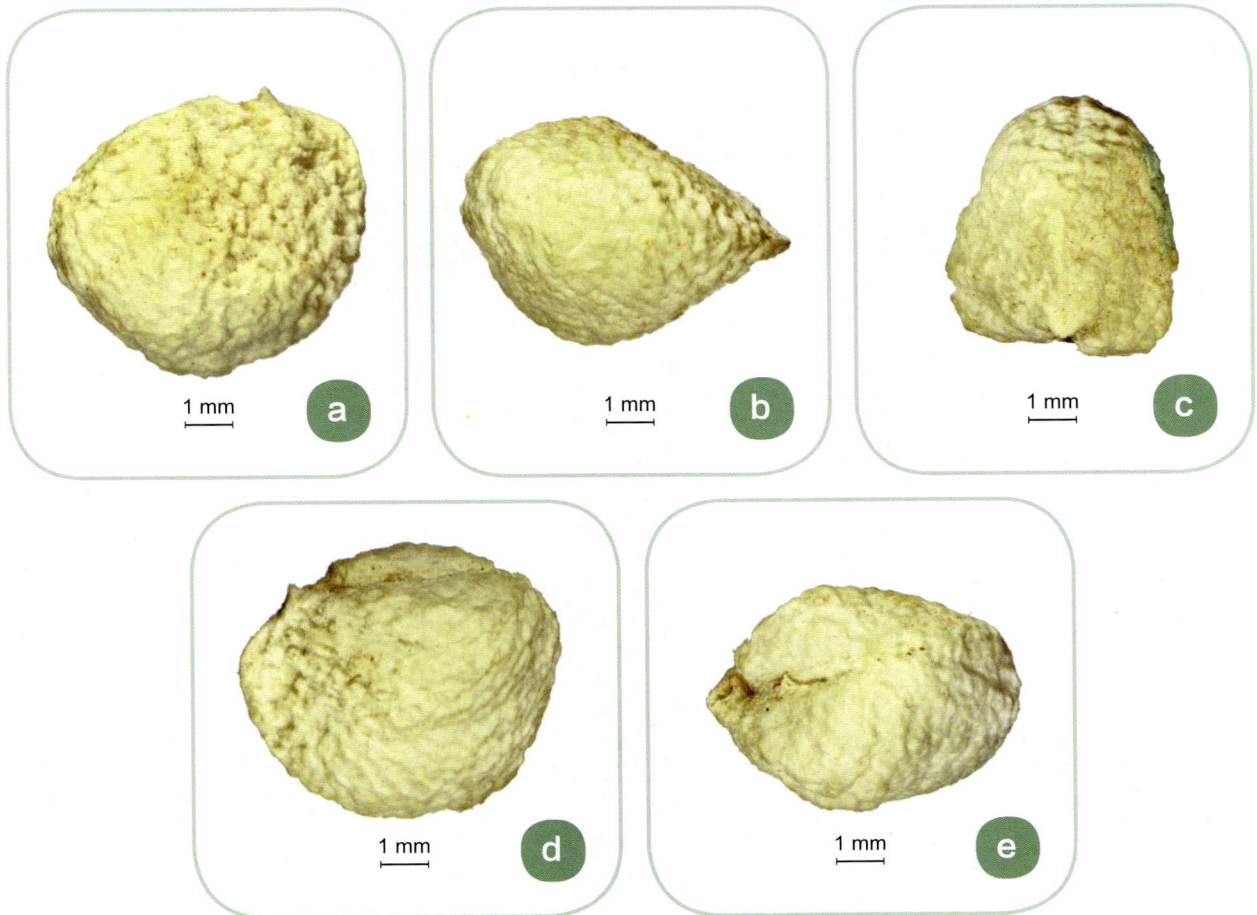

a　1 mm

b　1 mm

c　1 mm

d　1 mm

e　1 mm

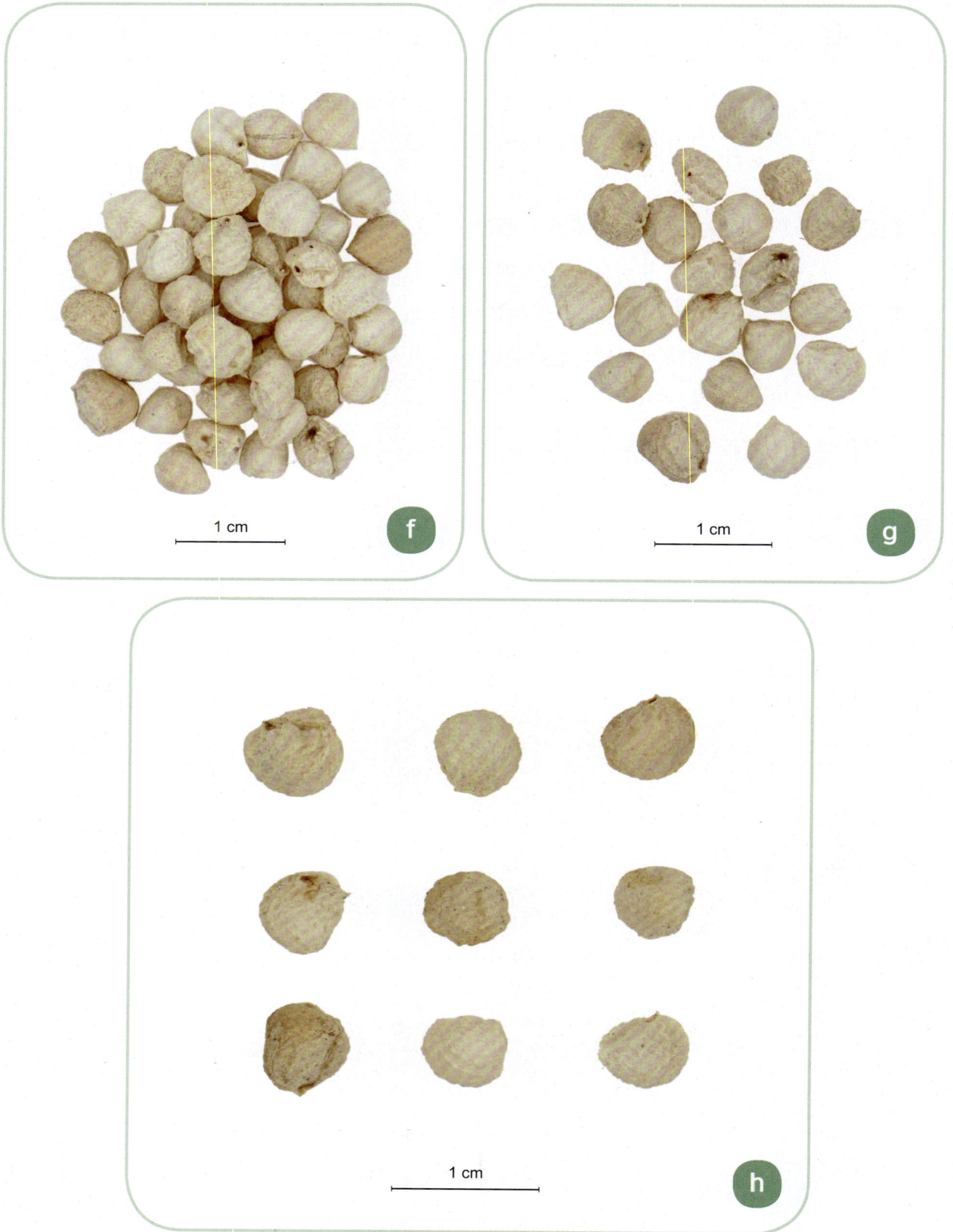

**三七种子性状**

a. 背面；b. 侧面；c. 俯视面；d. 腹面；e. 仰视面；f. 堆叠；g. 平铺；h. 整齐排列

# 景天三七

*Sedum aizoon* L.

景天科多年生肉质草本。以全草或根入药，**为三七药材的易混淆品**。

**种子形态**　种子呈长卵形，略扁，长 1.0 ~ 1.8 mm，宽 0.5 ~ 0.8 mm，厚约 0.6 mm。表面棕褐色，密布疣状突起。

**采　　集**　花期 6 ~ 8 月，果期 7 ~ 9 月。选晴天采收颜色深、有光泽的饱满种子，除去杂质，置于通风、干燥、阴暗、温度较低且相对恒定的地方贮藏。

**鉴别特征**　种子小，棕褐色。

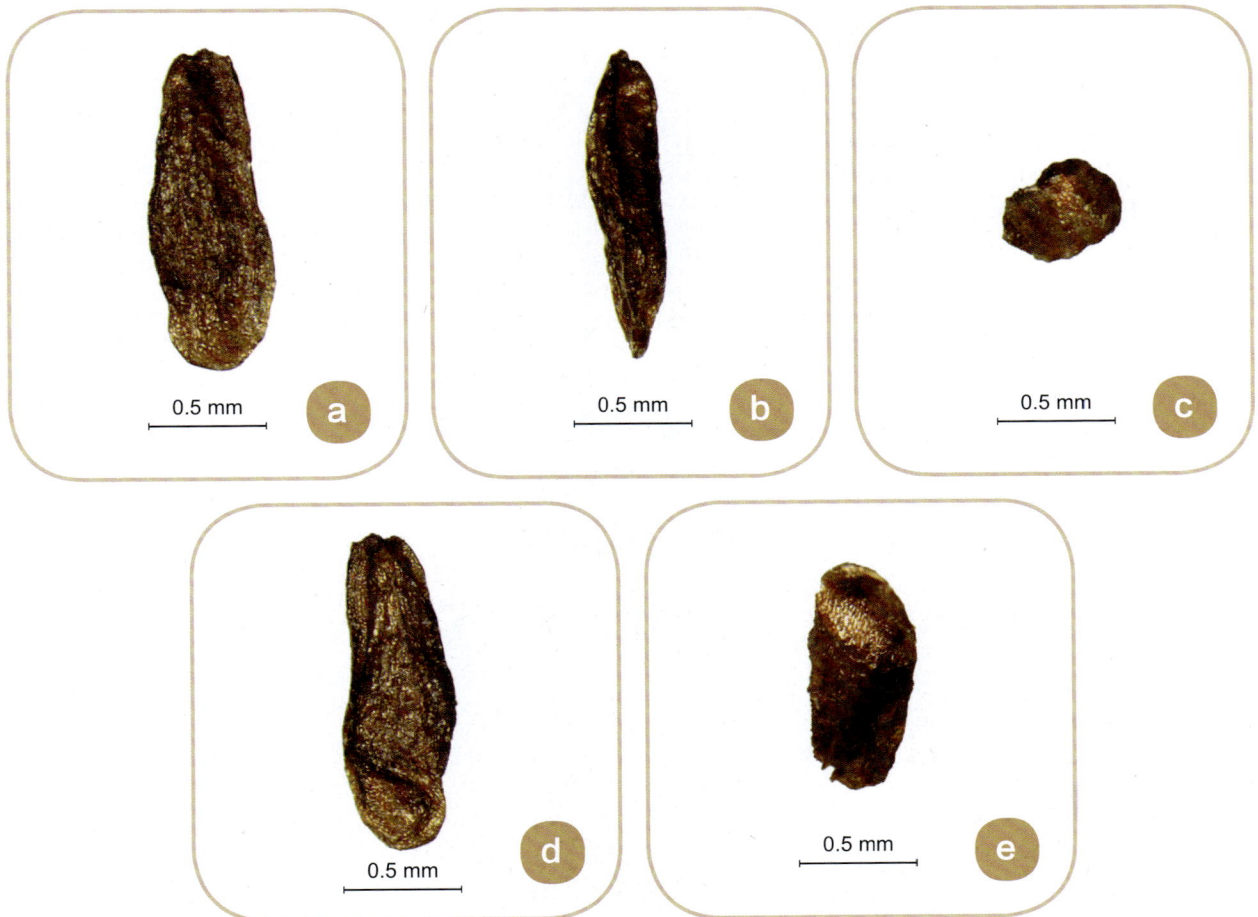

0.5 mm　a

0.5 mm　b

0.5 mm　c

0.5 mm　d

0.5 mm　e

**景天三七种子性状**

a.背面；b.侧面；c.俯视面；d.腹面；e.仰视面；f.堆叠；g.平铺；h.整齐排列

## 藤三七             *Anredera cordifolia* (Tenore) Steenis

落葵科多年生缠绕藤本。以薯藤上的干燥瘤块状珠芽入药，**为三七药材的易混淆品**。

**种子形态** 种子呈扁圆形，两面略凸，长、宽均约 2.0 mm，厚 1.2~1.3 mm。表面粗糙，黄棕色，上端有 2~4 有毛的锥状扁芒。

**采　　集** 花期 6~10 月。选晴天采收颜色深、有光泽的饱满种子，除去杂质，置于通风、干燥、阴暗、温度较低且相对恒定的地方贮藏。

**鉴别特征** 种子小，呈扁圆形。

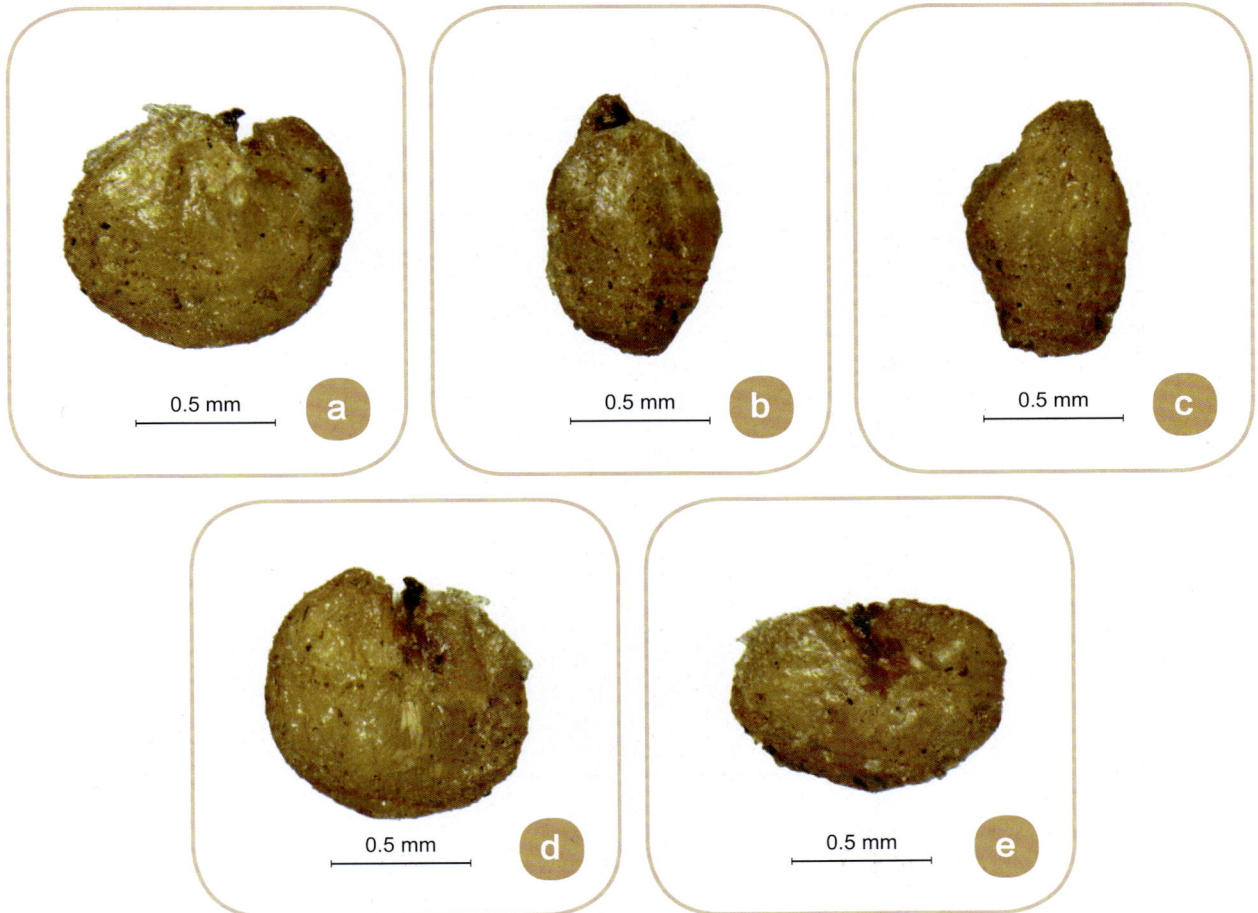

a    0.5 mm

b    0.5 mm

c    0.5 mm

d    0.5 mm

e    0.5 mm

1 cm

f

1 cm

g

1 cm

h

**藤三七种子性状**

a. 背面；b. 侧面；c. 俯视面；d. 腹面；e. 仰视面；f. 堆叠；g. 平铺；h. 整齐排列

# 西洋参 *Panax quinquefolium* L.

五加科多年生草本。以干燥根入药，药材名为西洋参。

**种子形态** 种子呈宽椭圆形或宽卵形，略扁，长 0.5 ~ 0.8 cm，宽 0.4 ~ 0.6 cm，厚 2.6 ~ 3.5 mm。表面黄白色，粗糙；背侧呈弓形隆起；腹侧平直或稍内凹，基部有 1 小尖突，上具一小点状的吸水孔。吸水孔上方有 1 脉，有时脉脱落，由种子腹侧经先端后再经背侧而达基部，凡脉经过处，种子均向内微凹而呈浅沟状。两侧面较平坦，粗糙而无明显的沟纹。

**采　集** 花期7 ~ 8 月，果期9 月。当果实呈鲜红色且果肉变软时分批采收，采后放入筛中，搓去果肉，冲洗干净，经水漂洗去病粒及不成熟的籽粒，沙藏或阴干后贮藏。

**鉴别特征** 本种种子与人参种子的区别为人参种子吸水孔上方的脉行至种子上端后开始分为数叉，因而形成数个浅沟，而本种种子一般具一明显的浅沟；人参种子两面比较突出，有数条弯沟，而本种种子两侧面较平坦，粗糙，且沟纹不明显。

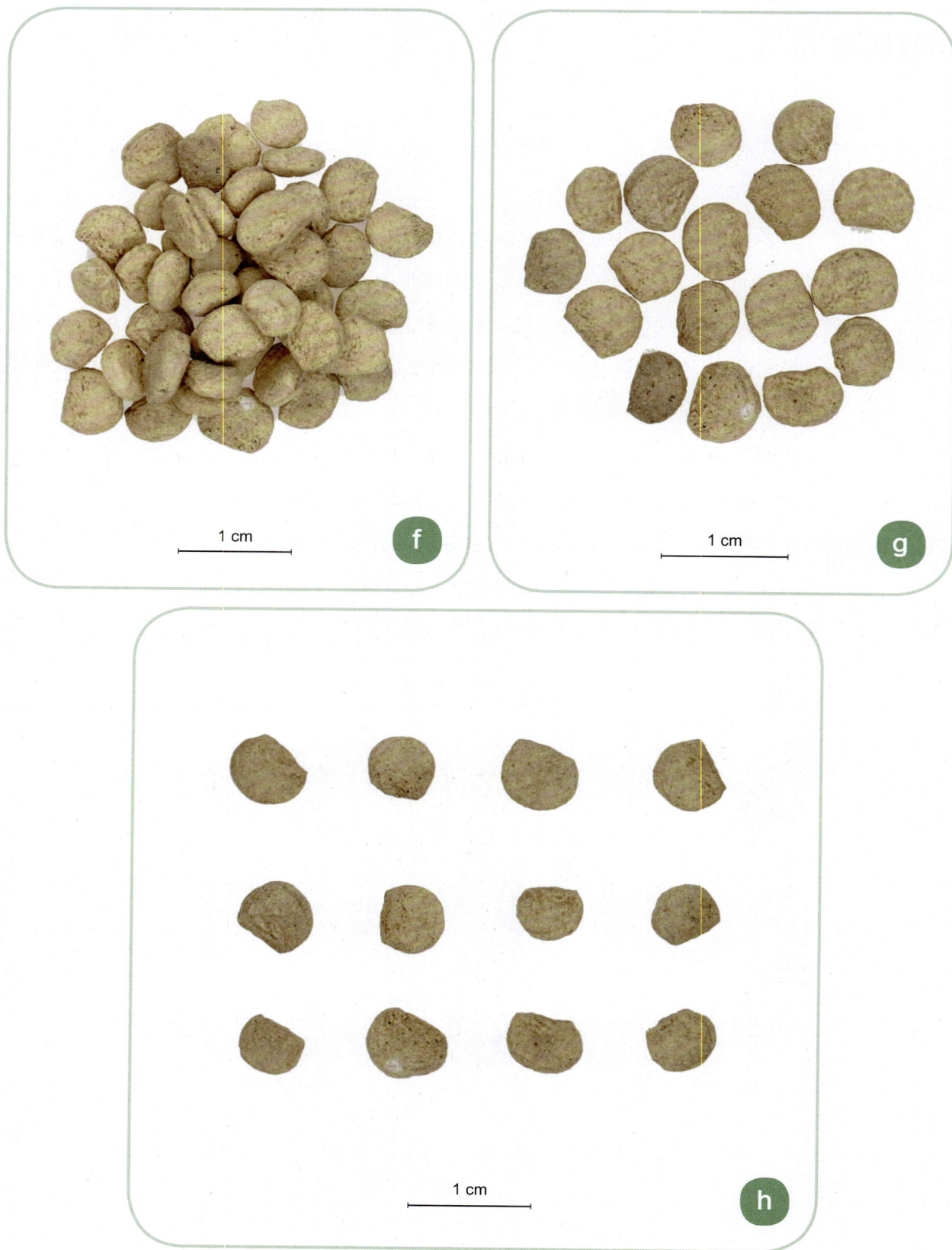

**西洋参种子性状**

a. 背面；b. 侧面；c. 俯视面；d. 腹面；e. 仰视面；f. 堆叠；g. 平铺；h. 整齐排列

# 竹节参

*Panax japonicus* C. A. Mey.

五加科多年生草本。以干燥根入药，药材名为竹节参。

**种子形态**　种子呈椭球形，长 4.0~5.2 mm，直径 3.2~4.0 mm。表面黄白色，粗糙，近尖端有一圆形的吸水孔，下方有 1 脉，长约为种子总长的 1/3，种子侧面有多条隆起的肋线。

**采　　集**　花期 5~6 月，果期 7~9 月。采收成熟种子，除净杂质，放于阴凉处贮藏，或至播种前脱粒。

**鉴别特征**　种子小，表面黄白色。

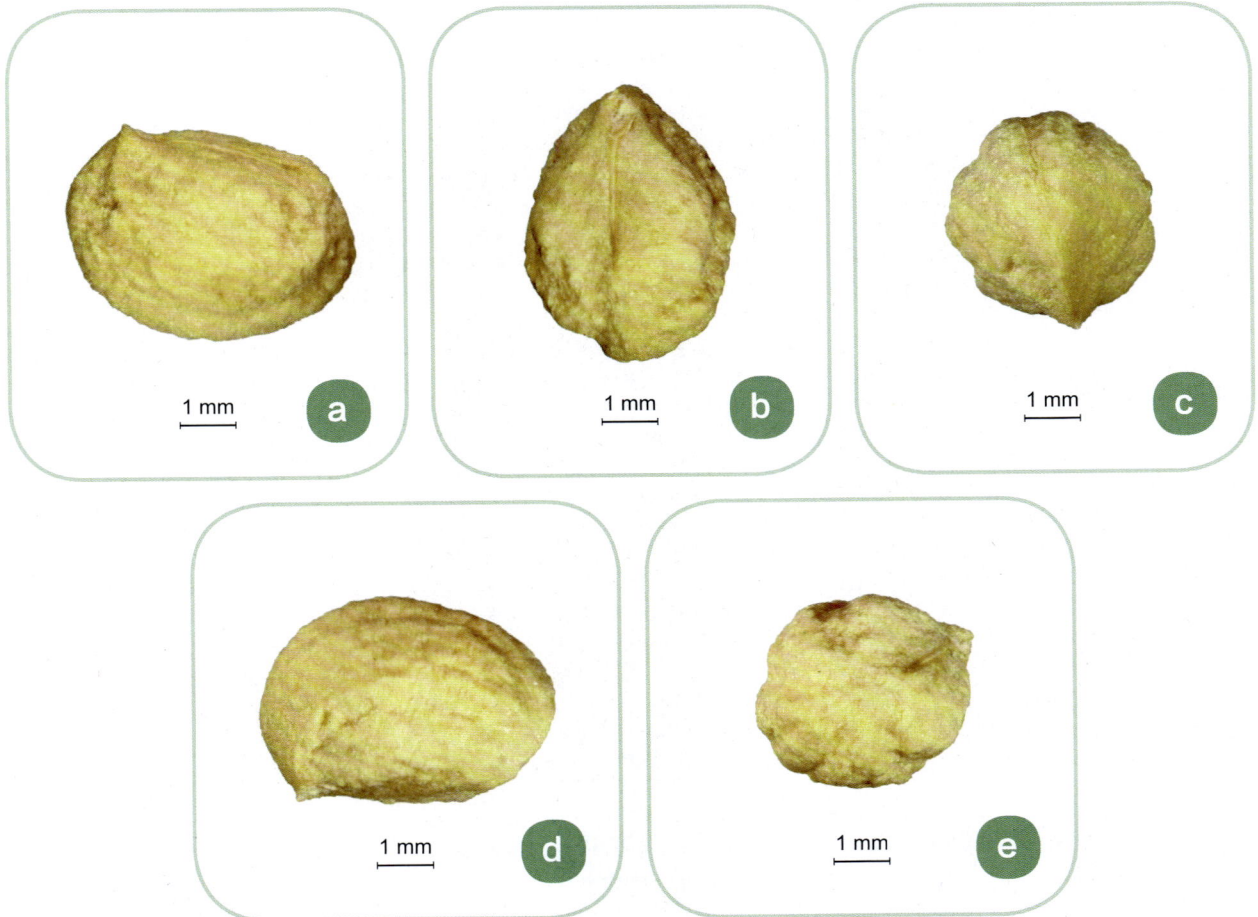

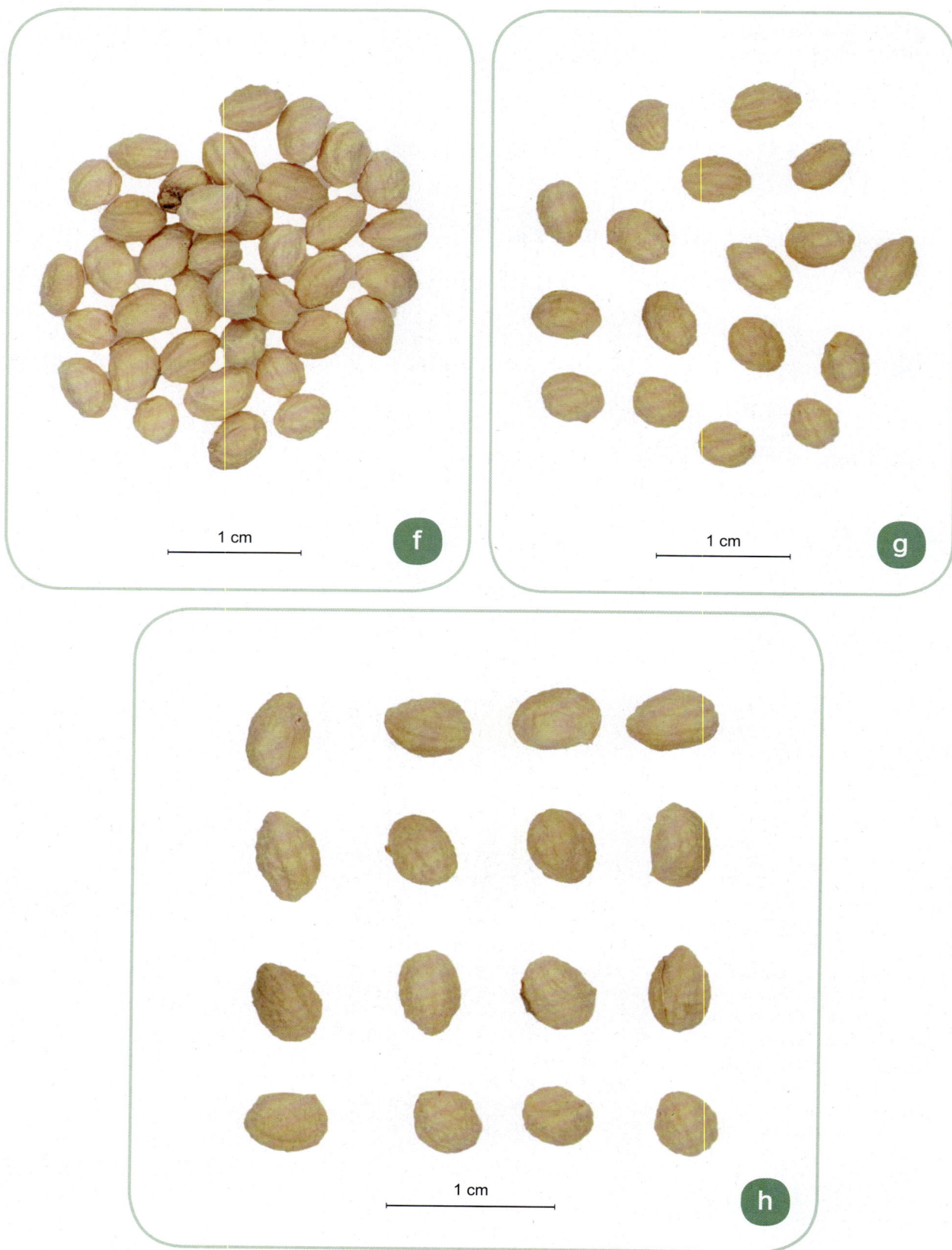

1 cm

f

1 cm

g

1 cm

h

**竹节参种子性状**

a. 背面；b. 侧面；c. 俯视面；d. 腹面；e. 仰视面；f. 堆叠；g. 平铺；h. 整齐排列

## 珠子参 *Pseudocodon convolvulaceus* Kurz subsp. *forrestii* (Diels) D. Y. Hong

桔梗科多年生草本。以根入药，**为竹节参药材的易混淆品。**

**种子形态** 种子呈椭球形或类球形，直径 2.0 ~ 3.6 mm。表面棕色，粗糙，腹面近尖端有 1 凸起物，下方有 1 脉，长约为种子总长的 1/2，种子背面有多条不明显的隆起肋线。

**采　集** 花果期 7 ~ 10 月。采收颜色深、有光泽的饱满种子，除去杂质，置于通风、干燥、阴暗、温度较低且相对恒定的地方贮存。

**鉴别特征** 种子小，表面棕色，凸起物下方的脉占种子总长的比例大于竹节参种子。

a 1 mm

b 1 mm

c 1 mm

d 1 mm

e 1 mm

1 cm f

1 cm g

1 cm h

**珠子参种子性状**

a. 背面；b. 侧面；c. 俯视面；d. 腹面；e. 仰视面；f. 堆叠；g. 平铺；h. 整齐排列

# 苋　科

## 川牛膝　　　　　　　　　　　　　　　　　　　　　*Cyathula officinalis* Kuan

苋科多年生草本。以干燥根入药，药材名为川牛膝。

**种子形态**　胞果呈椭圆状倒卵形，长 3.5 ~ 4.5 mm，直径约 1.2 mm，被宿存花被包裹，暗棕色，有不规则的纵线纹，内含 1 种子。种子呈长卵形，长 2.3 ~ 2.5 mm，直径约 0.9 mm；表面褐色，有光泽，无毛，有不规则的纵线纹；种子一端有一突出的短柄，另一端有 1 圆形种脐。

**采　　集**　花期 7 ~ 8 月，果期 9 ~ 10 月。选三年生至四年生植株，当果实成熟后割取果序，晾干，搓出种子，簸净杂质，放于干燥阴凉处贮藏。

**鉴别特征**　种子小，表面褐色。

a　1 mm

b　1 mm

c　1 mm

d　1 mm

e　1 mm

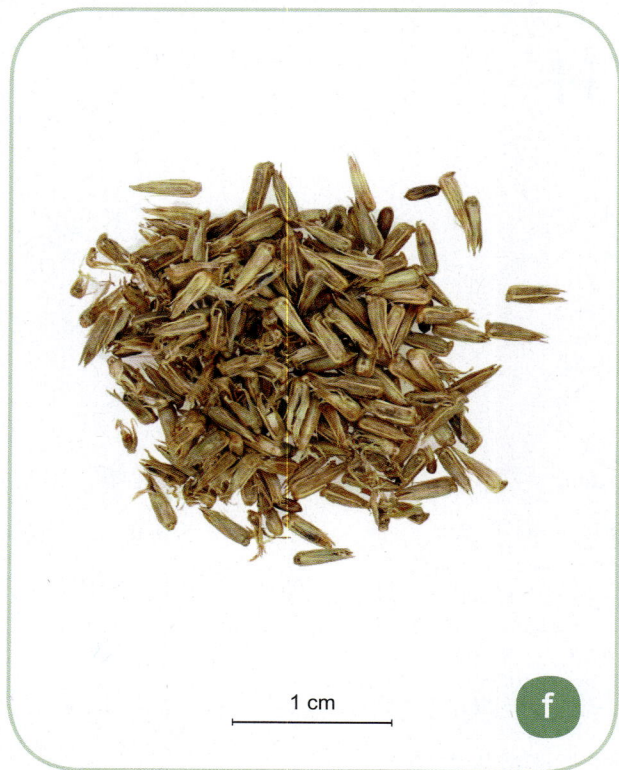

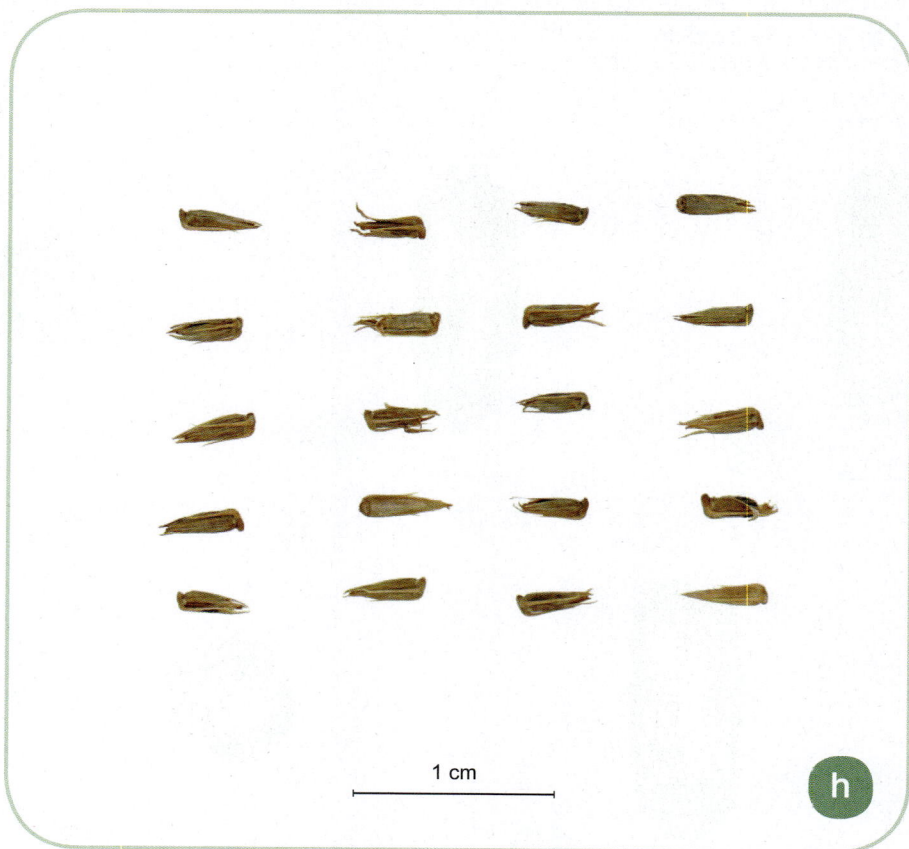

**川牛膝种子性状**

a. 背面；b. 侧面；c. 俯视面；d. 腹面；e. 仰视面；f. 堆叠（果实）；g. 平铺（果实）；h. 整齐排列（果实）

# 牛 膝     *Achyranthes bidentata* Bl.

苋科多年生草本。以干燥根入药，药材名为牛膝。

**种子形态** 胞果呈长椭圆形，长 4.0~5.4 mm，直径 1.5~1.9 mm，被宿存花被包裹，棕色或棕绿色，有不规则的纵线纹，内含 1 种子。种子呈长方状圆形，长 2.5~2.7 mm，直径约 1.4 mm；表面赤褐色，有光泽，无毛，有不规则的纵线纹；种子一端有略突出的短柄，另一端有 1 圆形种脐。

**采　集** 花期 7~9 月，果期 9~10 月。种子成熟时割取果穗，晒干，脱粒，过筛，除去杂质，放于干燥通风处贮藏。

**鉴别特征** 种子小，直径远大于川牛膝种子，表面赤褐色。

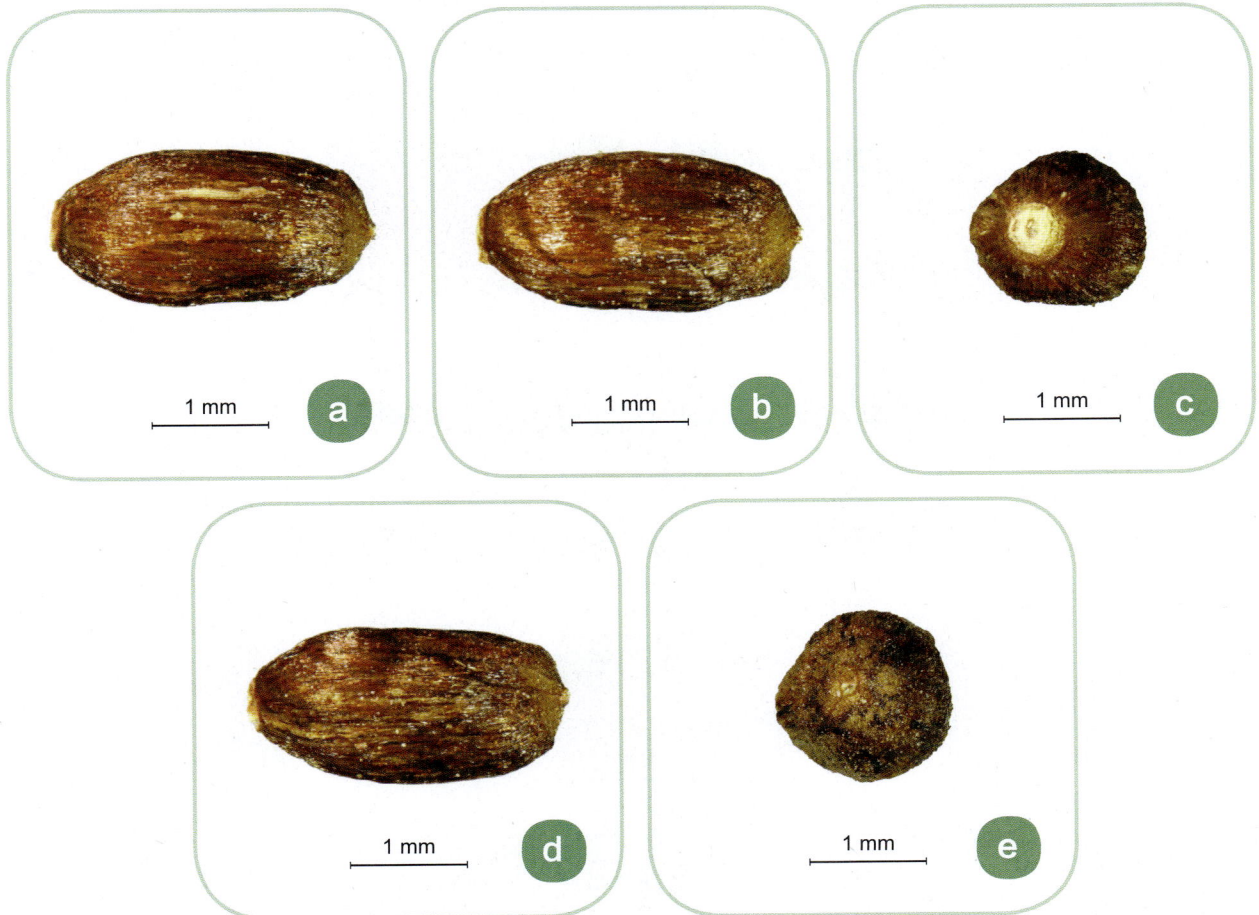

1 cm f

1 cm g

1 cm h

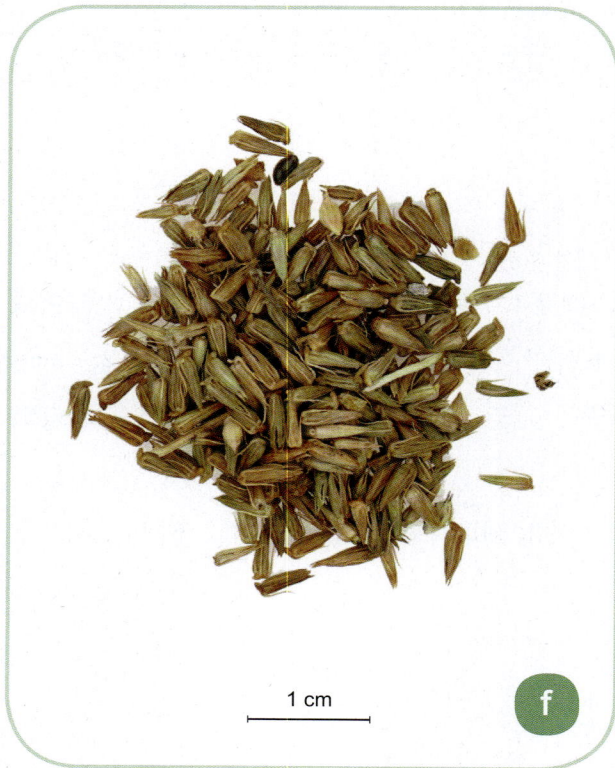

**牛膝种子性状**

a. 背面；b. 侧面；c. 俯视面；d. 腹面；e. 仰视面；f. 堆叠（果实）；g. 平铺（果实）；h. 整齐排列（果实）

## 鸡冠花 $\qquad$ *Celosia cristata* L.

苋科一年生草本。以花序、种子入药。以干燥花序入药时，药材名为鸡冠花。

**种子形态** 种子呈圆形或圆肾形，较扁，直径 1.4~1.6 mm，厚 0.5~0.8 mm。表面黑色或棕黑色，平滑，有光泽，可见矩形或多角形的细小网纹，排列成同心环状；两侧面凸，常具 1~2 浅凹窝，腹侧微凹，内具 1 小突起状种脐。

**采　集** 花期 8~9 月，果熟期 9~10 月。当种子颜色变黑时剪取花序，晒干，搓出种子，放于干燥阴凉处贮藏。

a　1 mm

b　1 mm

c　1 mm

d　1 mm

e　1 mm

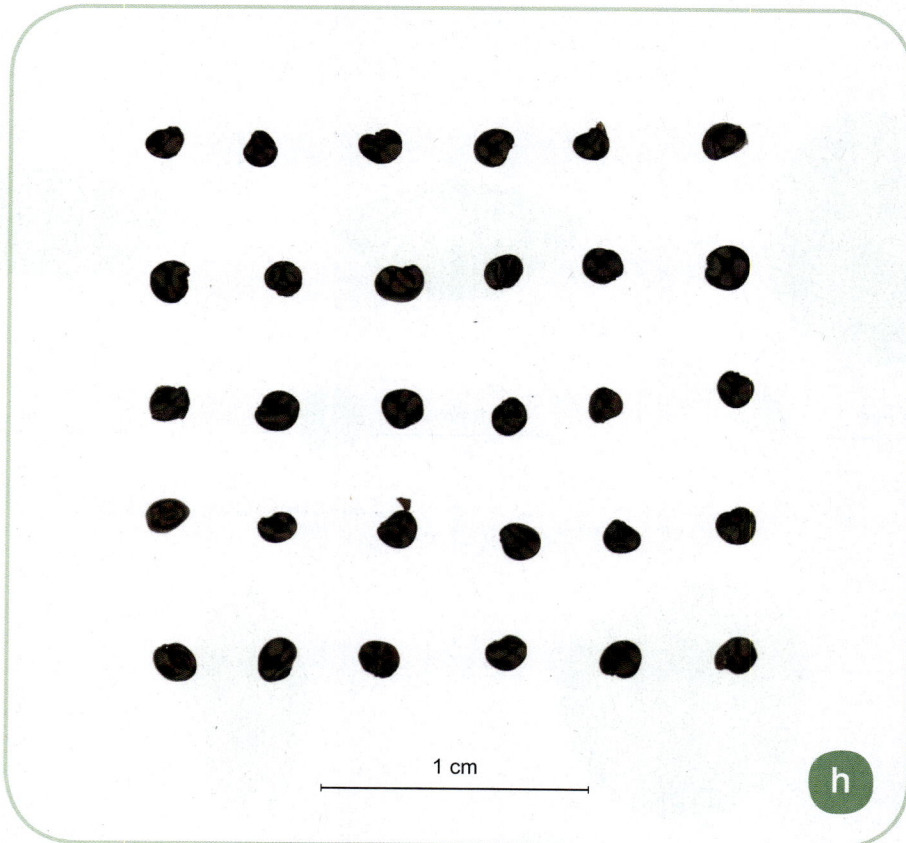

**鸡冠花种子性状**

a. 背面；b. 侧面；c. 俯视面；d. 腹面；e. 仰视面；f. 堆叠；g. 平铺；h. 整齐排列

# 玄参科

| 地　黄 | *Rehmannia glutinosa* Libosch. |

玄参科多年生草本。以新鲜或干燥块根入药，药材名为地黄。

**种子形态**　种子呈矩圆形，略扁，长约 2.0 cm，宽约 1.5 mm，黑褐色。表面有棱状突起组成的网纹，网纹呈蜂窝状。

**采　　集**　花果期 4~7 月。蒴果未开裂时及时割下果序，晒干，脱粒，筛去杂质。

1 mm　a

1 mm　b

1 mm　c

1 mm　d

1 mm　e

1 cm f

1 cm g

1 cm h

**地黄种子性状**

a. 背面；b. 侧面；c. 俯视面；d. 腹面；e. 仰视面；f. 堆叠；g. 平铺；h. 整齐排列

# 锁 阳

*Cynomorium songaricum* Rupr.

锁阳科多年生肉质寄生草本。以干燥肉质茎入药，药材名为锁阳，**为地黄药材的易混淆品。**

**种子形态**　种子近球形或椭球形，略扁，长 0.9~1.9 mm，直径 0.9~1.4 mm；种皮深红色，坚硬而厚，外有棕色麸糠状附着物，先端有宿存的浅黄色花柱。腹面内凹，背面拱起，具 4 钝圆的棱。

**采　集**　花期 5~7 月，果期 6~7 月。夏季当小坚果成熟时采摘，取出种子。

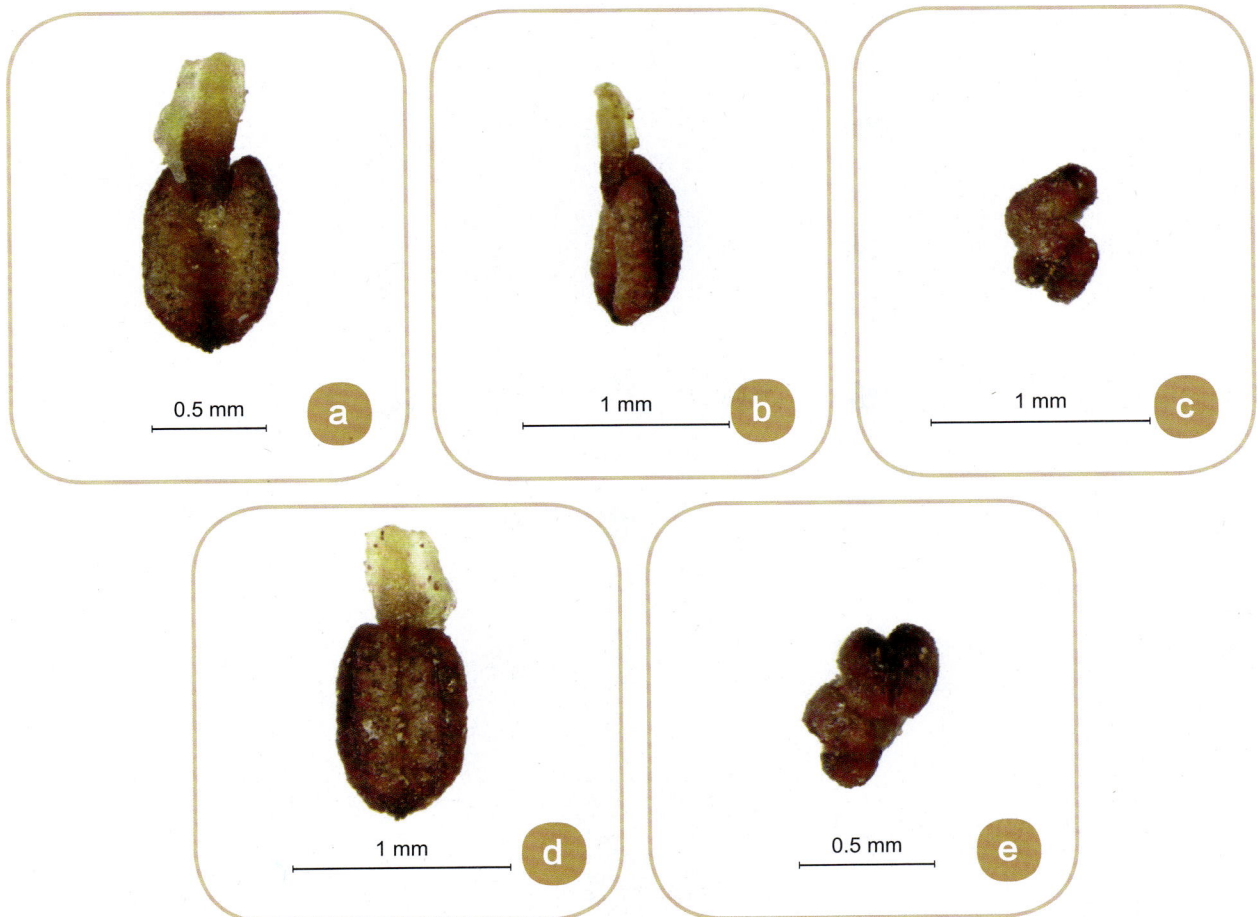

0.5 mm ⓐ

1 mm ⓑ

1 mm ⓒ

1 mm ⓓ

0.5 mm ⓔ

**锁阳种子性状**

a. 背面；b. 侧面；c. 俯视面；d. 腹面；e. 仰视面；f. 堆叠；g. 平铺；h. 整齐排列

# 玄　参

*Scrophularia ningpoensis* Hemsl.

玄参科高大草本。以干燥根入药，药材名为玄参。

**种子形态**　种子呈椭圆形、卵形或倒卵形，背腹略扁且向腹面弯曲，长 0.8 ~ 1.2 mm，宽 0.5 ~ 0.8 mm，厚 0.4 ~ 0.5 mm。表面黑褐色或带褐色，具网状纹路，一侧有一较大的开口。

**采　　集**　花期 6 ~ 10 月，果期 9 ~ 11 月。当蒴果干枯且种子呈黑褐色时连同果枝剪下，晒干，取出种子，筛去杂质，放于干燥阴凉处贮藏。

1 mm　a

1 mm　b

1 mm　c

1 mm　d

1 mm　e

**玄参种子性状**

a. 背面；b. 侧面；c. 俯视面；d. 腹面；e. 仰视面；f. 堆叠；g. 平铺；h. 整齐排列

# 旋花科

## 菟丝子　　　　　　　　　　　　　　　　　　*Cuscuta chinensis* Lam.

旋花科一年生寄生草本。以干燥成熟种子入药，药材名为菟丝子。

**种子形态**　种子呈肾形，略扁，直径 1.2 ~ 1.7 mm，厚约 1.0 mm。表面黄褐色，具细密的小凸点，一端有微凹的线形种脐。

**采　集**　秋季果实成熟时采收植株，晒干，打下种子，除去杂质。

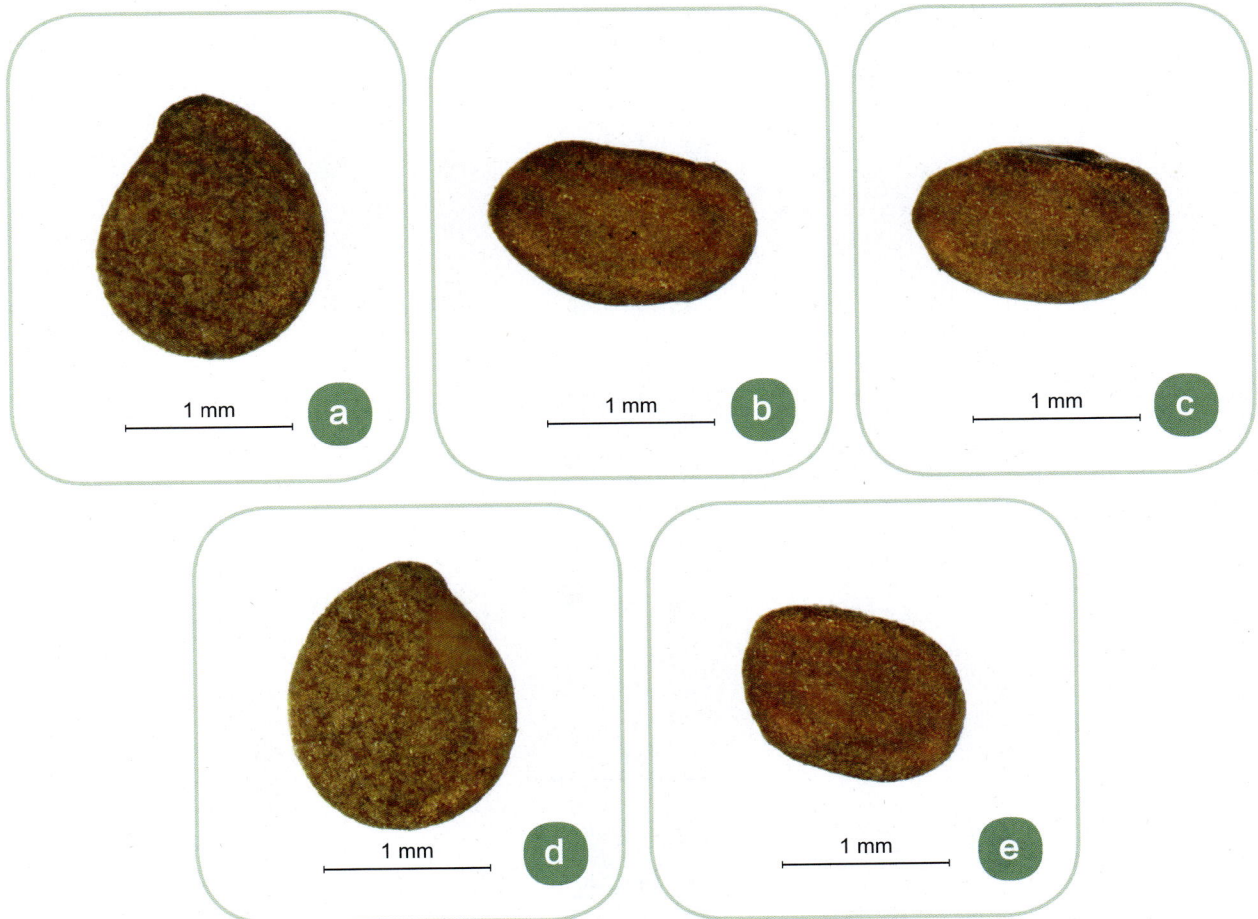

1 mm　a

1 mm　b

1 mm　c

1 mm　d

1 mm　e

**菟丝子种子性状**

a. 背面；b. 侧面；c. 俯视面；d. 腹面；e. 仰视面；f. 堆叠；g. 平铺；h. 整齐排列

# 银杏科

## 银　杏　　　　　　　　　　　　　　　　*Ginkgo biloba* L.

银杏科乔木。以干燥成熟种子入药，药材名为白果。以干燥叶入药，药材名为银杏叶。

**种子形态**　种子核果状，呈倒卵形或椭圆形，长 2.5~3.0 cm，直径 1.5~1.7 cm，淡黄色或橙黄色；外种皮肉质，有臭气，中种皮灰白色，骨质，平滑，两端稍尖，两侧有棱边。

**采　集**　花期4~5月，果熟期9~10月。收集落地的种子或从树上采集成熟种子，堆放于地上或浸入水中，使外种皮腐烂，然后捣去肉质外种皮，洗净，晾干，沙藏或装入瓦缸中，密封窖藏。

1 cm　a

1 cm　b

1 cm　c

1 cm　d

1 cm　e

**银杏种子性状**

a. 背面;b. 侧面;c. 俯视面;d. 腹面;e. 仰视面;f. 堆叠;g. 平铺;h. 整齐排列

# 罂粟科

| 罂　粟 | *Papaver somniferum* L. |

罂粟科一年生草本。以干燥成熟果壳入药，药材名为罂粟壳。

**种子形态**　种子呈球形、卵圆形或略呈肾形，稍扁，长 1.0～1.1 mm，宽 0.9～1.0 mm，厚 0.7 mm，黑色或深灰色。表面有棱状突起组成的网纹，网纹呈蜂窝状。

**采　　集**　花期 4～6 月，果期 6～10 月。当果实呈褐黄色时剪取蒴果，晾干，脱粒，过筛，除去杂质，干藏。

**鉴别特征**　种子小，呈卵球形，表面有棱状突起组成的网纹，网纹呈蜂窝状。

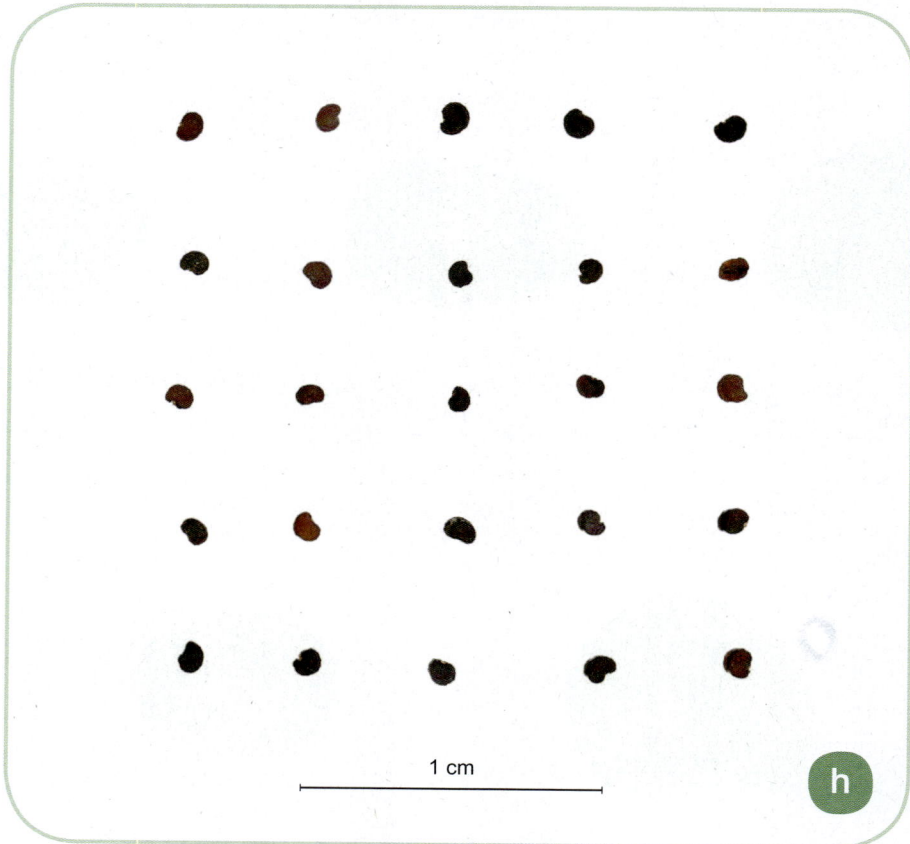

**罂粟种子性状**

a.背面；b.侧面；c.俯视面；d.腹面；e.仰视面；f.堆叠；g.平铺；h.整齐排列

## 虞美人

*Papaver rhoeas* L.

罂粟科一至二年生草本。以全草或花、果实入药。以果实入药时，**为罂粟壳药材的混淆品。**

**种子形态**　种子肾形，稍扁，长 0.7～0.9 mm，宽 0.5～0.8 mm，厚 0.4～0.5 mm；表面深褐色、浅黄色或紫灰色，具稍隆起的网纹。种脐位于肾形凹入处，灰白色。

**采　　集**　花期 5 月，果期 6 月。待蒴果干枯、种子呈褐色时采摘，晒干，抖出种子。因蒴果成熟期不一致，成熟后种子从先端小孔逸出，故需分批采收，放干燥阴凉处保存。

**鉴别特征**　种子肾形，更小，表面具隆起网纹。

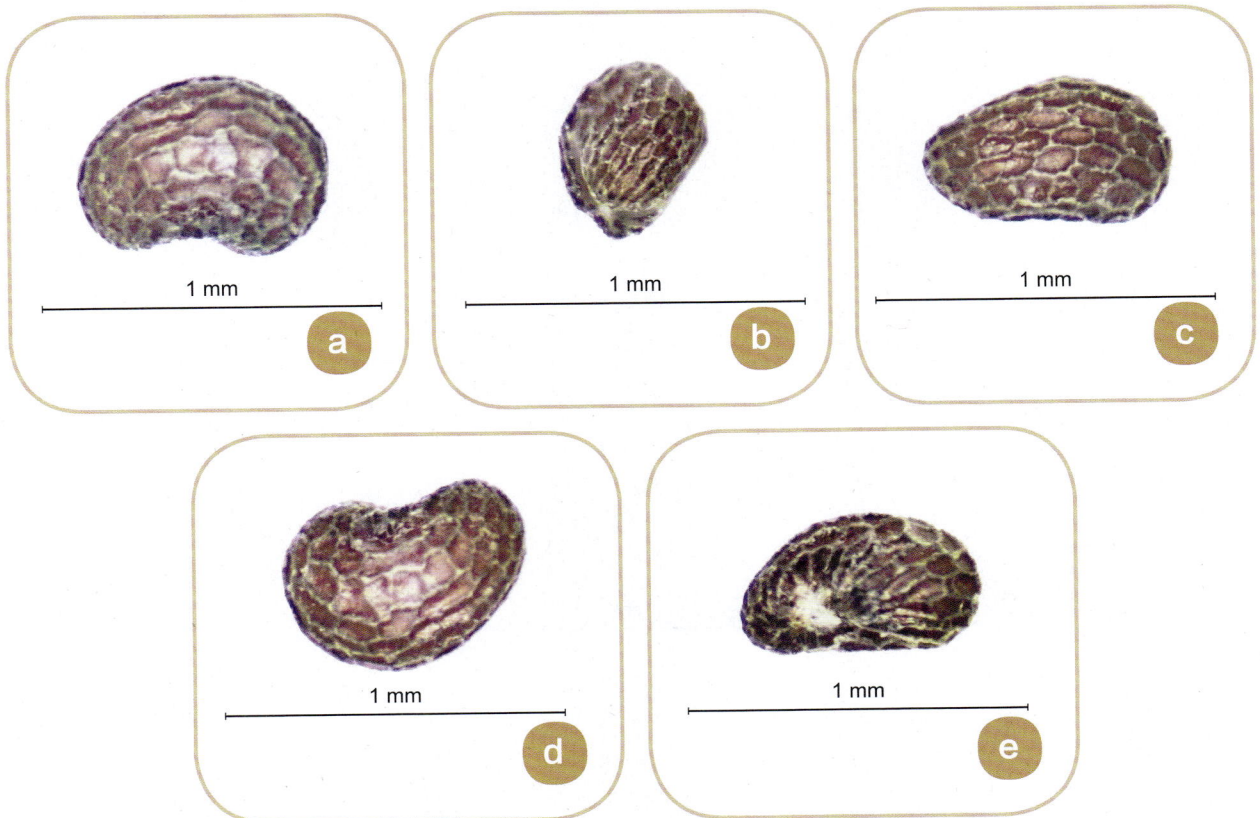

1 mm

a

1 mm

b

1 mm

c

1 mm

d

1 mm

e

**虞美人种子性状**

a. 背面；b. 侧面；c. 俯视面；d. 腹面；e. 仰视面；f. 堆叠；g. 平铺；h. 整齐排列

# 鸢尾科

| 射 干 | *Belamcanda chinensis* (L.) DC. |
|---|---|

鸢尾科多年生草本。以干燥根茎入药，药材名为射干。

**种子形态** 种子近球形，直径4.0~5.5 mm，外包黑色且有光泽的假种皮，坚硬。表面有细网纹；先端为一小圆尖状的合点，基部有一椭圆形、微突出的种脐。

**采　　集** 花期7~8月，果期8~10月。蒴果微裂且种子呈蓝黑色时分批采收。

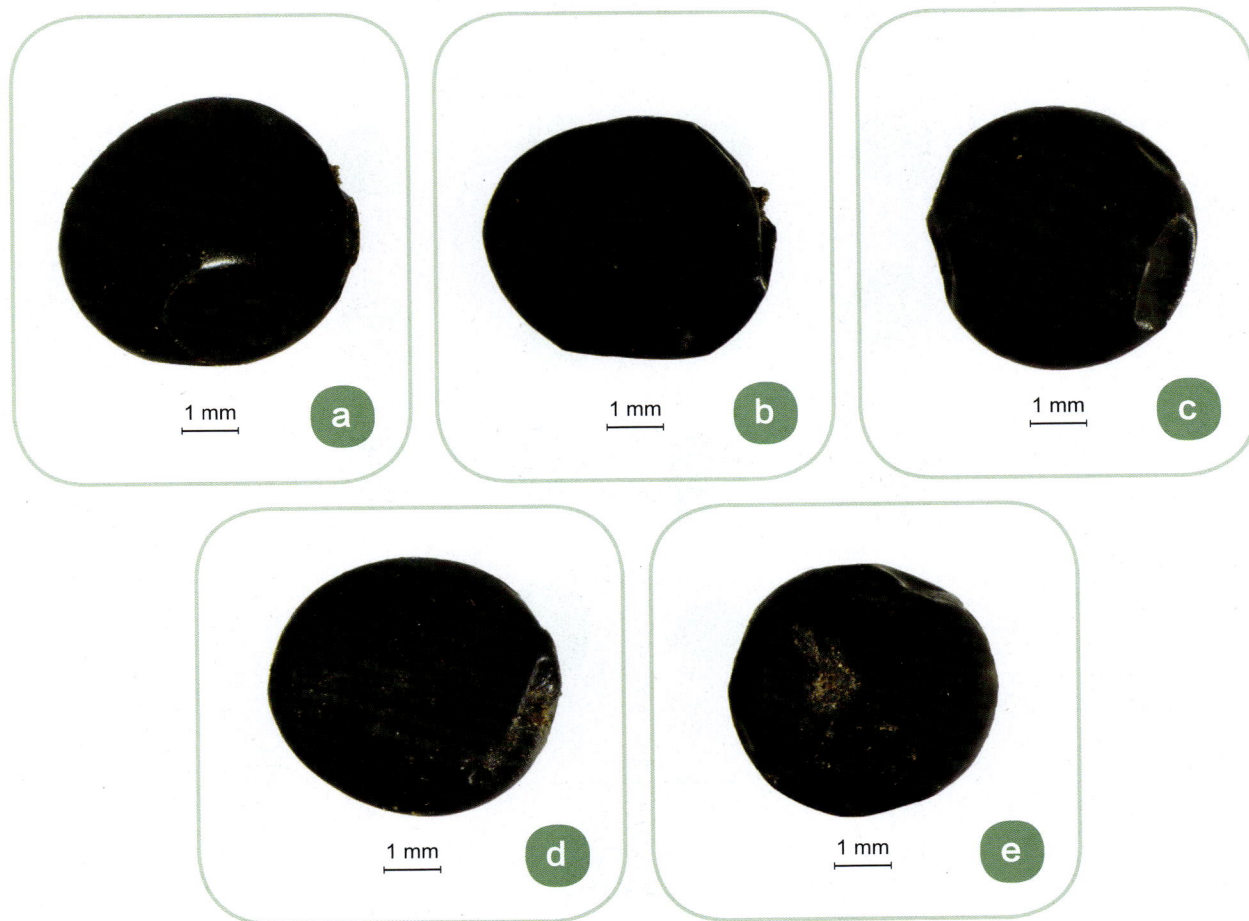

1 mm　a

1 mm　b

1 mm　c

1 mm　d

1 mm　e

**射干种子性状**

a. 背面；b. 侧面；c. 俯视面；d. 腹面；e. 仰视面；f. 堆叠；g. 平铺；h. 整齐排列

# 远志科

| 远　志 | *Polygala tenuifolia* Willd. |

远志科多年生草本。以干燥根入药，药材名为远志。

**种子形态**　种子呈长倒卵形，长 2.5~3.5 mm，直径约 2.0 mm，厚约 2.0 mm；种皮灰黑色，密被灰白色绢毛，先端具发达、下延的黄白色种阜，种阜 2 裂。

**采　　集**　花期 5~8 月，果熟期 6 月中旬至 7 月初。蒴果成熟时开裂，种子散落于地面，蚂蚁喜搬运种子，故应在果实七八分熟时采收种子，晾干，筛选，除去杂质。

**鉴别特征**　种子小，密被灰白色绢毛，具发达、下延的黄白色种阜，种阜 2 裂。

1 cm

f

1 cm

g

1 cm

h

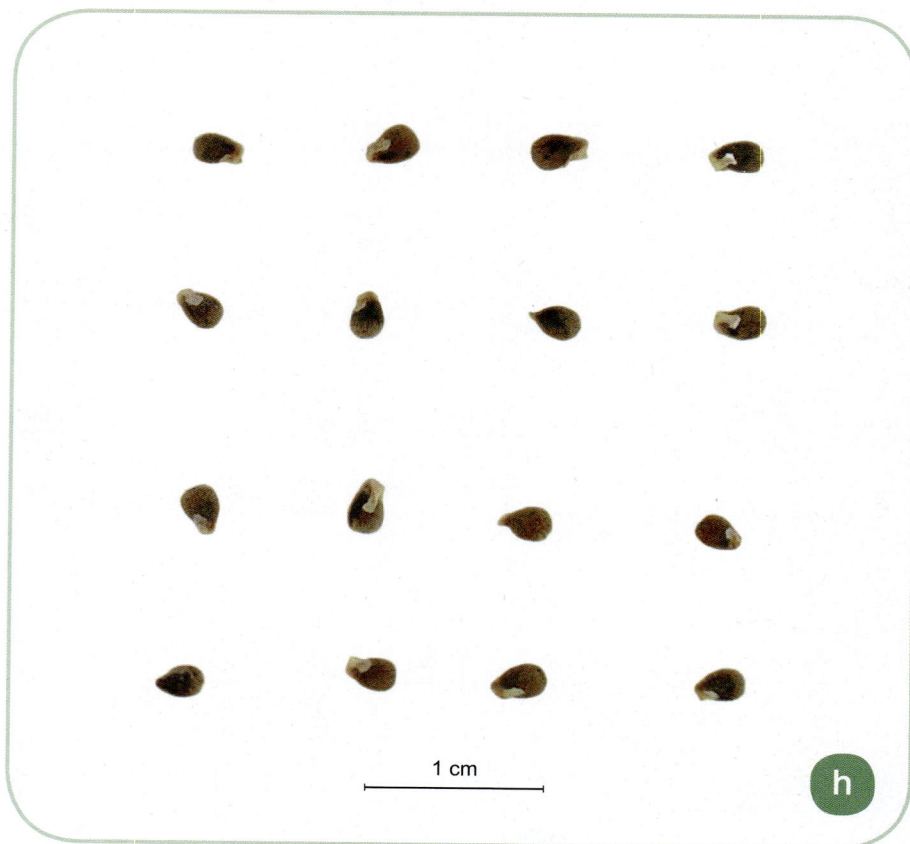

**远志种子性状**

a. 背面；b. 侧面；c. 俯视面；d. 腹面；e. 仰视面；f. 堆叠；g. 平铺；h. 整齐排列

# 芸香科

## 枸　橼　　　　　　　　　　　　　　　　　　*Citrus medica* L.

芸香科灌木或小乔木。以干燥成熟果实入药，药材名为香橼。

**种子形态**　种子呈四面体状卵形，长 6.0~8.0 mm，直径 4.0~5.0 mm。表面黑褐色，夹杂不规则条纹。

**采　集**　花期 4~5 月，果期 10~11 月。秋季果实成熟时采收，晒干或低温干燥。

**鉴别特征**　种子中等大小，表面黑褐色。

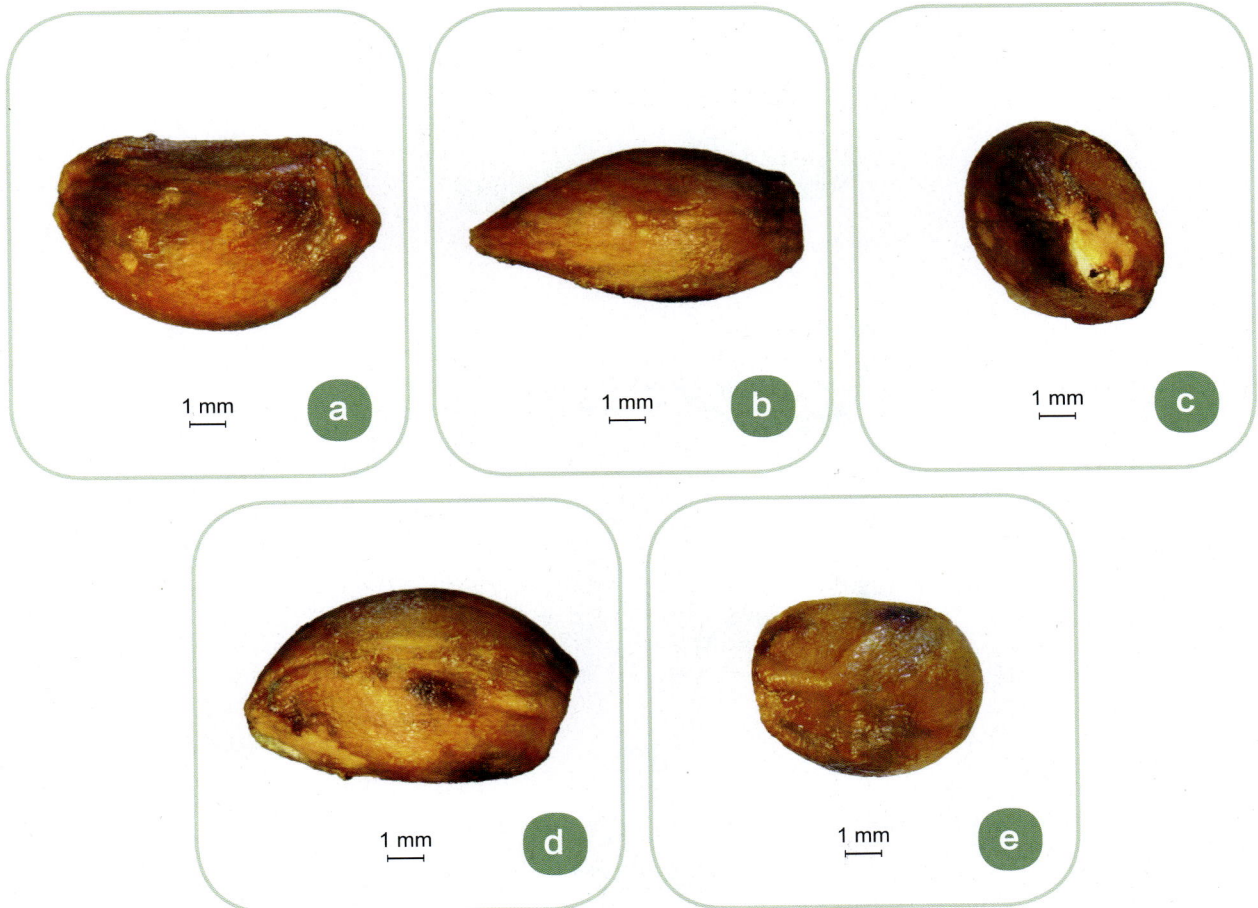

1 mm　a

1 mm　b

1 mm　c

1 mm　d

1 mm　e

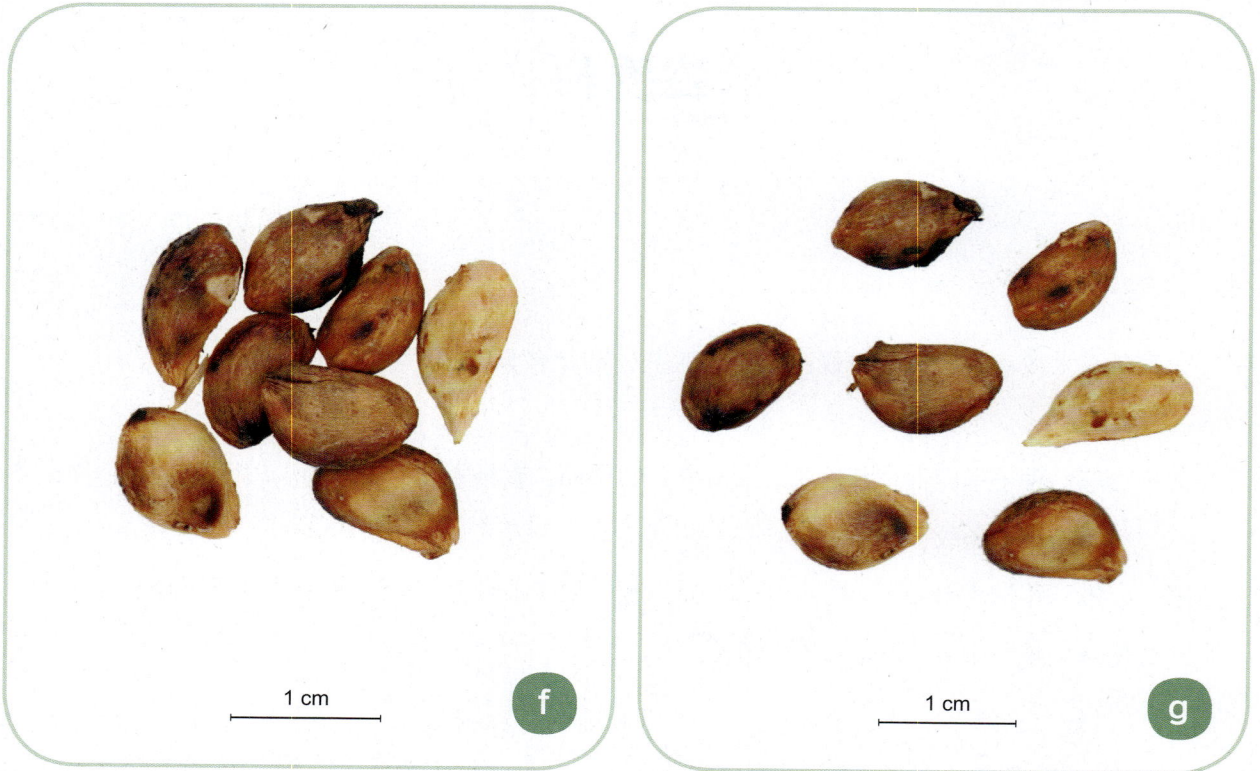

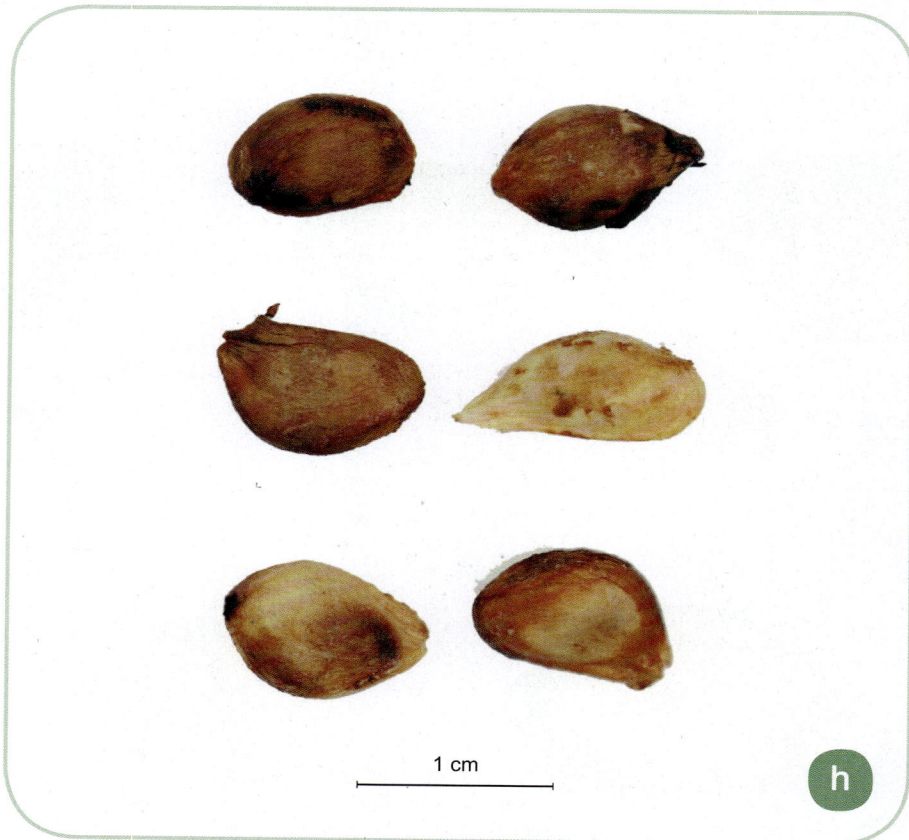

1 cm

f

1 cm

g

1 cm

h

**枸橼种子性状**

a. 背面；b. 侧面；c. 俯视面；d. 腹面；e. 仰视面；f. 堆叠；g. 平铺；h. 整齐排列

# 香 圆

*Citrus wilsonii* Tanaka

芸香科灌木或小乔木。以干燥成熟果实入药，药材名为香橼。

**种子形态** 种子呈卵形，直径 5.0~7.0 mm，长 8.0~13.0 mm。表面黄白色，光滑。先端有 1 钩状突起，顶部平截。

**采　　集** 秋季果实成熟时采收，取出种子，晒干或低温干燥。

**鉴别特征** 种子中等大小，表面黄白色。

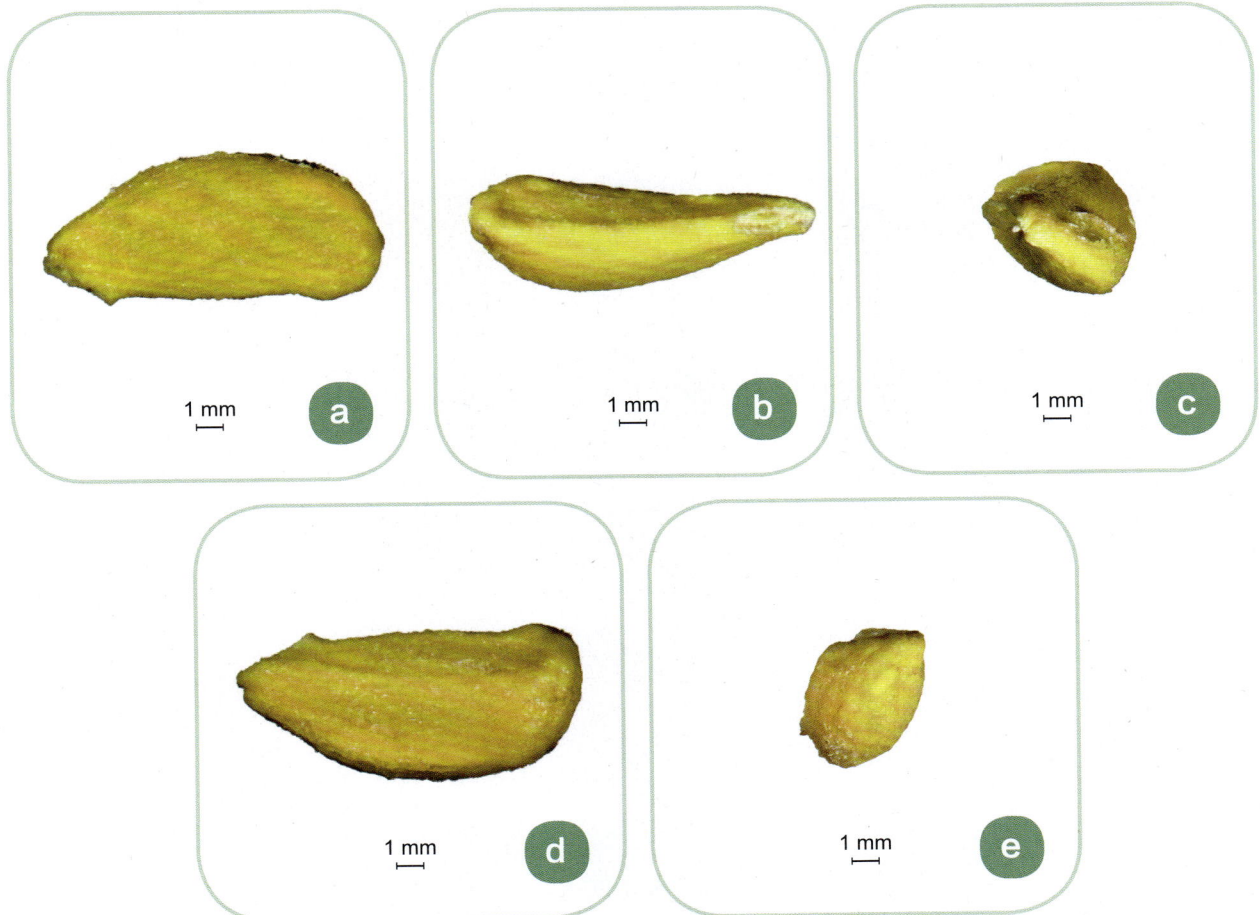

1 cm

f

1 cm

g

1 cm

h

**香圆种子性状**

a.背面；b.侧面；c.俯视面；d.腹面；e.仰视面；f.堆叠；g.平铺；h.整齐排列

# 花 椒

*Zanthoxylum bungeanum* Maxim.

芸香科落叶小乔木。以干燥成熟果皮入药，药材名为花椒。

**种子形态**　种子呈卵形或类球形，长 3.0 ~ 4.0 mm，直径 2.0 ~ 3.0 mm。表面黑色，略有光泽，脐部有一棕色的椭圆形突起。

**采　　集**　花期 3 ~ 5 月，果熟期 8 ~ 10 月。当果实呈红色时开始采摘，稍晾干，揉搓或轻打，使果壳与种子分离，过筛，湿沙贮藏。

**鉴别特征**　种子小，表面黑色，略有光泽。

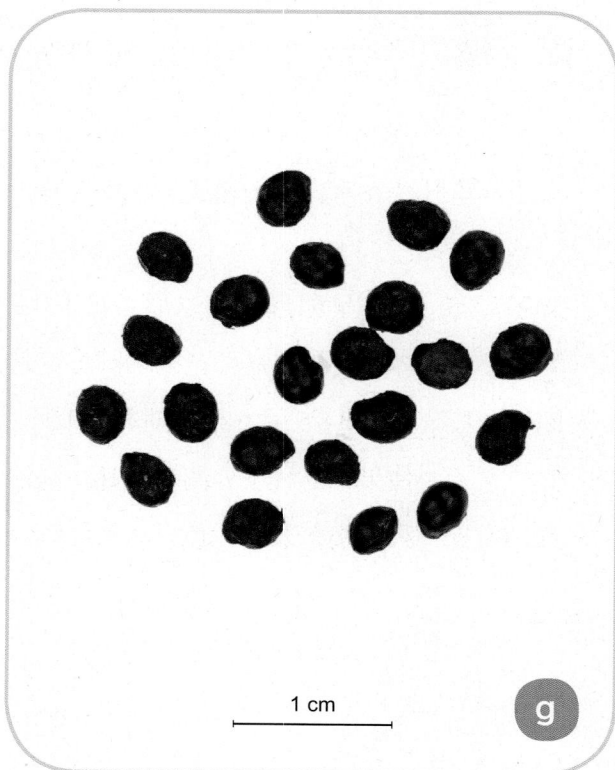

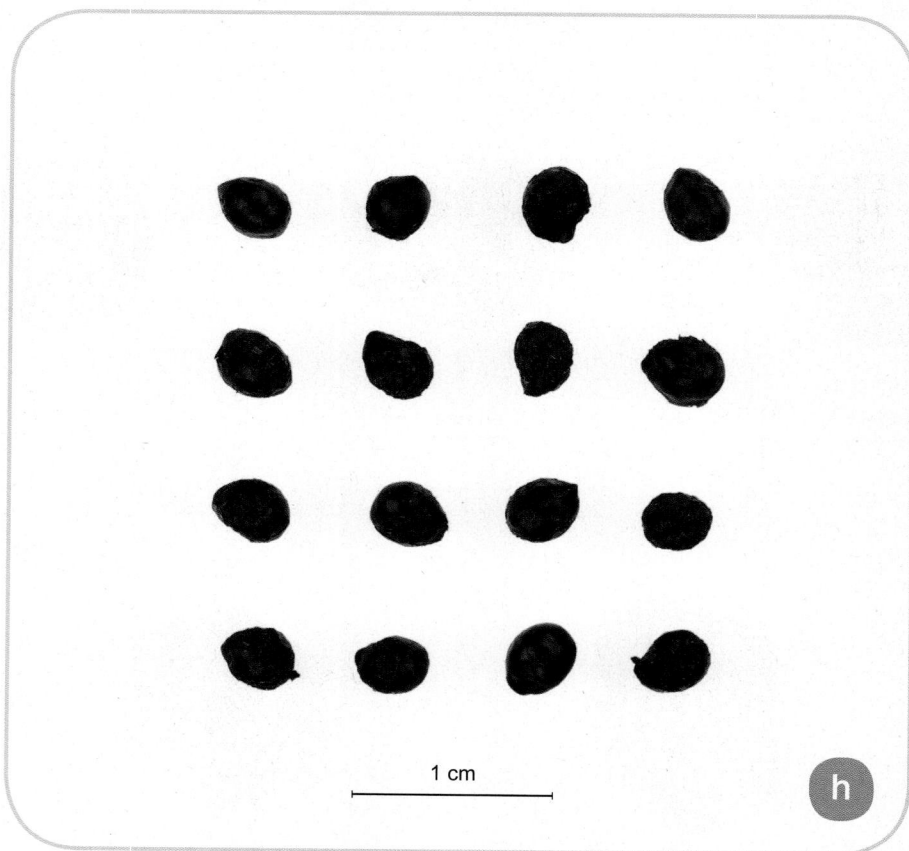

**花椒种子性状**
a. 背面；b. 侧面；c. 俯视面；d. 腹面；e. 仰视面；f. 堆叠；g. 平铺；h. 整齐排列

# 野花椒

*Zanthoxylum simulans* Hance

芸香科落叶灌木或小乔木。以果实入药，**为花椒药材的易混淆品。**

**种子形态**　种子呈卵形或类球形，长 2.8～3.0 mm，直径 2.0～2.2 mm。表面黑色，略有光泽，脐部有一棕色的椭圆形突起。

**采　　集**　花期3～5月，果期7～9月。秋季采收成熟果实，晒干，除去种子和杂质。

**鉴别特征**　种子比花椒种子小。

a　1 mm

b　1 mm

c　1 mm

d　1 mm

e　1 mm

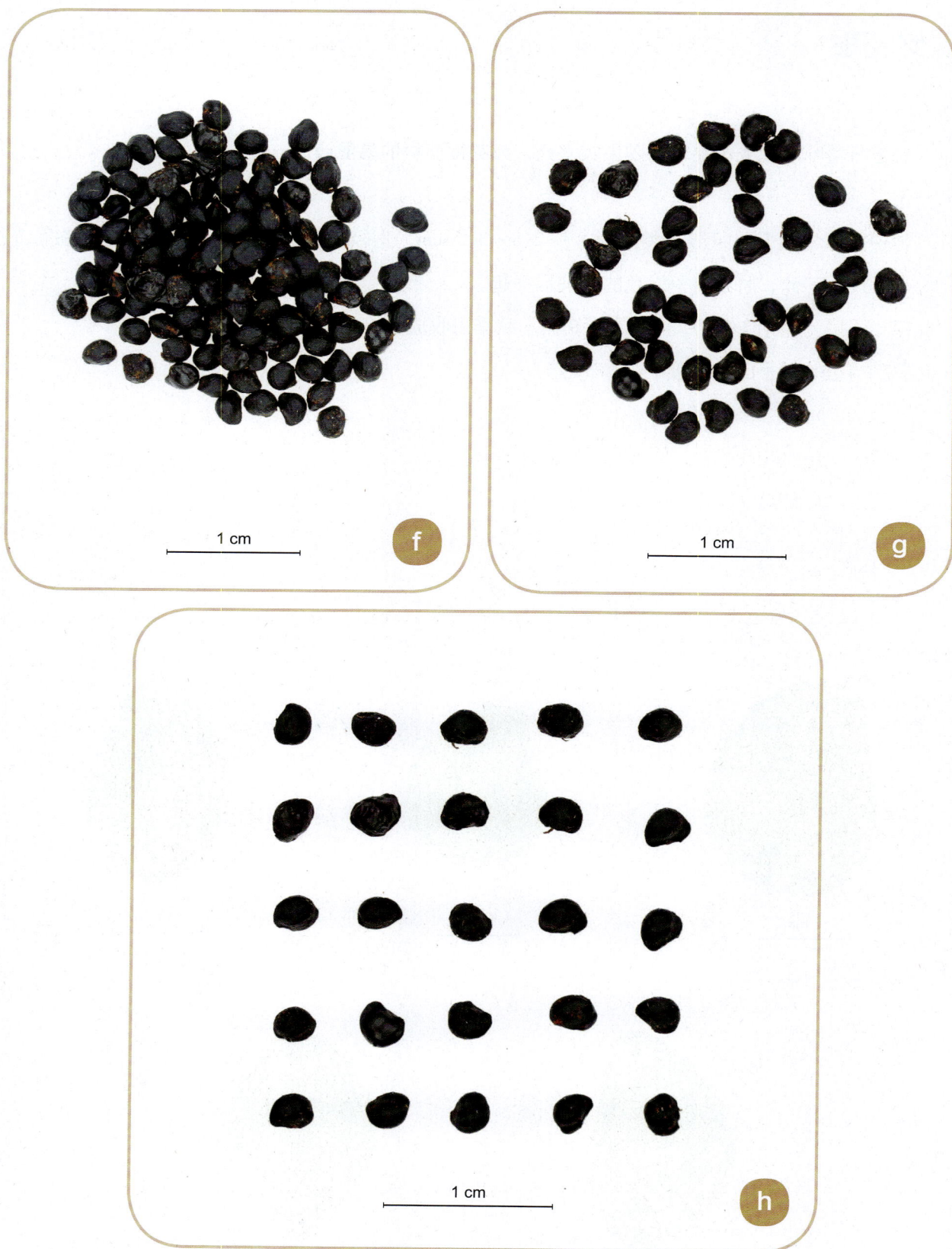

1 cm

f

1 cm

g

1 cm

h

**野花椒种子性状**

a. 背面；b. 侧面；c. 俯视面；d. 腹面；e. 仰视面；f. 堆叠；g. 平铺；h. 整齐排列

## 化州柚 *Citrus grandis* 'Tomentosa'

芸香科乔木。以未成熟或近成熟的干燥外层果皮入药，药材名为化橘红，习称"毛橘红"。

**种子形态** 种子形状不规则，通常近长方形，扁平，长 11.0 ~ 24.0 mm，宽 8.0 ~ 11.0 mm，厚 3.0 ~ 3.5 mm，米黄色。上部呈乱刺状凸起，下部饱满，有明显的纵肋棱。有的种子发育不全。

**采　集** 花期 4 ~ 5 月，果期 9 ~ 12 月。夏季果实未成熟时采收，除去果瓤和果皮，取出种子，干燥。

**鉴别特征** 种子上部呈乱刺状凸起。

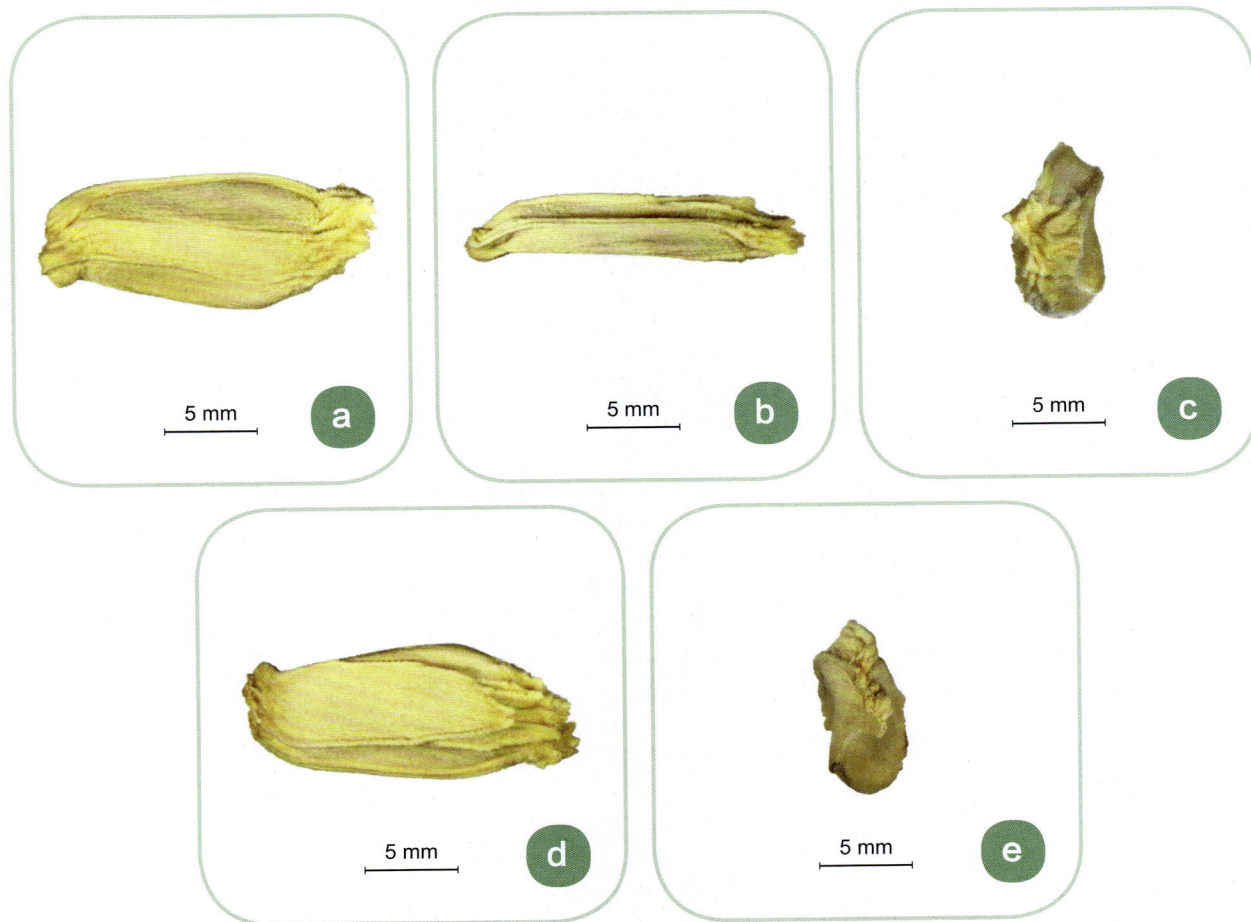

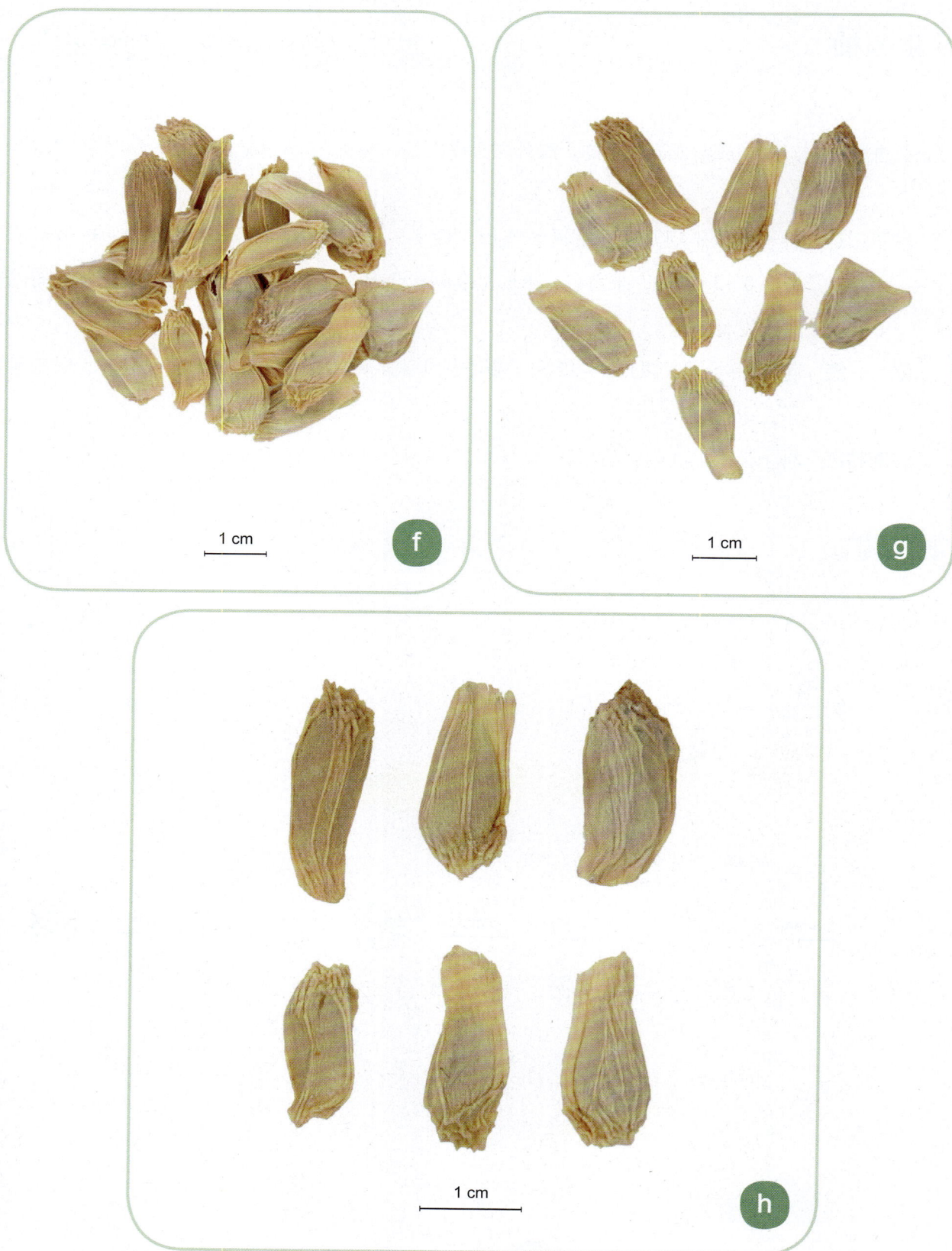

**化州柚种子性状**

a. 背面；b. 侧面；c. 俯视面；d. 腹面；e. 仰视面；f. 堆叠；g. 平铺；h. 整齐排列

# 柚

**Citrus grandis（L.）Osbeck**

芸香科乔木。以未成熟或近成熟的干燥外层果皮入药，药材名为化橘红，习称"光七爪""光五爪"。

**种子形态** 种子形状不规则，通常近长方形，扁平，长 11.0 ~ 15.8 mm，宽 7.0 ~ 10.0 mm，厚 3.0 ~ 3.5 mm，黄色。上部质薄且常平截，下部饱满，有明显的纵肋棱。有的种子发育不全。

**采　　集** 花期 4 ~ 5 月，果期 9 ~ 12 月。夏季果实未成熟时采收，除去果瓤和果皮，取出种子，干燥。

**鉴别特征** 种子比化州柚种子小，上部质薄且常平截。

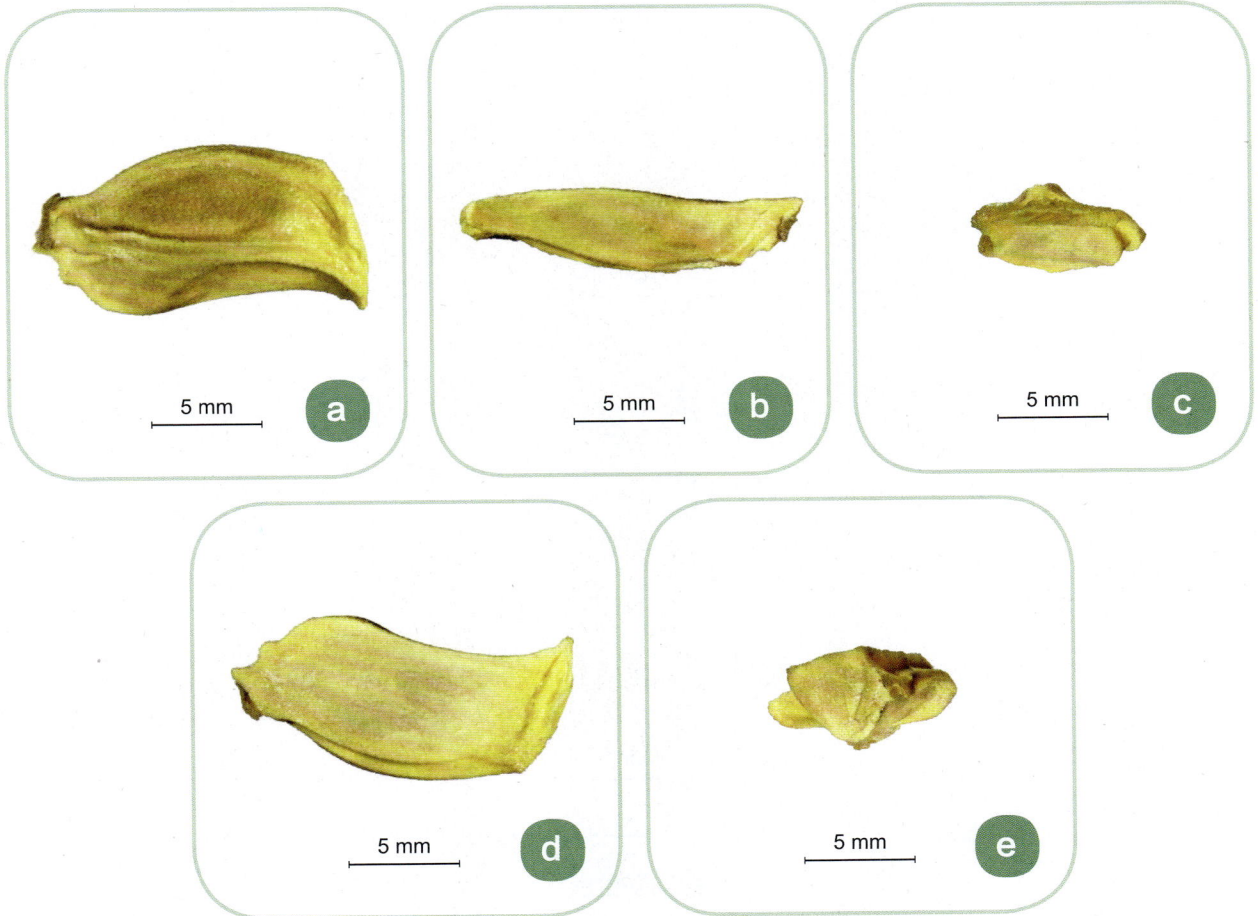

a　5 mm

b　5 mm

c　5 mm

d　5 mm

e　5 mm

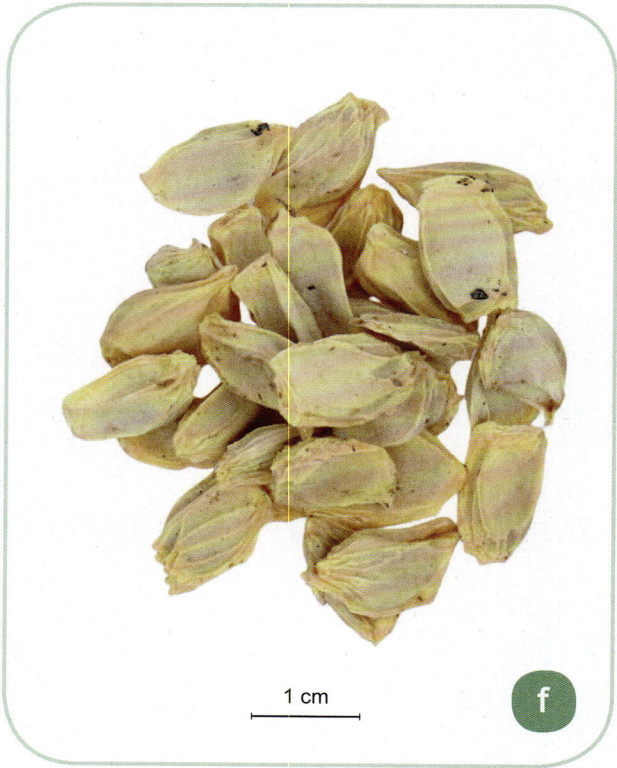

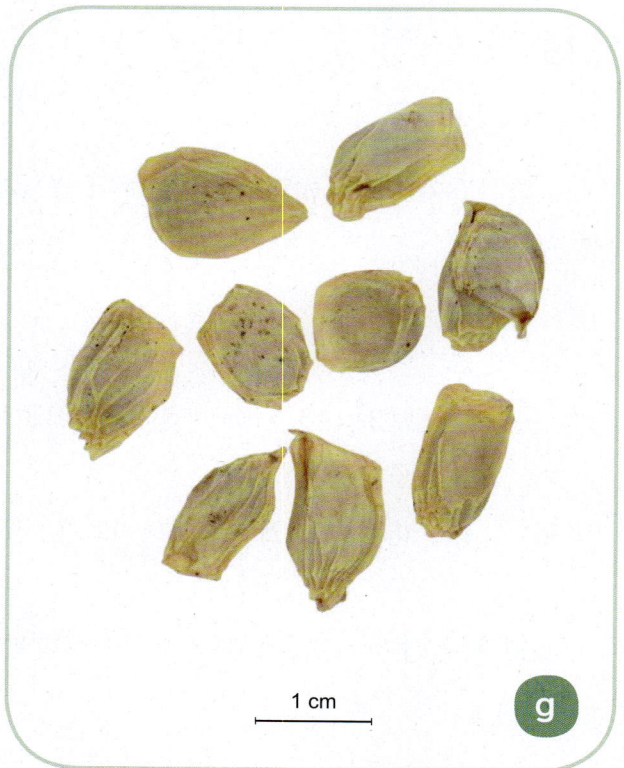

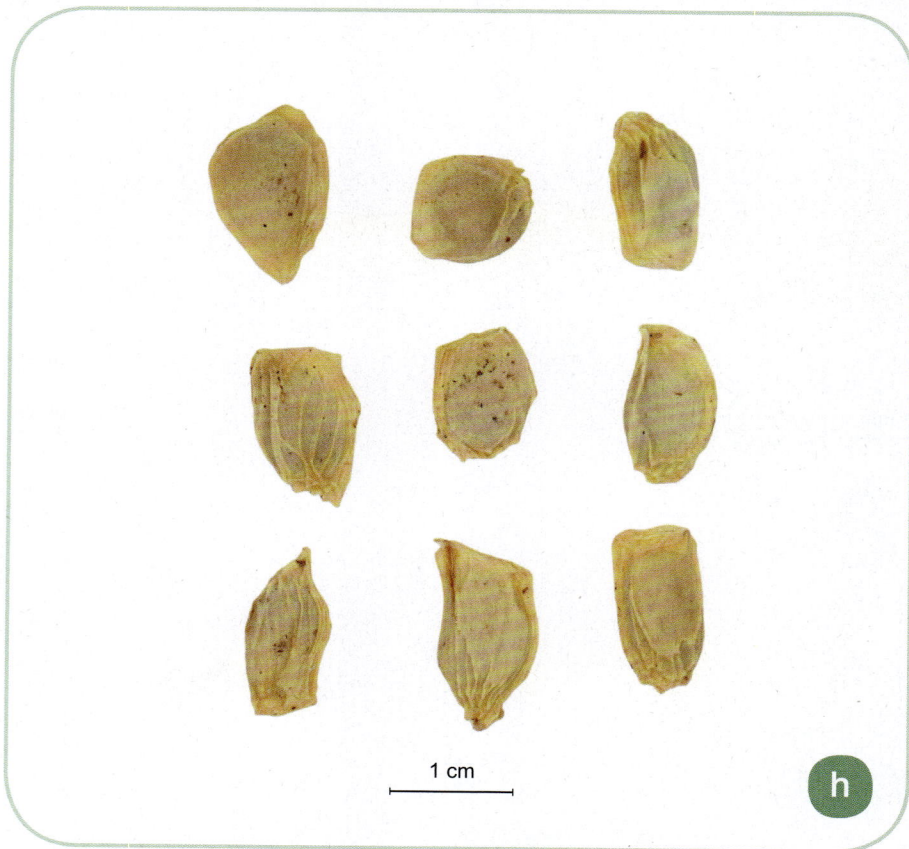

1 cm

f

1 cm

g

1 cm

h

**柚种子性状**

a. 背面；b. 侧面；c. 俯视面；d. 腹面；e. 仰视面；f. 堆叠；g. 平铺；h. 整齐排列

## 黄皮树 *Phellodendron chinense* Schneid.

芸香科小乔木。以干燥树皮入药，药材名为黄柏，习称"川黄柏"。

**种子形态** 种子呈肾形，较扁，长 4.8～6.0 mm，宽 3.0～3.3 mm，厚 2.1～2.2 mm，前端具 1 小喙；种脐长形；外种皮灰褐色，表面有条纹，侧面中缝内凹。

**采　　集** 花期 5～6 月，果熟期 8～10 月。采收后将果实浸入水中 3～5 天，当果肉软化后揉烂，洗去果皮及果肉，将沉底的种子捞出，晾干。

**黄皮树种子性状**

a.背面；b.侧面；c.俯视面；d.腹面；e.仰视面；f.堆叠；g.平铺；h.整齐排列

## 木蝴蝶 *Oroxylum indicum* (L.) Vent.

紫葳科直立小乔木。以种子、树皮入药，**为黄柏药材的易混淆品。**

**种子形态**　种子呈卵圆形，薄而扁平，有白色、透明的膜质翅，种子连翅长 6.0 ~ 7.5 cm，宽 3.4 ~ 4.7 cm，厚 0.6 ~ 0.8 cm。除基部外全部被膜质的翅所包围，表面隐约可见心形子叶和胚根。周翅薄如纸，故有"千张纸"之称。

**采　集**　花期夏、秋季，果期秋季。当蒴果由青绿色变棕褐色且果瓣为木质时采收，晒干，剥出种子，放于干燥阴凉处贮藏。

**鉴别特征**　本种种子与黄柏种子的区别为本种种子有白色、透明的膜质翅。

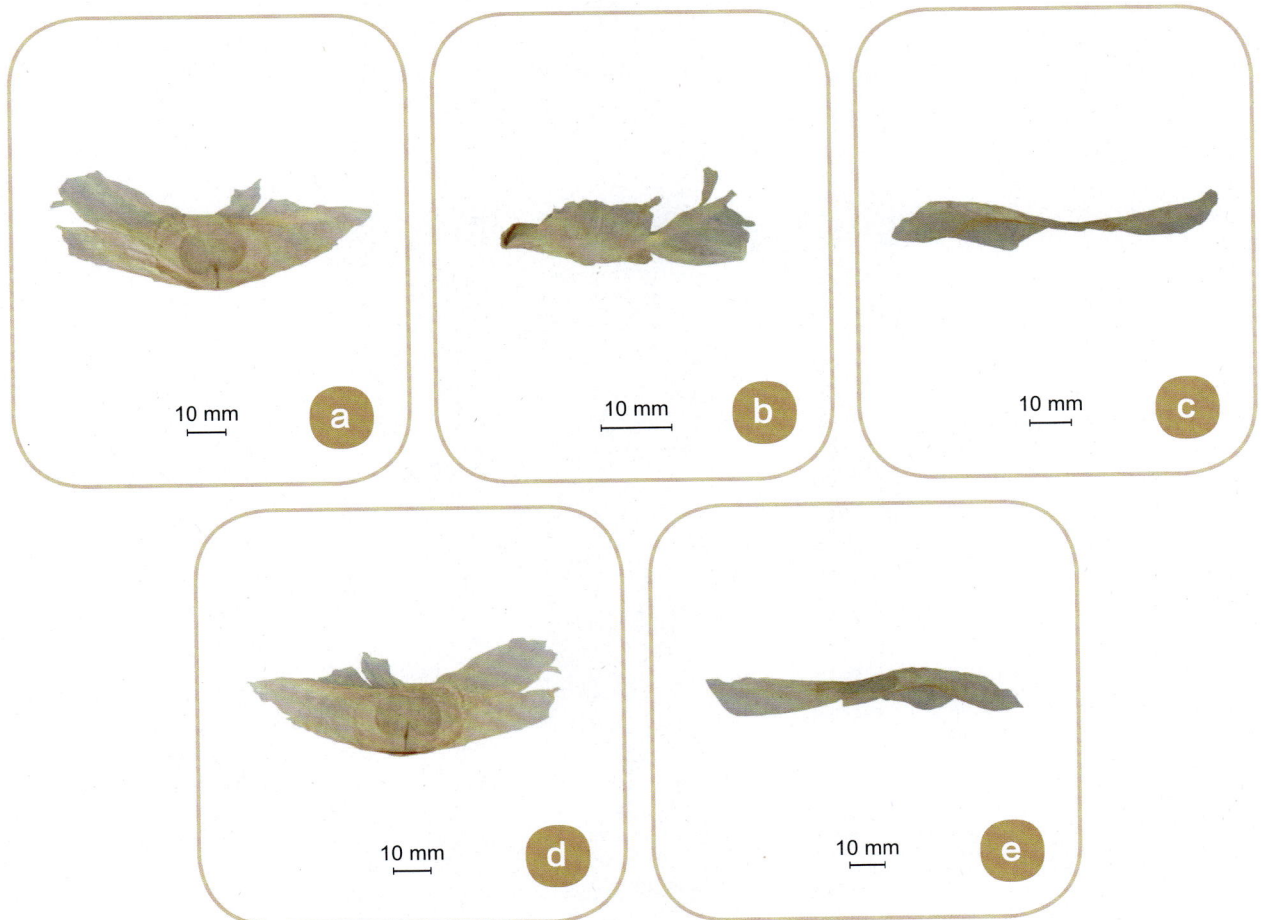

a

b

c

d

e

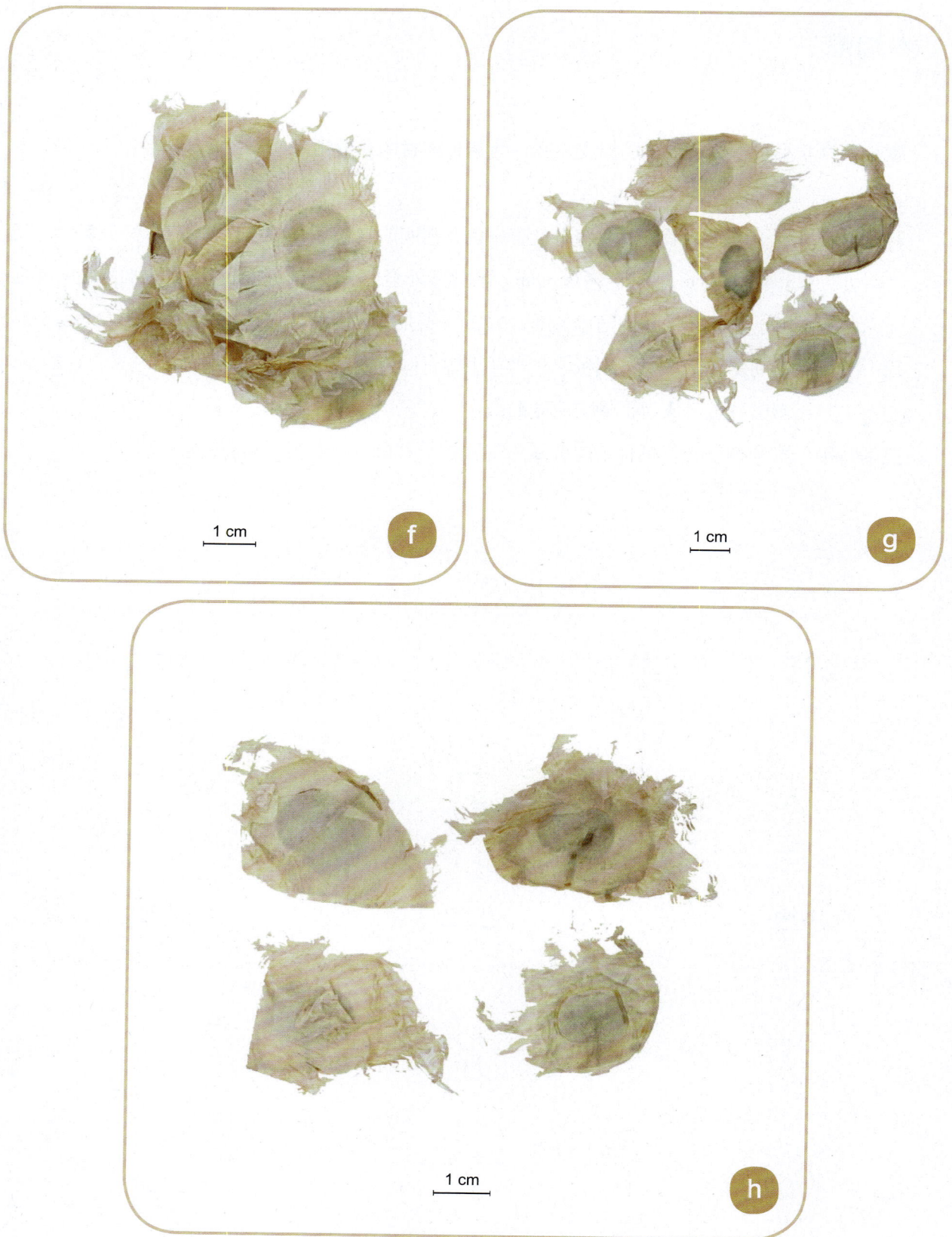

1 cm   f

1 cm   g

1 cm   h

**木蝴蝶种子性状**

a. 背面；b. 侧面；c. 俯视面；d. 腹面；e. 仰视面；f. 堆叠；g. 平铺；h. 整齐排列

# 橘

*Citrus reticulata* Blanco

芸香科小乔木。以干燥成熟果皮入药，药材名为陈皮。以干燥幼果或未成熟果实的果皮入药，药材名为青皮；5~6 月收集自落的幼果，晒干，习称"个青皮"；7~8 月采收未成熟的果实，在果皮上纵剖成 4 瓣，除尽瓤瓣，晒干，习称"四花青皮"。以干燥外层果皮入药，药材名为橘红。以干燥成熟种子入药，药材名为橘核。

**种子形态**　橘种子多样，在此列举其中 3 种。

①种子呈长卵形，略扁，长 9.0~12.0 mm，宽 5.0~6.0 mm，厚 3.6~3.8 mm。表面灰白色，粗糙，无光泽。一端渐尖成长柄状，占总长的 1/3，另一端钝圆，有多条棱线。

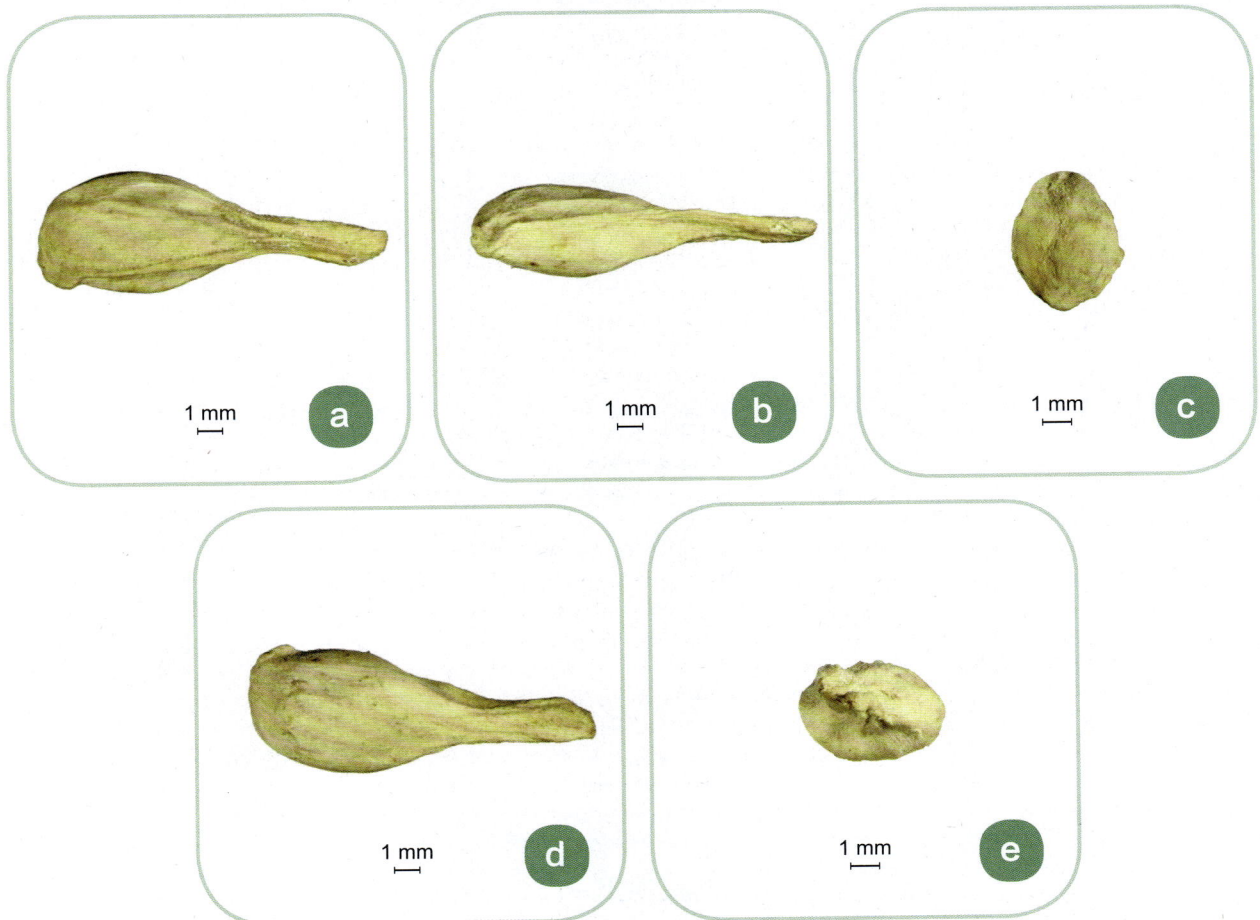

1 mm　a

1 mm　b

1 mm　c

1 mm　d

1 mm　e

**橘种子性状-1**

a. 背面；b. 侧面；c. 俯视面；d. 腹面；e. 仰视面；f. 堆叠；g. 平铺；h. 整齐排列

②种子呈卵形，略扁，长 10.0~13.0 mm，宽 7.0~8.0 mm，厚约 4.5 mm。表面橙黄色，似麸糠状；侧面有明显棱线。一端较尖，一端钝圆。

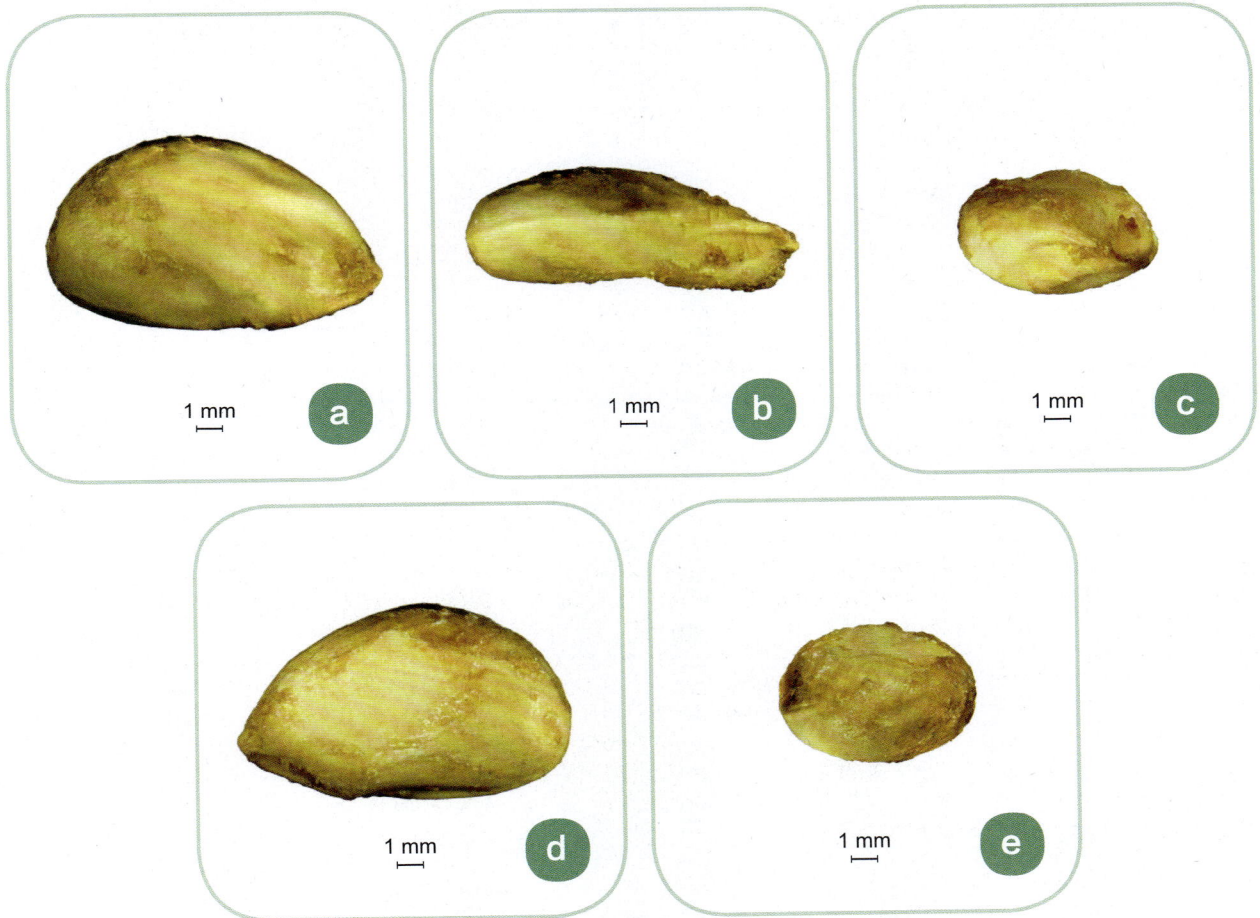

a    1 mm

b    1 mm

c    1 mm

d    1 mm

e    1 mm

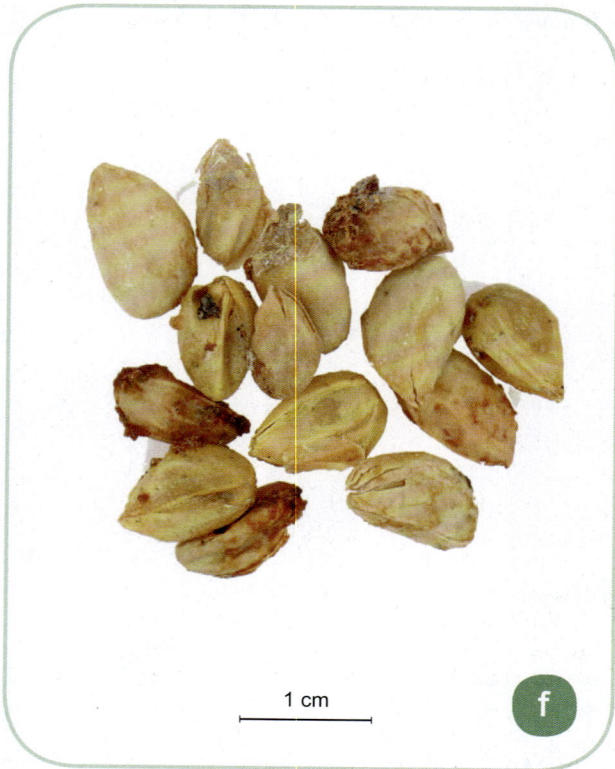

1 cm    f

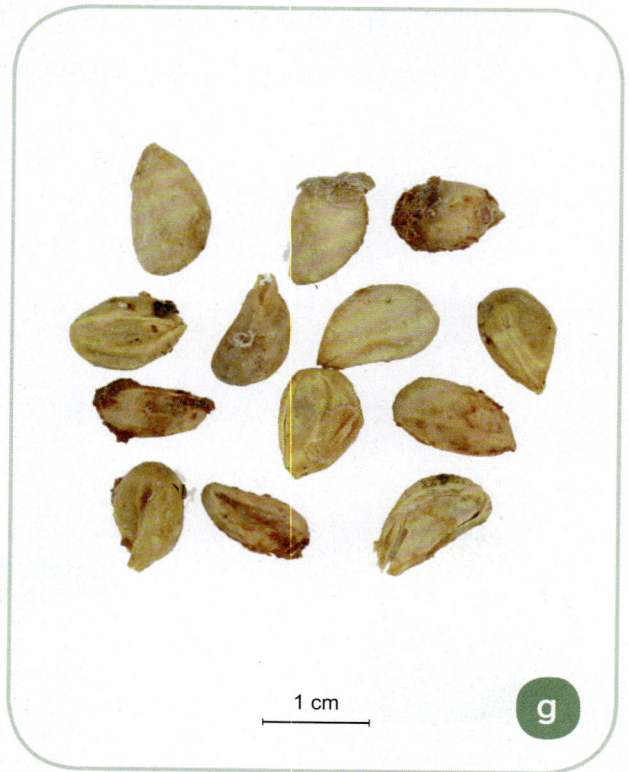

1 cm    g

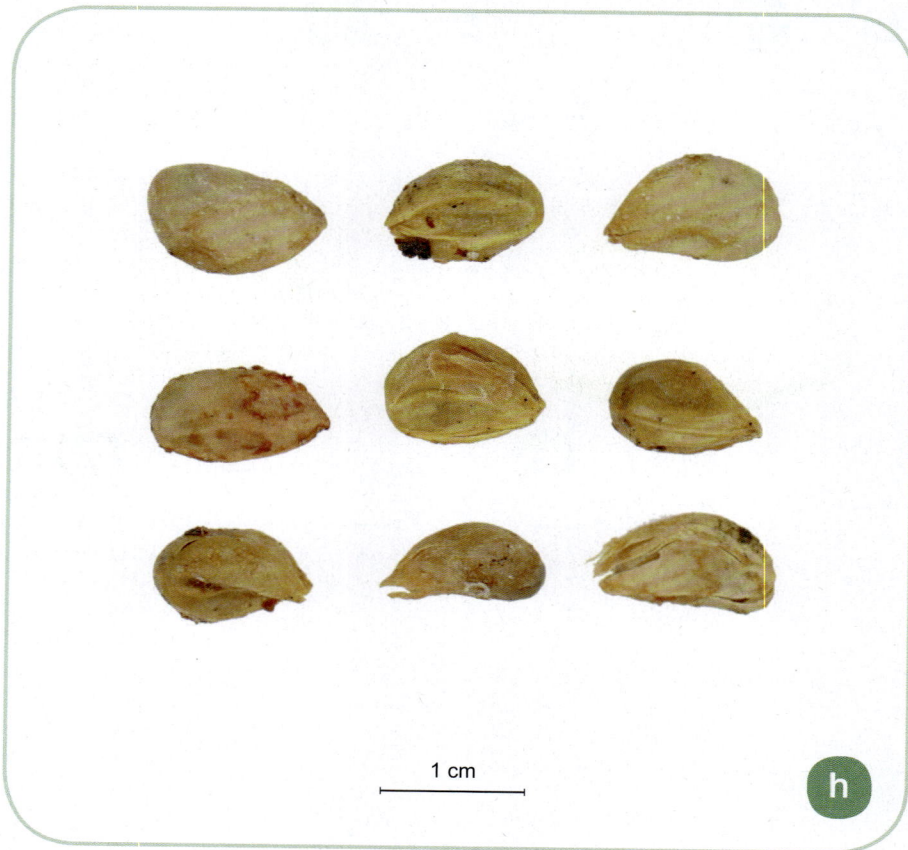

1 cm    h

**橘种子性状-2**

a. 背面；b. 侧面；c. 俯视面；d. 腹面；e. 仰视面；f. 堆叠；g. 平铺；h. 整齐排列

③种子略呈卵形，长 11.0～15.5 mm，宽 6.0～7.0 mm，厚约 4.7 mm。表面淡黄白色或黄色，光滑。侧面有多条棱线，一端渐尖成短柄状，占总长的 1/4 左右。

采　集　花期 4～5 月，果期 10～12 月。秋末冬初果实成熟后采收果实，洗净，剥开果肉，取出种子，洗净，晒干。

f

1 cm

g

1 cm

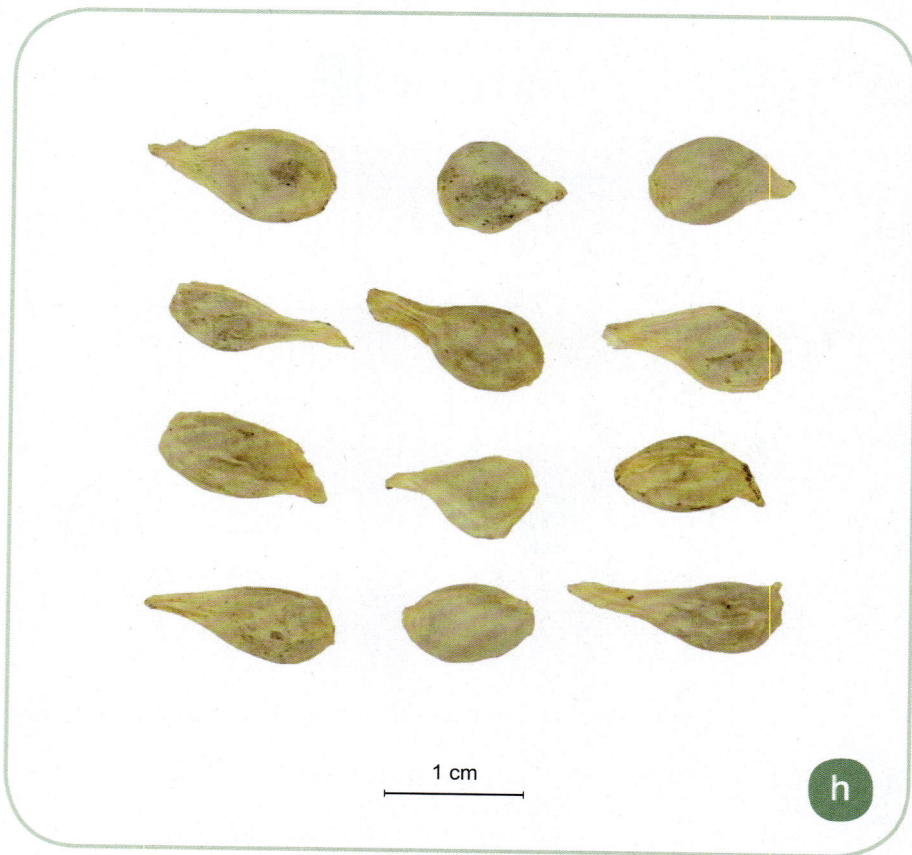

h

1 cm

**橘种子性状−3**

a. 背面；b. 侧面；c. 俯视面；d. 腹面；e. 仰视面；f. 堆叠；g. 平铺；h. 整齐排列

# 酸 橙

*Citrus aurantium* L.

芸香科小乔木。以干燥未成熟果实入药，药材名为枳壳。以干燥幼果入药，药材名为枳实。

**种子形态** 种子呈长椭圆形或卵状三角形，略扁，长 9.5~12.5 mm，宽 5.5~8.0 mm，厚约 4.0 mm。表面有纵皱纹；先端圆，基部狭尖，常有肋状棱。种脐位于基部。

**采　集** 花期 4~5 月，果熟期 11~12 月。采摘充分成熟的果实，捣破果皮，堆积腐烂后洗出种子，放于稍湿润的细沙中保存。

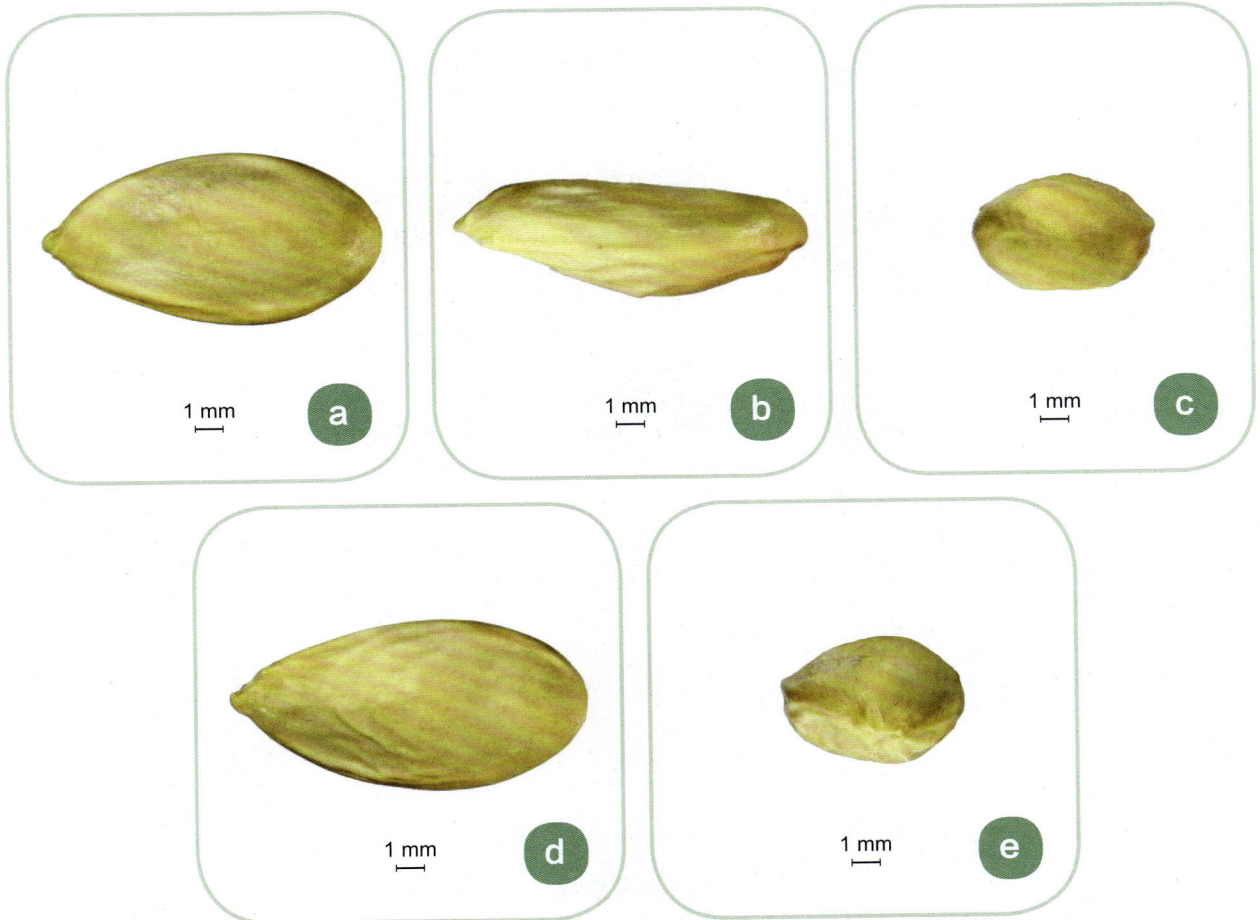

f

1 cm

g

1 cm

h

1 cm

**酸橙种子性状**

a. 背面；b. 侧面；c. 俯视面；d. 腹面；e. 仰视面；f. 堆叠；g. 平铺；h. 整齐排列

# 吴茱萸 　　　　　　　　　　　　　　*Euodia rutaecarpa*（Juss.）Benth.

芸香科落叶灌木或小乔木。以干燥近成熟果实入药，药材名为吴茱萸。

**种子形态**　种子呈卵状球形，直径2.5~3.8 mm，黑色，有黄褐色斑，略有光泽，侧面有一褐色的条形种脐。

**采　　集**　花期5~6月，果期8~9月。8~11月果实尚未开裂时剪下果枝，晒干或低温干燥，除去枝、叶、果梗及杂质。

**鉴别特征**　种子小，侧面有一褐色的条形种脐。

1 mm　a

1 mm　b

1 mm　c

1 mm　d

1 mm　e

f

1 cm

g

1 cm

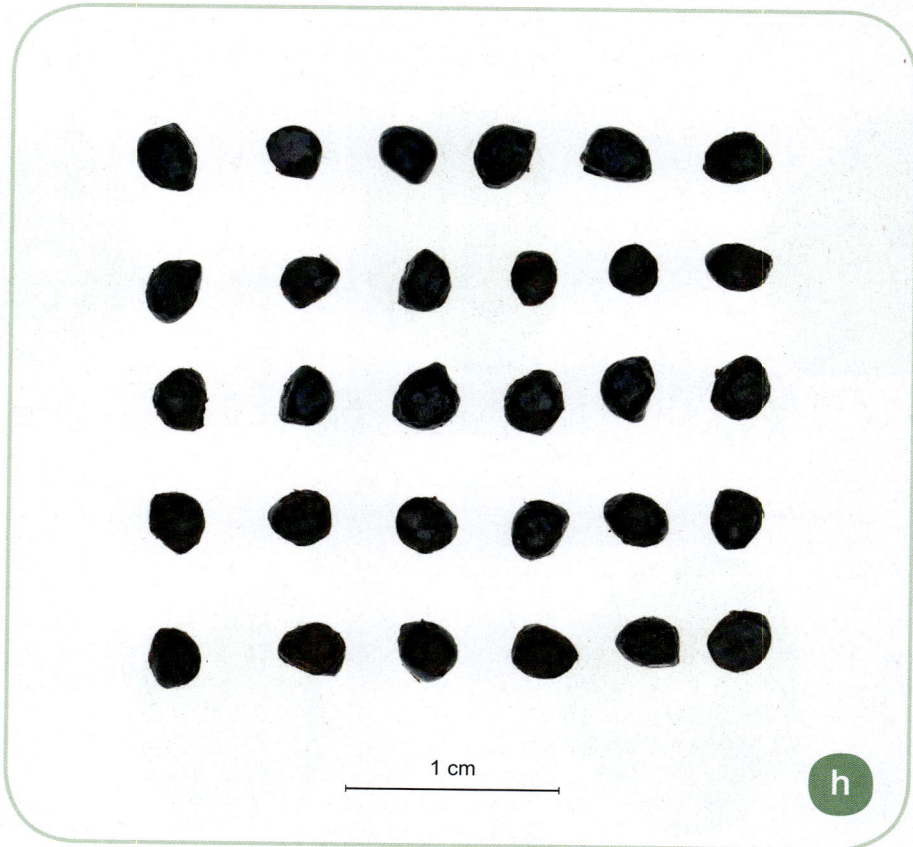

h

1 cm

**吴茱萸种子性状**

a. 背面；b. 侧面；c. 俯视面；d. 腹面；e. 仰视面；f. 堆叠；g. 平铺；h. 整齐排列

## 假茶辣

*Cipadessa baccifera* (Roth) Miq.

芸香科乔木。以果实入药，**为吴茱萸药材的易混淆品。**

**种子形态**  种子呈卵状球形，直径 3.8 ~ 4.2 mm。表面黑色，有光泽，侧面有一褐色的裂口，中央有一深色的种脐。

**采　　集**  花期 6 ~ 8 月，果期 8 ~ 10 月。采收饱满种子，及时清理，除去杂质，置于通风、干燥、阴暗、温度较低且相对恒定的地方贮藏。

**鉴别特征**  种子大于吴茱萸种子，光泽比吴茱萸种子强。

1 mm　a

1 mm　b

1 mm　c

1 mm　d

1 mm　e

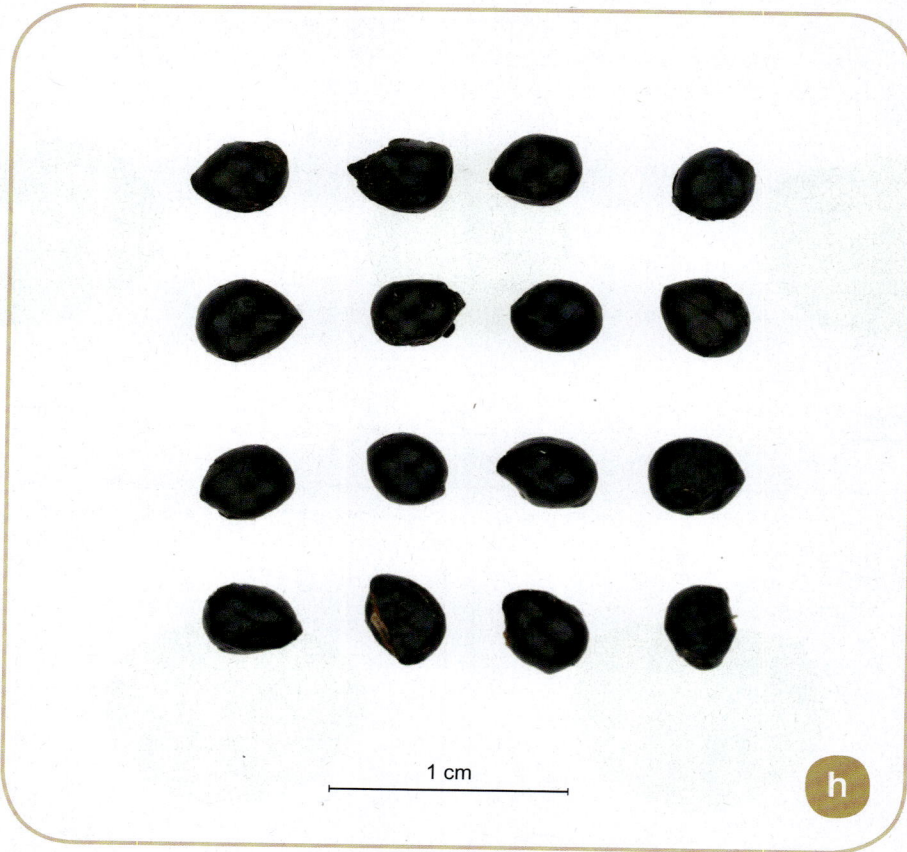

假茶辣种子性状

a. 背面；b. 侧面；c. 俯视面；d. 腹面；e. 仰视面；f. 堆叠；g. 平铺；h. 整齐排列

# 泽泻科

## 泽 泻
*Alisma Plantago-aquatica* L.

泽泻科多年生水生或沼生草本。以干燥块茎入药，药材名为泽泻。

**种子形态**　瘦果呈长方状倒卵形，较扁，背部有 1～2 浅沟，长 1.8～2.6 mm，宽 1.2～1.5 mm，厚 0.5 mm；表面灰黄色，先端钝圆，基部果脐凹陷，居中或偏斜。种子 1，呈长方状椭圆形，黑褐色或褐色；表面有纵纹，先端钝圆，两侧各有 1 纵沟，基部有残留种柄。

**采　　集**　开花期6~8月，果熟期7~9月。采摘成熟的果实，置于纸上，晒干，放于洁净的玻璃容器里，低温贮藏。

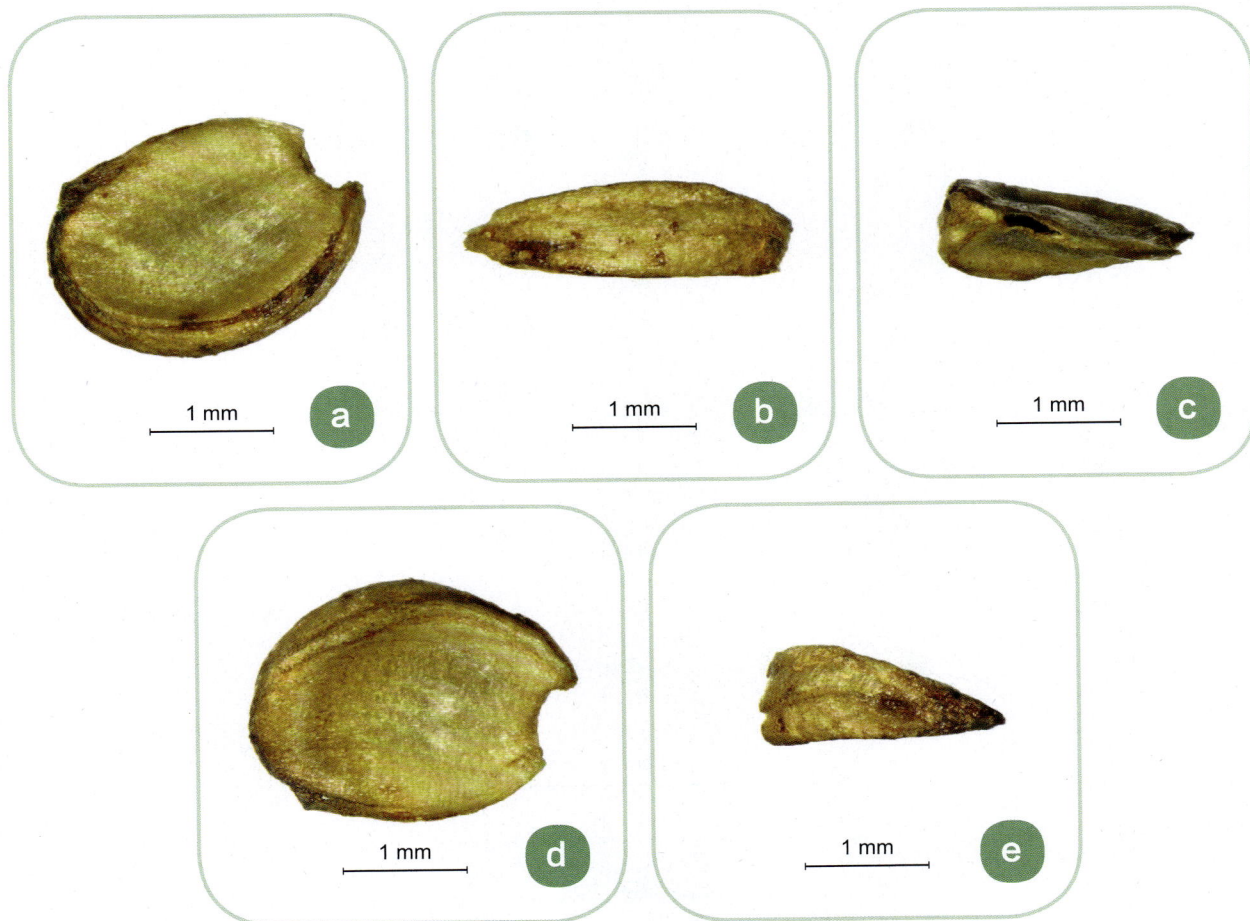

a　1 mm

b　1 mm

c　1 mm

d　1 mm

e　1 mm

**泽泻种子性状**

a. 背面；b. 侧面；c. 俯视面；d. 腹面；e. 仰视面；f. 堆叠；g. 平铺；h. 整齐排列

# 樟 科

## 肉 桂 *Cinnamomum cassia* Presl

樟科中等大乔木。以干燥树皮入药，药材名为肉桂。以干燥嫩枝入药，药材名为桂枝。

**种子形态** 种子呈卵圆形，长 9.0 ~ 11.0 mm，直径 6.5 ~ 9.0 cm。表面黄褐色，粗糙，无光泽，基部略钝；先端尖。

**采　　集** 花期 5 ~ 6 月，果实翌年 2 ~ 3 月成熟。成熟果实呈紫黑色，及时采收成熟果实，除去果皮，用清水洗净，贮藏。

**鉴别特征** 种子小，黄褐色，无纵棱。

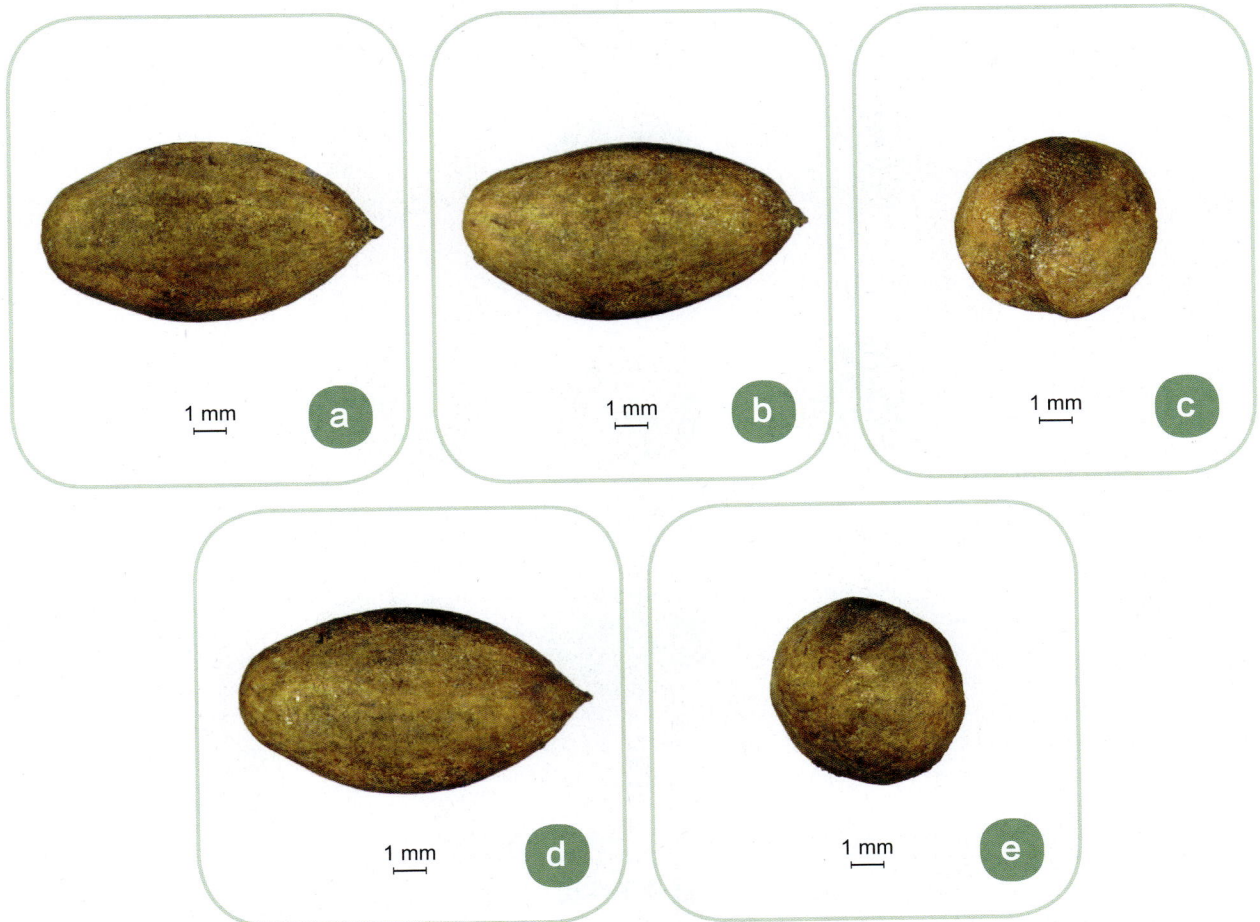

1 mm a

1 mm b

1 mm c

1 mm d

1 mm e

f

1 cm

g

1 cm

h

1 cm

**肉桂种子性状**

a. 背面；b. 侧面；c. 俯视面；d. 腹面；e. 仰视面；f. 堆叠；g. 平铺；h. 整齐排列

# 阴 香

*Cinnamomum burmanni* (Nees & T. Nees) Blume

樟科乔木。以叶、树皮入药，**为肉桂药材的易混淆品。**

**种子形态** 种子呈卵形，长 8.5~10.0 mm，直径 5.0~5.5 mm。表面黄褐色，约有 14 纵棱，基部略钝；先端尖，有一浅色的种脐。

**采　集** 花期秋、冬季，果期冬末至春季。采收饱满种子，及时清理，脱粒，除去杂质，置于通风、干燥、阴暗、温度较低且相对恒定的地方贮藏。

**鉴别特征** 种子小，约有 14 纵棱。

1 cm    f

1 cm    g

1 cm    h

**阴香种子性状**

a. 背面；b. 侧面；c. 俯视面；d. 腹面；e. 仰视面；f. 堆叠；g. 平铺；h. 整齐排列

# 乌 药

*Lindera aggregata* (Sims) Kos-term.

樟科常绿灌木或小乔木。以干燥块根入药，药材名为乌药。

**种子形态**　核果呈卵形或近球形，直径 4.0 ~ 5.5 mm。表面棕褐色，光滑；先端有一褐色的种脐。

**采　　集**　花期 3 ~ 4 月，果期 5 ~ 11 月。10 月采收，除去杂质，晒干。

**鉴别特征**　果实小，近球形，光滑。

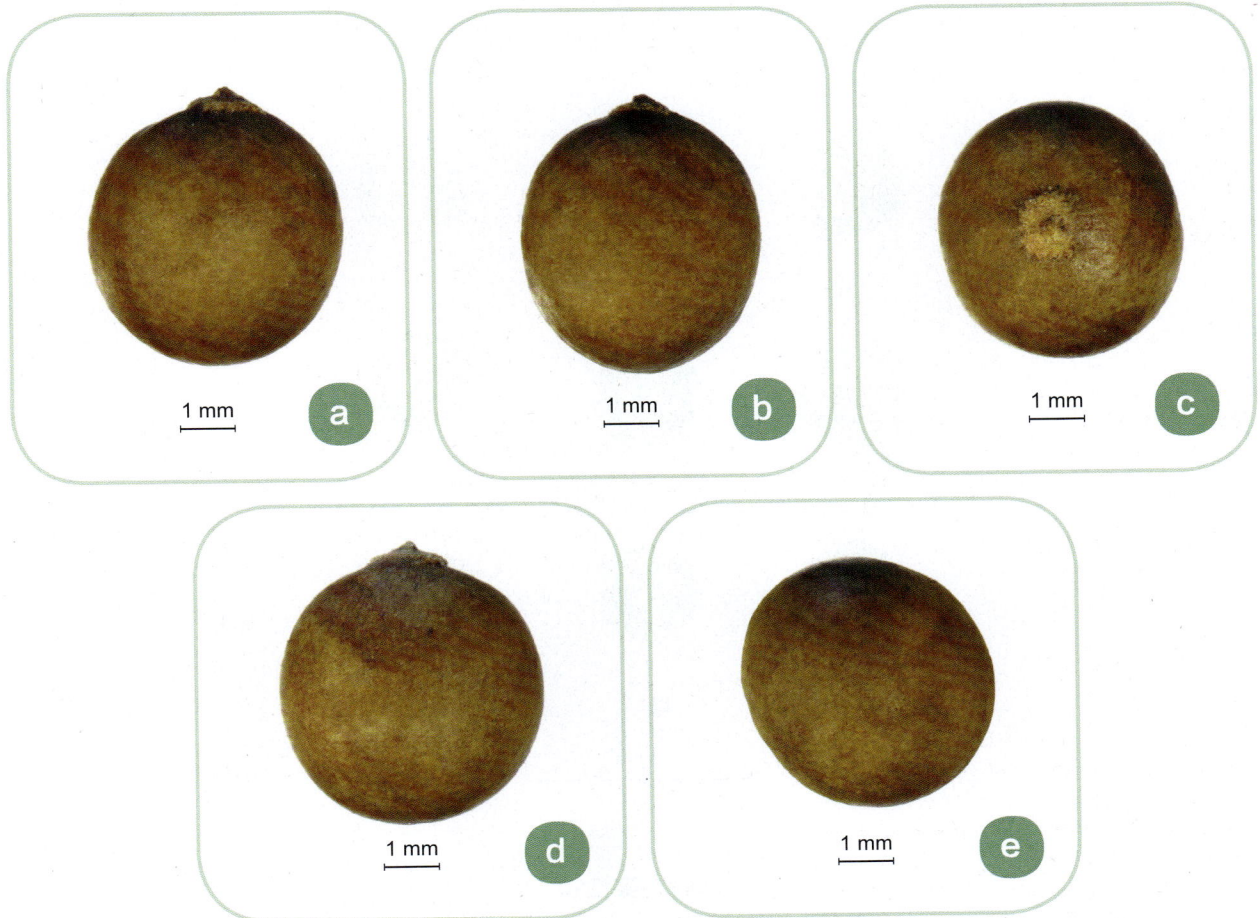

1 cm

f

1 cm

g

1 cm

h

**乌药果实性状**

a. 背面；b. 侧面；c. 俯视面；d. 腹面；e. 仰视面；f. 堆叠；g. 平铺；h. 整齐排列

## 荆三棱　　*Bolboschoenus yagara* (Ohwi) Y. C. Yang & M. Zhan

莎草科草木。以根入药，**为乌药药材的易混淆品。**

**种子形态**　瘦果呈三角状倒卵形，长约 1.5 mm，直径约 0.3 mm。表面褐色，背部两面略凹陷，先端有一污白色的种阜。

**采　　集**　花期 5~7 月。采收饱满种子，及时清理，除去杂质，置于通风、干燥、阴暗、温度较低且相对恒定的地方贮藏。

**鉴别特征**　果实小，远小于乌药果实，呈三角状倒卵形。

0.5 mm　a

0.5 mm　b

0.5 mm　c

0.5 mm　d

0.5 mm　e

**荆三棱果实性状**

a. 背面；b. 侧面；c. 俯视面；d. 腹面；e. 仰视面；f. 堆叠；g. 平铺；h. 整齐排列

# 樟

樟科常绿大乔木。以新鲜枝、叶的提取加工品入药，药材名为天然冰片（右旋龙脑）。

**种子形态**　果实呈卵球形或近球形，直径5.5~7.0 mm，浅褐色至黑褐色。表面粗糙，具深色的细小凸起色斑，从基部种脐至先端环绕一隆起的纵向沟纹。

**采　　集**　花期4~5月，果期8~11月。采收饱满种子，及时清理，除去杂质，置于通风、干燥、阴暗、温度较低且相对恒定的地方贮藏。

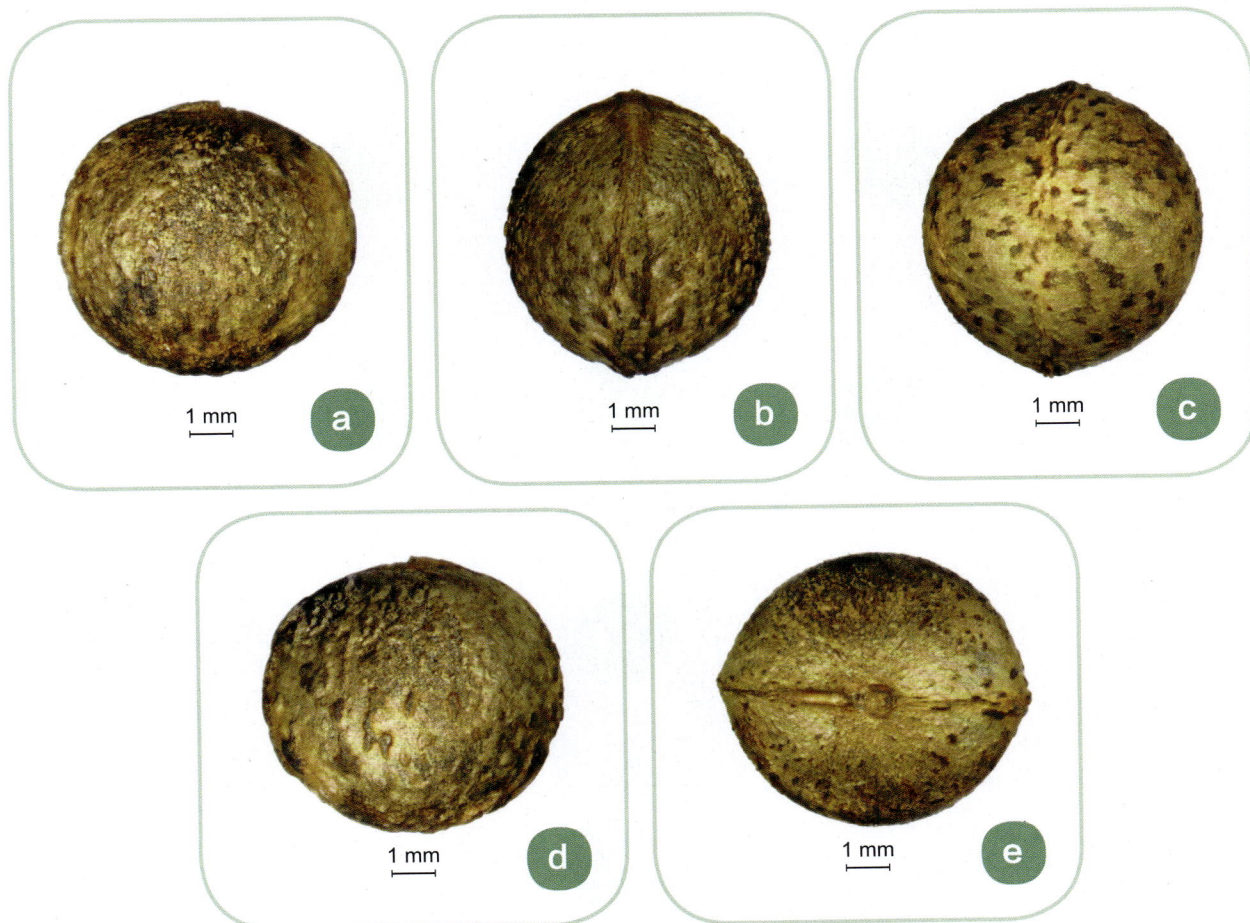

a　1 mm

b　1 mm

c　1 mm

d　1 mm

e　1 mm

f

g

h

**樟果实性状**

a. 背面；b. 侧面；c. 俯视面；d. 腹面；e. 仰视面；f. 堆叠；g. 平铺；h. 整齐排列

# 紫草科

**内蒙紫草**           *Arnebia guttata* Bunge

紫草科多年生草本。以干燥根入药，药材名为紫草。

**种子形态**   小坚果呈卵球形，长 3.5~3.8 cm，直径约 2.4 cm。表面乳白色或带淡黄褐色，平滑，有光泽，腹面中线凹陷成纵沟。基部平截，膨大，中间有 1 脐点，脐点附近有 1 褐色斑，尖端具一圆润的凸起小喙。

**采　集**   花果期 6~9 月。当小坚果呈灰白色或淡棕色且果实坚硬时分批采收，晒干，贮藏。

a

b

c

d

e

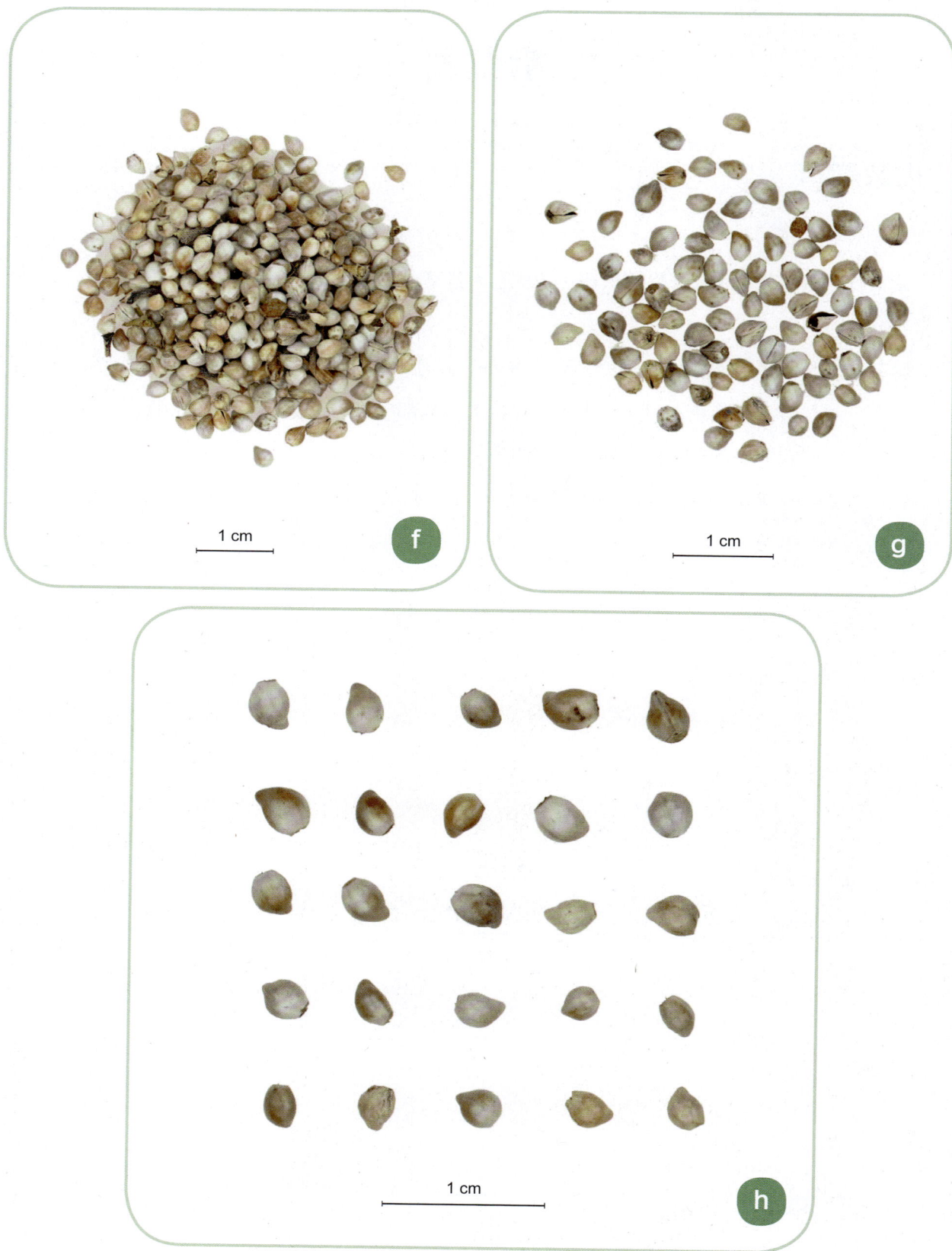

**内蒙紫草果实性状**

a. 背面；b. 侧面；c. 俯视面；d. 腹面；e. 仰视面；f. 堆叠；g. 平铺；h. 整齐排列

## 新疆紫草　　　　　*Arnebia euchroma* (Royle) Johnst.　（非人工栽培）

紫草科多年生草本。以干燥根入药，药材名为紫草。

**种子形态**　小坚果呈圆锥形，长约 4.0 cm，直径约 3.0 cm。表面棕色，具深雕纹和少数疣状突起。先端微尖，基部平截，膨大，中间有 1 脐点。侧面中线隆起，有不规则的明显脉纹。

**采　　集**　花果期 6~8 月。当小坚果坚硬时分批采收，晒干，贮藏。

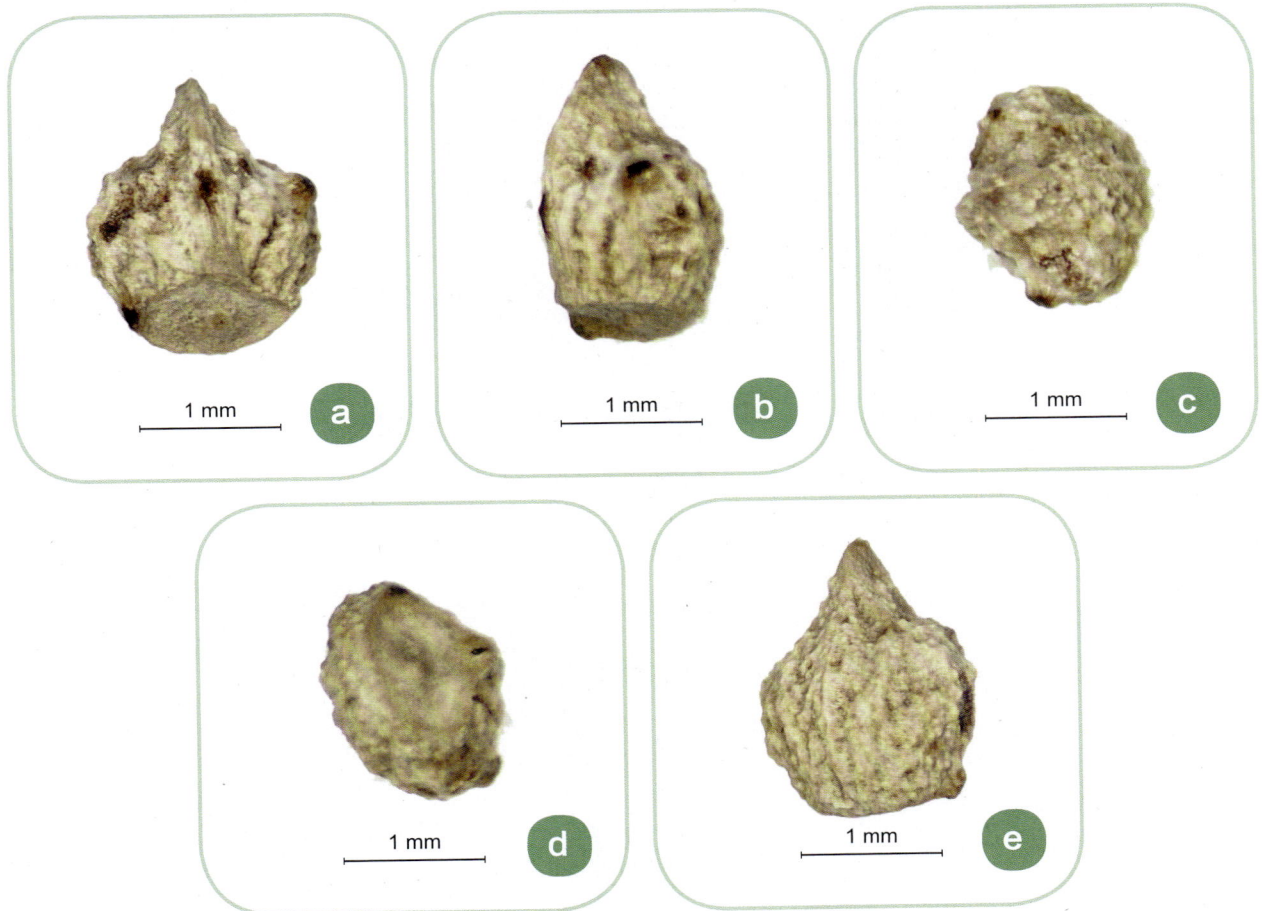

1 mm　a

1 mm　b

1 mm　c

1 mm　d

1 mm　e

f

1 cm

g

1 cm

h

1 cm

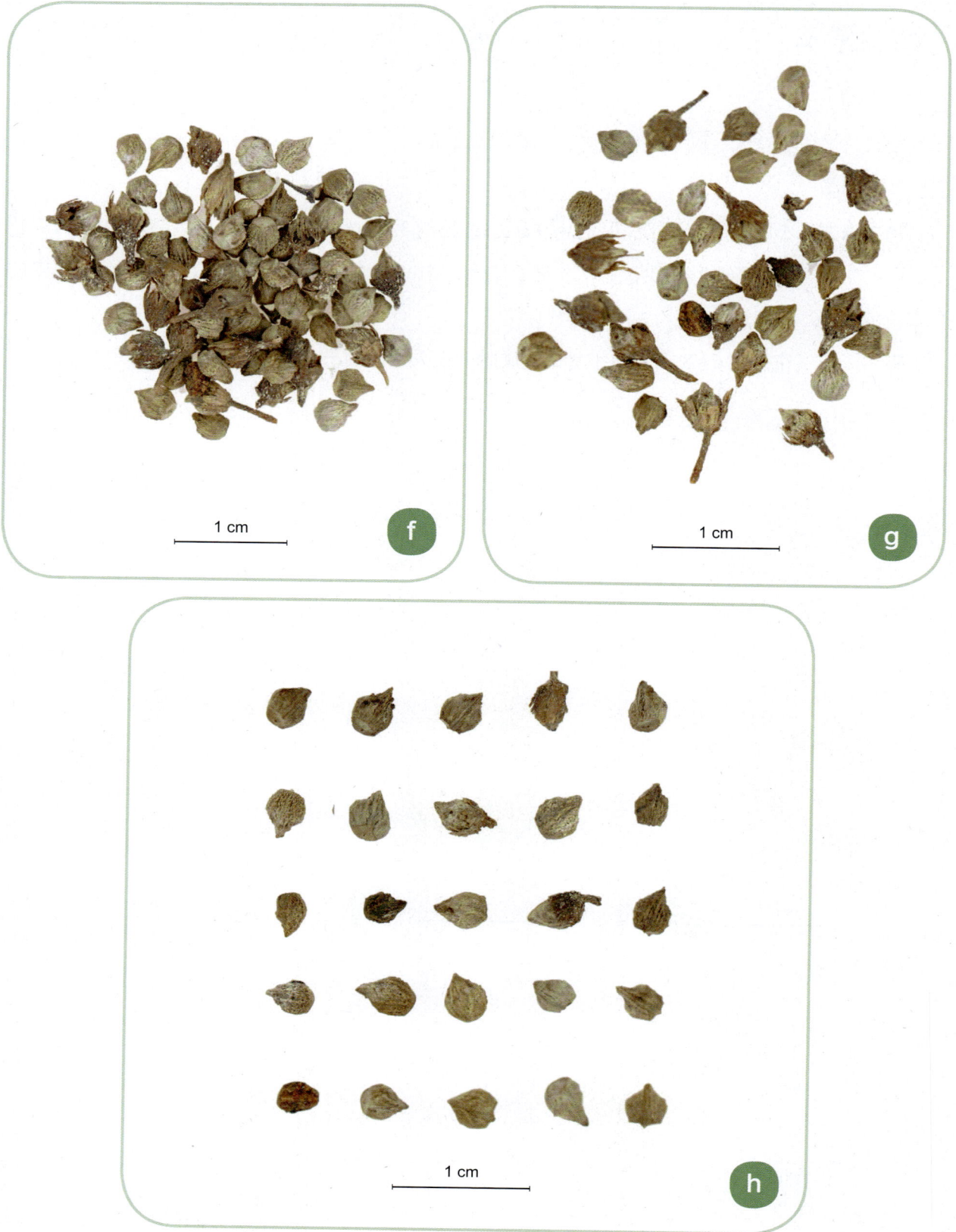

**新疆紫草果实性状**

a. 背面；b. 侧面；c. 俯视面；d. 腹面；e. 仰视面；f. 堆叠；g. 平铺；h. 整齐排列

# 紫葳科

| 凌　霄 | *Campsis grandiflora* (Thunb.) K. Schum. |
|---|---|

紫葳科攀缘藤本。以干燥花入药，药材名为凌霄花。

**种子形态**　种子呈卵圆形，薄而扁平，有浅棕色且透明的膜质翅，种子连翅长 2.0～3.0 cm，宽 0.5～0.6 cm，厚约 0.4 mm。整体呈长卵圆形，基部深棕色，向两侧延伸出膜质的翅，单边翅长与种子直径近相等，有羽毛状的纵向纹理。

**采　　集**　花期 5～8 月。当凌霄花种荚干后即可采收，除去果皮，取出种子，干燥。

**鉴别特征**　种子大，两侧有膜质翅。

1 mm　**a**

1 mm　**b**

1 mm　**c**

1 mm　**d**

1 mm　**e**

1 cm

f

1 cm

g

1 cm

h

**凌霄种子性状**

a. 背面；b. 侧面；c. 俯视面；d. 腹面；e. 仰视面；f. 堆叠；g. 平铺；h. 整齐排列

# 白花泡桐

*Paulownia fortunei*（Seem.）Hemsl.

玄参科乔木。以叶、花、果实入药，**为凌霄花药材的易混淆品。**

**种子形态**　种子呈卵圆形，薄而扁平，有浅灰棕色且透明的膜质翅，种子连翅长 2.9 ~ 3.2 mm，宽 1.0 ~ 2.0 mm，厚约 0.3 mm。整体呈椭圆形，基部黑褐色，向四周延伸出膜质的翅，翅长与种子直径近相等，边缘破碎。

**采　　集**　花期 3 ~ 4 月，果期 7 ~ 8 月。采收颜色深、有光泽的饱满种子，及时清理，除去杂质，置于通风、干燥、阴暗、温度较低且相对恒定的地方贮藏。

**鉴别特征**　种子小，四周有膜质翅。

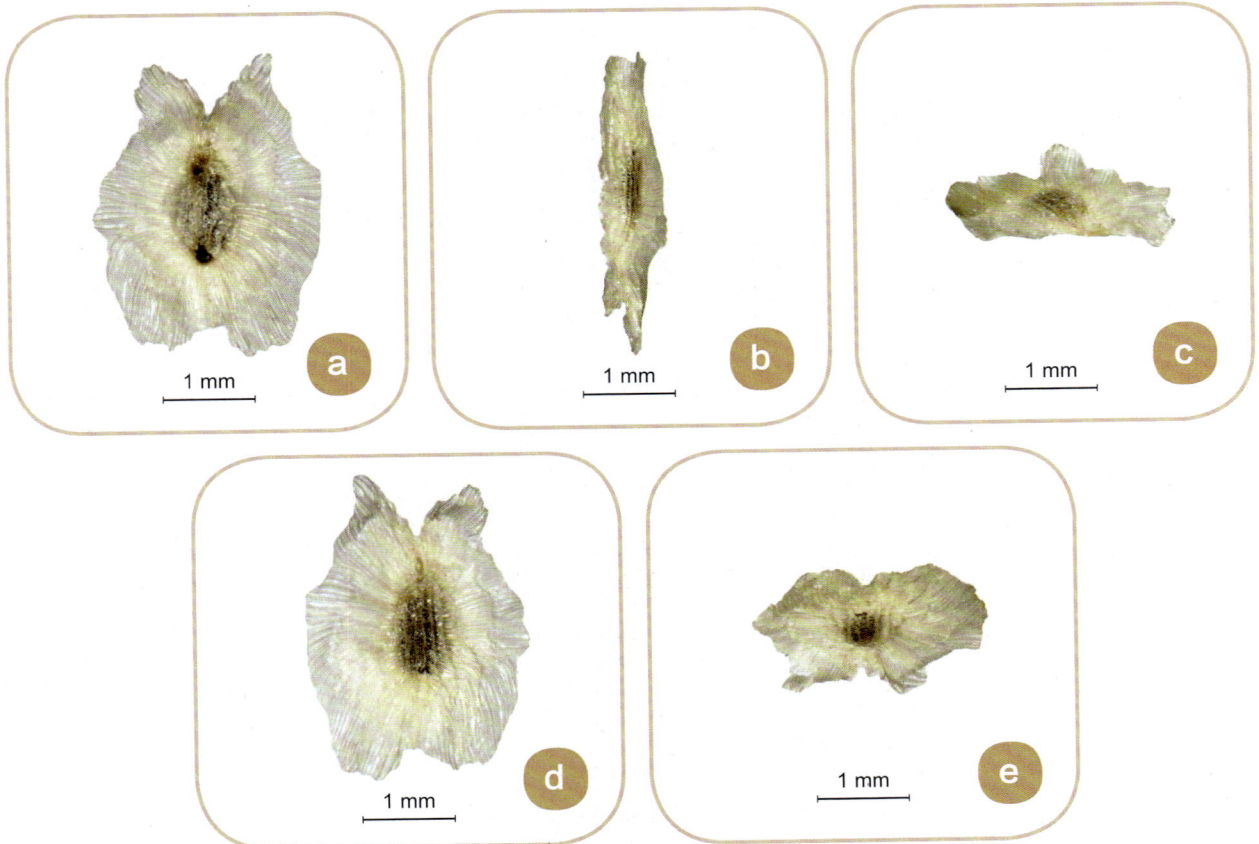

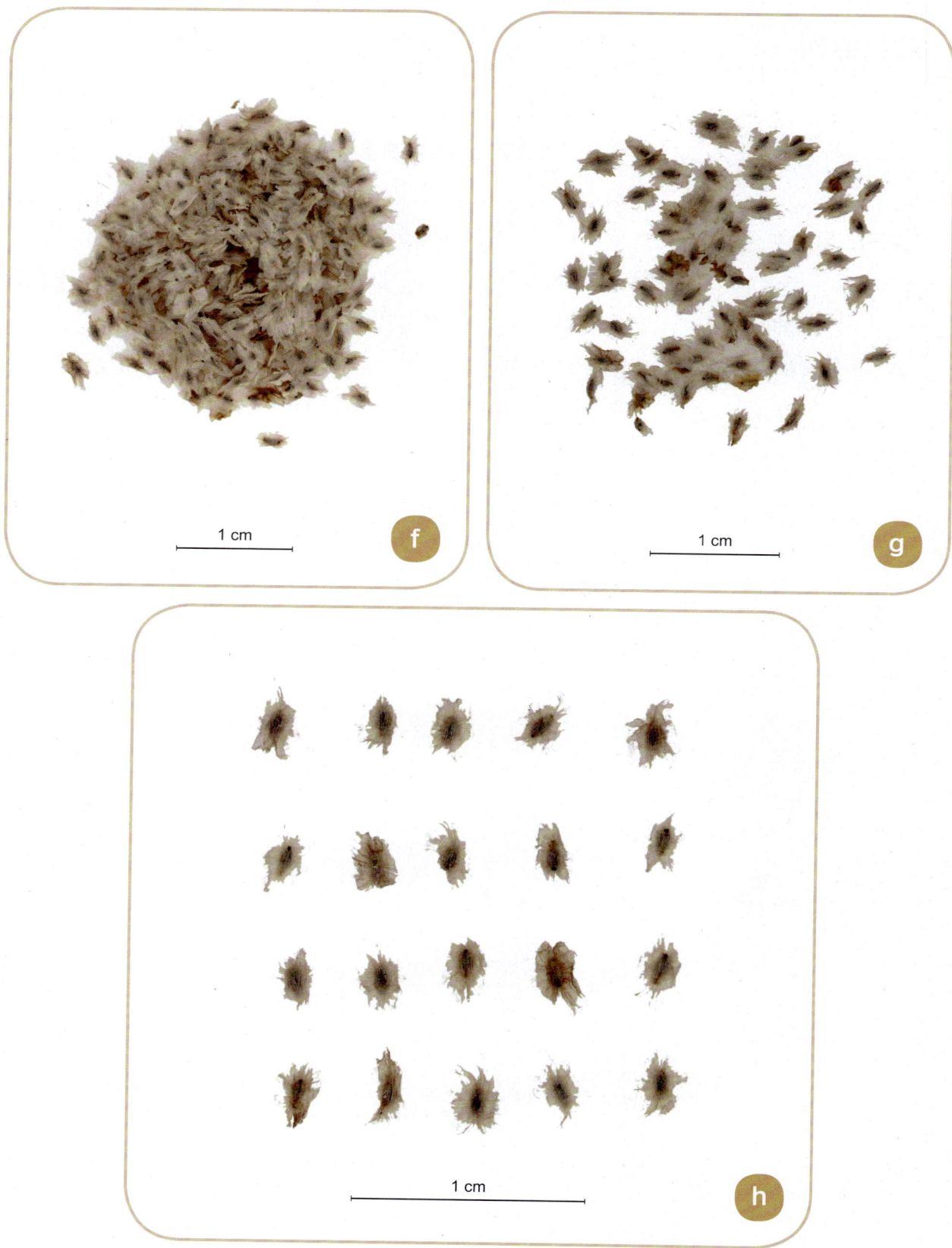

**白花泡桐种子性状**

a. 背面；b. 侧面；c. 俯视面；d. 腹面；e. 仰视面；f. 堆叠；g. 平铺；h. 整齐排列

# 棕榈科

| 槟　榔 | *Areca catechu* L. |

棕榈科多年生草本。以干燥成熟种子入药,药材名为槟榔。以干燥果皮入药,药材名为大腹皮,冬季至翌年春季采收未成熟的果实,煮后干燥,纵剖2瓣,剥取果皮,习称"大腹皮";春末至秋初采收成熟果实,煮后干燥,剥取果皮,打松,晒干,习称"大腹毛"。

**种子形态**　种子近球形,腹面平坦,直径2.3~3.0 cm,高约2.4 cm。基部膨大,中间有1脐点,外被纤维状果皮,果皮浅棕色,有不规则的明显脉纹,横切面有明显的棕白相间花纹。

**采　集**　11月至翌年5月,当槟榔果皮由绿色变为黄色时即可采收,水煮,干燥,除去果皮,取出种子,再干燥。

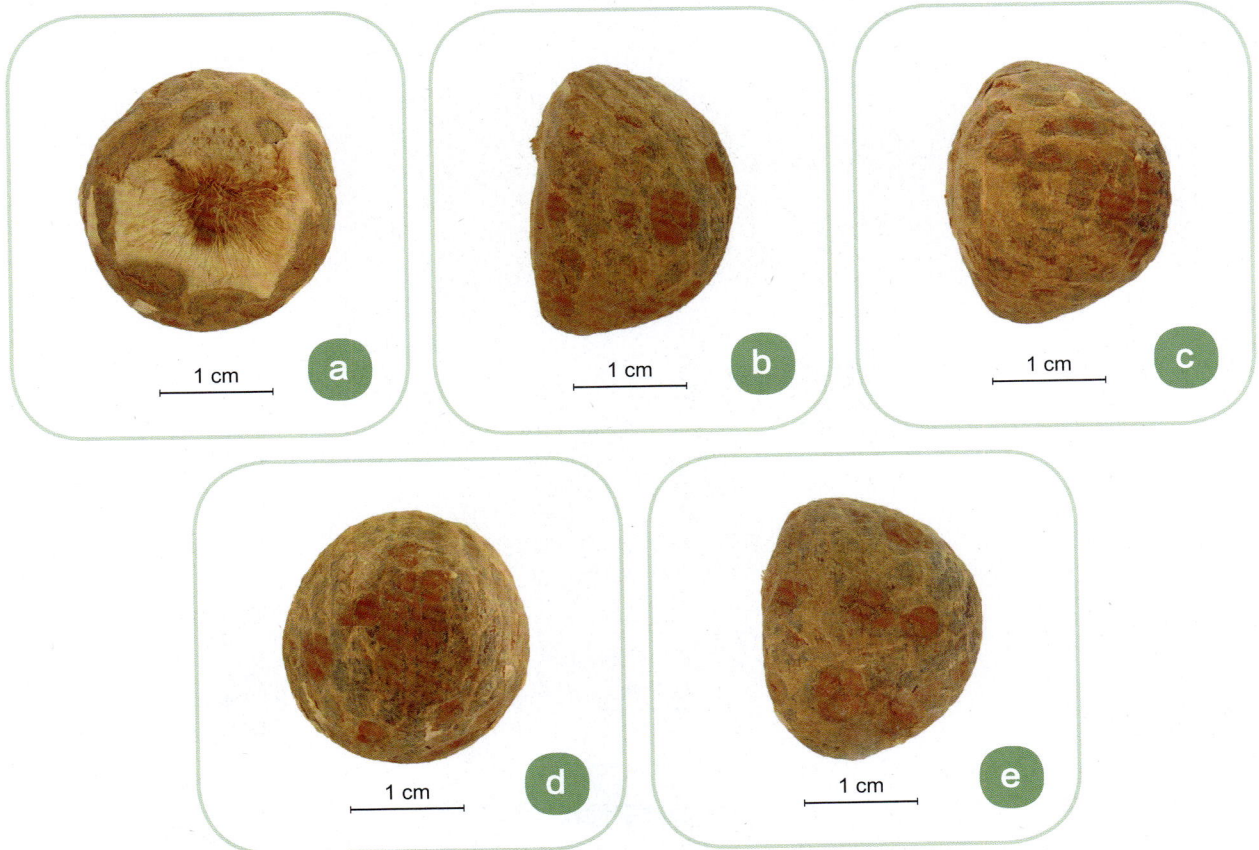

a　1 cm

b　1 cm

c　1 cm

d　1 cm

e　1 cm

f

g

h

**槟榔种子性状**

a. 背面；b. 侧面；c. 俯视面；d. 腹面；e. 仰视面；f. 堆叠；g. 平铺；h. 整齐排列

# 棕 榈        *Trachycarpus fortunei*（Hook. f.）H. Wendl.

棕榈科乔木。以干燥叶柄入药，药材名为棕榈。

**种子形态**    核果呈肾形或球状肾形，直径 0.8～1.1 cm，成熟时蓝黑色；外果皮纤维质，干燥后易脱落，腹面具 1 纵沟。种脐浅黄色，内含 1 种子；种子呈肾状球形，直径 9～10 mm，蓝黑色，光滑。

**采　集**    花期 5～6 月，果熟期 10 月。种子成熟时多自行落地，收集种子，用湿沙贮藏。

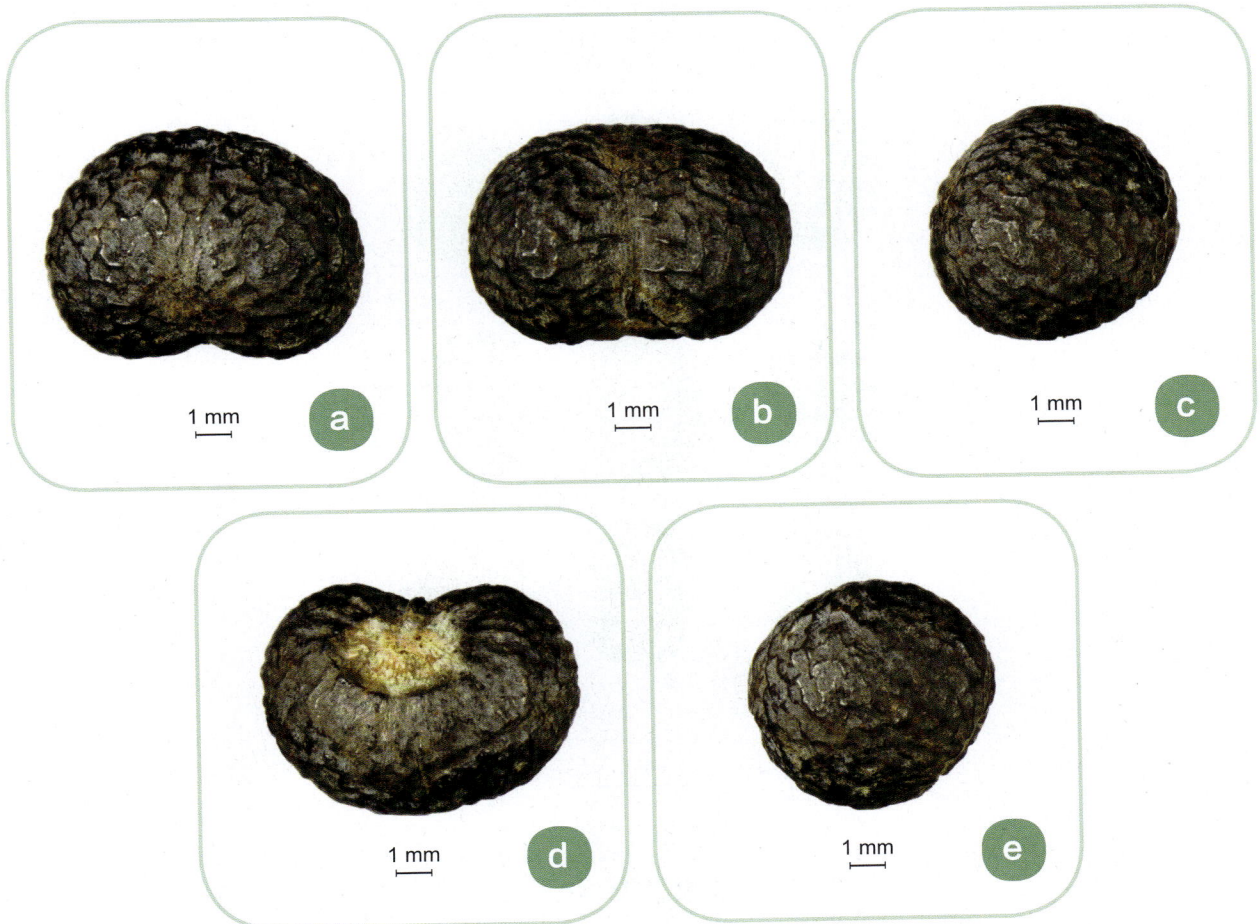

a    1 mm

b    1 mm

c    1 mm

d    1 mm

e    1 mm

**棕榈果实性状**

a. 背面；b. 侧面；c. 俯视面；d. 腹面；e. 仰视面；f. 堆叠；g. 平铺；h. 整齐排列

# 参考文献

［1］国家药典委员会. 中华人民共和国药典：一部［M］. 北京：中国医药科技出版社，2020.

［2］陈瑛. 实用中药种子技术手册［M］. 北京：人民卫生出版社，1999.

［3］中国药品生物制品检定所，广东省药品检验所. 中国中药材真伪鉴别图典 1：常用贵重药材、进口药材分册［M］. 广州：广东科技出版社，2011.

［4］中国药品生物制品检定所，广东省药品检验所. 中国中药材真伪鉴别图典 2：常用根及根茎药材分册［M］. 广州：广东科技出版社，2011.

［5］中国药品生物制品检定所，广东省药品检验所. 中国中药材真伪鉴别图典 3：常用种子、果实及皮类药材分册［M］. 广州：广东科技出版社，2011.

［6］中国药品生物制品检定所，广东省药品检验所. 中国中药材真伪鉴别图典 4：常用花叶、全草、动矿物及其他药材分册［M］. 广州：广东科技出版社，2011.

［7］由金文，张美德，谭旭辉. 湖北药用植物种子图鉴（一）［M］. 武汉：湖北科学技术出版社，2022.

［8］郭巧生. 中国药用植物种子原色图鉴［M］. 北京：中国农业出版社，2009.

［9］周良云，杨光，纪瑞锋. 中药材种子原色图谱［M］. 北京：中国医药科技出版社，2021.

［10］朱婕妤，郑继明. 韭菜子及其两种混淆品的鉴别［J］. 中国药业，2012，21（2）：69 - 70.

［11］傅正良，王丽芳，牛广斌，等. 薤白及其混淆品绵枣儿的鉴别及临床应用［J］. 河北中医，2008（6）：641 - 642，673.

［12］郑司浩，孙稚颖，黄林芳. 麦冬及其混伪品的 ITS2 序列分析及鉴别研究［J］. 中国现代中药，2012，14（1）：21 - 23.

［13］刘塔斯，李钟，刘春林. 玉竹及其混淆品黄精的 RAPD 分析［J］. 中国药学杂志，2002（10）：3.

［14］丁若雯，宋细忠，魏惠珍，等. 基于指纹图谱技术的车前子与混伪品的鉴别研究［J］. 中药新药与临床药理，2020，31（9）：1097 - 1103.

［15］宋明，张雅琴，林韵涵，等. 基于 ITS2 和 psbA - trnH 序列对细小种子类药材车前子的鉴定比较［J］. 中国中药杂志，2014，39（12）：2227 - 2232.

［16］郭梦月，任莉，陈新连，等. 基于 ITS2 条形码鉴别半枝莲及其混伪品［J］. 世界中医药，2016，11
    （5）：796 - 800.

［17］汪海斌，李运华，袁如柏，等. 薄荷及其混伪品的微性状鉴别［C］//中国药学会. 2015 年中国药学
    大会暨第十五届中国药师周论文集. ［出版地不详］：［出版者不详］，2015：811 - 815.

［18］陈慧. 丹参市售混淆品和伪品鉴别［J］. 广东微量元素科学，2016，23（4）：69 - 71.

［19］吴文如，安鑫，来慧丽，等. 基于 ITS2 序列位点特异性 PCR 鉴别广藿香及其混伪品［J］. 时珍国医
    国药，2019，30（4）：897 - 900.

［20］周建国，邬兰，马双姣，等. 基于 ITS2 序列的荆芥及其混伪品的 DNA 条形码鉴定［J］. 环球中医药，
    2016，9（8）：923 - 927.

［21］孔增科，付正良. 冬凌草及其伪品三花疣的鉴别研究［C］//中国商品学会. 第二届全国中药商品学
    术大会论文集. ［出版地不详］：［出版者不详］，2010：129 - 130.

［22］王雪利，周建理，杨青山. 紫苏子及其混伪品的微性状对比鉴别［J］. 上海中医药大学学报，2013，
    27（1）：78 - 80.

［23］王丽丽，焦文静，陈晓辰，等. 基于核糖体DNA第二内部转录间隔区（ITS2）序列鉴定四季青及其近
    缘种和混伪品［J］. 农业生物技术学报，2015，23（5）：598 - 605.

［24］罗晖明，饶健，肖炳燚，等. 白扁豆的 DNA 条形码技术鉴别研究［J］. 食品与药品，2017，19（4）：
    244 - 246.

［25］李军，张召雷，王晓敏，等. 应用种子形态及 DNA 条形码技术鉴定黄芪及混伪品种子［J］. 中草药，
    2022，53（24）：7871 - 7879.

［26］刘爱朋，张树旺，王世信，等. 10 种细小果实种子类药材的微性状鉴别［J］. 中成药，2022，44
    （6）：1869 - 1874.

［27］马晓莉，史超群. 两种豆科药材及其混伪品的可溶性蛋白质电泳鉴别［J］. 中国现代应用药学，2001
    （2）：103 - 104.

［28］白东东，李新圃，杨峰，等. ITS2 序列鉴定甘草混淆伪品的研究［J］. 中兽医医药杂志，2019，38
    （3）：13 - 16.

［29］罗轶，吴桂凡，李立，等. 鸡骨草正品及其混伪品毛鸡骨草和相思子的 PCR 鉴别方法技术：
    202210459220. 5［P］. 2022 - 04 - 28.

［30］赵莎，庞晓慧，宋经元，等. 应用 ITS2 条形码鉴定中药材合欢皮、合欢花及其混伪品［J］. 中国中药
    杂志，2014，39（12）：2164 - 2168.

［31］王竹鑫，聂阳生，喻广梅. 槐花及混伪品的鉴别［J］. 湖南中医杂志，2000（4）：49 - 50.

［32］杜珊，管毓萱，夏泉. 基于 ITS2 序列鉴定决明子饮片［J］. 现代中药研究与实践，2024，38（1）：
    7 - 11.

[33] 汤欢，向丽，赵莎，等．应用 DNA 条形码 ITS2 序列对市售药材黄柏的鉴定研究［J］．世界科学技术 – 中医药现代化，2016，18（2）：184 – 190.

[34] 项凤莲，杜晓娟．薏苡仁与伪品草珠子的快速鉴别方法［J］．甘肃医药，2015，34（12）：943 – 945.

[35] 孙凌波．天花粉与其混淆品长萼栝楼根的生药鉴别［J］．陕西中医，2001（4）：245 – 246.

[36] 严美荣．草果遗传多样性分析及其混淆品的 ITS 序列差异比较研究［D］．昆明：云南中医药大学，2013.

[37] 张丽云．高良姜及其伪品大良姜的鉴别比较［J］．航空航天医学杂志，2014，25（3）：394 – 395.

[38] 韩建萍，李美妮，石林春，等．砂仁及其混淆品的 ITS2 序列鉴定［J］．环球中医药，2011，4（2）：99 – 102.

[39] 高婷，辛天怡，宋洁洁，等．市售中药材冬葵子和苘麻子 ITS2 条形码鉴定［J］．中草药，2017，48（13）：2740 – 2745.

[40] 张朝辉．党参及其伪品鉴别［J］．实用中医药杂志，2011，27（9）：636.

[41] 赵月梅，程敏，吴珍，等．基于 ITS 序列对桔梗及其伪品的鉴别［J］．陕西农业科学，2018，64（3）：76 – 78，83.

[42] 彭新航，肖凌，费毅琴，等．基于指纹图谱及多成分含量测定快速筛查苍术混伪品［J］．医药导报，2022，41（10）：1497 – 1502.

[43] 曹晖，毕培曦，邵鹏柱．蒲公英及其混淆品土公英的显微鉴别［J］．中药材，2013，36（11）：1765 – 1768.

[44] 尹利民，穆二廷，周建理，等．常见市售蒲公英及混伪品的果实微性状鉴别［J］．中国实验方剂学杂志，2017，23（14）：25 – 29.

[45] 屈晓燕，范胜莲．紫菀及其几种常见混淆品的鉴别［J］．中国民族民间医药，2011，20（14）：27.

[46] 赵连兴．椿皮与香椿皮的鉴别与合理应用［J］．河北中医，2010，32（5）：744，747，801.

[47] 刘越，罗定强，王国海，等．何首乌药材及常见伪品的真伪鉴别方法研究［J］．中药材，2017，40（6）：1305 – 1308.

[48] 李国强，王峥涛，李晓波，等．中药蓼大青叶及其伪品的 nrDNA ITS 区序列的测定［J］．中国野生植物资源，2001（3）：43 – 46.

[49] 李美妮，韩蕊莲，韩建萍，等．大黄与易混伪品土大黄、虎杖原植物的 ITS2 序列鉴定［J］．环球中医药，2012，5（3）：185 – 189.

[50] 曹悦，左代英，孙启时，等．龙胆药材与常见伪品的数码显微鉴别［J］．时珍国医国药，2010，21（5）：1192 – 1194.

[51] 潘旭．同属易混品种白前、白薇和徐长卿的鉴别［J］．首都医药，2005（12）：43 – 44.

[52] 张雪荣．秦艽及其伪品的比较鉴别［J］．中草药，2000（8）：1.

［53］汪群红. 黄连的真伪鉴别［J］. 中国药业，2009，18（12）：85－86.

［54］魏蒙，邬兰，涂媛，等. 基于 ITS2 序列鉴别牡丹皮药材及其混伪品［J］. 中国中药杂志，2014，39（12）：2180－2183.

［55］周文东. 八角茴香及常见伪品鉴别［C］//重庆市中医药学会. 重庆市中医药学会 2011 年学术年会论文集. ［出版地不详］：［出版者不详］，2011：190－192.

［56］干建伟，胡敏，钱广生，等. 五味子中山葡萄 HPLC 指纹图谱的建立及其伪品鉴别［J］. 中成药，2019，41（2）：363－368.

［57］李美妮，韩蕊莲，韩建萍，等. 基于 ITS2 序列的女贞子原植物及其混伪品的分子鉴定［J］. 世界科学技术－中医药现代化，2011，13（4）：644－649.

［58］黄琼林，郑夏生，蔡春. 基于 ITS2 条形码的南药巴戟天真伪鉴别［J］. 热带作物学报，2014，35（8）：1571－1576.

［59］辛天怡，赵莎，宋经元. 基于 ITS2 序列鉴定市售地骨皮药材及其混伪品［J］. 中国药学杂志，2015，50（15）：1286－1291.

［60］张雪峰，徐岳鑫，董赛文，等. 挂金灯与其混淆品锦灯笼的鉴别研究［J］. 中国药师，2015，18（8）：1394－1397.

［61］李建良，李立健，雷声宏. 浙产金银花及其混伪品的鉴别［J］. 时珍国药研究，1996（5）：2.

［62］李玲. 金银花与其混淆品的鉴别［J］. 海峡药学，2007（8）：85－86.

［63］梁巧文，欧阳美子，陈波，等. 忍冬属药材金银花与山银花的微性状和显微鉴别的差异比较［J］. 海峡药学，2023，35（7）：29－32.

［64］侯典云，宋经元，杨培，等. 基于 ITS2 序列鉴别前胡和紫花前胡药材及其混伪品［J］. 中国中药杂志，2014，39（21）：4186－4190.

［65］童静玲，胡敏. 柴胡与同属几种混伪品的生药学鉴定［J］. 海峡药学，2009，21（11）：104－106.

［66］王亚丹，韩晓妮，赵玉丹，等. 基于 ITS2 条形码鉴别市售柴胡药材及其混伪品［J］. 中草药，2017，48（17）：3590－3596.

［67］史中飞，滕宝霞，赖晶，等. PCR－RFLP 鉴别当归药材及饮片中掺混伪品－－欧当归的方法［J］. 中国实验方剂学杂志，2021，27（9）：168－175.

［68］林好，钱洁颖，李斯璐，等. 基于 DNA 条形码（ITS2）的中药材防风与其混伪品的鉴定［J］. 中国当代医药，2016，23（15）：4－7.

［69］刘义梅，罗焜，陈科力，等. ITS2 序列鉴定小茴香及其常见混伪品［J］. 环球中医药，2011，4（4）：260－263.

［70］王雪萍，赵翔，赵晶，等. 桑白皮的混淆品－构树、柘树根皮生药学鉴定研究［J］. 中国医药科学，2016，6（1）：39－41，57.

［71］侯典云，宋经元，姚辉，等．山茱萸药材及其混伪品的 ITS/ITS2 序列鉴定研究（英文）［J］．中国天然药物，2013，11（2）：121 - 127．

［72］田桂敏，冯艳荣，薛东升，等．王不留行及其两种混伪品的鉴别［J］．中药材，1997（7）：341．

［73］孟啸龙，孟乡，周国富，等．DNA 条形码在山药及其混伪品鉴定中的应用［J］．辽宁中医杂志，2020，47（4）：163 - 166．

［74］杨晶凡，蒋超，袁媛，等．快速 PCR 方法在山药真伪鉴别中的应用［J］．中国实验方剂学杂志，2018，24（22）：45 - 49．

［75］张翠兰．中药三七及其常见混伪品鉴别［J］．中国民族民间医药，2015，24（14）：3 - 4．

［76］陈镜安，杨璐，李荣钊，等．基于 ITS2 的竹节参及其近缘物种和混伪品鉴定评估［J］．中草药，2018，49（15）：3672 - 3680．

［77］杨秋芳，王凡，王洪．人参西洋参药材与其混伪品的鉴别［J］．陕西中医函授，1999（6）：31 - 34．

［78］宋炳轲，杨雪莹，裴黎，等．利用 DNAITS2 条形码序列鉴定植物大麻和罂粟［J］．中国法医学杂志，2015，30（2）：118 - 120．

［79］沈洁，丁小余，张卫明，等．花椒及其混淆品的 rDNA ITS 区序列分析与鉴别［J］．药学学报，2005（1）：80 - 86．

［80］杨培，周红，马双姣，等．叶绿体 psbA - trnH 序列鉴定药食同源肉桂类药材［J］．中国药学杂志，2015，50（17）：1496 - 1499．

［81］何颖，杨永超，高香．凌霄花及其混淆品的鉴别［J］．天津药学，2007（1）：51 - 53．

［82］吴大刚．乌药与伪品荆三棱的鉴别［J］．时珍国医国药，2003（5）：277．

［83］中国科学院中国植物志编辑委员会．中国植物志：第十四卷［M］．北京：科学出版社，1980．

［84］周琪，雷乾娅，赵军宁，等．川产道地药材川贝母（栽培品）鉴别与品质研究［J］．世界中医药，2020，15（2）：225 - 230．

［85］中国科学院中国植物志编辑委员会．中国植物志：第十五卷［M］．北京：科学出版社，1978．

［86］塔雁冰．石刁柏无公害栽培技术［J］．吉林蔬菜，2015（8）：22．

［87］林金瑞，陈宗梁．短莛山麦冬的栽培技术［J］．时珍国医国药，2004（8）：501．

［88］中国科学院中国植物志编辑委员会．中国植物志：第七卷［M］．北京：科学出版社，1978．

［89］中国科学院中国植物志编辑委员会．中国植物志：第七十卷［M］．北京：科学出版社，2002．

［90］中国科学院中国植物志编辑委员会．中国植物志：第三十三卷［M］．北京：科学出版社，1987．

［91］中国科学院中国植物志编辑委员会．中国植物志：第六十五卷：第二分册［M］．北京：科学出版社，1977．

［92］中国科学院中国植物志编辑委员会．中国植物志：第六十六卷［M］．北京：科学出版社，1977．

［93］中华中医药学会．道地药材：第 74 部分 江香薷：T/CACM 1020. 74 - 2019［S］．［出版地不详］：［出

版者不详]，2019.

［94］中国科学院中国植物志编辑委员会. 中国植物志：第六十五卷：第一分册 ［M］. 北京：科学出版
社，1982.

［95］王馨平，聂黎行，张毅，等. 紫苏叶与白苏叶的性状与显微鉴别研究 ［J］. 中国药学杂志，2024，59
（11）：990－997.

［96］中国科学院中国植物志编辑委员会. 中国植物志：第四十四卷：第二分册 ［M］. 北京：科学出版
社，1966.

［97］中国科学院中国植物志编辑委员会. 中国植物志：第六十三卷 ［M］. 北京：科学出版社，1977.

［98］中国科学院中国植物志编辑委员会. 中国植物志：第四十四卷：第一分册 ［M］. 北京：科学出版
社，1994.

［99］中国科学院中国植物志编辑委员会. 中国植物志：第十三卷：第三分册 ［M］. 北京：科学出版
社，1997.

［100］中国科学院中国植物志编辑委员会. 中国植物志：第四十五卷：第二分册 ［M］. 北京：科学出版
社，1999.

［101］中国科学院中国植物志编辑委员会. 中国植物志：第四十一卷 ［M］. 北京：科学出版社，1995.

［102］中国科学院中国植物志编辑委员会. 中国植物志：第四十二卷：第一分册 ［M］. 北京：科学出版
社，1993.

［103］中国科学院中国植物志编辑委员会. 中国植物志：第四十二卷：第二分册 ［M］. 北京：科学出版
社，1998.

［104］段晓明，杨守林，胡绍玲，等. 高原寒旱条件下蒙古黄芪种植技术 ［J］. 青海科技，2017，24（1）：
68－70.

［105］中国科学院中国植物志编辑委员会. 中国植物志：第三十九卷 ［M］. 北京：科学出版社，1988.

［106］珞小玥. 野菜野果图鉴 ［M］. 哈尔滨：黑龙江科学技术出版社，2019.

［107］中国科学院中国植物志编辑委员会. 中国植物志：第四十九卷：第二分册 ［M］. 北京：科学出版
社，1984.

［108］中国科学院中国植物志编辑委员会. 中国植物志：第六十七卷：第一分册 ［M］. 北京：科学出版
社，1978.

［109］中国科学院中国植物志编辑委员会. 中国植物志：第六十九卷 ［M］. 北京：科学出版社，1990.

［110］中国科学院中国植物志编辑委员会. 中国植物志：第四十卷 ［M］. 北京：科学出版社，1994.

［111］中国科学院中国植物志编辑委员会. 中国植物志：第七十三卷：第二分册 ［M］. 北京：科学出版
社，1983.

［112］中国科学院中国植物志编辑委员会. 中国植物志：第三十五卷：第二分册 ［M］. 北京：科学出版

社，1979.

［113］中国科学院中国植物志编辑委员会. 中国植物志：第四十七卷：第二分册［M］. 北京：科学出版社，2002.

［114］中国科学院中国植物志编辑委员会. 中国植物志：第四十三卷：第二分册［M］. 北京：科学出版社，1997.

［115］中国科学院中国植物志编辑委员会. 中国植物志：第九卷：第三分册［M］. 北京：科学出版社，1987.

［116］中国科学院中国植物志编辑委员会. 中国植物志：第九卷：第二分册［M］. 北京：科学出版社，2002.

［117］中国科学院中国植物志编辑委员会. 中国植物志：第九卷：第一分册［M］. 北京：科学出版社，1996.

［118］中国科学院中国植物志编辑委员会. 中国植物志：第十卷：第一分册［M］. 北京：科学出版社，1990.

［119］中国科学院中国植物志编辑委员会. 中国植物志：第十卷：第二分册［M］. 北京：科学出版社，1997.

［120］中国科学院中国植物志编辑委员会. 中国植物志：第八卷［M］. 北京：科学出版社，1992.

［121］中国科学院中国植物志编辑委员会. 中国植物志：第二十卷：第一分册［M］. 北京：科学出版社，1982.

［122］中国科学院中国植物志编辑委员会. 中国植物志：第七十三卷：第一分册［M］. 北京：科学出版社，1986.

［123］中国科学院中国植物志编辑委员会. 中国植物志：第十六卷：第二分册［M］. 北京：科学出版社，1981.

［124］中国科学院中国植物志编辑委员会. 中国植物志：第二十六卷［M］. 北京：科学出版社，1996.

［125］中国科学院中国植物志编辑委员会. 中国植物志：第七十八卷：第一分册［M］. 北京：科学出版社，1987.

［126］中国科学院中国植物志编辑委员会. 中国植物志：第七十四卷［M］. 北京：科学出版社，1985.

［127］中国科学院中国植物志编辑委员会. 中国植物志：第七十六卷：第二分册［M］. 北京：科学出版社，1991.

［128］中国科学院中国植物志编辑委员会. 中国植物志：第七十六卷：第一分册［M］. 北京：科学出版社，1983.

［129］高松. 辽宁中药志：植物类［M］. 沈阳：辽宁科学技术出版社. 2010.

［130］谢红波. 苍术属五种药用植物的鉴别及药材质量评价［D］. 承德：承德医学院，2022.

［131］中国科学院中国植物志编辑委员会. 中国植物志：第七十五卷［M］. 北京：科学出版社，1979.

［132］中国科学院中国植物志编辑委员会. 中国植物志：第八十卷：第一分册［M］. 北京：科学出版社，1997.

［133］中国科学院中国植物志编辑委员会. 中国植物志：第七十七卷：第二分册［M］. 北京：科学出版社，1989.

［134］中国科学院中国植物志编辑委员会. 中国植物志：第四十三卷：第三分册［M］. 北京：科学出版社，1997.

［135］中国科学院中国植物志编辑委员会. 中国植物志：第二十五卷：第一分册［M］. 北京：科学出版社，1998.

［136］中国科学院中国植物志编辑委员会. 中国植物志：第六十二卷［M］. 北京：科学出版社，1988.

［137］中国科学院中国植物志编辑委员会. 中国植物志：第二十九卷［M］. 北京：科学出版社，2001.

［138］中国科学院中国植物志编辑委员会. 中国植物志：第七十七卷：第一分册［M］. 北京：科学出版社，1999.

［139］中国科学院中国植物志编辑委员会. 中国植物志：第二十七卷［M］. 北京：科学出版社，1979.

［140］中国科学院中国植物志编辑委员会. 中国植物志：第五十八卷［M］. 北京：科学出版社，1979.

［141］中国科学院中国植物志编辑委员会. 中国植物志：第三十卷：第一分册［M］. 北京：科学出版社，1996.

［142］中国科学院中国植物志编辑委员会. 中国植物志：第四十八卷：第二分册［M］. 北京：科学出版社，1998.

［143］中国科学院中国植物志编辑委员会. 中国植物志：第六十一卷［M］. 北京：科学出版社，1992.

［144］中国科学院中国植物志编辑委员会. 中国植物志：第四十五卷：第一分册［M］. 北京：科学出版社，1980.

［145］中国科学院中国植物志编辑委员会. 中国植物志：第七十一卷：第二分册［M］. 北京：科学出版社，1999.

［146］中国科学院中国植物志编辑委员会. 中国植物志：第三十七卷［M］. 北京：科学出版社，1985.

［147］中国科学院中国植物志编辑委员会. 中国植物志：第三十六卷［M］. 北京：科学出版社，1974.

［148］中国科学院中国植物志编辑委员会. 中国植物志：第三十八卷［M］. 北京：科学出版社，1986.

［149］中国科学院中国植物志编辑委员会. 中国植物志：第七十二卷［M］. 北京：科学出版社，1988.

［150］潘超美. 中国民间生草药原色图谱［M］. 广州：广东科技出版社，2015.

［151］中国科学院中国植物志编辑委员会. 中国植物志：第五十二卷：第一分册［M］. 北京：科学出版社，1999.

［152］中国科学院中国植物志编辑委员会. 中国植物志：第五十五卷：第三分册［M］. 北京：科学出版

社，1992.

［153］中国科学院中国植物志编辑委员会．中国植物志：第五十五卷：第一分册［M］．北京：科学出版
社，1979.

［154］中国科学院中国植物志编辑委员会．中国植物志：第五十五卷：第二分册［M］．北京：科学出版
社，1985.

［155］中国科学院中国植物志编辑委员会．中国植物志：第二十三卷：第一分册［M］．北京：科学出版
社，1988.

［156］中国科学院中国植物志编辑委员会．中国植物志：第五十六卷［M］．北京：科学出版社，1990.

［157］中国科学院中国植物志编辑委员会．中国植物志：第五十二卷：第二分册［M］．北京：科学出版
社，1983.

［158］中国科学院中国植物志编辑委员会．中国植物志：第五十三卷：第一分册［M］．北京：科学出版
社，1984.

［159］中国科学院中国植物志编辑委员会．中国植物志：第六十卷：第一分册［M］．北京：科学出版
社，1987.

［160］中国科学院中国植物志编辑委员会．中国植物志：第十六卷：第一分册［M］．北京：科学出版
社，1985.

［161］中国科学院中国植物志编辑委员会．中国植物志：第二十四卷［M］．北京：科学出版社，1988.

［162］中国科学院中国植物志编辑委员会．中国植物志：第十三卷：第二分册［M］．北京：科学出版
社，1979.

［163］中国科学院中国植物志编辑委员会．中国植物志：第四十七卷：第一分册［M］．北京：科学出版
社，1985.

［164］中国科学院中国植物志编辑委员会．中国植物志：第五十四卷［M］．北京：科学出版社，1978.

［165］林余霖，李葆莉．新编中草药全图鉴3［M］．福州：福建科学技术出版社，2020.

［166］中国科学院中国植物志编辑委员会．中国植物志：第二十五卷：第二分册［M］．北京：科学出版
社，1979.

［167］中国科学院中国植物志编辑委员会．中国植物志：第六十七卷：第二分册［M］．北京：科学出版
社，1979.

［168］中国科学院中国植物志编辑委员会．中国植物志：第五十三卷：第二分册［M］．北京：科学出版
社，2000.

［169］中国科学院中国植物志编辑委员会．中国植物志：第六十四卷：第一分册［M］．北京：科学出版
社，1979.

［170］中国科学院中国植物志编辑委员会．中国植物志：第四十三卷：第一分册［M］．北京：科学出版

社，1998.

［171］中国科学院中国植物志编辑委员会. 中国植物志：第三十二卷 ［M］. 北京：科学出版社，1999.

［172］中国科学院中国植物志编辑委员会. 中国植物志：第七十五卷 ［M］. 北京：科学出版社，1979.

［173］中国科学院中国植物志编辑委员会. 中国植物志：第三十一卷 ［M］. 北京：科学出版社，1982.

［174］中国科学院中国植物志编辑委员会. 中国植物志：第十一卷 ［M］. 北京：科学出版社，1961.

［175］中国科学院中国植物志编辑委员会. 中国植物志：第六十四卷：第二分册 ［M］. 北京：科学出版
社，1989.

［176］中国科学院中国植物志编辑委员会. 中国植物志：第十三卷：第一分册 ［M］. 北京：科学出版
社，1991.

［177］夏召弟，刘霞，冯玛莉等. 基于 ITS2 条形码鉴定藏柴胡及其易混品 ［J］. 中草药，2020，51（23）：
6062 – 6069.

# 中文名索引